近代物理实验

主　　编　刘惠莲

副主编　王　丽　张　勇　马静梅　胡廷静

参编人员　隋瑛锐　王雅新　曹　健　李化南

郎集会　王　丹　张　旗　孟祥东

董丽荣　崔晓岩　刘　梅

科学出版社

北　京

内 容 简 介

本书是吉林师范大学物理实验教学中心多年来教学内容和课程体系改革的成果，目的是从培养学生的独立工作能力出发，使他们具有运用实验方法去研究物理现象和规律，以及将基础知识和近代高新技术相结合的能力. 全书包括原子分子物理，核探测技术及应用，真空与薄膜技术，激光与光学，磁共振技术，磁学技术，X 射线、电子衍射和结构分析，低温与半导体物理实验，微波实验和材料加工与分析，共 10 章，46 个实验.

本书可作为高等院校物理专业本科生和其他专业本科生或研究生的近代物理实验课程的教学参考书，也可供从事实验物理的科技人员参考.

图书在版编目（CIP）数据

近代物理实验 / 刘惠莲主编. —北京：科学出版社，2020.3

ISBN 978-7-03-064703-0

Ⅰ. ①近… Ⅱ. ①刘… Ⅲ. ①物理学-实验 Ⅳ. ①O41-33

中国版本图书馆 CIP 数据核字（2020）第 041941 号

责任编辑：窦京涛 田轶静 / 责任校对：杨聪敏

责任印制：赵 博 / 封面设计：华路天然工作室

科 学 出 版 社 出版

北京东黄城根北街 16 号

邮政编码：100717

http://www.sciencep.com

北京富资园科技发展有限公司印刷

科学出版社发行 各地新华书店经销

*

2020 年 3 月第 一 版 开本：720 × 1000 1/16

2025 年 1 月第七次印刷 印张：27 3/4

字数：560 000

定价：89.00 元

（如有印装质量问题，我社负责调换）

前　言

“近代物理实验”是物理类学科(包括物理、应用物理、材料科学、光电子科学与技术等)重要的专业技术基础物理实验课之一，它介于“普通物理实验”和“专业实验”之间，起着承上启下的作用. 其中的大多数选题来自物理学发展史上起过重大作用的物理学家们的研究课题，这些题目中许多曾获得诺贝尔物理学奖. 所以，有人把近代物理实验称为“里程碑”实验. 与“普通物理实验”不同，“近代物理实验”所涉及的物理知识面很广，具有较强的综合性和技术性，它在丰富和活跃学生的物理思想，锻炼学生对物理现象的洞察力，引导他们了解实验在物理学发展中的作用，正确认识物理概念的产生、形成和发展的过程，在培养其严谨的学风、创新思维和实践能力等方面都起着不可或缺的重要作用.

遵循“近代物理实验”课程的教学大纲所规定的教学指导思想和原则，依据大多数高等师范院校的教学条件和设备状况，我们对“近代物理实验”教学内容作了一定筛选，编写的教材将物理学发展史上起过重大作用的物理学家们的研究课题，即一些曾获得诺贝尔物理学奖的实验收入之中；参照高等院校物理学类专业本科生教学质量国家标准中关于近代物理实验的基本选题，结合我们对各省属高校的调研结果，充实与完善现有的讲义内容，从而形成模块式的内容体系；与时俱进，将更新换代后新仪器的使用方法及新技术引入本书中，使其具有较强的综合性和技术性. 此外，本书在突出高等师范院校的特点，力求实验原理简练、物理图像清晰的同时，增加了实验技术发展的相关内容，如磁性材料、半导体材料和超导材料的制备和性能表征.

本书分 10 章，分别是：原子分子物理，核探测技术及应用，真空与薄膜技术，激光与光学，磁共振技术，磁学技术，X 射线、电子衍射和结构分析，低温与半导体物理实验，微波实验，以及材料加工与分析，共计 46 个实验. 各实验的修订人为：王丽(第 1 章和第 4 章)，马静梅(第 2 章和第 3 章)，刘惠莲(第 5 章和第 7 章)，张勇(第 6 章和第 9 章)，胡廷静(第 8 章和第 10 章).

刘惠莲负责全书的选题和新编实验的审核.

限于编者水平，书中不妥之处在所难免，欢迎专家和读者指正.

编　者
2018 年 7 月

目　　录

第 1 章　原子分子物理

引　言

本章安排了一组与“原子物理学”课程相关的实验. 人类对原子世界的认识不是一蹴而就的，而是经历了一个非常漫长的过程，其间凝聚着人们丰富的创造性想象.

用其他粒子和原子直接碰撞，通过分析散射粒子的动量或能量变化获得与原子有关的信息是人们研究原子结构的重要手段之一. 卢瑟福(E. Rutherford)从 1909 年起开始做著名的 α 粒子散射实验，在此基础上于 1911 年提出了原子的有核模型(又称为原子的核式结构模型). 1919 年，他又用 α 粒子轰击氮原子核，从而发现了质子是原子核的组成部分. 1932 年，查德威克(J. Chadwick)用 α 粒子轰击铍，发现了中子. 从此，原子核由质子和中子构成的结论被人们所认识.

认识原子、分子结构的另一个重要途径是研究原子、分子的发射和吸收光谱. 早在 19 世纪末和 20 世纪初，人们就开始了光谱方面的研究，只是早期的工作主要是对已观察到的光谱进行分类及总结经验规律. 20 世纪初，对光谱现象和光谱规律的解释极大地推动了量子力学的建立. 当时原子结构的核式模型已经确立，对黑体辐射和光电效应现象的研究也已经提出了能量的不连续和光量子概念，而由于原子辐射的线状光谱规律及原子结构稳定性与经典辐射理论的尖锐矛盾，1913 年玻尔(N. Bohr)提出了原子结构的量子理论. 该理论成功地给出了氢原子光谱线系(可见光范围的巴耳末系和红外区域的帕邢系)的规律，并且预言了其他线系的存在. 1914 年，玻尔理论分别被莱曼(T. Lyman)和弗兰克(J. Franck)、赫兹(G. Hertz)在实验上进行了直接的证明，极大地促进了光谱研究的发展. 但玻尔理论在解释复杂光谱和与光谱强度有关的问题上遇到了极大的困难，这些困难导致了量子力学的建立.

安排原子物理方面的实验，目的在于通过实验从各方面加深对原子、分子结构的了解；学习研究原子、分子结构的基本方法，特别是光谱研究的方法. 其中不少实验是物理学发展史上著名的实验，做好这些实验对学习如何用实验手段重现物理现象、研究物理规律以及了解实验物理在物理学发展中的地位和作用是很有必要的.

氢原子是最简单的原子. 1885 年巴耳末总结了人们对氢光谱的测量结果，发现了氢光谱的规律，提出了著名的巴耳末公式，氢光谱规律的发现为玻尔理论的建立提供了坚实的实验基础，对原子物理学和量子力学的发展起到了重要的作用. 1932 年尤里(H. C. Urey)根据里德伯常量随原子核质量不同而变化的规律，利用光栅光谱仪观测到氢原子光谱线的同位素移位现象，波长差的测量结果与根据理论计算的数值符合得很好，从而肯定了重氢的存在. 通过巴耳末公式求得的里德伯常量是物理学中少数几个最精确的常数之一，成为检验原子理论可靠性的标准和测量其他基本物理常数的依据.

1914 年，德国物理学家弗兰克和他的助手赫兹采用慢电子与稀薄气体中原子碰撞的方法，简单而巧妙地证明了原子能级的存在，并实现了对原子的可控激发. 1925 年，由于二人的卓越贡献，他们获得了当年的诺贝尔物理学奖. 弗兰克-赫兹实验至今仍是探索原子内部结构的重要手段之一.

塞曼效应是物理学史上一个著名的实验. 荷兰物理学家塞曼在1896年发现把产生光谱的光源置于足够强的磁场中，磁场作用于发光体使光谱发生变化，一条谱线即会分裂成几条偏振化的谱线，这种现象称为塞曼效应. 塞曼效应是继法拉第磁致旋光效应之后发现的又一个磁光效应. 这个现象的发现是对光的电磁理论的有力支持，证实了原子具有磁矩和空间取向量子化，使人们对物质光谱、原子、分子有更多了解，由于及时得到洛伦兹的理论解释，更受到人们的重视，被誉为继 X 射线之后物理学最重要的发现之一. 1902 年，塞曼与洛伦兹因这一发现共同获得了诺贝尔物理学奖.

研究分子结构和分子内部运动的另一个重要途径是光谱分析. 分子中除了电子运动外，还存在着分子中各个原子间的相对运动，即分子的振动以及分子作为整体的转动. 与分子纯转动状态之间的跃迁对应的光谱在远红外波段；分子的纯振动光谱在近红外波段；而电子的跃迁光谱在可见及紫外波段. 由于电子跃迁过程中伴随着振动能级和转动能级的变化，形成带状光谱，因此对这种光谱分析也可以得到有关分子结构和振动、转动的信息. 拉曼光谱是散射分子内部结构和运动状态变化的反应. 对拉曼光谱中各个成分的波数变化进行测量并对偏振状态进行分析，可以得到有关分子结构和运动状态的信息.

通过上面的简单介绍，我们可以看到除了用其他粒子与原子碰撞、分析散射粒子的动量或能量以及用 X 射线照射原子的方法研究原子结构以外，在原子、分子结构研究中用的比较多的是光谱方法. 所以，根据不同观察对象正确地选择各种分光仪器，熟悉它们的主要规格、使用和维护方法也是本章的重要学习内容.

1.1 电子衍射实验

电子衍射实验是荣获诺贝尔物理学奖的重大近代物理实验之一，也是现代分析测试技术中，分析物质结构，特别是分析表面结构最重要的方法之一. 现代晶体生长过程中，用电子衍射方法进行监控也是十分普遍的. 1927 年，戴维孙(C. J. Davission)和革末(L. H. Germer)在观察镍单晶表面对能量为 100eV 的电子束进行散射时，发现了散射束强度随空间分布的不连续性，即晶体对电子的衍射现象. 几乎与此同时，汤姆孙(G. P. Thomson)和里德(A. Reid)用能量为 2×10^4eV 的电子束透过多晶薄膜做实验时，也观察到衍射图样. 电子衍射的发现验证了德布罗意(de Broglie)关于微观粒子具有波粒二象性的理论假说，奠定了现代量子物理学的实验基础.

本实验主要用于观察多晶体的电子衍射现象；加深对微观粒子波粒二象性的认识；测量运动电子的波长；验证德布罗意关系.

【预习要求】

(1) 复习电子衍射的有关原理.

(2) 了解 WDY-IV 型电子衍射仪的结构和使用方法.

一、实验原理

1. 电子的波粒二象性

波在传播过程中，遇到障碍物时会绕过障碍物继续传播，在经典物理学中称为波的衍射，光在传播过程中表现出波的衍射性，还表现出干涉和偏振现象，表明光具有波动性；光电效应提示光与物质相互作用时表现出粒子性，其能量有一个不能连续分割的最小单元，即普朗克 1900 年首先作为一个基本假设提出来的普朗克关系

$$E = h\nu \tag{1-1-1}$$

其中，E 为光子的能量，ν 为光的频率，h 为普朗克常量. 光具有波粒二象性，电子在与电磁场相互作用时表现为粒子性，在另一些相互作用过程中是否会表现波动性？德布罗意从光的波粒二象性得到启发，在 1923～1924 年期间提出电子具有波粒二象性的假设

$$\begin{aligned} E &= \hbar\omega \\ \boldsymbol{p} &= \hbar\boldsymbol{K} \end{aligned} \tag{1-1-2}$$

其中，E 为电子能量，$\boldsymbol{p}$ 为电子的动量，$\omega = 2\pi\nu$ 为平面波的圆频率，$\boldsymbol{K}$ 为平面波的波矢量，$\hbar = h/2\pi$ 为约化普朗克常量，波矢量的大小与波长 λ 的关系为 $K = 2\pi/\lambda$，式(1-1-2)称为德布罗意关系. 电子具有波粒二象性的假设拉开了量子力学革命的序幕.

电子具有波动性假设的实验验证是电子的晶体衍射实验. 电子被电场加速后，电子的动能等于电子的电荷乘以加速电压，即

$$E_{\mathrm{k}}=eV \tag{1-1-3}$$

考虑到高速运动的相对论效应，电子的动量为

$$p=\frac{1}{c}\sqrt{E_{\mathrm{k}}\left[E_{\mathrm{k}}+\left(2mc^{2}\right)\right]} \tag{1-1-4}$$

由德布罗意关系得

$$\lambda=\frac{hc}{\sqrt{2mc^{2}E_{\mathrm{k}}\left(1+E_{\mathrm{k}}/2mc^{2}\right)}} \tag{1-1-5}$$

真空中光速 $c=2.99793\times10^{18}$ Å · s^{-1}，电子的静止质量 $m=0.511\times10^{6}$ eV · c^{-2}，普朗克常量 $h=4.13571\times10^{-15}$ eV · s，$hc=1.23986\times10^{4}$ Å · eV，当电子所受的加速电压为 V 时，电子的动能 $E_{\mathrm{k}}=eV$，电子的德布罗意波长为

$$\lambda=\sqrt{\frac{150}{V}}\left(1-4.89\times10^{-7}V\right)\text{Å} \tag{1-1-6}$$

加速电压 100 V、电子的德布罗意波长应为 1.225 Å. 要观测到电子波通过光栅的衍射花样，光栅的光栅常数要做到 1Å 的数量级，这是不可能的. 晶体中的原子规则排列起来构成晶格，晶格间距在 1Å 的数量级，要观测电子波的衍射，可用晶体的晶格作为光栅. 1927 年戴维孙-革末用单晶体做实验，汤姆孙用多晶体做实验，均发现了电子在晶体上的衍射，实验验证了电子具有波动性的假设.

普朗克因为发现了能量子获得 1918 年诺贝尔物理学奖；德布罗意提出了电子具有波粒二象性的假设，建立了薛定谔波动方程，从而获得 1929 年诺贝尔物理学奖；戴维孙和汤姆孙因发现了电子在晶体上的衍射获得 1937 年诺贝尔物理学奖.

由于电子具有波粒二象性，其德布罗意波长可在原子尺寸的数量级以下，而且电子束可以用电场或磁场来聚焦，用电子束和电子透镜取代光束和光学透镜，发展了分辨本领比光学显微镜高得多的电子显微镜.

2. 晶体的电子衍射

晶体对电子的衍射原理与晶体对 X 射线的衍射原理相同，都遵从劳厄方程，即衍射波相干条件为出射波矢量 $\boldsymbol{K}_1$ 与入射波矢量 $\boldsymbol{K}_0$ 之差是晶格倒易矢量 $\boldsymbol{K}_{hkl}$ 的整数倍，即

$$\boldsymbol{K}_1-\boldsymbol{K}_0=n\boldsymbol{K}_{hkl} \tag{1-1-7}$$

设倒易空间的基矢为 $\boldsymbol{a}^*, \boldsymbol{b}^*, \boldsymbol{c}^*$，则倒易矢量为

$$\boldsymbol{K}_{hkl}=h\boldsymbol{a}^*+k\boldsymbol{b}^*+l\boldsymbol{c}^* \tag{1-1-8}$$

在晶体中原子规则排列成一层一层的平面，称之为晶面，晶格倒易矢量的方向为晶面的法线方向，大小为晶面间距 d_{hkl} 的倒数的 2π倍，即

$$K_{hkl} = \frac{2\pi}{d_{hkl}} \tag{1-1-9}$$

h, k, l 为晶面指数(又称米勒指数)，它们是晶面与以晶格平移基矢量为单位基矢的晶格坐标轴截距的约化整数，晶面指数表示晶面的取向，用来对晶面进行分类，标定衍射花样. 晶格对电子波散射有弹性的和非弹性的，弹性散射波在空间相遇发生干涉形成衍射花样，非弹性散射波则形成衍射花样的背景衬度. 入射波与晶格发生弹性散射时，入射波矢量与出射波矢量大小相等，以波矢量的大小为半径，作一个球面，从球心向球面与倒易点阵的交点的射线为波的衍射线，这个球面称为反射球(也称埃瓦尔德衍射球)，如图 1-1-1 所示，图中的格点为晶格的倒易点阵(倒易空间点阵).

晶格的电子衍射几何以及电子衍射与晶体结构的关系由布拉格定律描述，两层晶面上的原子反射的波相干加强的条件为

$$2d_{hkl}\sin\theta = n\lambda \tag{1-1-10}$$

其中，θ 为衍射角的一半，称为半衍射角，如图 1-1-2 所示，图中的格点为晶格点阵(正空间点阵)；n 为衍射级，由于晶格对波的漫反射产生消光作用，$n > 1$ 的衍射一般都观测不到.

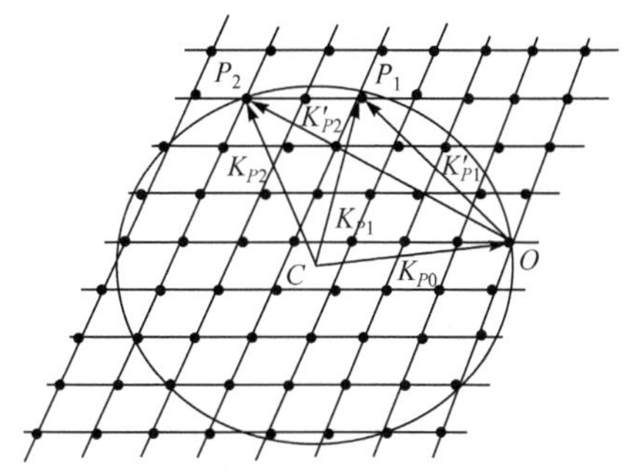

图 1-1-1　埃瓦尔德衍射球

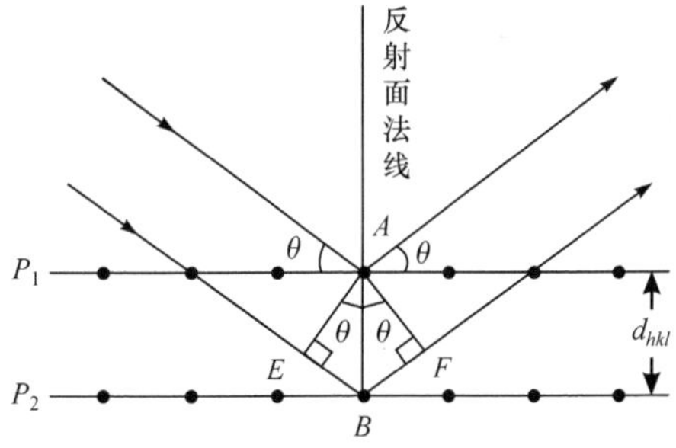

图 1-1-2　布拉格衍射

3. 电子衍射花样与晶体结构

晶面间距为 d_{hkl} 不能连续变化，只能取某些离散值，例如，对于立方晶系的晶体

$$d_{hkl} = \frac{a}{\sqrt{h^2+k^2+l^2}} \tag{1-1-11}$$

a 为晶格常数(晶格平移基矢量的长度)，是包含晶体全部对称性的、体积最小的晶体单元——单胞的一个棱边的长度，图 1-1-3 为立方晶系的三个布拉维单胞. 立方

晶系单胞是立方体，沿 h, k, l 三个方向的棱边长度相等，h, k, l 三个晶面指数只能取整数；对于正方晶系的晶体

$$d_{hkl} = \frac{1}{\sqrt{\frac{h^2+k^2}{a^2}+\frac{l^2}{c^2}}} \tag{1-1-12}$$

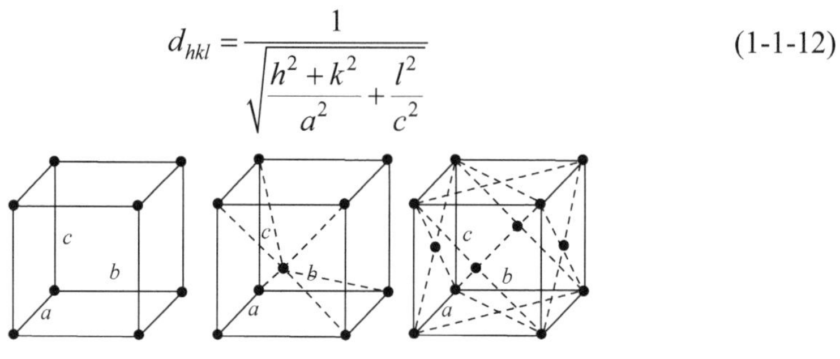

图 1-1-3　立方晶系的三个布拉维单胞

h, k, l 三个方向相互垂直，h, k 两个方向的棱边长度相等. 三个晶面指数 h, k, l 只能取整数，d_{hkl} 只能取某些离散值，按照布拉格定律，只能在某些方向接收到衍射线. 做单晶衍射时，在衍射屏或感光胶片上只能看到点状分布的衍射花样，见图 1-1-4. 做多晶衍射时，由于各个晶粒均匀地随机取向，各晶粒中具有相同晶面指数的晶面的倒易矢在倒易空间各处均匀分布形成倒易球面，倒易球面与反射球面相交为圆环，衍射线为反射球的球心到圆环的射线，射线到衍射屏或感光胶单晶衍射花样片上的投影呈环状衍射花样，见图 1-1-5. 衍射花样的分布规律由晶体的结构决定，并不是所有满足布拉格定律的晶面都会有衍射线产生，这种现象称为系统消失. 若一个单胞中有 n 个原子，以单胞上一个顶点为坐标原点，单胞上第 j 个原子的位置矢量为

$$\boldsymbol{r}_j = x_j\boldsymbol{a}^* + y_j\boldsymbol{b}^* + z_j\boldsymbol{c}^* \tag{1-1-13}$$

$\boldsymbol{a}^*$，$\boldsymbol{b}^*$，$\boldsymbol{c}^*$为晶格点阵的平移基矢量，第 j 个原子的散射波的振幅为 $A_q f_j$，f_j 为第 j 个原子的散射因子，根据劳厄方程，一个单胞中 n 个原子相干散射的复合波振幅为

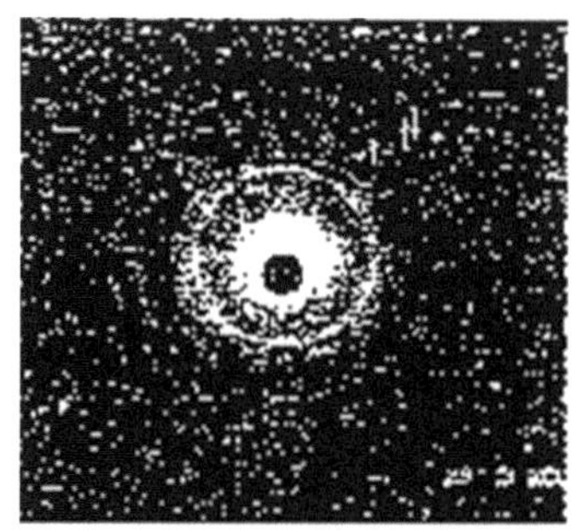

图 1-1-4　单晶衍射花样图

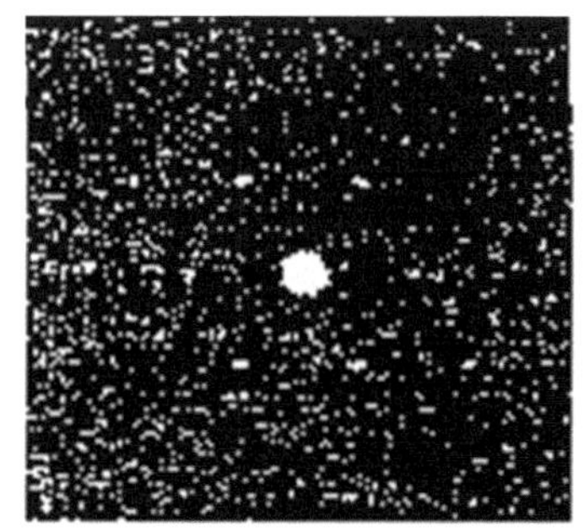

图 1-1-5　多晶衍射花样

$$A_b = A_a \sum_j^n f_j e^{j(\boldsymbol{k}_1 - \boldsymbol{k}_0)\cdot \boldsymbol{r}_j} = A_a \sum_j^n f_j e^{j\boldsymbol{K}_{hkl}\cdot \boldsymbol{r}_j} \tag{1-1-14}$$

根据正空间和倒易空间的矢量运算规则

$$\boldsymbol{K}_{hkl} \cdot \boldsymbol{r}_j = 2\pi\left(hx_j + ky_j + lz_j\right) \tag{1-1-15}$$

复合波振幅可写为

$$A_b = A_a \sum_j^n f_j e^{j2\pi\left(hx_j + ky_j + lz_j\right)} \tag{1-1-16}$$

上式中的求和与单胞中原子的坐标有关，单胞中 n 个原子相干散射的复合波振幅受晶体的结构影响，令

$$F_{hkl} = \sum_j^n f_j e^{j2\pi\left(hx_j + ky_j + lz_j\right)} \tag{1-1-17}$$

则单胞的衍射波强度

$$A_b^2 = A_a^2 F_{hkl}^2 \tag{1-1-18}$$

其中，F_{hkl} 为结构因子.

对于简单点阵，单胞中只有一个原子，其坐标为[0,0,0]，原子散射因子为 f_a，则有

$$F_{hkl}^2 = f_a^2$$

任意晶面指数的晶面都能产生衍射.

对于底心点阵，单胞中有两个原子，其坐标为[0,0,0]和[1/2,1/2,0]，若两个原子为同类原子，原子散射因子为 f_a，则

$$F_{hkl}^2 = f_a^2\left[1 + \cos(h+k)\pi\right] \tag{1-1-19}$$

只有当 h, k 同为偶数或同为奇数时，F_{hkl} 才不为 0；h, k 一个为偶数另一个为奇数时，F_{hkl}^2 为 0，出现系统消光.

对于体心点阵，单胞中有两个原子，其坐标为[0,0,0]和[1/2,1/2,1/2]，若两个原子为同类原子，原子散射因子为 f_a，则

$$F_{hkl}^2 = f_a^2\left[1 + \cos(h+k+l)\pi\right] \tag{1-1-20}$$

只有$(h+k+l)$为偶数时，F_{hkl}^2 不为 0，才能产生衍射.

对于面心点阵，单胞中有 4 个原子，其坐标为[0,0,0]和[1/2,1/2,0]，[1/2,0,1/2]，[0,1/2,1/2]，若 4 个原子为同类原子，原子散射因子为 f_a，则

$$F_{hkl}^2 = f_a^2\left[1 + \cos(h+k)\pi + \cos(h+l)\pi + \cos(k+l)\pi\right] \tag{1-1-21}$$

只有当 h, k, l 同为偶数或同为奇数时，F_{hkl} 才不为 0，能产生衍射.

对于单胞中原子数目较多的晶体以及由异类原子所组成的晶体，还要引入附加系统消光条件.

4. 电子衍射花样的指数化

根据系统消光条件，可以确定衍射花样的对应晶面的米勒指数 h, k, l，这一步骤称为衍射花样的指数化. 对衍射花样指数化，可确定晶体结构，若已知电子波的波长，则可计算晶格常数；若已知晶格常数(由 X 射线衍射测定)，则可计算电子波的波长，验证德布罗意关系. 下面以简单格子立方晶系的多晶衍射花样为例，介绍环状衍射花样的指数化.

对于电子衍射，电子波的波长很短，θ 角一般只有 1°～2°，设衍射环的半径为 R，晶体到衍射屏或感光胶片的距离为 L，由图 1-1-6 所示的几何关系可知 $R / L \approx 2\theta \approx 2\sin\theta$，则布拉格定律为

$$R = L\lambda \frac{1}{d_{hkl}} \quad \text{或} \quad R = L\lambda g \tag{1-1-22}$$

式中，$L\lambda$ 称为仪器常数，$g = K_{hkl} / 2\pi$，电子衍射花样就是晶格倒易矢放大 $L\lambda / 2\pi$ 倍的像. 将立方晶系的晶面间距 d_{hkl} 代入布拉格定律得

$$R = L\lambda \frac{\sqrt{h^2 + k^2 + l^2}}{a} \tag{1-1-23}$$

或

$$R^2 = \frac{L^2\lambda^2}{a^2}\left(h^2 + k^2 + l^2\right) \tag{1-1-24}$$

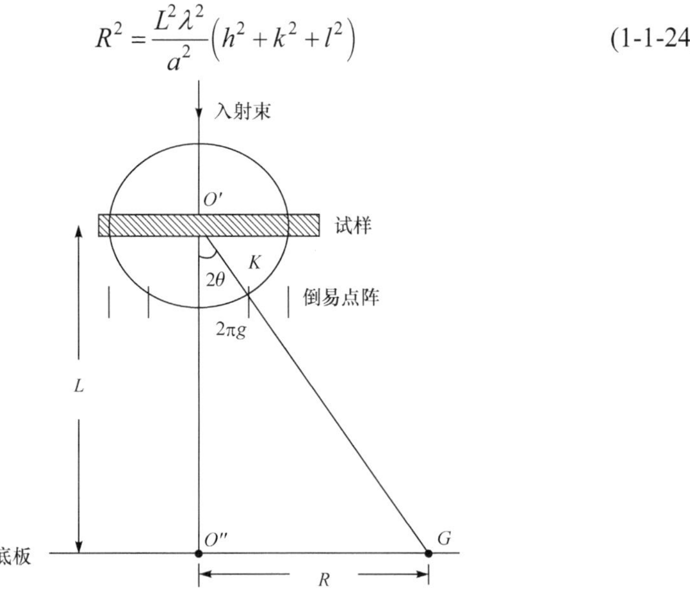

图 1-1-6 电子衍射示意图

晶面指数 h,k,l 只能取整数，令 $m = h^2 + k^2 + l^2$，则各衍射环半径平方的顺序比为 $R_1^2 : R_2^2 : R_3^2 : \cdots = m_1 : m_2 : m_3 : \cdots$.

按照系统消光规律，对于简单立方、体心立方和面心立方晶格，半径最小的衍射环对应的米勒指数分别为 100、110 和 111，这三个米勒指数对应的晶面分别是简单立方、体心立方和面心立方晶格中晶面间距最小的晶面. 这三个晶格的衍射环半径排列顺序和对应的米勒指数见表 1-1-1，将衍射环半径的平方比与表 1-1-1 对照，一般可确定衍射环的米勒指数. 衍射花样指数化后，对已知晶格常数的晶体，仪器常数

$$L\lambda = R\frac{a}{\sqrt{h^2+k^2+l^2}} \tag{1-1-25}$$

若已知仪器常数，则可计算晶格常数

$$a = \frac{L\lambda}{R}\sqrt{h^2+k^2+l^2} \tag{1-1-26}$$

表 1-1-1　简单格子立方晶系衍射环的米勒指数

衍射环序号	简单立方			体心立方			面心立方		
	hkl	*m*	m_i/m_1	*hkl*	*m*	m_i/m_1	*hkl*	*m*	m_i/m_1
1	100	1	1	110	2	1	111	3	1
2	110	2	2	200	4	2	200	4	1.33
3	111	3	3	211	6	3	220	8	2.66
4	200	4	4	220	8	4	311	11	3.67
5	210	5	5	310	10	5	222	12	4
6	211	6	6	222	12	6	400	16	5.33
7	220	8	8	321	14	7	331	19	6.33
8	300，211	9	9	400	16	8	420	20	6.67
9	310	10	10	411，300	18	9	422	24	8
10	311	11	11	420	20	10	333，511	27	9

二、实验装置

电子衍射实验要在高真空条件下将热发射的电子加速并聚焦到晶体样品上，在荧光屏接收显示衍射花样. 电子衍射实验用的晶体样品一般为几百至几千埃的薄膜，可通过真空镀膜或电解抛光减薄获得. 荧光屏上显示的电子衍射花样，通过胶片曝光或数码照相保存，供进一步分析. 所以，电子衍射仪包含一个处在真空中的电子光学系统，建立真空的高真空机组，提供加速电压的高压电源，记录衍射花样的照相装置部分，WDY-IV 型电子衍射仪还有一个小的镀膜装置. 图 1-1-7 为仪器总体结构图. 下面对完成本实验涉及的知识作简要介绍.

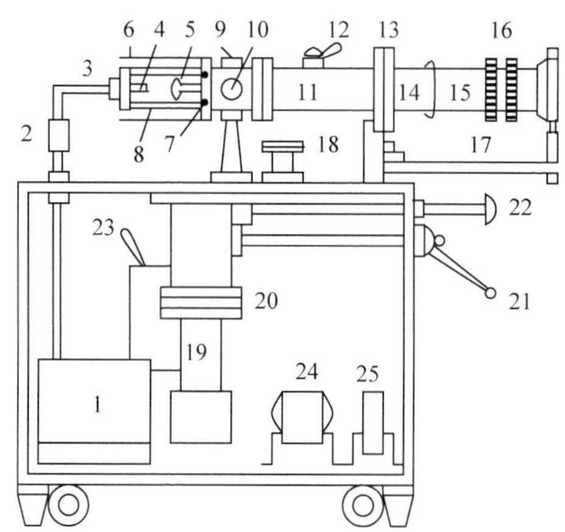

图 1-1-7 电子衍射仪总体结构图

1. 高压电源；2. 高压引线；3. 高压引线固定螺母；4. 阴极；5. 阳极；6. 防护铅套；7. 准直调节螺钉；8. 阴极固定套；9. 观察窗；10. 样品台；11. 衍射管；12. 快门；13. 照相装置；14. 荧光屏；15. 遮光套；16. 数码相机；17. 相机支架；18. 镀膜室；19. 扩散泵；20. 挡油板；21. 蝶阀手柄；22. 三通阀手柄；23. 电离真空规管；24. 镀膜变压器；25. 互感器

1. 电子光学系统

WDY-IV 型电子衍射仪的电子光学系统比较简单，由电子枪阳极、光阑、样品架、荧光屏和底片盒组成，处在高真空室中. 电子枪中的灯丝通过发热后逸出的电子，在阳极高压加速下射出，经过光阑照射到样品上. 灯丝罩和阳极组成一个简单的静电透镜，会聚电子束. 图 1-1-8 为 WDY-IV 型电子衍射仪的电子光学系统示意图.

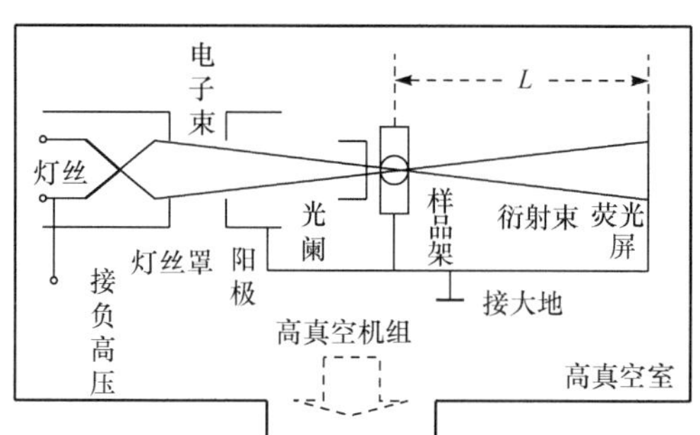

图 1-1-8 WDY-IV 型电子衍射仪的电子光学系统示意图

2. 高真空机组

高真空机组由油扩散泵、机械真空泵、高真空蝶阀、低真空三通阀、磁力阀、充气阀、挡油板和储气桶等部分组成，见图 1-1-9. 通过机械真空泵预抽真空，为高真空机组提供一个低真空工作环境(～4Pa)，只有在低真空环境下才能让油扩散泵升温工作，否则油扩散泵的工作介质——硅油，升温后暴露在空气中会氧化失效. 磁力阀、低真空三通阀、高真空蝶阀就是为了保证高真空机组基本上处在低真空工作环境而设置的，当高真空机组停止工作后，高真空蝶阀是关闭的. 切断油扩散泵进气口与高真空室的通道，低真空三通阀处于推入位，切断油扩散泵出气口与高真空室的通道，磁力阀自动关闭，切断油扩散泵出气口与机械真空泵的通道，油扩散泵、储气桶以及油扩散泵与机械真空泵之间的管道均保持在一定真空下，避免这三部分暴露在空气中，减少其对空气的吸附，提高下一次抽真空的效率，也保护了硅油，延长其使用期，磁力阀还可避免机械真空泵停止后，由机械真空泵出气口与进气口压强差导致的机械真空泵油返入高真空环境中.

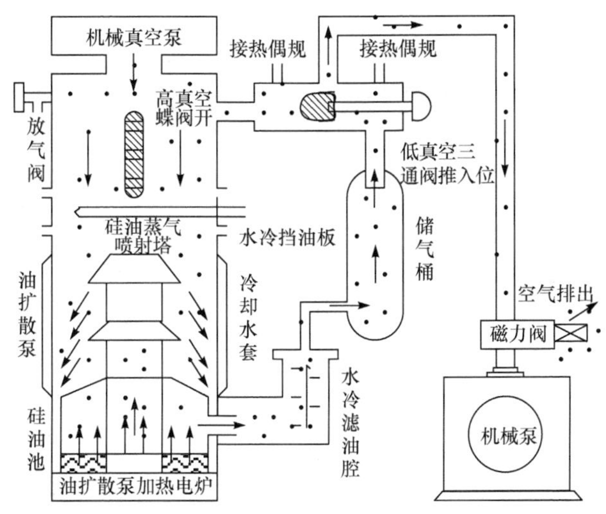

图 1-1-9　高真空机组

1) 油扩散泵

油扩散泵由硅油蒸气喷射塔、硅油池、冷却水套、水冷挡油板、水冷滤油腔和加热电炉组成，工作原理见图 1-1-9，电炉加热硅油池使硅油蒸发，硅油蒸气从喷射塔喷射出来形成气流，带走喷射口下部的空气，使得口下部的空气浓度下降，喷射塔上部的空气浓度高，要向喷射塔下部扩散，形成空气自上而下的扩散流，从而达到抽低真空下稀薄空气的目的. 为了防止硅油蒸气向上扩散，在喷射塔上部装有水冷挡油板，在其周围有冷却水包，让硅油蒸气及时冷凝并回流到硅油池中，为了防止硅油蒸气被前一级的机械真空泵抽走，在油扩散泵的出气端装有水冷滤油腔，使硅油蒸气及时冷凝并回流到硅油池中.

2) 机械真空泵

机械真空泵的工作原理见图 1-1-10. 电动机带动偏心活塞，在汽缸中转动，活塞上装有旋片，旋片在弹簧力的作用下，紧密地与汽缸壁接触在一起，偏心活塞和旋片把汽缸内部分割成左右两个腔体，偏心活塞转动时左腔体中的气体被排出，右腔体则吸入气体，进气口与被抽真空的容器相连通. 图 1-1-10 有两个汽缸和两个同步旋转的偏心活塞，是双级旋片真空泵，两个汽缸浸泡在机械真空泵油中与大气隔绝，机械真空泵油不仅可以润滑偏心活塞减小摩擦，还起到散热作用.

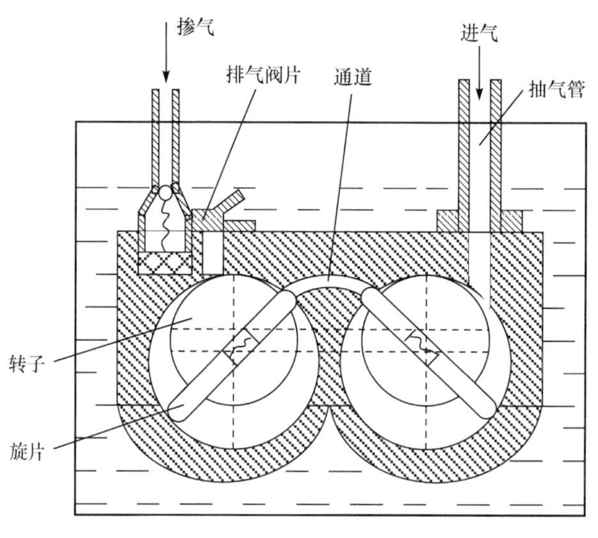

图 1-1-10　机械真空泵的工作原理

3) 储气桶

储气桶装在水冷滤油腔和机械真空泵之间，当机械真空泵预抽高真空室时，高真空蝶阀被关闭，低真空三通阀处于拉出位置，隔断了油扩散泵与机械真空泵之间的通道,储气桶为油扩散泵提供一个前级低真空空间，以维持油扩散泵可继续正常工作约 1 小时.

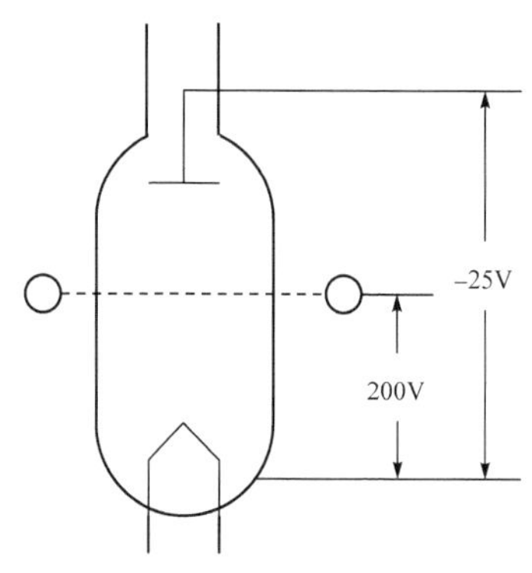

图 1-1-11　电离真空规管原理

3. 真空度的测量

复合真空计用来监测高真空室和油扩散泵前级的真空度，它由电离真空计和热偶真空计组成.

1) 电离真空计

电离真空计监测高真空的真空度，真空度传感器为电离真空规管，其工作原理见图 1-1-11，电离真空规管是一只三极电子管，其封装玻璃腔体与被测真空系统相通，腔体中的气压反映所测真空系统中气压的大小. 电离真空规管工作时，灯丝通电加热后发射热电子，在栅极正电压的加速下，电子撞击电离真空规管中的气体使气体电离，电离出来的正离子被负电压的收集极吸收，电离出来的电子则被栅极吸收，在收集极和栅极之间形成电离电流，若电离真空规管的阴极发射电流 I_n 恒定不变，则电离电流 I_i 的大小与电离真空规管中的气体压强 p 成正比，即

$$p=\frac{I_i}{SI_n} \tag{1-1-27}$$

式中，S 为电离真空规管的灵敏度，电离电流经直流放大器加以放大以后，在单位标定为真空度的电流表上测量显示电离真空规管中的真空度. 电离真空计只能在一定的真空度下才能使用，否则，电离真空计会因电离电流过大而烧毁电离真空规管.

2) 热偶真空计

热偶真空计用来测量低真空的真空度，其真空度传感器为热偶真空规管，热偶真空规管由电热丝和热电偶组成，其封装玻璃腔体与被测真空系统相通，腔体中的气压反映所测真空系统中气压的大小，工作原理见图 1-1-12. 在加热丝上通以恒定电流，加热丝发热加热热电偶，加热丝发出的热量同时也通过热偶真空规管中的气体热传导发散出去. 加热丝的温度变化由气体的热导率决定，当热偶真空规管中气体的压强降低时，气体的密度变小，热导率降低，造成加热丝的温度升高，热电偶的热电势也随之升高，热电势经过放大后，在单位标定为真空度的电表上测量显示热偶真空规管中的真空度.

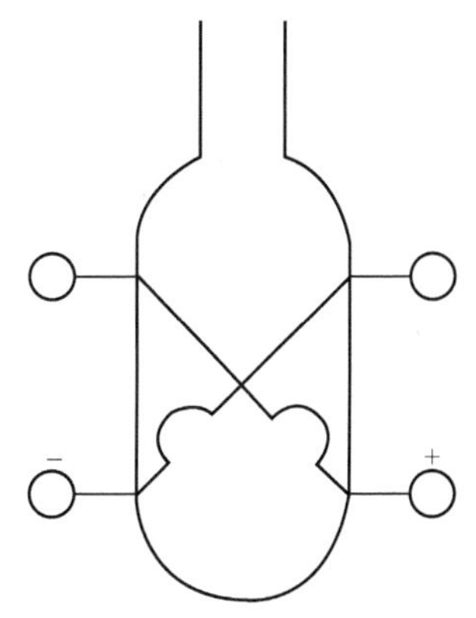

图 1-1-12　热偶真空规管工作原理

4. 样品制备

电子束的穿透能力远比 X 射线差，要观察到透射样品的衍射花样，样品一般为几百至几千埃的薄膜，样品的制备是一个重要环节. 真空镀膜可以制备观察透射衍射花样的样品，本实验用的电子衍射仪就配备了一个小型的电阻加热蒸发镀膜装置. 在电子衍射的实际应用中，常常是观察已成形的大块物体的中子衍射花样，其样品不能由镀膜获得，通过机械方法从大块物体上割取小块样品，再通过机械方法(如切削、打磨)减薄到 0.11 mm 左右，再由化学腐蚀的方法减薄成薄膜样品. 在这里仅简要介绍真空蒸发镀膜制备电子衍射样品的方法.

1) 制备底膜

样品架用紫铜做成，上面有一排直径约 0.7 mm 的小孔，电子衍射样品就放置在小孔上. 要通过蒸发在小孔上生成样品，必须先在小孔上制备一层承载蒸发生成的样品膜的底膜，底膜必须不产生电子衍射花样.

将样品架用细砂纸(如 02#金相砂纸)打光，清除小孔处的毛刺，然后依次用甲苯、丙酮、酒精超声清洗后备用. 取一滴浓度为 1%的火棉胶醋酸戊酯溶液，滴到盛有蒸馏水的中号蒸发皿中，火棉胶醋酸戊酯溶液将在水面上迅速挥发，在水面上形成整张的、平展的火棉胶膜. 将样品架从火棉胶膜的边缘斜插入水中，慢慢捞起火棉胶膜，然后将样品架放置在红外烤灯下烘干，底膜就做好了.

2) 真空蒸发镀膜

蒸发镀膜是发展最早，应用较广的真空镀膜方法. 在真空室内加热蒸发材料使其蒸发，并凝聚在待镀膜的基体材料表面沉积成膜. 蒸发镀膜的加热方式有电阻加热、电子束加热、高频感应加热以及激光加热等. 本实验使用最简单的电阻加热方式，加热蒸发材料制备电子衍射样品. 图 1-1-13 是电子衍射仪上配备的简易蒸发镀膜装置的示意图，蒸发材料放在用金属钼片做成的钼舟上，钼舟两端还以 40～100 A 的大电流使钼舟发热加热蒸发材料，在钼舟的上方约 50 mm 处放置粘附有火棉胶膜的样品架，蒸发室的下方与高真空机组连通.

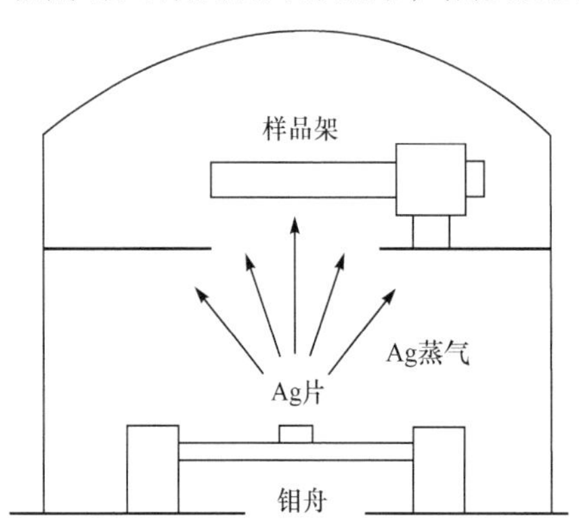

图 1-1-13　简易蒸发镀膜装置示意图

蒸发镀膜要在一定的真空度下才能进行，当钼舟到样品架的距离 L 远小于蒸发室中空气的平均自由程λ时，才能减少蒸发出的粒子与空气分子的碰撞，提高蒸发出的粒子射到样品架的概率，提高薄膜的流动速率，如$\lambda > 10\ L$时，假设蒸发室中的温度在短时间内保持在室温 20℃，由理想气体平均自由程公式可得，蒸发室中的压强 $p \leqslant 1.49 \times 10^{-2}$ Pa .

蒸发源温度是影响薄膜沉积速率的重要因素. 蒸发源的温度要略高于蒸发材料的熔点. 在钼舟两端通以 40 A 电流，待蒸发材料开始熔化时，再稍增大电流，待蒸发室罩盖上有薄膜沉积时，立即将加热电流降到零. 蒸发过程要快，确保在样品架上沉积的薄膜不至于太厚.

5. 衍射花样的记录和分析

衍射花样的记录可以采用乳胶片在衍射电子照射下曝光，也可以用数码照相记录衍射电子在荧光屏上显现的衍射花样. 在本实验中，我们采用数码照相记录衍射花样.

1) 数码照相

数码照相是利用电荷耦合器件(CCD)将图像转换成模拟电信号，再经模数转换器转换成数字信号后，在 LCD 显示屏上显示图像，以及在存储芯片或磁盘上记录保存. 电荷耦合器件由 MOS 电路构成，包含光敏单元、暂存单元和读出单元，光敏单元和暂存单元纵横排列组成面阵，在一套外部电脉冲的驱动下，进行光电荷积累、电荷转移暂存和电荷信号移位读出.

本实验使用柯达 DC215 数码相机拍摄电子衍射花样.

在实验中需要通过联机方式，在计算机上使用 DC215 监控软件设置拍摄补光. 将滑块开关拨到联机位置，用电缆将相机的数字输出口与微机的串口连接，打开相机电源，启动微机，在 Windows 下使用图片编辑器，如微软 Office 的照片编辑器，将相机中暂存的照片读入微机，在显示器上显示. 使用鼠标和照片编辑器显示的光标坐标，可测定数码照片上衍射环的直径 D_l.

2) 衍射花样分析

若已知数码照片中心黑斑的物理直径 $d_0 = 4.86$ mm，又测得数码照片上中心黑斑直径 D_0，则可算出数码照片上单位长度对应的实际物理长度 d_0 /D_0，以此值乘以数码照片上得到的衍射环直径 D_i，再除以 2，就得到荧光屏上衍射环的半径 R_i，即

$$R_i = \frac{d_0}{2D_0} D_i \tag{1-1-28}$$

将各衍射环的序号 i 和半径 R_i，以及半径的平方比列入表 1-1-2，将半径的平方比与表 1-1-1 比较. 若能与表 1-1-2 中半径的平方比吻合，则确定样品的晶体结构属立方晶上衍射环的直径系，同时也确定了衍射环对应的米勒指数 h, k, l.

表 1-1-2　数据记录表

i	0	1	2	3	4	7	9
D_i	62	281	324	458	536	704	
R_i/mm	2.43	11.01	12.70	17.95	21.01	27.59	
R_i^2/R_1^2		1	1.33	2.66	3.64	6.28	
$L\lambda$/(mm · Å)		25.97	25.94	25.91	25.85	25.85	
平均结果	$L\lambda$ =25.90 mm · Å，$\lambda = 0.0643$ Å						
测量条件	V_a=35 kV，$\lambda_D = 0.0643$ Å，$V_1 = 125$ V，$L = 403$ mm $p = 2\times10^{-3}$ Pa，a_{Ag}=4.0856 Å						

若已知样品到荧光屏的距离 L，将加速电压代入式(1-1-6)计算出电子的波长λ，再将米勒指数 h,k,l，对应的衍射环半径 R_i，以及距离 L 和波长λ，代入式(1-1-26)，则可计算出样品的晶格常数a.

3) 验证德布罗意关系

在确定了衍射环对应的米勒指数 h, k, l 后，若已知样品的晶格常数，样品到荧光屏的距离 L，将衍射环半径 R_i 和距离 L，代入式(1-1-26)，则可由电子衍射数据计算出电子的波长λ，将其与式(1-1-6)计算出的电子波长λ比较，验证德布罗意关系.

4) 仪器常数

由于高压测量电路、高压线圈内阻，以及其他因素的影响，加速电压的测量值并不是电子实际受到的加速电压. 电子波长很短，埃瓦尔德球的半径远大于倒逆球的半径，样品到荧光屏的距离 L 与电子波长λ呈简单反比关系，见式(1-1-22)，在一定加速电压下两者的乘积是一个常数. 用已知晶格常数(由 X 射线衍射测量得到)的样品的衍射半径，可以标定电子衍射仪常数 $L\lambda$. 用仪器常数和由加速电压的测量值计算出电子波长，标定样品到荧光屏的等效距离 L_0，用样品到荧光屏的等效距离 L_0 将加速电压的测量误差抵消掉. 在实验中使用等效距离 L_0 或仪器常数 $L\lambda$ 计算晶格常数.

三、实验内容

1. 实验步骤

实验步骤是建立在实验技术的具体要求之上的，不能靠死记硬背来掌握实验步骤，只有充分了解了实验技术的原理、特点和具体要求后，才能熟练地掌握实验步骤. 下面就结合高真空机组(图 1-1-9)、电子衍射仪、电子衍射仪的面板(图 1-1-14)和复合真空计的仪器面板(图 1-1-15)三个示意图，介绍实验步骤.

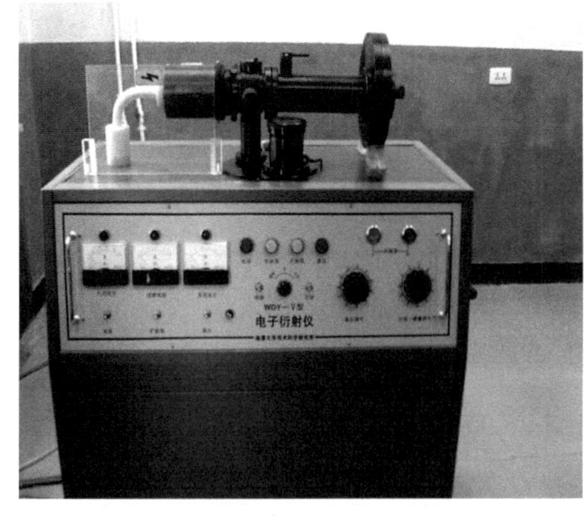

图 1-1-14　电子衍射仪的面板

图 1-1-15　复合真空计的仪器面板

要注意的是：无论操作到哪一步，需要放气时，都要先检查电子衍射仪面板上的高压调节旋钮和灯丝电压镀膜调节旋钮是否调到最小，高压开关、镀膜/灯丝开关是否关掉，电子衍射仪右侧的高真空蝶阀是否关闭，低真空三通阀是否在推入位；复合真空计仪器面板上的灯丝开关是否关掉，高真空量程开关是否掷 10^{-1} 挡，只有确认无误后，才能放气.

1) 预抽真空

(1) 检查高真空机组中的磁力阀、高真空蝶阀是否关闭，低真空三通阀是否在推入位；检查室电子衍射仪的面板和复合真空计的仪器面板上各开关是否关掉.

(2) 合上墙上的三相电源开关，打开复合真空计的电源开关，热偶真空计选择开关掷“测量 1”. 打开电子衍射仪电源开关，按一下机械真空泵“开”按钮，启动机械真空泵.

(3) 待机械真空泵对储气桶和油扩散泵抽气两三分钟后，将低真空三通阀手柄轻轻逆时针旋一下，并慢慢拉出，到拉出位后，再轻轻顺时针旋一下卡住手柄，机械真空泵对高真空室抽气.

(4) 待复合真空计上低真空指示的气压小于 5 Pa 后，将低真空三通阀手柄轻轻逆时针旋一下，并慢慢推入，到推入位后，再轻轻顺时针旋一下卡住手柄，接着顺时针旋高真空蝶阀手柄到水平位置，打开蝶阀. 此时，机械真空泵经由储气桶、油扩散泵、高真空蝶阀和机械真空泵，对整个真空系统抽气.

(5) 待复合真空计上低真空指示的气压再次小于 5 Pa 后，慢慢打开油扩散泵的冷却龙头，待出水管有一股小指头般粗细的水流流出即可，接着打开油扩散泵开关，加热油扩散泵，待复合真空计上低真空指示的气压小于 0.1 Pa 后，才能进行镀膜，这一过程大约要 20 min.

2) 做样品的底膜

在预抽真空的这段时间，按照前面实验技术中讲到的样品制备方法做样品的底膜. 选三个样品架制备底膜，备镀膜使用.

3) 蒸发镀膜

(1) 底膜烘干后，逆时针旋高真空蝶阀手柄到铅垂位置，关闭高真空蝶阀，准备放气. 放气前注意检查各个开关、阀门、旋钮是否正确放置.

(2) 慢慢打开放气阀，低真空表指示的气压逐渐升高，待放气完成后，打开蒸发室，取出挡板，剪 1 mm 宽、3 mm 长的银片，放入钼舟中间处，放好挡板，取一个样品架插入样架夹具中，盖上蒸发室.

(3) 关闭放气阀，将低真空三通阀手柄轻轻逆时针旋一下，并慢慢拉出，到拉出位后，再轻轻顺时针旋一下卡住手柄，机械真空泵对高真空室抽气. 待复合真空计上低真空指示的气压小于 5 Pa 后，将低真空三通阀手柄轻轻逆时针旋一下，并慢慢推入，到推入位后，再轻轻顺时针旋一下卡住手柄，接着顺时针旋高真空蝶阀手柄，待复合真空计上低真空指示的气压小于 0.1 Pa 后，可以进行镀膜.

(4) 将镀膜/灯丝切换开关掷“镀膜”，打开镀膜开关，调节灯丝电压/镀膜调节旋钮，使镀膜电流指示到 20 A(满量程为 100 A)，钼舟将渐渐发红，注意钼舟中的银片，看到银片熔化后，增加 2 A 加热电流，同时注意蒸发室罩盖，看到局部变为浅棕色，立即减小加热电流，关掉镀膜开关，镀膜/灯丝切换开关掷中间位置.

(5) 镀膜完成后，逆时针旋高真空蝶阀手柄到铅垂位置，关闭高真空蝶阀，准备放气. 放气前注意检查各个开关、阀门、旋钮是否正确放置.

(6) 慢慢打开放气阀，低真空表指示的气压逐渐升高，待放气完成后，打开蒸发室，取出样品架，盖上蒸发室.

4) 安装样品

(1) 安装或更换样品都要对高真空室放气，放气前一定要检查各个开关、阀门、旋钮是否正确放置.

(2) 慢慢打开放气阀，低真空表指示的气压逐渐升高，待放气完成后，放松样品台根部的花鼓轮，慢慢取下样品台，将旧样品架轻轻旋下，轻轻旋上新样品架，放置好样品台上的真空橡胶圈，将样品台慢慢插入衍射室，慢慢旋紧样品台根部的花鼓轮.

(3) 关闭放气阀，将低真空三通阀手柄轻轻逆时针旋一下，并慢慢拉出，到拉出位后，再轻轻顺时针旋一下卡住手柄，让机械真空泵对高真空室抽气.

(4) 待复合真空计上低真空批示的气压小于 5 Pa 后，将低真空三通阀手柄轻轻逆时针旋一下，并慢慢推入，到推入位后，再轻轻顺时针旋一下卡住手柄，接着顺时针旋高真空蝶阀手柄到水平位置，打开高真空蝶阀.

(5) 待复合真空计上低真空指示的气压小于 0.1 Pa 后，打开复合真空计上的灯丝开关，观察高真空指示的变化，逐渐调小高真空指示的量程.

(6) 从观察窗观察样品架，同时旋转样品台头部的花鼓轮，改变样品架的方向，让样品架与电子束垂直，旋转样品台中间的套筒鼓轮，调节样品架的位置，使样品架后退，让电子束可以直接射到荧光屏上. 注意：加了高压后，不能再从观察窗观察样品架，观察窗要用铅盖盖上.

5) 观察衍射花样

(1) 待气压小于 5×10^{-3} Pa 后，将镀膜/灯丝切换开关掷"灯丝"，打开灯丝开关调节灯丝电压/镀膜调节旋钮，使灯丝电压指示到 120 V，点亮灯丝.

(2) 打开高压开关，调节高压调节旋钮，先使高压指示为 15 kV，观察荧光屏上的光点，应当是一个相当亮的、无重影的亮点，若有重影，则需要在教师指导下调整灯丝、灯丝罩、阳极、光阑共轴.

(3) 一只手握着样品台头部的花鼓轮不让其转动，另一只手旋转样品台中间的套筒鼓轮，调节样品架的位置，使样品架前伸，让电子束打到样品架上的小孔，在荧光屏上可看到光点.

(4) 将高压加到 20 kV 以上，若样品制备得好，则可以在荧光屏上看到衍射花样. 微调样品台头部的花鼓轮和中间的套筒鼓轮，使衍射花样清晰；适当增加灯丝电压，可提高衍射花样的亮度；继续增加高压，可以看到衍射环向中心收缩，衍射环数增多. 高压一般加到 30 kV 就行了，在教师指导下可以加到 45 kV 以上.

(5) 注意：高压加到 30 kV 以上后，电子枪内会出现辉光放电，引起高压回路中电流增加，烧毁高压电路中的保险丝. 出现辉光放电时，应立即调低高压，所以，高压加到 30 kV 以上后，手应当不离高压调节旋钮.

(6) 在衍射花样的清晰度、亮暗衬度都调得比较好后，暂将高压降低到 10 kV.

6) 拍摄衍射花样

(1) 将数码相机支架架到衍射仪上，把数码相机安装到支架上，接好数码相机的外接电源，将数码相机的通信线与计算机连好，数码相机上的滑块开关滑到"联机"位置，打开数码相机电源，打开计算机，启动 DC215 监控软件，设置参数使相机的曝光补偿至+2.0.

(2) 数码相机上的滑块开关滑到"拍摄"位置，将高压增加到 30 kV，按动快门拍摄. 适当减小和增加灯丝电压，再各拍摄一次.

(3) 将高压分别增加到 35 V、40 V、45 V，适当减小和增加灯丝电压，再各拍摄三次.

(4) 将高压和灯丝电压调到最小，关掉高压开关和灯丝开关.

7) 分析衍射花样

(1) 关闭 DC215 监控软件，将数码相机上的滑块开关滑到"联机"位置，启动为 DC215 配的照片编辑和管理软件，将拍摄的照片读入计算机，并将照片另存为 JPEG 格式.

(2) 若照片太暗，可能需要增加显示器的亮度，或利用软件对照片的衬度做调整和补偿.

(3) 参照前面实验技术中讲到的衍射花样分析，对各照片进行测量和分析.

2. 实验内容

(1) 验证电子的波动性假说，观察到电子衍射花样，说明电子同光波一样具有波动性.

(2) 按照上述实验步骤，在已知样品银的晶格常数 $a_{Ag} = 4.0856$ Å 的情况下，将不同加速电压，不同灯丝电压下的照片上衍射环直径 D_i、衍射环半径 R_i、半径的平方 R_i^2/R_1^2 和仪器常数 $L\lambda$ 仿照表 1-1-2 列出，并与表 1-1-1 比较，确定银的晶体结构.

(3) 若已知样品到荧光屏的等效距离 $L_e = 403$ mm. 用仪器常数 $L\lambda$，计算电子波的波长λ，并与用式(1-1-6)计算出的电子的德布罗意波λ_D 相比较，验证德布罗意关系.

(4) 用式(1-1-6)计算出的电子的德布罗意波长λ_D 作电子的波长，由仪器常数 $L\lambda$ 计算不同加速电压下的等效距离 L_e，比较其差别，计算平均等效距离 L_e 及其误差.

(5) 若已知样品到荧光屏的距离 $L = 365$ mm，用仪器常数 $L\lambda$，计算电子波的波长λ，用式(1-1-6)计算出电子的德布罗意波长λ_D 与加速电压的关系曲线，确定电子的实际加速电压 V_a，并与高压表测量到的高压比较，算出误差.

四、注意事项

(1) 使用设备前必须先检查电源连接线、控制线及电源，注意三相电的相序，若按启动键后机械真空泵反转须立即停止，更改相序后再启动.

(2) 在启动扩散泵之前，必须先打开冷却水.

(3) 机械真空泵打开后磁力阀必须打开，机械真空泵关闭，磁力阀必须关闭.

(4) 油扩散泵必须在气压小于 5 Pa 后才能启动.

(5) 高压需加到几十千伏，不能长时间加高压.

(6) 观察实验时眼睛不能直对荧光屏.

(7) 加高压后观察窗必须用铅盖盖上.

(8) 油扩散泵关闭后机械真空泵和冷却水都必须再运行 30 min 后才能关闭.

(9) 工作完毕后应断电、断水.

五、思考题与讨论

(1) 使用机械真空泵应该注意哪些事项?

(2) 使用油扩散泵应该注意哪些事项?

(3) 测量高真空应该注意哪些事项?

参考文献

吴思诚, 荀坤. 2015. 近代物理实验. 4 版. 北京: 高等教育出版社.
杨福家. 2013. 原子物理学. 4 版. 北京: 高等教育出版社.

1.2　弗兰克-赫兹实验

1914 年，即玻尔(Bohr)的原子理论发表的第二年，当人们还未十分清楚地了解原子结构时，弗兰克(J. Franck)与赫兹(G. Hertz)用慢电子去轰击汞蒸气原子，发现原子吸收能量是不连续的，从而直接证明了原子能级的存在. 为此，弗兰克与赫兹获得 1925 年的诺贝尔物理学奖.

本实验的目的是做一个与弗兰克和赫兹的原始实验相类似的实验来测定氖元素的第一激发电势，证明原子能级是量子化的.

【预习要求】

(1) 复习玻尔理论.

(2) 理解本实验的基本原理.

一、实验原理

根据玻尔理论，原子只能较长久地停留在一些稳定状态(定态)，其中每一状态对应一定的能量，其数值是彼此分立的. 原子在能级间进行跃迁时要发射出确定频率的光子. 原子与具有一定能量的电子发生碰撞也可以使原子从低能级跃迁到高能级. 设 E_1 和 E_0 分别为原子的第一激发态和基态能量，初速度为零的电子在电势差为 U_0 的电场作用下获得能量 eU_0，如果

$$eU_0 = \frac{1}{2}m_0 v^2 = E_1 - E_0 \tag{1-2-1}$$

那么当电子与原子发生碰撞时，原子将从电子获得能量而从基态跃迁到第一激发态. 相应的电势差 U_0 就称为原子的第一激发电势.

弗兰克和赫兹最初的实验是用充汞管进行的，我们的实验将用充氖的蒸气管进行. 下面以充氖三极管为例来说明实验原理.

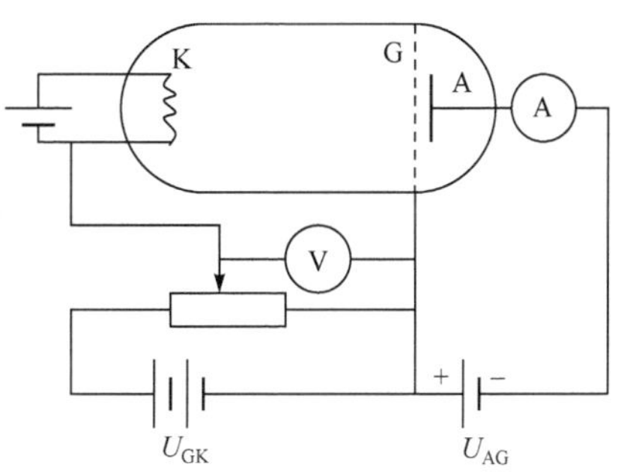

图 1-2-1　弗兰克-赫兹实验原理图

如图 1-2-1 所示，管内有三个电极. 热阴极 K 用来发射电子，栅极 G 相对于 K 加

有可调节的正向电压 U_{GK}. G、K 之间的电场用来加速电子，使其获得能量；G、K 区间又是电子与原子相互碰撞的区域. 板极 A 相对于栅极 G 加有反向电压 U_{AG}，其作用是使那些动能小于 eU_{AG} 的电子不能到达板极 A. 电流计用来测量电流 I_A，根据电流的大小就可以确定到达板极的电子数目.

电子在加速过程中必然要与氖原子发生碰撞. 如果碰撞前电子的能量小于原子的第一激发电势能 eU_0(对氖原子 U_0=16.7 V)，那么它们之间的碰撞将是弹性的. 简单计算表明，在弹性碰撞中，电子损失的能量很小. 然而如果电子的能量 $eU \geqslant eU_0$，那么电子与原子之间将发生非弹性碰撞，此时，电子将全部或部分能量传递给氖原子，使氖原子跃迁到第一激发态，假设这种碰撞发生在栅极附近，那些因碰撞而损失了能量的电子在穿过栅极之后将无力克服反向电压 U_{AG} 而不能到达板极 A，因此这时的电流 I_A 将明显减小.

随着 U_{GK} 的增加，电子与氖原子的非弹性碰撞区将向阴极方向移动. 经碰撞而损失能量的电子在奔向栅极的剩余路程上又得到加速，以至于在穿过栅极之后有足够的能量来克服反向电压而到达板极. 所以板极电流 I_A 又将随 U_{GK} 增加而升高. 但如果 U_{GK} 的增加使电子在到达栅极前的能量又达到 U_0，则电子与氖原子将再次发生非弹性碰撞，造成 I_A 的又一次下降. 在 U_{GK} 较高的情况下，电子在奔向栅极的路程上，将与氖原子发生多次这种非弹性碰撞. 每当 $U_{GK}=nU_0\,(n=1,2,\cdots)$时，就发生这种碰撞，在 I_A-U_{GK} 曲线上就出现 I_A 的多次下降(图 1-2-2). 对于氖原子，I_A 的每两个相邻峰值的 U_{GK} 均相等，约为 12 V，即氖的第一激发电势.

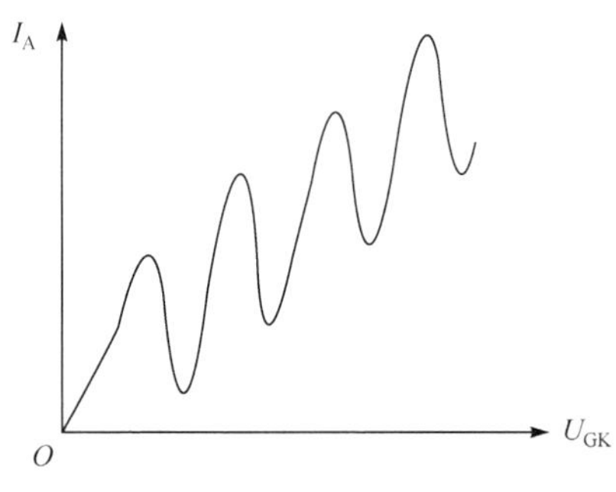

图 1-2-2　I_A-U_{GK} 曲线

如果管中充的是其他元素，则可获得该种元素的第一激发电势. 例如，汞 4.9 V、钠 2.12 V、钾 1.84 V 等.

另外，处于激发态的原子是不稳定的，它要以辐射光子的形式放出能量而跃迁到较低的能级. 如果不存在中间能级，它将直接回到基态，所发射光子的谱线和共振谱线相对应. 例如，对第一激发态，有

$$eU_0 = E_1 - E_0 = h\nu = hc/\lambda \tag{1-2-2}$$

式中，ν 和 λ 为所发射光子的频率和波长，c 为光速.

二、实验装置

1. 弗兰克-赫兹实验仪

本仪器主要由两部分组成. 第一部分为弗兰克-赫兹管(充氖气)，第二部分为

供电电路及监测仪表，其原理图见图 1-2-3.

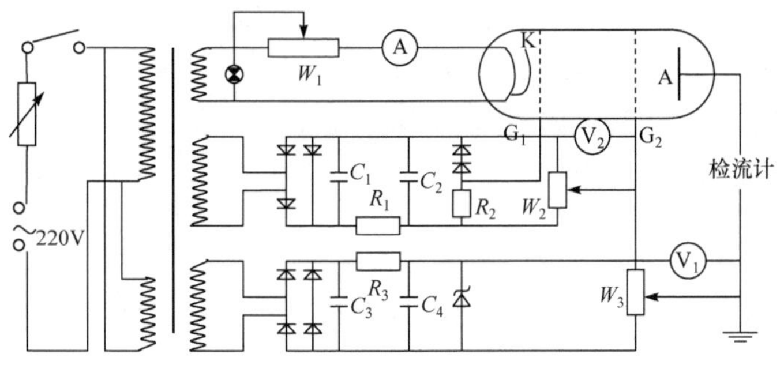

图 1-2-3　弗兰克-赫兹实验仪原理图

弗兰克和赫兹最初用的是充汞管，但汞在室温是液体. 需将其加热变为蒸气，且受温度影响很大，要求对汞管保持恒温，使实验装置变得复杂. 我们现在使用的是充氖三极管. 为了消除空间电荷对阴极电子发射的影响，在图 1-2-1 所示的三极管的阴极附近再增加一个栅极构成四极管. 这个栅极的电势比阴极稍高些，但比原有栅极的电势要低. 管子是由同轴管状电极构成的，阴极在圆心附近，板极在外层. 这种管子的受激原子发射同心光圈.

2. 复射式检流计

实验中所测量的板极电流 I_A 是很微弱的，因此要利用高灵敏度的检流计来测量.

三、实验内容

本实验的任务是测量弗兰克-赫兹管的 I_A-U_{GK} 曲线，并由此求出氖原子的第一激发电势，具体方法如下：

(1) 插上电源，拨动电源开关，指示灯亮，预热 30 min.

(2) 将手动-自动切换开关拨至“手动”挡，逆时针旋转扫描旋钮到底，灯丝电压选择开关置于 1.5 V，微电流倍增开关置于 10^{-7} 挡.

(3) 将电压分挡切换开关拨至 1.3～5 V 挡，旋转 1.3～5 V 调节钮，使电压表读数为 1.5 V，即阴极至第一栅极电压 U_{G1K} 为 1.5 V.

(4) 将电压分挡切换开关拨至 1.3～15 V 挡，旋转 1.3～15 V 调节钮，使电压表读数为 7.5 V，即阴极至第二栅极电压 U_{G2K} 为 7.5 V.

(5) 将电压分挡切换开关拨至 0～100 V 挡，旋转 0～100 V 调节钮，使电压表读数为 0 V，即这时阴极至第二栅极电压 U_{G2K} 为 0 V.

步骤(2)～(5)为实验前的准备步骤，灯丝电压为 3.5 V，U_{G1K} 为 1.5 V，U_{G2K} 为 7.5 V 为本实验采用的电压值.

(6) 旋转 0～100V(U_{G2K})调节钮，同时观察电流表-电压表读数变化. 随着 U_{G2K}(加速电压)增加，电流表的值出现周期性峰值和谷值，记录相应的电压、电流值，以输出电流为纵坐标，U_{G2K} 电压为横坐标，做出谱线曲线.

(7) 根据谱线曲线求出第一激发电势.

四、思考题与讨论

(1) 当反向电压 $U_{AG} = 0$ 时，I_A-U_{GK} 曲线会是什么样?

(2) 弗兰克-赫兹管内的气压大小与实验结果有什么关系?

参考文献

陈宏芳. 2006. 原子物理学. 北京: 科学出版社.
褚圣麟. 2018. 原子物理学. 北京: 高等教育出版社.

1.3　塞曼效应

塞曼效应是物理学史上一个著名的实验. 1896 年，荷兰物理学家塞曼(Zeeman)发现钠光源在磁场中发生分裂，1 条谱线分裂为 3 条，这种现象被称为塞曼效应. 随后他的老师洛伦兹利用经典电磁学和玻尔轨道电子具有角动量成功解释了该实验现象. 两人因此共同获得了 1902 年的诺贝尔物理学奖. 1897 年普雷斯顿(Preston)发现很多光谱在磁场中的分裂谱线并不是 3 条，其分裂间距也不尽相同，无法用洛伦兹的理论解释这种反常塞曼效应. 1925 年两位年轻的博士研究生乌伦贝克和古德斯米特(Goudsmit)提出电子具有自旋角动量，成功解释了反常塞曼效应以及许多与电子自旋相关的物理现象. 塞曼效应是对光的电磁理论的有力支持，证实了原子具有磁矩和空间取向量子化，使人们对物质光谱、原子、分子有更多了解. 本实验涉及量子物理、原子的外层结构及电子排布规律、原子跃迁、光的偏振、光谱线分裂等理论知识. 塞曼效应的重要性在于可以得到有关能级的数据，至今仍是研究原子内部能级结构的重要方法之一.

本实验的目的是通过观察塞曼效应，研究汞原子(546.1nm)谱线在磁场中的分裂情况，把实验现象和理论结果进行比较，从而对原子物理学和量子理论有一个较具体的了解；掌握法布里-珀罗标准具的结构、原理.

【预习要求】

(1) 复习原子中电子能级的描述方式.

(2) 复习磁场中原子能级的分裂.

一、实验原理

把光源放在足够强的外磁场中,原来的一条光谱线分裂为几条偏振的子谱线，分裂的条数随能级的类别而不同，这种现象称为塞曼效应. 谱线分裂成 3 条谱线的情况，一般称为正常塞曼效应，其他情况为反常塞曼效应.

原子能级的总角动量有 $2J+1$ 个取向，这些能级在无磁场时其本征能量相同，处于简并状态，在磁场 $B\neq 0$ 时，原子能级发生分裂，此时具有不同磁量子数能级的能量不再相同，简并状态被破坏.

分裂后能级的能量：

$$E=E_0+\Delta E=E_0+Mg=\frac{he}{4\pi m}B \tag{1-3-1}$$

这里 E_0 为未加磁场时该能级的能量，M 为磁量子数，g 为朗德因子，B 为外加磁场的磁感应强度，h 为普朗克常量，e 为电子电量，m 为电子质量，$\mu_{\mathrm{B}}=\dfrac{he}{4\pi m}$ 为玻尔磁子，$Mg=\dfrac{he}{4\pi m}B$ 是磁量子数为 M 的能级在磁场中获得的附加能量.

在半经典原子模型中，电子是绕原子核转动的，单个电子的状态可以用 4 个量子数(n, l, m_l, m_s) 描述，其中 n 是主量子数，l 是角量子数，磁量子数 m_l 代表角动量的空间取向，m_s 是电子的自旋量子数. 但是在计算原子能级时，通常要考虑到原子中多个价电子之间的相互作用(耦合)，L-S 耦合模式比较常见，即电子之间的轨道角动量耦合形成总的轨道角动量 L，自旋角动量耦合形成总自旋角动量 S，然后 L 与 S 再进行耦合形成总角动量 J，此时原子的能级被记作 $^{2S+1}L_J$，经过 L-S 耦合后的原子的磁量子数为 M，当 J 一定时，$M=J, J-1, \cdots, -J+1, -J$，共 $2J+1$ 个值.

朗德因子 g 是一个与 J，S 和 L 有关的数值，在 L-S 耦合情况下

$$g=1+\frac{J(J+1)+S(S+1)-L(L+1)}{2J(J+1)} \tag{1-3-2}$$

所以由式(1-3-1)、式(1-3-2)可知，每个能级都分裂为 $2J+1$ 个能级，相邻能级间的间距为 $g=\dfrac{he}{4\pi m}B$. 对于一个能级来说，各相邻能级之间的间距相等.

例如，Hg 原子光谱中 5461Å 谱线为 $6s7s^3S_1$ 到 $6s6p^3P_2$ 的能级跃迁产生，其各项量子数见表 1-3-1.

表 1-3-1　各项量子数

$^{2S+1}L_J$	$^3S_1$	$^3P_2$
L	0	1
S	1	1
J	1	2
g	2	3/2
M	1　0　−1	2　1　0　−1　−2
Mg	2　0　−2	3　3/2　0　−3/2　−3

在磁场中分裂的能级，其跃迁选择定则为 $\Delta M=0$，± 1(图 1-3-1)；

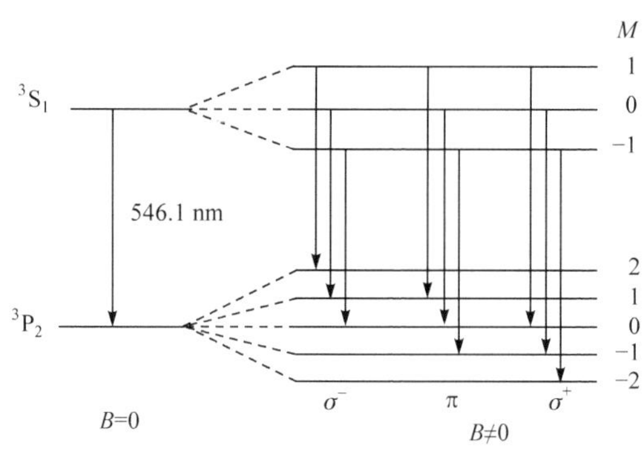

图 1-3-1　塞曼分裂能级跃迁示意图

从量子物理角度解释π、σ成分的产生. 当 $\Delta M=0$ 时为π成分；当 $\Delta M=\pm 1$ 时为σ 成分.

从垂直于磁场和平行于磁场两个方向观察塞曼分裂的情况. 当垂直于磁场方向观察时，会看到如图 1-3-2 所示的 9 条子谱线，都为线偏振光. 其中，中央三条的光矢量振动方向平行于磁场，称为π 成分，两侧各三条共 6 条光矢量振动方向垂直于磁场，称为σ 成分.

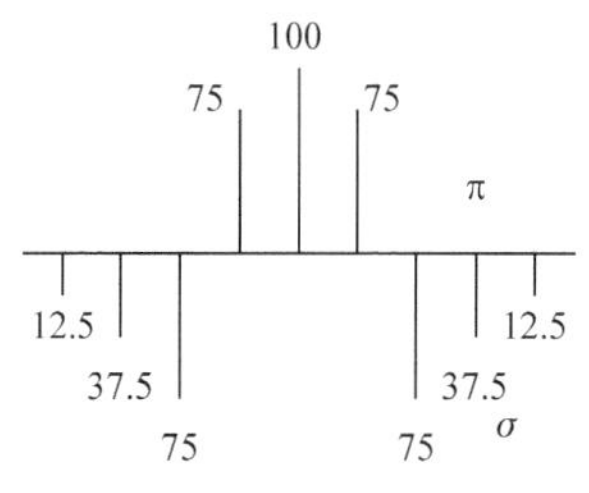

图 1-3-2　9 条子谱线光强和偏振情况

当平行于磁场方向观察时π 成分看不到了，只能看到 6 条σ 成分，而且它由线偏振光转换成圆偏振光，三条左旋三条右旋. 沿磁场正向观察时：$\Delta M=+1$ 为右旋圆偏振光(σ + 偏振)，$\Delta M=-1$ 为左旋圆偏振光(σ −偏振). 逆着磁场观察时：$\Delta M=+1$ 为左旋圆偏振光，$\Delta M=-1$ 为右旋圆偏振光.

由图 1-3-1 所示，5461 Å 谱线分裂成 9 条子谱线，其光强和偏振情况如图 1-3-2 所示.

可见最强的一条子谱线与最弱的子谱线相差悬殊，所以，在一个光谱区域内很难观测出 9 条子谱线的分裂.

若频率为 ν 的光谱线是由原子上能级 E_2 跃迁到下能级 E_1 产生的，那么在磁场作用下上下能级各附加一个能量 ΔE_2 和 ΔE_1，这样上下能级的跃迁将发生频率为 ν' 的谱线

$$h\nu = E_2 - E_1$$

$$h\nu' = \left(E_2 + \Delta E_2\right) - \left(E_1 + \Delta E_1\right) = \left(E_2 - E_1\right) + \left(\Delta E_2 - \Delta E_1\right) \tag{1-3-3}$$

由式(1-3-1)

$$\Delta E_2 - \Delta E_1 = M_2 g_2 \frac{he}{4\pi m} B - M_1 g_1 \frac{he}{4\pi m} B \tag{1-3-4}$$

分裂前后的谱线频率差 $\Delta\nu = \nu' - \nu$

$$\Delta\nu = \left(M_2 g_2 - M_1 g_1\right) \frac{he}{4\pi m} B = \left(M_2 g_2 - M_1 g_1\right) L \tag{1-3-5}$$

其中 $L = \dfrac{he}{4\pi m} B$ 为洛伦兹单位，B 单位为 Gs(1 Gs=10^{-4} T).

在我们的实验中，若 $B = 5000$ Gs，$\lambda = 546.1$ nm 可标出 $L = 4.67\times10^{-3} B$ (cm^{-1})，由式(1-3-5)可知$\Delta\lambda$=0.7 nm，若分开如此小的波长差，我们选用了法布里-珀罗标准具，其结构为：标准具外围是金属框架，透光部分由两块平行的玻璃片构成，为保证两玻璃片严格平行，外围有三个调解螺丝 A、B、C 分别负责上、下、左、右调节.

法布里-珀罗标准具原理如图 1-3-3 所示，设两平行玻璃片相对内表面之间的距离为 d，透射光束与水平轴线的夹角为 θ，S 为光源，一束平行入射光平行入射后，经过反射透射后会聚在一起，任意两平行光束都满足干涉条件. 干涉方程为 $2d\cos\theta = k\lambda$，这就是法布里-珀罗标准具的工作原理.

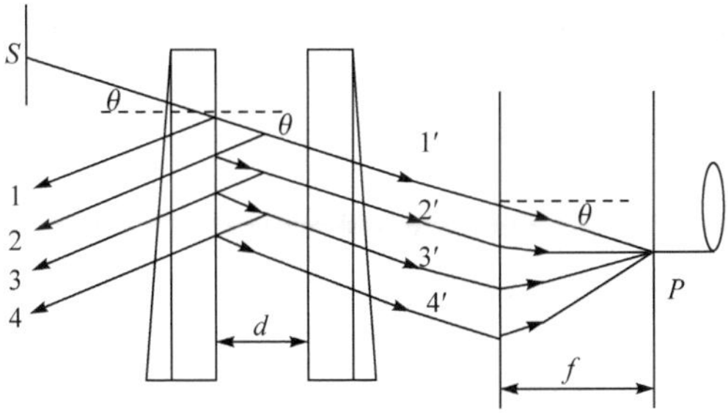

图 1-3-3　法布里-珀罗标准具光路图

二、实验装置

(1) 水银辉光放电管：电源用交流 220 V 通过自耦变压器接霓虹变压器，当可调变压器达 60 V 左右，电压升到 10000 V 左右时将点燃放电管.

(2) S-N 电磁铁，电源用交流 220 V，电流经稳流电源稳流.

(3) 法布里-珀罗标准具：其中包括会聚透镜、滤光片和平行晶组.

(4) 变焦距照相机，普通 135 照相机接变焦距镜头.

(5) 仪器使用可参照说明书.

三、实验内容

本实验的主要内容就是用法布里-珀罗标准具(以下简称标准具)观察汞灯的 5461 Å 谱线在外磁场中分裂的塞曼效应现象，并用长焦距照相机把分裂的谱线在通过标准具以后形成的干涉图形拍摄下来，在投影仪上测出其干涉圆环的直径，从而计算出分裂的谱线之间的波长差.

在标准具中，两平行玻璃片的间距 d =5 mm，若入射光包含两波差相差很小的 λ_a,λ_b，它们在同一干涉级次中产生的两干涉圆环直径为 D_a,D_b，则有

$$\lambda_b-\lambda_a=\frac{d}{4Nf^2\left(D_b^2-D_a^2\right)} \tag{1-3-6}$$

若同一波长 λ 的两相邻级次分别为 N 和 N–1，它们产生的干涉圆环分别为 D_N,D_{N-1}，则有

$$D_{N-1}^2-D_N^2=\frac{4f^2\lambda}{d} \tag{1-3-7}$$

当接近中心环时，$N=\dfrac{2d}{\lambda}$，则

$$\Delta\lambda=\frac{\lambda^2}{2d}\frac{(D_b^2-D_a^2)}{(D_{N-1}^2-D_N^2)} \tag{1-3-8}$$

可见波长差可以由测得的干涉圆环直径求出.

四、实验步骤

(1) 调整光路，使各光学元件在同一光轴上.

(2) 点燃汞灯，使可调变压器指示 90 V 左右，在汞灯下调好标准具，使成等倾干涉.

(3) 打开稳流电源，通过加强磁场电源达到加大磁场的目的.

(4) 观察塞曼效应现象.

① 观察不加磁场时 5461 Å 谱线的等倾干涉条纹.

② 观察磁场变化时的塞曼效应现象：注意磁场电流强度不要超过 4 A，磁场加强谱线开始重叠，观察到分裂的子谱线条数减少，但干涉图形更清楚了.

③ 加偏振光片观察 π 成分和 σ 成分的子谱线，本实验只作垂直于磁场方向的观测.

(5) 读取任意相邻 N、$N-1$ 级衍射环的直径 D_N、D_{N-1} ($D_{N-1} > D_N$)，以及 N 级衍射下任意相邻两条干涉圆环的直径 D_a、D_b ($D_b > D_a$)，求波长差 $\Delta\lambda_{ab}$.

五、注意事项

(1) 基于法布里-珀罗标准具的塞曼效应实验成功的关键在于能否获得细锐、清晰的等倾干涉条纹. 实验中影响干涉条纹质量(如条纹的宽度、对比度及光强均匀度等)的因素主要有：法布里-珀罗标准具腔的平行度、会聚透镜的位置、光阑的使用及光路的等高共轴等.

(2) 合理选择偏振片的位置.

(3) 实验过程中，轻拿轻放以保护光路稳定；实验完毕后，关闭电源，将仪器罩盖好，以便保护仪器.

六、思考题与讨论

(1) 如何使干涉条纹清晰，影响它的因素有几个？

(2) 为什么用法布里-珀罗标准具观察，是否可以改用 1m 光栅摄谱仪观测塞曼效应？

参 考 文 献

褚圣麟. 2018. 原子物理学. 北京：高等教育出版社.
史斌星. 1982. 量子物理. 北京：清华大学出版社.
吴思诚，荀坤. 2015. 近代物理实验. 4 版. 北京：高等教育出版社.
晏于模，王魁香. 1995. 近代物理实验. 长春：吉林大学出版社.

1.4　氢原子光谱

光谱线系的规律与原子结构有内在的联系，因此，原子光谱是研究原子结构的一种重要方法. 1885 年巴耳末总结了人们对氢原子光谱测量的结果，发现了氢光谱的规律，提出了著名的巴耳末公式，氢光谱规律的发现为玻尔理论的建立提供了坚实的实验基础，对原子物理学和量子力学的发展起到重要作用. 1932 年尤里根据里德伯常量随原子核质量不同而变化的规律，对重氢莱曼线系进行摄谱分析，发现氢的同位素氘的存在. 通过巴耳末公式求得的里德伯常量是物理学中少数几个最精确的常数之一，成为检验玻尔理论可靠度标准和测量其他基本物理常量的依据.

本实验的目的是通过测量氢原子光谱谱线的波长，验证巴耳末公式，从而对玻尔理论有进一步了解；通过测定里德伯常量，对近代实验仪器测量精度有一个初步了解.

【预习要求】

(1) 复习巴耳末公式.

(2) 复习玻尔理论对氢原子光谱的解释.

一、实验原理

氢原子的结构最简单，它发出的光谱也有明显的规律. 因此，氢原子光谱的研究在原子物理发展史上一直起着重要作用. 氢原子光谱有若干相互独立的光谱线系，比较容易得到的为其中五个，而可见光区域内有一组巴耳末线系. 其中比较明亮的有四条谱线，它们是：6562.10 Å，4860.74 Å，4340.10 Å，4101.20 Å.

这些谱线的规律可用巴耳末公式表达

$$\lambda = B\frac{n^2}{n^2-4}, \quad n=3,4,5,\cdots \tag{1-4-1}$$

公式中 $B=3645.6$ Å，当 $n=3, 4, 5, \cdots$时，式(1-4-1)分别给出氢光谱中的四条谱线. 式(1-4-1)也可改写成

$$\frac{1}{\lambda} = R\left(\frac{1}{2^2}-\frac{1}{n^2}\right) \tag{1-4-2}$$

式中，$R=\frac{4}{B}=1.0967758\times10^{7}\ \mathrm{m}^{-1}$. 在此经验公式的基础上，玻尔建立了氢原子理论. 根据玻尔理论，每条谱线对应于原子中的电子从一个能级跃迁到另一个能级所释放的能量. 从理论上导出里德伯常量 R 等于

$$R=\frac{2\pi^2 me^4}{(4\pi\varepsilon_0)^2 h^3 c} \tag{1-4-3}$$

公式推导见褚圣麟《原子物理学》第 32 页. 在原子物理里根据玻尔理论求出 $R=1.0973731\times10^{7}\ \mathrm{m}^{-1}$ 这个数值与实验结果十分相符.

二、实验装置

(1) 1 m 光栅摄谱仪，拍摄谱线用.

(2) 映谱仪，寻找确认谱线.

(3) 比长仪，用于测量谱线间距.

(4) 氢放电管，作为氢原子光谱光源.

(5) 仪器使用可参照说明书.

三、实验内容

本实验主要是测出氢光谱在可见区域的谱线的波长，具体方法如下.

用摄谱仪拍下氢光谱，同时也拍下铁光谱，由于铁光谱中各条谱波长已精确测定，所以由氢光谱和铁光谱在底片上的相对位置，就可以算出氢光谱的波长. 铁光谱可以用铁光谱的标准谱图来识别. 这种通过测量谱线间的相对位置而达到测量波长的方法一般称为线性内插法. 它的原理是摄谱仪的线色散在很小的间隔内可视为一常数，即波长差与间距差呈线性关系.

若测量某一条未知氢光谱，只要把氢光谱和铁光谱拍摄在同一底片上，并使其足够靠近，用比长仪测量时，可以在同一视场内观察到. 一般使用哈特曼光阑控制来达到这一目的.

如图 1-4-1 所示，在被测的氢光谱 λ_H 左右选两条相距最近的铁光谱 λ_1 和 λ_2，则

$$\frac{\lambda_2-\lambda_1}{d}=\frac{\lambda_H-\lambda_1}{x}$$

测出两条铁光谱之间的距离 d 以及铁光谱 λ_1 和氢光谱 λ_H 之间的距离 x，则有

$$\lambda_H=\lambda_1+\frac{(\lambda_2-\lambda_1)x}{d}$$

即测出氢光谱的波长，可以算出里德伯常量，代入公式(1-4-2)即可.

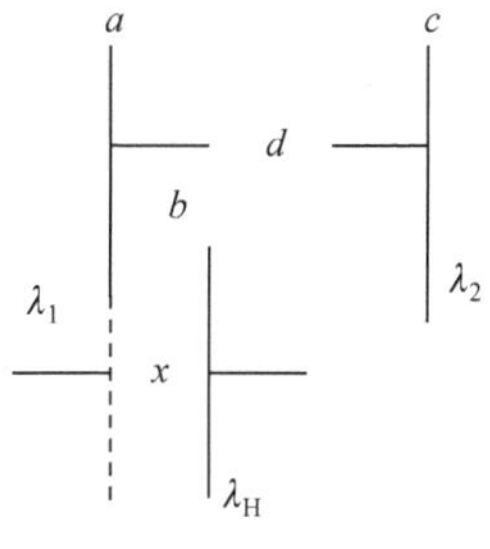

图 1-4-1　氢光谱的波长的测量

四、实验步骤

(1) 用实验卡片检查摄谱仪是否处于正常工作状态，狭缝调焦、狭缝倾角和光栅转角置于说明书规定数据.

(2) 列出摄谱计划(表 1-4-1)，以便随时作原始记录.

表 1-4-1　摄谱计划表

(___年___月___日，操作者_______)

光谱	干板型号	中心波长	狭缝	光阑	暗盒位置	曝光时间

摄谱时，参考 1 m 光栅摄谱仪使用说明书，根据干板型号和待测谱线的光谱范围，选择好适合的中心波长和所使用的光阑.

实验中，由于氢灯不经过三透镜聚光系统而直接放在狭缝前，所以在寻找氢灯位置时必须拿下暗盒观察氢光是否通过狭缝照在光栅上，只有观察到氢光谱才可以进行拍摄，所以拍摄时，必须先拍氢光谱.

两种光源都使用高压，要注意暴露在外面的电极.

(3)拍好底片，拿到暗室冲洗，一般显影 10min，定影 10min 以上，定影后用水冲洗底片 3～5min，即可干燥底片待测.

(4) 列出测量表格(表 1-4-2)，测四组数据，参见图 1-4-1.

表 1-4-2　波长测量数据记录表

	a	b	c	$c-a$	$b-a$
1					
2					
3					
4					

五、注意事项

(1) 移动氢灯时要特别小心，以免碰坏；不要使氢灯接触摄谱仪金属部分，以免氢灯冷热不均，引起爆裂，氢灯电源高压危险，小心操作.

(2) 先调节铁光谱光斑位置及大小，使其正对狭缝并照满光阑，然后调整氢光谱管的位置，使观察到的光谱彩带最亮，装上毛玻璃，调整物镜聚焦，使谱线最清晰，然后进行拍摄. 曝光顺序为“先氢后铁”.

(3) 由于氢光源较弱，拍摄时要将氢放电管平行地尽量靠近狭缝(勿与摄谱仪接触)，使进入狭缝的光尽可能强. 铁光谱光源的光通过透镜聚在狭缝上，使其成为直径约为 1 cm 的光斑即可. 两种光源都用高压电源，必须注意人身安全，调整电极时必须先断电源. 调整电极与操纵电源要由同一人进行，以防多人配合不当，发生危险. 对铁光谱光源，最好戴防护镜以防紫外线伤眼(如果有).

六、思考题与讨论

(1) 如何确定摄谱仪的中心波长？为什么？

(2) 本实验中为什么要先拍氢光谱，后拍铁光谱？

参 考 文 献

褚圣麟. 1979. 原子物理学. 北京: 高等教育出版社.

史斌星. 1982. 量子物理. 北京: 清华大学出版社.
杨福家. 2013. 原子物理学. 4 版. 北京: 高等教育出版社.

附录　光栅单色仪的使用

1666 年牛顿在研究三棱镜时发现通过三棱镜的太阳光被分解为七色光. 1814 年夫琅禾费设计了包括狭缝、棱镜和视窗的光学系统并发现了太阳光谱中的吸收谱线(夫琅禾费谱线). 1860 年基尔霍夫和本生为研究金属光谱设计了较完善的现代光谱仪——标志着现代光谱学的诞生. 由于棱镜光谱是非线性的，人们开始研究光栅单色仪. 光栅单色仪被广泛应用在科研、生产、质控等环节. 无论是穿透吸收光谱、荧光光谱，还是拉曼光谱，如何获得单波长辐射是不可缺少的手段. 精密光栅单色仪是一种能获得单色辐射的高性能仪器. 仪器具有波长范围大、分辨本领高、波长精度高、扫描速度调节范围大等特点，自动化程度高，可测各种辐射源的光谱分布、探测器的光谱灵敏度、发光材料及光学薄膜的光谱特性等.

本实验的目的是了解光栅单色仪的原理、结构和使用方法，掌握定标光栅单色仪的方法和光栅单色仪的软件使用.

【预习要求】

(1) 复习光栅衍射的有关原理.

(2) 理解 WDJ50-1 型精密光栅单色仪的结构和使用方法.

(3) 光电转换的方式.

一、实验原理

1. 光栅单色仪的结构和光栅方程

如图 1-4-2 所示，光栅单色仪由三部分组成：①光源和照明系统；②分光系统；③接收系统. 单色仪的光源有：火焰(燃烧气体：乙炔、甲烷、氢气)、电火花、电弧(电火花发生器)、激光、高低压气体灯(钠灯、汞灯等)、星体、太阳等. 分光系统中其元件主要包括：光栅及反射镜，准光镜和物镜，入射、出射狭缝旋钮. 图 1-4-3 给出了典型光栅单色仪分光系统的结构图. 信号接收系统即光电倍增管/CCD，计算机及软件系统. 光栅单色仪可以研究诸如氢氘光谱、钠光谱等元素光谱(使用元素灯作为光源)，也可以作为更复杂的光谱仪器的后端分析设备，比如激光拉曼/荧光光谱仪. 光栅由计算机软件控制步进电机驱动，可以获得较高的精度.

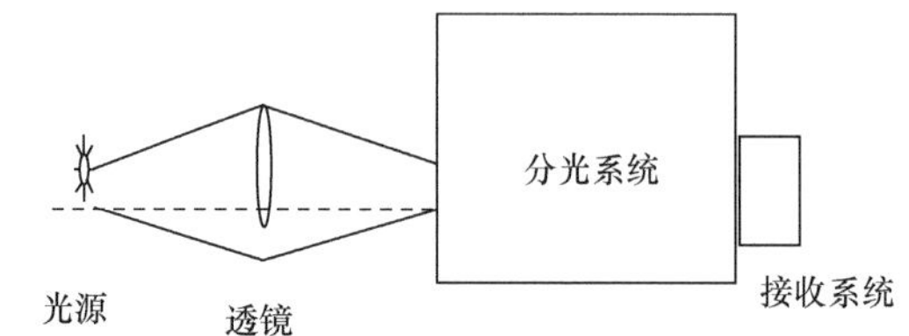

图 1-4-2　光栅单色仪组成部分

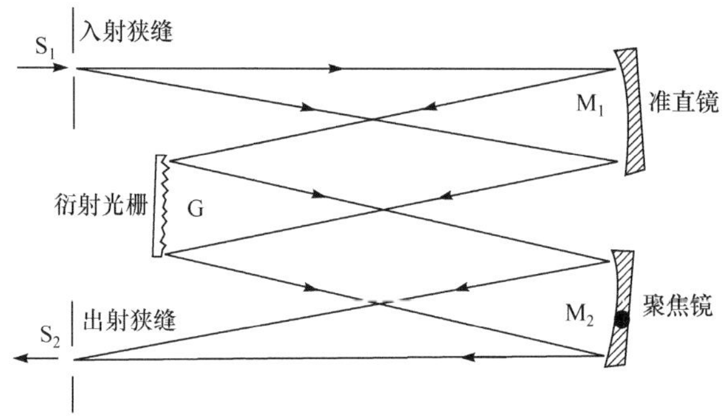

图 1-4-3　分光系统的结构和原理

分光系统中的光栅是闪耀光栅，以磨光的金属板或镀上金属膜的玻璃板为坯子，用劈形钻石尖刀在其上面刻画出一系列锯齿状的槽面形成光栅，由于光栅的机械加工要求很高，所以一般使用的光栅是该光栅复制的光栅，它可以将单缝衍射因子的中央主极大移至多缝干涉因子的较高级位置上去. 因为多缝干涉因子的高级项(零级无色散)是有色散的，而单缝衍射因子的中央主极大即几何光学的方向集中了光的大部分能量，这个方向就是闪耀光栅的闪耀方向，使用闪耀光栅可以大大提高光栅的衍射效率，从而提高了测量的信噪比.

当入射光与光栅面的法线 N 的方向的夹角为 ϕ 时(图 1-4-4)，光栅的闪耀角为 θ_b(光栅面和光栅刻槽面的夹角，因此也是刻槽面法线和光栅面法线 N 和 n 之间的夹角). 取一级衍射项时，对于入射角为 ϕ，而衍射角为 θ 时，光栅方程为

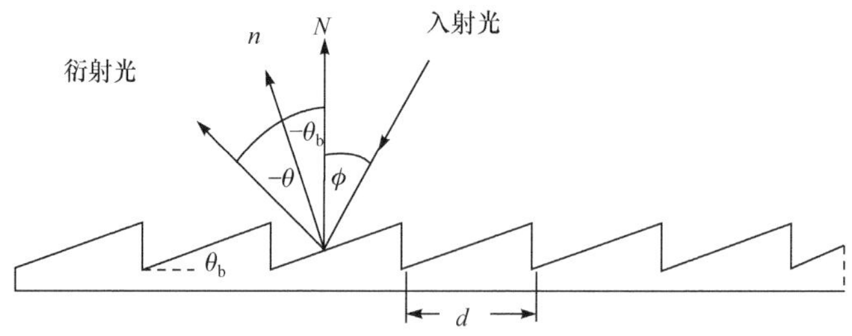

图 1-4-4　闪耀光栅的工作原理

$$d(\sin\phi+\sin\theta)=\lambda \tag{1-4-4}$$

因此当光栅位于某一个角度时(ϕ、θ一定)，波长λ与d成正比，角度的符号规定由法线方向向光线方向旋转，顺时针为正，逆时针为负. 几何光学的方向为闪耀方向，所以可以算出不同入射角时的闪耀波长，由于几何光学方向为入射角等于反射角的方向，即$\phi-\theta_b=-\theta-(-\theta_b)$，所以有$\theta=2\theta_b-\phi$，光栅方程改为

$$d(\sin\phi+\sin(2\theta_b-\phi))=\lambda \tag{1-4-5}$$

2. 狭缝宽度

狭缝是单色仪的关键部件. 仪器不工作时狭缝开启宽度应放在最小的位置. 调节狭缝宽度时，切记不要用力过猛和过快，要仔细缓慢地调到所要求的值. 狭缝应该调到它的最佳宽度，为了说明这个问题先作一定的假设，设照明狭缝的光是完全非相干的(即每一点为独立的点光源)，首先设狭缝为无限细，由衍射理论和实验可知谱线的半宽度约为$a_n=0.86\dfrac{\lambda f}{D}$，这里$\lambda$为光的波长，$f$为离轴抛物镜的焦距，$D$是由光栅和抛物镜的口径限制的光束的直径，当狭缝$a$逐渐变宽时，谱线宽度的变化如图 1-4-5 所示，图 1-4-6 为狭缝宽度与光谱的分辨率R和光谱强度I的变化. 由图 1-4-6 可见狭缝宽度过大时实际分辨率下降，狭缝宽度过小时出射狭缝上得到光强太小，取$a=a_n$最好.

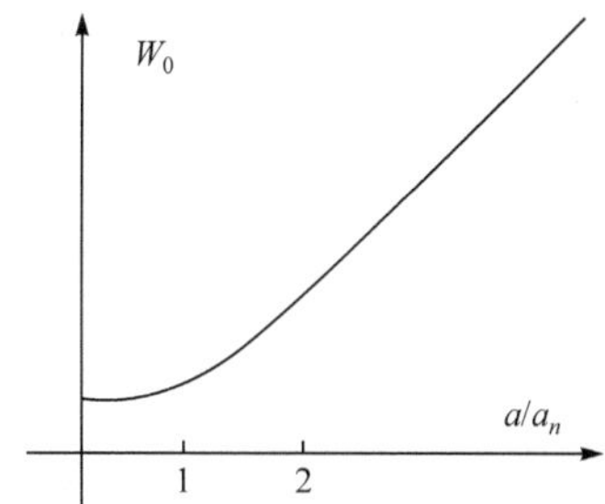

图 1-4-5　狭缝宽度与谱线宽度的关系曲线

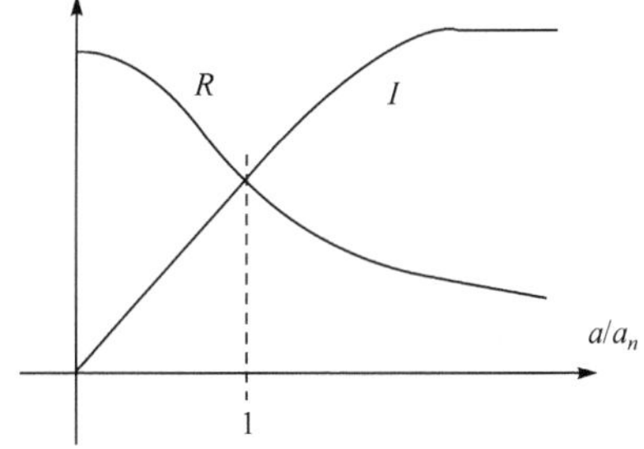

图 1-4-6　狭缝宽度与光谱分辨率及光谱强度的关系曲线

3. 光栅单色仪的色散和分辨率

根据光学的理论知识可以知道，光栅的特性主要有：谱线的半角宽度、角色散率和光谱分辨本领. 理论上它们分别为

$$\mathrm{d}\theta = \frac{\lambda}{Nd\cos\theta}, \quad D_\theta = \frac{\mathrm{d}\theta}{\mathrm{d}\lambda} = \frac{m}{d\cos\theta}, \quad R = \frac{\lambda}{\mathrm{d}\lambda} = mN$$

式中，N为光栅的总线数，m 为所用光的衍射级次. 实验中由于光学系统的像差和调整误差，杂散光和噪声的影响，加上光源的谱线由于各种效应而发生的增宽，所以实际的谱线半角宽度远远大于理论值，因此光谱仪的实际分辨本领远远小于理论值.

4. 光电倍增管的原理

单色仪的接收系统在本实验中使用光电倍增管(也可以使用线阵 CCD, 图 1-4-7). 下面说明光电倍增管的原理，它是利用光电子发射效应和二次电子发射效应制成的光电器件. 其主要优点是灵敏度高、稳定性好、响应速度快和噪声低. 其主要缺点是结构复杂、工作电压高、体积大. 光电倍增管是电流放大元件，具有很高的电流增益，因而最适合于微弱信号的检测. 光电倍增管的基本结构和工作原理如下：当光子打到光电倍增管(简称 GDB)的光阴极 K 上时，由于光电效应会产生一些光电子，这些光电子在光电倍增管中的电场作用下飞向阳极 A，在阴极 K 和阳极 A 之间还有 n 个电极($D_1 \sim D_n$)，叫做倍增极，从图中可以看出极间也有一定的电压(几十到几百伏)，在极间电压的作用下飞向阳极 A 的光电子被一级一级地加速，在加速的过程中它们以高速轰击倍增极，使倍增极产生二次电子发射，这样就使得电子的数目大量增加，并逐级递增，最后到达阳极的电子就会很多，形成很大的阳极电流，由于倍增极的倍增因子基本是常数，所以当光信号变化时，阴极发射的电子的数目也随之变化，从而阳极电流也随着光信号发生变化. 这样光电倍增管就可以反映光强随时间的变化. 使用光电倍增管应当了解它的特性，如它的频率特性、时间特性、暗电流和噪声特性，还有稳定性及对环境的要求等.

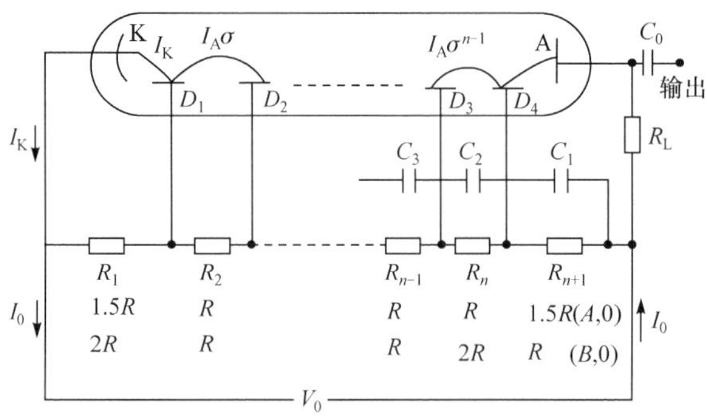

图 1-4-7　光电倍增管的结构

二、实验装置

本实验使用的是 WDJ50-1 型精密光栅单色仪. WDJ50-1 型精密光栅单色仪是一种能得到很“纯”单色光的高性能光谱仪器. 采用 1200 线/mm 全息光栅，光学系统消彗差，可以较好地降低仪器杂散光，提高光谱分辨率. 仪器配有计算机接口和功能丰富的测量软件，在微机控制下可实现高精度光谱自动扫描.

整套仪器由单色仪主体、计算机、微机及附件(包括导轨、滑座、光源、聚光镜、光电倍增管等)组成，图 1-4-8 为单色仪外形布局图.

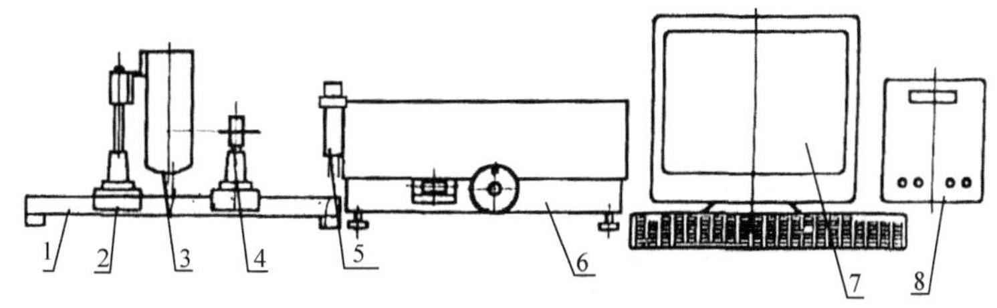

图 1-4-8　单色仪外形布局

1. 导轨；2. 滑座；3. 光源；4. 聚光镜；5. 光电倍增管；6. 单色仪；7. 微机系统；8. 计算机

1. 光学系统

图 1-4-9 为仪器的光学系统，从光源 W 发出的光经透镜 L 照明入射狭缝 S_1，进入入射狭缝 S_1 的光线经准直镜 M_1 变为平行光，由光栅 G 色散，经聚焦物镜 M_2 从出射狭缝 S_2 射出单色光. 为消除光谱叠级，仪器有多块前截止滤光片，在扫描过程中能自动更换.

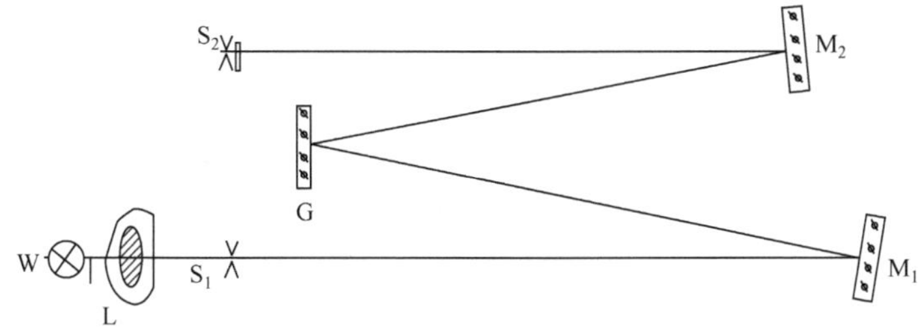

图 1-4-9　光学系统图

本仪器基本波段为可见光区. 除基本波段外，还可以更换多块光栅，经波段范围延至红外区(25 μm). 各波段所用光栅见表 1-4-3.

表 1-4-3　各波段所用光栅

光栅号	光栅	条/mm	闪耀波长	波长范围	波长倍率 m
1	G_1	1200	500 nm	350～850 nm	1
2	G_2	600	1200 nm	800～2500 nm	2
3	G_3	300	2.5 μm	2～5 μm	4
4	G_4	100	5～10 μm	2.5～15 μm	12
5	G_5	50	20μm	15～25 μm	24
6	G_6	1200	300 nm	200～750 nm	1
7	G_7	2400	500 nm	190～600 nm	0.5

2. 机械系统

机械系统的功能是实现波长的扫描和波长指示. 转动光栅可以在出射狭缝处得到不同波长的单色辐射. 为了实现波长线性指示，本仪器采用正旋机构进行波长扫描. 图 1-4-10 为单色仪机械传动系统示意图.

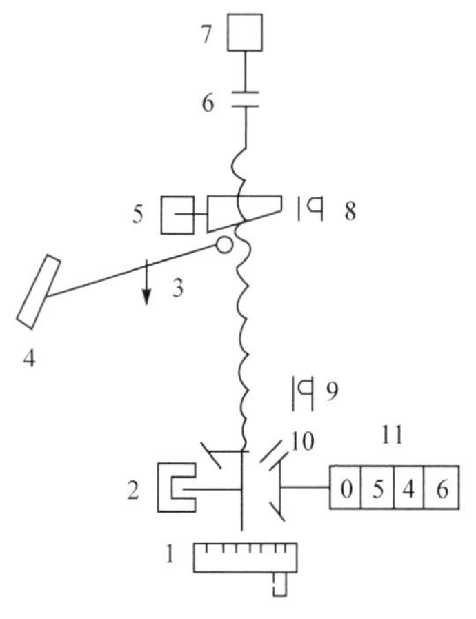

图 1-4-10　机械传动系统示意图

波长扫描有手动扫描和自动扫描两种方法. 手动扫描时，波长手轮 1 经正弦机构 3 转动光栅 4 实现手动波长扫描，正弦机构 3 经齿轮 10 由机械计数器 11 给出单色仪输出波长值. 自动扫描方式时，计算机控制步进电机 7，经连轴节 6 驱动正弦机构 3，实现波长自动扫描. 波长原点装置 2 及 5 给计算机提供波长原点信号. 正弦机构旁的限位开关 8 和 9 给波长扫描电机提供波长超程保护信号.

波长指示采用粗精读数组合方式，波长计数器给出四位波长粗读数，单位为 nm(如 536 nm)，波长手轮给出波长精读数，指示小数点后两位，其中长刻线数字为小数点后第一位数，每条短刻线为 0.02 nm(例如，组合读数为 546 + 0.12 = 546.12(nm)). 波长计数器指示的波长数值，按 1200 线/mm 光栅设计，更换光栅时，波长计数器示数应乘以波长倍率 m.

3. 电子学及其微机系统

图 1-4-11 为单色仪微机控制框图. 计算机经驱动器控制步进电机 M_1、M_2 实现波长扫描及滤光片转换. 同时接收原点装置提供的波长原点信号 λ_0，开始波长

计数. 高压电源 HV 给光电倍增管 PM 供电，单色仪输出的光谱信号经 PM，放大器、A/D 变换器，由 RS232 接口送入计算机，数据处理后在屏幕上绘出光谱曲线.

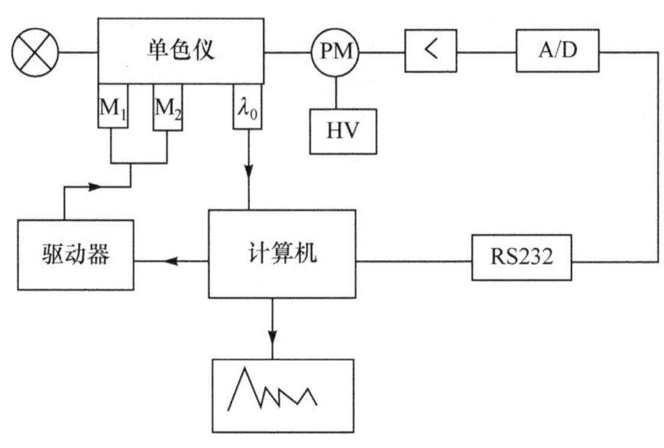

图 1-4-11　微机控制框图

三、实验内容

(1) 开机前先检查电缆接线是否正确，使用时依次打开高压电源开关、灯电源开关，最后打开计算机电源开关，预热 10 min 即可工作.

(2) 使用高压汞灯作为光源，调节光路及入射狭缝的大小，使入射光能够透过狭缝入射.

(3) 选择高压. 将电源箱面板左侧波段开关旋至右侧“高压”挡，调节“高压”旋钮，使数字面板显示 500 V 左右. 将波段开关旋至左侧“信号”挡，面板表指示放大器输出信号.

(4) 打开精密光栅单色仪主机电源，在计算机上开始进行操作. 使用微机软件控制定位单色仪波点零点.

(5) 参数设置. 设置扫描起始波长 545 nm，终止波长 547 nm，间隔 0.025 nm，开始扫描. 信号强度不要超过 2 V，如信号过大，调低高压，如信号过小，调高高压.

(6) 参数设置. 设置扫描起始波长 400 nm，终止波长 700 nm，间隔 0.050 nm，开始扫描. 将数据保存.

(7) 对扫描结果作寻峰处理，找出主要的几条谱线(表 1-4-4 中标有△ 的)，并与标准值对比. 以实测汞灯光谱波长 R 为纵坐标，标准汞灯波长λ为横坐标，在坐标纸上画出曲线，便得单色仪的校准曲线.

(8) 将光源换为钠光灯，扫描钠光的波长(起始波长 500 nm，终止波长 600 nm)，试对结果加以解释说明.

表 1-4-4　汞灯主要光谱线波长表

颜色	波长 / nm	强度
紫色	△ 404.66	强
	△ 407.78	中
	410.81	弱
	433.92	弱
	434.75	中
	△ 435.84	强
蓝绿色	△ 491.60	强
	△ 496.03	中
绿色	535.41	弱
	536.51	弱
	△ 546.07	强
	567.59	弱
黄色	△ 576.96	强
	△ 579.07	强
	585.92	弱
	589.02	弱
橙色	△ 607.26	弱
	△ 612.33	弱
红色	△ 623.44	中
深红色	△ 671.62	中
	△ 690.72	中
	708.19	弱

四、注意事项

(1) 狭缝宽度不能调为零，以免损坏刀口.

(2) 用高压汞灯作光源，在实验过程中不宜随时关掉光源，因为光源关后如需再打开，光源不能立即点亮，需要冷却一段时间之后才能重新点亮.

(3) 光电倍增管是高灵敏光电器件，在加高压的情况下只允许弱光照射，绝不允许将光电倍增管直接暴露在强光下. 使用时，应将狭缝宽度开启 0.05mm 以下，高压调至 500 V 左右，再慢慢开启缝宽或加大高压，一定避免突然加大光强或高压，电源箱面板信号值不允许超过 2 V!

(4) 实验完毕后，请将仪器罩盖好，以便保护仪器.

五、思考题与讨论

(1) 为什么狭缝具有最佳宽度？如何求出狭缝的最佳宽度？

(2) 解释光电倍增管的工作原理，为什么随着副高压的绝对值增大，采集的灵敏度会显著提高？

(3) 棱镜单色仪和光栅单色仪有何不同?

参 考 文 献

崔宏滨, 李永平, 康学亮. 2017. 光学. 北京: 科学出版社.
吴思诚, 荀坤. 2015. 近代物理实验. 4 版. 北京: 高等教育出版社.
WDJ50-1 型精密光栅单色仪使用说明.

1.5　激光拉曼散射及拉曼光谱

拉曼散射效应是以此现象的发现者——印度物理学家拉曼(C.V. Raman)的名字命名的. 拉曼于 1928 年首先在液体中观察到这种现象并记录下来. 散射光谱、拉曼光谱和红外光谱同属于分子振动光谱，但它们的机制却不同：红外光谱是分子对红外线的特征吸收，而拉曼光谱则是分子对光的电散射. 由于拉曼散射光的频率位移对应于分子对能级跃迁，因此拉曼光谱技术成为人们研究分子结构的新手段之一. 20 世纪 40 年代，由于当时的仪器技术水平所限，也由于红外光谱技术等迅速发展，拉曼光谱一度处于低潮阶段. 60 年代初，激光器的出现为拉曼光谱提供了理想的光源，再加上计算机的发展，激光拉曼光谱逐步成为分子光谱学中一个活跃的分支. 拉曼光谱技术以其信息丰富，制样简单，水的干扰小等独特的优点，广泛应用于生物分子、高聚物、半导体、陶瓷、药物、违禁毒品、爆炸物以及化学化工产品的分析中.

本实验主要通过记录 CCl_4 分子的振动拉曼光谱，学习和了解拉曼散射的基本原理、拉曼光谱实验及分析方法.

一、实验原理

1. 拉曼光谱

拉曼光谱是分子或凝聚态物质的散射光谱. 自 20 世纪 60 年代激光技术的出现和发展,再加上高质量低杂散光的单色仪和高灵敏度的弱信号检测系统的应用,拉曼光谱的研究得到了迅猛发展. 目前，拉曼光谱学已成为分子光谱学中的一个重要分支，它被广泛地应用于物理、化学、地学和生命科学等各个领域.

当波数为 $\tilde{\nu}_0$ 的单色光入射到介质上时，除了被介质吸收、反射和透射外，总会有一部分光被散射. 按散射光相对于入射光波数的改变情况，可将散射光分为三类：第一类，由某种散射中心(分子或尘埃粒子)引起，其波数基本不变或变化小于 10^{-5} cm^{-1}，这类散射称为瑞利(Rayleigh)散射；第二类，由入射光波场与介质内的弹性波发生相互作用而产生的散射，其波数变化大约为 0.1 cm^{-1}，称为布里渊(Brillouin)散射；第三类是波数变化大于 1 cm^{-1} 的散射，相当于分子转动、振动能级和电子能级间的跃迁范围，这种散射现象是 1928 年首先由印度科学家拉曼和苏联科学家曼杰斯塔姆(Л.и.мандепъштам)在实验上发现的，因此称为拉曼散射. 从散射光的强度看，瑞利散射光最强，但一般也只有入射光强的 10^{-5}～10^{-3}；拉曼散射光最弱，仅为入射光强的 10^{-9}～10^{-7}. 因此，为了有效地记录到拉曼散射，要求有高强度的入射光去照射样品. 目前拉曼光谱实验的光源已全部使用激光.

激光照射样品，用光电记录法得到振动拉曼散射光谱，如图 1-5-1 所示. 其中最强的一支光谱和入射光的波数相同，是瑞利散射. 此外还有几对较弱的谱线对称地分布在 $\tilde{\nu}_0$ 两侧，其位移 $\Delta\tilde{\nu}<0$ 的散射线称为红伴线或斯托克斯(Stokes)线，$\Delta\tilde{\nu}>0$ 的散射线称为紫伴线或反斯托克斯(anti-Stockes)线. 拉曼散射光谱具有以下明显的特征：

(1) 拉曼散射光谱的波数虽然随入射光的波数而不同，但对同一样品，同一拉曼散射光谱的位移 $\Delta\tilde{\nu}$ 与入射光的波长无关.

(2) 在以波数为变量的拉曼光谱图上，斯托克斯线和反斯托克斯线对称地分布在瑞利散射线两侧.

(3) 一般情况下，斯托克斯线比反斯托克斯线的强度大.

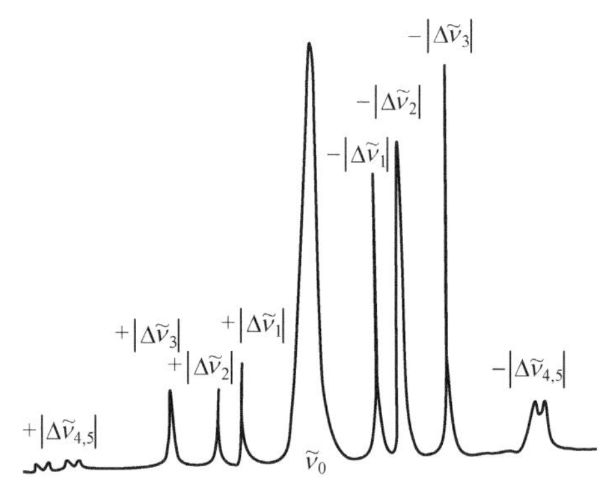

图 1-5-1　振动拉曼散射光谱

2. 拉曼位移

斯托克斯线或反斯托克斯线与入射光频率之差称为拉曼位移. 拉曼位移的大小和分子的跃迁能级差一样. 因此，对应于同一分子能级，斯托克斯线与反斯托克斯线的拉曼位移应该相等，而且跃迁的概率也应相等. 但在正常情况下，由于分子大多数处于基态，测量到的斯托克斯线强度比反斯托克斯线强得多，所以在一般拉曼光谱分析中，都采用斯托克斯线研究拉曼位移.

拉曼位移的大小与入射光的频率无关，只与分子的能级结构有关，其范围为

25～4000 cm^{-1}，因此入射光的能量应该大于分子振动跃迁所需能量，小于电子能级跃迁的能量.

3. 拉曼散射的半经典量子解释

按量子论的观点，频率为ω_0的入射单色光可以看作是具有能量为$\hbar\omega_0$的光子. 当光子与物质分子碰撞时有两种可能，一种是弹性碰撞，另一种是非弹性碰撞. 在弹性碰撞过程中，没有能量交换，光子只改变运动方向，这就是瑞利散射；而非弹性碰撞不仅改变运动方向，而且有能量交换，这就是拉曼散射. 如图 1-5-2 所示，处于基态 E_0 的分子受到入射光子$\hbar\omega_0$的激发跃迁到一受激虚态，而受激虚态是不稳定的，很快向低能级跃迁. 如果跃迁到基态 E_0，把吸收的能量$\hbar\omega_0$以光子的形式释放出来，这就是弹性碰撞，为瑞利散射. 如果跃迁到电子基态中的某振动激发态 E_n 上，则分子吸收部分能量$\hbar\omega_k$，并释放出能量为$\hbar(\omega_0-\omega_k)$的光子，这是非弹性碰撞，产生斯托克斯线. 若分子处于某振动激发态 E_n 上，受到能量为$\hbar\omega_0$的光子激发跃迁到另一受激虚态，如果从受激虚态仍跃迁回到原来的激发态 E_n 上，则产生瑞利散射，如果从受激虚态跃迁到基态 E_0，则释放出能量为$\hbar(\omega_0+\omega_k)$的光子，产生反斯托克斯线. 根据玻尔兹曼分布，在常温下，处于基态的分子占绝大多数，所以通常斯托克斯线比反斯托克斯线强很多.

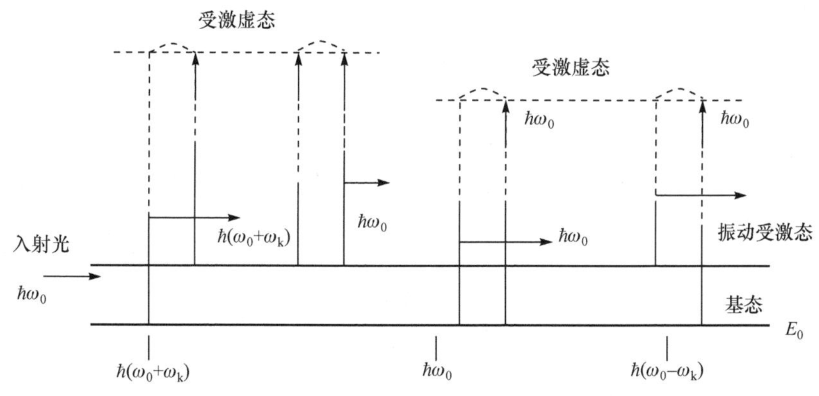

图 1-5-2　光散射谱半径经典量子解释示意图

4. 拉曼光谱技术应用领域

拉曼光谱技术已在不同的工业和学术领域中得到了越来越重要的应用，并在一些新的学科中迅速增长.

(1) 化学物质. 例如，认定、分析和特性测量有机物、无机物，包括溶剂、汽油化工产品、碳物质、薄膜.

(2) 化学过程. 例如，跟踪高分子配方和聚合过程，实时测量(包括定量测量)混合物(包括溶剂混合物及水溶液)各组成成分的含量，检查有机污染物，跟踪化学反应的中间和末端产物，预测聚合物的形态特征.

(3) 高分子聚合物和塑料. 例如，质量控制进厂和出厂产品，认定生产过程中的污染物质，实时监测聚合反应过程，利用多变量分析/化学计量学方法预测双折射、晶状性、结晶温度等物理特性.

(4) 药物. 例如，认定和分析药物成分、关键添加剂、填充剂、毒品；对药物的纯度和质量进行质量控制.

(5) 刑侦. 例如，检测易燃易爆物、毒品、生物武器试剂、墨水及文件.

(6) 生物和医学. 例如，测量血液和血清中总蛋白质及生物溶质含量，决定新陈代谢产物的浓度，测量血液和组织的含氧量，在分子水平上对癌症(如子宫癌、肺癌等)和心血管疾病(如动脉硬化)进行诊断.

(7) 食品. 例如，测量食物油中脂肪酸的不饱和度，检测食品中的污染物，如细菌，认定营养品和果品饮料中的添加药物.

(8) 珠宝. 例如，鉴定和分析真假宝石(如钻石、石英、红宝石、绿宝石等)，以及对珍珠、玉石及其他珠宝产品进行分类.

(9) 材料、半导体、地质、考古、环境等.

二、实验仪器

本实验采用布鲁克 RFS100 激光拉曼光谱仪. 拉曼光谱仪由三个基本部件组成：①用于激发被测样品的激光光源(Nd:YAG)；②接收散射光并将其不同频率的光分开的分光光度计；③测量不同频率的能量(或说光强)的检测器. 许多配置齐全的拉曼光谱仪都带有用于仪器控制、数据采集、数据处理及数据分析的操作软件，如图 1-5-3 所示.

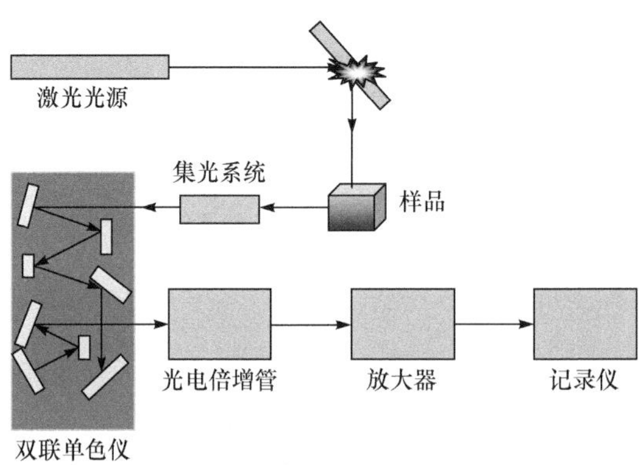

图 1-5-3　拉曼光谱仪的内部结构

三、实验内容

本实验主要通过记录 CCl_4 分子的振动拉曼谱，学习和了解拉曼散射的基本原理、拉曼光谱实验及分析方法.

1. CCl_4(四氯化碳)分子的对称结构及振动方式

CCl_4 分子为四面体结构，一个碳原子在中心，四个氯原子在四面体的四个顶点，当四面体绕其自身的某一轴旋转一定角度时，分子的几何构形不变的操作称为对称操作，其旋转轴称为对称轴. CCl_4 有 13 个对称轴，有 24 个对称操作，我们知道，N 个原子构成的分子有$(3N-6)$个内部振动自由度. 因此，CCl_4 分子可以有 $9\times(3\times5-6)$个自由度，或称为 9 个独立的简并振动. 根据分子的对称性，这 9 个简并振动可归成下列四类：

第一类，只有一种振动方式，4 个 Cl 原子沿与 C 原子的连线方向做伸缩振动，记作 ν_1，表示非简并振动.

第二类，有两种振动方式，相邻两对 Cl 原子在与 C 原子连线方向上，或在该连线垂直方向上同时做反向运动，记作 ν_2，表示二重简并振动.

第三类，有三种振动方式，4 个 Cl 原子与 C 原子做反向运动，记作 ν_3，表示三重简并振动.

第四类，有三种振动方式，相邻的一对 Cl 原子做伸张运动，另一对做压缩运动，记作 ν_4，表示另一种三重简并振动.

上面所说的“简并”，是指在同一类振动中，虽然包含不同的振动方式但具有相同的能量，它们在拉曼光谱中对应同一条谱线. 因此，CCl_4 分子振动拉曼光谱应有四个基本谱线，实验中测得各谱线的相对强度依次为 $\nu_1 > \nu_2 > \nu_3 > \nu_4$.

2. 实验过程

(1) 将 CCl_4 倒入液体池中，打开激光拉曼光谱仪样品室，将液体池固定在样品架上.

(2) 打开激光器电源.

(3) 打开激光拉曼光谱仪的电源.

(4) 打开计算机，启动 OPUS 操作处理系统. 在工具栏中选择 measure，探测激光信号，通过调节样品位置，使信号达到最大. 然后设置测量参数(起始波长 508 nm，终止波长 560 nm 等).

(5) 开始正式测量，所得图形如图 1-5-4 所示.

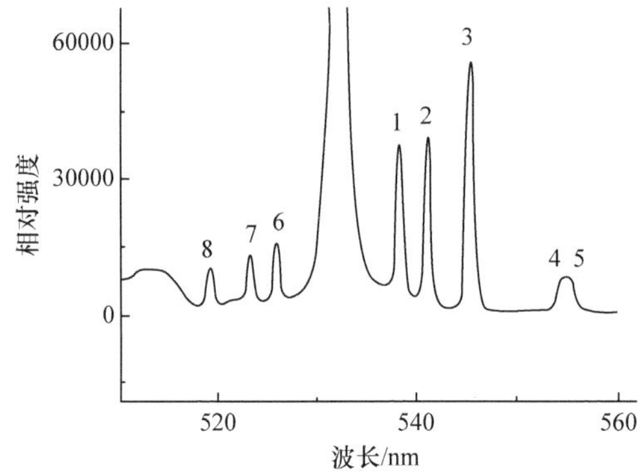

图 1-5-4　CCl_4拉曼散射光谱图

如图 1-5-4 所示，532 nm 处最高峰为瑞利散射，瑞利散射右侧存在较明显的五峰，为拉曼散射中的斯托克斯线，第四、第五峰连接在一起. 瑞利散射左侧存在较明显的三峰，为拉曼散射中的反斯托克斯线，第四、第五峰不明显. 根据峰的强弱即可判断出各个峰所对应的振动方式.

四、思考题与讨论

(1) 拉曼光谱与分子结构关系怎样?
(2) 色散型拉曼光谱仪有何特点?
(3) 拉曼光谱法有哪些主要应用?

参 考 文 献

程光煦. 2001. 布里渊散射——原理及应用. 北京: 科学出版社.
朱明华. 1999. 仪器分析. 3 版. 北京: 高等教育出版社.

1.6　黑 体 辐 射

任何物体都有辐射和吸收电磁波的本领. 物体所辐射电磁波的强度按波长的分布与温度有关,称为热辐射. 处于热平衡状态物体的热辐射光谱为连续谱. 一切温度高于 0K 的物体都能产生热辐射. 黑体是一种完全的温度辐射体,能吸收投入到其面上的所有热辐射能，黑体的辐射能力仅与温度有关. 任何普通物体所发射的辐射通量都小于同温度下的黑体发射的辐射通量;其辐射能力不仅与温度有关，还与表面材料的性质有关. 所有黑体在相同温度下的热辐射都有相同的光谱，这种热辐射特性称为黑体辐射. 黑体辐射的研究对天文学、红外线探测等有着重要的意义. 黑体是一种理想模型，现实生活中是不存在的，但却可以制造出近似的人工黑体. 辐射能力小于黑体，但辐射的光谱分布与黑体相同的温度辐射体称为灰体.

本实验的目的：理解黑体辐射的概念；验证普朗克辐射定律、斯特藩-玻尔兹曼(Stefan-Boltzmann)定律和维恩位移定律；学会测量一般发光光源的辐射能量曲线.

【预习要求】

(1) 复习热辐射理论.

(2) 掌握普朗克辐射定律、斯特藩-玻尔兹曼定律和维恩位移定律的物理意义.

一、实验原理

1. 黑体辐射的光谱分布——普朗克辐射定律

德国物理学家普朗克 1900 年为了克服经典物理学对黑体辐射现象解释上的困难，推导出一个与实验结果相符合的黑体辐射公式，他创立了物质辐射(或吸收)的能量只能是某一最小能量单位(能量量子)的整数倍的假说，即量子假说，对量子论的发展有重大影响. 他利用内插法将适用于短波的维恩公式和适用于长波的瑞利-金斯公式衔接，提出了关于黑体辐射度的新公式——普朗克辐射定律，解决了“紫外灾难”的问题. 在一定温度下，单位面积的黑体在单位时间、单位立体角和单位波长间隔内辐射出的能量定义为单色辐射度，普朗克黑体辐射定律为

$$E_{\lambda T}=\frac{C_1}{\lambda^5(\mathrm{e}^{C_2/\lambda T}-1)}\quad (\mathrm{W\cdot m^3}) \tag{1-6-1}$$

式中，第一辐射常量 $C_1=2\pi hc^2=3.74\times10^{-16}(\mathrm{W\cdot m^2})$；第二辐射常量 $C_2=\frac{hc}{k}=1.4398\times10^{-2}(\mathrm{m\cdot K})$，$h$ 为普朗克常量，c 为光速，k 为玻尔兹曼常量.

黑体频谱亮度由下式给出：

$$L_{\lambda T}=\frac{E_{\lambda T}}{\pi}\quad (\mathrm{W\cdot m^{-3}\cdot\Omega^{-1}}) \tag{1-6-2}$$

图 1-6-1 给出了 $L_{\lambda T}$ 随波长变化的图形. 每一条曲线上都标出黑体的绝对温度. 与诸曲线的最大值相交的对角直线表示维恩位移定律.

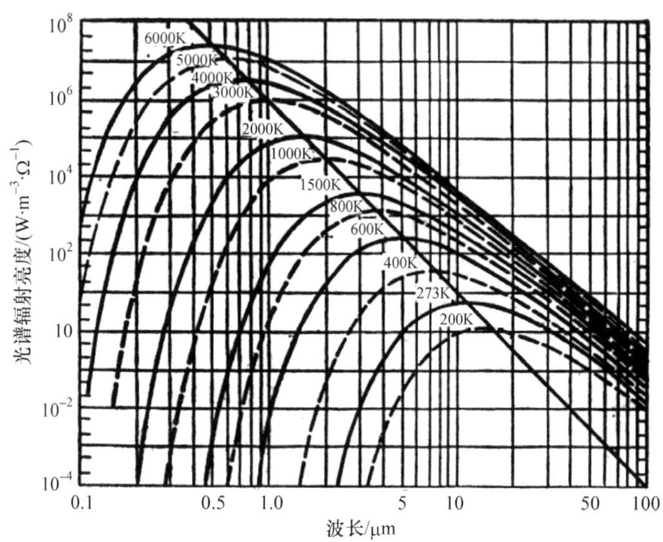

图 1-6-1 黑体的光谱辐射亮度随波长的变化

2. 黑体的积分辐射——斯特藩-玻尔兹曼定律

如果把 $E_{\lambda T}$ 对所有的波长积分，同时也对各个辐射方向积分，那么可得到斯特藩-玻尔兹曼定律，绝对温度为 T 的黑体单位面积在单位时间内向空间各方向辐射出的总能量为辐射度 E_T. 此定律用辐射度表示为

$$E_T = \int_0^{\infty} E_{\lambda T} \mathrm{d}\lambda = \delta T^4 \quad (\mathrm{W \cdot m^{-2}}) \tag{1-6-3}$$

T 为黑体的绝对温度，δ 为斯特藩-玻尔兹曼常量

$$\delta = \frac{2\pi^5 k^5}{15h^3c^2} = 5.670 \times 10^{-8} \quad (\mathrm{W \cdot m^{-2} \cdot K^{-4}}) \tag{1-6-4}$$

由于黑体辐射是各向同性的，所以其辐射亮度与辐射度有关系 $L = \frac{E_T}{\pi}$. 于是，斯特藩-玻尔兹曼定律也可以用辐射亮度表示为

$$L = \frac{\delta}{\pi} T^4 \quad (\mathrm{W \cdot m^{-2} \cdot \Omega^{-1}}) \tag{1-6-5}$$

3. 维恩位移定律

1893 年，维恩发现黑体辐射中的能量最大(对应辐射曲线最高峰)的峰值波长与绝对温度成反比，即维恩位移定律. 定律指出：黑体在一定温度下所发射的辐射中，含有辐射能大小不同的各种波长，能量随波长的分布情况以及峰值波长，

都将随温度的改变而改变

$$\lambda_{max} = \frac{A}{T} \tag{1-6-6}$$

A 为常数，$A = 2.896 \times 10^{-3}\ (\mathrm{m \cdot K})$，$L_{max} = 4.10T^5 \times 10^{-6}\ (\mathrm{W \cdot m^{-3} \cdot \Omega^{-1} \cdot K^{-5}})$.

维恩位移定律说明，一个物体越热，其辐射谱的波长越短，即随着温度的升高，绝对黑体的峰值波长向短波方向移动. 太阳的表面温度约为 5270 K，根据维恩位移定律得到的峰值波长为 550 nm，处于可见光范围的中点，为白光. 人体的辐射主要是红外线. 同样，根据维恩位移定律只要测出 λ_{max}，就可求得黑体的温度，这为光测高温提供了另一种手段.

图 1-6-2 为黑体辐射能量分布曲线，由图可见光谱亮度的峰值波长 λ_{max} 与它的绝对温度 T 成反比.

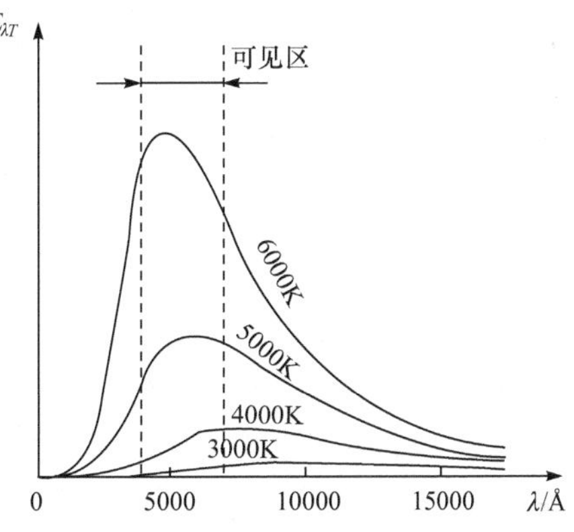

图 1-6-2　黑体辐射能量分布曲线

4. 修正为黑体

标准黑体应是黑体实验的主要设置，但购置一个标准黑体其价格太高，所以本实验装置采用稳压溴钨灯作光源，溴钨灯的灯丝是用钨丝制成的，钨是难熔金属，它的熔点为 3665 K.

溴钨灯是一种选择性的辐射体，它产生的光谱是连续的，它的总辐射本领 R_T 可由下式求出：

$$R_T = \varepsilon_T \sigma T^4 \tag{1-6-7}$$

式中，ε_T 为温度 T 时的总辐射系数(即发射率)，它是钨丝给定温度的辐射度与绝对黑体的辐射度之比，因此，溴钨灯的辐射光谱分布 $R_{\lambda T}$ 为

$$R_{\lambda T} = \frac{C_1 \varepsilon_{\lambda T}}{\lambda^5 \left(\mathrm{e}^{\frac{C_2}{\lambda T}} - 1 \right)} \tag{1-6-8}$$

由此式可将钨丝的辐射度修正为黑体的辐射度，从而进行黑体辐射定律的验证.

二、实验仪器

1. 主机结构

图 1-6-3 为 WGH-10 型合体实验装置，主机由以下几部分组成：单色器、狭缝、接收单元、光学系统以及光栅、驱动系统等.

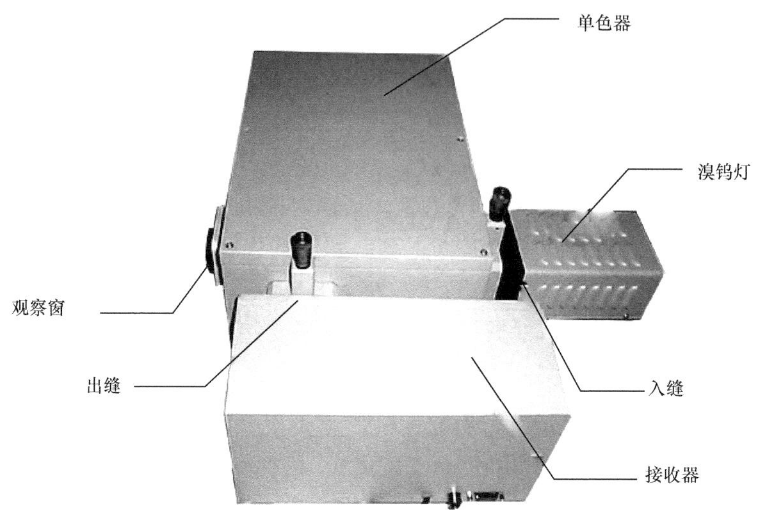

图 1-6-3　WGH-10 型合体实验装置

2. 狭缝

狭缝为直狭缝，宽度范围 0～2.50 mm 连续可调，顺时针旋转为狭缝宽度加大，反之减小，每旋转一周狭缝宽度变化 0.50 mm. 为延长使用寿命，调节时注意最大不超过 2.50 mm. 平日不使用时，狭缝最好开到 0.10～0.50 mm. 为去除光栅光谱仪中的高级次光谱，在使用过程中，可根据需要把备用的滤光片插入入缝插板上.

3. 光学系统

入射狭缝、出射狭缝均为直狭缝，宽度范围 0～2.50 mm 连续可调，光源发出的光束进入入射狭缝 S_1，S_1 位于反射式准光镜 M_2 的焦面上，通过 S_1 射入的光束经 M_2 反射成平行光束投向平面衍射光栅上，衍射后的平行光束经物镜 M_3 成像在 S_2 上. 经 M_4、M_5 会聚在光电接收器 D 上(图 1-6-4).

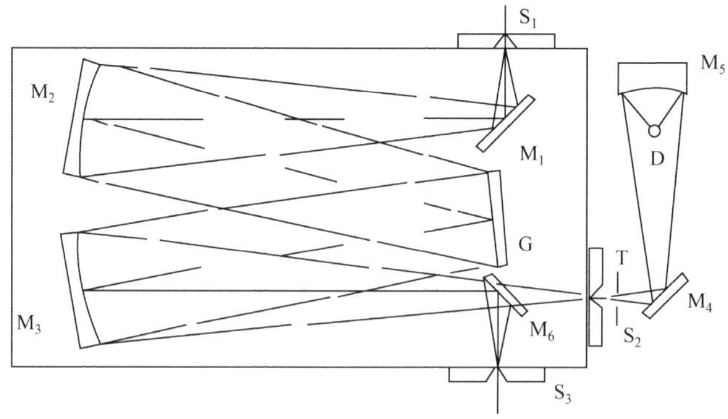

图 1-6-4　光学原理图

M_1：反射镜；M_2：准光镜；M_3：物镜；M_4：放射镜；M_5：深椭球镜；M_6：转镜；G：平面衍射光栅；S_1：入射狭缝；S_2，S_3：出射狭缝；T：调制器技术参数如下.

M_2、M_3：焦距 302.5 mm.

G：每毫米刻线 300 条；闪耀波长 1400 nm.

滤光片工作区间：第一片 800～1000 nm；

第二片 1000～1600 nm；

第三片 1600～2500 nm.

4. 机械传动系统

仪器采用如图 1-6-5 所示“正弦机构”进行波长扫描，丝杠由步进电机通过同步带驱动，螺母沿丝杠轴线方向移动，正弦杆由弹簧拉靠在滑块上，正弦杆与光栅台连接，并绕光栅台中心回转，从而带动光栅转动，使不同波长的单色光依次通过出射狭缝而完成“扫描”.

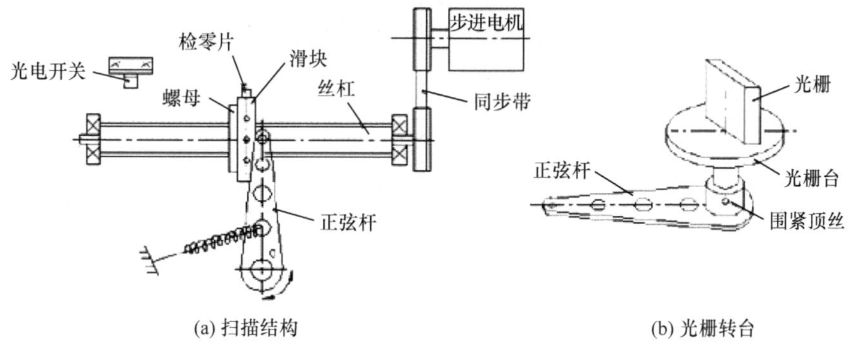

(a) 扫描结构　　(b) 光栅转台

图 1-6-5　扫描结构图及光栅转台图

5. 溴钨灯工作电流-色温对应表(表 1-6-1)

表 1-6-1　溴钨灯工作电流-色温对应表

电流/A	2.50	2.30	2.20	2.10	2.00	1.90	1.80	1.70	1.60	1.50	1.40
色温/K	2940	2840	2770	2680	2600	2550	2480	2400	2320	2250	2180

三、实验内容和步骤

(1) 认真检查线路，确认正确后接通电源，仪器正式启动.

(2) 单击桌面快捷键“WGH-10 黑体实验装置”.

(3) 建立传递函数曲线. 任何型号的光谱仪在记录辐射光源的能量时都受光谱仪的各种光学元件、接收器件在不同波长处的响应系数影响，习惯称之为传递函数. 为减弱其影响，我们为用户提供一标准的溴钨灯光源，其能量曲线是经过标定的. 另外在软件内存储了一条该标准光源在 2940 K 时的能量线.

① 将标准光源电流调整为色温 2940 K 时的电流所在位置，预热 20 min；

② 基线扫描. 工作方式模式选为“基线”，“传递函数及修正为黑体”均不选，单击“单程”，开始扫描. (**注意：软件操作过程中不要最小化，不要进行其他操作**).

③ 计算传递函数. 基线扫描结束后，依次操作：验证黑体辐射定律→计算传递函数→弹出对话框单击“确定”→“输入寄存器号”→单击“确定”，计算函数自动完成，如图 1-6-6 所示.

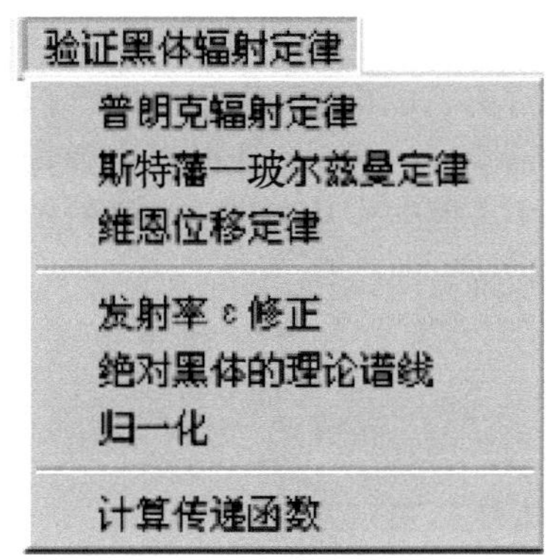

图 1-6-6　计算传递函数对话框

(4) 描绘黑体辐射曲线. 工作方式中模式改为“能量 E”，选中“传递函数”及“修正为黑体”点击成：“☑传递函数及☑修正为黑体”，然后单击“黑体”图标，如图 1-6-7 所示，弹出温度输入对话框(图 1-6-8)，对应溴钨灯工作电流-色温对应表填入相应的色温，单击“确定”按钮，开始扫描.

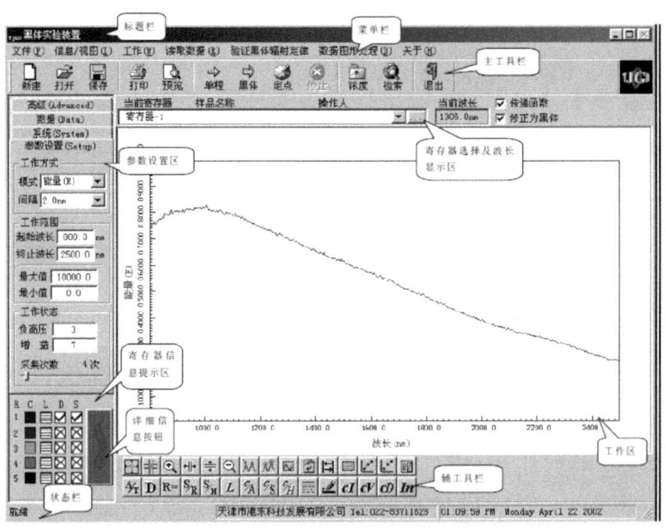

图 1-6-7　黑体辐射曲线对话框

图 1-6-8　温度输入对话框

(5) 验证黑体热辐射定律.

① 归一化. 下拉菜单：验证黑体辐射定律→归一化. 执行该命令后，弹出如图 1-6-9 所示对话框.

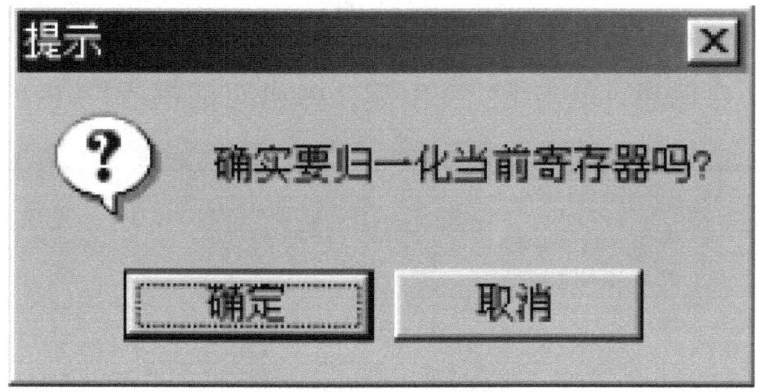

图 1-6-9　是否归一化寄存器对话框

单击“确定”按钮，弹出如图 1-6-10 所示对话框.

图 1-6-10　输入寄存器结果对话框

选择一个寄存器，软件会将当前寄存器中的数据对同温度的理论黑体的数据进行归一化处理. (**注意：在进行普朗克辐射定律和斯特藩-玻尔兹曼定律的验证前，应先进行归一化处理.**)

② 普朗克辐射定律. 下拉菜单：验证黑体辐射定律→普朗克辐射定律，执行该命令后，弹出如图 1-6-11 所示对话框.

图 1-6-11　普朗克辐射定律对话框

单击“确定”按钮，工作区中出现图标，当在工作区中单击时，系统将光标定位在与该点横坐标最接近的谱线数据点上，并在数值框中显示该数据点的信息. 在不同位置单击，可以读取不同的数据点，也可使用“←”“→”两键移动光标读取数据点信息. 单击 ENTER 键，弹出对话框(图 1-6-12).

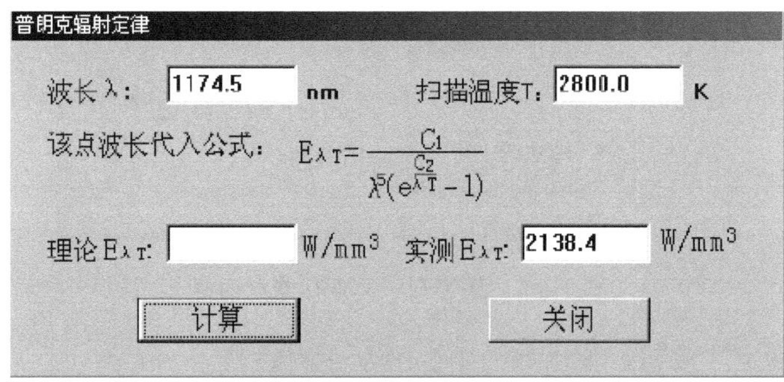

图 1-6-12　数据点输入对话框

单击“计算”按钮，得出理论的光谱辐射度，如图 1-6-13 所示.

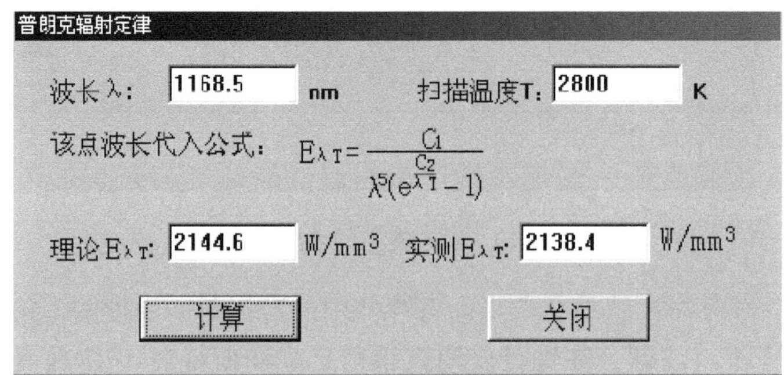

图 1-6-13　计算结果对话框

③ 斯特藩-玻尔兹曼定律. 下拉菜单：验证黑体辐射定律→斯特藩-玻尔兹曼定律. 执行该命令后，弹出如图 1-6-14 所示对话框.

图 1-6-14　选择寄存器对话框

选择所需的数据所在的寄存器，单击“确定”按钮，弹出对话框(图 1-6-15).

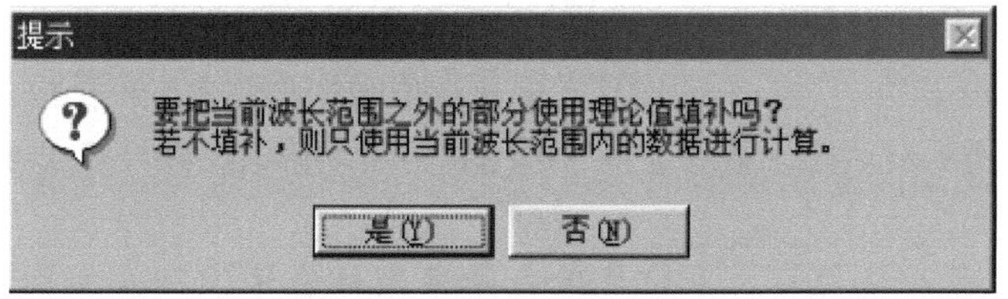

图 1-6-15　寄存器选择后对话框

在斯特藩-玻尔兹曼定律的验证命令中，绝对黑体总的辐射本领的计算范围有两种：① 0～∞；②起始波长 λ_1～终止波长 λ_2. 单击“是”按钮，则在当前波长范围以外的部分，采用相同温度的绝对黑体的理论值进行填补；单击“否”按钮，则只取当前波长范围内的数据进行计算. 确认后弹出如图 1-6-16 所示计算结果.

斯特藩—玻尔兹曼定律

起始波长：800 nm　　终止波长：2500 nm　　OK

	寄存器1	寄存器2	寄存器3	寄存器4	寄存器5
E_T	2.1887e-001	4.6748e-001	0	0	0
T^4	3.9063e+013	7.7808e+013	0	0	0
δ	5.6030e-015	6.0081e-015	无	无	无
$\bar{\delta}$	5.8056e-015				

斯特藩-玻尔兹曼常量，$\delta=5.670\times10^{-8}$ W/(m²K⁴)

图 1-6-16　计算结果对话框

注意：选择“否”，计算结果与理论值相差很多.

④ 维恩位移定律. 下拉菜单：验证黑体辐射定律→维恩位移定律. 执行该命令后，弹出寄存器选择对话框. 选择所需寄存器后，单击“确定”按钮，弹出如图 1-6-17 所示对话框.

维恩位移定律--结果
起始波长：800 nm 终止波长：2500 nm
重定最大值波长
寄存器1 寄存器2 寄存器3 寄存器4 寄存器5
λ max 1154 964 1004 0 0
T 2500 2940 2970 0 0
A 2.885 2.834 2.982 无 无
Ā 2.900
A为常数，A=2.896毫米X度
关闭

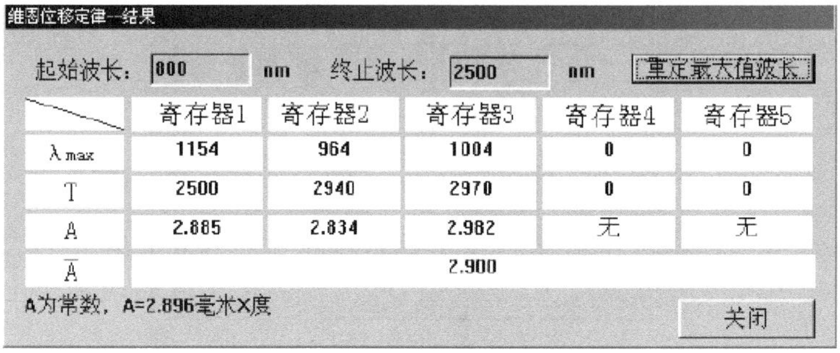

图 1-6-17 维恩位移定律结果对话框

由于噪声，有时计算机自动检出的 $\lambda_{\max}$ 与实际的有差别，所以这时需要手动选择最大值的波长. 单击“重定最大值波长”按钮，工作区中出现 图标，当在工作区中单击鼠标左键时，系统将光标定位在与该点横坐标最接近的谱线数据点上，并在数值框中显示该数据点的信息. 在不同位置单击，可以读取不同的数据点，也可使用“←”“→”两键移动光标读取数据点信息. 单击 ENTER 键，弹回图 1-6-17 所示对话框，重新选择的数据将被自动修改，并计算出新的结果. 此步骤可重复使用.

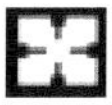

⑤ 发射率 ε_T 的修正. 下拉菜单：验证黑体辐射定律→发射率 (ε_T) 修正 (图 1-6-18). 执行该命令后，弹出如图 1-6-19 所示对话框.

验证黑体辐射定律
普朗克辐射定律
斯特藩—玻尔兹曼定律
维恩位移定律
发射率 ε 修正
绝对黑体的理论谱线
归一化
计算传递函数

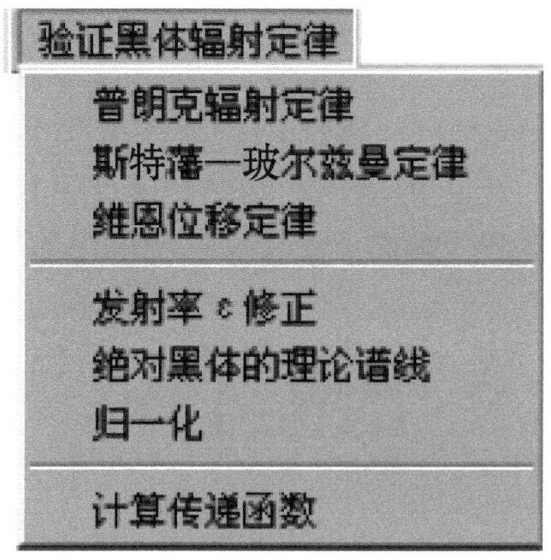

图 1-6-18 发射率对话框

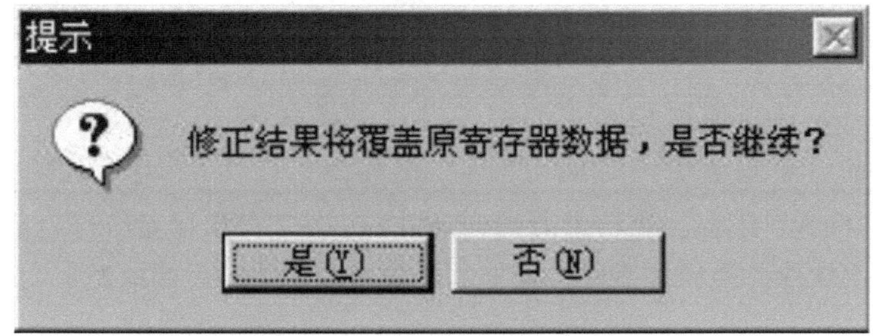

图 1-6-19　发射率选定后对话框

单击“是”按钮，弹出如图 1-6-20 所示对话框.

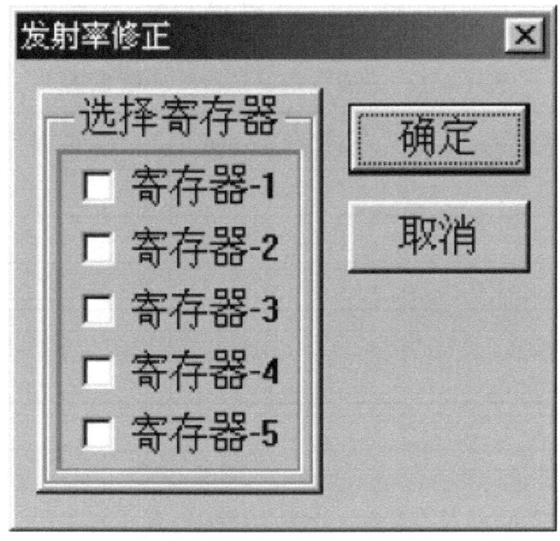

图 1-6-20　选择寄存器对话框

选择所需寄存器后，单击“确定”按钮，软件自动对所选中的寄存器中的数据进行处理. (**注意：只能对溴钨灯进行修正.**)

⑥ 绝对黑体的理论谱线. 下拉菜单：验证黑体辐射定律→绝对黑体的理论谱线. 执行该命令后，弹出如图 1-6-21 所示对话框.

图 1-6-21　温度输入对话框

输入温度后，软件将自动计算出该温度下的绝对黑体的理论谱线，并存入当前的寄存器中.

(6) 改变色温，重复步骤(4)、(5).

(7) 关机.

单击“检索”图标，先检索波长到 800 nm 处，使机械系统受力最小，然后“退出”应用软件，最后按下电控箱上的电源按钮，关闭仪器电源.

四、实验数据处理

(1) 验证普朗克辐射定律. 改变工作电流，测量不同色温的辐射能量分布曲线，各曲线中标出 λ_{max} 点，连线画出维恩位移定律直线. 求 $E_{\lambda T}$，并与理论值比较，求其相对误差，将数据填入表 1-6-2.

表 1-6-2 普朗克辐射定律实验数据表

T/K	λ_{max}/nm	$E_{\lambda T}$测量值/(W · mm^{-3})	$E_{\lambda T}$理论值/(W · mm^{-3})	相对误差

(2) 验证斯特藩-玻尔兹曼定律，将数据填入表 1-6-3.

表 1-6-3 斯特藩-玻尔兹曼定律实验数据表

	寄存器 2	寄存器 3	寄存器 4
T/K			
E_T/(W · mm^{-3})			
δ/(×10^{-14} W · mm^{-3} · K^{-4})			

与理论值比较，求相对误差. $\delta = 5.670\times10^{-8}\,\mathrm{W\cdot m^{-2}\cdot K^{-4}}$.

(3) 验证维恩位移定律，将数据填入表 1-6-4.

表 1-6-4 维恩位移定律实验数据表

	寄存器 2	寄存器 3	寄存器 4
λ_{max}/nm			
T/K			
A/(mm·K)			

与理论值比较，求相对误差. $A = 2.896\times10^{-3}\,\text{m}\cdot\text{K}$.

(4) 手绘绝对黑体辐射能量的基线(1 条)、实验曲线(3 条)和理论曲线(3 条).

五、思考题与讨论

(1) 实验为何能用溴钨灯进行黑体辐射测量并进行黑体辐射定律验证?

(2) 实验数据处理中为何要对数据进行归一化处理?

(3) 实验中使用的光谱分布辐射度与辐射能量密度有何关系?

参 考 文 献

赵凯华, 钟锡华. 2017. 光学. 2 版. 北京：北京大学出版社.

第 2 章　核探测技术及应用

引　言

核探测技术主要包括航空航天、生物技术和地质考古等领域的应用，以及放射性同位素在医疗和工农业等领域的应用.

本章实验探测的对象主要是核衰变时所辐射的α射线、β射线、γ射线、X射线，这些粒子的尺度非常小，即使是最先进的电子显微镜也观察不到. 射线与物质的相互作用是进行核辐射探测、核物理实验及核辐射防护的基础，是从事核物理实验时必须了解和掌握的基本知识. 也正是利用这些射线与物质相互作用的规律，人们设计制造了多种类型的射线探测器. 探测器的类型主要有“信号型”和“径迹型”两大类,“径迹型”能给出粒子运动的径迹,“信号型”是当辐射粒子到达时给出一个信号，后者是低能核物理实验中最常用的探测器.

核物理实验主要是测量辐射粒子的强度，即单位时间内接收到粒子的数目、能谱(强度随能量的分布)、角分布(强度随角度的分布)以及它们随时间的变化关系. 对于探测器和有关核电子学仪器装置的基本要求，就是把入射粒子的强度、能量和到达时间记录下来.

2.1　盖革-米勒计数器与核衰变的统计规律

盖革-米勒计数器是以气体为探测介质的探测器,在有限正比区中气体放大系数随电压急剧上升，并失去与原电离的正比关系，当气体放大系数 $M \geqslant 10^5$ 时，电子雪崩持续发展成自激放电，此时增殖的离子对总数就与原电离无关了，这段电压区以发明计数器的盖革(Geiger)和米勒(Müller)的姓命名，称为盖革-米勒区. 工作于该段电压区的计数器叫做盖革-米勒计数器,简称 G-M 计数器. G-M 计数器具有灵敏度高，脉冲幅度大，稳定性高，计数器的大小和几何形状可控，使用方便，成本低廉和便于携带等优点，是放射性同位素应用和计量检测工作中常用的探测元件. G-M 计数器的主要缺点是不能鉴别粒子的类型和能量；分辨时间长，约为 $10^2\mu s$，不能进行快速计数；正常工作的温度范围较小(卤素管略大些).

在放射性测量中，即使所有实验条件都是稳定的，如源的放射性活度、源的位置、源与探测器间的距离、探测器的工作电压等都保持不变，在相同时间内对同一对象进行多次测量，每次测到的计数也不完全相同，而是围绕某个平均值上下涨落，这种现象称为放射性计数的统计涨落. 这种涨落不是由观察者的主观因素(如观测不准确)造成的，也不是由测量条件变化引起的，而是微观粒子运动过程中的一种规律性现象，是反射性原子核衰变的随机性引起的，即如果 N_0 个原子核在某个时间间隔内衰变的数目 n 是不确定的，这就引起了放射性测量中计数的涨落，它服从统计分布规律. 另一方面，原子核衰变发出的粒子能否被探测器所接收并引起计数，也有统计涨落问题，即探测效率的随机性问题.

本实验的目的是了解 G-M 计数器的结构、工作原理和性能，掌握其使用方法，验证核衰变的统计规律.

【预习要求】

(1) 了解“雪崩”放电相关原理.

(2) 掌握计数器的结构和使用方法.

(3) 掌握核衰变的统计规律.

一、实验原理

G-M 计数器是射线气体探测器的一种，主要用来测量 β 射线和 γ 射线的强度，它由 G-M 计数管、高压电源和定标器三部分组成. G-M 计数管在射线作用下可以产生电脉冲，高压电源提供计数管的工作电压，而定标器用来记录计数管所输出的脉冲数.

G-M 计数管按用途分为 β 计数管和 γ 计数管，常见的有钟罩形 β 计数管(图 2-1-1(a))和长圆柱形 γ 计数管(图 2-1-1(b)). 它们都以玻璃管为外壳，内有圆筒状阴极(金属圆筒或涂于玻璃管内部的导电物质). 在阴极的对称轴上装有丝状阳极. 先将管内抽成真空，然后充以一定量(压强 10 mmHg 左右，1 mmHg = 0.133kPa)惰性气体(如氦气、氖气)和少量的猝灭气体. 两种管结构上的不同在于钟罩形β计数管的一个端面不是玻璃而是云母片，这是由于 β 射线穿透本领低，为使它容易穿过云母片窗口进入管内，提高探测效率而采取的措施.

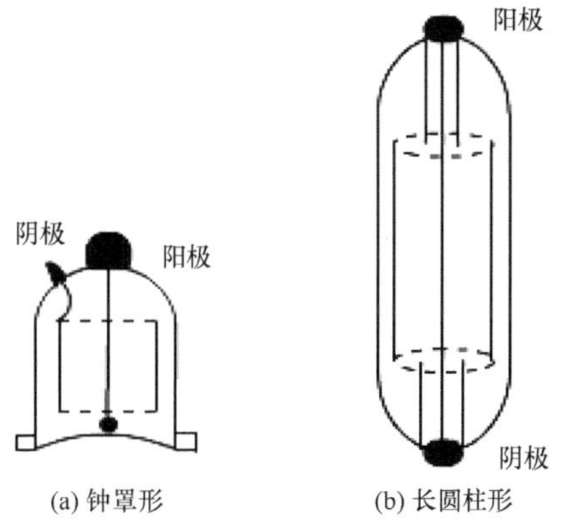

(a) 钟罩形　(b) 长圆柱形

图 2-1-1　计数管

在用 G-M 计数管对射线进行测量时，计数管的两极间加以几百至一千多伏高压，管内形成柱状轴对称电场，且阳极丝附近电场最强，射线进入管内，引起气体电离，所产生的电子在电场的作用下加速向阳极运动，在阳极附近与气体分子发生打出次级电子的碰撞，这些次级电子同样加速向阳极运动，也与气体分子碰撞，打出更多次级电子. 这样，在阳极附近引起所谓的“雪崩”放电. 在雪崩过程中，由于受激原子的退激和正负离子复合，大量光子将会被发射，这些光子将使雪崩区沿阳极丝向两端扩展，从而导致全管放电. 雪崩过程中产生大量电子，迅速运动到阳极并被中和，而大量的正离子，由于质量大，向阴极运动的速度慢，在阳极周围形成一层“正离子鞘”，正离子鞘较慢地移到阴极被中和掉. 计数管可以看作一个电容器，上述迁移与中和过程中阳极电势降低，随之高压电源通过电阻 R 向计数管充电，使阳极电势逐渐恢复，这样就在阳极上得到一个负的电压脉冲.

在雪崩放电过程中，有许多气体分子被激发，它们退激时发射的光子有可能在阴极表面打出光电子；正离子运动到阴极，打在阴极上也有可能打出电子. 这些电子的出现，又会重复上面讨论的过程，再次引起计数管放电. 如此看来，只要引起计数管放电，它就将继续放电. 要想通过计数管放电来测量射线强度，必须经过计数管一次放电之后的猝灭过程，这是在计数管中充以少量猝灭气体的原因. 猝灭气体能强烈地吸收光子，使光子在阴极上打出光电子，同时猝灭气体分子的电离电势低于惰性气体分子的电离电势，惰性气体的正离子通过与猝灭气体分子碰撞逐渐被换成猝灭气体的正离子，这些正离子在到达阴极被中和时本身被分解成小分子，而不再打出电子，从而猝灭气体起到了猝灭连续放电的作用. 计数管中充入的猝灭气体分子分为两类，一类是有机物，如酒精蒸气、乙醚蒸气，这类计数管称为有机计数管；另一类是卤素，如溴、氯，这类计数管称为卤素计数管.

1. G-M 计数管特性

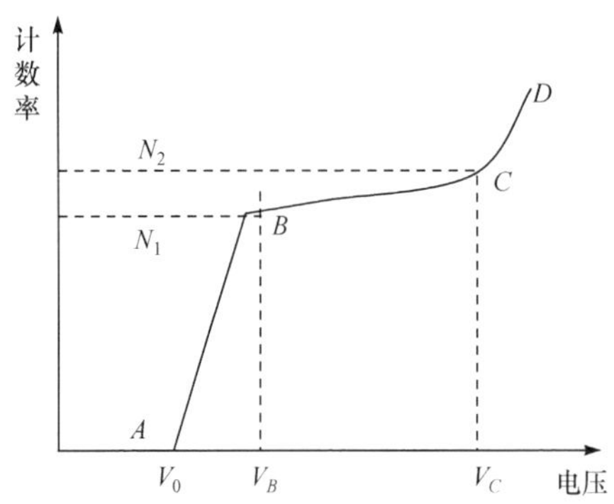

图 2-1-2　G-M 计数管的坪曲线

1) 坪特性——坪长度、坪斜度、起始电压

在进入计数管的射线粒子数不变的情况下，定标器给出的计数率(单位时间内的计数)随加在计数管两极上的电压而变，有如图 2-1-2 所示的关系曲线，称为 G-M 计数管的坪曲线.

当计数管两极电压 V 从零开始时，起始时由于 V 太低，极间电场不够强，不能引起全管放电，因而输出脉冲小，不能触发定标器，计数率为零. 当电压上升到 V_0 时，定标器开始计数，V_0 就称为计数的起始电压. 电压超过 V_0 时，随其升高，脉冲幅度加大，能触发定标器的脉冲数增多，计数率迅速增加，升高到 V_B 时，只要计数管中产生一个离子，就会引起全管雪崩放电，所以此时在管内产生电离的粒子都能被定标器记录下来，进一步升高电压，只能增大脉冲幅度，而不是增加脉冲个数，计数率保持不变，直至 V_C，此区域称为计数管的坪区，(V_C-V_B)叫做坪长度. 实际上，在坪区随着电压升高，计数率也有一定的坡度. 这主要是多次计数(入射一个粒子，引起两个以上计数)增加，计数管灵敏体积增大(末端效应)，漏计数减少所致. 通常用电压升高 1 V 计数率的相对增加量定义坪斜度，即坪斜度为 $\dfrac{n_C-n_B}{n_B}\times100\%/\left(V_C-V_B\right)$ ，电压超过 V_C 以后，由于每次放电产生的离子数过多，猝灭不完善，多次计数随电压升高迅速增加，使计数率急剧上升，进而出现连续放电.

2) 死时间、恢复时间和分辨时间

正如前面所讨论的，由于计数管雪崩放电，在阴极周围形成正离子鞘，它减弱了阳极附近的电场，此时进入计数管的射线粒子，即便产生了原始电离，也不能引起雪崩放电，不能被定标器记录. 随着正离子鞘向阴极运动，阳极附近电场逐渐恢复. 假若经过 τ_0 时间正离子鞘运动到某一位置 r_0(到阴极丝的距离), 使得阳极附近的电场刚刚恢复到能引起雪崩放电的程度，τ_0 定义为计数管的死时间，正离子鞘从 r_0 运动到阴极所需要的时间 τ_r 称为恢复时间，在恢复时间内由于电场没有完全恢复，所以粒子进入计数管后，虽能引起放电，但脉冲幅度较小，若小于定标器的灵敏度，仍不能被定标器记录. 如果脉冲在时间 τ 以后出现，才能被定标器记录下来，则 τ 称为计数器分辨时间. 若定标器的灵敏度足够高，分辨时间 τ 与死时间 τ_0 可以很接近. 分辨时间还与计数管两极上的电压和负载电阻 R 有关，R 增大 τ 增大，电压增大 τ 减小.

计数和放电后的恢复情况及死时间可以用脉冲示波器观察测量. 实际上看到的是图 2-1-3 所示的图形，它是多次扫描重叠的结果. 从所见图形的小脉冲的包迹，可以看到脉冲的恢复情况. 用脉冲示波器的时标可以测量死时间 τ_0 和恢复时间 τ_r.

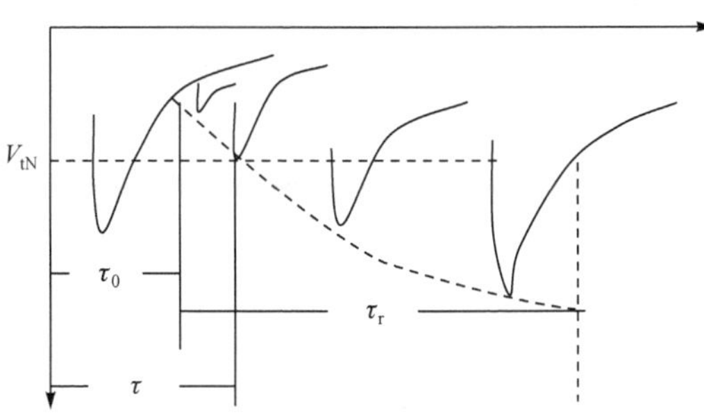

图 2-1-3　脉冲示波器显示的图形

由于存在分辨时间τ，每次记数后，τ时间内进入计数管的射线粒子就会被漏记，从而影响测量的准确性. 对此漏记可以进行如下修正：若单位时间内共记数m次，每次记数后有τ时间漏记，则单位时间内有$m\tau$时间产生漏记. 设没有漏记情况下单位时间内的计数应为n，则$m\tau$时间内应有的计数为$nm\tau$，也就是说单位时间内漏记的数$n-m=nm\tau$，于是得记数的修正公式

$$n=\frac{m}{1-m\tau}\approx m \tag{2-1-1}$$

此式在$m\tau\ll 1$的情况下成立.

3) 计数效率

计数效率指一个射线粒子进入计数管后，能产生计数的概率. 对于G-M计数管，只要能产生一对正、负离子，它就能计数. 所以，α,β带电粒子的空测效率能达98%以上,关键要设薄窗,让α, β能射入管内产生电离. α粒子需先转换出电子，才能电离，因而计数效率受转换效率的影响很大，仔细选择管壁和阴极材料，计数效率可达1%～2%.

4) 寿命和温度范围

计数管每放一次电就要分解大量猝灭气体分子，猝灭气体分子被分解后，就不再起猝灭作用了. 一般计数管内充入的猝灭气体的分子约为10^{20}个，每次放电约损失10^{10}个，如此看来，计数管的寿命为10^8～10^9次计数. 卤素气体分解后有可能重新复合，所以它的寿命长一些.

提高计数管的工作电压，会大大增加每次放电所消耗的猝灭气体分子数，将使计数管使用时间缩短. 为了延长计数管的使用时间，工作电压应选得低一些，通常选在距坪的起端1/3～1/2坪长. 测量过程中，必须避免出现连续放电现象，否则猝灭气体的大量消耗会造成管的报废. 在提高工作电压时，要特别注意计数情况，若发现计数有迅速增加的趋势，应立即降低电压.

G-M计数管有一定的正常工作温度范围，温度过高或过低会使G-M计数管性能变坏，甚至不能工作.

2. 核衰变的统计规律与放射性测量的统计误差

1) 核衰变的统计规律

对长寿命(指长测量时间时强度基本没有变化)放射性进行测量时，实验发现即使一切条件不变，每次测量的结果也并不相同，有的甚至相差很大. 可是每次测得的结果却围绕某一平均值上、下涨落，这称为放射性衰变的统计涨落. 它的分布遵从统计规律中的泊松分布. 泊松分布指出，若在时间间隔Δt内测得计数的平均值为$\bar{N}$，那么测得计数为N的概率$P(N)$将由下式给出：

$$P(N)=\frac{(\bar{N})^N}{N!}\mathrm{e}^{-N} \tag{2-1-2}$$

式中 $\bar{N}$ 为 A 次测量平均值

$$\bar{N}=\sum_{I=1}^{A}\frac{N_I}{A} \tag{2-1-3}$$

在泊松分布中，N 取正整数，并且在 $N\approx\bar{N}$ 处 $P(N)$ 有一极大值. 当 $\bar{N}$ 较小时，分布是不对称的；当 N 较大时 $(\bar{N}>10)$，分布逐渐趋于对称，见图 2-1-4.

泊松分布在 $\bar{N}$ 较小时比较适用. 当 N 增大($N>20$)时，计算将非常困难，此时可将泊松分布过渡到高斯分布(又称正态分布或常态分布). 它的表示式为

$$P(N)=\frac{1}{\sqrt{2\pi\bar{N}}}\mathrm{e}^{-\frac{(\bar{N}-N)^2}{2N}} \tag{2-1-4}$$

此时的 $P(N)$ 是计数为 N 时的概率密度(又称密度函数). 高斯分布表明偏差 $\Delta=(N-\bar{N})$ 对于 $\bar{N}$ 轴线来说是具有对称性的. 在 $\Delta=0(N=\bar{N})$ 处，概率密度取极大值. 随 Δ 的增大，$P(N)$ 变小，见图 2-1-5.

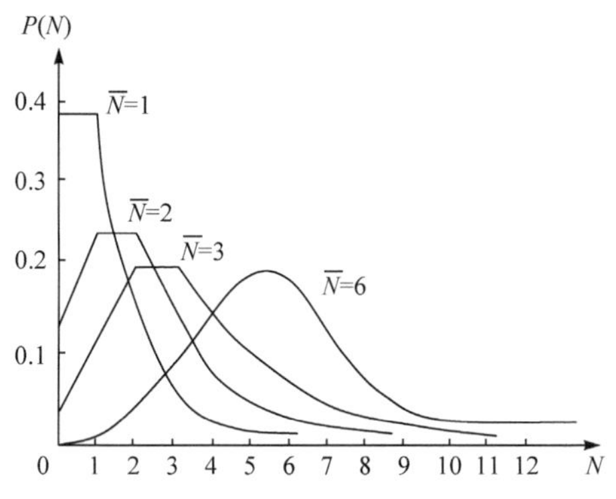

图 2-1-4　泊松分布

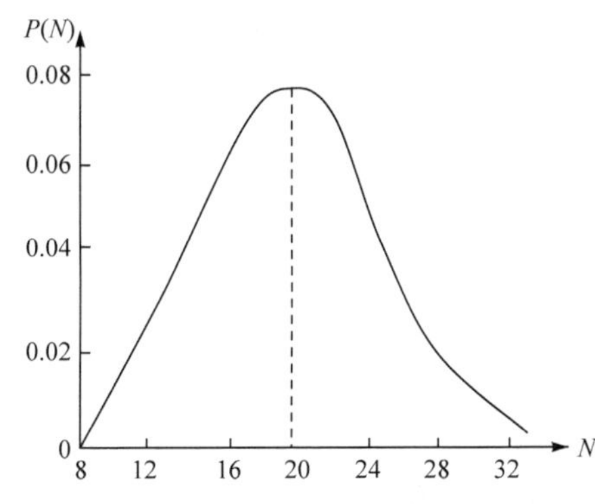

图 2-1-5　$\bar{N}=20$ 的高斯分布

2) 测量数据及其误差表示

(1) 通常我们把平均值 $\bar{N}$ 看作测量的最可几值，并用它来表示放射性计数值(乘上一个常数，可换算为强度值). 作为单位测量来说，标准误差 σ 可用 $\sqrt{\bar{N}}$ 表示. 实际测量中，又往往用一次测量去代替平均值 $\bar{N}$，而标准误差 σ 用 $\sqrt{N}$ 表示. 那么放射性计数值及其标准误差可表示为

$$N\pm\sigma=N\pm\sqrt{N} \tag{2-1-5}$$

这种写法表示，它所表示的区间中包含真平均值 $\bar{N}$ 的概率是 68.3%. 标准误差 σ 正是说明具有这一概率意义的区间宽度.

显然 N 越大，σ 越大. 切不要认为 N 越大测量越不精确. 精确与否往往是看相对标准误差 E 的大小

$$E=\frac{\sigma}{N}=\frac{\pm\sqrt{N}}{N}=\pm\frac{1}{\sqrt{N}} \tag{2-1-6}$$

它说明 N 越大，相对标准误差越小，精度越高.

(2) 为了提高测量精度，可以增加测量次数或加长测量时间. 如果作 K 次重复测量，每次的计数分别用 N_i(第 i 次计数)表示，则总计数为 $\sum_{i=1}^{K}N_i=K\bar{N}$($\bar{N}$ 为平均计数)，总计数的标准误差为 $\sqrt{K\bar{N}}$. 一次计数平均值的标准误差为 $\pm\sqrt{\frac{\bar{N}}{K}}$ ，其相对标准误差为

$$E=\pm\frac{1}{\sqrt{K\bar{N}}} \tag{2-1-7}$$

可见增加测量次数，可以提高测量的精度.

如果测量时间为 t，计数为 N，则计数率应表示为

$$计数率 = \frac{N\pm\sqrt{N}}{t}=n\pm\sqrt{\frac{n}{t}} \tag{2-1-8}$$

其标准误差为 $\pm\sqrt{\frac{n}{t}}$ ，相对标准误差

$$E=\pm\frac{1}{\sqrt{nt}} \tag{2-1-9}$$

可见，延长测量时间，可以提高计数率的精度.

二、实验装置

如图 2-1-6 所示为测量装置的示意图，主要由 FH-408 型自动定标器、FJ-365 型γ射线探头、SBT-5 型示波器、G-M 计数管、放射源等组成.

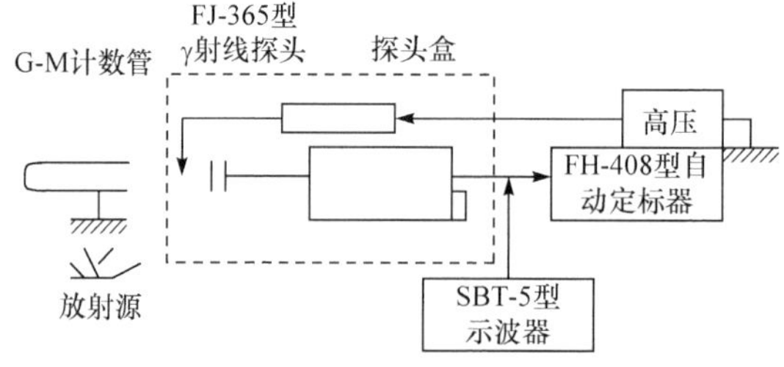

图 2-1-6　测量装置示意图

三、实验内容

(1) 测量 G-M 计数管的坪特性.

置放射源于计数管的适当位置. 将电压调节旋钮调至输出电压最低位置. 打开定标器电源开关，再打开高压开关. 使定标器处于计数状态. 缓慢升高电压，找出起始电压. 此后每隔 20 V 测量一次计数,每次测 1min. 当发现计数率明显增加，有连续放电可能时，立即降低高压，防止损坏计数管.

画出坪曲线，求出坪长度、坪斜度、确定起始电压和适宜的工作电压范围.

(2) 用示波器观察死时间和恢复时间.

(3) 验证核衰变所遵从的统计规律.

利用本底计数(没有放射源存在的情况下的计数)验证泊松分布. 先对本底计数作较长时间(如 5 min)的测量，根据本底计数率的大小，选定一个合适的时间，使得该时间内的平均计数 n 为 3～5，此时间为测量时间，重复测量 500 次.

画出泊松分布实验曲线，再用实验得到的平均值 $\bar{n}$ 作泊松分布的理论曲线. 将两条曲线画在同一坐标纸上进行比较.

(4) 观察测量时间、测量次数对计数率标准误差的影响.

固定测量时间为 5min，重复测量 3 次，算出 3 次的平均计数率和相对标准误差，并就测量时间与测量次数对误差的影响进行讨论.

四、注意事项

(1) 严格按照规定取放放射源，注意安全.

(2) 正式实验前，将定标器开高压提前预热半小时.

(3) 实验完毕后，先关“高压”，再关“开关”.

(4) 最后将仪器罩盖好，做好仪器维护.

五、思考题与讨论

(1) 坪曲线怎样进行测量，测量中要注意些什么?

(2) 如何由坪曲线求得参量和选定工作电压?

(3) 验证泊松分布时，为何选取 n 为 3～5? 如果用放射源来验证泊松分布，则对放射源的半衰期有何要求?

参 考 文 献

王开发. 1992. 核物理学导论. 广州: 广东高等教育出版社.

吴思诚, 荀坤. 2015. 近代物理实验. 4 版. 北京: 高等教育出版社.

杨福家, 王炎森, 陆福全. 2002. 原子核物理. 2 版. 上海: 复旦大学出版社.

2.2 NaI(Tl)单晶γ闪烁谱仪实验

闪烁探测器是利用某些物质在射线作用下会发光的特性来探测射线的仪器，它的主要优点是：既能探测各种类型的带电粒子，还能探测中子类型；既能探测粒子的强度，又能探测粒子的能量；并且探测效率高，分辨时间短. 在核物理研究和放射性同位素的测量中得到广泛的应用.

NaI(Tl)是一种无色透明的无机闪烁晶体，在 NaI 中掺铊(Tl)来激活成为发光中心. NaI(Tl)晶体密度为 3.67 g · cm^{-3}，因含有高原子序数的元素碘($Z = 53$，含量占质量的 85%)，用来探测 γ 射线和 X 射线时，与三种次级效应(即光电效应、康普顿散射和电子对效应)相对应的吸收系数大. 而且当次级电子能量在 0.001～6 MeV 范围内时，光能输出(即脉冲高度)与电子能量成正比，从而可以利用这一性质来测定γ射线和 X 射线的能量. NaI(Tl)发光光谱平均波长为 410 nm，能与光电倍增管的光谱响应很好地匹配. NaI(Tl)发光衰减时间为 0.25 μs，发光效率高，对 γ 射线的能量分辨率比较好，价格适中，所以在核探测方面应用十分广泛.

本实验的目的是了解闪烁探测器的原理、结构、核电子学仪器的数据采集、记录方法和数据处理原理. 掌握 NaI(Tl)单晶 γ 闪烁谱仪的几个性能指标和测试方法.

【预习要求】

(1) NaI(Tl)单晶 γ 闪烁谱仪的工作原理.

(2) 能谱的半高宽反映了什么问题，是否越小越好，为什么?

(3) 光电峰与全能峰有什么区别?

一、实验原理

1. γ 射线与物质相互作用

γ 射线与物质的相互作用主要有光电效应、康普顿散射和电子对效应这三种过程.

1) 光电效应

如图 2-2-1 所示，入射 γ 粒子把能量全部转移给原子中的束缚电子，而把束缚电子打出来形成光电子，由于束缚电子的电离能 E_i 一般远小于 γ 射线的能量 E_γ，所以光电子的动能近似等于入射 γ 射线的能量.

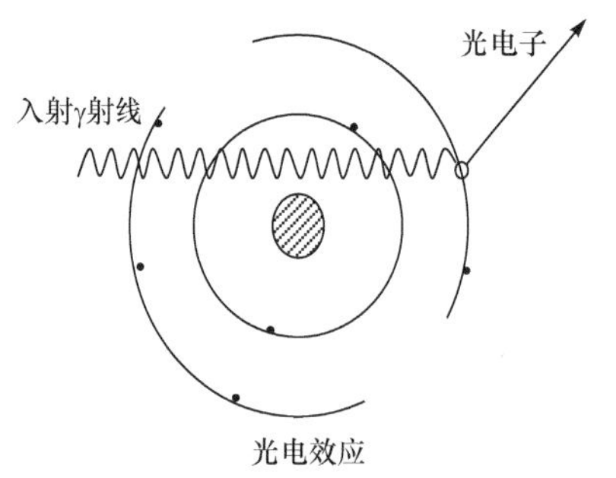

图 2-2-1 光电效应

$$E_{光电} = E_\gamma - E_i \approx E_\gamma \tag{2-2-1}$$

因为不能同时满足动量守恒和能量守恒,所以自由电子不可能发生光电效应,而原子中束缚越牢固的电子发生光电效应的可能性也越大. 入射 γ 射线能量大于 K 层电子的束缚越强，发生光电效应的概率也越大. 理论与实验都证明光电效应的截面 $\sigma_{光电}$ 正比于 Z^5，入射 γ 射线能量 E_γ 越大，相对来说，电子受原子的束缚就越不牢固，光电效应的截面 $\sigma_{光电}$ 随 γ 射线能量的增加而减小.

2) 康普顿散射

核外自由电子与入射γ射线发生的康普顿散射示意图如图 2-2-2 所示. 根据动量守恒，散射与入射只能发生在一个平面内，设入射 γ 射线能量为 $h\nu$,散射光子能量为 $h\nu'$ ，根据能量守恒，反冲康普顿电子的动能 E_C 为

$$E_C = h\nu - h\nu' \tag{2-2-2}$$

康普顿散射后散射光子能量与散射角 θ 的关系为

$$h\nu' = \frac{h\nu}{1+\alpha(1-\cos\theta)} \tag{2-2-3}$$

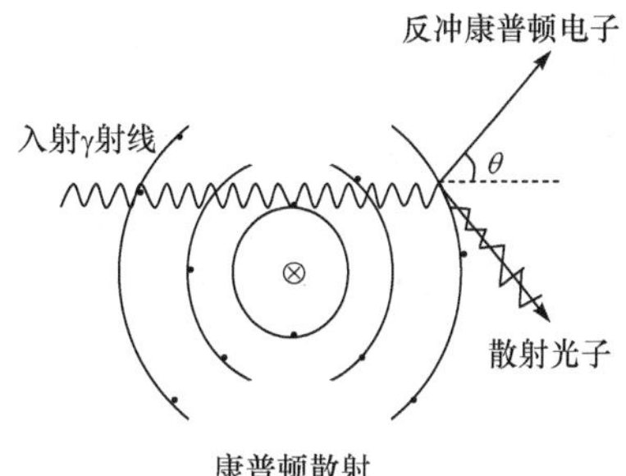

图 2-2-2　康普顿散射

式中，$\alpha = \frac{h\nu}{m_0c^2}$，当 $\theta = 0°$时，$h\nu = h\nu'$，这时 $E_C = 0$，即不发生散射；当 $\theta = 180°$时，散射光子的能量最小为 $\frac{h\nu}{1+2\alpha}$，这时反冲康普顿电子的能量最大为

$$E_{C\max} = h\nu\frac{2\alpha}{1+2\alpha} \tag{2-2-4}$$

所以反冲康普顿电子的能量在 0～$h\nu\frac{2\alpha}{1+2\alpha}$ 变化，见表 2-2-1.

表 2-2-1　康普顿反散射峰的能量

	康普顿峰	康普顿峰计数一半处	反散射峰
用导峰程序得到的道址 CH	99.1	112	41.9
用定标曲线得到的能量/MeV	0.42	0.4975	0.1822
由公式得到的理论值 ($\theta = 180°$)		0.481 ($E_{e\max}$)	0.181 ($E_{\gamma\min}$)
误　差		3.43%	0.66%

3) 正负电子对产生

当 γ 射线能量超过 $2m_ec^2$(1.022 MeV)以后，γ 光子受原子核或电子的库仑场的

作用可能转化为正、负电子对. 入射 γ 射线的能量越大，产生正、负电子的截面也越大. 在物质中，正电子的寿命是很短的，当它在物质中耗尽自己的动能时，便同物质原子中的轨道电子发生湮灭反应而变成一对能量各为 0.511 MeV 的 γ 光子.

2. 仪器结构与性能

1) NaI(Tl)单晶 γ 闪烁谱仪装置

闪烁体可分为无机和有机两大类. 一块合适的闪烁体应满足以下要求：

(1) 闪烁体对入射 γ 射线的阻止本领要大；

(2) 在闪烁体中入射粒子所损耗的能量转换为光能的效率(即发光效率)要高而且线性关系要好；

(3) 闪烁体发光的衰减时间要短；

(4) 闪烁体发光光谱要很好地匹配光电倍增管的光谱响应；

(5) 闪烁体对自己所发的光是透明的；

(6) 闪烁体尽可能是光学均匀的，没有缺陷和易于加工；

(7) 具有适当的折射率，尽可能避免全反射而使大部分光都射到光电倍增管光阴极上；

(8) 在实验条件下，以及长期射线辐照的情况下闪烁体性能稳定.

如图 2-2-3 所示，NaI(Tl)单晶 γ 闪烁谱仪由 NaI(Tl)闪烁晶体、光电倍增管和电子仪器三部分组成. NaI(Tl)单晶 γ 闪烁谱仪记录 γ 光子的过程：

(1) γ 光子在闪烁体中产生次电子；

(2) 次电子在闪烁体中损失能量引起闪烁发光，放出许多荧光光子；

(3) 荧光光子经过闪烁体的包装及光导(有机玻璃)进入光电倍增管；

(4) 荧光光子打在光电倍增管的光阴极上产生电子，电子在管内各个联极(又称打拿极)上放大，最后在阳极上收集到经过放大的电子流；

(5) 阳极收集电子，在输出回路上产生电压脉冲；

(6) 电压脉冲经射极输出器输出给放大器. 放大后脉冲由多道分析器采集获取数据. (NaI(Tl)单晶的吸收过程和能量请参见表 2-2-2.)

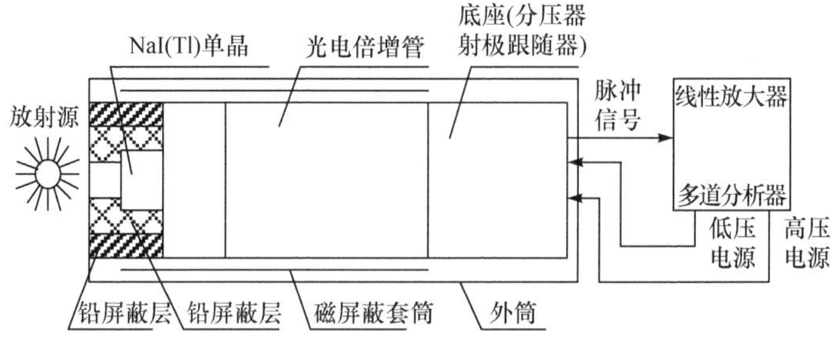

图 2-2-3　NaI(Tl)单晶γ 闪烁谱仪装置图

表 2-2-2　NaI(Tl)单晶的吸收过程和能量

	NaI(Tl) 单晶	NaI(Tl) 单晶	NaI(Tl) 单晶	NaI(Tl) 单晶
吸收过程	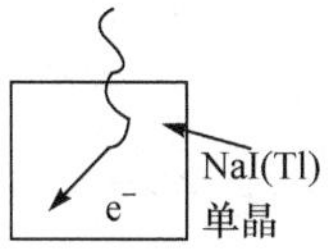 光电效应	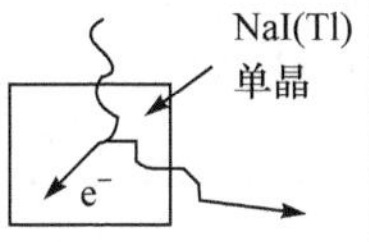 康普顿效应(散射γ射线逃逸)	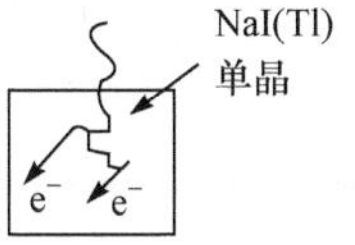 康普顿效应(散射γ射线产生光电效应被吸收)	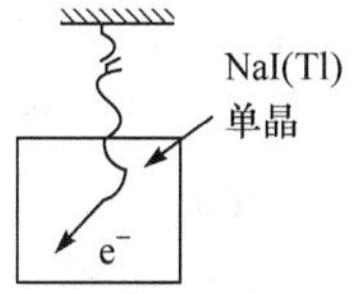 透过散射体在光电倍增管光阴极上发出康普顿反散射或在源及周围物质上发生康普顿反散射
晶体吸收的能量	E_γ	从 0 到 E_{emax} $E_{emax}=\dfrac{E_\gamma}{1+\dfrac{m_0c^2}{2E_\gamma}}$	E_γ	$E_{\gamma min}=\dfrac{E}{1+\dfrac{2E_\gamma}{m_0c^2}}$
脉冲幅度	脉冲在全能峰内	脉冲在康普顿分布区	脉冲在全能峰内	出现在相对于全能峰完全确定的位置上，称反散射峰

2) 光电倍增管的构造

光电倍增管的构造包括三个主要部分：

(1) 光阴极：通常是把半导体光电材料(如 Sb-Cs 等)镀在光电倍增管透光窗的内表面上. 入射光就在这上面打出光电子.

(2) 电子倍增极：通常用 Sb-Cs 或 Ag-Mg 合金做成. 由光阴极发射出来的光电子经过聚焦和加速打到电子倍增极上. 一般光电倍增管有 4～14 个电子倍增极，在各电子倍增极间加上一定的电压差. 一个到达电子倍增极的电子在电子倍增极上可打出 3～6 个次级电子. 这些次级电子经过加速后打到下一个电子倍增级. 如此重复倍增下去，电子倍增系数将高达$10^4\sim10^7$，电子倍增系数 M 与加在电子倍增极上的总电压 V 的 7 次方成正比($M\propto V^7$，故$\Delta M/M=7\Delta V/V$)，所以要使电子倍增系数稳定在 1%以内，就必须让电压稳定度好于 0.1%.

(3) 阳极：经过倍增后的电子收集在阳极上，并在输出端形成电压脉冲光电倍增管，按电子倍增极分为环形聚焦型、直线聚焦型、百叶窗式无聚焦型和“匣子”式无聚焦型. 在相对论实验装置中用的是 GDB-44F 光电倍增管百叶窗式无聚焦型，见图 2-2-4.

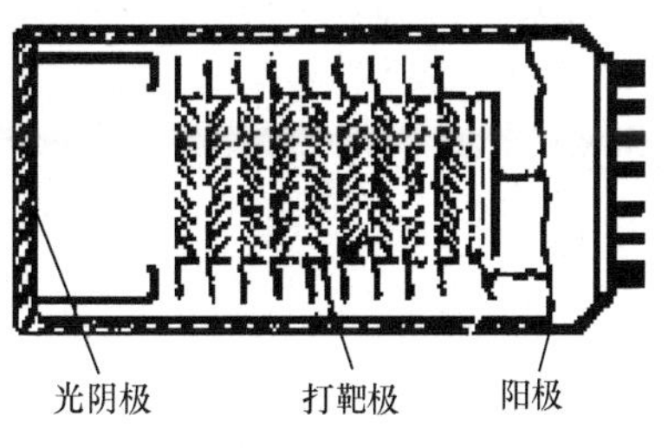

图 2-2-4　百叶窗式光电倍增管

百叶窗式光电倍增管中电子束是平行于

管轴方向进行的，被电场加速但没有聚焦作用，这类管子脉冲幅度分辨率较好，适用于能谱测量. 光电倍增管在近代实验中使用很广，基本原理非常清楚. 光电倍增管是真空玻璃管，易打碎，在加电压时是一个放大微弱电流的器件，所以在工作时外面一定要加避光罩. 如果电压接通时透入了外界环境的光，那么光电倍增管就会因过载而烧坏.

3) 高压电源、放大器、多道脉冲幅度分析器简介

实验所用的高压电源与放大器装在一个仪器盒中.

(1) 高压电源：高压在 0～1500 V 范围内连续可调，电压大小由十圈电位器调节(第十圈相当于 150 V)并由数码管显示电压值，输出高压极性为正. 高压稳定性优于 0.1%.

(2) 放大器：放大器的功能是对 NaI(Tl)探测器的输出脉冲幅度进行放大. 放大系数可以在仪器盒内进行粗调(通常为 4、8、16、32，本实验设为 4)，细调用十圈电位器调节(在面板上).

(3) 多道脉冲幅度分析器：多道脉冲幅度分析器是采集和分析探测器电压脉冲幅度分布的一种仪器. 所谓射线的能谱，即指各种不同能量粒子的相对强度分布. 将电压脉冲幅度(即能量 E)作为横坐标，单位时间内测得的射线粒子数作为纵坐标，我们就可以清楚地知道此种射线中脉冲幅度所占的百分比. 如在实验中我们采用 1024 道，即将探测器输出的电压脉冲幅度范围 5 V 平均分成 1024 份. 由此得到的道宽为 5 V/1024 ≈ 4.88 mV ≈ 5 mV，不同脉冲幅度就落入相应的 $V+\Delta V$ 的道宽内，这样就可以得到探测器输出脉冲在 0～1024 道内的幅度分布图.

4) NaI(Tl)单晶 γ 闪烁谱仪的调试步骤及原因

从示波器上看，怎样的工作状态才算正常，示波图和实测脉冲谱有何联系？

(1) 连接好实验仪器，高压为正极性，所用的高压电缆在插头处有红色橡皮套，一头接在探头后座(注明：+高压)，一头接仪器盒后面的 HV OUT 输出. 低压 +12 V 接在探头座的七芯插孔上，一头接在仪器盒后面的低压插孔. 在接电缆线时不要开启电源，尤其不要将高压电缆与信号电缆接错.

(2) 仪器连接好以后打开高压电源，调节高压和放大倍数. 对于高压和放大倍数的选择有两种情况：一为高压比较高，放大倍数比较小；一为高压比较低，放大倍数比较大. 我们建议放大倍数尽量小，但不要放置在零的位置上，高压在 650～900 V 进行调节. 下面我们对这两种情况作一个比较：首先放置 γ 放射源 $^{226}\mathrm{Ra}$.

(3) 稳定 10～20 min，测全能谱，这样就可以测得单晶 γ 探测器的最基本的性能、分辨率和线性.

图 2-2-5 所示为一个单能 γ 所产生的示波图(示波器上获得)和电压脉冲谱(多道采集、获得).

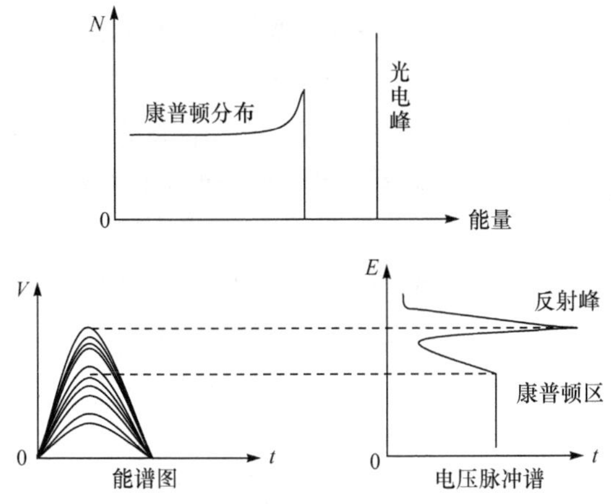

图 2-2-5　示波图和电压脉冲谱

5) NaI(Tl)单晶 γ 闪烁谱仪

NaI(Tl)单晶 γ 闪烁谱仪的能量分辨率定义是什么？如何测量？能量分辨率与哪些量有关？能量分辨好坏对我们有何意义？

能量分辨率产生的原因是：

(1) 单能电子在闪烁体内损失能量引起闪烁发光所放出的荧光光子数有统计涨落 η_{I} .

(2) 由于闪烁体与光电倍增管耦合状态不同，故一定量荧光光子打在光电倍增管光阴极上产生光电子数目有统计涨落 η_{γ} .

(3) 光电倍增管内的放大过程产生的电子数也有统计涨落 η_{M} .

例：NaI(Tl)对 $^{137}\mathrm{Cs}$ γ 射线的分辨率为 7.8 %，则

① 闪烁体的本征分辨率 $\eta_{\mathrm{I}}=4\%$ ；

② 由于耦合转换效率涨落 $\eta_{\gamma}=4.6\%$ (它与硅油接触好坏、闪烁体反射情况、光阴极均匀性、闪烁体与光电倍增管的波长匹配有关)；

③ 来自光电倍增管放大系统的 $\eta_{\mathrm{M}}=4.9\%$ ；

④ 探头总分辨率 $\eta^2=\eta_{\mathrm{I}}^2+\eta_{\gamma}^2+\eta_{\mathrm{M}}^2$.

本实验 NaI(Tl) $\Phi 20\times 20\ \mathrm{mm}$ 与 GDB-44F 光电倍增管都已选定，耦合情况已定，所以学生只能通过改变电压在满足线性情况下得到分辨率. 谱仪能量分辨率的数值越小，仪器分辨不同能量的本领就越高.

6) NaI(Tl)单晶 γ 闪烁谱仪的线性

为什么要测 NaI(Tl)单晶 γ 闪烁谱仪的线性？谱线线性主要与哪些量有关？线性的好坏对我们有何意义？如何测谱仪的线性？

谱仪的线性是一个非常重要的参数，就是用已知能量来标定多道的道数所对应的能量. 如果谱仪是线性的(图 2-2-6(a))，我们就可以用它来确定未知源的能量. 道数 CH1 对应的能量为 E_1，道数 CH2 对应的能量为 E_2. 若谱仪是非线性的(图 2-2-6(b))，则在非线性区里，道数 CH2 所对应的能量是不确定的. 谱仪的线性与下列因素有关：

(1) 闪烁体荧光输出与 γ 能量具有正比关系(在 150 keV < E_r < 6 MeV)；

(2) 光电倍增管线性，主要防止高压较高时后面几个打拿极的空间电荷饱和；

(3) 放大器的线性(防止幅度过载与计数率过载)；

(4) 单道或多道脉冲分析器的线性.

本实验中闪烁体与单道、多道脉冲分析器的线性已定，主要调节光电倍增管高压放大器的放大倍数，以使其不产生非线性.

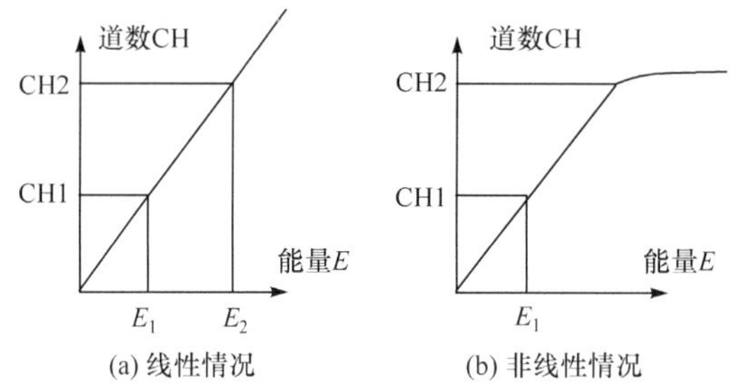

图 2-2-6　谱仪的线性与非线性

7) 单晶 γ 闪烁谱仪的指标

(1) 分辨率；

(2) 线性；

(3) 峰康比，即全能谱项计数与康普顿平台计数之比. 它表明一个峰落在另一个谱线的康普顿坪上能清晰显示的程度，即存在高能强峰时探测低能弱峰的能力；

(4) 稳定性.

8) 解释实验测得的 ^{137}Cs γ 射线能谱(即脉冲幅度谱与能谱之间的关系)

图 2-2-7 所示为实验测得的谱形.

实验数据记录：电压为 712 V，放大系数细调为 0.2(不同光电倍增管的电压值和放大倍数是不一样的，视具体情况而定). 能量与道址关系如表 2-2-3 所示.

直线方程为：$E = 0.00458 + 0.00424 \times \text{CH}$；

回归系数为：$r = 0.99999$.

定标曲线(表 2-2-3 及图 2-2-8)的应用：检验康普顿散射的最大能量和反散射峰的能量.

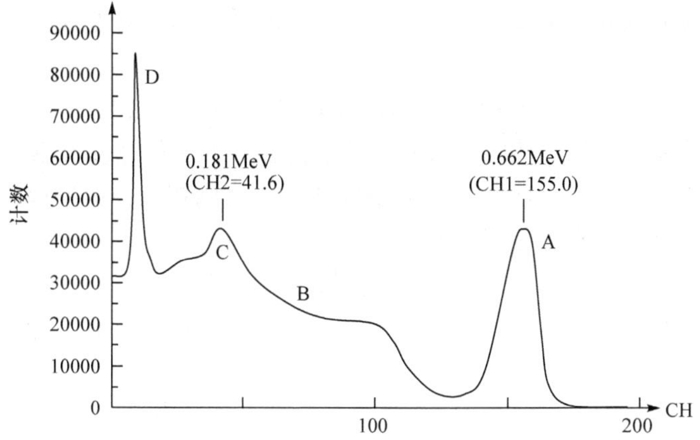

图 2-2-7　^{137}Cs γ 射线能谱

A 为全能峰；B 为康普顿峰；C 为反散射峰；D 为 X 射线峰

表 2-2-3　能量与道址关系

能量/MeV	1.33	1.17	0.661
道址 CH	312.6	274.2	155.0

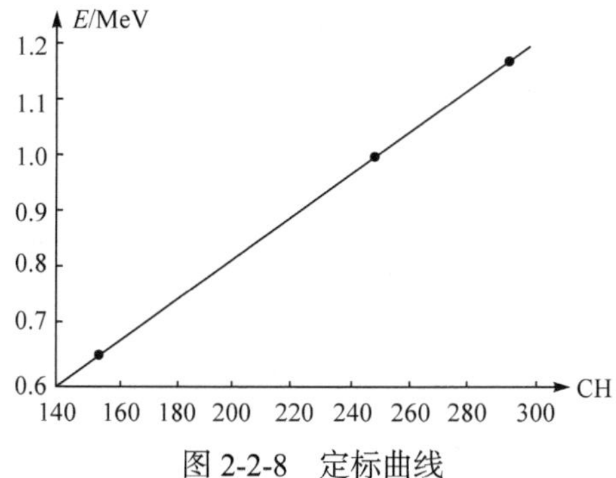

图 2-2-8　定标曲线

康普顿反散射的最大能量的理论值计算

$$E_{\text{emax}} = \frac{E_\gamma}{1 + \dfrac{1}{2E_\gamma(1-\cos\theta)}} \tag{2-2-5}$$

反散射峰能量的理论值的计算如下：

$$E_{\text{e}} = \frac{E_\gamma}{1 + 2E_\gamma(1-\cos\theta)} \tag{2-2-6}$$

其中 $E_\gamma = 0.661\,\text{MeV}$，$\theta = 180°$；代入公式得 $E_{\gamma\min} = 0.181\,\text{MeV}$，$E_{\text{emax}} = 0.481\,\text{MeV}$.

9) 如果多道脉冲分析器上没有计数，建议教师用示波器来判断哪个单元出了问题

(1) 首先检查探测器是否有输出信号，问题可能出在探测器底的信号输出处，接信号线至示波器，观察在有γ放射源的情况下是否有负脉冲输出；若有输出，则探测器工作正常；若无输出或脉冲幅度非常小，则探测器有问题. 此问题很可能在射极输出器上，或者是高压电缆与高压源接触不好.

(2) 检查放大器是否工作正常：如果探测器正常，可检查放大器是否有问题. 在放大器输出外接电缆至示波器，观察信号是否有正脉冲输出，若正常则放大器也正常.

(3) 最后看多道脉冲幅度分析器是否有输出，多道板是否在微机中插牢(有时接触不好也会无计数). 总之通过对各单元进行检查以判别问题出在何处.

二、实验装置

NaI(Tl)闪烁探头；高压电源和线性脉冲放大器(合装在一个仪器盒内)；多道脉冲幅度分析器；γ放射源 ^{137}Cs 、^{226}Ra 各一个.

什么是放射源的主要特性？(介绍本实验用的 ^{137}Cs 、^{226}Ra 源)

放射源有很多性质，主要有：①半衰期 $T_{1/2}$；②放出射线的种类，如α，β，γ；③每种射线对应的能量分布(图 2-2-9)；④射线的放射强度(专业名词叫活度).

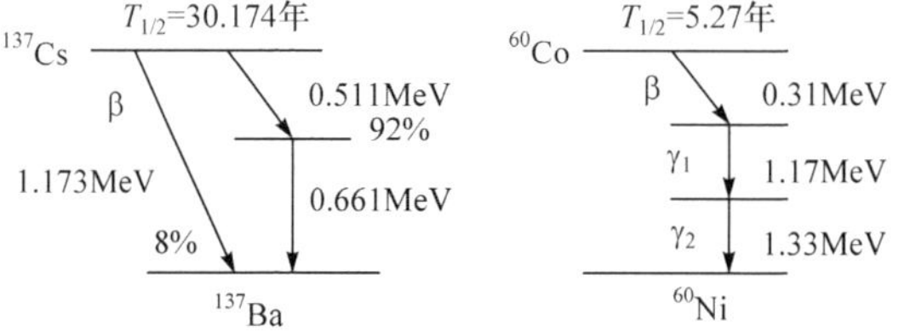

图 2-2-9　放射源的衰变

例如，^{137}Cs 的半衰期 $T_{1/2}=30.174$ 年，它放出 5.3 %的β粒子($E_{\max}=1.173\,\text{MeV}$)，94.7%的β ($E_{\max}=0.511\,\text{MeV}$)，然后从激发态放出 $E_\gamma=0.661\,\text{MeV}$ 的γ射线后到达基态.

本实验所用 ^{137}Cs 的活度≈2 μCi，^{226}Ra 的活度≈2 μCi.

注：以前放射源活度用居里(Ci)、毫居里(mCi)、微居里(μCi)表示：

$$1\text{Ci}=3.7\times10^{10}\ \text{衰变}\cdot\text{s}^{-1}$$

$$1\text{mCi}=3.7\times10^{7}\ \text{衰变}\cdot\text{s}^{-1}$$

$$1\mu\text{Ci}=3.7\times10^{4}\ \text{衰变}\cdot\text{s}^{-1}$$

现在放射源活度用贝可勒尔(Bq)作单位，1 Bq = 1 衰变 · s^{-1}.

射线的能量与强弱是两个独立的概念，为避免混淆，可用形象的比喻，如红灯、黄灯代表不同波长即不同能量. 而这些灯可以有 5 W，50 W，500 W，这代表强度.

例如，^{137}Cs 源发出的 γ 射线：$E = 0.661$ MeV 代表能量，而强度可以是 2 μCi，2 mCi，2 Ci 等. 如 ^{226}Ra 发出的 γ 射线能量为 1.17 MeV、1.33 MeV；放射性治疗癌症所用 ^{226}Ra 强度为万居里，而本实验所用 ^{226}Ra 强度为微居里(10^{-6} Ci)，两者相差 10 个数量级，因此本实验的放射源是十分安全的.

说明：虽然放射源很安全，但在管理方面要求有专人保管，以免遗失；而且在使用时要注意盖子打开后不要用手去触摸表面的活性区，实验结束后要洗手，这是一个习惯问题.

三、实验内容

(1) 学会 NaI(Tl)单晶 γ 闪烁谱仪整套装置的操作、调整和使用.

(2) 了解多道脉冲幅度分析器在 NaI(Tl)单晶 γ 闪烁谱测量中的数据采集及其基本功能.

(3) 测量单晶 γ 闪烁谱仪的能量分辨率和线性.

四、注意事项

(1) 不要用手去接触表面的活性区.

(2) 实验结束后要洗手.

五、思考题与讨论

(1) 简单描述 NaI(Tl)闪烁探测器的工作原理.

(2) 反散射峰是如何形成的?

(3) 一个未知 γ 源，要确定其能量，实验应如何进行?

参考文献

王开发. 1992. 核物理学导论. 广州: 广东高等教育出版社.

吴思诚, 荀坤. 2015. 近代物理实验. 4 版. 北京: 高等教育出版社.

杨福家. 2002. 原子物理学. 3 版. 北京: 高等教育出版社.

2.3 符合测量

符合测量技术是核物理实验主要的、基本的实验技术之一，在各领域有着广泛应用，在核反应的研究中，可以用来确定反应物的能量和角分布；近些年来，由于快电子学、多道分析器和多参量分析系统(直接测定核反应过程中各种参量之间的相互关系)的发展以及电子计算机在核试验中的应用，符合测量技术已成为多参量必不可少的实验手段.

历史上，符合测量技术最初用于宇宙射线的研究，按一定方向放置几个计数管的符合测量(计数管望远镜)，可以测量宇宙线在各方向上的强度分布(角分布)和观察簇射现象. 1930 年前后，宇宙线研究领域的一些重要发现是和符合计数的应用分不开的.

用闪烁计数器或盖革-米勒计数器对放射源活度作绝对测量是比较困难的. 这是因为绝对测量需要对影响测量结果(计数率)的许多因素，如立体角、计数效率、计数器分辨时间、散射和吸收、源的自吸收等进行修正，从而上述因素一般都很难准确测定. 对于衰变时有级联辐射的放射性元素，用符合测量技术则避开了上述困难，方法也十分简单. 近年来，用 4πβ-γ 符合 ^{60}Co 等核素时，精度可达 0.1%左右.

本实验的目的是学习符合测量的基本方法、测量符合装置的分辨时间和用β-γ 符合测量测 ^{60}Co 的放射性活度.

【预习要求】

(1) 了解符合测量技术的测量原理及其优点.

(2) 了解分辨时间 τ 的大小对实验的影响及其原因.

一、实验原理

1. 符合测量技术的一些基本概念

1) 符合事件

符合事件指两个或两个以上同时发生的事件. 符合测量技术是利用符合电路来甄选符合事件的方法. 例如，研究宇宙线时，要确定入射粒子的方向，可以采用如图 2-3-1 所示的计数管望远镜的符合装置. 四个 G-M 计数管排列在一条直线上，只有当这四个 G-M 计数管几乎同时放电输出脉冲时，才使总的符合电路产生一个符合计数. 任何不同时穿过这四个 G-M 计数管的入射粒子均不被记录. 由于这种装置使得只有一定方向射来的宇宙线才能几乎同时穿过这四个 G-M 计数管，因此这种符合装置主要用来选择一定方向射入的宇宙线粒子.

实际上，任何符合电路都有确定的符合分辨时间 τ，它的大小与输入脉冲的宽度有关. 如图 2-3-2 所示，当两个脉冲的时间间隔小于 τ 时，一部分脉冲将重叠成大幅度脉冲，并触动成形电路输出一个符合脉冲；反之，就没有符合脉冲输出.

因此，实际上符合事件是相继发生的时间间隔小于符合分辨时间 τ 的事件，或者称为同时性事件.

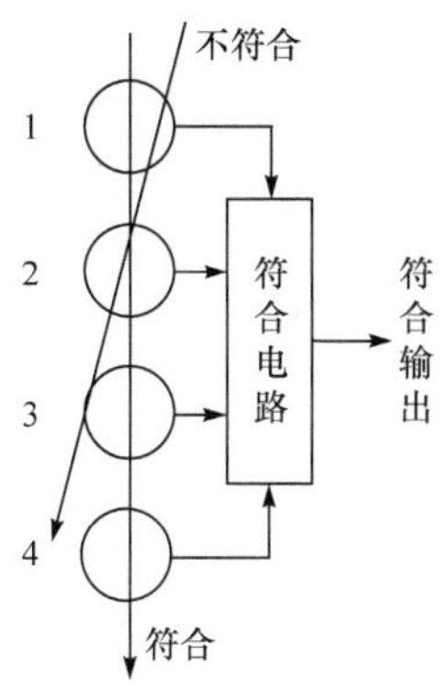

图 2-3-1　计数管望远镜示意图

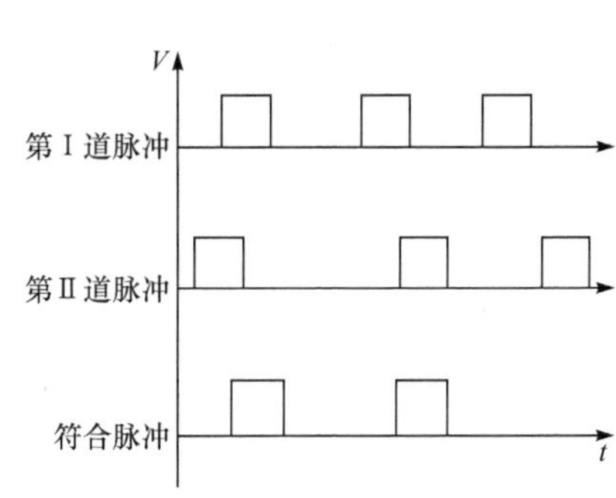

图 2-3-2　符合脉冲示意图

2) 真符合和偶然符合

符合电路的每个输入端都称为符合道. 为简单起见，只讨论两个符合道的情况. 例如，一个原子核衰变时接连放射β射线和γ射线，这一对β射线、γ射线如果分别进入两个探测器，将两个探测器输出的脉冲引到符合电路输入端时，便可输出一个符合脉冲，这种一个事件与另一个事件具有内在因果关系的符合输出称为真符合. 另外也存在不相关的符合事件，例如，有两个原子核同时衰变，其中一个原子核放出的β粒子与另一个原子核放出的γ粒子分别被两个探测器所记录，这样的事件就不是真符合事件. 这种不具有相关性的事件间的符合称为偶然符合.

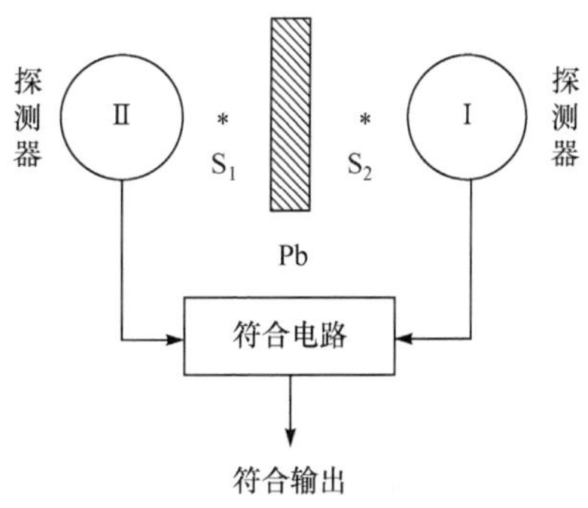

图 2-3-3　测量偶然符合示意图

3) 偶然符合与符合分辨时间

设有两个独立的放射源 S_1 和 S_2，分别用两符合道的探测器Ⅰ和Ⅱ记录. 两组放射源和探测器之间用足够厚的铅屏隔开，见图 2-3-3. 在这种情况下，符合脉冲必然为偶然符合. 设两符合道的脉冲均为理想的、宽度为 τ 的矩形脉冲，再设第Ⅰ道的平均计数率为 m_1，第Ⅱ道的平均计数率为 m_2，对于第Ⅰ道的每一个脉冲，在其前后共计 2τ 的时间范围内，若第Ⅱ道进入脉冲，就可以引起偶然符合，其平均符合率就是 $2\tau m_2$. 现在第Ⅰ道的平均计数率为 m_1，则单位时间内偶然符合的计数平均为 $2m_1m_2\tau$，即

$$m_{\tau c} = 2m_1m_2\tau \tag{2-3-1}$$

假设两个符合道的矩形脉冲宽度不等，分别为τ_1和τ_2，则

$$m_{\tau c} = m_1m_2(\tau_1 + \tau_2) \tag{2-3-2}$$

此时符合分辨时间为

$$\tau = \frac{1}{2}(\tau_1 + \tau_2) \tag{2-3-3}$$

4) 反符合电路、延迟符合电路

除符合电路外，人们还发展了反符合、延迟符合等电路.

反符合电路与符合电路的逻辑功能正相反. 两个符合道同时有脉冲输入时，无输出脉冲；两个符合道中任何一个道有脉冲输入时，有脉冲输出(图 2-3-4). 在单道分析器中，为了只使脉冲幅度位于E_0和$E_0 + \Delta E_0$之间的脉冲通过，可以将输入脉冲分别输入甄别阈为E_0和$E_0 + \Delta E_0$的两个单稳态形成电路，再将它们的输出接反符合电路的两个输入端(图 2-3-5).

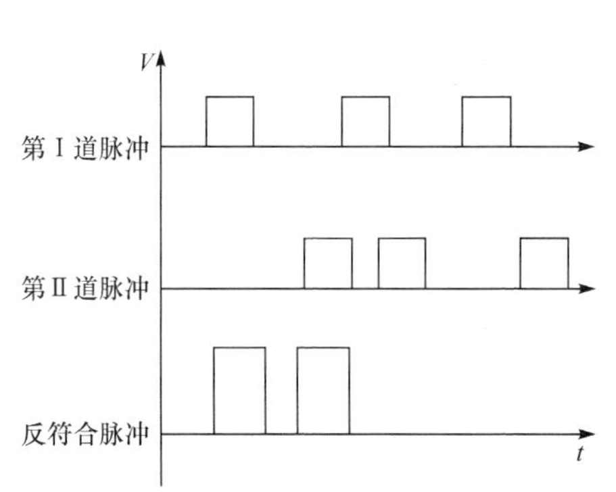

图 2-3-4 反符合脉冲示意图

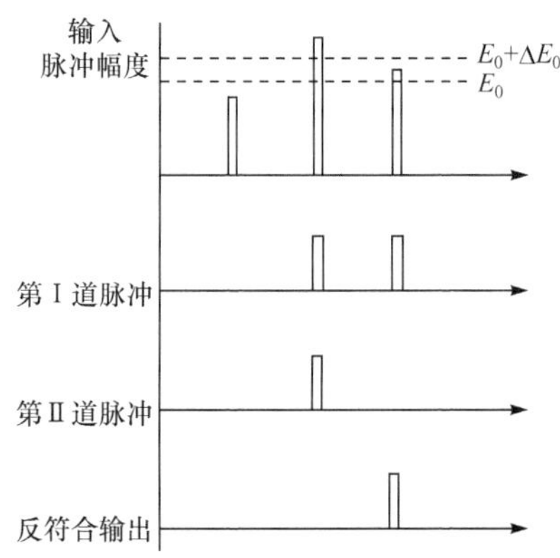

图2-3-5 反符合电路用于单道分析器的示意图

不同时发生的相关事件，例如，β 衰变后处于激发态的核，要延迟一段时间才退激并发射 γ 粒子，其平均延迟时间就等于此激发态的平均寿命. 对于这种相关事件，只要把第一事件的脉冲延迟一些时间，便可与第二事件的脉冲同时到达符合电路而产生脉冲，这种符合称为延迟符合.

2. 用β-γ 符合装置测 ^{60}Co 源活度

β-γ符合装置如图 2-3-6 所示，两个探测器都采用闪烁计数器. β 探测器用塑料闪烁体，用来测量β 粒子，它对γ 射线虽然也灵敏，但探测效率低. γ 探测器用

NaI(Tl)闪烁体，另外有铝屏蔽罩，将 ^{60}Co 发出的β射线完全挡住，因而只能测量γ射线.

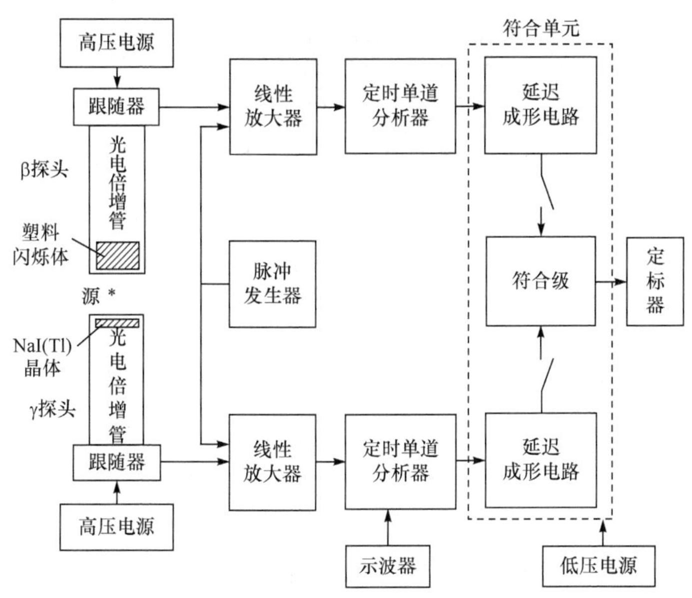

图 2-3-6　β-γ 符合装置方框图

放射性同位素 ^{60}Co 的半衰期是 5.27 年，它的衰变机制如图 2-3-7 所示. ^{60}Co 放出一个β粒子后变成激发态的 ^{60}Ni，它的寿命极短，在 10^{-11}s 内经过两次γ跃迁回到基态. 所以，可以认为 ^{60}Co 源一次衰变同时放出一个β粒子和两个γ光子，β射线的最大能量为 0.31 MeV，两种γ射线的能量分别为 1.17 MeV 和 1.33 MeV.

将 ^{60}Co 放射源放在如图 2-3-6 所示的装置中，两个探测器的脉冲分别接到符合电路的两个输入端. 设放射源的活度为 D，即每秒衰变 D 次. 探测器的计数率除了与 D 成正比外，还与源对接收器所张的立体角、计数效率和探测器分辨时间等因素有关. 设每次β衰变引起β计数的概率为 η_β，则由β衰变引起的计数为

$$m_{1\beta}=\eta_\beta\cdot D \tag{2-3-4}$$

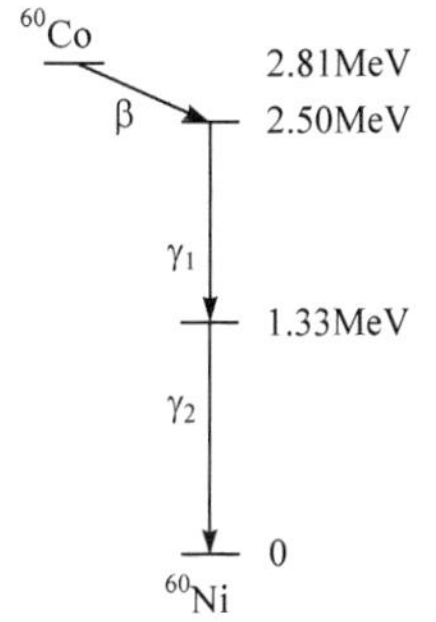

图 2-3-7　^{60}Co 的衰变纲图

由于β探头还对γ灵敏，设对 γ_1、γ_2 的计数概率为 $\eta_{1\gamma_1}$、$\eta_{1\gamma_2}$，并且还存在本底计数 m_{1b}，因而β探头的总计数率 m_1 为

$$m_1 = \eta_\beta \cdot D + (\eta_{1\gamma_1} + \eta_{1\gamma_2}) \cdot D + m_{1b} \tag{2-3-5}$$

同理，γ 探头的总计数率 m_2 为

$$m_2 = (\eta_{2\gamma_1} + \eta_{2\gamma_2}) \cdot D + m_{2b} \tag{2-3-6}$$

式中 $\eta_{2\gamma_1}$、$\eta_{2\gamma_2}$ 为 γ_1、γ_2 衰变引起γ 计数的概率，令

$$m_{2\gamma} = (\eta_{2\gamma_1} + \eta_{2\gamma_2}) \cdot D \tag{2-3-7}$$

$m_{2\gamma}$ 为γ 粒子引起的γ 探头的计数率. 由式(2-3-4)和式(2-3-7)看到，放射源每一次衰变能使β-γ 符合的概率为 $\eta_\beta(\eta_{2\gamma_1} + \eta_{2\gamma_2})$，因而真符合的计数 $m_{\beta\gamma}$ 为

$$m_{\beta\gamma} = \eta_\beta(\eta_{2\gamma_1} + \eta_{2\gamma_2}) \cdot D \tag{2-3-8}$$

由式(2-3-4)、式(2-3-7)和式(2-3-8)可得到放射源的绝对活度 D[①]为

$$D = \frac{m_{1\beta} m_{2\gamma}}{m_{\beta\gamma}} \tag{2-3-9}$$

实际记录到的符合数，除了 $m_{\beta\gamma}$ 外，还包括γ-γ 符合计数 $m_{\gamma\gamma}$、本底符合计数 m_{cb} 及不是同一原子核放出的β 粒子与γ 光子之间的偶然符合计数 $m_{\gamma c}$，所以实际记录的符合数为

$$m_c = m_{\beta\gamma} + m_{\gamma\gamma} + m_{cb} + m_{\gamma c} \tag{2-3-10}$$

如果在β 探头与放射源之间放一吸收片，把β 粒子全部吸收，而对γ 光子的吸收甚微，此时β 探头的计数率 m_1' 为

$$m_1' = (\eta_{1\gamma_1} + \eta_{1\gamma_2}) \cdot D + m_{1\beta} \tag{2-3-11}$$

此时两探测器的符合计数率 m_c' 为

$$m_c' = m_{\gamma\gamma} + m_{cb} + m_{\gamma c}' \tag{2-3-12}$$

上式中的 $m_{\gamma c}'$ 可由下式算出：

$$m_{\gamma c}' = 2\tau \cdot m_1' \cdot m_2 \tag{2-3-13}$$

---

① 由于 ^{60}Co 在衰变时同时发射两个γ 光子，故也可用γ-γ 符合的方式来测量放射源的强度. 其测量公式为

$$D = \frac{m_{1\gamma} m_{2\gamma}}{m_{\gamma\gamma}}$$

式中 $m_{1\gamma}$ 为某一 γ 计数管的纯 γ 计数率，$m_{2\gamma}$ 为另一 γ 计数管的纯 γ 计数率，$m_{\gamma\gamma}$ 为两管的纯 γ-γ 符合计数率. 由于 γ 管的效率较低，因而在源相同时，它的计数率 m_γ 要比 β 管的计数率 m_β 小得多，$m_{\gamma\gamma}$ 也小得多. 故要得到相同的测量误差，需要的测量时间就大大增加了.另外两个 γ 光子之间有一定的角关联，需要对它的影响进行校正.

式(2-3-10)中的 $m_{\gamma c}$ 为

$$m_{\gamma c} = 2\tau \cdot m_1 \cdot m_2 \tag{2-3-14}$$

而

$$m_{\gamma c} - m'_{\gamma c} = 2\tau(m_1 - m'_1) \cdot m_2 \tag{2-3-15}$$

比较式(2-3-5)～式(2-3-7)、式(2-3-9)～式(2-3-12)和式(2-3-15)，可以得到放射源的活度 D 为

$$D = \frac{(m_1 - m'_1)(m_2 - m_{2b})}{m_c - m'_c - 2\tau(m_1 - m'_1) \cdot m_2} \tag{2-3-16}$$

如果忽略本底计数及β 探头中的γ 计数及其引起的符合计数，则

$$m_{\beta\gamma} \approx \frac{m_1 \cdot m_2}{D}$$

将此式与式(2-3-14)相比，即可得

$$\frac{m_{\gamma c}}{m_{\beta\gamma}} = 2\tau \cdot D \tag{2-3-17}$$

从式(2-3-17)可看到，如 τ、D 小，则偶然符合所占的比例减小. 一般工作中，为了使真符合计数不至于被偶然符合所掩盖，通常要求真符合计数大于偶然符合计数，即 $m_{\beta\gamma} > m_{\gamma c}$. 由式(2-3-17)可知

$$2\tau D<1 \quad 或 \quad D<1<2\tau$$

所以，对被测放射源的活度 D 有一定的限制. 另外，源又不能太弱. 源太弱，符合计数率 $m_{\beta\gamma}$ 很低，测量时间就要很长. 从式(2-3-17)看，τ 越小，偶然符合的影响也越小，但是分辨时间 τ 不能太小，因 τ 大小的选取与探测器的输出脉冲前沿统计性的时间离散有关. 我们知道，辐射粒子进入探测器的时间与探测器输出脉冲的前沿之间的时距并不是固定不变的，该时距变化的大小称为时间离散. 当符合电路的分辨时间接近于时间离散时，同时性事件的脉冲可能因脉冲前沿离散，而成为时距大于符合分辨时间的非同时性脉冲被漏记. 对于 G-M 计数器，时间离散主要取决于电子由原电离产生的地点漂移到强场区所需的时间和电子脉冲上升时间的涨落，一般为 10^{-7}～10^{-6} s. 所以，它只适合于微秒分辨时间的符合测量；对于 NaI(Tl)闪烁探测器，时间离散主要取决于闪烁体发光衰减时间的涨落，一般为 10^{-8}～10^{-7} s. 符合电路脉冲形成时间一般选 0.5～1.0 μs.

3. 偶然符合分辨时间的两种方法

1) 偶然符合方法测量分辨时间

测量偶然符合计数率 $m_{\gamma c}$ 、单道计数率 m_1 和 m_2 ，根据式(2-3-1)可以得到符合

分辨时间 τ. m_1、m_2 是两个独立的放射源，或是时间上无关联的粒子在两个探测器中分别引起的计数率，$m_{\gamma c}$ 应纯粹是偶然符合. 实际测出的符合计数率中还包括本底符合 m_{cb}，它们是由宇宙线和环境本底中级联衰变、散射等产生的真符合计数造成的. 所以，实际测得的符合计数率为

$$m''_{\gamma c} = 2m_1 m_2 \tau + m_{cb} \tag{2-3-18}$$

如果 m_{cb} 是不变的，则 $m''_{\gamma c}$ 与 $m_1 m_2$ 呈线性关系. 通过改变放射源到探测器的距离，使 $m_1 m_2$ 和 $m_{\gamma c}$ 改变，用最小二乘法进行直线拟合，就可以求出直线的斜率 2τ 和截距 m_{cb} (图 2-3-8).

2) 利用测量瞬时符合曲线的方法测定符合的分辨时间

用脉冲发生器作脉冲信号输入源，人为改变两输入道的相对延迟时间 t_d，符合计数率随延迟时间 t_d 的分布曲线称为延迟符合曲线，由瞬发事件，即发生的时间间隔远小于符合分辨时间 τ 的事件，测得的延迟符合曲线称为瞬时符合曲线，如图 2-3-9(a)所示. 由于标准脉冲发生器产生的脉冲基本上没有时间离散，测得的瞬时符合曲线称为对称的矩形分布. 通常把瞬时符合曲线的宽度定为 2τ,τ 称为电子学分辨时间.

实际上，脉冲前沿的时间离散是探测器输出脉冲所固有的. 用放射源 ^{60}Co 的 β-γ 瞬时符合信号作瞬时符合曲线的测量，其结果如图 2-3-9(b)所示. 以瞬时符合曲线的半高宽(FWHM)来定义符合分辨时间，即最高符合计数率的一半在图形中所占的宽度等于 $2\tau'$，τ' 称为物理分辨时间. 在慢符合 ($\tau \geqslant 10^{-7}$s) 情况下，$\tau' \approx \tau$.

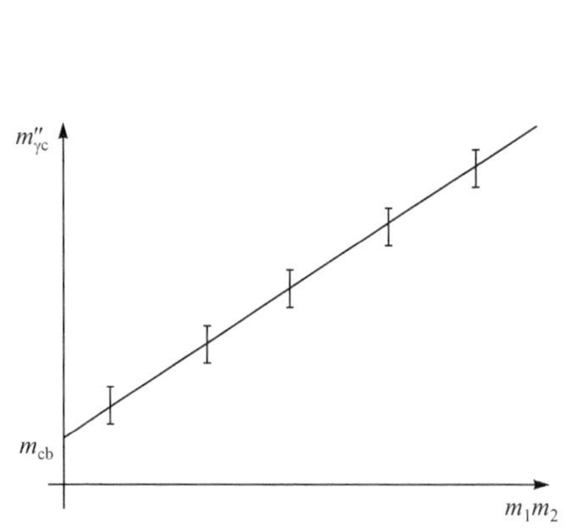

图 2-3-8　利用偶然符合测量分辨时间

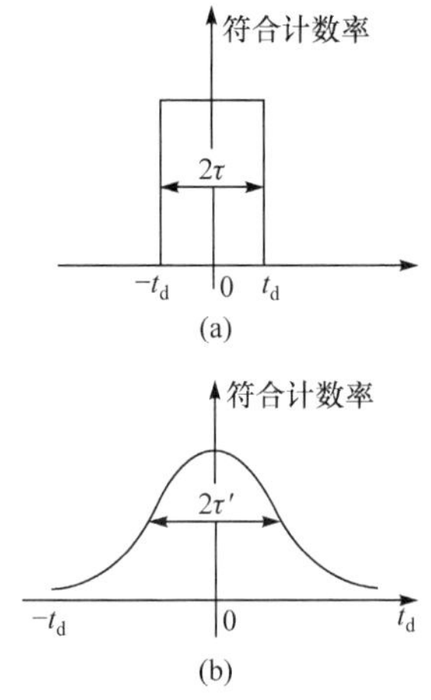

图 2-3-9　由瞬时符合曲线测定电子学分辨时间和物理分辨时间

二、实验装置

实验装置如图 2-3-6 所示，它包括β 和γ 闪烁探头(FJ-374 型)各一个，BH-1218 型(FH-1001A 型)线性放大器两个，FH-1007A 型定时单道分析器两个，FH-1016 型高压电源两个，BH-1211 型符合电路一个，FH-1013A 型脉冲发生器一个，定标器一个，NIM 机箱一台，TDS-2012C 双踪示波器一台. 实验室配有 ^{60}Co 和 ^{137}Cs 放射源各一个，1～2 mm 厚 Al 片一片.

当符合电路分辨时间较小时，探测器与符合电路之间的放大单元(它的作用是将探测器输出脉冲放大和成形后输入符合电路)所带来的放大单元输出脉冲相对于探测器输出脉冲之间的时间移动和涨落，也会影响符合电路的符合计数率. 造成这种时间移动和涨落的主要原因是：

(1) 放大器噪声叠加在脉冲上造成的脉冲前沿的晃动(图 2-3-10(a));

(2) 由于成形电路有一定的触发阈值，探测器中脉冲形成过程中的各种涨落因素所带来的探测器输出脉冲前沿的涨落，可以造成触发时间的晃动(图 2-3-10(b));

(3) 探测器输出脉冲的幅度大小不同时，由于形成电路触发阈值固定不变，即使脉冲的上升时间都相同，其触发时间也会因幅度不同而发生移动(图 2-3-10(c)).

为了克服这方面的困难，本实验采用了定时单道分析器，除具备一般单道的功能外，还具有对脉冲前沿定时的特性，即可选取准确的脉冲信号的起始时间或终止时间.

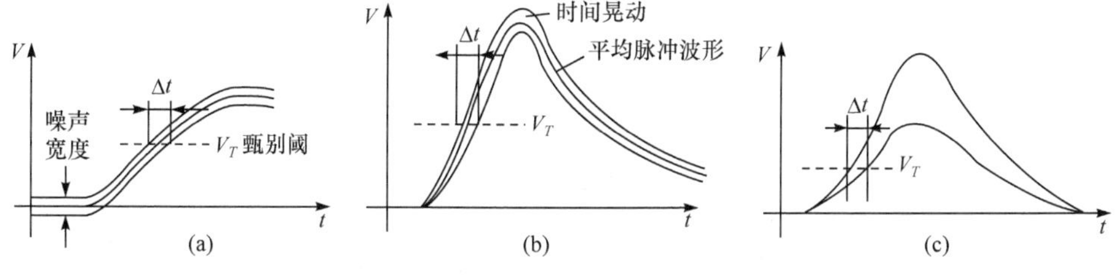

图 2-3-10　噪声、波形涨落和幅度不同造成的时间离散

三、实验内容

(1) 按图 2-3-6 连接实验装置. 先用脉冲发生器作输入信号源，用示波器观察各级输出，调节放大倍数，使线性放大器输出的脉冲幅度为 5～6 V. 同时用脉冲发生器的信号外触发示波器，观察放大器和定时单道分析器的输出信号的极性、形状、幅度和时间. 然后把示波器接在符合电路的两个单元的监测位置上.

(2) 用示波器观察符合电路的 Ⅰ、Ⅱ 监测信号及符合道输出. 调节“符合成形时间”，使脉冲宽度为 $\tau = 0.5$～1.0 μm. 换上 ^{60}Co 放射源，重新调节放大倍数，使

^{60}Co 的 0.31 MeV β 粒子的最大幅度和 1.33 MeV 的γ 脉冲幅度均为 5～6 V，注意避免出现信号饱和. 由 ^{60}Co 的β-γ 符合信号作出如图 2-3-9(b)所示的瞬时符合曲线，并求出物理分辨时间 τ'. 要求真符合计数的相对不确定度(误差) $1/\sqrt{m} \leqslant 1.5\%$，由此确定实验所需的测量时间.

(3) 用β-γ 符合测量 ^{60}Co 源的绝对活度 D，分别测量公式(2-3-16)中的各物理量，m_1、m_1'、m_2、m_{2b}、m_c、m_c'，每个量测量三遍求平均，代入公式，求出放射源活度的实验值. 请考虑 D 的不确定度主要是由哪些项的不确定度决定的? 对它的不确定度要求在实验中如何保证? 在报告中根据实验数据计算 D 的不确定度. (计算时可将次要因素忽略，使计算简化.)

(4) 用衰变公式 $D = D_0 \exp(-\lambda t) = D_0 \exp(-t\ln 2/T)$ (式中 T 表示放射源的半衰期，^{60}Co 源的 $T = 5.27$ a，D_0 为某一时刻标定的放射源的活度，t 为实验时到标定时的时间差)求出理论上此放射源衰变至实验时的活度，再与实验中通过测量各物理量然后代入式(2-3-16)而得到的放射源的活度进行比较，一般情况下要求 $[(D_{实} - D_{理})/D_{理}] \times 100\% < 5\%$.

(5) 选做：用 ^{137}Cs 作偶然符合源，利用偶然符合方法(图 2-3-8)测量分辨时间，并与步骤(2)的结果进行比较. 如图 2-3-11 所示是 ^{137}Cs 的衰变纲图. 虽然β 与γ 是级联衰变，但是由于 ^{137}Ba 激发态平均寿命为 2.6 min，对于分辨时间为 μs 数量级的符合装置，产生真符合的概率远小于偶然符合，可以忽略，即认为符合输出的只是偶然符合计数.

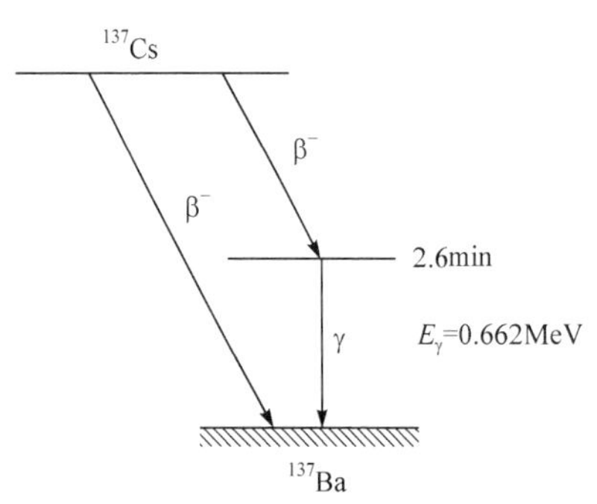

图 2-3-11 ^{137}Cs 衰变纲图

四、注意事项

所测的放射源的活度不能很强，受符合电路分辨时间的限制；源又不能太弱，源太弱，符合计数率很低，测量时间就要很长. 因此，采用分辨时间小的符合电路，允许测量较强的放射源，偶然符合的影响也越小；但是分辨时间不能太小，当符合电路的分辨时间接近时间离散时，同时性事件的脉冲可能因脉冲前沿离散而成为时距大于符合分辨时间的同时性脉冲，从而被漏记.

五、思考题与讨论

1. 实验过程思考题

(1) 实验中如何测量β 射线计数和γ 射线计数?

(2) 在做瞬时符合曲线测量时，如何调节两路脉冲的延时，使测量既快又准？

(3) 测量源强度若为 μCi 数量级(如 10μCi)，要求真、偶符合比大于 10，如何考虑符合装置的分辨时间？测活度前为什么首先要测定分辨时间？(注：1 Ci = 3.7×10^{10} Bq = 3.7×10^{10} 衰变 · s^{-1})

(4) 测量β 闪烁探测器的本底(即源的γ 射线和宇宙线引起的计数)时应加多厚的铝片？铝片过薄或者过厚分别对测量结果有什么影响？

2. 实验报告思考题

(1) 能否用γ-γ 符合测量 ^{60}Co 的绝对活度？它与β-γ 符合测量活度有什么不同？如果能用，请简述测量方法，推导绝对活度的公式.

(2) 本实验能否用 ^{137}Cs 源的β-γ 符合测量技术来测量其活度？

参 考 文 献

丁洪林. 2010. 核辐射探测器. 哈尔滨: 哈尔滨工程大学出版社.
卢希庭. 2001. 原子核物理. 北京: 原子能出版社.
许咨宗. 2009. 核与粒子物理导论. 合肥: 中国科学技术大学出版社.

2.4　卢瑟福散射

卢瑟福散射实验是近代物理学发展史上具有重大影响的实验，它的作用在于由此发明并提出了原子的核式模型，使人类对微观世界的认识进入了新的里程. 后来，人们创造了一种用粒子的散射来研究物质结构的新实验方法——卢瑟福散射方法. 现在该方法成为材料科学，特别是微电子应用领域的重要方法之一. 19 世纪末 20 世纪初，原子结构开始成为物理学研究的前沿，人们对原子模型曾有猜测和设想，其中比较有名的就是英国物理学家汤姆孙(J.J.Thomson)的电子分布模型.1897 年，汤姆孙发现了电子，从而知道了电子是原子的组成部分，但原子的内部结构却仍处于假想阶段，由于原子是中性的，电子带负电荷，所以原子中还应有带正电的部分. 汤姆孙提出一种原子模型，认为正电荷均匀分布在整个原子球内，一定数目的电子“镶嵌”在这个球体或球面上. 电子可以在它们的平衡位置附近振动，从而发出特定频率的电磁波，这就是汤姆孙的原子模型. 这个模型似乎可以解释当时已观察到的原子光谱，但很多其他实验不能解释，事实很快否定了这一模型.

1909 年，卢瑟福(Lord Ernest Rutherford)和其合作者盖革(H.Geiger)与马斯登(E.Marsden)用天然放射性 Ra 所发出的α 粒子打到 Pt 箔上发现绝大部分α 粒子平均只偏转 2°～3°，但大约有 1/8000 的α 粒子散射角度大于 90°，甚至接近 180°，即发现存在大角度散射的物理现象. 汤姆孙模型无法解释大角度的散射. 卢瑟福认为原子中的正电荷应该是紧密地集中在一起的，当α 粒子碰到这点时就被弹了回来. 由于具有对物理现象深刻的洞察力,卢瑟福最终提出了原子的核式模型. 在该模型中，原子核的半径近似为 10^{-13} cm，约为原子半径的 $1/10^5$. 卢瑟福散射实验给了我们正确的有关原子结构的图像，开创了人类认识物质世界的新起点. 而卢瑟福本人因对元素蜕变和放射化学的重大贡献获得了诺贝尔化学奖. 卢瑟福实验已过去近百年，但至今仍有很强的指导意义. 通过实验，学习透过物理现象认识微观世界的事物本质，并从中总结出物理规律，是我们设置该教学实验的初衷.

本实验的目的要测量 ^{241}Am(或 ^{239}Pu)放射源的α 粒子在金箔上散射到不同角度的分布，并与理论结果比较，从而验证卢瑟福散射的理论.

【预习要求】

(1) 了解卢瑟福散射的理论及其最主要的结论.

(2) 了解验证卢瑟福散射理论的实验方法.

一、实验原理

卢瑟福散射的基本思想：α 粒子被看作一带电质点，在核库仑场中的运动遵从经典运动方程；原子核的大小和原子相比是很小的，且原子核具有正电荷 Ze 和原子的大部分质量；电子的质量很小，对α 粒子运动的影响可以忽略不计.

1. 瞄准距离与散射角的关系

卢瑟福把α 粒子和靶原子都当作点电荷，假设两者之间的静电斥力是唯一的相互作用. 这是一个两体碰撞问题. 如图 2-4-1 所示，设一个α 粒子以速度 v_0 沿 AT 方向运动，由于受到靶核电荷的库仑场作用，α 粒子将沿轨道 ABC 运动，即发生散射. 因靶原子的质量比α 粒子质量大得多，可以近似认为靶核静止不动. 按库仑定律，相距为 r 的α 粒子和原子核之间的库仑力的大小为

$$F=\frac{2Ze^2}{4\pi\varepsilon_0 r^2} \tag{2-4-1}$$

式中，Z 为靶核电荷数. α 粒子的轨迹为双曲线的一支，如图 2-4-1 所示. 原子核与α 粒子入射方向之间的垂直距离 b 称为瞄准距离(碰撞参量)，θ 是入射方向与散射方向之间的夹角.

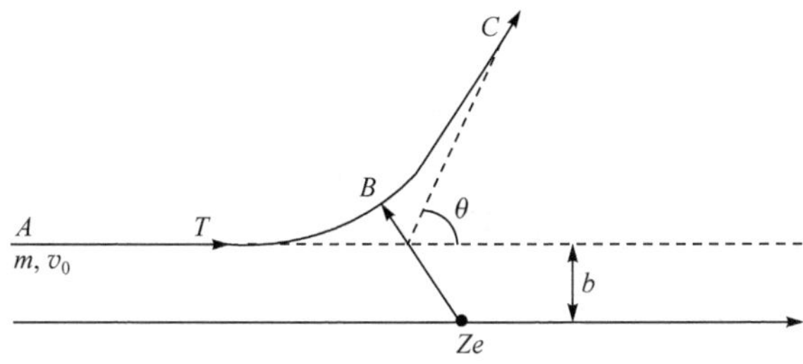

图 2-4-1　散射角与瞄准距离的关系

由牛顿第二定律，可导出散射角与瞄准距离的关系为

$$\cot\theta = \frac{2b}{D} \tag{2-4-2}$$

其中

$$D = \frac{1}{4\pi\varepsilon_0}\frac{2Ze^2}{mv_0^2/2} \tag{2-4-3}$$

式中，m 为α 粒子质量.

2. *卢瑟福微分散射截面*

由散射角与瞄准距离的关系式(2-4-2)可见，瞄准距离 b 大，散射角θ就小；反之 b 小，θ就大. 只要瞄准距离 b 足够小，θ就可以足够大，这就解释了大角度散射的可能性. 但要从实验上来验证式(2-4-2)，显然是不可能的，因为我们无法测量瞄准距离 b. 然而我们可以求出α 粒子按瞄准距离 b 的分布，根据这种分布和式(2-4-2)，就可以推出散射α 粒子的角分布，而这个角分布是可以直接测量的.

设有截面为 S 的粒子束射到厚度为 t 的靶上，其中某一α 粒子在通过靶时相对于靶中心某一原子核 a 的瞄准距离为 b～b+db 的概率，应等于圆心在 a 而圆周半径为 b、b+d 圆环面积与入射粒子截面 S 之比. 若靶的原子密度为 n，则α 粒子束所经过的这块体积内共有 nSt 个原子核，因此，该α 粒子相对于靶中任一原子核的瞄准距离在 b 与 b+db 之间的概率为

$$\mathrm{d}w = \frac{2\pi b\mathrm{d}b}{S}nSt = 2\pi ntb\mathrm{d}b \tag{2-4-4}$$

这也就是α 粒子被散射到 θ 到 θ+dθ 之间的概率，如图 2-4-2 所示，即落到角度为 θ 到 $\theta + \mathrm{d}\theta$ 的两个圆锥面之间的概率.

由式(2-4-2)求微分可得

$$b|\mathrm{d}b| = \frac{1}{2}\left(\frac{D}{2}\right)^2 \frac{\cos(\theta/2)}{\sin^3(\theta/2)}\mathrm{d}\theta \tag{2-4-5}$$

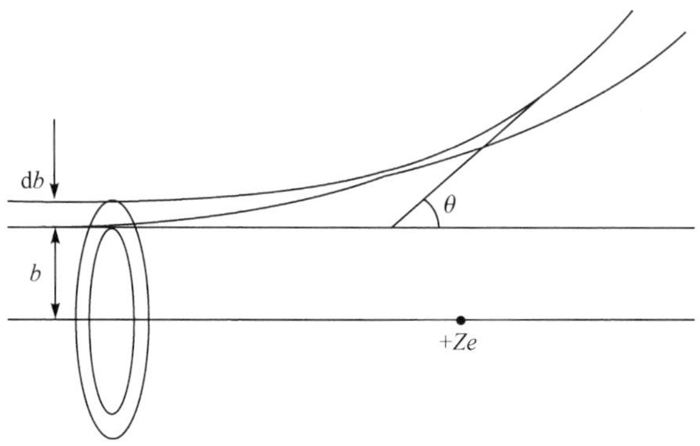

图 2-4-2　入射α 粒子散射到 dθ角度范围内的概率

于是

$$\mathrm{d}w=\pi\left(\frac{D}{2}\right)^2 nt\frac{\cos(\theta/2)}{\sin^3(\theta/2)}\mathrm{d}\theta \tag{2-4-6}$$

另外，由角度为 θ 到 $\theta+\mathrm{d}\theta$ 的两个圆锥面所围成的立体角可表示为

$$\mathrm{d}\Omega=\frac{\mathrm{d}A}{r^2}=\frac{2\pi r\sin\theta\cdot r\mathrm{d}\theta}{r^2}=2\pi\sin\theta\mathrm{d}\theta$$

因此α 粒子被散射到该单位立体角的概率为

$$\frac{\mathrm{d}w}{\mathrm{d}\Omega}=\left(\frac{D}{4}\right)^2 nt\frac{1}{\sin^4(\theta/2)} \tag{2-4-7}$$

上式两边除以单位面积的靶原子数 nt 可得微分散射截面

$$\frac{\mathrm{d}\sigma}{\mathrm{d}\Omega}=\left(\frac{D}{4}\right)^2\frac{1}{\sin^4(\theta/2)}=\left(\frac{1}{4\pi\varepsilon_0}\right)^2\left(\frac{Ze^2}{mv_0^2}\right)^2\frac{1}{\sin^4(\theta/2)} \tag{2-4-8}$$

这就是著名的卢瑟福α 粒子散射公式. 代入各常数值，以 E 代表入射α 粒子的能量，得到公式

$$\frac{\mathrm{d}\sigma}{\mathrm{d}\Omega}=1.296\left(\frac{2Z}{E}\right)^2\frac{1}{\sin^4(\theta/2)} \tag{2-4-9}$$

其中 $\mathrm{d}\sigma/\mathrm{d}\Omega$ 的单位为 $\mathrm{mb\cdot sr^{-1}}$，E 的单位为 MeV.

实验过程中，设探测器的灵敏面积对靶所张的立体角为 $\Delta\Omega$，由卢瑟福散射公式可知在某段时间间隔内所观察到的α 粒子数 N 应是

$$N=\left(\frac{1}{4\pi\varepsilon_0}\right)^2\left(\frac{Ze^2}{mv_0^2}\right)^2 nt\frac{\Delta\Omega}{\sin^4(\theta/2)}T \tag{2-4-10}$$

式中，T 为该时间内射到靶上的α 粒子总数. 式中，n、$\Delta\Omega$、θ 等都是可测的，

式(2-4-10)可和实验进行比较. 由该式可见, 在θ方向上 $\Delta\Omega$ 内所观察到的α 粒子数 N 与散射靶的核电荷数 Z、α 粒子的动能 $\frac{1}{2}mv_0^2$ 及散射角θ等因素都有关, 其中 $N\propto 1/\sin^4(\theta/2)$ 的关系是卢瑟福理论最有力的验证.

二、实验装置

卢瑟福散射实验装置包括散射真空室部分、电子学系统部分和步进电机及其控制系统部分. 下面分别给予介绍.

1. 散射真空室

散射真空室主要包括α 放射源、散射样品台、Au-Si 面垒半导体α 射线探测器、步进电机及传动装置等. 放射源为 ^{241}Am(或 ^{239}Pu), 主要出射α 粒子的能量为 5.486 MeV. 有些实验用 ^{239}Pu 作α 放射源, 其主要α 粒子能量为 5.155 MeV. 真空室机械装置的结构见图 2-4-3. 真空室是和机械泵相连的, 开启机械泵后, 靶室处于真空状态.

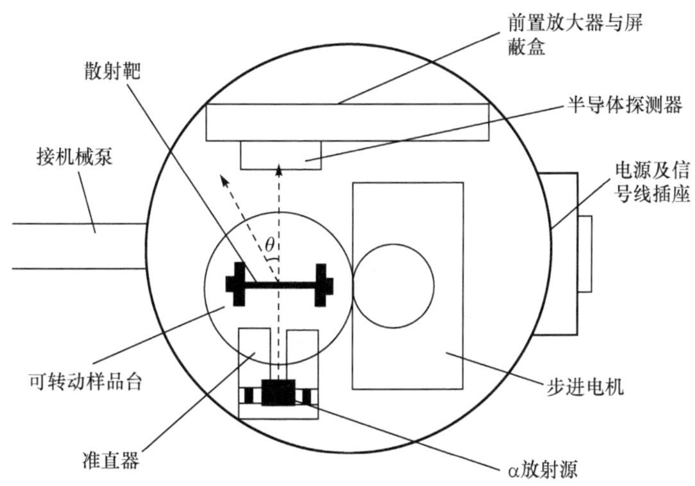

图 2-4-3　卢瑟福散射实验装置的机械结构

2. 电子学系统

电子学系统包括电荷灵敏前置放大器(在靶室内)、主放大器、双路定标计数器、探测器偏压电源、低压电源灯. 此外在系统的调试过程中, 还要用到脉冲信号发生器、示波器和多道分析器等. 电子学系统的结构如图 2-4-4 所示.

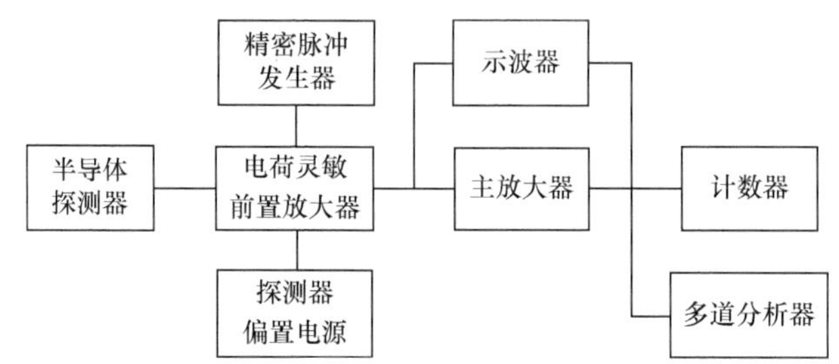

图 2-4-4　卢瑟福散射装置中的α粒子探测系统框图

3. 步进电机及其控制系统

在实验过程中，需在真空条件下测量不同散射角的出射α粒子计数率，这就需要不断地转换散射角度. 在本实验装置中利用步进电机使散射靶转动来控制散射角θ，可使实验进行过程变得极为方便，即只需在真空室外控制步进电机转动相应的角度. 步进电机精度可靠，可以准确定位.

步进电机作为可高精度定位的电动机，广泛应用于数控机床、机器人、计算机外设等要求定位精度的机器部件上. 步进电机系统由控制系统、驱动器及负载联合组成.

三、实验内容

1. 基本实验

1) 实验的准备工作

打开 NIM 机箱电源，检查连线是否正确及各系统是否工作正常. 从脉冲发生器向前置放大器 TEST 端口输入一个大约 50 mV 的信号，检查前置放大器和主放大器工作是否正常，各插件调节系数见实验说明面板. 用示波器检测各级输出信号.

2) 确定散射角 $\theta=0°$的物理位置

打开靶室，转动步进电机，确定 push 键“按下”与“弹出”对应θ角的正负关系；找出$+\theta$方向，定出大约$\theta=0°$的位置. 盖上靶室上盖，抽真空，缓慢加偏压至推荐值. 在θ为$\pm10°$范围内，每隔 1°测一次计数，根据峰值确定真正的$\theta=0°$的物理位置，固定并清零. 此后控制器上显示的角度就是转动样品台的实际角度(计数时间定为 30 s.)

3) 测量不同散射角度处本底散射计数

加散射本底靶，设置合适的测量时间，在真空条件下，分别测量不同间隔角度处的散射本底计数. 建议分别取$+\theta=20°, 25°, 30°, 35°, 40°, 45°, 50°$. 测量到散射计数为 0，即可停止增加散射角.

4) 测量有散射金箔靶时与步骤 3)相同角度下的散射α 粒子数

退掉偏压，停止抽真空，向靶室缓慢放气；然后打开靶室，加上金箔靶，盖上靶室上盖，并抽真空，调节探测器偏压至推荐值. 分别测量与步骤 3)对应的各个角度下的α 散射粒子计数，测量时间与步骤 3)相同.

5) 数据处理

在同一角度下用有金箔靶时的计数减去本底计数，即得实际的散射α 粒子计数. 以散射角为横坐标,散射计数为纵坐标作图. 以函数形式 $N=\dfrac{P}{\sin^4(\theta/2)}$ 进行曲线拟合(P 为常量)，并在同一坐标上画出拟合曲线，找出散射计数与角度的关系.

2. 选做实验：测量α 粒子在空气中的射程

(1) 按照实验内容步骤 1)和 2)，检查电子学系统的工作状态，确定散射角 $\theta=0°$的物理位置，并将旋转样品固定在 $\theta=0°$位置上，在后面的实验过程中不再改变样品台的角度，也不加散射靶.

(2) 打开真空室上盖，将放射源屏蔽体与旋转样品台的固定螺丝拧松，在滑槽中将α 放射源屏蔽体向探测器方向移动，使其距离探测器最近.

(3) 轻轻将放射源屏蔽体螺丝固定，并盖上真空室上盖，不抽真空，将探测器偏置电压加至推荐值. 测量在一定时间内的α 粒子计数.

(4) 再次打开真空室上盖，拧松放射源屏蔽体与旋转样平台的固定螺丝，向远离探测器的方向移动放射源屏蔽体 3～4 mm.

(5) 重复步骤(3)和(4)，逐步改变α 粒子源与探测器之间的距离，测量在相同时间内的α 粒子计数. 直到探测系统只测量到本底计数为止. 注意，当探测系统探测到的α 粒子计数开始减小时，每次移动放射源屏蔽体的距离需减小 0.5～1 mm.

(6) 计算每次测量数据的误差. 以放射源与探测器之间的距离为横坐标,以测量在相同时间内的α 粒子计数为纵坐标作图. (注意：α 放射源前表面与放射源屏蔽体前表面有一小距离，半导体探测器前表面与准直器前亦有一小距离，计算时应考虑在内.)

(7) 能量为 E(单位为 MeV)的α 粒子在空气中的射程 R(单位为 cm)可以按照以下经验公式计算：

$$R=1.78\times10^{-4}\frac{1}{\rho}A^{\frac{1}{3}}E^{\frac{3}{2}} \tag{2-4-11}$$

式中, A 为介质的原子量；ρ 为介质的密度(单位为 $\mathrm{g\cdot cm^{-3}}$). 根据所用放射源α 粒子的主要能量计算α 粒子在空气中的射程，并与实验测量结果比较.

四、注意事项

(1) 由于所用的金硅面垒探测器是光敏的，所以当打开靶室使探测器处于光照的情况下时，一定不要接通探测器偏置电源，否则会缩短探测器寿命，甚至损坏探测器. 因此，在实验过程中，凡是在打开真空室上盖之前，一定要确认半导体探测器的偏置电源是关闭的.

(2) 探测器偏置电压的突变会使前置放大器输入端场效应管的性能变坏.所以在给探测器加偏置电压时应该缓慢升压，去偏压时也应缓慢降压，升降偏压的速度要求小于 $20\ \mathrm{V\cdot s^{-1}}$.

(3) 探测器偏压不要超过 100 V，以免电压过高损坏探测器.

(4) 能量为 5 MeV 左右的α射线在空气中的射程很短，且很容易被空气及任何物质吸收，它根本无法穿透人体表皮. 因此只要不把α射线吸入和食入体内，就不会对人体形成危害. 但务必注意不要随意拆卸放射源，更不可移出真空室外，以免造成对周围环境的污染. 在完成实验后，应用肥皂将手洗净.

五、思考题与讨论

1. 实验过程思考题

(1) 本实验主要是验证哪两个物理量之间的关系？如何验证？

(2) 为什么要寻找物理零点？怎样操作较为恰当？怎样寻找和确认$+\theta$方向？

(3) 实验中为什么要选取从 20°开始测量？观察、分析和比较这个角度与相邻角度的测量结果有何不同？给出合理解释.

(4) 本实验的实验数据的不确定度如何估算？

(5) 本实验测量的α粒子射程与经验公式的计算结果相同吗？如果不同，试分析原因.

2. 实验报告思考题

如果有未知元素的放射靶，如何利用现有的装置用实验方法确认该元素？试设计实验方案和步骤.

参 考 文 献

赛尔维, 摩西. 2008. 近代物理学. 北京: 清华大学出版社.
吴思诚, 荀坤. 2015. 近代物理实验. 4 版. 北京: 高等教育出版社.
杨福家. 2002. 原子物理学. 3 版. 北京: 高等教育出版社.

2.5　康普顿散射

康普顿(A.H. Compton)的 X 射线散射实验(康普顿散射)从实验上证实了光子是具有能量 $E=\hbar\omega$ 和动量 $p=\hbar k$ 的粒子，在微观的光子与电子的相互作用过程中，能量与动量守恒仍然成立. 历史上的散射实验在研究核辐射粒子与物质的相互作用时发挥了重要的作用. 在高能物理方面，它至今仍是研究基本粒子结构及其相互作用的一个强有力的工具，并且为独立测定普朗克常量提供了一种方法. 康普顿散射实验在近代物理学发展史上起了重要作用. 1927 年康普顿因发现 X 射线被带电粒子散射而被授予诺贝尔物理学奖. 我国物理学家吴有训在康普顿的指导下于1924～1926年以出色的实验和理论分析对康普顿效应进行了验证. 他分别用七种物质做了康普顿散射实验，并测定了 X 射线散射过程中变向与不变向的强度比和能量比，提出了对于给定元素下的散射角和能量分布的关系，经过一系列的实验，证实和发展了康普顿的量子散射理论. 吴有训先生的工作大大地加速并加深了国际物理学界对康普顿效应的认识.

本实验的目的是让学生通过使用康普顿散射谱仪，学会康普顿散射效应的测量技术，验证康普顿散射的γ光子能量及微分截面与散射角的关系.

【预习要求】

(1) 了解康普顿散射的原理.

(2) 了解什么是微分散射截面及其与散射角的关系.

(3) 请按照表 2-5-1 给定的数据作出实验预习报告并列表$\left(\text{能量}h\nu'\text{，相对微分散射界面}\dfrac{\mathrm{d}\sigma(\theta)}{\mathrm{d}\Omega}\Big/\dfrac{\mathrm{d}\sigma(\theta_0)}{\mathrm{d}\Omega}\right)$.

表 2-5-1　^{137}Cs 的散射γ光子能量与散射角θ的关系及微分散射截面与散射角θ的关系

	0°	20°	40°	60°	80°	100°	120°
能量/keV	662.000	613.735	507.823	401.635	319.645	262.597	224.898
相对微分散射截面*		1	0.598763	0.339499	0.226688	0.188014	0.179363

*设当散射角为 20°时的微分散射截面相对值为 1.

一、实验原理

1. 康普顿散射

康普顿效应是射线与物质相互作用的三种效应之一.康普顿效应是指入射光

子与物质原子中的核外电子产生非弹性碰撞而被散射的过程. 碰撞时，入射光子把部分能量转移给电子，使它脱离原子成为反冲电子，而散射光子的能量和运动方向发生变化. 如图 2-5-1 所示，其中 $h\nu$ 是入射γ 光子的能量，$h\nu'$ 是散射γ 光子的能量，θ 是散射光子的散射角，e 是反冲电子，ϕ 是反冲电子的反冲角.

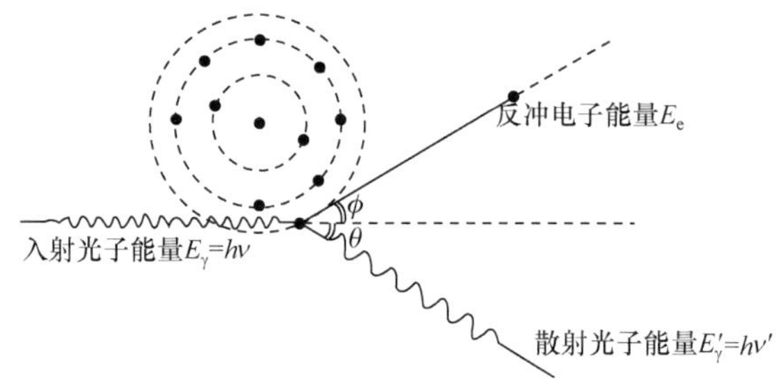

图 2-5-1　康普顿散射示意图

由于发生康普顿散射的γ 光子能量比电子的束缚能要大得多, 所以γ 光子与原子中的电子相互作用时，可以把电子的束缚能忽略，看成是自由电子，并视散射发生以前电子是静止的, 动能为 0, 只有静止能量 m_0c^2. 散射后, 电子获得速度 v，此时电子的能量 $E=\dfrac{m_0c^2}{\sqrt{1-\beta^2}}$，动量为 $mv=\dfrac{m_0v}{\sqrt{1-\beta^2}}$ 其中 $\beta=\dfrac{v}{c}$，c 为光速.

由相对论的能量和动量守恒定律可以得到

$$m_0c^2+h\nu=\frac{m_0c^2}{\sqrt{1-\beta^2}}+h\nu' \tag{2-5-1}$$

$$\frac{h\nu}{c}=\frac{h\nu'}{c}\cos\theta+\frac{m_0v}{\sqrt{1-\beta^2}}\cos\phi \tag{2-5-2}$$

$$\frac{h\nu'}{c}\sin\theta=\frac{m_0v}{\sqrt{1-\beta^2}}\sin\phi \tag{2-5-3}$$

由以上三式可得出

$$h\nu'=\frac{h\nu}{1+\dfrac{h\nu}{m_0c^2}(1-\cos\theta)} \tag{2-5-4}$$

其中，$h\nu/c$ 是入射γ 光子的动量；$h\nu'/c$ 是散射γ 光子的动量；式(2-5-4)表示散射γ 光子能量与入射γ 光子能量及散射角的关系. 图 2-5-2 所示为 ^{137}Cs 的散射γ 光子能量与散射角 θ 的关系.

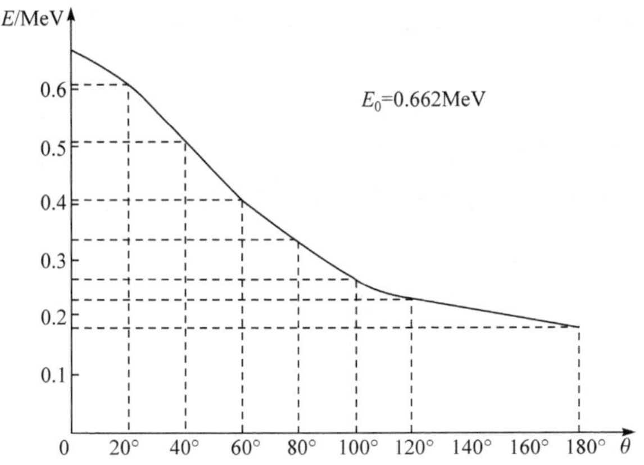

图 2-5-2　^{137}Cs 的散射γ光子能量与散射角θ的关系

2. 康普顿散射的微分截面

康普顿散射的微分截面的定义是：一个能量为 $h\nu$ 的入射γ光子与原子中的一个核外电子作用后被散射到θ方向单位立体角里的概率，记作 $\dfrac{\mathrm{d}\sigma(\theta)}{\mathrm{d}\Omega}$. 它的表达式为

$$\frac{\mathrm{d}\sigma(\theta)}{\mathrm{d}\Omega}=r_0^2\left[\frac{1}{1+\alpha(1-\cos\theta)}\right]^2\left[\frac{1+\cos^2\theta}{2}\right]\left[1+\frac{\alpha^2(1-\cos\theta)^2}{(1+\cos^2\theta)[1+\alpha(1-\cos\theta)]}\right]\quad(2\text{-}5\text{-}5)$$

其中，$r_0=2.818\times10^{-13}\,\mathrm{cm}$ 是电子的经典半径；$\alpha=h\nu/(m_0c^2)$，此式通常称为“克莱因-仁科”公式.

此式所描述的就是微分截面与入射γ光子能量及散射角的关系. 图 2-5-3 为 ^{137}Cs 的散射γ光子的微分散射截面与散射角θ的关系.

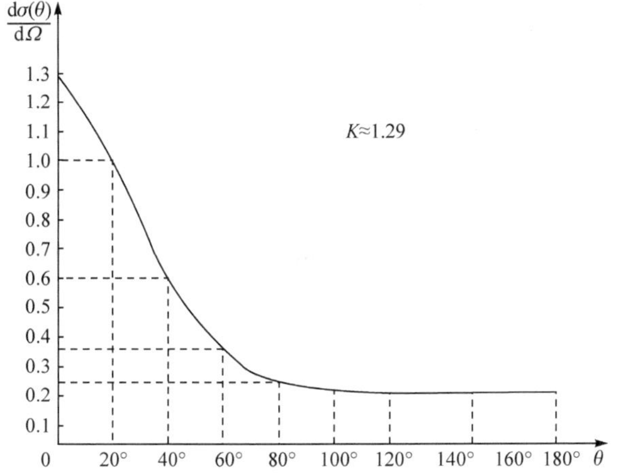

图 2-5-3　^{137}Cs 的散射γ光子的微分散射截面与散射角θ的关系

本实验用 NaI(Tl)闪烁谱仪测量各散射角的散射γ光子能谱，由光电峰峰位及光电峰面积得出散射γ光子能量 $h\nu'$，并计算出微分截面的相对值：$\dfrac{\mathrm{d}\sigma(\theta)}{\mathrm{d}\Omega}\Bigg/\dfrac{\mathrm{d}\sigma(\theta_0)}{\mathrm{d}\Omega}$.

根据微分散射截面的定义，当有 N_0 个光子入射时，与样品中 N_{e} 个电子发生作用，在忽略多次散射及自吸收的情况下，其中散射到 θ 方向，探测器对散射样品所张 Ω 立体角里的光子数 $N(\theta)$ 应为

$$N(\theta)=\frac{\mathrm{d}\sigma(\theta)}{\mathrm{d}\Omega}N_0N_{\mathrm{e}}\Omega f \tag{2-5-6}$$

其中，f 是散射样品的自吸收因子，我们假定 f 为常量，即不随散射γ光子能量的变化而改变.

由图 2-5-1 可以看出，在 θ 方向上，NaI 晶体对散射样品(看成一个点)所张的立体角 Ω 为 S/R^2，S 是晶体表面面积，R 是晶体表面到样品中心的距离，Ω 已知，则 $N(\theta)$ 就是入射到晶体上的散射γ光子数. 我们测量的是散射γ光子能谱的光电计数 $N_{\mathrm{p}}(\theta)$，假定晶体的光电峰本征效率 $\varepsilon_{\mathrm{f}}(\theta)$，则有

$$N_{\mathrm{p}}(\theta)=N(\theta)\varepsilon_{\mathrm{f}}(\theta) \tag{2-5-7}$$

已知晶体对点源的总探测效率 $\eta(\theta)$ (表 2-5-2)及晶体的峰总比 $R(\theta)$(表 2-5-3)，设晶体的总本征效率为 $\varepsilon(\theta)$，则有

$$\frac{\varepsilon_{\mathrm{f}}(\theta)}{\varepsilon(\theta)}=R(\theta) \tag{2-5-8}$$

$$\eta(\theta)=\frac{\Omega}{4\pi}\varepsilon(\theta) \tag{2-5-9}$$

由式(2-5-8)和式(2-5-9)可得

$$\varepsilon_{\mathrm{f}}(\theta)=R(\theta)\eta(\theta)\frac{4\pi}{\Omega} \tag{2-5-10}$$

将式(2-5-10)代入式(2-5-7)，则有

$$N_{\mathrm{p}}(\theta)=N(\theta)R(\theta)\eta(\theta)\frac{4\pi}{\Omega} \tag{2-5-11}$$

将式(2-5-6)代入式(2-5-11)，则有

$$N_{\mathrm{p}}(\theta)=\frac{\mathrm{d}\sigma(\theta)}{\mathrm{d}\Omega}R(\theta)\eta(\theta)\frac{4\pi}{\Omega}N_0N_{\mathrm{e}}\Omega f \tag{2-5-12}$$

由式(2-5-12)可得

$$\frac{\mathrm{d}\sigma(\theta)}{\mathrm{d}\Omega}=\frac{N_{\mathrm{p}}(\theta)}{R(\theta)\eta(\theta)4\pi N_0N_{\mathrm{e}}f} \tag{2-5-13}$$

这里需要说明：η、R、ε，ε_{f} 都是能量的函数，但在具体情况下，入射的γ光

子具有单一能量，散射γ光子的能量就取决于 θ，所以为了简便起见，我们都将它们写成了 θ 的函数.

式(2-5-13)给出了微分截面 $\frac{\mathrm{d}\sigma(\theta)}{\mathrm{d}\Omega}$ 与各参量的关系，若各量均可测或已知，则微分截面可求. 实际上有些量无法测准(如 N_0、N_e 等)，但它们在各个散射角 θ 下都保持不变. 一般用相对比较性求得微分截面的相对值 $\frac{\mathrm{d}\sigma(\theta)}{\mathrm{d}\Omega}\Big/\frac{\mathrm{d}\sigma(\theta_0)}{\mathrm{d}\Omega}$，如假定散射角 $\theta=0°$的微分散射截面的相对值为 1，其他散射角 θ 的微分散射截面与其之比为

$$\frac{\mathrm{d}\sigma(\theta)}{\mathrm{d}\Omega}\Big/\frac{\mathrm{d}\sigma(\theta_0)}{\mathrm{d}\Omega}=\frac{N_p(\theta)}{R(\theta)\eta(\theta)4\pi N_0 N_e f} \tag{2-5-14}$$

由式(2-5-14)可看出，实验测量的就是 $N_p(\theta)$. 由表 2-5-2 和表 2-5-3 给出的数据，用作图法求出 $R(\theta)$、$R(\theta_0)$、$\eta(\theta)$、$\eta(\theta_0)$，就可以求出微分散射截面的相对值. 注意 $N_p(\theta)$ 和 $N_p(\theta_0)$ 的测量条件必须相同.

表 2-5-2　距点源 30 cm，直径为 40×40 mm NaI(T1)对点源总探测效率与能量关系

E/MeV	0.1	0.15	0.2	0.3	0.4	0.5	0.6	0.8	1.0
$\eta(\theta)$	1.09×10^{-3}	1.07×10^{-3}	1.04×10^{-3}	9.17×10^{-4}	8.11×10^{-4}	7.37×10^{-4}	6.87×10^{-4}	6.17×10^{-4}	5.69×10^{-4}

表 2-5-3　距点源 30 cm，直径为 40×40 mm NaI(T1)对点源的峰总比与能量关系

E/MeV	0.2	0.3	0.4	0.5	0.6	0.662	0.8	1.0
$R(\theta)$	0.8841	0.7236	0.58754	0.4912	0.4266	0.3914	0.3373	0.2977

二、实验装置

本实验是由 ^{137}Cs 放射源出射γ光子，经准直孔打在实验台上的铝散射棒上，产生的散射光子用 NaI(Tl)探测器接收，然后输出的脉冲信号经线性放大器适当放大脉冲幅度，送到微机多道，测出散射光子的能谱. NaI(Tl)探测器能够以散射棒为中心而转动，这样不断改变散射角 θ，就可以测到不同 θ 角度下的散射光子能谱. 仪器装置见图 2-5-4.

主要装置如下.

(1) 康普顿散射实验台一套：含台面主架、导轨、铅屏蔽块及散射用铝棒(直径为 20 mm).

(2) 放射源：一个约 10 mCi 的 ^{137}Cs 放射源，密封安装在铅室屏蔽体内；作刻度用的 ^{60}Co 放射源一个及小铅盒.

(3) 闪烁探测器：碘化钠晶体直径为 40×40 mm；光电倍增管型号为 CRI05.

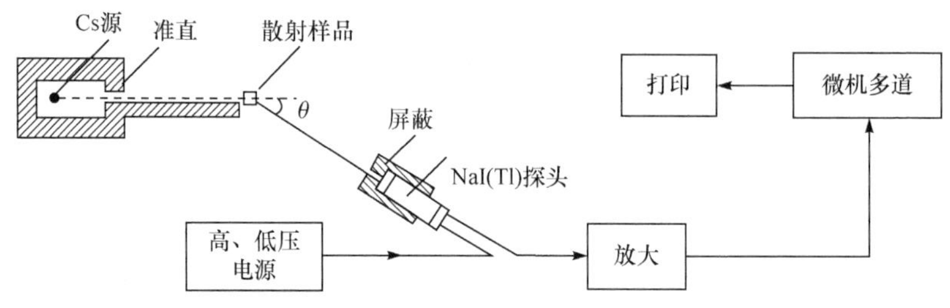

图 2-5-4　康普顿散射实验装置图

(4) 多道一体机一台：含高、低压电源，主放大器，ADC.

(5) 计算机一台：含 UMS 或 PUA 仿真软件.

(6) 示波器一台.

三、实验内容

(1) 按照仪器框图连接检查仪器，预热 15 min 以上.

(2) 双击桌面的 UMS 图标，进入测量程序.

(3) 作能量刻度曲线(取下散射棒，调整散射器位置，使 $\theta = 0°$).

① 打开 ^{137}Cs 源(为了减少整个测量系统的死时间，^{137}Cs 源不要完全打开)，调节探测器高压电源和线放大器至推荐值，使 0.662 MeV 光电峰峰位在多道的合适测量位置，测谱并寻峰，定出光电峰及各参量.

② 关闭 ^{137}Cs 源，放上 ^{60}Co 源，在与①相同的实验条件下测量 ^{60}Co 的γ光子能谱，并定出 1.17 MeV 和 1.33 MeV 两峰对应的各参量.

③ 根据测得的三个峰，作能量刻度.

(4) 测量不同散射角时的散射光子能谱，观察微分散射截面和散射峰能量随散射角的变化. 插上散射铝棒，设置合适的测量时间(根据源强及对峰计数的不确定度要求而定)，记录在相同测量时间内不同散射角时光电峰的峰位、峰面积、上下道位置. 建议散射角分别取 θ = 20°, 40°, 60°, 80°, 100°, 120°. 为了在较短时间内取得较高统计，此时应完全打开 ^{137}Cs 源.

(5) 测量上述散射角的本底谱. 取下散射棒，记下步骤(4)中相同时间内相同道数区间的本底面积.

(6) 扣除本底后，导出微分截面与散射角 θ 的关系，以及散射γ光子的能量与散射角 θ 的关系.

四、注意事项

(1) 散射波长改变量的数量级为 10^{-12} m，对于可见光波长 1～10^{-7} m，散射波长改变量≪1，所以观察不到康普顿效应.

(2) 散射光中有与入射光相同的波长的射线，是由于光子与原子碰撞，原子质量很大，光子碰撞后，能量不变，散射光频率不变.

五、思考题与讨论

(1) 分析本实验的主要误差来源，试述有限立体角的影响和减少实验误差的方法.

(2) 讨论实验值与理论值不完全符合的原因.

参 考 文 献

丁洪林. 2010. 核辐射探测器. 哈尔滨: 哈尔滨工程大学出版社.
卢希庭. 2001. 原子核物理. 北京: 原子能出版社.
许咨宗. 2009. 核与粒子物理导论. 合肥: 中国科学技术大学出版社.

2.6　穆斯堡尔效应

1957 年,还是博士生的穆斯堡尔在研究 ^{191}Ir 核的γ 射线共振散射现象时发现：固体中的核发射或吸收γ 射线可以有一定的概率不发生核反冲. 这一发现改变了核发射或吸收γ 射线一定会有反冲的概念，人们因而将这种无核反冲的γ 射线发射或吸收效应命名为穆斯堡尔效应.穆斯堡尔还因发现和解释此现象而获得 1961 年的诺贝尔物理学奖. 一个效应被发现短短几年后就被授予诺贝尔奖是不多见的，这也反映了穆斯堡尔效应的重要性.

穆斯堡尔谱线非常窄，因而常被用来测量核能级的超精细结构、确定核磁矩的大小、核激发态的寿命、固体内电场与磁场的大小以及研究固体的晶体振动等. 目前它已成为化学、磁学、固体物理、生物学、冶金学等领域的重要研究手段之一. 因为分辨本领特别高，穆斯堡尔效应还被用来测量光子的引力红移.

本实验的目的：了解穆斯堡尔效应的基本原理；了解穆斯堡尔谱仪的结构和基本的实验方法.

【预习要求】

(1) 要认真阅读 2.2 节中关于闪烁体探测器的原理和多道分析器功能部分的内容，特别要搞清楚多道分析器的多度定标模式的功能.

(2) 要注意分析从 ^{57}Co 源中发出各种射线的种类与能量，知道如何从能谱图区分它们.

一、实验原理

1. γ 射线的共振吸收

1) 谱线的自然线宽

如果核的激发态寿命为 τ，退激到基态时发出的γ射线会有一定的线宽，谱线强度 I 与光子能量 E 之间有下列关系：

$$I(E) \propto \frac{1}{(E-E_0)^2 + \dfrac{h}{4\tau^2}} \tag{2-6-1}$$

即所谓的洛伦兹线型. 当 $E - E_0 = \pm\hbar/2\tau$ 时，$I(E)$的强度下降为最大值的一半，曲线的半高宽度为 $\varGamma = \hbar/\tau$ ，称为谱线的自然线宽，见图 2-6-1.

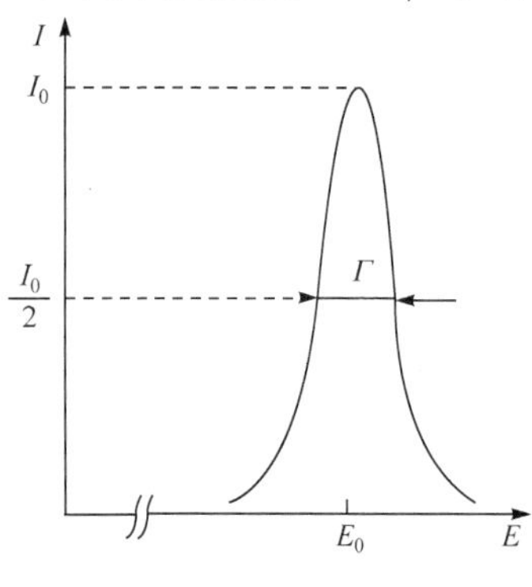

图 2-6-1 谱线的自然线宽

对于γ射线的吸收过程，它的吸收截面同样有

$$\sigma(E) \propto \frac{1}{(E-E_0)^2 + \dfrac{h^2}{4\tau^2}} = \frac{1}{(E-E_0)^2 + \dfrac{\varGamma^2}{4}} \tag{2-6-2}$$

2) 自由原子核的反冲

在自由原子核发出一个γ光子的过程中，由原子核和γ光子共同构成的系统的能量和动量应该守恒. 因此，在相对于发射γ光子前的核静止的参考系中，发射光子后的核应具有和γ光子大小相同、方向相反的动量. 相应地，核也具有反冲能

$$E_{\mathrm{R}} = \frac{p_\gamma^2}{2m_{\mathrm{N}}} = \frac{E_\gamma^2}{2m_{\mathrm{N}}c^2} \approx \frac{E_0^2}{2m_{\mathrm{N}}c^2} \tag{2-6-3}$$

其中，p_γ、E_γ 分别为出射γ射线的动量和动能；m_{N} 为核的质量；c 是真空中的光速；E_0 是与γ光子发射对应的两核能级差. 显然，式(2-6-3)也同样适用于共振吸收的情况. 考虑到自由核反冲，式(2-6-1)和式(2-6-2)中的 E_0 将分别变为 $E_0 - E_{\mathrm{R}}$ 和 $E_0 + E_{\mathrm{R}}$ ，对于 ^{57}Fe，14.4 keV 处有一个激发态，它的平均寿命 τ 为 0.14 μs，对应的自然线宽 $\varGamma = 4.9\times10^{-9}$ eV($\varGamma/E_0 = 3.4\times10^{-13}$，是一条非常锐的谱线)，$E_{\mathrm{R}} \approx 2\times10^{-3}$ eV，比自然线宽 $\varGamma$ 大近六个量级. 如图 2-6-2 所示，如谱线不存在其他线宽，不可能观察到自由 ^{57}Fe 核的共振吸收现象.

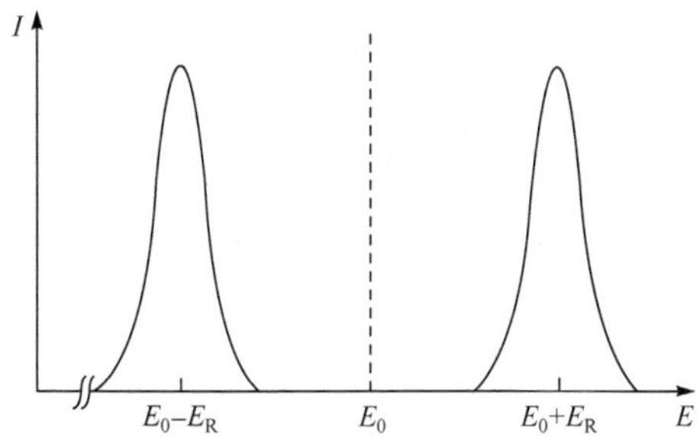

图 2-6-2　反冲使发射谱线与吸收谱线间完全没有交叠

3) 多普勒展宽

设核的运动速度 v 与发射γ射线的波矢 k_0 之间存在一个夹角 θ，则吸收体接收到γ射线能量存在一个移动

$$E_D = \frac{v\cos\theta}{c} E_\gamma \tag{2-6-4}$$

这时γ射线的能量为 $E_\gamma = E_0 - E_R + E_D$．对于 ^{57}Fe 的 14.4 keV 的谱线，由能量均分定理估计出的室温附近的热多普勒展宽 $D_T \approx 2\times10^{-2}$eV，相应的发射谱线与吸收谱线的多普勒展宽如图 2-6-3 所示．对 ^{57}Fe 而言，尽管室温下多普勒展宽 D_T 大于核的反冲能，从未有可能观察到共振吸收与共振散射，但由于多普勒展宽的结果，即使忽略核反冲，有效吸收截面也要减小一个因子 $\Gamma/D_T \approx 2.5\times10^{-7}$(请同学自己分析，可参考本节文献)．因此，仅仅靠热多普勒展宽，要观察到共振吸收也是十分困难的．

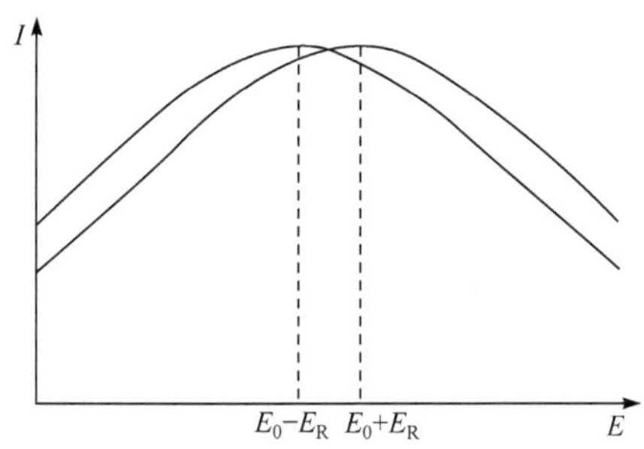

图 2-6-3　热多普勒效应引起谱线展宽，但谱线下的总面积不变

2. 无反冲分数

1957 年，年轻的物理学家穆斯堡尔，通过测定γ射线共振吸收与温度之间的关系，来决定 ^{191}Ir 的自然线宽．实验中当他同时降低放射源和吸收体的温度时，发现共振吸收不仅没有减少，反而增加了．穆斯堡尔没有忽略这一特殊的微小反

常现象，从实验和理论上进行了深入的观察和研究，最后揭示：当发射或接收γ射线的核被嵌在固体中时，出现无反冲(核未得到反冲能)γ射线发射或共振吸收的概率是相当可观的. 无反冲发射(吸收)发生的概率称为无反冲分数 f. 下面简单讨论出现无反冲发射(吸收)的原因以及影响无反冲分数 f 大小的因素.

对无反冲效应最常见的解释是：当核被嵌在固体中时，固体与核成为一整体，式(2-6-3)中的核质量 m_N 应该用整个固体的质量代替. 由于组成固体的原子数目非常巨大(一个微米尺度的小晶体内大约含有 10^{12} 个原子)，反冲能与自然线宽相比微不足道，完全可认为就是零. 不过，此说法很难解释这样的实验观察结果：①不是每一次发射γ光子都是无反冲的；②平均反冲能并未因核被嵌在固体中而减少，而依然是式(2-6-3)所给出的 E_R.

要很好地解释穆斯堡尔效应需要用到量子力学. 设发射γ光子前后包括所考察的衰变核 A(位矢用 $\boldsymbol{R}_A$ 标记)在内的整个固体所处状态分别为 ψ_i 和 ψ_f，按薛定谔方程有

$$\psi_f = \psi_i + \frac{\hat{H}}{\mathrm{i}\hbar}\psi_i\Delta t = \psi_i + \frac{\hat{H}_\gamma + \hat{H}_0}{\mathrm{i}\hbar}\psi_i\Delta t \tag{2-6-5}$$

式中，$\hat{H}$ 是整个系统的哈密顿量；$\hat{H}_\gamma$ 和 $\hat{H}_0$ 分别为与γ光子发射有关和无关(实际上就是固体系统)的哈密顿量；Δt 为发射γ光子所用的时间. 按照量子力学原理，γ光子的发射应在瞬间完成(注意不要与能级寿命混淆)，即 $\Delta t\to 0$. 由 ψ_i 和 ψ_f 间存在可观的差别知 $\hat{H}\Delta t$ 为一有限量，而 $\hat{H}_0$ 显然是有限的，故 $\hat{H}_\gamma$ 在发射γ光子的瞬间趋于无穷. 因而，在γ光子发射前后的极短时间间隔内，$\hat{H}_0$ 相对于 $\hat{H}_\gamma$ 可以被忽略. 而 $\hat{H}_\gamma$ 只涉及核 A，不会影响其他原子，在忽略 $\hat{H}_0$ 后，核 A 与其他原子间不存在相互作用，是自由的. 这样，发射一个γ光子对整个固体的影响仅限于：发射γ光子的那个核得到了一个反冲动量 $\boldsymbol{p}_\gamma$(与该核自由时一样). 由γ光子发射所引起的波函数的改变应当仅限于使核 A 得到一个反冲动量，即

$$\psi_f = \mathrm{e}^{\mathrm{i}\boldsymbol{k}_\gamma\cdot\boldsymbol{R}_A}\psi_i \tag{2-6-6}$$

其中，$\boldsymbol{k}_\gamma$ 为出射γ光子的波矢. 式(2-5-6)的含义是：发射γ光子使核 A 得到了$-k_\gamma\hbar$ 的反冲动量. 发射一个γ光子后声子系统的平均动能变为

$$\begin{aligned}\langle\Delta E\rangle &= \left\langle\psi_f\middle|\hat{H}_0\middle|\psi_f\right\rangle - \left\langle\psi_i\middle|\hat{H}_0\middle|\psi_i\right\rangle \\ &= \left\langle\psi_i\middle|\mathrm{e}^{-\mathrm{i}\boldsymbol{k}_\gamma\cdot\boldsymbol{R}_A}\hat{H}_0\mathrm{e}^{\mathrm{i}\boldsymbol{k}_\gamma\cdot\boldsymbol{R}_A}\middle|\psi_i\right\rangle - \left\langle\psi_i\middle|\hat{H}_0\middle|\psi_i\right\rangle\end{aligned} \tag{2-6-7}$$

在 $\hat{H}_0$ 中只有 $-\dfrac{\hbar^2}{2m_A}\nabla_{R_A}^2$ 一项不能与 R_A 对易. 而

$$e^{-i\boldsymbol{k}_\gamma\cdot\boldsymbol{R}_A}\left(-\frac{\hbar^2}{2m_A}\nabla_{R_A}^2\right)e^{i\boldsymbol{k}_\gamma\cdot\boldsymbol{R}_A}=\frac{\hbar^2k_\gamma^2}{2m_A}-\frac{\hbar^2}{2m_A}\nabla_{R_A}^2-i\frac{\hbar^2k_\gamma\cdot\nabla_{R_A}}{m_A} \tag{2-6-8}$$

其中 $-i\dfrac{\hbar\nabla_{R_A}}{m_A}$ 是核 A 的速度，它的平均值显然就是整个晶体的平均速度. 于是由γ光子发射传递给晶体的平均能量为

$$\langle\Delta E\rangle=\frac{\hbar^2k_\gamma^2}{2m_A}+\hbar k_\gamma v\cos\theta \tag{2-6-9}$$

其中，v 是晶体的速率；θ 是晶体速度与 k_γ 的夹角. 容易看出，式(2-6-9)中第二项实际就是多普勒效应引起的能量移动. 若晶体相对于观察者静止，则有

$$\langle\Delta E\rangle=\frac{\hbar^2k_\gamma^2}{2m_A}=E_R \tag{2-6-10}$$

这表明，即使核嵌在晶体中，每发射一个，γ光子传递给晶格的平均反冲能也和核是自由时一样. 如果初态是 $\hat{H}_0$ 的本征态 $|i\rangle$，式(2-6-10)也可写成

$$\langle\Delta E\rangle=\sum_{nf}[E(n_f)-E(n_i)]\cdot P(n_f,n_i)=E_R \tag{2-6-11}$$

被称为 Lipkin 求和定则. $E(n_i)$和 $E(n_f)$分别代表发射γ射线前后晶格初态和终态的能量，其中 $P(n_f, n_i)$表示发射γ射线时晶格由初态 n_i跃迁到终态 n_f的概率.

当γ光子发射出去以后，$\hat{H}_\gamma$ 变成零，整个系统的哈密顿量就是 $\hat{H}_0$，其定态解在固体物理的教材中已经给出，可视为声子的激发，用 $|n\rangle$ 表示，对应能量用 E_n 表示. 显然，ψ_f 不是 $\hat{H}_0$ 所描述的声子系统的本征态，将其用 $|n\rangle$ 展开，有

$$\psi_f=\sum_n\langle n|\psi_f|n\rangle \tag{2-6-12}$$

即得到声子系统处于 $|n\rangle$ 态的概率 $|\langle n|\psi_f\rangle|^2$. 如发射γ光子前系统的状态为 $|m\rangle$，则有无反冲力分数：

$$f=\sum_n\left|\langle n|\psi_f\rangle\right|^2\delta(E_n-E_m)=\sum_n\left|\langle n|e^{i\boldsymbol{k}_\gamma\cdot\boldsymbol{R}_A}|m\rangle\right|^2\delta(E_n-E_m) \tag{2-6-13}$$

即无反冲分数 f 为发射光子后晶格系统末态能量与初态能量相等的概率. 为对无反冲分数 f 有较好的理解，我们还可以将波函数投影到格点 A 的动量空间. 在原子 A 的动量表象中，有 $\langle k_A|\psi_f\rangle=\langle k_A|e^{i\boldsymbol{k}_\gamma\cdot\boldsymbol{R}_A}\psi_i\rangle=\langle(k+k_\gamma)_A|\psi_i\rangle$，其中下标 A 表示格点 A. 这说明，由 ψ_i 在格点 A 的动量空间平移 $-k_\gamma$ 就得到 ψ_f，ψ_f 与 ψ_i 间交

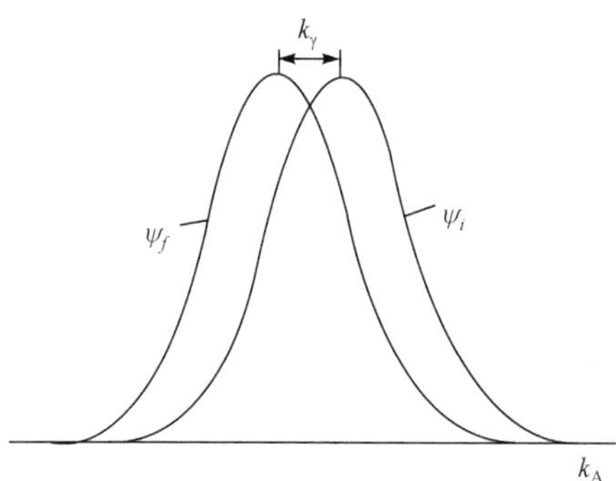

图 2-6-4　在 k_A 空间，ψ_f 可由 ψ_i 平移得到 ψ_f 与 ψ_i 间的交叠积分

叠积分的大小实际上反映了无反冲分数的大小. 由图 2-6-4 我们可以直观地得到关于穆斯堡尔效应的几个重要结论：

(1) 随波矢 $\boldsymbol{k}_\gamma$ 的增加(即γ射线能量的增加)，ψ_f 与 ψ_i 间的交叠减少，无反冲分数 f 会相应减小；

(2) 晶格的爱因斯坦温度或德拜温度越高，周围原子对格点 A 的束缚越强，格点 A 的空间位置就越确定，动量空间的分布就越宽，ψ_f 与 ψ_i 间的交叠积分就会增加，无反冲分数 f 就越大；

(3) 温度越高，振子被激发到较高能级的概率增大，原子 A 在位置空间的分布范围增大，在动量空间的分布范围缩小，而且还可能会有节点，故无反冲分数 f 会减小.

无反冲分数 f 的严格计算需要用到固体的声子谱，对于德拜模型，有

$$f=\exp\left\{-\frac{3E}{2k\theta_{\mathrm{D}}}\left[1+4\left(\frac{T}{\theta_{\mathrm{D}}}\right)^2\cdot\int_0^{\theta_{D/T}}\frac{x}{\mathrm{e}^x-1}\mathrm{d}x\right]\right\} \tag{2-6-14}$$

其中，k 为玻尔兹曼常量；θ_{D} 为德拜温度. 因为 E_γ 较小(为 14.4 keV)，德拜温度较高($\theta_{\mathrm{D}}=420\mathrm{K}$)，在室温时 $f\approx 0.71$，是一个很理想的穆斯堡尔源.

下面再来讨论穆斯堡尔谱线的宽度. 如让源相当于吸收体以速度 v 运动(相向运动为正)，从吸收体来看，由于多普勒效应，接收到的能量谱为

$$I(E)\propto\frac{1}{[E-(E_0+\delta E)]^2+\varGamma^2/4} \tag{2-6-15}$$

其中，$\delta E=E(v/c)$. 这时在吸收体后面测得的γ射线吸收频率 Y 应为

$$Y\propto\int_0^\infty I(E)\sigma(E)\mathrm{d}E=\int_0^\infty\frac{1}{[E-(E_0\pm\delta E)]^2+\varGamma^2/4}\cdot\frac{1}{(E-E_0)^2+\varGamma^2/4}\mathrm{d}E \tag{2-6-16}$$

因为 $E_0\gg 0$，我们可把积分限由 0 扩展到 $-\infty$，计算结果为

$$Y\propto\frac{1}{\varGamma^2+\delta E^2} \tag{2-6-17}$$

与式(2-6-2)对比知，吸收峰半高度处的宽度为 $2\varGamma$. 由于源和吸收体存在一定厚度所引起的自吸收，实验中测得的共振吸收曲线有所展宽.

吸收体在发生共振吸收时，核由基态跃迁到激发态，其中有一部分核再退激回基态时将再发射γ射线，称为γ射线共振荧光(另一部分核可通过内转换过程把能量给予内层电子而回到基态). 实验中我们也可以通过测量向四周散射γ射线共振荧光来研究无反冲γ射线的共振散射现象.

3. 超精细相互作用

因为穆斯堡尔谱线十分尖锐，而且从源发出的γ射线相对于吸收体的能量移动 $\delta E = E_0(v/c)$ 可以确定到极高的精度(当 $v = 0.01$ mm/s 时，$\delta E = 3\times10^{-13}E_0$)，特别适合于研究超精细相互作用. 超精细相互作用主要有三种.

1) 同质异能移位

因为原子核具有一定的体积，核外的 s 电子在核内会有一定的概率分布，将核视为点电荷得到的能量表达式需要作修正. 设原子核是一半径为 R 的电荷均匀分布球体，核内 s 电子均匀分布，其电荷密度用电子波函数表示为 $-e|\psi(0)|^2$，可得到能量修正(位移)表达式

$$\delta E = \frac{2\pi}{5} Ze^2 R^2 |\psi(0)|^2 \tag{2-6-18}$$

因为处于不同能态的核体积是不一样的，所以每一个核能态的能量移位 δE 也不相同. 因此，在核激发态与基态之间的跃迁中，由这个“体积效应”引起的γ射线的能量变化为

$$\Delta E = (\delta E)_{\mathrm{e}} - (\delta E)_{\mathrm{g}} = \frac{2\pi}{5} Ze^2 |\psi(0)|^2 (R_{\mathrm{e}}^2 - R_{\mathrm{g}}^2) \tag{2-6-19}$$

上式中下标 e 代表激发态，g 代表基态. 在穆斯堡尔谱中，由于吸收体与放射源所处的化学环境不同，核外电子密度将分别具有不同的数值 $-e|\psi(0)|_{\mathrm{A}}^2$ 和 $-e|\psi(0)|_{\mathrm{S}}^2$. 由此即可得到放射源(S)和吸收体(A)之间γ射线能量同质异能移位 δ

$$\begin{aligned}\delta &= \frac{2\pi}{5} Ze^2 (R_{\mathrm{e}}^2 - R_{\mathrm{g}}^2)(|\psi(0)|_{\mathrm{A}}^2 - |\psi(0)|_{\mathrm{S}}^2) \\ &= \frac{4\pi}{5} Ze^2 R^2 \left(\frac{\delta R}{R}\right)(|\psi(0)|_{\mathrm{A}}^2 - |\psi(0)|_{\mathrm{S}}^2)\end{aligned} \tag{2-6-20}$$

如图 2-6-5 所示，式(2-6-20)中 δ 在此可表示成

$$(\delta E)_{\mathrm{e}}^{\mathrm{A}} - (\delta E)_{\mathrm{g}}^{\mathrm{A}} - (\delta E)_{\mathrm{e}}^{\mathrm{S}} + (\delta E)_{\mathrm{g}}^{\mathrm{S}}$$

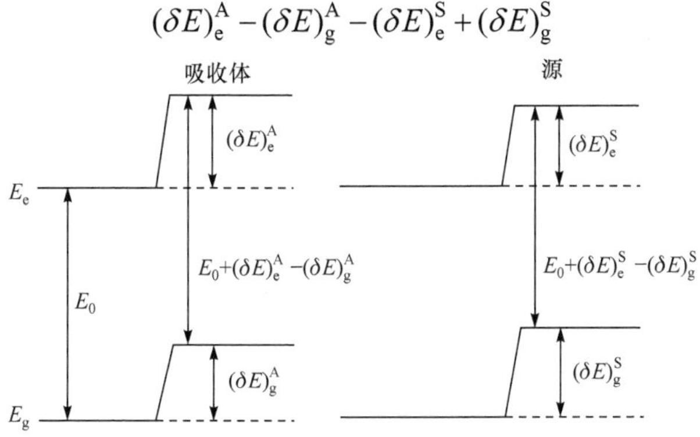

图 2-6-5　同质异能移位示意图

δR 为从激发态到基态时核半径的变化. 因为原子核处的电子密度是原子价态和化学键的函数，所以同质异能移位又称化学移位. 同质异能移位既与吸收体有关也与放射源有关，所以同质异能移位总是相对于一种特定的标准材料而言. 这种材料可以是特定实验所用的放射源或者是任何吸收体材料. 在 ^{57}Fe 的谱学中最常用的标准参考资料是金属 Fe 和硝普酸钠二水($Na_2[Fe(CN)_5NO]\cdot 2H_2O$). 表 2-6-1 给出了室温下 ^{57}Fe 在不同衬底材料中相对于α-Fe 的同质异能移位，其中把源与吸收体的相向运动速度取为正值，因此同质异能移位的数值越负，表示源的上下能级差越大.

表 2-6-1　室温下不同衬底的 ^{57}Fe 源相对于α-Fe 的同质异能移位　(单位：mm/s)

衬底	Na^+①	V	Cr	Ti	不锈钢	K_4^+②	Nb	Fe	Ta	Mo
同质异能移位	+0.257	+0.198	+0.152	+0.108	+0.090	+0.045	+0.015	0	−0.033	−0.060
衬底	Rh	Be	Pd	Tr	Cu	Pt	Ag	Zn	In	Au
同质异能移位	−0.114	−0.120	−0.185	−0.225	−0.226	−0.347	−0.525	−0.527	−0.530	−0.632

① $Na^+ = Na_2[Fe(CN)_5NO]\cdot 2H_2O$；② $K_4^+ = K_4Fe(CN)_6\cdot 3H_2O$.

2) 电四极矩分裂

讨论同质异能移位时，曾假设核电荷的分布是均匀球形对称的，然而多数核的核电荷分布并非如此. 于是，在电场梯度作用下，核能级会移动并分裂为支能级，被称为电四极矩分裂. 核处的电场梯度由核所处的环境的电荷分布情况决定. 这些电荷既包括穆斯堡尔原子(离子)中所有的电子，也包括固体中的穆斯堡尔原子四周的其他离子. 核处的电场梯度 ∇E 是一个二秩张量，其元素 $V_{ij}=\dfrac{\partial^2 V}{\partial i\partial j}\ (i,j=x,y,z)$为电势对空间的二阶偏导. 通常定义一个特定的坐标系，称作"电场梯度张量的主轴". 在这个坐标系中 ∇E 的非对角元素均为零，而对角元素的大小次序为

$$|V_{zz}|\geqslant|V_{xx}|\geqslant|V_{yy}|$$

按拉普拉斯方程

$$\nabla^2 V=V_{xx}+V_{yy}+V_{zz}=0 \tag{2-6-21}$$

电场梯度是一个无迹张量，对角元素中只有两个是独立的. 这样电场梯度张量只需用两个独立参量来描述，通常采用 $eq=V_{xx}$ 和非对称参量 $\eta=\dfrac{V_{xx}-V_{yy}}{V_{zz}}$ 来描述. η 的值在 $0\leqslant\eta\leqslant 1$ 的范围内. 当 $\eta=0$ 时，电场梯度具有轴对称性质.

如果用 eQ 来描述核的电四极矩，对于核自旋量子数为 I、磁量子数为 m_I 的状态 $\left|I,m_I\right\rangle$，由电四极矩与电场梯度相互作用所造成的能级移动为

$$E_Q=\frac{e^2Q\cdot q}{4I(2I-1)}[3m_I^2-I(I+1)]\left(1+\frac{\eta^2}{3}\right)^{1/2} \tag{2-6-22}$$

由上式可知，当 $I=0$ 和 1/2，以及电场梯度轴对称时，即上式 $\eta=0$. 对于 ^{57}Fe，基态 $I=1/2$，$E_Q=0$；14.4 keV 的激发态 $I=3/2$，当 $m_f=\pm3/2$ 时

$$E_Q\left(\pm\frac{3}{2}\right)=\frac{e^2Q\cdot q}{4} \tag{2-6-23}$$

当 $m_I=\pm1/2$ 时

$$E_Q\left(\pm\frac{1}{2}\right)=\frac{e^2Q\cdot q}{4} \tag{2-6-24}$$

图 2-6-6 中画出了电四极矩相互作用对于 ^{57}Fe 基态和激发态能级的影响. 四极分裂后，激发态两个能级之间的能量差为

$$\Delta E_Q=\frac{e^2Q\cdot q}{2} \tag{2-6-25}$$

在图 2-6-6 中，激发态两个支能级与基态之间的γ跃迁都是允许的. 当采用单色的放射源来做共振吸收实验时，得到如图 2-6-7 中所示的双线谱. 由于四极裂距 ΔE_Q 既与电四极矩 eQ 有关，还与核处的电场梯度有关，对于不同化合物中相同的穆斯堡尔核来说电四极矩 eQ 是常量，观察到的四极相互作用能量的变化只与核处的电场梯度有关. 由对四极分裂的深入分析，我们可得到核四周电荷分布对称性方面的信息，它不仅与核的化学价态有关，也与晶体结构的对称性有关，在化学和固体物理的研究中有重要意义.

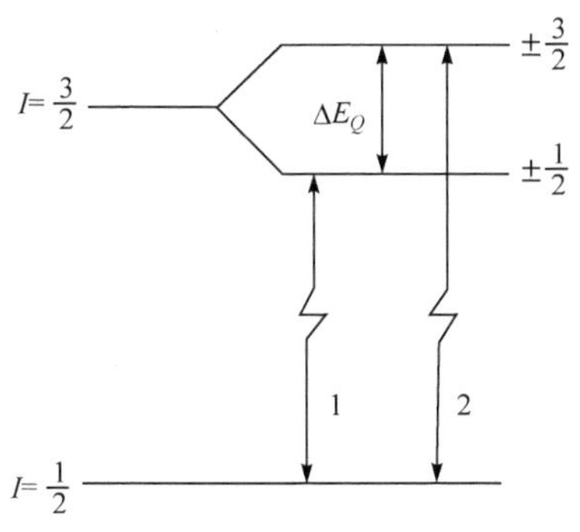

图 2-6-6　^{57}Fe $I=3/2$ 态的核四极分裂

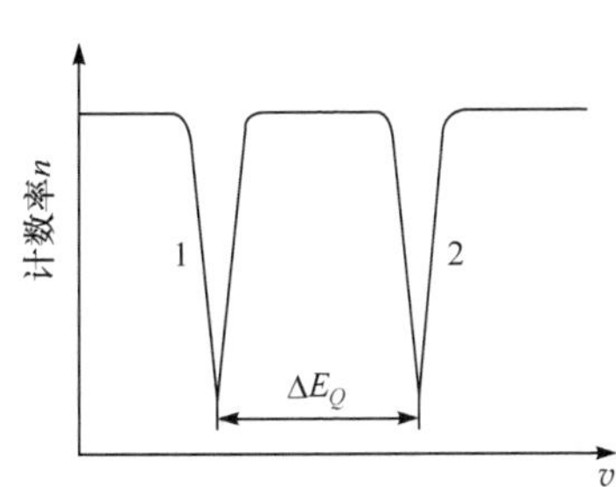

图 2-6-7　与图 2-6-6 相对应的穆斯堡尔谱

3) 核磁偶极相互作用———核塞曼分裂

原子核的磁偶极矩 $\boldsymbol{\mu}$ 与原子核处磁场 $\boldsymbol{B}$ 的磁偶极相互作用能可用

$$E_{\mathrm{m}}=-\mu B\frac{m_I}{I}=-g_{\mathrm{N}}\mu_{\mathrm{N}}m_I B \tag{2-6-26}$$

来描述，其中 g_{N} 是核的朗德(Lande)因子，$\mu_{\mathrm{N}}=e\hbar/(2m_{\mathrm{p}})$ (m_{p} 是质子质量)是核磁子. 从上式可知，磁偶极相互作用使核自旋为 I 的态分裂成 $(2I+1)$ 个等间距的支能级. 相邻能级的间距为

$$\Delta E=g_{\mathrm{N}}\mu_{\mathrm{N}}B \tag{2-6-27}$$

^{57}Fe 的基态 $I=1/2$，分裂为 $m_I=\pm1/2$ 的两个能级，裂距 $\Delta E_{\mathrm{g}}=g_{\mathrm{g}}\mu_{\mathrm{N}}B$ (g_{g} 是基态核的朗德因子). ^{57}Fe14.4 keV 的第一激发态，$I=3/2$，分裂为 $m_I=\pm3/2$，$\pm1/2$ 四个能级，裂距 $\Delta E_{\mathrm{e}}=g_{\mathrm{e}}\mu_{\mathrm{N}}B$ (g_{e} 是激发态核的朗德因子)，能级如图 2-6-8 所示. 支能级的次序表示基态的磁矩为正，而激发态的磁矩为负. 因为 14.4 keV 的γ跃迁的多级性几乎完全是磁偶极(M1)性质的，对于核的塞曼跃迁有选择定则 $\Delta m=0,\pm1$. 由图 2-6-8 所给出的六条容许跃迁，可得图 2-6-9 所示的室温时α-Fe 的穆斯堡尔谱图. 因为用核磁共振的方法已经可以把基态的 g_{g} 测得非常准，所以根据塞曼分裂谱线可求得激发态的磁矩和固体内部磁场的大小. 这里的内磁场包括电子的自旋和轨道磁矩所产生的偶极场和费米接触势. 费米接触势是指进入核内的 s 电子与核自旋相互作用所产生的有效场. 如极化的(自旋向上和向下的电子数不等)3d 电子会将自旋取向不同的 3s 电子被拉向或推离 3d 轨道，从而使进入核内的 s 电子自旋向上和向下的概率不等. 由于电子自旋与核自旋的相互作用，当核自旋相对于 s 电子极化方向有不同的取向时，会有不同的能量，就像处于磁场中一样. 对金属，除稀土元素外，费米接触势对内磁场的贡献是主要的.

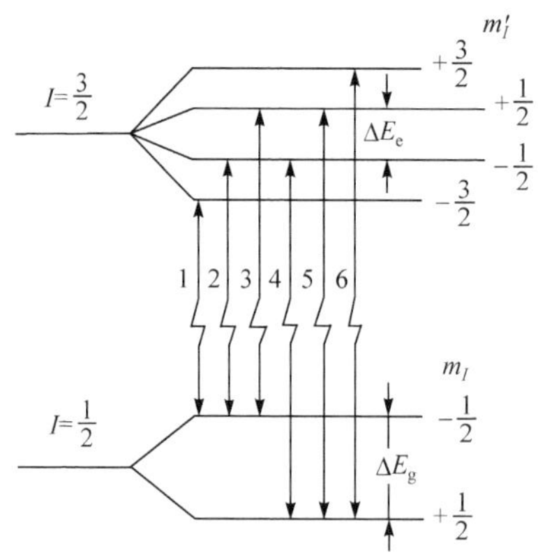

图 2-6-8 ^{57}Fe 基态和激发态的塞曼分裂

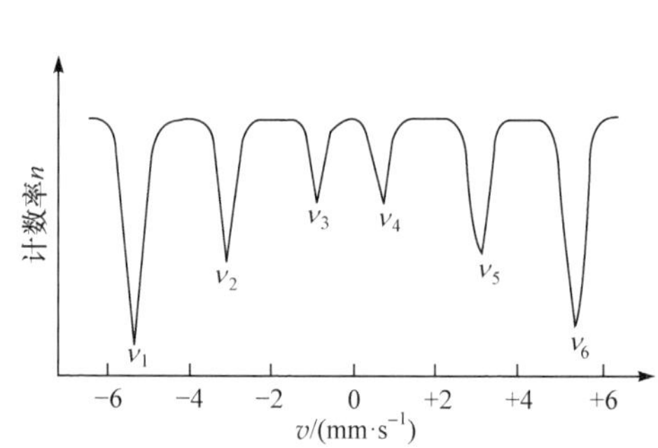

图 2-6-9 室温下α-Fe 的穆斯堡尔谱

在实际工作中，上述三种超精细相互作用可能同时存在，这就使得到的谱图更为复杂，必须根据具体情况做具体分析.

二、实验装置

实验装置如图 2-6-10 所示. 它包括γ射线探测器、微机多道分析器、高压电源、电磁驱动器及驱动电源、通用示波器，还有 ^{57}Co 放射源、准直孔、α-Fe 和硝普酸钠薄膜样品.

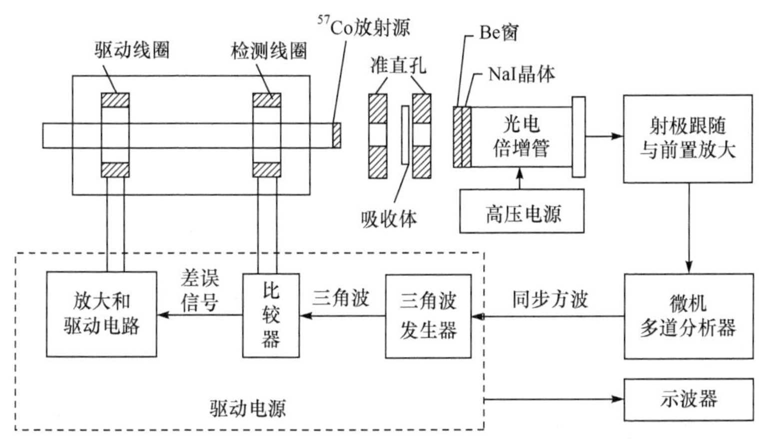

图 2-6-10　穆斯堡尔效应实验装置图

1. 放射源

本实验用的是以 Pd(钯)为衬底的 ^{57}Co 放射源，图 2-6-11 为 ^{57}Co 的衰变图，图中 α 为内转换系数. 由图可知该放射源发出的γ 射线是比较复杂的. 除了图中标志的跃迁过程发射γ 射线外，处于第一激发态(14.4 keV)的 ^{57}Fe 核也可能通过内转换过程使内层电子电离而退激. 所以谱线中伴随有 Fe 的标识 X 射线(主要是 K 线系，能量约为 6.4 keV)，为了使源发射的穆斯堡尔谱线是单色的，通常选用非磁性的、具有立方晶系结构的金属作衬底. 所选金属要求有较高的德拜温度，以提高无反冲分数 f. 选用金属作衬底的另一个好处是金属中电子弛豫过程极快，前期衰变引起的局部电荷态在与激发态的寿命相比要短得多的时间内，将很快消失而不起作用.

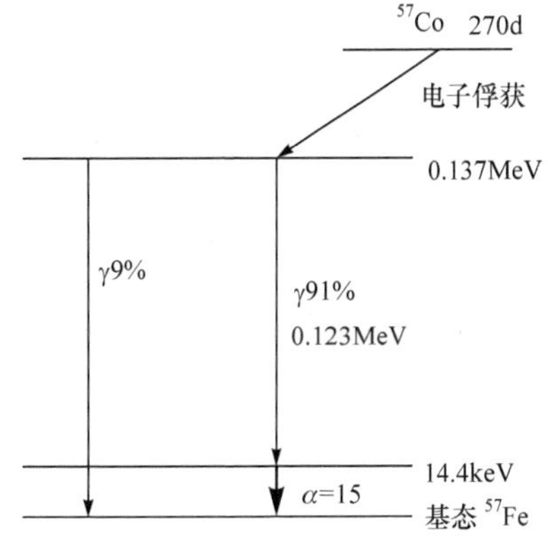

图 2-6-11　^{57}Co 衰变图

2. 电磁驱动器

采用背靠背的双扬声器结构，其中分别含有一个驱动线圈和一个拾波线圈. 驱动线圈在驱动电源的驱动下，使顶端安装有放射源的轻质驱动杆，以每秒 10 Hz 左右的频率在水平方向往返做等加速运动，以达到周期性地线性调制穆斯堡尔源所放出的γ射线能量的目的. 拾波线圈感应出的信号大小，与驱动杆运动的速度成正比. 当其输出如图 2-6-12 所示的对称三角波时，表明发射源在一个周期中来回做等加速运动.

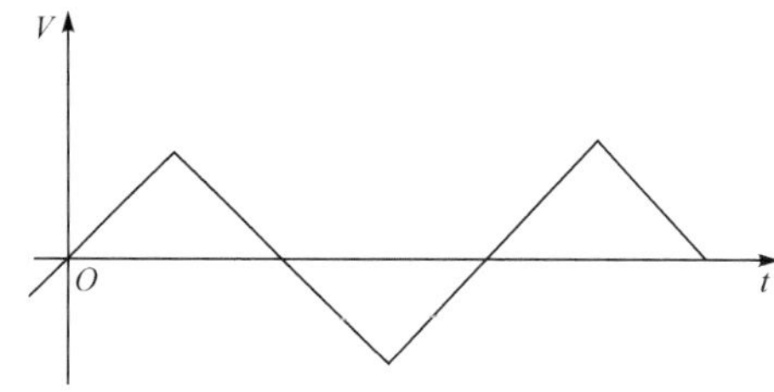

图 2-6-12　驱动器正常工作时拾波线圈的输出信号

3. 驱动电源

来自微机多道分析器的同步方波经积分电路后变成三角波输入比较器. 比较器将它与拾波线圈两端的信号相比较，其差值(即差误信号)经放大器放大后再加于驱动线圈. 由于这部分电路开环放大倍数很高，正常工作时，输入的差误信号一定接近于零，即振子的振动情况与标准波形一致. 调节输入比较器的标准三角波的振幅，也即相应地改变了放射源在一个周期中的速度变化范围. 实验中通常用示波器观察差误信号的大小，以监视驱动杆的运动是否正常.

4. γ 射线探测器

本实验使用的是 NaI(Tl)闪烁探测器，因为探测的γ射线能量较低，故 NaI 晶体的厚度仅为 1 mm 左右，保护窗为 Be 窗. 关于闪烁探测器请参阅 2.2 节.

5. 微机多道分析器

在通用微机内插上线性放大卡、模数转换卡和多道分析卡就构成了一台微机多道分析器. 它与普通多道分析器一样，有脉冲幅度分析(PHA)和多度定标(MCS)两种功能.

^{57}Co 衰变后所发出的谱线中只有 14.4 keV 的γ射线才具有穆斯堡尔效应，为提高测量的信噪比必须去掉其他能量的γ射线. 可先用脉冲幅度分析功能测量 ^{57}Co 源的γ能谱. 根据衰变图和能谱图结构找出 14.4 keV 的γ射线所对应的谱峰，

再调节上下阈电位器，去掉所有不需要的谱线.

完成 14.4 keV 的γ射线的选取后,就可用多度定标功能来测量穆斯堡尔谱. 多道分析器将不同时刻相同时间间隔 Δt(称为道时间间隔)内记录下来的脉冲个数 n，按时间先后顺序送入不同的地址(道数)x 的存储器，也就是说道数 x 与时间 t 成正比. 在本实验中驱动器的速度随时间是线性变化的，所以，只要源振动的三角波周期与多道分析器的扫描周期严格同步，我们就能得到如图 2-6-7 或如图 2-6-9 所示的穆斯堡尔谱. 振动周期与扫描周期之间的同步靠微机输出的同步方波实现. 该方波的周期 $T=\Delta t\times N$，其中 Δt 为道时间间隔，N 为所选的通道数. 显然同步方波的周期与多度扫描的周期完全一致. 此方波送到驱动电源后产生的三角波周期必然与方波的周期相同. 在本实验中振子系统的固有周期约为 0.1s. 有关多道分析器的详细介绍见 2.2 节.

三、实验内容

1. 上下阈值的确定

不存在吸收体时用多道分析器(幅度分析工作方式)测量所用 ^{57}Co 放射源的γ能谱. 设法辨认出 14.4 keV 的γ射线所对应的峰，合理设定上下阈值来滤除其他谱线.

2. 采集穆斯堡尔谱

多道分析器的通道数取 512 道，道时间间隔由电磁驱动器的固有周期(约 0.1 s)计算. 正确设定多道分析器的参量后，开始采谱，并用示波器监视三角波信号或差误信号. 必要时可调节驱动电源各旋钮，使电磁驱动器正常工作(由示波线圈输出信号判断). 分别测量α-Fe 和硝普酸钠作吸收体时的穆斯堡尔谱.

选做：对于不同厚度的α-Fe 或不锈钢样品，测量它们的穆斯堡尔谱，观察样品厚度对吸收谱峰线宽的影响.

3. 数据处理

(1) 计算道增益 K. 谱仪中测得的是透射率与道地址的关系. 我们首先必须定出零速度时对应的道地址和每道对应多大速度（道增益 K）. 由于α-Fe 谱已被精确测量，通常都用α-Fe 标准吸收体来标定谱仪. 设测得的α-Fe 六条谱线的位置(道数)为 ν_1，ν_2，…，ν_6(参看图 2-6-9)，已知α-Fe 的 $v(\nu_6)-v(\nu_1)=10.656\text{mm}\cdot\text{s}^{-1}$，再由实验测得 ν_6 与 ν_1 道数之差即可求谱仪的道增益

$$K=\frac{10.656}{(\nu_6-\nu_1)_{\alpha\text{-Fe}}}\text{mm}\cdot\text{s}^{-1}$$

注意谱仪的道增益 K 与驱动电源面板上速度调节旋钮的位置有关，必须记下所测量道增益 K 所对应的速度调节旋钮的位置.

(2) 零速度对应的道址. 对于我们所用的衬底为 Pd 的 ^{57}Co 源，α-Fe 六线谱的重心应在−0.185 mm/s 的位置(它相当于α-Fe 与 Pd 衬底的 ^{57}Co 源之间的同质异能移位)，可根据下式定出α-Fe 谱的重心位置：

$$v_{\mathrm{e},\alpha\text{-Fe}} = \frac{v_1 + v_2 + v_5 + v_6}{4}$$

再定出零速度对应的道址.

(3) 已知α-Fe 的内磁场 $B = 33$ T，请由实验结果计算 ^{57}Fe 基态和第一激发态的朗道 g 因子和核磁矩大小. (对于 14.4 keV 的谱线，$1\ \mathrm{mm\cdot s^{-1}} = 4.807\times10^{-8}$ eV.)

(4) 根据测得的硝普酸钠的谱图计算样品的同质异能移位(相对α-Fe)和四级裂距. 由实验测得的谱峰宽度与 ^{57}Fe的第一激发态的寿命相比较(可用实验室提供的标准谱)，分析实验测得谱峰宽度大于 2Γ 的原因.

四、注意事项

(1) 由于实验中需花较长时间来采集穆斯堡尔谱，故预习时要特别注意操作步骤，不要使实验结束得太晚.

(2) 在采谱过程中，要认真阅读讲义，力求对穆斯堡尔效应的物理本质有较深入的理解. 此外，要学习分析穆斯堡尔谱的基本方法.

五、思考题与讨论

1. 预习思考题

(1) 穆斯堡尔谱的分辨率极高，曾被用来测量光子的引力红移. 请设计一种利用穆斯堡尔效应测量引力红移的方案，并给出引力红移的表达式.

(2) 如果质量为 m_{N} 的核不是被嵌在晶体中而是被固定在一根劲度系数为 k 的弹簧上，沿弹簧方向是否也可以有无反冲的γ 射线发射？请详细分析，需要的量可以自己定义.

(3) 为了使源发射的穆斯堡尔谱线是单色的，为什么通常选用非磁性的、具有立方晶系结构的金属作衬底？

(4) 电四极矩应该是张量，为什么本实验中核的电四极矩只用一个参量 eQ 来描述.

2. 实验思考题

(1) 为什么用 ^{57}Co 源来测 ^{57}Fe 的穆斯堡尔谱？

(2) 在实验中如果上下阈值设定不合理，会带来什么后果?

(3) 为什么不直接用脉冲幅度分析(PHA)方式而要用多度定标方式来采集穆斯堡尔谱?

(4) 本实验采用的探测器中 NaI(Tl)晶体的厚度仅为 1 mm 左右，请问可能是出于什么考虑?

3. 实验报告思考题

(1) 在发射(吸收)γ 射线后，核的质量实际上会有所下降(上升)，这会带来什么后果，为什么依然能观察到γ 射线的共振吸收呢?

(2) 请分别画出核塞曼分裂显著大于或小于电四极裂距时，^{57}Fe 的能级图和对应的穆斯堡尔谱图.

(3) 请解释为什么源或吸收体较厚时会导致吸收谱的展宽.

(4) 在计算α-Fe 的重心位置时为何没用到ν_3 和ν_4？

参 考 文 献

韩炜, 杜晓波. 2017. 近代物理实验. 北京: 高等教育出版社.
马如璋, 徐英庭. 1998. 穆斯堡尔谱学. 北京: 科学出版社.
吴先球, 熊予莹. 2009. 近代物理实验教程. 2 版. 北京: 科学出版社.

2.7　用 β 粒子检验相对论的动量-动能关系

经典力学总结了低速物体的运动规律，反映了牛顿的绝对时空观. 绝对时空观认为时间和空间是两个独立的观念，彼此之间没有联系，它们分别具有绝对性. 绝对时空中的时间和空间的度量与惯性参考系的运动状态无关. 同一物体在不同惯性参考系中观察到的运动学量(如坐标、速度)可通过伽利略变换而互相联系. 在不同的惯性参考系中虽然其运动学量不同，但其动力学量(如加速度、质量)都是相同的. 一切力学定律(如牛顿运动定律和守恒定律)的表达式在所有的惯性系中都是一样的，这就是力学相对性原理：一切力学规律在伽利略变换下是不变的. 经典力学成功地解释了低速物体的运动规律，故它的时空观在低速运动时也是正确的. 但是牛顿本人却将这种时空观绝对化，认为自然界存在着脱离物质及其运动的绝对时间和绝对空间.

19 世纪末至 20 世纪初，人们试图将伽利略变换和力学相对性原理推广到电磁学和光学. 为了克服理论上的困难，人们又提出了在自然界中存在一个名为“以太”的绝对静止的介质以及与它相联系的一个“绝对静止”的参考系. 但实验证明自然界中并没有以太，对高速运动的物体，伽利略变换是不正确的. 实验证明在所有惯性参考系中，光在真空中的传播速度均为同一常量. 在此基础上，爱因斯坦于 1905 年提出了狭义相对论. 狭义相对论基于以下两个假设：①所有物理定律在所有惯性参考系中均有完全相同的形式——爱因斯坦相对性原理；②在所有惯性参考系中光在真空中的速度恒定为 c，它与光源和参考系的运动无关——光速不变原理. 这样狭义相对论将仅局限于力学的伽利略相对性原理推广到包括电磁学和光学的整个物理学.

狭义相对论已为大量的实验所证实，并应用于近代物理的各个领域. 粒子物理更离不了狭义相对论，它是设计所有粒子加速器的基础.

本实验的目的是通过同时测量速度接近光速 c 的高速电子的动量和动能来证明狭义相对论的正确性，并学习β磁谱仪的测量原理及其他核物理的实验方法和技术.

【预习要求】

认真阅读 2.2 节中关于闪烁体探测器、光电倍增管部分.

一、实验原理

1. 相对论性的质量、动量和能量

根据相对性原理，任何物理规律在不同惯性系中具有相同的形式，因此表达物理规律的方程式必须满足在洛伦兹变换下形式不变，称为洛伦兹变换的协变性. 在洛伦兹变换中不变量是 $x^2+y^2+z^2-c^2t^2$，说明不同惯性系中的观察者看到光的波前均是球面，如引进 $x_1=x$，$x_2=y$，$x_3=z$，$x_4=\mathrm{i}ct$，则不变量为 $x_1^2+x_2^2+x_3^2+x_4^2$. 因此洛伦兹变换可看成复四维时空 (x_1,x_2,x_3,x_4) 中的转动，它使得复四维矢量的长度在变换中保持不变. 这种使长度为不变量的变换也称为正交变换. 利用复四维时空可使洛伦兹变换及各物理规律的表述更加清晰、简明.

四维空间中 $x_1^2+x_2^2+x_3^2+x_4^2$ 是不变量，它是四维空间中长度的平方. 同样四维空间中的微位移平方也是不变量，即

$$(\mathrm{d}x_1)^2+(\mathrm{d}x_2)^2+(\mathrm{d}x_3)^2+(\mathrm{d}x_4)^2=\text{不变量} \tag{2-7-1}$$

如选取一个相对于物体静止的参考系，并取一与物体一起静止的钟，则上式成为

$$-c^2(\mathrm{d}\tau)^2=\text{不变量} \tag{2-7-2}$$

$\mathrm{d}\tau$ 称为固有时间间隔，它是相对于物体与钟都静止的参考系中的时间间隔，也是不变量.

由式(2-7-1)和式(2-7-2)可知：

$$(\mathrm{d}x)^2+(\mathrm{d}y)^2+(\mathrm{d}z)^2-c^2(\mathrm{d}t)^2=-c^2(\mathrm{d}\tau)^2$$

从而

$$\mathrm{d}\tau=\sqrt{1-\frac{v^2}{c^2}}\mathrm{d}t=\frac{1}{\gamma}\mathrm{d}t \tag{2-7-3}$$

式中，$v^2=\dfrac{\mathrm{d}x^2+\mathrm{d}y^2+\mathrm{d}z^2}{\mathrm{d}t^2}$是物体运动速度的平方，$\gamma=\left(1-\dfrac{v^2}{c^2}\right)^{-1/2}$.

物体四维位移($\mathrm{d}x_1,\mathrm{d}x_2,\mathrm{d}x_3,\mathrm{d}x_4$)除以物体的固有时间间隔 $\mathrm{d}\tau$，称为四维速度 $\boldsymbol{v}(v_1,v_2,v_3,v_4)$，其中前三个分量称为四维矢量的空间分量，第四个分量称为时间分量.

物体的运动速度 $\boldsymbol{v}(v_1,v_2,v_3)$ 的各分量为

$$v_j=\frac{\mathrm{d}x_j}{\mathrm{d}t}=\frac{1}{\gamma}\frac{\mathrm{d}x_j}{\mathrm{d}\tau}=\frac{1}{\gamma}V_j,\quad j=1,2,3 \tag{2-7-4}$$

因而四维速度 $\boldsymbol{V}$ 可写为

$$\boldsymbol{V}=(\gamma\boldsymbol{v},\mathrm{i}\gamma c) \tag{2-7-5}$$

定义四维动量 $\boldsymbol{P}(p_1, p_2, p_3, p_4)$为

$$\boldsymbol{P}=m_0\boldsymbol{V}=(\gamma m_0\boldsymbol{v},\ \mathrm{i}\gamma m_0 c) \tag{2-7-6}$$

式中，m_0是物体的静止质量，为一标量. 四维动量的前三个分量为

$$\boldsymbol{p}=\gamma m_0\boldsymbol{v}=m\boldsymbol{v} \tag{2-7-7}$$

其中

$$m=\frac{m_0}{\sqrt{1-\beta^2}} \tag{2-7-8}$$

式中，$\beta=v/c$. 式(2-7-7)所定义的相对论动量与经典力学定义的形式完全一致，均为质量乘速度，但相对论定义的质量 m 与速度 v 有关.

四维动量的时间分量 p_4 为

$$p_4=\mathrm{i}\gamma m_0 c=\frac{\mathrm{i}}{c}\frac{m_0c^2}{\sqrt{1-\beta^2}}=\frac{\mathrm{i}}{c}mc^2 \tag{2-7-9}$$

mc^2为运动物体的总能量 E. 当物体静止时，$v=0$，物体的能量为 m_0c^2，称为静止能量. 两者之差为物体的动能 E_k，即

$$E_\mathrm{k}=mc^2-m_0c^2=m_0c^2\left(\frac{1}{\sqrt{1-\beta^2}}-1\right) \tag{2-7-10}$$

当 $\beta \ll 1$ 时，将 $1/\sqrt{1-\beta^2}$ 展开为

$$E_{\mathrm{k}} = m_0 c^2 \left(1 + \frac{1}{2}\frac{v^2}{c^2} + \cdots\right) - m_0 c^2 \approx \frac{1}{2} m_0 v^2 = \frac{1}{2}\frac{p^2}{m_0} \tag{2-7-11}$$

即得经典力学中的动量-动能关系.

综上所述，四维动量可写成

$$\boldsymbol{P} = (p_1,\ p_2,\ p_3,\ p_4) = \left(mv_1, mv_2, mv_3, \frac{\mathrm{i}}{c}E\right) \tag{2-7-12}$$

式中，v_1，v_2，v_3 为物体速度在空间 x，y，z 三个轴向的分量.

四维分量模的平方构成洛伦兹变换不变量，即

$$p_1^2 + p_2^2 + p_3^2 + p_4^2 = p_1'^2 + p_2'^2 + p_3'^2 + p_4'^2 \tag{2-7-13}$$

若取相对于物体静止的惯性系 S′，则有 $p_4' = \frac{i}{c} m_0 c^2$. 因而

$$p_1^2 + p_2^2 + p_3^2 - \frac{E^2}{c^2} = -\frac{E_0^2}{c^2} \tag{2-7-14}$$

因为 $p_1^2 + p_2^2 + p_3^2 = p^2$，故上式为

$$E^2 - c^2 p^2 = E_0^2 \tag{2-7-15}$$

这就是相对论的动量与能量关系. 而动能与动量的关系为

$$E_{\mathrm{k}} = E - E_0 = (c^2 p^2 + m_0^2 c^4)^{1/2} - m_0 c^2 \tag{2-7-16}$$

正是我们实验中需要验证的. 它与式(2-7-11)的经典力学的动量与动能关系，在高能端有极大的差异，如图 2-7-1 所示.

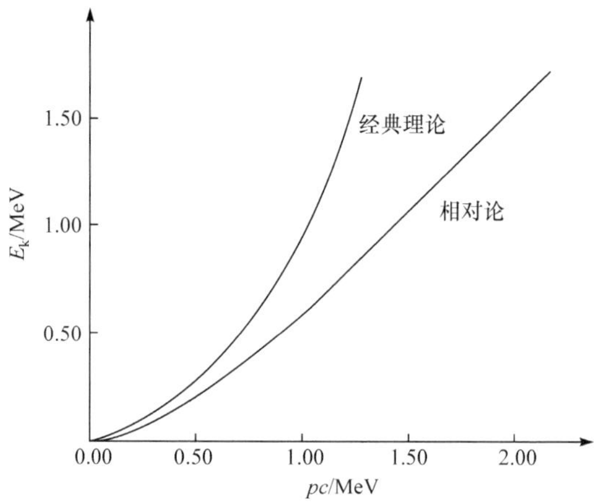

图 2-7-1　经典力学与狭义相对论的动能-动量关系

2. β 衰变与β 源

放射性核素放射出β 粒子而变为原子序数差 1、质量数相同的核素的衰变称为β 衰变. 测量β 粒子的荷质比可知它是高速运动的电子，其速度与β 粒子的能量有关，高能β 粒子的速度可接近光速. β 衰变可看成核中有一个中子转变成质子的结果. 衰变过程中，在发射β 粒子的同时还发射一个反中微子$\bar{\nu}$. 中微子是一个静止质量近似为 0 的中性粒子. 衰变中释放出的衰变能Q将被β 粒子、反中微子$\bar{\nu}$和反冲核三者分配. 因为三个粒子之间的发射角度是任意的，所以每个粒子所携带的能量并不固定，β 粒子的动能可在零至Q之间变化，形成一个连续谱. 图 2-7-2(a)为本实验所用的${}^{90}_{38}Sr$-${}^{90}_{39}Y$ β 源的衰变图. ${}^{90}_{38}Sr$的半衰期为 28.6 a，它发射的β 粒子的最大能量为 0.546 MeV. ${}^{90}_{38}Sr$衰变后成为${}^{90}_{39}Y$，${}^{90}_{39}Y$的半衰期为 64.1 h，它发射的β 粒子的最大能量为 2.27 MeV. 因而${}^{90}_{38}Sr$-${}^{90}_{39}Y$ β 的能谱在 0～2.27 MeV 的范围是连续的，其强度随动能的增加而减弱，如图 2-7-2(b)所示.

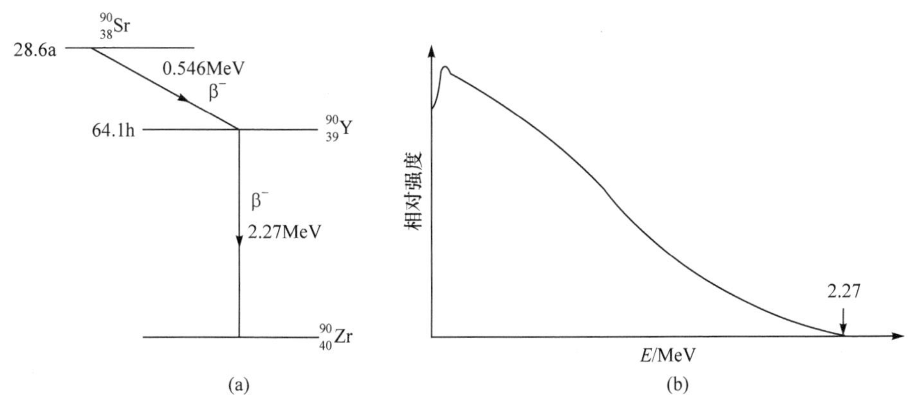

图 2-7-2　(a) ${}^{90}_{38}Sr$-${}^{90}_{39}Y$ β 源的衰变图和(b) ${}^{90}_{38}Sr$-${}^{90}_{39}Y$ β 的能谱

3. β 磁谱仪与动量测量

图 2-7-3 为半圆形β 磁谱仪的示意图. 从β 源射出的高速β 粒子经准直后垂直射入一均匀磁场中，粒子因受到与运动方向垂直的洛伦兹力的作用而做圆周运动. 其运动方程为

$$\frac{d\boldsymbol{p}}{dt} = e\boldsymbol{v} \times \boldsymbol{B} \tag{2-7-17}$$

式中，e 为电子电荷；$\boldsymbol{v}$ 为粒子速度；$\boldsymbol{B}$ 为磁场的磁感应强度. 由式(2-7-7)可知$\boldsymbol{p} = m\boldsymbol{v}$，$m = \gamma m_0$，因$|\boldsymbol{v}|$是常量，故

$$\frac{\mathrm{d}\boldsymbol{p}}{\mathrm{d}t}=m\frac{\mathrm{d}\boldsymbol{v}}{\mathrm{d}t}, \quad \left|\frac{\mathrm{d}\boldsymbol{v}}{\mathrm{d}t}\right|=\frac{v^2}{R}$$

所以

$$\boldsymbol{p}=e\boldsymbol{B}R \tag{2-7-18}$$

式中，R 为β粒子轨道半径，是源与探测器间距的一半. 移动探测器即改变 R，可得到不同动量 $\boldsymbol{p}$ 的β粒子，其动量值可由式(2-7-18)算出.

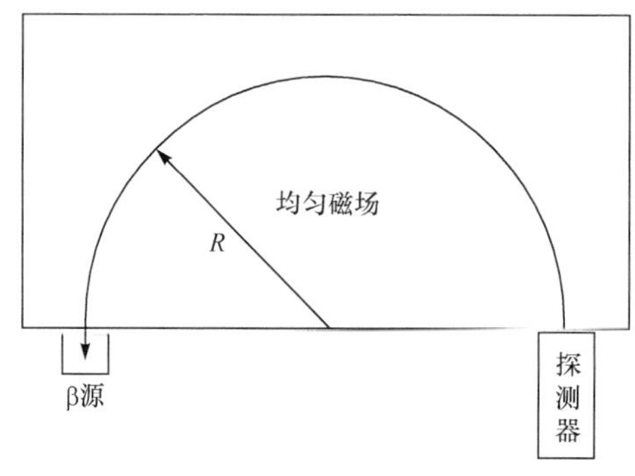

图 2-7-3 半圆形β磁谱仪的示意图

4. 闪烁体探测器与动量测量

如果采用能测量β粒子能量的探测器(如闪烁体探测器、Si(Li)探测器等)，则可直接测出β粒子的动能. 本实验中采用的是 NaI(Tl)闪烁体探测器，其原理请参阅 2.2 节的有关部分，这里只给一个简单说明. 一般闪烁体探测器由闪烁体、光电倍增管和前置放大器三部分构成. 高能粒子进入闪烁体后，会通过各种各样的机制将能量传给闪烁体中的电子，使电子被激发到较高的能态，处于较高能态的电子退激时会有相当一部分以可见光子的形式放出能量. 一般情况下，从闪烁体放出的光子数与入射粒子的动能成正比. 它们再由一光电倍增管接收，并将光信号转换为电信号. 光电倍增管输出的电信号幅度也与进入光电倍增管的光子数成正比. 为提高信噪比，从光电倍增管阳极出来的电信号还要经一前置放大器放大后再输出. 从上面分析容易看出，被探测粒子的动能将与闪烁体探测器的输出信号成正比. 从闪烁体探测器输出的信号还要经一线性放大器放大后再送入多道分析器，最终由多道分析器的通道数来表征被探测粒子的动能.

二、实验装置

实验装置如图 2-7-4 所示. 均匀磁场中置一真空盒，用机械真空泵使盒中气压降到 0.1～1 Pa，目的是提高电子的平均自由程，以减少电子与空气分子的碰撞. 真空盒面对放射源和探测器的一面是用极薄的高强度有机塑料薄膜密封的，以使β粒子穿过薄膜时所损失的能量尽可能少. β粒子穿过有机薄膜的能量损失由表 2-7-1 给出.

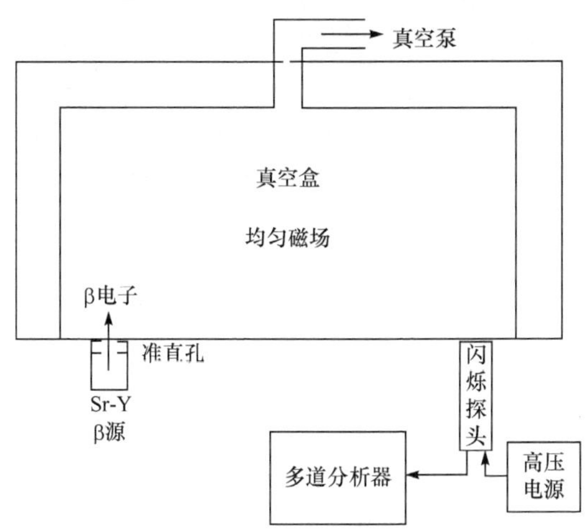

图 2-7-4　实验装置图

表 2-7-1　β粒子的入射动能 E_{in} 与出射动能 E_{out} 的关系(有机膜)

E_{out}/MeV	0.365	0.571	0.770	0.966	1.166	1.360	1.557	1.747
E_{in}/MeV	0.382	0.581	0.777	0.973	1.173	1.367	1.563	1.752

${}^{90}_{38}Sr$-${}^{90}_{39}Y$ β源经准直后垂直射入真空室β粒子的入射位置是固定的. 探测器是掺 Tl 的 NaI 闪烁体探测器,其探头可左右移动,位置由谱仪上的刻度尺指示. 由于标示探测器位置的刻线在入射狭缝右侧(狭缝宽度为 3.0mm)，探测器的实际位置应做修正，闪烁体前有一厚度为 200μm 的 Al 窗来保护 NaI 晶体和光电倍增管. β粒子穿过 Al 窗后将损失部分能量，其数值与 Al 膜厚度和入射β粒子的动能有关. 表 2-7-2 给出入射动能为 E_{in} 的β粒子穿过 200μm 厚 Al 窗后的动能 E_{out} 之间的关系，单位为 MeV. 实验可由表 2-7-1 和表 2-7-2 用线性内插的方法从粒子穿过 Al 窗后的动能 E_t 算出粒子的真正动能 E_i.

表 2-7-2　β粒子的入射动能 E_{in} 与出射动能 E_{out} 的关系(200μmAl)

E_{in}/MeV	E_{out}/MeV	E_{in}/MeV	E_{out}/MeV	E_{in}/MeV	E_{out}/MeV	E_{in}/MeV	E_{out}/MeV
0.317	0.200	0.740	0.650	1.184	1.100	1.638	1.550
0.360	0.250	0.790	0.700	1.239	1.150	1.685	1.600
0.404	0.300	0.840	0.750	1.286	1.200	1.740	1.650
0.451	0.350	0.887	0.800	1.333	1.250	1.787	1.700

续表

E_{in}/MeV	E_{out}/MeV	E_{in}/MeV	E_{out}/MeV	E_{in}/MeV	E_{out}/MeV	E_{in}/MeV	E_{out}/MeV
0.497	0.400	0.937	0.850	1.388	1.300	1.834	1.750
0.545	0.450	0.988	0.900	1.435	1.350	1.889	1.880
0.595	0.500	1.039	0.950	1.489	1.400	1.936	1.850
0.640	0.550	1.090	1.000	1.536	1.450	1.991	1.900
0.690	0.600	1.137	1.050	1.583	1.500	2.038	1.950

数据采集由一带多道分析器的微机执行. 在 DOS 提示符C:\>下键入 UMS 后回车，将出现数据采集界面，在其下方列出了各种操作提示. 在微机主机面板上有三个多圈电位器，分别(从左到右)用来调节线性放大器的放大倍数、多道分析器的下阈值和光电倍增管的高压. 多道分析器采用脉冲幅度分析(PHA)的工作模式，它的道数 n 与输入脉冲的幅度 V 成正比，而脉冲幅度 V 又与入射粒子的动能 E_i 成正比，故β粒子的动能 E_i 与多道分析器的道数 n 成正比. 为确定入射粒子的动能 E_i 与道数 n 的定量关系，可用几个已知能量的放射源来标定两者的比例系数 b 和零道所对应的能量 a，即

$$E_i = a + bn \tag{2-7-19}$$

常用的标准源有 ^{137}Cs γ射线的 0.662 MeV 光电峰以及 0.184MeV 的反散射峰，^{60}Co γ射线的 1.173 MeV 和 1.333 MeV 的光电峰以及 0.208 MeV 的反散射峰.

式(2-7-18)成立的条件是均匀磁场，即 $\boldsymbol{B}$ 为常量. 实际上由于工艺的限制，仪器中央磁场的均匀性较好，边缘部分均匀性较差. 幸而边缘部分即粒子入射和出射处对结果的影响较小，由它引起的系统误差在合理的范围内. 详细讨论见本实验附录.

三、实验内容

1. 基本实验

(1) 闪烁计数器能量定标. 用 ^{137}Cs 的 0.662 MeV 光电峰和 0.184 MeV 的反散射峰及 ^{60}Co 的 1.173 MeV 和 1.333 MeV 的两个光电峰对多道分析器定标. 用线性拟合的方法求出式(2-7-19)中的 a、b 以及相关系数 r. 计算方法见本节参考文献(吴先球和熊予莹，2018)中数据处理的有关章节.

(2) 将闪烁体探测器探头置于不同位置(一般在真空室的每一个窗口取一点)，分别测定对应的β能谱的峰位，并记录探头的位置(源的位置由实验室给出).

(3) 根据能量定标公式及β能谱峰位算出β粒子的动能. 计算时需对 Al 膜和有机膜引起的能量损失作修正.

(4) 用式(2-7-18)算出β粒子的动量值(单位用 MeV/c).

(5) 在动量(用 pc 表示，单位为 MeV)-动能(MeV)关系图上标出实测数据点. 在同一图上画出经典力学与相对论的理论曲线. 在 pc 作动量坐标式，若 $\boldsymbol{B}$ 的单位用 T，R 的单位用 cm，则式(2-7-18)化为

$$pc/\mathrm{MeV}=3(B/\mathrm{T})(R/\mathrm{cm}) \tag{2-7-20}$$

由动能计算相对论动量的公式为

$$pc/\mathrm{MeV}=[(E_{\mathrm{k}}/\mathrm{MeV}+0.511)^2-0.511^2]^{1/2} \tag{2-7-21}$$

由动能计算经典动量的公式为

$$pc/\mathrm{MeV}=(1.022E_{\mathrm{k}}/\mathrm{MeV})^{1/2} \tag{2-7-22}$$

(6) 移去真空，在大气中重复步骤(2)(可少测几点)，将大气中的结果与真空中的结果比较，并作分析解释.

(7) 给出详细的实验结果分析，特别是误差分析. 在此基础上说明狭义相对论动能-动量关系是否与实验相符.

2. 选做内容

β谱仪为我们提供了一个具有连续分布能量的单色β源. 试利用它测定铝膜对单能β粒子的能量吸收系数 $\dfrac{\mathrm{d}E}{\rho\mathrm{d}x}$ 与β粒子能量的关系.

四、注意事项

(1) 打开装置的有机玻璃防护罩前应首先关闭电源.

(2) 应防止β源强烈振动，以免损坏它的密封薄膜.

(3) 仪器使用前应开机预热 20 min.

(4) 搬动真空盒时应格外小心，以防损坏它的密封薄膜.

五、思考题与讨论

1. 预习思考题

(1) 为什么选用β粒子来检验狭义相对论的动能动量关系？除讲义给出的方法外，你还能提出其他测量动能和动量的方法吗？

(2) 如果不是采用磁偏转，而是采用静电偏转来测量β粒子的动量，是否会更优越，为什么？

(3) 试给出电子的平均自由程与真空度(压强)的关系. 如真空室的气压为 0.1 Pa，β粒子的平均自由程大约是多少？

(4) 按电磁场理论，β 粒子在均匀磁场中做圆周运动时会辐射电磁波. 如β 粒子的动能为 1 MeV，磁感应强度为 0.05 T，试估计相应的能量损失对实验结果的影响.

2. 实验思考题

(1) 请考虑实验中粒子动能测量的量程由哪些因素决定. 实验中要测量的β 粒子的最大动能约为 1.8 MeV，应如何设置线性放大器增益或光电倍增管高压？

(2) 实验中多道分析器的通道数有 512、1024、2048 和 4096 几种设置. 如果每个实验点只有不到 1 h 的采谱时间，谱仪的总计数率约为 1000 s^{-1}，应选何种通道数？

(3) 实验中测量β 粒子动能时考虑了穿透 Al 膜时的能量损失，但在定标时并未考虑，请问为什么？实验中β 粒子穿过两次有机膜，是否要作两次能量修正？为什么？

3. 报告思考题

(1) 实验中射入均匀磁场中的β 粒子速度方向实际上有一定的角分布，请考虑这一因素对实验结果的影响.

(2) 磁体边缘的磁场强度较中心区域弱，请半定量分析其对β 粒子动量测量的影响.

参 考 文 献

爱因斯坦. 2006. 狭义与广义相对论浅说. 杨润殷译. 北京: 北京大学出版社.
陈伯显, 张智. 2011. 核辐射物理及探测学. 哈尔滨: 哈尔滨工程大学出版社.
韩炜, 杜晓波. 2017. 近代物理实验. 北京: 高等教育出版社.
吴先球, 熊予莹. 2009. 近代物理实验教程. 2 版. 北京: 科学出版社.

附录　等效平均磁感应强度的计算

用 $p = eBR$ 计算动量时认为磁感应强度 B 是常量，实际上很难做到. 但我们可用等效平均磁感应强度 $\overline{B}$ 来代替 B.

若粒子的实际轨迹为 SPD，直线 SOD 是 SPD 在 x 方向的投影，如图 2-7-5 所示.

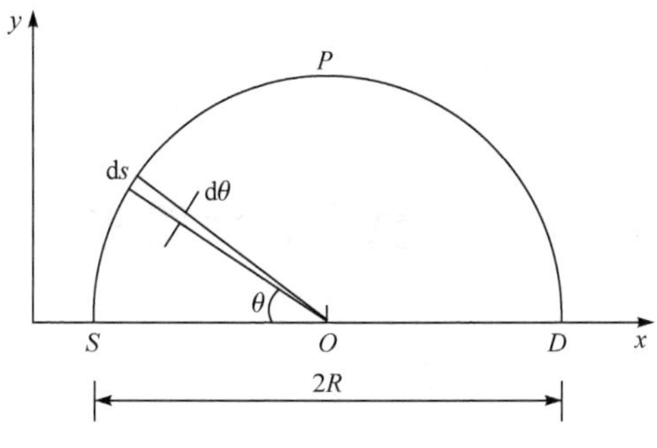

图 2-7-5　粒子在磁场中的轨迹

位移 ds 在 x 轴的投影为 dx = sinθds，故

$$\overline{SOD}=\int_0^{\pi}\sin\theta \mathrm{d}s=\int_0^{\pi}\sin\theta R\mathrm{d}\theta=\int_0^{\pi}\sin\theta\frac{p}{eB}\mathrm{d}\theta=\frac{p}{e}\int_0^{\pi}\frac{\sin\theta}{B}\mathrm{d}\theta \tag{2-7-23}$$

式中，R 和 B 分别为 ds 处的曲率半径和磁感应强度. 在真空中 p 为常量，故

$$p=\frac{e\overline{SOD}}{\int_0^{\pi}\frac{\sin\theta}{B}\mathrm{d}\theta}=eR\overline{B} \tag{2-7-24}$$

式中，直线 $\overline{SOD}=2R$，$\overline{B}$ 为等效平均磁感应强度，其定义为

$$\frac{1}{\overline{B}}=\frac{\int_0^{\pi}\frac{\sin\theta}{B}\mathrm{d}\theta}{2}=\frac{\int_0^{\pi}\frac{\sin\theta}{B}\mathrm{d}\theta}{\int_0^{\pi}\sin\theta\mathrm{d}\theta} \tag{2-7-25}$$

它的物理意义为：$1/\overline{B}$ 是粒子整个路径上各点 $1/B$ 的加权平均值，其加权函数为 sinθ. 在边缘处，即 $\theta=0$ 和 π 处，加权函数 $\sin\theta\approx\theta\approx 0$，故均匀性较差的入射和出射处对 $\overline{B}$ 的影响较小. 如要提高 p 的测量精度，可按式(2-7-21)严格算出 $\overline{B}$ 的数值.

第 3 章　真空与薄膜技术

引　　言

“真空”泛指低于一个大气压的气体充满的空间状态. 真空技术是基本实验技术之一，在大规模集成电路、表面科学、薄膜技术和材料工艺等工作中有着重要的应用.

薄膜技术是指在特定的衬底表面上，用物理或是化学的方法形成一层或是多层薄膜，已获得具有与基体材料不同的力学、光学、电学和磁学性能的技术.

3.1　真空态的获得与测量

在真空实用技术中，真空的获得和测量是两个最重要的方面，在一个真空系统中，真空获得的设备和测量仪器是必不可少的. 目前常用的真空获得设备大致可分为两类：一类是“外排”型，即真空泵将气体排出泵体之外，如旋片式机械真空泵、油扩散泵、涡轮分子泵和低温泵等；另一类是“内吸”型，即真空泵在一封闭系统中，气体吸附在泵体之内(吸附在某一固体表面上)，如吸附泵、钛升华泵、溅射离子泵和冷凝泵等. 真空测量仪器主要有 U 形真空计、热传导真空计、电离真空计等. 常用的真空计多为间接定标型的，即利用与压强有关的一些物理量(如金属导热率、电阻率或气体被电子电离产生的离子流等)经与标准的绝对真空计(如麦氏真空计)校准定标后间接指示所对应的压强，真空计的性能指标有测量上下限、线性指示或是非线性指示和气体选择性等. 低真空的应用主要涉及真空输送、真空过滤、真空成型、真空装卸、真空干燥及真空浓缩等，在纺织、粮食加工、矿山、铸造、医药等部门有着广泛的应用. 随着电子技术和计算机技术的发展，各种真空获得设备向高抽速、高极限真空、无污染方向发展. 各种真空测量设备与微型计算机相结合，具有数字显示、数据打印、自动监控和自动切换量程等功能.

本实验的目的主要是了解最基本的真空系统的结构，尤其是低真空系统的结构，了解低真空的获得设备——机械泵以及热传导真空计、U 形真空计、高频火花真空测定仪的原理及使用.

【预习要求】

(1) 了解真空技术基本原理.

(2) 熟悉真空的实验技术.

一、实验原理

1. 真空的获得

1) 机械泵

如图 3-1-1 所示，机械泵由转子、定子、旋片(或称刮板)、活门和油槽等构成. 泵的定子装在油槽中，定子的空腔是圆柱形的. 转子是圆柱形轮子，它偏心地装成与定子空腔内切的位置. 转子可绕自己的旋转对称轴转动，转子是由马达带动的. 转子中镶有两块刮板，刮板之间用弹簧相连，使刮板紧贴在定子空腔内壁上. 当转子转动时，被抽容器中的气体经过进气口到定子与转子之间的空间，由活门及进气口排出. 定子浸在油中，油是起密封、润滑与冷却作用的，进油槽是为了让油进入空腔. 进空腔的油除了上述作用外，还起着协助打开活门的作用，因为在压强很低时被压缩的气体不足以打开活门，而不可压缩的油，强迫将活门打开，活门的作用是让气体从泵中排出，而不让大气进入泵中. 机械泵的工作原理如图 3-1-2 所示.

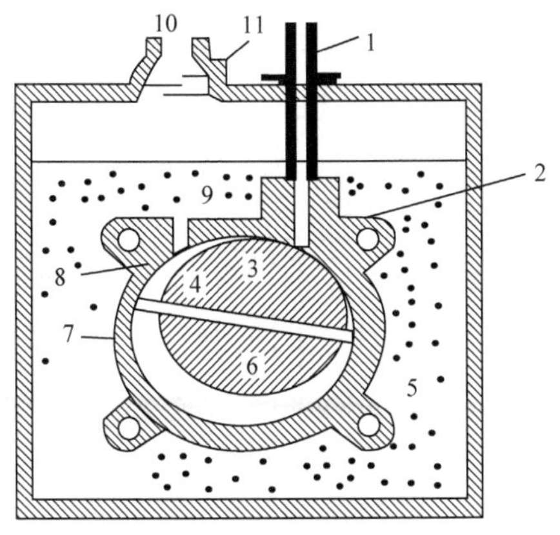

图 3-1-1　旋片式机械泵剖面图

1. 进气管；2. 进气门；3. 顶部密封；4. 旋片；5. 泵油；6. 转子；7. 定子；8. 出气门；9. 排气阀门；10. 出气口；11. 挡油溅板

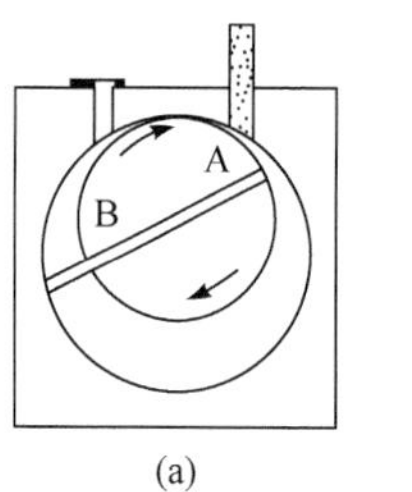

(a)

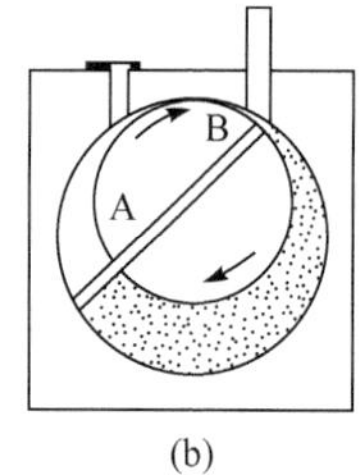

(b)

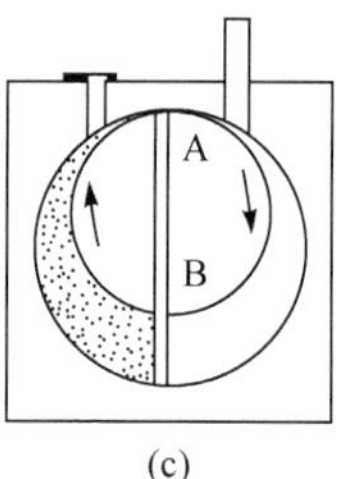

(c)

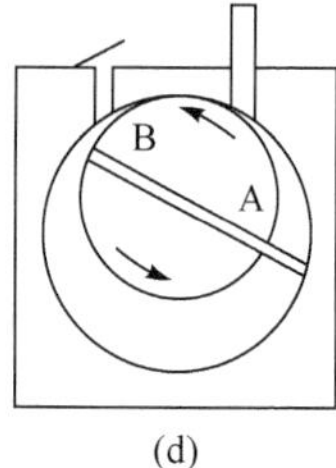

(d)

图 3-1-2　旋片式机械泵原理图

图 3-1-2(a)表示两刮板转动时上刮板 A 与进气口之间的体积不断增大，这时被抽容器内气体从进气口进入这部分空间. 图 3-1-2(b)和图 3-1-2(c)表示进入泵中的气体被刮板 B 与被抽容器隔开并被压缩到活门. 当转子转动到图 3-1-2(d)的位置时，被压缩的气体的压强大于大气压强，这时活门被打开，气体排出泵外. 两个刮板不停地重复以上过程，实现了对容器连续抽气的目的.

2) 扩散泵

图 3-1-3 为扩散泵的结构图. 当扩散泵油被电炉加热时，产生油蒸气沿着导流管经伞形喷嘴向下喷出. 因喷嘴外面有机械泵提供的真空(10^{-1}～1 Pa)，故油蒸气流可喷出一长段距离，构成一个向出气口方向运动的射流. 射流最后碰上由冷却水冷却的泵壁凝结为液体流回蒸发器，即靠油的蒸发喷射凝结重复循环来实现抽气. 由进气口进入泵内的气体分子一旦落入蒸气流中便获得向下运动的动量向下飞去. 由于射流具有高流速(约 200 $m \cdot s^{-1}$)，高的蒸气密度，且扩散泵油分子量大(300～500)，故能有效地带走气体分子. 气体分子被带往出口处再由机械泵抽走.

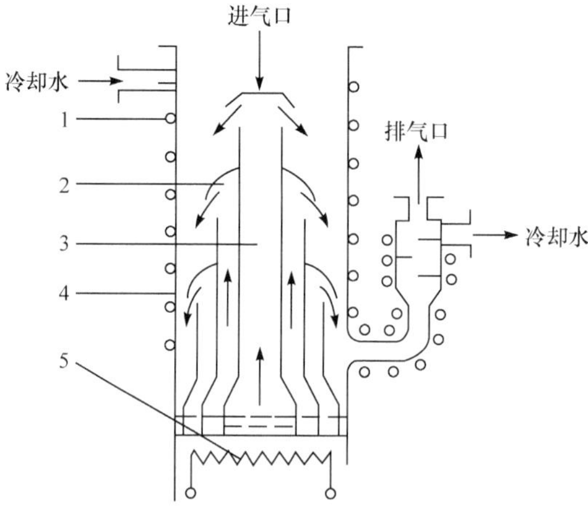

图 3-1-3　扩散泵的结构图

1. 水冷套；2. 喷油嘴；3. 导流管；4. 泵壳；5. 加热器

2. 真空测量

测量真空的仪器种类很多，本实验选用 U 形压力计、热偶真空计和高频电火花真空测定仪.

水银 U 形压力计构造简单，无须校准，可以在压力不太低时使用. 一般压力计一端封闭，另一端接入真空系统，封闭端为真空，这样压力计可直接指示总压力,两边水银柱的高度差即为总压力. 对于精密工作则需进行温度修正. 对于压力较低(低于 10^3 Pa)的测量，油压力计比水银压力计更精确，因为油的密度低得多，所以绝对压力由下式给出：

$$p = \rho_{油} gh \tag{3-1-1}$$

式中，h 是油压力计的读数.

热偶真空计的原理是利用在低气压下气体热导率与压强之间的依赖关系，如图 3-1-4 所示.

在玻璃管中封入加热丝 C、D 及两根不同金属丝 A 与 B 制成的一对热电偶. 当 C 和 D 通以恒定的电流时，热丝的温度一定，当气体压强降低时，O 点温度升高，则热电偶 A、B 两端的热电动势 E 增大，由外接毫伏计读出电压升高，压强与热电动势并非线性关系，图 3-1-5 给出了热偶规典型刻度曲线.

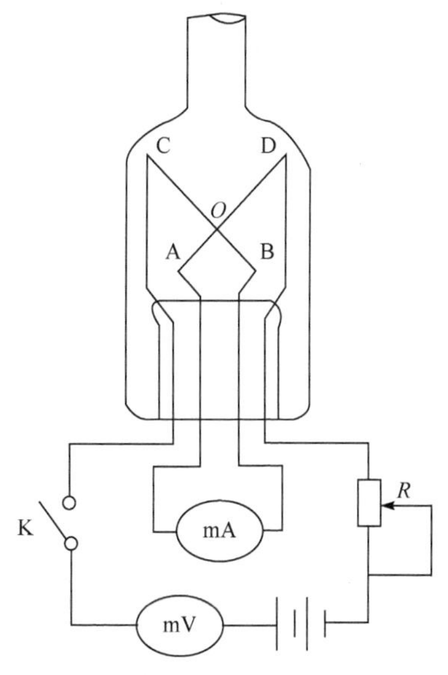

图 3-1-4　热偶真空计及其电路图

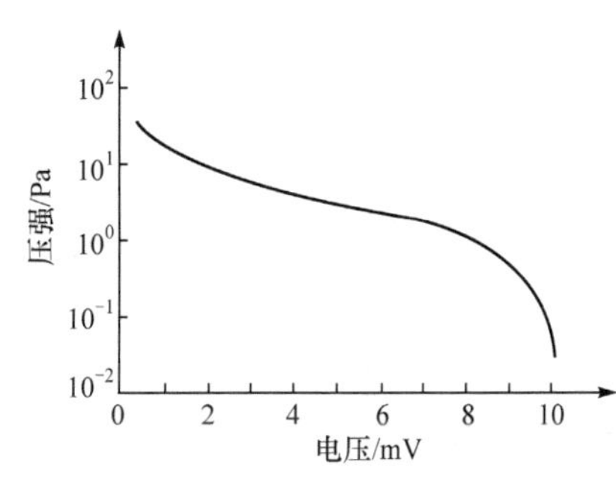

图 3-1-5　DL-3 热偶规典型刻度曲线

热偶真空计的测量范围在 10^{-1}～100 Pa，它不能够测量更低的压强，这是因为当压强更低时，热丝的温度较高，此时气体分子热传导带走的热量很小，而由热丝引线本身产生的热传导和热辐射这两部分不再与压强有关，因此就达到了测量下限.

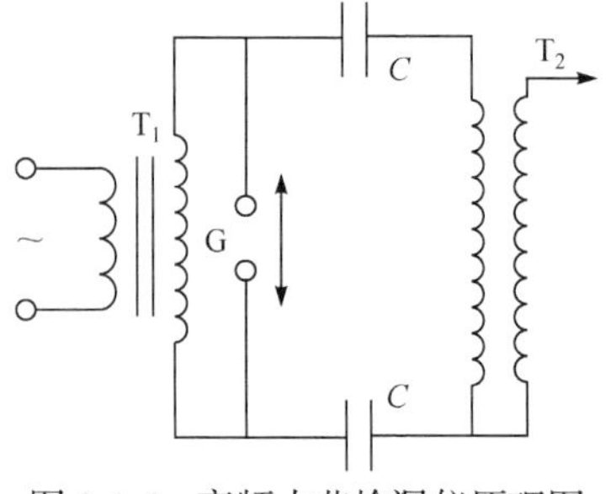

图 3-1-6　高频火花检漏仪原理图

高频电火花真空测定仪(又叫检漏仪)是一种粗略测定玻璃真空系统的仪器，原理图如图 3-1-6 所示.

接通电源后，调节放电火花间隙 G，当产生击穿放电时，将高频放电探头在被抽容器处不停地移动. 随着压强的变化，系统内放电辉光的颜色不断变化，从放电颜色可粗略地估计真空系统的气压. 放电辉光颜色与系统压力关系见表 3-1-1. 当气体低于 10^{-2} Pa 时，火花仪就不再适用.

表 3-1-1　放电颜色与压力的关系

放电辉光颜色	系统压力/Pa	说明
不发光，在管内靠近玻璃壁的金属零件上有光电	$10^3 \sim 10^5$	气压过高，带电粒子不足以使气体电离和激发发光
紫色条纹或一片紫红色	$1 \sim 10^3$	氧氮的激发发光颜色
一片淡红	$1 \sim 10$	氧氮的激发发光颜色
淡青白	$10^{-1} \sim 1$	系统内残余水汽和阴极分解时放出的 CO、CO_2 发光颜色
玻璃上有局部的微光	$10^{-2} \sim 10^{-1}$	系统内残余水汽和阴极分解时放出的 CO、CO_2 发光颜色
不发光，在金属零件上没有光点，但玻璃壁上有荧光	$<10^{-2}$	带电粒子与气体分子碰撞太少，发光微弱

3. 真空系统

根据不同的工作需要，可组建各种真空系统. 最简单的系统结构只需机械泵加上测量仪器即可获得粗真空到低真空的工作氛围. 如果所做的工作需要在高真空下进行，除了用机械泵外，还必须在机械泵后加扩散泵. 扩散泵不能单独使用，它必须在一定的真空基础上才能启动，通常是用机械泵和扩散泵串联组成机组. 如果想自己搭配这种机组，一定要先查阅真空设计手册，二者的抽速要匹配. 一个高真空系统的构成如图 3-1-7 所示.

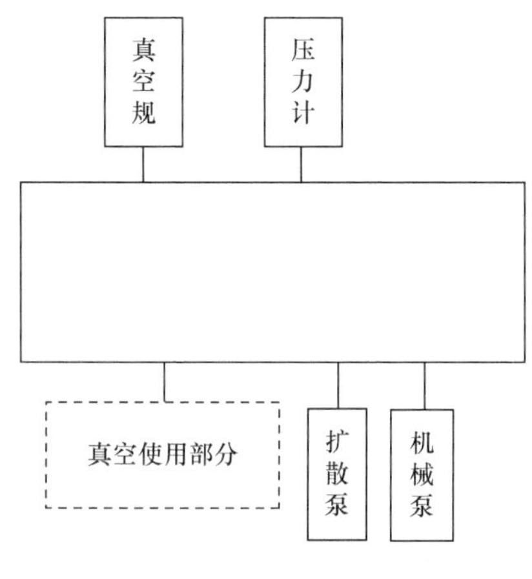

图 3-1-7　高真空系统

机械泵作为前级泵，扩散泵是主泵. 理论上在泵内气体稳定流动时，机械泵的排气量至少等于扩散泵的排气量，即

$$p' \cdot v' = p \cdot v \tag{3-1-2}$$

式中，p' 和 p 分别为机械泵和扩散泵的进口压力，v' 和 v 分别为它们的抽速. 为了留有充分余地和缩短体系由大气压降至扩散泵启

动时所规定压力所需的时间，常使机械泵的抽气量大于理论上估计值的 5～6 倍.

真空系统有金属和玻璃两类. 根据需要选用合适的真空材料、真空泵、真空计和阀门组成真空系统. 低真空的压力在 10^2Pa 以上的气体状态，因此用一般的旋片机械泵即可实现. 最简单的低真空系统如图 3-1-8 和图 3-1-9 所示.

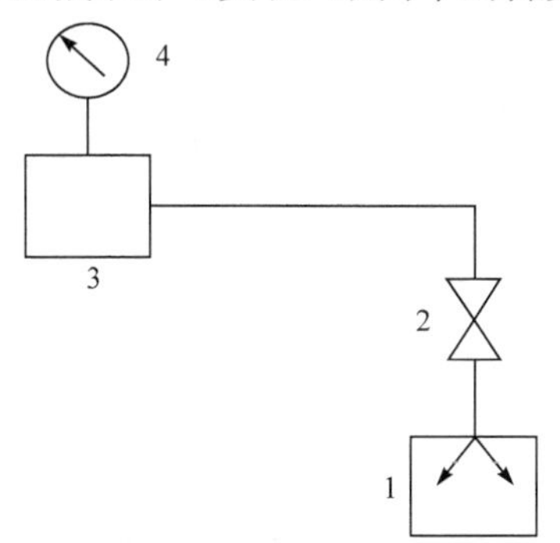

图 3-1-8　低真空系统(一)

1. 机械泵；2. 活塞；3. 真空室；4. 压力计

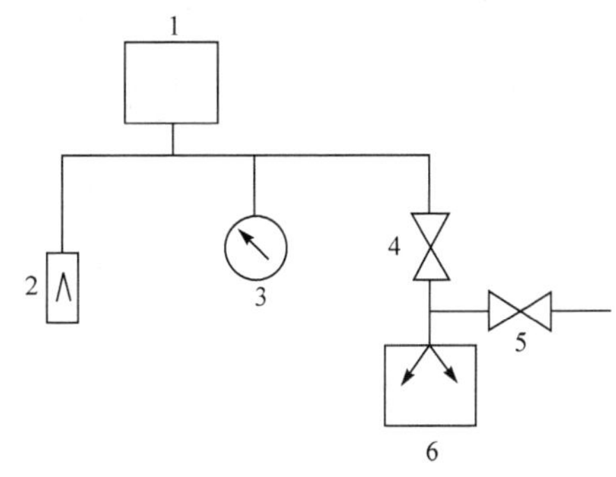

图 3-1-9　低真空系统(二)

1. 真空室；2. 热偶规；3. 压力计；4、5. 活塞计；6. 机械泵

在机械泵的进气口管道上一定要装上放气阀，如图 3-1-9 中 5，当系统抽气时将其关闭，而当泵停止工作后立即将它打开与大气相通，放气入泵. 否则，停泵后泵的出气口与进气口之间约有一倍大气压的压力差，在此压差作用下油会慢慢地从排气阀门渗到进气口并进入真空系统造成污染，这就是返油事故. 最为方便的方法是在机械泵进气口安装电磁阀，如图 3-1-8 中 2，在关闭机械泵时电磁阀自动隔断泵与真空系统，同时向泵内放大气，从而与大气相通的放气孔关闭. 低真空测量用 U 形压力计和热偶计，也可以用其他可测高压强的真空计. 对玻璃系统可用高频电火花真空测定仪激发气体使之放电，通过观察放电辉光颜色即可估计真空度的大概数量级.

4. 机械泵抽速的测定

如果一个容积为 V 的被抽容器在抽气时某一瞬间的压强为 p，泵对该容器的有效抽速为 v_e，如图 3-1-10 所示，且在时间间隔 dt 内容器的压强降低 dp，那么此间流入导管的气体量应为 $v_e \cdot p \cdot dt$，容器内气体的减少量为 $V \cdot dp$. 根据气体流量连续性原理，这两个量大小相等，符号相反，即

$$v_e \cdot p \cdot dt = -V dp \tag{3-1-3}$$

$$v_e = -V \frac{dp}{p dt} \tag{3-1-4}$$

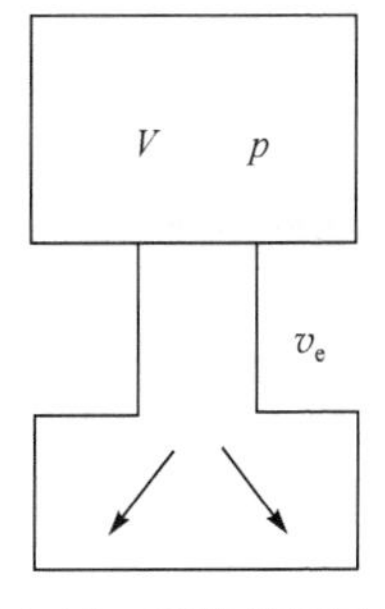

图 3-1-10　系统排气示意图

二、实验装置

机械泵、扩散泵、U 形压力计、热偶真空计和高频电火花真空测定仪.

三、实验内容

启动真空系统，用 U 形压力计和热偶真空计测量系统真空度.

用高频电火花真空测定仪观测系统内辉光的变化，在每一个数量级至少记一次现象，与表 3-1-2 内现象比较有何异同.

表 3-1-2　真空分类

<table>
<tr><th rowspan="2">真空区域名称</th><th rowspan="2">压强范围/Pa</th><th colspan="3">所用真空泵的种类和能力</th><th colspan="2">测量方法及仪器能力</th><th rowspan="2">说明</th></tr>
<tr><th>种类</th><th>真空度/Pa</th><th>抽速/(L · s^{-1})</th><th>仪器</th><th>量程/Pa</th></tr>
<tr><td>粗真空</td><td>10^3～10^5</td><td>水流泵</td><td></td><td></td><td>汞 U 形压力计</td><td>10～10^3</td><td rowspan="13">因技术不断改进，真空设备的能力会提升，数据的数量级会有个别差异</td></tr>
<tr><td rowspan="3">低真空</td><td rowspan="3">10^{-1}～10^3</td><td>旋片式机械泵</td><td>10^{-2}～10^4</td><td>1～100</td><td>油 U 形(或倾斜式)压力计</td><td>10^0～10^4</td></tr>
<tr><td rowspan="2">吸附泵</td><td rowspan="2">10^{-1}～10^4</td><td rowspan="2"></td><td>皮氏规</td><td>10^{-2}～40</td></tr>
<tr><td>热传导真空规</td><td>10^{-1}～10^2</td></tr>
<tr><td rowspan="4">高真空</td><td rowspan="4">10^{-6}～10^{-1}</td><td rowspan="2">扩散泵</td><td rowspan="2">10^{-6}～10^0</td><td rowspan="2">5～10^3</td><td>麦氏真空规</td><td>10^{-3}～10^2</td></tr>
<tr><td rowspan="2">高真空电离真空规</td><td rowspan="2">10^{-3}～10^{-1}</td></tr>
<tr><td rowspan="2">钛升华泵</td><td rowspan="2">10^{-3}～10^{-2}</td><td rowspan="2">～10^3</td></tr>
<tr><td>热离子规</td><td>～10^{-6}</td></tr>
<tr><td rowspan="2">超高真空</td><td rowspan="2">10^{-10}～10^{-6}</td><td>涡轮分子泵</td><td>10^{-8}～10^{-3}</td><td>～5×10^3</td><td rowspan="2">宽程电离真空规</td><td rowspan="2">10^{-8}～10^1</td></tr>
<tr><td>离子泵</td><td>10^{-9}～10^{-3}</td><td>～5×10^3</td></tr>
<tr><td>极高真空</td><td><10^{-10}</td><td>低温泵</td><td>10^{-10}～10^{-4}</td><td>～5×10^3</td><td>磁控管型放电真空规</td><td>10^{-11}～10^{-2}</td></tr>
</table>

测量 p-t 关系曲线，由式(3-1-4)计算出机械泵的有效抽速. 抽至极限真空度.

四、注意事项

(1) 对玻璃系统操作一定要轻缓，事先把步骤拟好，正确无误方可进行实验.

(2) 开泵之前一定要关闭放气阀 5，关泵之前一定要先关闭阀门 4，然后停泵并立即打开放气阀 5.

(3) 高频火花仪的探头要离开玻璃壁 1 cm 左右的距离，不可与管壁接触，也不可以停在一处，以免打裂玻璃.

五、思考题与讨论

(1) 热偶真空计测真空的原理是什么？限制热偶计测量下限的主要因素是什么？

(2) 机械泵停泵后，应注意什么事项，为什么？

参 考 文 献

郭方淮. 2012. 真空技术. 大连: 大连理工大学出版社.
王晓冬, 巴德纯, 张世伟, 等. 2006. 真空技术. 北京: 冶金工业出版社.

3.2　真 空 镀 膜

真空镀膜技术初现于 20 世纪 30 年代，工业化大规模生产开始于 20 世纪 80 年代，在电子、宇航等工业中取得了广泛的应用. 真空镀膜是在真空环境下，将某种金属或金属化合物以气相的形式沉积到材料表面(通常为非金属材料)，属于物理气相沉积工艺. 广义的真空镀膜还包括在金属或非金属材料表面真空蒸镀聚合物等非金属功能性薄膜. 在所有被镀材料中，以塑料最为常见，其次为纸张镀膜. 相对于金属、陶瓷和木材等材料，塑料具有来源充分、性能易于调控和加工方便等优势，因此种类繁多的塑料或其他高分子材料作为工程装饰性结构材料，大量应用于汽车、家电、日用包装和工艺装饰等工业领域. 但塑料材料大多存在表面硬度不高、外观不够华丽和耐磨性低等缺陷，如在塑料表面蒸镀一层极薄的金属薄膜，即可赋予塑料金属外观，又可增加表面耐磨性能，极大地拓宽了塑料的装饰性和应用范围.

本实验的目的：了解真空镀膜的原理及其应用；掌握镀膜的清洗技术；分析蒸发镀铝的质量问题；掌握膜厚测量技术.

【预习要求】

(1) 认真学习实验流程和相关资料.

(2) 熟悉镀膜机和相关仪器的结构、功能及操作程序.

一、实验原理

在真空中把金属、合金或化合物进行蒸发，使其在基体(即被镀物体，也称基片)上凝固，称为真空镀膜法.

1. 真空条件下物质蒸发的特点及其蒸发过程

在真空镀膜时，蒸发材料加热后，达到一定的温度即可蒸发. 这时材料以分子或原子的形态进入气态空间时，由于其环境是真空，因此，无论是金属还是非金属，在真空条件下其蒸发都要比常压下容易得多. 所需的沸腾蒸发温度将大幅度下降，熔化蒸发过程将大大地缩短，蒸发效率将明显提高. 以金属铝为例，在一个大气压条件下，铝必须加热到 2400℃才能沸腾蒸发. 但是，如果将铝放入 10 Pa 的真空环境里，只要加热到 850℃就可以大量蒸发了. 实验表明，一般材料都具有这种在真空条件下易于蒸发的特点.

物质的蒸发在其与固态或液态平衡过程中表现出来的压力，称为物质的蒸气压. 蒸气压可以按照克拉珀龙-克劳修斯方程进行如下的热力学计算：

$$\frac{\mathrm{d}p_{\mathrm{v}}}{\mathrm{d}T}=\frac{\Delta H_{\mathrm{v}}}{T\left(V_{\mathrm{g}}-V_{0}\right)} \tag{3-2-1}$$

式中，p_{v} 为物质的蒸气压；T 为物质的汽化温度；ΔH_{v} 为汽化热；V_{g} 为气相的摩尔体积；V_0 为液相的摩尔体积. 因为 $V_{\mathrm{g}}>V_0$，以及在低气压时蒸气更符合理想气体状态方程，因此令

$$V_{\mathrm{g}}-V_{0}=V_{\mathrm{S}},\quad V_{\mathrm{S}}=\frac{R_{0}T}{P_{\mathrm{v}}} \tag{3-2-2}$$

这时也把式写成

$$\frac{\mathrm{d}p_{\mathrm{v}}}{\mathrm{d}T}=\frac{\Delta H_{\mathrm{v}}p_{\mathrm{v}}}{R_{0}T^{2}}\quad 或\quad \frac{\mathrm{d}p_{\mathrm{v}}}{p_{\mathrm{v}}}=\frac{\Delta H_{\mathrm{v}}\mathrm{d}T}{R_{0}T^{2}} \tag{3-2-3}$$

积分得

$$\log p_{\mathrm{v}}=A-\frac{B}{T} \tag{3-2-4}$$

式中，$B=\dfrac{\Delta H_{\mathrm{v}}}{2.3R}$，$A$ 为常数.

对汽化过程而言，汽化热的作用是：

(1) 克服固体或液体中原子间吸引力，某些原子或分子有足够大的能量去克服这种束缚而逸出到气相.

(2) 给逸出的粒子的动能，这种动能较小，平均每个原子约为 0.2 eV，即 4.6 千卡/光分子，此数值占总汽化热中很小的比例. 因此，汽化热主要消耗在克服蒸镀材料中原子间的吸力所需要的能量上.

2. 物质蒸发时所需的热量

把分子量为 M 的物质 W 从室温 T_0 加热到蒸发温度所需的热量 Q，可用下式

表示：

$$Q = (W / M)\left\{\int_{T_0}^{T_m} C_3 \mathrm{d}T + \int_{T_m}^{T} C_0 \mathrm{d}T + L_m + L_v\right\} \tag{3-2-5}$$

其中，C_3为固体比热；C_0为液体比热；L_m为分子熔解热；L_v为分子蒸发热. 如果蒸发物质直接从固态转变成气态，则L_m、C_0可以不必考虑.

应当指出，对蒸发所需的功率，除了蒸发物质所需的蒸发热外，尚应考虑由辐射、热传导引起的热损耗. 这种损耗主要与蒸发的方式、形状有关，应从实际出发进行计算.

3. 真空镀膜与压强的关系

真空室中残余气体愈少，真空度愈高. 固体物质蒸发的分子与气体分子碰撞的概率也就愈少. 就是说,真空度越高,镀膜质量越好. 但真空度也应有一定限度,否则会增加镀膜成本. 这就提出了一个基本要求——真空室内气体分子的平均自由程应大于蒸发物到被蒸镀基体的距离 d, 即 $\lambda \geqslant d$. 当分子平均自由程 $\lambda = d$ 时,约 63%的分子相碰,当 $\lambda = 10d$ 时,只有 9%的气体分子发生碰撞. 可见,只有 $\lambda > d$ 时，固体物质的分子才能在散射中无阻碍地、直线地达到被镀表面.

实践证明，在高真空时，即压强低于 10 Pa，一般λ 比 d 大 2～3 倍是能满足要求的. 这时的真空度为 10^{-3} Pa 左右.

4. 镀膜机的主要结构和原理

镀膜机主要由三大部分组成：①获得高真空的真空系统；②真空室内的蒸发和被镀基体；③为蒸发器提供能源的蒸发电源.

真空镀膜机结构如图 3-2-1 所示.

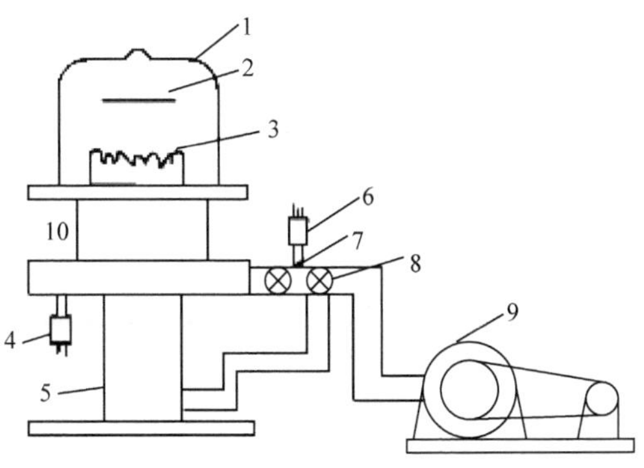

图 3-2-1　真空镀膜机简图

1. 钟罩；2. 被镀基体；3. 蒸发器；4. 电离规；5. 扩散泵；6. 热偶规；7. 隔断阀；8. 低真空阀；9. 机械泵；10. 扩散泵电炉

(1) 高真空系统——由机械泵和扩散泵串联抽气获得高真空(其原理见“3.1 真空态的获得与测量”部分).

(2) 真空室的蒸发器和被镀基件. 蒸发器一般要满足下列三个条件：①能提供蒸发物在蒸发时所需的高温. ②蒸发器材料本身热稳定性良好，在高温下不与蒸发物发生化学反应. ③在被蒸材料的蒸发温度下，蒸发器材料的蒸气压要足够低. (即蒸发器本身不蒸发.)

蒸发器有丝形和舟形两种. 丝形蒸发器一般采用裸钨或裸钼丝绕成螺旋形蒸发器,蒸发物可做成条状挂于蒸发器上. 舟形蒸发器用来盛装粉末状的蒸发物. 此两种蒸发器形状如图 3-2-2 所示.

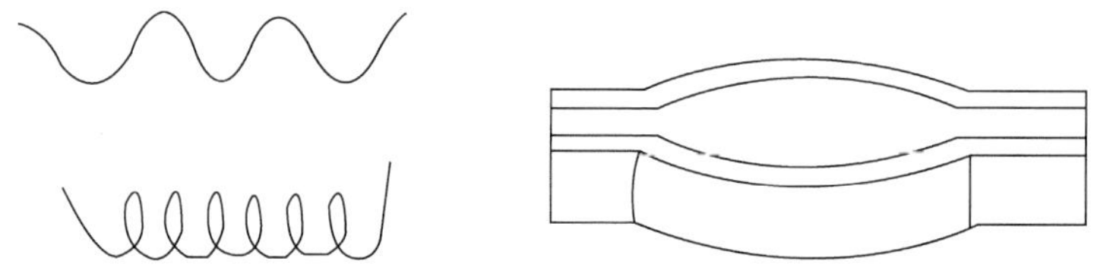

图 3-2-2　蒸发器形状

(3) 蒸发电源——其电源装置如图 3-2-3 所示，其构成主要由自耦调压器、低压变压器、电流表、电压表所组成. 该装置使蒸发器获得一个大电流，低电压. 蒸发电流在 12～17 A，电压在 6～11 V.

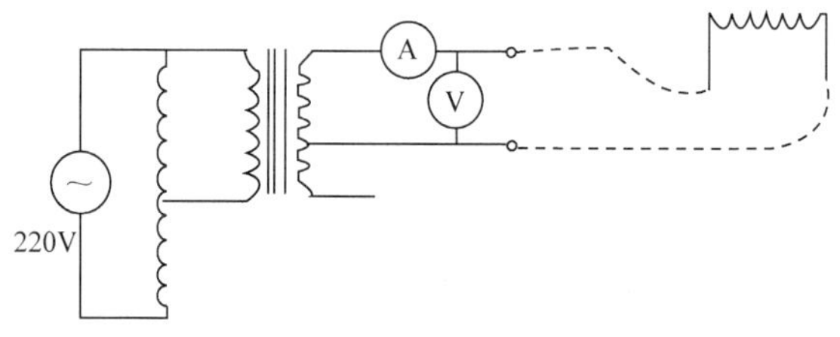

图 3-2-3　蒸发电源线路原理图

5. 膜厚测量原理

由图 3-2-4 所示：分光板 T 把光源 S 发出的光分成两束：一束透过分光板射向被测物 P_2 的表面(P_2 表面与 S_1 表面成 45°角)，由 P_2 反射后经原路返回到分光板 T，再通过 T 透射到目镜 O；另一束由分光板 T 透射到目镜 O，两束光光程不同，产生干涉，在该场中产生明暗交替的条纹.

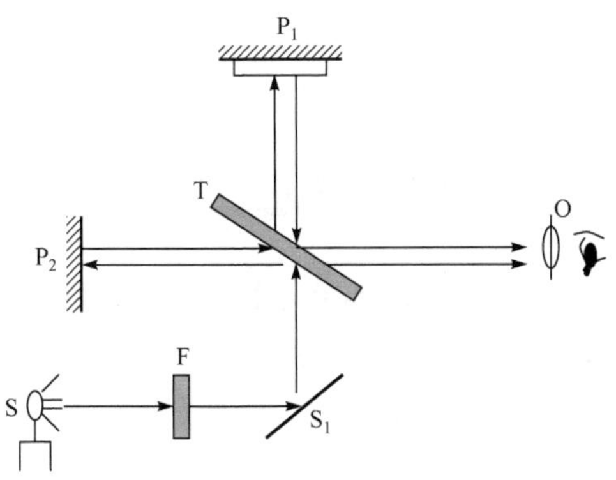

图 3-2-4　膜厚测量原理

F. 干涉滤光片；O. 目镜；P_1. 标准镜面；P_2. 工件测量面；S. 光源；S_1. 反光镜；T. 分光板

被测物 P_2 作垂直测量其表面方向的微量平移时，现场中干涉条纹也有相应移动. P_2 的移动量 t 与现场中干涉条纹的移动量 ΔN 有如下关系：

$$t=\frac{\lambda}{2}\Delta N \tag{3-2-6}$$

式中，t 为膜厚；ΔN 为条纹弯曲 ΔN_2 与条纹间距 ΔN_1 的比值，即 $\Delta N=\frac{\Delta N_2}{\Delta N_1}$；$\lambda$ 为光的波长. 如果选白光通过绿色滤光片，则有 $\lambda=5300\ \text{Å}$，故 $\frac{\lambda}{2}=2650\ \text{Å}$.

此法适用于大于 100 Å(即 0.01 μm)膜厚的测量. 图 3-2-5 为测量时的条纹移动图.

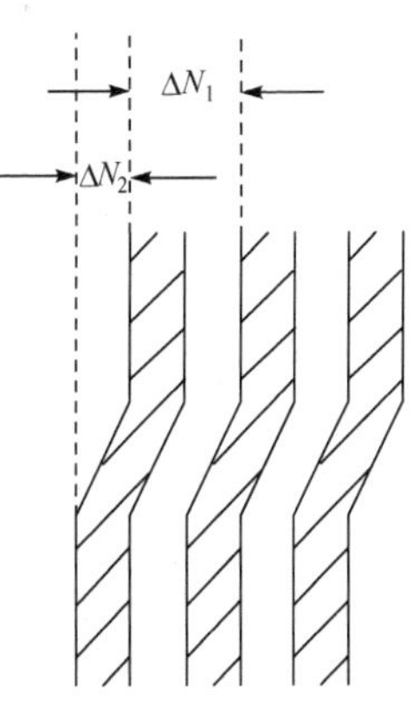

图 3-2-5　条纹移动图

6. 对铝膜质量的分析

(1) 由于玻璃表面有水迹和油渍，铝膜上出现一块一块的蓝灰色或灰白色铝膜.

(2) 若被镀表面附有棉花等植物纤维，蒸镀时被烧焦，铝膜上出现黑色烧伤.

(3) 由于油蒸气严重污染，油分子附在玻璃面上，镀后必然显出斑点.

(4) 如果真空度不高，以我们这个镀膜机的经验，若压强大于 10 Pa，则膜面发黑而且膜厚不均匀.

二、实验装置

真空镀膜机、调压器、功率变压器、电流表、真空计、干涉显微镜.

三、实验内容

1. 清洗

清洗是为了获得高质量的镀膜. 对玻璃片、钨丝、铝条、钟罩都有严格的清洗工艺.

(1) 玻璃片的清洗：首先用流水洗去灰尘、再用碳酸钙(白色粉末)加脱脂棉仔细擦洗表面，用清水清洗干净，再用丙酮、乙醇清洗，最后吹干，用绸布和镜头纸擦去一些残留痕迹. 玻璃片是被镀基体，因此在清洗中，玻璃片的清洗是关键.

(2) 钨蒸发器的清洗：先用清水冲去尘土等物，然后放入碱溶液或石油醚中浸泡 5 min，以去掉油污，再用清水洗净吹干即可.

(3) 铝条的清洗：将弯好的铝条(便于挂在钨丝上)先用清水洗涤，然后用石油醚浸泡 5 min，取出后用清水洗净、吹干，用镊子直接挂于钨丝上.

(4) 玻璃钟罩的清洗：将配好的洗涤液(氢氧化钠、硝酸钠、蒸馏水)倒入钟罩内 5mL，再用镊子夹好脱脂棉擦掉黏膜，然后用清水洗净、吹干即可.

(5) 钟罩内其他物的清洗：在钟罩内还有蒸镀架、底盘、密封圈等，要用纱布沾乙醇擦洗，然后吹干为止.

2. 安装

安装之前，真空室内通向扩散泵的抽气口一定要用干净的物品盖好，免得钨丝、铝条掉入扩散泵内.

(1) 钨丝的安装：将清洗好的钨丝用镊子夹好安装在电极的接线柱上.

(2) 铝条的安装：将铝条挂在钨丝上.

(3) 玻璃片的安装：将清洗好的玻璃片放在蒸镀架上.

(4) 抽出通孔上的盖物、罩好钟罩.

3. 抽真空

(1) 启动前级泵(机械泵)进行粗抽.

(2) 当前级压强抽至 60 Pa 时(热偶规为 50 格)，启动扩散泵(即开通电炉)，启动扩散泵前一定要先通冷却水，并将隔断阀门 7 关紧.

(3) 当扩散泵电炉加热到 40min 时再开电离计，当压强降到 6×10^{-3} Pa 时准备蒸镀.

4. 蒸镀

(1) 当压强降至 6×10^{-3} Pa 时，接通电源，并深深旋自耦调压器.

(2) 当电压、电流增加，铝条熔化为球形时，停止转动自耦变压器，蒸镀 40 s 即完成蒸镀.

5. 停泵

蒸镀完毕后，先关闭电离计、扩散泵，用电风扇冷却电炉. 当扩散泵冷至室温时，就停机械泵，并向系统放气取出玻璃片.

6. 镀后表面质量检查和膜厚测量

取出镜片后首先检查镀膜质量，并分析原因. 再在干涉显微镜下测量膜厚并计算误差.

四、注意事项

(1) 开扩散泵之前一定要通冷却水，并关闭隔断阀门 7 .

(2) 扩散泵启动 40 min 后才能启动电离计，测量压强，因电离计灯丝很细，小心氧化烧断.

(3) 扩散泵油也怕氧化变质，只有在锅炉冷至室温后才能停机械泵，系统放气.

(4) 在抽真空过程中系统不能启动放气阀，否则会使油、电离计灯丝烧断.

五、思考题与讨论

(1) 清洗时最关键部件是什么？为什么？

(2) 镀膜时对真空度最基本的要求是什么？

(3) 蒸发器需要满足哪些条件？

(4) 镀膜实验的注意事项有哪些？

(5) 怎样分析镀膜质量？

参 考 文 献

丘军林. 1999. 气体电子学. 武汉: 华中科技大学出版社.

王晓刚. 2015. 等离子体物理基础. 北京: 北京大学出版社.

郑春开. 2009. 离子体物理. 北京: 北京大学出版社.

Chen F F. 2016. 等离子体物理学导论. 北京: 科学出版社.

3.3　气体放电等离子体特性研究

等离子体是物质存在的第四种形态，与物质三态(固态、液态、气态)相提并论. 等离子体由带正负电荷的粒子和中性原子组成,并在宏观上保持电中性. 早在

19 世纪，随着电学的产生，人们就观察到等离子效应的现象. 1830 年，法拉第(M. Faraday)在研究电流引起的化学变化时，发现了静电放电中出现的非寻常结构的辉光，展示了物质的一种新的存在形式. 1879 年克鲁克斯(W. Crookes)第一次指出物质第四态的存在. 1920 年朗缪尔(I. Langmuir)在实验室中发现了等离子体的集体振荡. 1923 年德拜提出了德拜屏蔽概念. 1929 年朗缪尔和汤克斯(L. Tonks)第一次引入等离子体这个名称. 气体放电等离子体在近代科学技术中应用得非常广泛. 气体导电不仅应用于霓虹灯、荧光灯等各种照明技术工程，利用气体导电机制制成的各种离子器械，如电弧焊机、等离子体矩等，还应用于化学合成工艺、金属加工. 等离子体在磁流体发电、激光技术、天体物理、空间技术等方面也有广泛应用. 等离子体在实现可控热核反应的研究中仍是目前各国主攻的重点方向之一.

本实验的目的是研究低压气体辉光放电等离子体特性，获得有关气体导电及等离子体状态的基本知识. 观察低气压气体辉光放电现象，用静电探针法测量等离子体中电子等效温度等物理参数. 如电子等效温度、电子浓度、粒子的平均速度、平均动能等重要参数. 验证等离子区中电子速度服从麦克斯韦速度分布律.

【预习要求】

(1) 熟悉气体放电原理及实验装置.

(2) 了解基本等离子体参数及测量方法.

一、实验原理

1. 气体辉光放电现象分析

当放电管内的气压降低到几十个毫米汞柱以下，两极加以适当的电压时，管内气体开始辉光放电(glow discharge)，辉光由细到宽，布满整个管子. 当压力再降低时，辉光便分为明暗相间的八个区域，而大多数的区域集中在阴极附近. 如图 3-3-1 所示，Ⅰ阿斯顿暗区，Ⅱ阴极光层，Ⅲ阴极暗区，Ⅳ负辉区，Ⅴ法拉第暗区，Ⅵ正辉区(等离子区)，Ⅶ阳极暗区，Ⅷ阳极辉光. 这些区域的形成机制大致如下.

Ⅰ 阿斯顿暗区(Aston dark space)：这是紧靠阴极的一个极薄的区域. 电子刚从阴极发出，能量很小，不能使气体分子电离和激发，因而就不能发光，所以是暗区. 长度约有 1mm.

Ⅱ 阴极光层(cathode layer)：阿斯顿暗区之后很微薄的发光层. 因为电子经过区域Ⅰ被加速，具有了较大的能量，当这些电子遇到气体分子时，发生碰撞，电子的一部分能量使气体分子的价电子激发，当它们跳回到基态时，便辐射发光.

Ⅲ 阴极暗区(cathode dark space)：紧靠阴极光层，两者不易区分. 由于电子经过区域Ⅱ时，绝大部分没有和气体分子碰撞，因此它所具有的能量是比较大的，但电子激发气体分子的能量又必须在一定的范围内，能量超过这一范围则激发的概率是很小的，因此形成了一个暗区. 在这一区域中，电子和气体分子碰撞时，打掉它的价电子，产生很强的电离，使得这里具有很高的正离子浓度，形成了极强的正空间电荷，于是破坏了放电管内的电场分布，而引起了严重的畸变，结果绝大部分的管压都集中在这一区域和阴极之间. 在这样强的电场作用下，正离子以很大的速度打向阴极，于是从阴极又脱出电子，而这些电子又从阴极向阳极方向运动，再产生如上所述的激发和电离的过程. 实验已经确定，阴极暗区的长度 d 与气体压强 p 的乘积是一个常数，即

$$pd = \text{常数} \tag{3-3-1}$$

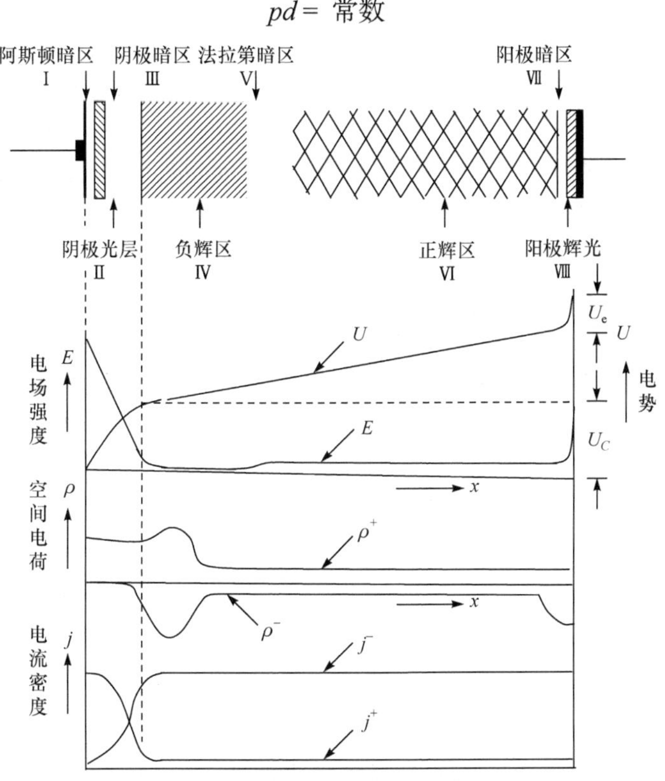

图 3-3-1　辉光放电分区与参量分布

因此当气体压强降低时，阴极暗区的长度增加.

Ⅳ 负辉区(negative glow)：它是阴极暗区后面一个最明亮的区域，并且与阴极暗区有明显的分界. 因为经过区域Ⅲ以后，电子能量是比较小的，又加上从阴极暗区新产生的电子，不断进入区域Ⅳ里，速度较慢，因而形成了较强的空间负电荷，也就形成了负电场. 由于这些电子速度小，很容易附着在气体分子上，形成负离子，并与从阴极暗区扩散出来的正离子复合而发光. 当然在这一区域也还

有少量的激发和电离. 负辉区中电子离开阴极越远，则受到阳极方向的加速越大，电子吸附在气体分子上的机会越小，因此复合发光的概率也随之减少，光的强度也越来越弱，最后消失.

Ⅴ 法拉第暗区(Faraday dark space)：它由负辉区过渡而来，比上述各区厚，处在负辉区和下述正辉区之间. 它的形成是由于电子在负辉区中已损失了大部分能量，进入这一区域内已经没有足够的动能来使气体分子激发，所以形成暗区. 法拉第暗区与负辉区界限不明显，与正辉区之间有明显的界限.

以上Ⅰ～Ⅳ区是阴极位降区，Ⅰ～Ⅴ区称为阴极部分.

Ⅵ 正辉区(positive glow)：在法拉第暗区之后出现一均匀光柱，亦称正柱区. 因为电子在电场的作用下，通过法拉第暗区时，能量渐渐增加，但又不断发生弹性碰撞，使电子运动方向改变，进入正辉区后，其速度将逐渐地接受麦克斯韦分布律.

正辉区又叫等离子区，最主要的特点：①气体的高度电离，在极限的情况下，使气体的所有中性粒子完全被电离. ②在等离子区内，带正电和带负电的粒子的浓度几乎相等，因而形成的空间电荷，实际上等于零. 这时泊松方程变成拉普拉斯方程

$$\nabla^2 V = 4\pi(\rho^+ - \rho^-) = 0 \tag{3-3-2}$$

这好像在没有空间电荷的介质里. 等离子区任意点的轴向电势梯度是恒定的，因此往往是均匀连续的光柱. 但也不是在任何情况下都是均匀的，在适当的气压和电流情况下，它是明暗相间的条纹(图 3-3-2)，这些条纹又叫做层状气柱. 条纹之间的距离取决于气体压力、电流密度、放电管的粗细和气体性质等.

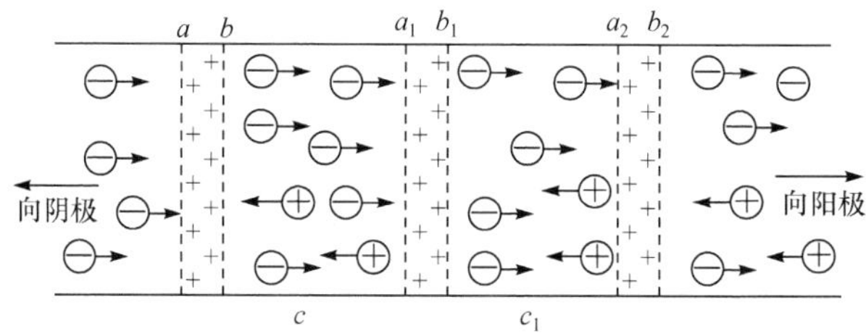

图 3-3-2 等离子区层状气柱正负空间电荷层中电子与阳离子轴向运动

等离子区发光过程是这样的：通过法拉第暗区，电子能量逐渐增加，到这个区域时，激发的本领又开始恢复，所以又产生了比较强烈的光亮. 有时是均匀连续的，有时是层状的. 形成层状气柱是因为电子从法拉第暗区边缘被电场加速到气体原子的激发电势，在 ab 层内发生着气体分子的强烈电离与激发，便辐射出光来. 由于电子的迁移率比正离子大很多，所以它很快跑掉，于是在 ab 层内产生了正离子的过剩，这些正离子对电子产生了向后的拉力，使其能量降低到电离电势和激发电势以下时，不再产生电离，也不发光，便形成了暗层(图中 c 层)；在电场的继续作用下，电子能量又逐渐增加，再达到激发电势时又重新发光，形成了 a_1b_1

层，再重复前面的过程，形成 c_1 层，a_2b_2 层，c_2 层，…，一直达到正辉区的边缘.

Ⅶ 阳极暗区(anode dark space).

Ⅷ 阳极辉光(anode glow)：正辉区Ⅵ与阳极之间是阳极区(anode region). 有时在其中可以看见阳极暗区Ⅶ，在阳极暗区之后是紧贴在阳极上的阳极辉光Ⅷ. 阳极暗区与阳极辉光两区存在与否取决于外线路电流的大小、阳极面积和形状等.

2. 用试探电极法研究等离子区

所谓试探电极就是在放电管里引入一个不太大的金属导体，导体的形状有圆柱的、平面的、球形的等. 试探电极是研究等离子区的有力工具，利用探极的伏安曲线，可以决定等离子区各种参量，测量线路如图 3-3-3 所示. 在测量时保持管子的温度和管内气体压强不变.

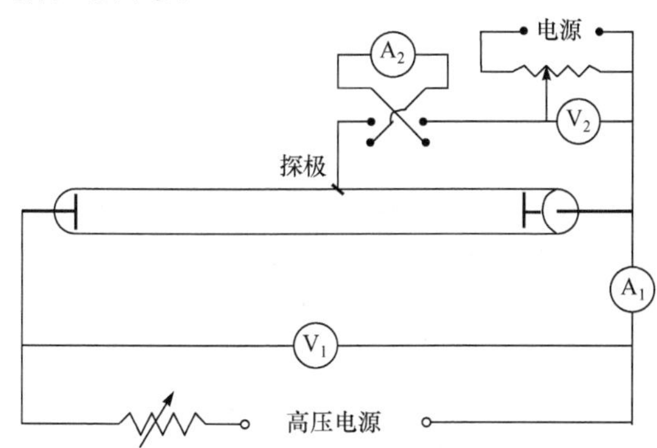

图 3-3-3　气体放电特性测试电路

实验所测得的探极电压和电流画成曲线，如图 3-3-4 所示.

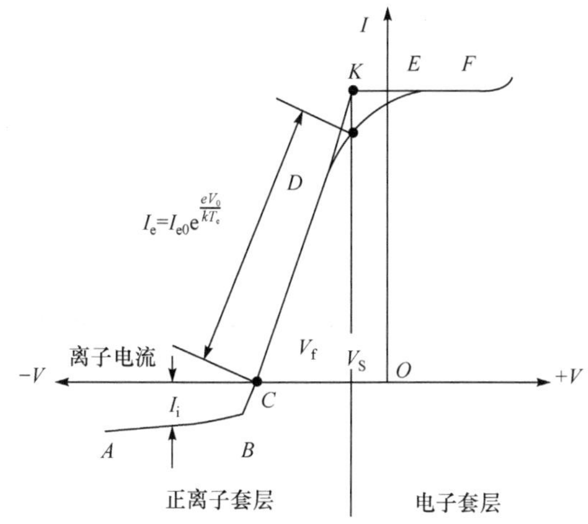

图 3-3-4　气体放电伏安特性曲线

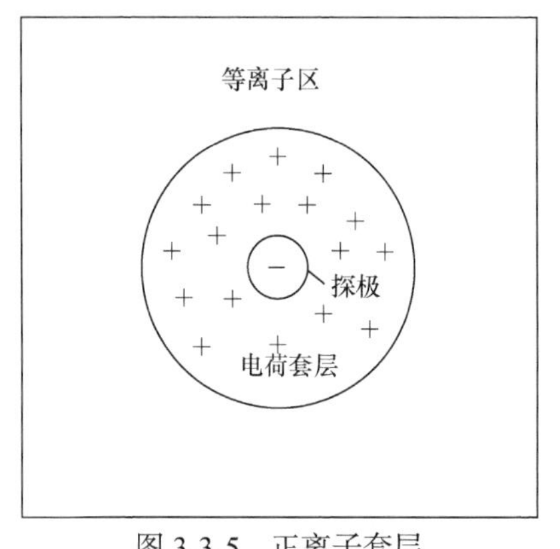

图 3-3-5　正离子套层

对这一特性曲线作如下的解释：AB 段表示加在探极上的电压比探极所在那一点的空间电势低得多(以阳极为参考点的探极电势)，在探极周围形成了正离子套层(图 3-3-5). 套层的厚度一般小于等离子区中电子的自由路程. 这时探极因受正离子的包围，它的电力线都作用在正离子上，而不跑出层外，因此它的电场仅限于层内. 根据气体分子运动理论，在单位时间内有 $\frac{1}{4}\overline{v}_i n_i S$ 个正离子靠热运动达到探极上，形成的负电流

$$I_i = \frac{1}{4}\overline{v}_i n_i eS \tag{3-3-3}$$

式中，$\overline{v}_i$ 是正离子的平均速度；n_i 为正离子浓度；S 为探极面积；e 为电子电荷. 从式中看出，I_i 不随时探极电压而变化，因此 AB 段为近似平行于横轴的直线. 随着探极上负电压的减少，正离子套层变薄，当负电压减至 B 点时，热运动速度大的电子将有足够的能量穿过正离子套层而到达探极上，因而电流增加较快. 当电压减至 V_f (C 点)时，电子电流和离子电流相等，即电流等于零. 探极电压再减低时，慢的电子也能穿过正离子套层而到达探极上，故电流向相反方向增加很快(CDE 段). 当 $V=V_S$ 时，即探极电压与探极所在那一点的空间电势相等时，正离子套层消失，全部电子都可以达到探极. 由此可知，电流为零测量的 V_f 不是探极对应的管内那一点的空间电势，而 V_S 才是那一点的真实电势.

EF 段是由于探极电压高于那一点的空间电势，在探极周围形成了套层，于是就给电子一加速度. 随探极电压的增加，吸引的电子增多，电流和电压的平方根成比例. 因此 EF 段也是比较平坦的. 当探极电压比空间电势高得多的时候，周围的气体分子被电离，故电流迅速增加，而且因为电子能量很大，探极会被轰击熔化.

我们对 BE 段最感兴趣，因此下面将详细地加以讨论.

正离子和电子是靠热运动而到达探极上的. 在曲线 BD 段内，探极电压比空间电势低，因此它的电场是阻止电子运动的，靠近探极的电势是连续变化的，电子处在有势场中，根据玻尔兹曼理论，电子的速度服从麦克斯韦速度分布律. 因此靠近探极表面的电子浓度

$$n_e = n_0 e^{\frac{eV_0}{kT_e}} \tag{3-3-4}$$

n_0 为等离子区中未经干扰的电子浓度，V_0 是探极电压与该点空间电势的差，即

$$V_0 = V - V_S \tag{3-3-5}$$

T_e 是等离子区中电子的等效温度，k 是玻尔兹曼常量.

由气体动力学论可知，当电子的浓度为 n_e，平均速度为 $\overline{v}_e$ 时，单位时间内落到探极上的电子数

$$N_e = \frac{1}{4} n_e \overline{v}_e S \tag{3-3-6}$$

S 为探极面积. 所以电流强度

$$\begin{aligned} I_e = N_e e &= \frac{1}{4}\overline{v}_e n_e e S = \frac{1}{4}\overline{v}_e n_0 e S e^{\frac{eV_0}{kT_e}} \\ &= \frac{1}{4}\overline{v}_e n_0 e S e^{\frac{e(V-V_S)}{kT_e}} \end{aligned} \tag{3-3-7}$$

式(3-3-7)两边取对数

$$\ln I_e = \ln\left(\frac{1}{4}\overline{v}_e n_0 e S\right) - \frac{eV_S}{kT_e} + \frac{eV}{kT_e} \tag{3-3-8}$$

式(3-3-8)右边第一项和第二项为常数，由此式(3-3-8)变成

$$\ln I_e = \frac{eV}{kT_e} + 常数 \tag{3-3-9}$$

由实验得 $\ln I_e$-V 特性曲线(图 3-3-6)，其中 BD 表示电流的对数与电压之间的关系是成正比的，因此就证明了等离子区中的电子速度是服从麦克斯韦速度分布律的. 由此直线的斜率 $\tan\theta$ 即可求出等离子区电子的等效温度 T_e

$$\tan\theta = \frac{e}{kT_e} = \frac{\Delta \ln I_e}{\Delta V} \tag{3-3-10}$$

其中，$e = 4.8\times10^{-10}$(静电单位，电子电量)，$k = 1.38\times10^{-16}$(尔格 · 开$^{-1}$).

在一般的计算中，经常使用常用对数($\ln\alpha = 2.30\times\lg\alpha$)，并考虑电压的单位，由国际单位(V)换算成静电单位(1 静电单位电压=300 伏特)，1 安培 ＝ 3×10^9 静电单位电流，1 微安=3×10^3 静电单位电流. 再将 e 和 k 代入上式，得

$$T_e = \frac{5.04\times10^3}{\dfrac{\Delta \log I_e}{\Delta V}}(\mathrm{K}) \tag{3-3-11}$$

普通物理学讲过，服从麦克斯韦分布律的电子的平均速度为

$$\overline{v}_e = \sqrt{\frac{8kT_e}{\pi m_e}} \tag{3-3-12}$$

$m_e = 9.11 \times 10^{-28}$ g，是电子的质量. 电子平均动能为

$$W_e = \frac{1}{2} m_e \overline{v}_e^2 = \frac{4kT_e}{\pi} \tag{3-3-13}$$

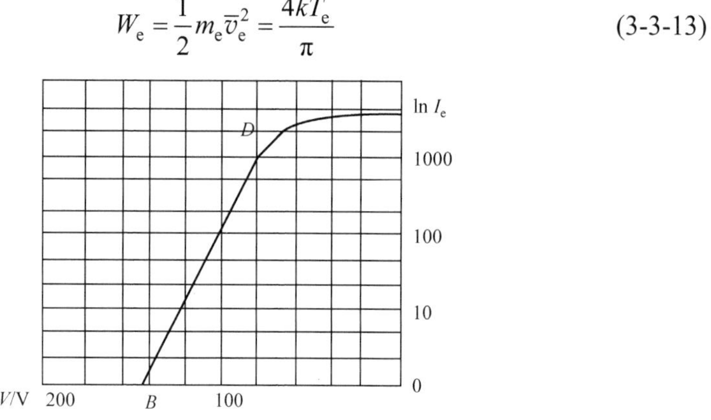

图 3-3-6　lnI_e-V 特性曲线

由图 3-3-6 直线段 BD 在电流轴上的截距，可得出 I_{eo}

$$I_{eo} = \frac{1}{4} n_e \cdot \overline{v}_e \cdot eS \tag{3-3-14}$$

而求出电子浓度

$$n_e = \frac{4I_{eo}}{eS\sqrt{\dfrac{8kT_e}{\pi m_e}}} \tag{3-3-15}$$

I_{eo} 为静电单位.

下面求出正离子平均速度 $\overline{v}_i$. 因为等离子区中电子的浓度和正离子的浓度相等. 所以由图 3-3-4 的 AB 段可以得到

$$I_{io} = \frac{1}{4} n_{io} \overline{v}_i eS \tag{3-3-16}$$

$$\overline{v}_i = \frac{4I_{io}}{eSn_{io}} \tag{3-3-17}$$

可求出探极所在那一点的空间电势和等离子区轴向电场强度：如果延长 BD 和 FE，则交点 K 所对应的 V_S 便是探极那一点的空间电势. 测出探极在不同点的空间电位 $V_{S1}, V_{S2}, \cdots$，并除以两点间的距离，就得出等离子区的轴向电场强度

$$E = \frac{V_{S1} - V_{S2}}{d_1 - d_2} \tag{3-3-18}$$

3. 离子溅射镀膜原理

溅射镀膜的原理与蒸发法不同，它把原料(金属)做成平板状，称为“靶”，在靶和基板之间设法形成等离子体，使正离子轰击靶(阴极)表面，溅射出来的靶原子飞上基板表面成为薄膜. 它的过程十分复杂，在某种程度上与冷钛泵阴极过程有类似的地方. 溅射出来的原子要比蒸发出来的原子的能量高得多，因此它们与基板的附着性能很好. 用溅射法可得到非常牢固的薄膜. 合金也可以溅射,但由于各组分的溅射产额不一样(称为选择溅射)，各组分的分子在基板上的黏着概率也不一样，因此镀好的膜与合金靶原来的成分有显著的不同，为此要采取一些补充措施. 但即使如此，合金溅射还是比蒸发法更佳.

溅射镀膜的设备比较简单. 它的基本结构是在真空钟罩内设置一个能产生离子且使离子加速的系统，这些离子可以由等离子体产生，也可用电离法产生. 二极式溅射(或称直流溅射)最为常用，钟罩内待镀膜的基板放在下面，而靶放在上面，中间有一块可活动的挡板. 溅射用的惰性气体杂质含量应不高于 0.1%，溅射时气体压强最好处于动态平衡，以除去钟罩和其他材料表面放出的不纯物，这样要比充气后关闭抽气阀而使钟罩内处于静态压强要好. 靶的形态常为圆片，但也可用其他形态. 由于不同角度上靶的离子的溅射产额不同，为了得到厚度均匀的膜，上靶电力线要均匀，要有免除边缘效应的装置. 在离子轰击靶时，靶除了提供发射原子外，还会发热，有时这将成为溅射工作中最大的问题，因此在要求溅射速率很高时，靶后要通水冷却以免熔化.

溅射镀膜还可采用其他的方式：

(1) 偏压溅射. 在溅射时基板和膜不断地受到电子的碰撞. 由于基板可能为绝缘体，因此表面处于电浮动状态，在电子落上后它带负电，于是正离子也会轰击它而使镀上的膜发生“再溅射”现象. 为了避免这个缺点，可在溅射时将基板接 100 V 左右的偏压以避免负电荷积聚.

(2) 三极溅射. 等离子体由热阴极发射来维持. 这里靶和基板都不是构成等离子体的电极. 将负电压接上基板可使表面保持清洁,接上靶则可溅射. 这种结构比二极式放电稳定.

(3) 高频溅射. 绝缘体、有机固体和带色绝缘层(如氧化层)的金属不能作为直流溅射的靶以制备薄膜，因为这些材料的表面将积聚正电荷而阻止正离子的进一步轰击. 如果这些正电荷能被中和，则溅射才有可能. 用高频电流可做到这一点. 因为电子比离子迁移率大,它们可很快到达绝缘体使它变负而吸引正离子束轰击，产生溅射. 也可以把直流加在射频上以增加溅射产额.

(4) 反应溅射. 溅射时在惰性气体中充入一部分活性气体，可得到靶原子与活性气体原子构成的化合物薄膜. 用此法可制备氧化物、氮化物、碳化物和硫化物.

溅射法淀积速率慢，但可得到大面积均匀的膜，附着力良好，还易于过程自动化. 缺点是薄膜内含有大量的气体.

二、实验装置

实验装置包含：带探极的玻璃放电管，放电管高压电源及调节装置，探极电源及调节装置，放电管真空系统(抽气机、漏气阀、真空测量装置)等.

三、实验内容

1. 气体放电实验操作

(1) 检查实验系统，高低压电源调节于初始位置，关闭漏气阀.

(2) 对放电管抽气并通过调节漏气阀维持 10 Pa 左右真空度.

(3) 慢慢调节高压，直至放电管放电.

(4) 观察和记录气体放电现象，了解放电分区与外界条件的关系.

(5) 在等离子区用探极法测定伏安特性. 放电管工作状态：$V < 1000$ V，$I <$ 10 mA. 探极测试电压从–300 V 到+100 V，记录探极测试电压和电流. 注意在 100 V 以下，电流增加快，测量点不要多，以免烧坏电极.

(6) 在半对数坐标纸上作伏安特性曲线，初步检验测量结果，测量误差大的要重测.

(7) 关闭电源，在等离子区移动探极，重新测量一组数据，了解等离子区纵向电场分布.

(8) 计算电子等效温度及电子浓度. 已知探极直径 0.8mm，长度 10mm.

(9) 实验记录(表 3-3-1).

真空度：Pa；

探针直径：mm；探针长度：mm；

放电管电压：V；放电电流：mA；

表 3-3-1 伏安特性测量数据表

电压/V												
电流/mA												
$\log I$												
$\ln I$												

2. 真空溅射镀膜实验操作

(1) 接好线路，将靶清污后，装入钟罩内，待镀物体清污后放在支架上.

(2) 打开电源开关，然后开机械泵开关对钟罩抽真空. 打开热偶真空计，调节加热电流，然后进行真空测量. 当真空度达到 30Pa 以上时可开始实验(镀银靶时，真空度可更高一些).

(3) 打开高压开关，电压测量置于 2000 V 挡，转动调压器，使镀膜电流到达 10mA 左右，注意观察钟罩内辉光情况，视靶材确定镀膜时间，不透明膜为 30 min(银)到 2 h(铜)，并可根据观察被镀物情况适当增减镀膜时间.

(4) 关闭高压、机械泵、电源开关，打开渗气闸，待气压平衡后可打开钟罩，取出被镀物品.

四、注意事项

(1) 探针必须要有较高熔点，防止高温熔化；探针材质的化学性质要稳定，抗干扰能力强.

(2) 离子溅射时，要有免除边缘效应的装置. 溅射速率很高时，靶后要通水冷却以免熔化.

五、思考题与讨论

(1) 什么叫等离子体?

(2) 辉光放电分几个区域，等离子区有哪些特点?

(3) 在阴极暗区，阴极暗区的长度 d 与气体压强 p 有什么样的关系?

参 考 文 献

王龙. 2018. 磁约束等离子体实验物理. 北京: 科学出版社.
王晓刚. 2015. 等离子体物理基础. 北京: 北京大学出版社.
郑春开. 2009. 等离子体物理. 北京: 北京大学出版社.
Chen F F. 2016. 等离子体物理学导论. 北京: 科学出版社.

第 4 章　激光与光学

引　言

光学是一门历史悠久的古老学科. 由于激光的发现和发展，一系列新的光学分支学科产生了，并得到了迅速发展. 早在 1917 年，爱因斯坦在研究原子辐射时曾详细地论述过物质辐射有两种形式：一是自发辐射；二是受外来光子的诱发激励所产生的受激辐射，并预见到受激辐射可产生沿一定方向传播的亮度非常高的单色光. 由于这些特点，自 1960 年 T.梅曼首先做成红宝石激光器以来，光受激辐射的研究使得激光科学和激光技术得到迅速发展，开辟了一批与激光本身紧密相关的新兴分支学科. 除量子光学外，还有如非线性光学、激光光谱学、超强超快光学、激光材料和激光器物理学等. 经典波动光学中，介质参量被认为与光的强度无关，光学过程通常用线性微分方程来表述. 但在强激光通过的情况下发现了许多新现象. 如发现折射率跟激光的场强有关，光束强度改变时两介质界面处光的折射角随之发生改变；光束的自聚焦和自散焦；通过某些介质后光波的频率发生改变，产生倍频、和频及差频等. 所有这些现象都归入非线性光学研究. 激光器现已能够产生高度指向性、高度单色性、偏振以及频率可调谐和可能获得超短脉冲的光源，高分辨率光谱、皮秒(10^{-12}s)超短脉冲以及可调谐激光技术等已使经典的光谱学发生了深刻的变化，发展成为激光光谱学. 同时，还能获得高功率、飞秒超短脉冲的激光，研究这类激光与物质相互作用已发展成超强超快光学. 以上这些新兴学科成为研究物质微观结构、微观动力学过程的重要手段，为原子物理、分子物理、凝聚态物理学、分子生物学和化学的结构和动态过程的研究提供了前所未有的新技术. 随着激光科学和激光技术的发展以及激光在众多领域的应用开拓，对激光材料和相应的激光器件的性能提出了新的要求，新型光源和激光器发展中所涉及的基本问题成为现代光学的重要内容，其发展趋势是波长的扩展与可调频、光脉冲宽度的压缩，以及器件的小型化和固体化等.

几十年来的发展表明，激光科学和激光技术极大地促进了物理学、化学、生命科学和环境科学等学科的发展，已形成一批十分活跃的新兴学科和交叉学科，如激光化学、激光生物学、激光医学、信息光学等. 同时，激光还在精密计量、遥感和遥测、通信、全息术、医疗、材料加工、激光制导和激光引发核聚变等方面获得了广泛的应用.

光电效应是指一定频率的光照射在金属表面时会有电子从金属表面逸出的现象. 1887 年物理学家赫兹用实验验证电磁波存在时就发现了这一现象，但是却无法用当时人们熟知的电磁波理论加以解释. 1905 年，爱因斯坦大胆地把普朗克在进行黑体辐射研究过程中提出的辐射能量不连续观点应用于光辐射，提出“光量子”概念，从而成功地解释了光电效应现象. 1916 年密立根通过光电效应对普朗克常量的精确测量，证明了爱因斯坦方程的正确性，并精确地测出了普朗克常量. 爱因斯坦和密立根都因光电效应等方面的杰出贡献，分别于 1921 年和 1923 年获得了诺贝尔奖. 此外，自从 20 世纪 60 年代激光的出现，由于其具有良好的相干性和高强度为全息照相提供了十分理想的光源，促进了全息术的发展，使之成为科学技术上一个崭新的领域. 伽博也因发明了全息术，并于 1971 年获得诺贝尔物理学奖.

本章共有 7 个实验. 4.1“He-Ne 激光器的模式分析与测量”；4.2“半导体泵浦固体激光器的调 Q 与光学二倍频”；4.3“光电效应及普朗克常量的测定”；4.4“磁光克尔效应”；4.5“透射全息图的拍摄”；4.6“REL-RI03 光纤光谱仪应用综合实验”和“4.7 光电探测器特性测量实验系统”.

4.1　He-Ne 激光器的模式分析与测量

该实验主要内容是了解激光器模式分析的实验原理以及方法，掌握激光器模式分析的一般方法.

实验的目的是了解 He-Ne 激光器模式形成的特点，加深对其物理概念的理解；了解共焦球面扫描干涉仪的工作原理、特性以及调节和使用方法；利用共焦球面扫描干涉仪观察 He-Ne 激光束的模式结构，通过实验测试，掌握激光束纵、横模式的计算方法.

【预习要求】

(1) 复习激光产生原理.

(2) 了解激光实验注意事项.

一、实验原理

1. 激光的产生

我们知道，激光器的三个基本组成部分是增益介质、谐振腔、激励能源. 如果用某种激励方式，将介质的某一对能级间形成粒子数反转分布，由于自发辐射和受激辐射的作用，将有一定频率的光波产生，在腔内传播，并被增益介质逐渐增强、放大，如图 4-1-1 所示. 被传播的光波绝不是单一频率的(通常所谓某一波长的光，不过是指中心波长而已). 因能级有一定宽度，加之粒子在谐振腔内运动受多种因素的影响，实际激光器输出的光谱线宽度是由自然增宽、碰撞增宽和多普勒增宽叠加而成的. 不同类型的激光器，工作条件不同，以上诸影响有主次之分. 例如，低气压、小功率的 He-Ne 激光器 632.8 nm 谱线，以多普勒增宽为主，增宽线型基本呈高斯函数分布，宽度约为 1500 MHz，如图 4-1-2 所示. 只有频率落在展宽范围内的光在介质中传播时，光强才获得不同程度的放大. 但只有单程放大，还不足以产生激光，还需要有谐振腔对其进行光学反馈，使光在多次往返传播中形成稳定、持续的振荡，才有激光输出的可能.

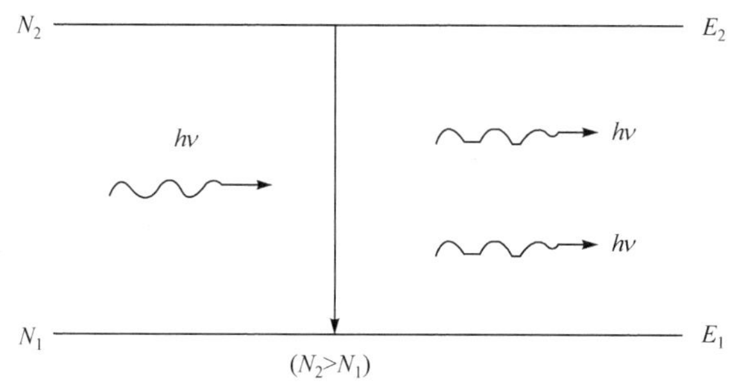

图 4-1-1　粒子数反转分布

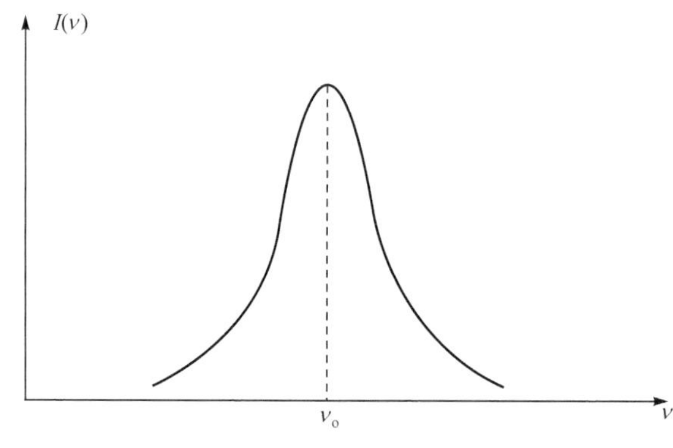

图 4-1-2　光的增益曲线

1) 激光的振荡模式

激光器内能够发生稳定光振荡的形式称为模式. 通常将模式分为**纵模**和**横模**两类. 纵模描述了激光器输出的分立频率的个数；横模描述了在垂直于激光传播方向的平面内光场的分布情况. 激光的线宽和相干长度由纵模决定；而光束发散角、光斑直径和能量的横向分布则由横模决定. 我们用符号 TEM_{mnq} 来描述激光谐振腔内电磁场的情况. TEM 代表横向电磁场，脚标 m 、n 表示沿垂直于传播方向某特定横模的阶数，q 表示纵模的序数. 一般 q 可以很大，m 、n 都很小.

2) 激光束的纵模

激光器形成持续振荡的条件是，光在谐振腔内往返一周的光程差为波长的整数倍，即

$$2n_2L = q\lambda_q \tag{4-1-1}$$

这正是光波相干极大值条件，满足此条件的光将获得极大增强，其他则互相抵消. 式中的 n_2 为增益介质的折射率，对气体 $n_2 \approx 1$；L 是谐振腔的腔长；q 是正整数. 每一个 q 对应纵向一种稳定的光波场分布，λ_q 叫做一个纵模，q 称作纵模序数. q 是一个很大的数，通常我们不需要知道它的数值，而关心的是有几个不同的 q 值，即激光器有几个不同的纵模. 从式(4-1-1)中我们还看出，这也是驻波形成的条件，腔内的纵模是以驻波形式存在的，q 值反映的恰是驻波腹的数目. 纵模的频率可表示为

$$\nu_q = q \cdot c / (2n_2L) \tag{4-1-2}$$

同样，我们一般不去求它，而关心的是相邻两个纵模的频率间隔

$$\Delta\nu_{\Delta q=1} = c / (2n_2L) \tag{4-1-3}$$

从式中看出，相邻的纵模频率间隔和激光器的腔长成反比，即腔越长，$\Delta\nu_{\Delta q=1}$ 越小，满足振荡条件的纵模个数越多；相反，腔越短，$\Delta\nu_{\Delta q=1}$ 越大，在相同的增宽曲线范围内，纵模个数就越少. 因而缩短腔长的方法是获得单纵模运行激光器的有效方法之一.

任何事物都具有两重性，光波在腔内往返振荡时，一方面有增益，使光不断增强；另一方面也存在着不可避免的多种损耗，使光强减弱，如介质的吸收损耗、散射损耗、镜面透射损耗、放电毛细管的衍射损耗等. 所以，不仅要满足谐振条件，还需要增益大于各种损耗的总和才能形成持续振荡，才会有稳定的激光输出，如图 4-1-3 所示. 增益线宽内虽有五个纵模满足谐振条件，但只有三个纵模的增益大于损耗，才有激光输出. 对于纵模的观测，由于 q 值很大，相邻纵模频率差异很小，眼睛不能分辨，必须借用一定的检测仪器才能观测到.

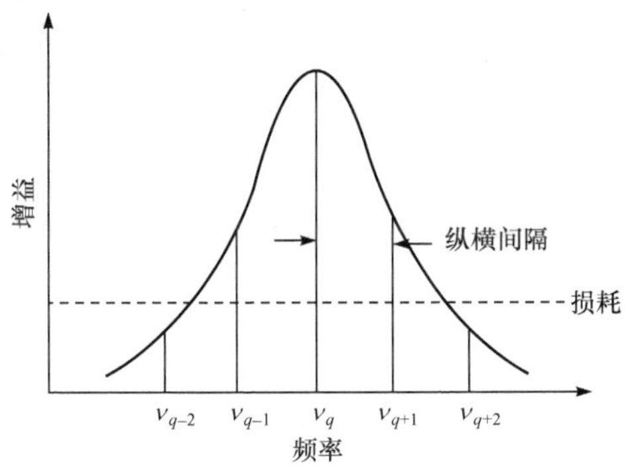

图 4-1-3　纵模和纵模间隔

激光器对不同频率有不同的增益，只有当增益值大于阈值的频率才能形成振荡而产生激光. 例如，L=1 m 的 He-Ne 激光器，其相邻纵模的频率差为 $\Delta\nu = c/(2L)$= 1.5×10^8 Hz，若其增益曲线的频宽为 1.5×10^9 Hz，则可输出 10 个纵模. 腔长 L 越短，则 $\Delta\nu$ 越大，输出的纵模数就越少. 对于增益频宽为 1.5×10^9 Hz 的激光器，若 L 小于 0.15 m，则将输出一个纵模，即输出单纵模的激光.

3) 激光束的横模

谐振腔对光的多次反馈，在纵向形成不同的场分布. 那么对横向是否也会产生影响呢？回答是肯定的. 这是因为光每经过放电毛细管反馈一次，就相当于一次衍射，经过反复多次的衍射，就在横向的同一波腹处形成了一个或者多个稳定的衍射光场分布，称为一个横模. 我们通常见到的复杂的光斑则是这些基本光斑的叠加，图 4-1-4 中展示的是几种常见的基本横模光斑的图样.

总之，任一个激光模式，既是纵模又是横模，它同时有两个名称，只不过是对两个不同方向的观测结果分开称呼而已. 一个激光模式通常记作 TEM_{mnq}. q 是对纵模的标记，m 和 n 是对横模的标记. m 表示沿 x 轴场强为零的节点数，n 表示沿 y 轴场强为零的节点数.

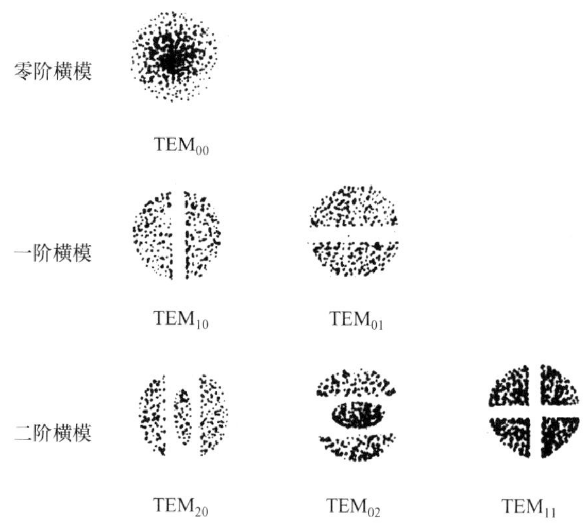

图 4-1-4　常见的横模光斑图

前面已知，不同的纵模对应不同的频率. 那么同一纵模序数内的不同横模又如何呢？同样，不同横模也对应不同的频率，横模序数越大频率越高. 通常不需要求出横模频率，我们关心的是不同横模间的频率差，理论推导得到任一横模 TEM_{mnq} 的频率 ν_{mnq} 为

$$\nu_{mnq}=\frac{c}{4n_2L}\left\{2q+\frac{2}{\pi}(m+n+1)\arccos\left[\left(1-\frac{L}{R_1}\right)\left(1-\frac{L}{R_2}\right)\right]^{1/2}\right\} \tag{4-1-4}$$

式中的 R_1 和 R_2 分别是谐振腔两反射镜的曲率半径．若横模阶数由 m 增到 $m'=m+\Delta m$，n 增到 $n'=n+\Delta n$，则有

$$\nu_{m'n'q}=\frac{c}{4n_2L}\left\{2q+\frac{2}{\pi}(m+n+1+\Delta m+\Delta n)\arccos\left[\left(1-\frac{L}{R_1}\right)\left(1-\frac{L}{R_2}\right)\right]^{1/2}\right\} \tag{4-1-5}$$

将式(4-1-4)和式(4-1-5)两式相减，得到不同横模之间的频率差为

$$\Delta\nu_{\Delta m+\Delta n}=\frac{c}{2n_2L}\left\{\frac{1}{\pi}(\Delta m+\Delta n)\arccos\left[\left(1-\frac{L}{R_1}\right)\left(1-\frac{L}{R_2}\right)\right]^{1/2}\right\} \tag{4-1-6}$$

将横模频率差的式(4-1-6)和纵模频率差的式(4-1-3)相比较，二者相差一个分数因子，分数的大小，不仅与谐振腔的腔长有关，而且还与谐振腔两反射镜的曲率半径有关．腔长与曲率半径的比值越大，其分数值越大，并且相邻横模 $(\Delta m+\Delta n=1)$ 之间的频率差 $\Delta\nu_{\Delta m+\Delta n=1}$ 一般总是小于相邻纵模的频率差 $c/(2n_2L)$．

当 $R\gg L$ 时，$\Delta\nu_{\Delta m+\Delta n=1}\ll\Delta\nu_{\Delta q=1}$，如图 4-1-5 所示．若 L 变，随着 R 的减小，$\Delta\nu_{\Delta m+\Delta n=1}$ 增大．当腔长等于曲率半径时($R_1=R_2=L$，即共焦腔)，分数值达到极大，即横模间隔是纵模间隔的 1/2，横模序数相差为 2 的谱线频率正好与纵模序数相差为 1 的谱线频率兼并．

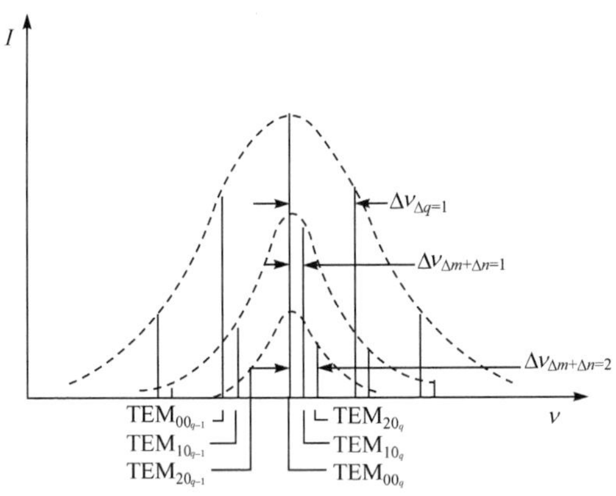

图 4-1-5　在增益线宽内纵、横模的分布(频谱图)

激光器中能产生的横模个数，除前述增益因素外，还与放电毛细管的粗细、内部损耗等因素有关．一般说来，放电管直径越大，可能出现的横模个数越多．横模序数越高，衍射损耗越大，形成稳定的振荡越困难．但是激光器输出光中横模

的强弱决不能仅从衍射损耗一个因素考虑，而是由多种因素共同决定的，这正是在模式分析实验中，辨认哪一个是高阶横模时最容易出错的地方. 因为仅从光的强弱来判断横模阶数的高低，即认为光最强的谱线一定是基横模，这是不对的，而应根据高阶横模具有高频率来确定.

横模频率间隔的测量同纵模间隔一样，需借助于展现的频谱图进行计算. 但阶数 m 和 n 的确定仅从频谱图上是不够的，因为频谱图上只能看到有几个不同的 $m+n$，可以测出 $m+n$ 的差值. 然而不同的 m 和 n 可对应相同的 $m+n$，在频谱图上则是相同的. 因此要确定 m 和 n 各是多少，还需结合激光器输出的光斑图形进行. 当我们对光斑进行观察时，看到的应是它全部横模的叠加图(即图 4-1-4 中一个或几个单一态图形的组合). 当只有一个横模时，很容易辨认. 如果横模个数比较多，或基横模很强，掩盖了其他的横模，或者高阶模太弱，都会给分辨带来一定的难度. 但由于我们有频谱图，知道了横模的个数以及彼此强度上的大致关系，就可缩小考虑的范围，从而能准确地确定出每个横模的 m 和 n 值.

综上所述，模式分析的内容，就是要测量和分析出激光所具有的纵模个数、纵模频率间隔值、横模个数、横模频率间隔值、每个模的 m 和 n 的阶数及对应的光斑图形.

举例：增益频宽为 1.5×10^9 Hz、腔长 $L=0.24$ m 的平凹($R_1=1\text{m},\ R_2=\infty$)谐振激光器，其纵模频率差按式(4-1-3)算得为 6.25×10^8 Hz；对于横模 TEM_{00} 和横模 TEM_{01} 之间的频率差用 $\Delta\nu_{00,01}$ (即 $\Delta m=0-0=0, \Delta n=1-0=1, n_2=1.0$)表示，将各值代入，可算得相邻横模频率差为

$$\Delta\nu_{00,01}=\frac{3\times10^8}{2n_2 0.24}\left\{\frac{1}{\pi}(0+1)\arccos\left[\left(1-\frac{0.24}{1}\right)\left(1-\frac{0.24}{\infty}\right)\right]^{1/2}\right\}$$
$$=1.02\times10^8\text{Hz}$$

这支激光器的增益频宽 1.5×10^9 Hz 里含有 2.5 个纵模. 当用扫描干涉仪来分析这个激光器的模式时，若它仅存在 TEM_{00} 模，有时可看到 3 个尖峰，有时可看到 2 个尖峰；当还存在 TEM_{01} 模时，可有两组或三组尖峰，有的组可能有一个峰. 这些都是由激光器腔长 L 的变化所引起的. 用扫描干涉仪分析激光器模式是很方便的.

2. 共焦球面扫描干涉仪的工作原理

1958 年法国人柯勒斯(Connes)根据多光束的干涉原理，设计出了一种共焦球面干涉仪. 到了 20 世纪 60 年代，这种共焦系统广泛用作激光器的谐振腔. 同时，由于激光科学的发展，对激光器的输出光谱特性进行分析已相当迫切. 全息照相

和激光准直要求的是单横模激光器；激光测长和稳频技术不仅要求激光器具有单横模性质，而且还要求具有单纵模的输出. 于是在共焦球面干涉仪的基础上发展出了一种共焦球面扫描干涉仪. 这种干涉仪是以压电陶瓷作扫描元件进行扫描的，其分辨率可达 10^7 以上.

1) 共焦球面扫描干涉仪

共焦球面扫描干涉仪(简写为 FPS)是一种分辨率很高的分光仪器，已成为激光技术中一种重要的测量设备. 本实验正是通过它将彼此频率差异甚小(几十至几百 MHz)，用眼睛和一般光谱仪器都分不清的各个不同的纵模、不同的横模，展现成频谱图来进行观测的. 在本实验中，它起着关键作用.

共焦球面扫描干涉仪是一个无源谐振腔，由两块球形凹面反射镜构成共焦腔，即两块镜的曲率半径和腔长相等，$R_1 = R_2 = L_F$. 反射镜镀有高反射膜，两块镜中的一块是固定不变的，另一块固定在可随外加电压而变化的压电陶瓷环上，如图 4-1-6 所示. 图中，①为由低膨胀系数制成的间隔圈，用以保持两球形凹面反射镜 R_1 和 R_2 总是处在共焦状态. ②为压电陶瓷环，其特性是在环的内外壁上加一定数值的电压，环的长度将随之发生变化，而且长度的变化量与外加电压的幅度呈线性关系，这正是扫描干涉仪被用来扫描的基本条件. 由于长度的变化量很小，仅为波长量级，它不会改变腔的共焦状态. 但是当线性关系不好时，会给测量带来一定的误差.

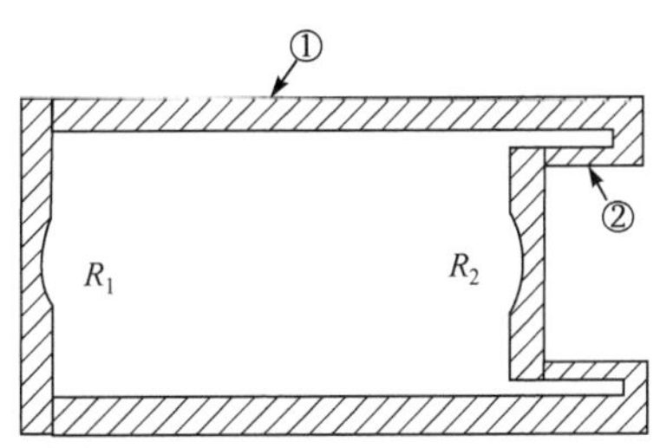

图 4-1-6　扫描干涉仪内部结构示意图

注意：共焦球面扫描干涉仪是精密仪器，一定要注意防尘、防震. 实验中要轻拿轻放，在做完实验后要小心保管.

2) 共焦球面扫描干涉仪的特性参数

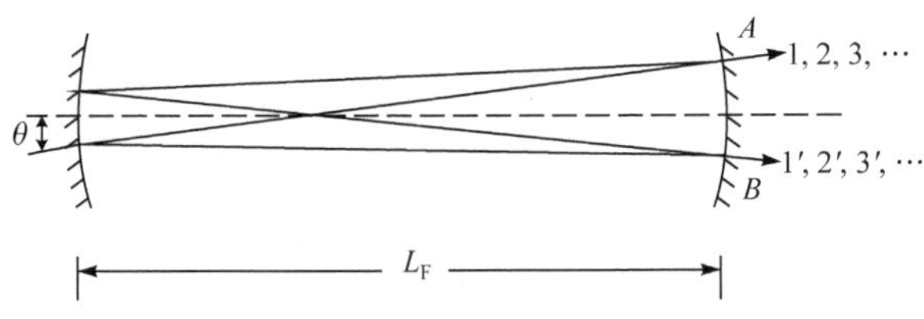

图 4-1-7　共焦球面扫描干涉仪内部光路图

当压电陶瓷内外两面加上锯齿波电压后，驱动一个反射镜做周期性运动，用以改变腔长 L_F 而实现光谱扫描. 由于是共焦腔系统，当一束波长为 λ 的光近轴入射到干涉仪内时，在忽略球差情况下，光线走一闭合路径，即光线在腔内反射，往返两次之后又按原路行进. 从图 4-1-7 可以看出，一束入射光将有 1, 2, 3, …和 1′, 2′, 3′, …两组透射光. 若光线在腔内往返的次数为 N，则一组经历了 $4N$ 次反射；另一组经历了 $4N+2$ 次反射. 设反射镜的反射率为 R，理论推导给出了 1, 2 两组的透射光强分别为

$$I_1 = I_0\left(\frac{T}{1-R^2}\right)^2\left[1+\left(\frac{2R}{1-R^2}\right)^2\sin^2\beta\right]^{-1} \tag{4-1-7}$$

$$I_2 = R^2 I_1 \tag{4-1-8}$$

这里 I_0 是入射光强，T 是透射率，β 是往返一次所形成的相位差，即

$$\beta = \frac{2\pi}{\lambda}2n_2 L_{\mathrm{F}} \tag{4-1-9}$$

n_2 是腔内介质的折射率.

当 $\beta = k\pi$ (k 是任意整数)，即

$$4n_2 L_{\mathrm{F}} = k\lambda \tag{4-1-10}$$

时，透射光强有极大值为

$$I_{\max} = I_1 / I_0 = T^2 / (1-R^2)^2 \tag{4-1-11}$$

由于腔内存在着各种各样的吸收，假设吸收率为 A，则有

$$R + T + A = 1 \tag{4-1-12}$$

将式(4-1-11)代入式(4-1-12)，在反射率 $R\approx 1$ 情况下，可有

$$I_{\max} \approx \frac{1}{4\left(1+\dfrac{A}{T}\right)^2} \tag{4-1-13}$$

根据式(4-1-10)可知，改变腔长 L_{F} 或改变折射率 n_2，就可以使不同波长的光以最大透射率透射而实现光谱扫描. 可用改变腔内气体气压的方法来改变 n_2，本实验中将锯齿波电压加到压电陶瓷上来驱动与压电陶瓷相连的反射镜以改变腔长 L_{F}，达到光谱扫描的目的.

共焦球面扫描干涉仪有两个重要的性能参数，即自由光谱范围和精细常数，下面对它们进行讨论.

a. 自由光谱范围

当一束激光以近光轴方向射入干涉仪后，在共焦腔中经四次反射呈 X 形路径，光程近似为 $4L_{\mathrm{F}}$，如图 4-1-7 所示. 此时在压电陶瓷上加一线性电压，当外加电压使腔长变化到某一长度 L_{F} 正好使相邻两次透射光束的光程差是入射光中模波长为 λ 的这条谱线的整数倍时，即

$$4n_2 L_{\mathrm{F}} = k\cdot\lambda \tag{4-1-14}$$

此时模 λ 将产生相干极大透射，而其他波长的模则相互抵消(k 为扫描干涉仪的干涉序数，是一个整数). 同理，外加电压使腔长变化到 L'_{F} 使模 λ' 符合谐振条件而极大透射，而 λ 等其他模又相互抵消……因此，透射极大的波长值与腔长值有一一对应关系，只要有一定幅度的电压来改变腔长，就可以使激光器具有的所有不同波长(或频率)的模依次相干极大透过形成扫描. 但值得注意的是，若入射光波长范围超过某一限定，外加电压虽然可使腔长线性变化，但一个确定的腔长有可能使几个不同波长的模同时产生相干极大，造成重序. 例如，当腔长变化到可使 λ' 极大时， λ 会再次出现极大，即

$$4n_2L'_{\mathrm{F}} = k\cdot\lambda' = (k+1)\cdot\lambda \tag{4-1-15}$$

即 k 序中的 λ' 和 $(k+1)$ 序中的 λ 同时满足极大值条件，两种不同的模被同时扫出，叠加在一起. 所以，共焦球面扫描干涉仪本身存在一个不重序的波长范围限制. 所谓自由光谱范围(S.R.)就是指扫描干涉仪所能扫出的不重序的最大波长差或者频率差，用 $\Delta\lambda_{\mathrm{S.R.}}$ 或者 $\Delta\nu_{\mathrm{S.R.}}$ 表示. 假如上例中 λ' 为刚刚重序的起点，则 $\lambda'-\lambda$ 即为此共焦球面扫描干涉仪的自由光谱范围值. 由式(4-1-15)经推导可得到

$$\lambda'-\lambda = \frac{\lambda}{k} \tag{4-1-16}$$

联立式(4-1-14)和式(4-1-16)可推得自由光谱范围的表示式为

$$\Delta\lambda_{\mathrm{S.R.}} = \lambda'-\lambda = \frac{\lambda^2}{4n_2L_{\mathrm{F}}} \tag{4-1-17}$$

用频率可表示为

$$\Delta\nu_{\mathrm{S.R.}} = \frac{c}{4n_2L_{\mathrm{F}}} \tag{4-1-18}$$

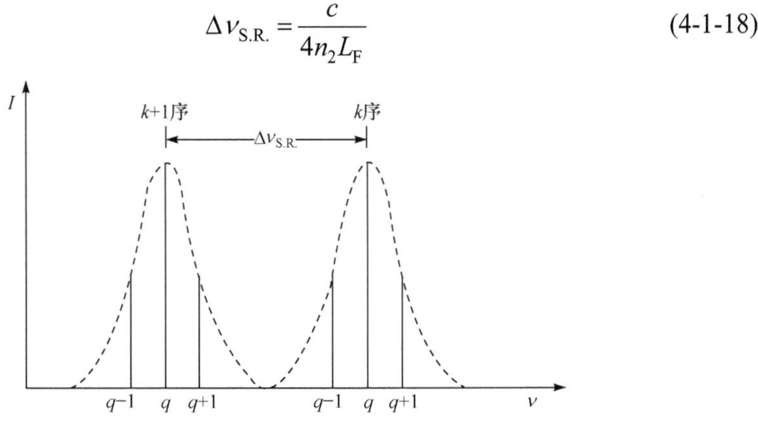

图 4-1-8　展现出多个干涉序

在模式分析实验中，由于我们不希望出现式(4-1-15)中的重序现象，故选用扫描干涉仪时，必须首先知道它的 $\Delta\nu_{\mathrm{S.R.}}$ 与待分析的激光器频率范围 $\Delta\nu$ ，并使得

$\Delta\nu < \Delta\nu_{\text{S.R.}}$，才能保证在频谱图上不重序，腔长与模的波长(或频率)是一一对应的关系.

自由光谱范围还可用腔长的变化量来描述，即腔长变化量为 $\lambda/4$ 时所对应的扫描范围. 因为光在共焦腔内传播呈 X 形路径，四倍路程的光程差正好等于 λ，干涉序数改变为 1.

另外，还可看出当满足 $\Delta\nu < \Delta\nu_{\text{S.R.}}$ 条件后，如果外加电压足够大，可使腔长的变化量是 $\lambda/4$ 的 S 倍时，那么将会扫描出 S 个干涉序，激光器的所有模将周期性地重复出现在干涉序 $k, k+1, k+2$，…，$k+s$ 中，如图 4-1-8 所示.

b.精细常数

精细常数 F 是用来表征共焦球面扫描干涉仪分辨本领的参数，它的定义是：自由光谱范围与最小分辨极限之比，即在自由光谱范围内能分辨得开的谱线数目. 精细常数的理论计算公式为

$$F = \frac{\pi \cdot R}{1-R} \tag{4-1-19}$$

R 为凹面镜的反射率，从式(4-1-19)可看出 F 只与镜片的反射率有关. 实际上还与共焦腔的调整精度、镜片加工精度、共焦球面扫描干涉仪的入射和出射光孔的大小及使用时的准直精度等因素有关. 因此，精细常数的实际值应由实验来确定. 根据精细常数的定义

$$F \equiv \frac{\Delta\lambda_{\text{S.R.}}}{\delta\lambda} = \frac{\Delta\nu_{\text{S.R.}}}{\delta\nu} \tag{4-1-20}$$

显然，$\delta\lambda$ 应是共焦球面扫描干涉仪能分辨出的最小波长差，可以用仪器的半强宽度 $\Delta\lambda$ 来代替，实验中就是一个模的半强宽度，从展开的频谱图中就可以测定出 F 值的大小.

二、实验装置

WGL-6 型 He-Ne 激光束的模式分析实验系统(共焦球面扫描干涉仪、高速光电接收器、锯齿波发生器、He-Ne 激光器、光学导轨)和微机.

He-Ne 激光器参数如下.

腔长(L)：	246mm
波长精度：	1nm
谐振腔曲率半径：	1m，∞
中心波长：	632.8nm

共焦球面扫描干涉仪参数如下.

腔长 (L_{F})：	20mm
凹面反射镜曲率：	20mm

凹面反射镜反射率：	99%
精细常数：	>200
自由光谱范围：	4GHz
纵模横模频率间隔误差：	≤ 20MHz

三、实验内容

本实验装置可以用软件控制采集并且观察数据，下面以一组具体的实验数据来说明利用软件来进行微机观测并分析实验结果. 实验装置图如图 4-1-9，图中 1 是接收器；2 是扫描仪；3 是氦氖激光器；4 是仪器的总电源；端口 5、6 通过配套的线缆与示波器相连接.

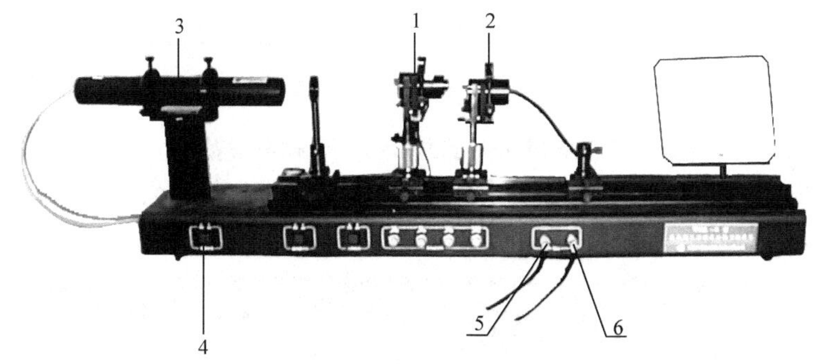

图 4-1-9　实验装置图

(1) 按照装置图连接线路，经检查无误方可接通. 需注意的是，要用 USB 线的一端连接到实验导轨的 USB 接口，另一端连接到电脑的 USB 接口，启动计算机.

(2) 打开导轨上的总开关，打开激光器的开关，点燃激光器.

(3) 调整光路，首先使激光束从光阑小孔通过，调整扫描干涉仪上下、左右位置，使光束正入射到孔中心，再细调干涉仪板架上的两个方位螺丝，以便使从共焦球面扫描干涉仪腔镜反射的最亮的光点回到光阑小孔的中心附近(注意不要穿过光阑小孔入射激光器)，这时入射光束和扫描干涉仪的光轴基本重合.

(4) 将放大器的接收部位对准扫描干涉仪的输出端.

(5) 接通放大器、锯齿波发生器.

(6) 启动软件，点击工作→测量或者 F5 键，或者工具条上的 M 按钮，弹出图 4-1-10 所示对话框.

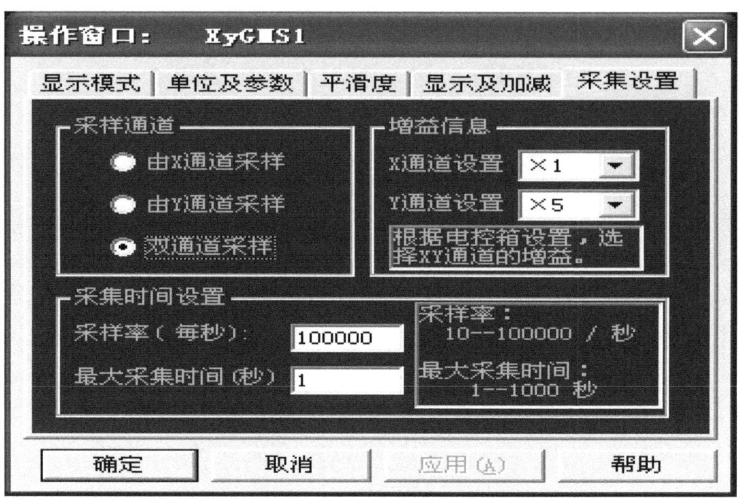

图 4-1-10　设置参数的对话框

在这里，可以点击“采集设置”按钮来设置采集参数.

设置采集参数后点击“开始采集”，则显示出采集到的锯齿波和接收器接收到的光强谱线(图 4-1-11 和图 4-1-12).

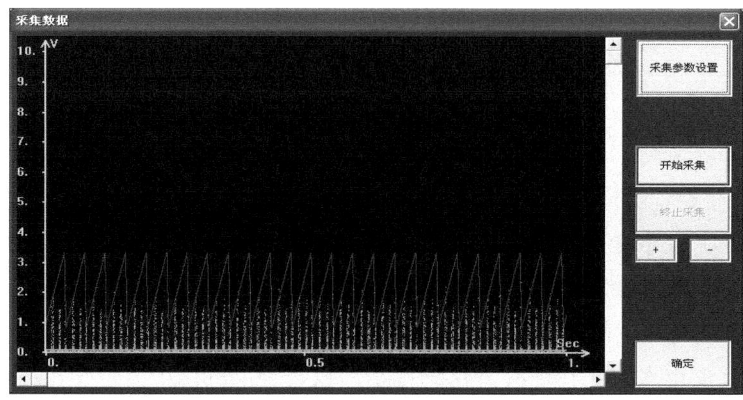

图 4-1-11　采集到的锯齿波和谱线图

然后点击“确定”按钮，退回到工作界面.

在图形较小的情况下，可以用拖放鼠标进行放大. 进一步细调共焦球面扫描干涉仪的方位螺丝，使得谱线尽量强，噪声尽量小.

(7) 改变锯齿波输出电压的峰值，看屏幕上干涉序的数目变化(电压的峰值越高，出现的干涉序的数目越多)，将峰值固定在某一值(一般在 100～140)，调整锯齿波的前后沿，得到一个较长的直线部分，例如，图 4-1-13 中的 X 曲线，上升部分代表锯齿波电压呈直线上升，调整锯齿波的幅度，使锯齿波直线段看到清楚且容易分辨的两个或者三个干涉序，例如，图 4-1-13 中上升阶段就有两个干涉序. 至于下降阶段，是前面的重复，并且比较密集，所以不加考虑.

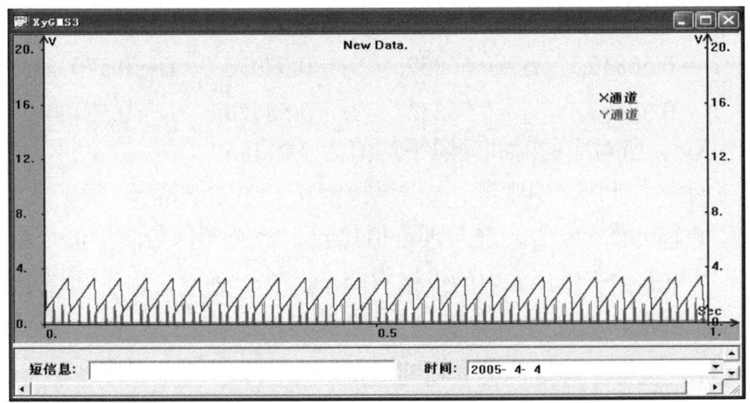

图 4-1-12　确定后工作界面的锯齿波和谱线图

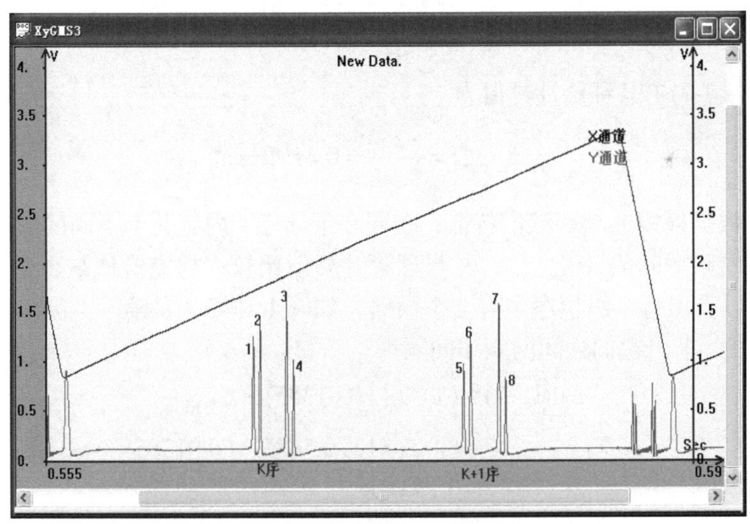

图 4-1-13　放大后一个周期的锯齿波和谱线图

(8) 根据干涉序的个数和频谱的周期性，确定哪些模属于同一 k 序，以图 4-1-13 为例.

(9) 根据自由光谱范围的定义，确定它所对应的频率间隔(即哪两条谱线间隔为 $\Delta\nu_{\text{S.R.}}$). 在图 4-1-13 中谱线 1 与谱线 5，谱线 2 与谱线 6，谱线 3 与谱线 7，谱线 4 与谱线 8 之间所对应的频率间隔都可以看作是自由光谱范围. 为了减小测量误差，可以对时间轴增幅，并且计算平均值，以便比较准确地测出与 $\Delta\nu_{\text{S.R.}}$ 相对应的时间的差值(因为在后面的计算中要用到的是比例值，所以没有必要求出具体

的频率差值 $\Delta\nu_{\text{S.R.}}$，用 X 通道的电压差值来代替即可. 又由于其线性特性，又可以用横轴上的时间差值来代替，在这里采用后者为例). 对于图 4-1-13，读出各个峰的横坐标值分别是

$$t_1 = 0.56812,\quad t_2 = 0.56857,\quad t_3 = 0.57030,\quad t_4 = 0.57075,$$
$$t_5 = 0.58187,\quad t_6 = 0.58232,\quad t_7 = 0.58420,\quad t_8 = 0.58464.$$

最后计算出 $\Delta\nu_{\text{S.R.}}$ 所对应的时间间隔平均值为 0.01385.

(10) 在同一干涉序 k 中观测，根据纵模定义对照频谱特征，确定纵模的个数，并测出纵模频率间隔 $\Delta\nu_{\Delta q=1}$，并与理论值比较，检查辨认与测量值是否准确. 对于本例，可以知道在干涉序 k 中的纵模有两个，它们分别是峰 1 和峰 2 组成的纵模序以及峰 3 和峰 4 组成的纵模序. 所以纵模频率间隔 $\Delta\nu_{\Delta q=1}$ 就是峰 1 和峰 3 对应的频率间隔，也等于峰 2 和峰 4 所对应的频率间隔. 以峰 1 和峰 3 为例

$$\begin{aligned}\Delta\nu_{\Delta q=1} &= (\,|t_1 - t_3| \,/\, 0.01385) \times \Delta\nu_{\text{S.R.}}\\ &= (\,|0.56812 - 0.57030| \,/\, 0.01385) \times 4\text{GHz}\\ &\approx 0.63\ \text{GHz}\end{aligned}$$

由式(4-1-3)求其理论计算值为

$$\Delta\nu_{\Delta q=1} = \frac{c}{2n_2L} = 0.61\text{MHz}$$

(11) 根据横模的频率频谱特征，在同一干涉序 k 内有几个不同的横模，测出不同的横模频率间隔 $\Delta\nu_{\Delta m+\Delta n}$，并与理论计算值比较，检查辨认是否正确. 对于本例，可以看出每个纵模序中有 2 个横模，如峰 1 和峰 2 是第一个纵模序中的两个不同横模. 求出它们之间的频率间隔为

$$\begin{aligned}\Delta\nu(1,\ 2) &= (\,|t_1 - t_2| \,/\, 0.01385) \times \Delta\nu_{\text{S.R.}}\\ &= (\,|0.56812 - 0.56857| \,/\, 0.01385) \times 4\ \text{GHz}\\ &\approx 0.13\ \text{GHz}\end{aligned}$$

由式(4-1-6)求其理论计算值($\Delta m + \Delta n = 1$)为

$$\begin{aligned}\Delta\nu_{\Delta m+\Delta n} &= \frac{c}{2n_2L}\left\{\frac{1}{\pi}(\Delta m+\Delta n)\arccos\left[\left(1-\frac{L}{R_1}\right)\left(1-\frac{L}{R_2}\right)\right]^{1/2}\right\}\\ &= 0.61\text{MHz}\times 0.5\\ &\approx 0.31\text{MHz}\end{aligned}$$

与 $\Delta\nu(1,\ 2)$ 相比较，可知峰 1 和峰 2 横模序数相差 1，即$\Delta m + \Delta n = 1$，而且相配套激光器具有基横模，所以横模中一个是 TEM_{00k}，另一个是 TEM_{01k} (或者是 TEM_{10k}，二者无本质区别). 在这里要说明的是，由于激光器的关系和各种误差，

横模频率间隔和纵模频率间隔的测量值与理论计算值有一定的出入，但只要在 20MHz 之内就可以被接受.

(12) 确定横轴频率增加的方向，以便确定在同一 q 纵模序中哪个模是高阶横模，哪个是低阶横模，以及它们之间的强度关系. 对于本例，随时间增长，锯齿波电压变大，干涉仪的谐振腔变长，在 k 序中，峰 2 对应的波长大于峰 1 对应的波长，所以峰 2 对应的频率小于峰 1 对应的频率，结合(11)步中的结论，可以知道峰 1 对应的模式是 TEM_{01k}，峰 2 对应的模式是 TEM_{00k}. 需要说明的是，图中峰的高度对应光强，由于误差，不能确定基横模的光强就是最强的，而频率高低是判断横模的决定条件.

四、注意事项

(1) 本实验包括以下计算问题：

① 在不同的干涉序 k 和 $k+1$ 中观测，测量出自由光谱范围，并与理论值计算比较；

② 在同一干涉序 k 中观测，根据纵模定义对照频谱特征，确定纵模的个数，测出纵模频率间隔 $\Delta\nu_{\Delta q=1}$，并与理论计算值比较；

③ 根据横模的频谱特征，观测在同一干涉序 k 内有几个不同的横模，测出不同的横模频率间隔 $\Delta\nu_{\Delta m+\Delta n=1}$，并与理论计算值比较；

④ 根据对激光束的模式结构的观察，测量出精细常数 F 并与理论计算值比较.

(2) 如果用的不是配套的激光器，那么当用白屏在远处接收激光时，看到的应是所有横模的叠加图，这需要结合图 4-1-4 中单一横模的形状加以辨认，以便确定每个横模的模序 m 、 n 的值. 需要说明的是，如果模较多，不容易判断出哪些横模叠加，所以往往不容易判断每个横模的模序.

(3) 通过对两支不同模式的激光器进行观测，总结出模式分析的基本方法.

(4) 共焦球面扫描干涉仪的压电陶瓷易碎，在实验过程中应轻拿轻放；其通光孔在平时不用时应用胶带封好，防止灰尘进入.

(5) 锯齿波发生器不允许空载，必须连接扫描干涉仪后，才能打开电源.

五、思考题与讨论

(1) 激光产生的三要素是什么？作用分别是什么？

(2) 激光的特点是什么？

(3) 自发辐射和受激辐射的区别是什么？

参 考 文 献

WGL-6 型氦氖激光器模式分析实验装置使用说明书.

魏彪. 2007. 激光原理及应用. 重庆: 重庆大学出版社.

4.2　半导体泵浦固体激光器的调 Q 与光学二倍频

在激光和非线性光学的发展过程中，新型激光的出现带来了新的光学现象和巨大的应用前景. 激光的产生需要对激光晶体泵浦从而发生粒子数反转，早期物理学家用氪灯或氙灯来对激光晶体进行泵浦，而近年来被称为第二代的激光器的半导体泵浦固体激光器得到了快速的发展和应用. 与传统激光器不同，这种激光器利用了固定波长的半导体激光器对光学晶体进行泵浦，因此体积小、寿命长、结构紧凑、热效应小、效率高、可覆盖波长宽，已成为固体激光器主要的发展方向.

本实验的主要目的是学习搭建半导体泵浦固体激光器获得 1064 nm 的红外激光并调 Q 产生脉冲激光；观察和测量在不同工作模式下的输出激光性质；观测晶体的光学二倍频效应.

【预习要求】

(1) 了解固体激光器的基本原理和工作方式.

(2) 了解脉冲激光的产生和特点.

(3) 复习非线性光学的原理和应用.

一、实验原理

1. 半导体泵浦固体激光器的工作原理

固体激光器的增益介质是掺杂有能被泵浦到激发态的原子、离子或分子的玻璃或晶体，通过灯、半导体激光器阵列，或其他激光用光泵浦的方式得到激发. 其参与受激辐射的粒子密度远远高于气体工作介质，因此易于获得大能量输出. 目前已有上百种晶体作为增益介质实现了固体激光器的运转. 以钕离子(Nd^{3+})作为激活粒子的激光器使用非常广泛，其中 Nd:YAG(掺钕钇铝石榴石)为四能级系统，工作波长一般为 1064nm，具有量子效率高、受激辐射界面大的优点，其热导率高，光学质量好，是最常用的激光晶体之一；Nd:YVO_4(掺钕钒酸钇)是低功率应用最广泛的激光晶体，工作波长为 1064 nm，可通过 KTP、LBO 等非线性光学晶体进行波长转换输出近红外、绿色、蓝色等激光.

半导体激光器(LD)的增益介质是pn结半导体二极管. 当电流正向通过二极管时，电子和空穴分别被从 n 区传输进 p 区和 p 区传至 n 区，在 pn 结中电子与空穴可能复合并产生相应能量的电磁辐射. 当电流大于阈值时，pn 结中的辐射场变得很强，经过半导体介质的端面多次反射放大，在其他弛豫过程消除粒子数反转之前就在pn结中发生受激辐射，发射出强烈的激光. 由于半导体材料中电子密度高，相应的放大系数大，很短的增益介质就可达到激光阈值. LD 的发射阈值低，发射光谱可通过选择半导体材料和温度控制在宽范围内选择和精确调节，是固体激光器极好的泵浦源.

Nd:YAG 中 Nd^{3+}的吸收光谱在 810nm 的中心波长附近有多条吸收线，使用 AlGaAs/GaAs 为材料的 LD，通过温度调谐使其工作波长与某强吸收峰精确匹配，就可以实现高效率的泵浦. LD 的光束发散角较大，须经过端面或侧面耦合进行光束变换后，再聚焦到固体激光器的增益介质上.

2. 调 Q 原理及方法简介

调 Q 技术的出现和发展是激光发展史上的一个重要突破，它是将激光能量压缩到宽度极窄的脉冲中发射，从而使光源的峰值功率提高几个数量级的一种技术. 品质因数 Q 值是评定激光器中光学谐振腔质量好坏的指标，定义为在激光谐振腔内，储存的总能量与腔内单位时间损耗的能量之比，即

$$Q=2\pi\frac{\text{谐振腔内储存的能量}}{\text{每振荡周期损耗的能量}}=2\pi\nu\frac{\text{谐振腔内储存的能量}}{\text{单位时间损耗的能量}}=2\pi\nu\frac{W}{\mathrm{d}W/\mathrm{d}t}$$

式中，W 为腔内储存的总能量；“$\mathrm{d}W/\mathrm{d}t$”为光子能量的损耗速率，即单位时间内损耗的能量；ν 为激光的中心频率.

一般采取改变腔内损耗的办法来调节腔内的 Q 值. 它的基本原理是通过某种方法，使谐振腔的损耗按照规定的程序变化，在光泵激励刚开始时，先使光腔具有高损耗，激光器由于处在高阈值而不能产生振荡，于是激光亚稳态能级上的粒子数可以积累到较高的水平. 当粒子数积累到相应于泵浦而言最大值时，腔的损耗突然降低，阈值也随着降低. 此时反转粒子数大大超过阈值，受激辐射迅速增强. 从而在极短的时间内，上能级储存的大部分粒子的能量将变为激光能量，在输出端有一个强的激光巨脉冲输出. 采用调 Q 技术很容易获得. 调 Q 过程如图 4-2-1 所示.

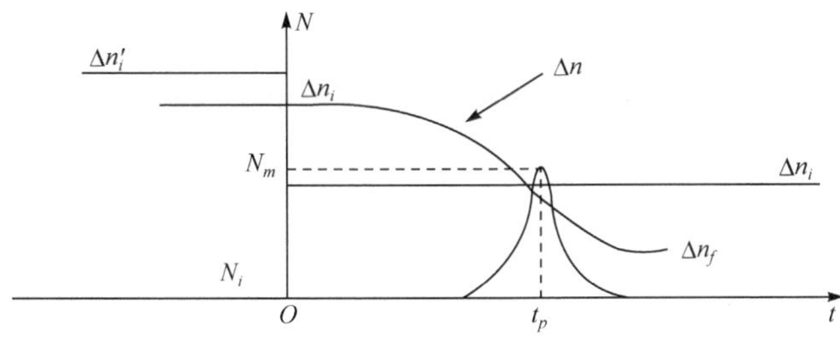

图 4-2-1　调 Q 过程反转粒子数密度及光子数密度随时间的变化

调 Q 的方法有电光调 Q、声光调 Q 和可饱和吸收调 Q 等. 其中被动式可饱和吸收调 Q 具有方法简单、无电磁干扰的特点，是常用的调 Q 法之一. 在激光谐振腔内设置一饱和吸收体，随光强的增加其吸收系数减少. 泵浦开始时，其吸收系数大，谐振腔损耗很大，所以激光不能起振. 随着泵浦造成增益介质的粒子数反转不断积累，自发辐射不断增强，吸收系数减小，当增益开始超过损耗时激光器开始起振. 随着激光强度的增加，吸收系数继续下降，促使激光迅速增加，产生了不断增大的激光辐射高峰. 当激光光强增至吸收体的饱和光强时，增益系数显著下降，腔内光子数密度降低，当降到初始值时，吸收系数也将恢复到初始的高值，调 Q 脉冲结束. 用作被动 Q 开关的饱和吸收体，其吸收峰中心波长应该与激光波长一致，其饱和光强适当，不能过小，也不能太大. 本实验利用 Cr^{4+}: YAG 晶体对 1064 nm 的固体激光器进行调 Q.

二、实验装置

图 4-2-2 为实验装置图，半导体激光器(LD)输出光经过光纤微透镜压缩传输，作为泵浦光. 组合透镜会聚泵浦光至激光晶体(Nd : YAG 或 Nd : YVO_4). 各透镜表面镀有泵浦光增透膜，耦合效率高. 激光晶体的一端镀泵浦光增透和输出激光全反膜 F，作为固体激光器的输入镜. 固体激光器的输出镜为镀膜凹面镜 M，对输出激光部分投射，透过率分别为 8%、3%和 1%. 准直光水平入射在 LD 中心，用来调节各光学部件的共轴共心.

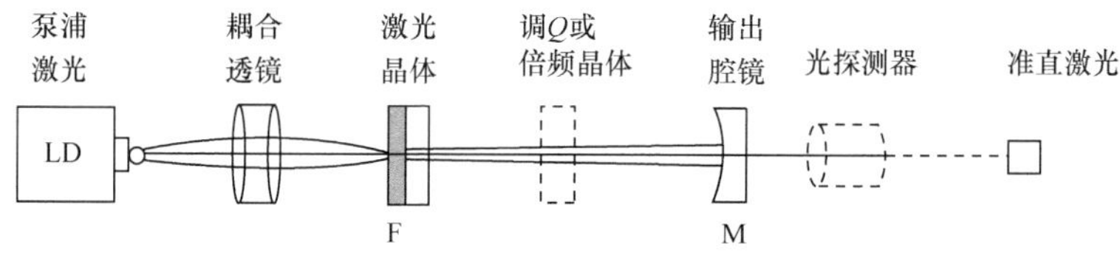

图 4-2-2　半导体泵浦固体激光实验装置图

在实际操作中，F-M 组成的平凹腔很容易形成稳定的输出模，以及产生高的转换效率. 稳定性强的光束腰位置在激光晶体的输入平面上，当泵浦光在该处的光斑半径不超过 ω_0 时，可以与基模振荡模式匹配，容易获得基模输出.

固体激光系统在工作状态下输出 1064nm 红外激光，激光腔内加入调 Q 晶体可以输出脉冲激光,腔内置入非线性光学晶体可以产生 532nm 或其他波长的激光. 利用红外相纸监测红外激光的产生和光斑模式，利用激光功率计和快速光电探测器分别测量输出激光功率和脉冲激光的时间等相应性质.

三、实验内容

(1) 测量并绘制泵浦激光的光功率与激励电流的关系曲线 P_{LD}-I，得出 LD 的

阈值电流 I_{th}. I 的最大值不超过 2.0 A.

(2) 组装和调试固体激光器.

① 用正对泵浦光源的准直激光入射光路，依次加入并调整耦合透镜、激光晶体和输出腔镜 M，使得准直激光正入射到各光学元件中心.

② 遮挡准直激光，引入 LD 泵浦光. 逐渐加大泵浦光激励电流至 0.5 A，观察泵浦激光的聚焦光斑在激光晶体上的大小；增大电流至 1.7A，适当晃动 M，在激光器输出端用红外显示卡捕捉 1064 nm 红外激光.

③ 观察红外激光光斑的形状和亮度. 微调 M 的倾斜和俯仰角度，优化激光模式为基膜圆斑. 用激光功率计对准激光光斑，依次循环调节 F 和 M 的俯仰和倾斜角度，调整激光腔至最佳状态，测量 LD 在 I 为 1.7 A 下的红外激光功率.

④ 换用不同透射率的输出腔镜，测量和比较激光的最大输出功率，确定最佳透过率的输出腔镜.

(3) 固体激光器的性能测量. 分别使用 Nd：YAG 和 Nd：YVO_4 两种激光晶体，测量在最佳工作状态下激光功率 P_{IR} 随泵浦激光电流 I 的变化，获得固体激光器的转换效率 $\eta = P_{IR}/P_{LD}$.

(4) 调 Q 脉冲的产生与测量.

① 放入调 Q 晶体，调好准直，增大泵浦激光电流，用红外相纸观察脉冲激光的输出.

② 用激光功率计测量脉冲激光的平均功率 P_s 随泵浦激光功率 P_{LD} 的变化，得出脉冲激光的转换效率 $\eta = P_s/P_{LD}$.

③ 用快速光电探测器对准脉冲激光，在示波器上观察调 Q 脉冲的时域特性并记录下来，测量不同泵浦功率下调 Q 脉冲的脉宽和重复频率，并分析其变化趋势.

(5) 非线性光学现象的观测.

利用非线性光学晶体，观察二倍频等非线性光学现象.

四、注意事项

(1) 实验中使用的固体激光器输出不可见的红外连续激光或脉冲激光，激光功率和能量都比较高，为避免对人和仪器造成损伤，必须在了解操作规程后，按照操作步骤进行实验. 仪器的使用方法和注意事项见实验说明书.

(2) 避免人眼直视任何激光光束，只可在侧面观察. 操作时站立，防止眼睛和光路等高，可根据需要佩戴合适的激光防护目镜.

(3) 不要触碰和拆装关键元件，如光纤端口、LD 和 LD 电源. 不要改变 LD 电源的控制温度，LD 不可长时间工作在最大电流下，否则会影响其寿命. 调节激光器时，泵浦激光电流不应超过 2.0 A.

(4) 泵浦激光灯出光方向和准直激光的方位调好后，不要轻易挪动和触碰.

(5) 光路准直调好后，在引入泵浦光之前，必须用指定材料遮挡准直器，防止被输出的红外激光打坏.

(6) 必须先使用红外相纸探测红外激光，红外激光灯出光口不能放置金属和纸张.

(7) LD 对环境有较高的要求，实验完毕后，应盖上仪器罩防尘.

五、思考题与讨论

(1) 与氙灯泵浦的固体激光器比较，LD 泵浦固体激光器有哪些优点?

(2) 被动调 Q 使用的可饱和吸收体，其饱和光强为什么不能太大，也不能太小?

(3) 为什么光学二倍频只能在非中心对称的介质中进行?

参 考 文 献

黄植文, 黄显玲. 1996. 激光实验. 北京: 北京大学出版社.
吴思诚, 荀坤. 2015. 近代物理实验. 4 版. 北京: 高等教育出版社.
邹英华, 孙驹亨. 1991. 激光物理学. 北京: 北京大学出版社.

4.3 光电效应及普朗克常量的测定

1887 年物理学家赫兹在用实验验证电磁波的存在时发现了这一现象，但是却无法用当时人们所熟知的电磁波理论加以解释. 1905 年，爱因斯坦大胆地把普朗克在进行黑体辐射研究过程中提出的辐射能量不连续观点应用于光辐射，提出“光量子”概念，从而成功地解释了光电效应现象. 1916 年密立根通过光电效应对普朗克常量进行精确测量，证实了爱因斯坦方程的正确性，并精确地测出了普朗克常量. 爱因斯坦与密立根都因光电效应等方面的杰出贡献，分别于 1921 年和 1923 年获得了诺贝尔奖. 光电效应实验对于认识光的本质及早期量子理论的发展，具有里程碑式的意义. 随着科学技术的发展，光电效应已广泛用于工农业生产、国防和许多科技领域. 利用光电效应制成的光电器件，如光电管、光电池、光电倍增管等，已成为生产和科研中不可缺少的器件.

本实验的目的是通过实验了解光的量子性，验证爱因斯坦方程，并测出普朗克常量 h 的值.

【预习要求】

(1) 了解 PC-Ⅱ型普朗克常量测定仪.

(2) 复习光的量子性和普朗克常量.

一、实验原理

当光束照到某些金属表面上时，可以使电子从金属表面逸出，这种现象称为光电效应，所产生的电子称为光电子.

1. 光电效应的基本规律

(1) 饱和光电流：在一定的光强 P 照射下，存在饱和光电流 I_m，饱和光电流与光强成正比(图 4-3-1)，也就是说单位时间内由阴极逸出的光电子数与光强成正比.

(2) 遏止电压：逐步增加减速电场，光电流将逐步减小. 当光电流完全减少到零时所对应的减速电场的电压(绝对值)V_S，称为遏止电压. 实验表明，遏止电压 V_S 与光强无关(图 4-3-1). 遏止电压的存在，表明光电子的初速有一上限 v_{max}，相应地，动能也有一上限，它等于

$$\frac{1}{2}mv_{max}^2 = eV_S \tag{4-3-1}$$

式中，m 是电子的质量；e 是电子电荷的绝对值.

(3) ν 与 V_S 的关系：入射光的频率 ν 改变，V_S 也随之改变. 而且 V_S 与频率 ν 呈线性关系(图 4-3-2).

(4) 截止频率：当入射光频率 ν 减小到低于某频率 ν_0 时，V_S 减到零，这时不论光强多大，光电效应不再发生. ν_0 称为截止频率(图 4-3-2).

(5) 光电效应是瞬时效应：几乎在光照射的同时就会产生光电子，弛豫时间最多不超过 10^{-19} s.

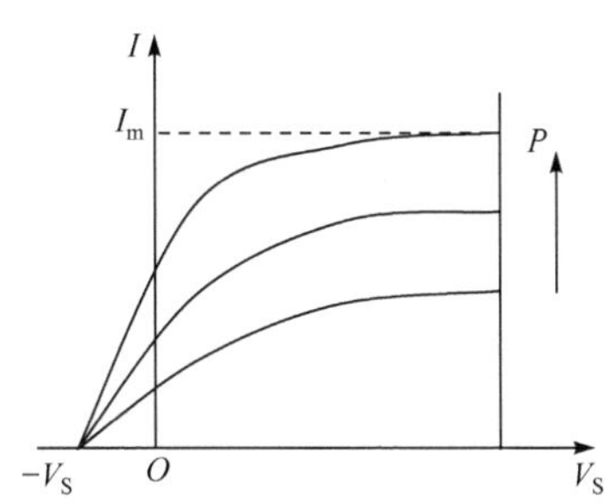

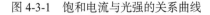

图 4-3-1　饱和电流与光强的关系曲线

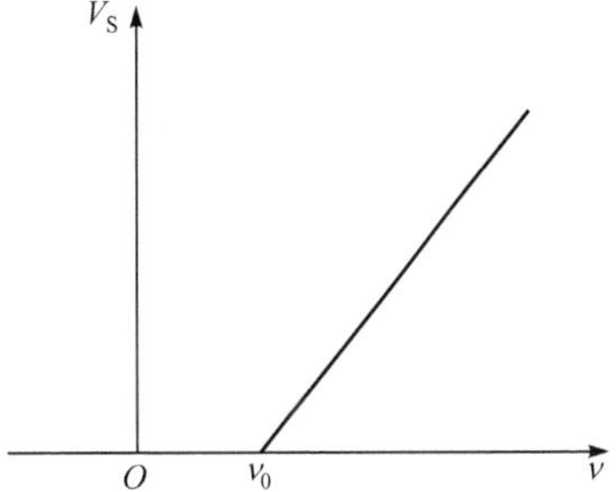

图 4-3-2　截止电压与频率呈线性关系

2. 爱因斯坦光量子假说

光电效应的实验规律是光的波动理论所不能解释的. 为了解释上述现象，

1905年爱因斯坦发展了普朗克的能量子假说，大胆提出了光子假说：当光束和物质相互作用时，其能量并不是连续分布的，而是集中在一些叫做光子(或光量子)的粒子上. 频率为ν的光子具有的能量为$E=h\nu$，其中h是普朗克常量. 当光子照射在金属上时，光子一个一个地打在它的表面，金属中的电子要么吸收一个光子，要么完全不吸收. 当金属中的电子吸收一个频率为ν的光子时，将获得光子的全部能量$h\nu$，如果这能量大于金属的逸出功W，电子可从金属逸出. 由于在逸出金属表面后具有的动能$\frac{1}{2}mv^2 < h\nu - W$，或者说光电子动能最多不能超过$\frac{1}{2}mv^2 < h\nu - W$，即得到爱因斯坦光电效应方程

$$h\nu = \frac{1}{2}mv_{\max}^2 + W \tag{4-3-2}$$

爱因斯坦光子理论可以成功地解释上述光电效应的所有实验结果. 入射光的强弱意味着光子流密度的大小. 光越强表明光子流密度越大，在单位时间内金属中吸收光子的电子数目就多，从而饱和光电流就大，所以饱和光电流和光强成正比. 但不管光子流的密度如何，每个电子只吸收一个光子，所以电子获得的能量($h\nu$)与光强无关，但与ν成正比. 由上式可以看出，遏止电压V_S与频率ν呈线性关系，与光强无关. 从关系式中还可以看到：当光子能量$h\nu < W$时，电子不能逸出金属表面，所以光电效应不能发生. 产生光电效应时的入射光波最低频率$\nu_0 = W/h$，称为光电效应的截止频率(红限). ν_0与光强无关，不同的金属材料有不同的逸出功W，因而ν_0也是不同的.

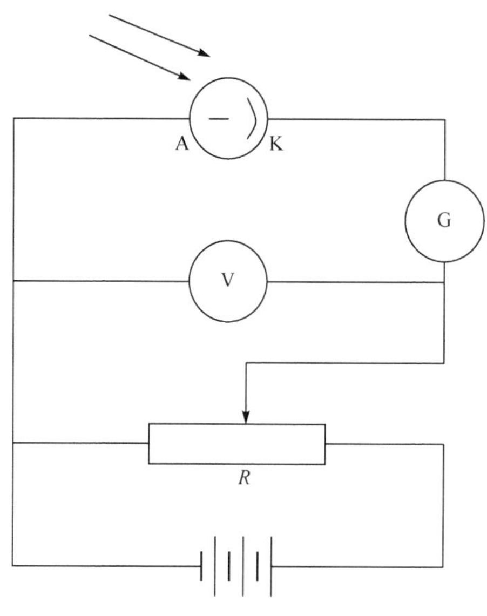

图 4-3-3　实验原理线路图

二、实验装置

PC-II型普朗克常量测定仪，其中包括低压汞灯、光阑、限流器、干涉滤光片、成像物镜、光电管、微电流放大器.

三、实验内容

本实验用“减速电压法”验证爱因斯坦方程并由此求出普朗克常量 h. 实验原理线路图见图 4-3-3. K为光电管的阴极，A 为阳极. 当单色光入射到光电管的阴极K上时，如有光电子逸出，则

当阳极 A 加正电压、阴极 K 加负电压时，光电子就被加速；而当 K 加正电压，A 加负电压时，光电子就被减速. 若 A 所加负电压等于 $-V_S$ ，光电流将为零. 利用这一现象可确定 V_S 的值. 改变入射光的频率 ν ，可测得不同的遏止电压 V_S ，作 V_S-ν 图，若所得实验曲线确实为一直线，则与爱因斯坦方程相符合. 根据图 4-3-2 可知该直线的斜率为

$$\tan\theta = \frac{\Delta V_S}{\Delta \nu} = \frac{h}{e} \tag{4-3-3}$$

式中， e 为电子电荷， $e = 1.6\times10^{-19}\text{C}$ ，由此式即可计算出 h 的数值.

四、实验步骤

(1) 用专用电缆将微电流输入端接口与接收暗箱输出端接口连接起来；将接收暗箱加速电压输入端插座与放大器加速电压输出端插座连接起来；将汞灯座下侧电线与限流器连接好；将微电流计与汞灯限流器接上电源，打开微电流计背后右下侧的电源开关及汞灯限流器开关，充分预热(一般为 20 min 左右).

(2) 测量范围旋钮调到“短路”，除去遮光罩，打开观察窗盖，调整光源及物镜位置，使汞灯清晰地成像在光电管阳极圈中央部位，调整好后将这个遮光罩盖好.

(3) 将功能键拨至“A”，旋转“调零”旋钮使放大器短电流为 0.00，将“测量范围”旋钮旋至“满度”，旋转“满度”旋钮使电流值为“0.00”.

(4) 除去遮光孔盖，装上某一波长的滤光片，将电表功能键拨至“A”挡位，“测量范围”旋钮调到 10^{-2} 挡位，慢慢地调节加速电压旋钮使光电流显示为“0”，然后将功能键拨至“2 V”挡位，这时显示的电压值即为此单色波长所对应的遏止电压 V_S 值.

(5) 将不同波长(频率)所对应的 V_S 值填入表 4-3-1.

表 4-3-1　不同波长所对应 V_S 值数据记录表

λ / nm				
ν / ($\times10^{14}$ Hz)				
V_S / V				

(6) 在坐标纸上作出 V_S-ν 关系曲线，它应该是一条直线，与爱因斯坦方程相符合. 最后求出直线的斜率并计算出 h 的数值，将所得的计算值与 h 的公认值进行比较.

五、注意事项

(1) 实验前，汞灯需要预热 20 min，然后再打开微电流测试仪电源开关.

(2) 更换滤光片时注意避免污染，以免除不必要的折射光带来的实验误差.

(3) 更换滤光片和实验完毕后，用遮光板挡住光电管入光孔，避免强光照射阴极而缩短光电管寿命.

(4) 实验过程中，轻拿轻放以保护光路稳定；实验完毕后，关闭电源，将仪器罩盖好，以便保护仪器.

六、思考题与讨论

(1) 为什么饱和电流和光强成正比而与频率无关?

(2) 光源的强度是否会影响截止电压?

参考文献

姚启钧. 2014. 光学教程. 5 版. 北京: 高等教育出版社.
游璞, 于国萍. 2003. 光学. 北京: 高等教育出版社.
赵凯华, 钟锡华. 2017. 光学. 2 版. 北京: 北京大学出版社.

4.4 磁光克尔效应

磁光效应(magneto-optic effect)指的是光与处于磁化状态的物质之间发生相互作用而引起的各种光学现象. 包括克尔磁光效应(magneto-optic Kerr effect)、科顿-穆顿效应(Cotton-Mouton effect)、塞曼效应(Zeeman effect)和法拉第效应(Faraday effect)等. 借助这些效应可以用光学方法探测物质的磁化状态，或者在已知式样磁性质的情况下，测量其所在处磁场. 此外，还可以通过施加不同的外磁场来改变物质随光场的响应行为以达到某种应用目的. 所以，磁光效应被广泛应用到磁畴观察、磁光存储、薄膜磁性原位表征、自旋电子学、太阳磁场测量、原子操纵和冷却、光隔离等方面.

目前法拉第效应和克尔效应是研究和应用得最广泛的磁光效应. 1845 年，英国物理学家迈克尔 · 法拉第(Michael Faraday)首次发现了线偏振光透过放置磁场中的物质，沿着磁场方向传播时，光的偏振面会发生旋转的现象，被称为法拉第效应. 1876 年，英国物理学家约翰 · 克尔(John Kerr)观察到线偏振光入射到磁化介质表面反射时，偏振面发生旋转的现象，即克尔效应. 直至 1985 年，Moog 和 Bader 两位学者提出用 SMOKE 来作为表面磁光克尔效应(surface magneto-optic Kerr effect)的缩写，以此表示应用磁光克尔效应在表面磁学上的研究，成功地得到 1 个原子层厚度磁性物质的磁滞回线，开启了超薄磁性物质与界面磁性材料研究的大门.

本实验希望通过测量一个磁性薄膜的磁光克尔磁滞回线，使同学们能够对磁光效应的物质起源、唯象理论和微观机制有较好的理解.

【预习要求】

(1) 阅读塞曼效应实验中关于能级分裂和选择定则方面的内容.

(2) 阅读 FD-SMOKE-A 表面磁光克尔效应实验系统的使用说明书.

一、实验原理

克尔效应在表面磁学中的应用，即为表面磁光效应 SMOKE. 它是指铁磁性样品(如铁、钴、镍及其合金)的磁化状态对于从其表面反射的光的偏振状态的影响. 当入射光为线偏振光时，样品的磁性会引起反射光偏振面旋转和椭偏率的变化.

如图 4-4-1 所示，当一束线偏振光入射到样品表面上时，若样品为各向异性，那么反射光的偏振方向便会发生偏转. 若此时样品还处于铁磁状态，那么由于铁磁性，还会导致反射光的偏振面相对于入射光的偏振面额外地再转过一个小的角度，该小角度被称为克尔旋转角 θ_K. 同时，由于样品对 p 光和 s 光的吸收率不一样，即使样品处于非磁状态，反射光的椭偏率也会发生变化，而铁磁性会导致椭偏率有一个附加的变化，该变化被称为克尔椭偏率 ε_K. 由于 θ_K 和 ε_K 都是磁化强度 M 的函数，所以可以通过探测 θ_K 或 ε_K 的变化推测出 M 的变化.

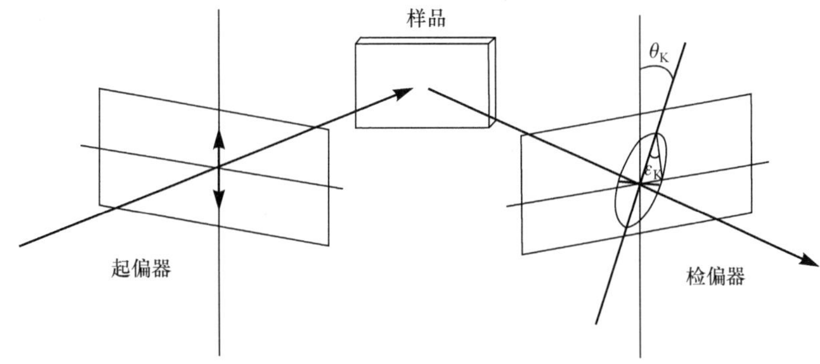

图 4-4-1　表面磁光克尔效应原理

按照磁场相对于入射面的配置状态不同，磁光克尔效应可以分为：极向克尔效应、纵向克尔效应和横向克尔效应三种.

(1) 极向克尔效应：如图 4-4-2(a)所示，磁化方向垂直于样品表面并且平行于入射面. 一般情况下，极向克尔信号的强度随着光入射角的减小而增大，当以 0°角入射时(垂直入射)达到最大.

(2) 纵向克尔效应：如图 4-4-2(b)所示，磁化方向在样品膜面内，且平行于入射面. 纵向克尔信号的强度一般随着光的入射角减小而减小，在 0°入射时为零. 一般情况下，纵向克尔信号中无论是克尔旋转角还是克尔椭偏率都要比极向克尔

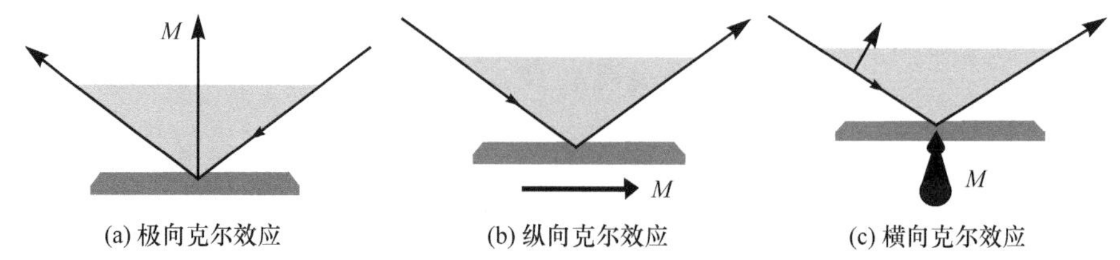

图 4-4-2　三种磁光克尔效应

信号小一个数量级. 正是这个原因纵向克尔效应的探测远比极向克尔效应来得困难. 但对于很多薄膜样品来说，易磁轴通常平行于样品表面，因而只有在纵向克尔效应配置下样品的磁化强度才容易达到饱和. 所以，纵向克尔效应对于薄膜样品的磁性研究十分重要.

(3) 横向克尔效应：如图 4-4-2(c)所示，磁化方向在样品膜面内，且垂直于入射面. 由于在这种配置下光电场与磁化强度矢积的方向永远没有与光传播方向相垂直的分量，所以横向克尔效应中反射光的偏振状态没有变化. 只有在 p 偏振光(偏正方向平行于入射面)入射时，反射率才会有一个很小的变化.

下面以极向克尔效应为例，详细讨论 SMOKE 系统，原则上完全适用于纵向克尔效应和横向克尔效应. 图 4-4-3 为常见的 SMOKE 系统光路图，氦-氖激光器发射一激光束通过起偏棱镜后变成线偏振光，然后从样品表面反射，经过偏振棱镜进入探测器. 偏振棱镜的偏振方向与起偏棱镜设置成偏离消光位置一个很小的角度 δ，如图 4-4-4 所示. 样品放在磁场中，当外加磁场改变样品磁化强度时，反射光的偏振状态就会发生改变，通过检偏棱镜的光强也会发生改变. 在一阶近似

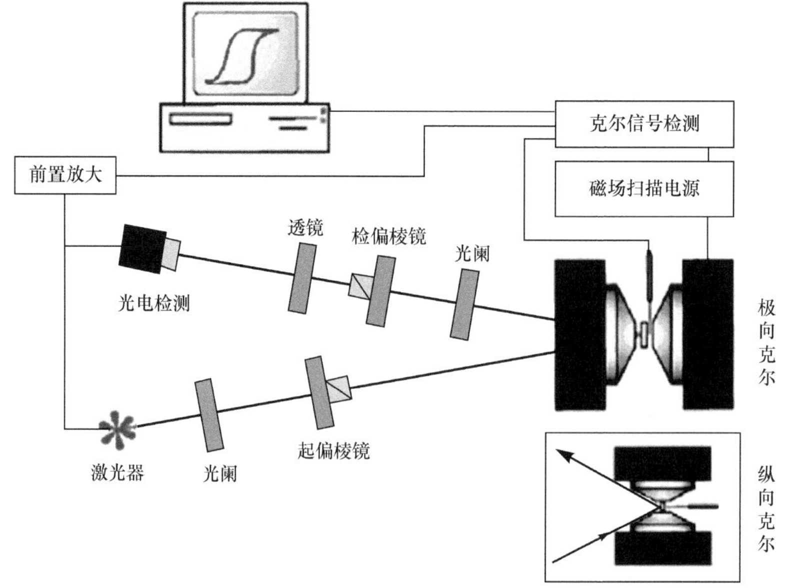

图 4-4-3　常见的 SMOKE 系统光路图

下光强的变化和磁化强度呈线性关系，所以通过探测器探测到的这个光强变化就可推测出样品的磁化状态.

两个偏振棱镜的设置状态主要是为了区分正负克尔旋转角. 若两个偏振方向设置在消光位置，无论反射光偏振面是顺时针还是逆时针旋转，反映在光强的变化都是增大. 这样无法区分偏振面的正负旋转方向，也就无法判断样品的磁化方向. 而当两个偏振方向之间有一个小角度 δ 时，通过检偏棱镜的光线便有一个本底光强 I_0. 反射光偏振面旋转方向和 δ 同向时光强增大，反向时光强减小，所以样品的磁化方向可以过通过光强的变化来区分.

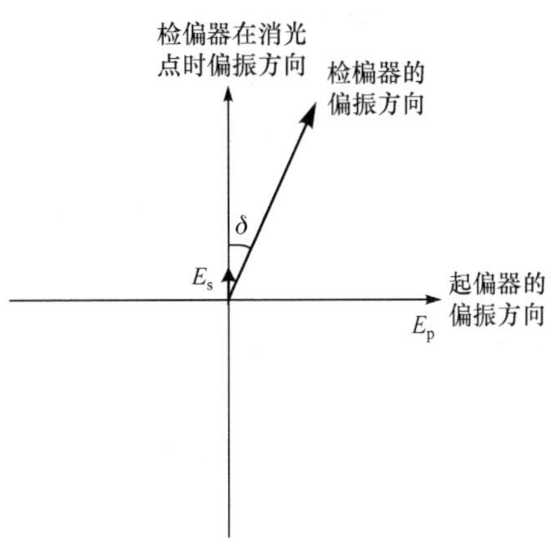

图 4-4-4　偏振器件配置

在图 4-4-2(a)的光路中，假设入射光为 p 偏振(电场矢量 E_p 平行于入射面)，当光线从磁化了的样品表面反射时由于克尔效应，反射光中含有一个很小的垂直于 E_p 的电场分量 E_s，通常 $E_s \ll E_p$. 在一阶近似下有

$$\frac{E_s}{E_p} = \theta_K + i\varepsilon_K \tag{4-4-1}$$

通过检偏棱镜的光强为

$$I = \left|E_p \sin\delta + E_s \cos\delta\right|^2 \tag{4-4-2}$$

将式(4-4-1)代入式(4-4-2)得

$$I = \left|E_p\right|^2 \left|\sin\delta + (\theta_K + i\varepsilon_K)\cos\delta\right|^2 \tag{4-4-3}$$

由于 δ 很小，所以 $\sin\delta \approx \delta$ ，$\cos\delta \approx 1$ ，得

$$I = \left|E_p\right|^2 \left|\delta + (\theta_K + i\varepsilon_K)\right|^2 \tag{4-4-4}$$

整理得

$$I = \left|E_p\right|^2 (\delta^2 + 2\delta\theta_K) \tag{4-4-5}$$

$$I_0 = \left|E_p\right|^2 \delta^2 \tag{4-4-6}$$

所以有

$$I = I_0\left(1 + \frac{2\theta_K}{\delta}\right) \tag{4-4-7}$$

所以饱和状态下的克尔旋转角 θ_K 为

$$\Delta\theta_K = \frac{\delta}{4}\frac{I(+M_s)-I(-M_s)}{I_0} = \frac{\delta}{4}\frac{\Delta I}{I_0} \tag{4-4-8}$$

其中 $I(+M_s)$和 $I(-M_s)$分别为正负饱和状态下的光强. 从上式可以看出，光强的变化只与克尔旋转角 θ_K 有关，而与 ε_K 无关. 说明在图 4-4-3 这种光路中探测到的克尔信号只是克尔旋转角.

在超高真空原位测量中，激光在入射到样品之前和经样品反射之后都需要经过一个视窗. 但是视窗的存在产生了双折射，这样就增加了测量系统的本底，降低了测量的灵敏度. 为了消除视窗的影响，降低本底和提高探测灵敏度，需要在检偏器之前加一个 1/4 波片. 仍然假设入射光为 p 偏振，1/4 波片的主轴平行于入射面，如图 4-4-3 所示.

表面磁光克尔效应具有极高的探测灵敏度. 目前表面磁光克尔效应的探测灵敏度可以达到 10^{-4} 度的量级，这是一般常规的磁光克尔效应测量所达不到的. 因此表面克尔效应具有测量单原子层，甚至于亚原子层磁性薄膜的灵敏度，被广泛应用到磁性薄膜的研究中，虽然其测量的结果是克尔旋转角或克尔椭偏率，而非直接测量磁性样品的磁化强度. 但在一阶近似的条件下，克尔旋转角或克尔椭偏率均和磁性样品的磁化强度成正比. 所以，只需要用振动样品磁强计(VSM)等直接测量磁性样品的磁化强度的仪器对样品进行一次定标，即能获得磁性样品的磁化强度. 另外，表面磁光克尔效应实际上测量的是磁性样品的磁滞回线，因此可以获得矫顽力、磁各向异性等方面的信息.

二、实验装置

表面磁光克尔效应实验系统主要由电磁铁系统、光路系统、主机控制系统、光学实验平台和计算机做成，如图 4-4-5 所示.

三、实验内容

1. 仪器连接

(1) 将 SMOKE 光功率计控制主机前面板激光器“DC3V”输出通过音频线与半导体激光器连接，将光电接收器与 SMOKE 光功率计控制主机后面板的“光路输入”连接，注意连接线一端为三通道音频插头，接光电接收器，另一端为绿、黄、黑三色标识插头，与相应颜色的插座相连. 将霍尔传感器探头一端固定在电磁铁支撑架上(注意霍尔传感器的方向)，另外一端与 SMOKE 光功率计控制主机后面板“磁路输入”相连，注意“磁路输入”也有四种颜色区分不同接线柱，对应接入. 将“磁路输出”和“光路输出”分别用五芯航空线与 SMOKE 克尔信号控制主机后面板的“磁信号”和“光信号”输入端相连.

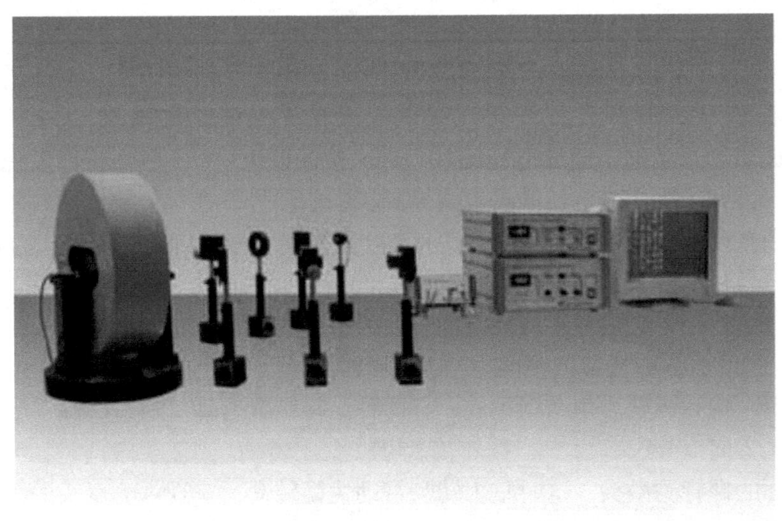

图 4-4-5 FD-SMOKE-A 表面磁光克尔效应实验系统实验装置

(2) 将 SMOKE 克尔信号控制主机后面板上“控制输出”和“换向输出”分别与 SMOKE 磁铁电源控制主机后面板上“控制输入”和“换向输入”用五芯航空线相连. 用九芯串口线将“串口输出”与计算机上串口输入插座相连.

(3) 将 SMOKE 磁铁电源控制主机后面板上的电流输出与电磁铁相连,“20V, 40V”波段开关拨至“20V”. (只有在需要大电流情况下才拨至“40V”.)

(4) 接通三个控制主机的 220V 电源，开机预热 20 min.

2. 样品放置

本仪器可以测量磁性样品，如铁、钴、镍及其合金.

(1) 将样品做成长条状，即易磁轴与长边方向一致.

(2) 将样品用双面胶固定在样品架上,并把样品架安放在磁铁固定架中心点孔内. 这样便可实现样品水平方向的转动，以及实现极向克尔效应和纵向克尔效应的转换.

(3) 在磁铁固定架的一端有一个手柄，当放置好样品时可以旋紧螺丝，这样可以固定样品架，防止加磁场时样品位置有轻微变化，从而影响克尔信号的检测.

3. 光路调整

(1) 在入射光光路中，可以依次放置激光器、可跳光阑、起偏棱镜(格兰-汤普孙棱镜)，调节激光器前端的小镜头，使打在样品上的激光斑越小越好，并调节起偏棱镜使其起偏方向与水平方向一致(仪器起偏棱镜方向出厂前已校准，参考上面标注角度)，从而使入射线偏振光为 p 光. 另外通过旋转可调光阑的转盘，使入射激光光斑直径最小.

(2) 在反射接收光路中，可以依次放置可调光阑、检偏棱镜、双凸透镜和光电监测装置. 由于样品表面平整度的影响，反射光光束发散角已经远远大于入射光束，调节小孔光阑，使反射光能顺利进入检偏棱镜. 为了使从检偏棱镜出来的光会聚，以利于后面光电转换装置测量到较强的信号，在检偏棱镜后放置一个长焦距双凸透镜. 光电转换装置前部放一个可调光阑，光阑后装一个波长为 650 nm 的干涉滤色片，这是为了减小界面杂散光的影响，从而提高检测灵敏度. 滤色片后有硅光电池，将光信号转换成电信号并通过屏蔽线送入控制机中.

(3) 起偏棱镜和检偏棱镜同为格兰-汤普孙棱镜，机械调节结构也相同. 它由角度粗调结构和螺旋测角结构组成，且两种结构结合合理，通过转动外转盘粗调棱镜偏振方向，分辨率为 1°，且外转盘可以 360°转动. 当需要微调时，可以转动转盘侧面的螺旋测微头，这时整个转盘带动棱镜转动，实现由测微头的线位移转变为棱镜转动的角位移. 测微头精度为 0.01 mm，这样通过外转盘的定标，便可实现角度的精密测量. 通过检测，这种角度测量精度可达到 2′左右，由于每个转盘有加工误差，所以具体转动测量精度须通过定标测量得到.

(4) 实验时，通过调节起偏棱镜使入射光为 p 光，即偏振面平行于入射面. 接着设置检偏棱镜，先粗调转盘，使反射光与入射光正交，这时光电检测信号最小(由信号检测主机上电压表可以读出)，然后转动螺旋测微头，设置检偏棱镜偏离消光位置 1°～2°. 再调节信号 SMOKE 光功率计可控制主机上的光路增益调节电位器和 SMOKE 克尔信号控制主机上“光路电平”以及“光路幅度”电位器，使输出信号幅度在 1.25 V 左右.

(5) 调节信号 SMOKE 光功率计控制主机上的磁路增益调节电位器和 SMOKE 克尔信号主机上“磁路电平”电位器，使磁路信号大小为 1.25 V 左右. 这样做是因为采集卡的采集信号范围是 0～2.5 V，光路信号和磁路信号都调节在 1.25 V 左右，软件显示正好处于界面中间.

4. 实验操作

1) 测量样品磁滞回线

(1) 将 SMOKE 励磁电源控制主机上的“手动-自动”转换开关指向“手动”挡，调节“电流调节”电位器，选择合适的最大扫描电流. 由于每种样品的矫顽力不同，所以最大扫描电流不同，实验时可以首先大致选择，观察扫描波形，然后再细调. 通过观察励磁电源主机上的电流指示，选择好合适的最大扫描电流，然后将转换开关调至“自动”挡.

(2) 打开“表面磁光克尔效应实验软件”，在保证通信正常的情况下，设置好“扫描周期”和“扫描次数”，进行磁滞回线的自动扫描. 也可以将励磁电源主机上的“手动-自动”转换开关指向手动挡，进行手动测量，然后描点作图.

2) 测克尔椭偏率随磁场变化的曲线

按图 4-4-3 的光路图，在检偏棱镜前放置 1/4 波片，并调节 1/4 波片的主轴平行于入射面，调整好光路后进行自动扫描或手动测量，这样就可以检测克尔椭偏率随磁场变化的曲线.

3) 测量样品所在处磁感应强度 B_1 与霍尔传感器探测到的磁场强度 B_2 的关系

手动改变励磁电流从 0～10.00 A 变化，每间隔 0.5 A 用数字式特斯拉计测量电磁铁两极中心处的磁感应强度 B_1，同时记录信号检测主机上霍尔传感器探测到的磁感应强度 B_2 的大小，B_2 是以电压大小表示的，将数据填入表 4-4-1.

表 4-4-1　B_1 和 B_2 的关系

电流/A	0.00	0.50	1.00	1.50	2.00	2.50	3.00	3.50	4.00	4.50	5.00
B_1/mT											
B_2/V											
电流/A	5.50	6.00	6.50	7.00	7.50	8.00	8.50	9.00	9.50	10.00	
B_1/mT											
B_2/V											

四、注意事项

(1) 激光器不可以直接入射人的眼睛，以免造成伤害.

(2) 实验样品为磁性薄膜，如铁、钴、镍或者其合金.

(3) 实验时应尽量避免外界自然光的影响，若有条件，尽量在暗室内完成.

(4) 因为 SMOKE 检测的信号非常小，实验时应该尽量避免外界振动的影响.

五、思考题与讨论

(1) 如何确定克尔旋转角的符号?

(2) 为什么外加磁场为零时样品依然有不为零的克尔旋转角.

参 考 文 献

廖延彪. 2003. 偏振光学. 北京: 科学出版社.

赵凯华. 2004. 新概念物理教程 · 光学. 北京: 高等教育出版社.

FD-SMOKE-A 表面磁光克尔效应实验系统使用说明.

Qiu Z Q, Bader S D. 2000. Surface magnetio-optic Kerr effect. Review of Scientific Instruments, 71(3): 1243-1255.

4.5　透射全息图的拍摄

全息术——利用光的干涉和衍射原理，将物体发射的特定光波以干涉条纹的形式记录下来，并在一定的条件下使其再现，形成原物逼真的立体像的技术. 由于记录了物体的全部信息(振幅和相位)，因此称为全息术或全息照相.

1948 年，英国科学家丹尼斯 · 伽博(Dennis Gabor)为提高电子显微镜的分辨率，在布拉格(Bragg)和策尼克(Zernike)工作的基础上提出了全息术. 但其需要高度相干性和高强度的光源，所以直到 1960 年激光的出现，以及 1962 年利思(Leith)和乌帕特尼克斯(Upatnieks)提出离轴全息图以后，全息术的研究才进入一个新的阶段，相继出现了多种全息方法，开辟了全息应用的新领域，成为光学的一个重要分支. 现在，全息术在干涉计量、无损检测、信息存储与处理、遥感技术、生物医学和国防科研等领域中获得了极为广泛的应用. 伽博也因发明全息术于 1971 年获得诺贝尔物理学奖.

本实验的目的：了解全息照相记录和再现的原理；掌握漫反射物体的全息照片摄制方法；加深对全息照片特点的理解.

【预习要求】

(1) 全息照相与普通照相的差异.

(2) 三维物体全息像拍摄的实验光路要求.

(3) 全息照相再现时物像关系和观察方法.

一、实验原理

普通照相底片上所记录的图像只反映了物体上各点发光(辐射光或反射光)的强弱变化，也就是只记录了物光的振幅信息，于是，在照相纸上显示的只是物体的二维平面像，丧失了物体的三维特征. 全息照相则不同，它借助于相干的参考光束 R 和物光束 O 相互干涉来记录物光振幅和相位的全部信息.

如图 4-5-1 所示，设 x-y 平面为全息底片平面，底片上一点(x, y)处物光束 O 和参考光束 R 的光场分布分别为

$$O(x,y,t)=O_{\mathrm{o}}(x,y)\mathrm{e}^{\mathrm{i}\omega t} \tag{4-5-1}$$

$$R(x,y,t)=R_{\mathrm{o}}(x,y)\mathrm{e}^{\mathrm{i}\omega t} \tag{4-5-2}$$

其中

$$O_{\mathrm{o}}(x,y)=A_{\mathrm{o}}(x,y)\mathrm{e}^{\mathrm{i}\varphi_{\mathrm{o}}(x,y)} \tag{4-5-3}$$

$$R_{\mathrm{o}}(x,y)=A_{\mathrm{r}}(x,y)\mathrm{e}^{\mathrm{i}\varphi_{\mathrm{r}}(x,y)} \tag{4-5-4}$$

为物光束和参考光束的复振幅，由于它们是相干光束，所以全息底片上的光强是它们合振幅的平方[为了书写简便，略去(x, y)]，即

$$
\begin{aligned}
I(x,y) &= |O_o + R_o|^2 = O_oO_o^* + R_oR_o^* + O_oR_o^* + R_oO_o^* \\
&= A_o^2 + A_r^2 + A_oA_r\mathrm{e}^{\mathrm{i}(\varphi_o-\varphi_r)} + A_oA_r\mathrm{e}^{\mathrm{i}(\varphi_r-\varphi_o)} \\
&= A_o^2 + A_r^2 + 2A_rA_o\cos(\varphi_o-\varphi_r)
\end{aligned} \tag{4-5-5}
$$

在式(4-5-5)右边三项中，第一项(A_o^2)反映了物光的光强，它在底片上不同位置有不同的大小. 第二项(A_r^2)反映了参考光的光强，由于 A_r 是均匀分布的，所以 A_r^2 构成了底片上的均匀背景，第三项[$2A_rA_o\cos(\varphi_o-\varphi_r)$]反映了两束相干光的振幅和相对相位的关系. 这样的照相把物光波的振幅和相位两种信息全部记录下来了，因而称为全息照相.

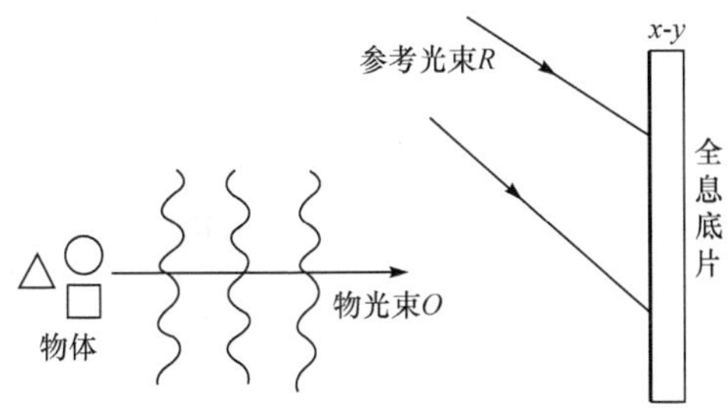

图 4-5-1　全息记录光路

全息照相底片上记录的不是物体的几何图形，而是一组记录着物光波的振幅和相位全部信息的不规则的干涉图样，所以又称为全息图. 全息图上干涉图样的明暗对比程度反映了物光波相对于参考光波之间振幅(强度)的变化，而干涉图样的形状和疏密变化则反映了物光波和参考光波之间的相位变化.

拍摄好的全息底片，经过适当的显影、定影和漂白处理后，底片上各点的振幅透射率 $t(x,y)$ 与入射光强 $I(x,y)$ 的关系如下：

$$
t(x,y) = t_o + \beta I(x,y) = t_o + \beta|O_o + R_o|^2 \tag{4-5-6}
$$

其中，t_o 为底片的灰雾度；β 为比例常数(对于负片，$\beta < 0$). 为了重现物光的波前，必须用一相干光照射全息图，设照射到全息图上的相干光的复振幅也为 R_o (通常用参考光作为再现光)，则透过全息图的复振幅 $A(x,y)$ 为

$$
\begin{aligned}
A(x,y) &= t(x,y)R_o = t_oR_o + \beta R_o|O_o + R_o|^2 \\
&= t_oR_o + \beta R_o(|O_o|^2 + |R_o|^2) + \beta R_oR_o^*O_o + \beta R_oR_oO_o^*
\end{aligned} \tag{4-5-7}
$$

式(4-5-7)表明经全息图透射后的光波包含三个不同的分量：第一、二项代表的是强度衰减的直接透射光；第三项正比于 O_o，即除振幅大小改变外，原来的物光波准确地再现出来了，波前发散形成物体(在原来位置上)的虚像；第四项是与物光共轭的光波，这意味着在虚像的相反一侧会聚成一个共轭的实像，如图 4-5-2 所示.

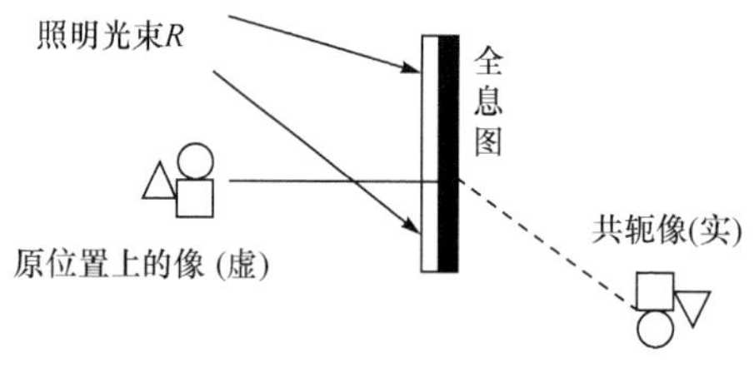

图 4-5-2　全息再现光路

方程(4-5-5)与(4-5-7)表明，全息照相过程包含记录和再现两个过程：①用干涉方法记录物光波的全部信息；②用衍射方法再现物体的光学图像. 下面以发光物点的全息照片为例，具体说明上述记录和再现的物理过程，如图 4-5-3 所示，从发光点 O 发出的单色球面波与相干的平面参考光波 R 在感光底上叠加曝光，形成一组明暗相间的同心干涉圆环，条纹的分布是中央稀疏而边缘稠密，底片经冲洗后，干涉亮条纹处形成不透光暗环，暗条纹处则形成透光亮环，因此点光源的全息图是一片具有不等间隔的圆环形光栅，其间隔从中心到边缘逐渐减小.

当用平行光照明该全息图时，如图 4-5-4 所示，每一透光的干涉环均要产生衍射，衍射光波具有旋转轴对称的特性，其衍射角随着光栅间隔的减小而增大，正一级发散的衍射波重现了物点 O 的原始虚像 O'，负一级会聚衍射光波则形成了物点 O 的共轭实像 O''.

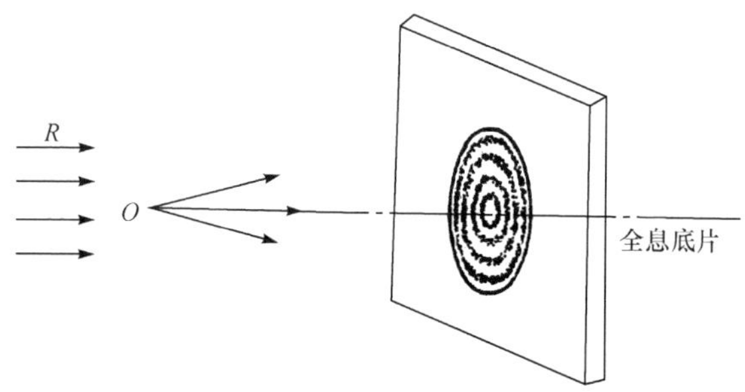

图 4-5-3　点光源全息图记录光路

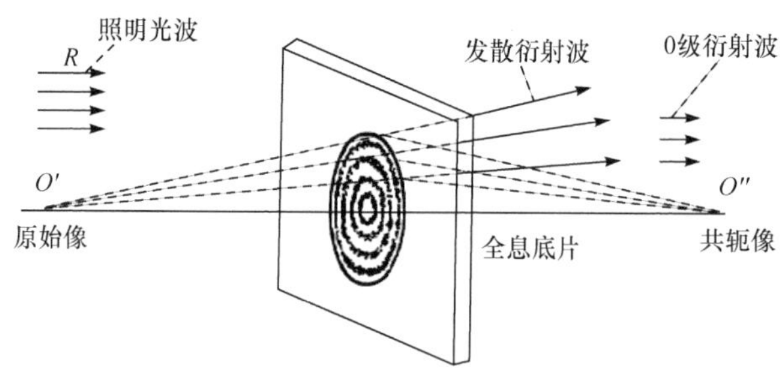

图 4-5-4　点光源全息图再现光路

因为任意物体都是由许多独立发光点所组成的，如图 4-5-4 所示，记录时，每一点发出的光波均与参考光波形成各自的全息图，这些点源全息图的叠加就构成该物体的全息照片，显然它是一组复杂而不规则的干涉图样，而不是物体的几何图样，如图 4-5-2 再现时，各原始像点的组合就形成了整个物体逼真的立体再现虚像 O'. 共轭像点的组合则形成整个物体的共轭实像 O''，通常它是处于观察者同侧的实像.

全息再现像的位置、虚实和大小是完全确定的，具体可由物点的位置、参考光源和再现照明光源的位置决定，如图 4-5-5 所示.

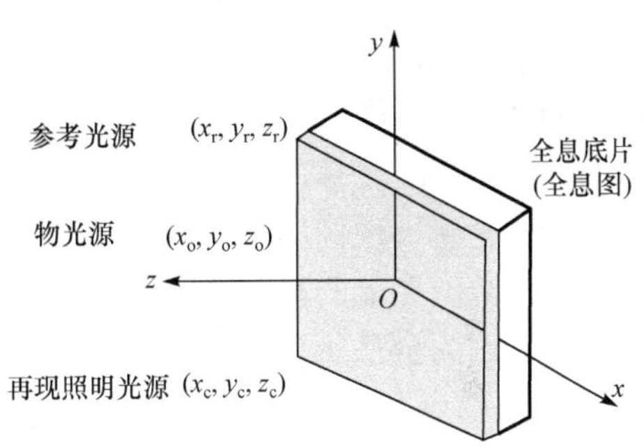

图 4-5-5　全息再现像位置的确定

选定坐标系，原点位于全息照片的中心，物点的位置为 (x_o, y_o, z_o)，参考点源和再现点源的位置分别为 (x_r, y_r, z_r) 和 (x_c, y_c, z_c)，且设 z_o、z_r、z_c 均大于零，即都位于全息图的左侧，可以证明，两个再现像都是一个点，其位置 (x_i, y_i, z_i) 可由下式确定：

$$\begin{cases} x_i = \left(\pm\dfrac{x_o}{z_o} \mp \dfrac{x_r}{z_r} + \dfrac{x_c}{z_c}\right) z_i \\ y_i = \left(\pm\dfrac{y_o}{z_o} \mp \dfrac{y_r}{z_r} + \dfrac{y_c}{z_c}\right) z_i \\ z_i = \left(\dfrac{1}{z_c} \mp \dfrac{1}{z_r} \pm \dfrac{1}{z_o}\right)^{-1} \end{cases} \tag{4-5-8}$$

式(4-5-8)中上面一组符号适用于原始像，下面一组符号适用于共轭像. 像的位置由 z_i 的符号决定，如 $z_i>0$ 时为虚像，位于全息图左侧；反之，$z_i<0$ 时，则为实像，位于全息图的右侧. 若参考光波与再现照明光波相同，则由式(4-5-8)知，$z_i = \pm z_0$，即原始像为虚像，共轭像为实像，再现像的大小可由放大率表示，当参考光和再现照明光波长相同时，两种放大率分别为

横向放大率

$$\begin{cases} M_x = \dfrac{\partial x_i}{\partial x_o} = \pm\dfrac{z_i}{z_o} = \left(1 \pm \dfrac{z_o}{z_c} - \dfrac{z_o}{z_r}\right)^{-1} \\ M_y = \dfrac{\partial y_i}{\partial y_o} = M_x \end{cases} \tag{4-5-9}$$

纵向放大率

$$M_z = \frac{\partial z_i}{\partial z_o} = \pm M_x^2 \tag{4-5-10}$$

由上式可知，当 $z_r = z_c$ 时，对于原始像 $M_x = M_y = M_z = 1$，像与原物相似；但对于共轭像，$M_x = M_y \neq M_z$，像要发生畸变，形状失真.

全息照相作为一种新型的成像方法，它的显著特点是：

(1) 因全息图具有光栅结构，经其衍射的成像光束共有两支，因此所成像总是孪生的一对. 物体的原始像与共轭像共存，不像光学透镜成像那样是唯一的.

(2) 全息再现像不是普通照相那样的二维平面图像，而是形象逼真的三维立体图像. 具有明显的视差和纵深视觉效应.

(3) 因为全息照片上的每一处都记录了物体上所有物点发出的光信息，而物体上每一物点发出的光信息均布满在全息照片的全部面积上，因此，一张破碎了的全息图残片仍能再现物体的全貌，只是分辨率受些影响，而普通照相底片一旦破碎就无法再冲洗印相了.

二、实验装置

全息防震台、氦氖激光器、分束器、扩束透镜、反射镜、毛玻璃屏、调节支架若干、米尺、计时器、功率计、照相冲洗设备.

三、实验内容

1. 检查全息台的稳定性

将各光学元件按图 4-5-6 所示安装，在防震全息台上布置成一迈克耳孙干涉仪的光路，以检查全息台的防震性能，如果在远大于曝光所需的时间内，屏上干涉圆环的“涌出”或“陷入”少于四分之一个环，全息台可以使用，否则还要调节全息台.

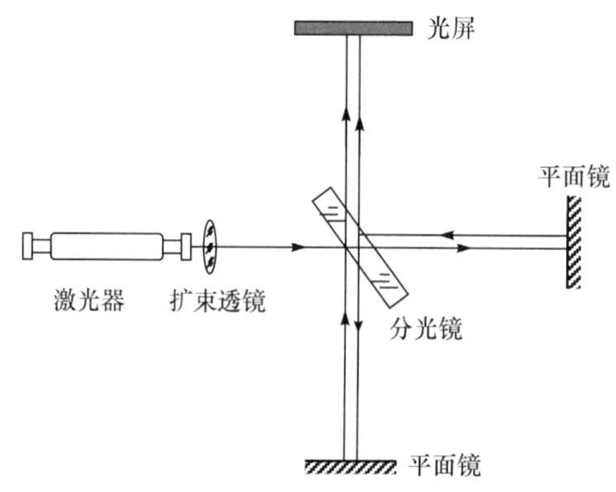

图 4-5-6　全息台防震性能的检查

2. 布置与调整全息光路

如图 4-5-7 所示是一种拍摄漫反射物体的全息照片的光路设置. 布置好各光学元件，并进行光路调节，调节时要注意：

(1) 物光和参考光的光程差必须小于所使用激光的相干长度，最好是使它们的光程大致相同. 两束光的光程应自分束器量起，最大光程差应小于激光管谐振腔长的 1/4.

(2) 物光束与参考光束的光强比选择要适当，以使全息照片具有最大的衍射效率. 确切的比值应由全息底片的振幅透射率与感光特性来确定. 一般说来，物光束与参考光束的光强比取在 1:1～1:4 是合适的，但不同底片有不同的感光特性，必须通过实验确定. 虽然沿光路改变扩束透镜的前后位置可以变换光强比，但是，由于物体是漫射体，投射到它上面的光能，只有很少一部分构成物光信息，因此只有以足够强的光照明物体，而且物体距离全息底片又不太远时，才能在底片上获得适当的光强比.

(3)物光束与参考光束之间的夹角 θ 要适当，以小于 40°为宜.

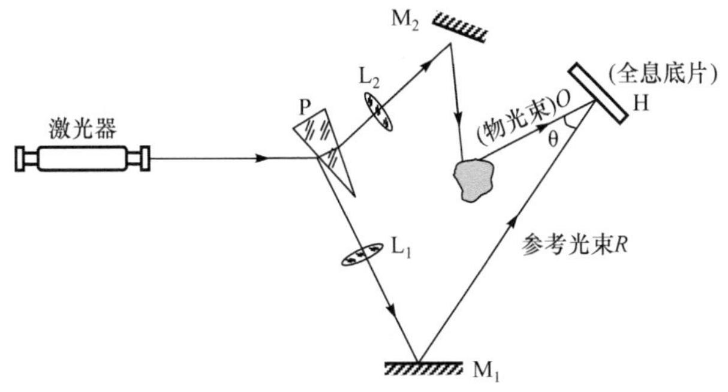

图 4-5-7　拍摄漫反射物体的全息照片的光路

3. 曝光

将全息底片放置在照相框架上，药膜面向着被摄物体，放好底片后稍等几分钟，待整个系统稳定后开始曝光，曝光时间由激光器功率、物体的大小和漫反射性能、底片的感光灵敏度等来定，最佳曝光时间应通过理论计算或多次试拍来确定.

4. 冲洗

包括显影、定影和漂白，其方法和普通照片冲洗完全相同. 漂白是为了增加衍射功率，提高再现像的亮度，这是因为底片经过漂白，将原来形成的银粒变为几乎完全透明的化合物，它的折射率和明胶的不同. 这样，记录采取了光程中的空间变化形式，而不像原初振幅全息图那样是光密度的空间变化(这种全息图又称相位全息图).

显影用 D19 型显影液，显影时间约 3 min(在 18～20℃).

定影用 F5 型定影液，定影时间约 5 min(在 18～20℃).

漂白用 R-DM 漂白液，漂白时间待全息底片透明即可(在 18～20℃). R-DM 漂白液配方如下：硝酸铁 25 g；溴化钾 5 g；然后加水到 1000 mL.

5. 再现

(1) 将拍摄好的全息照片放回原照相底片架，挡住物光束和被摄物体，用原参考光照明，像即呈现在原物所在位置上，仔细观察再现像的特点.

(2) 如图 4-5-8(a)，用另一束扩束激光沿原参考光方向照射全息图，从 E 处观察再现虚像，改变位置，再从 E′处观察虚像，比较观察结果，说明立体的视觉效应(可由实验室提供一张全息照片，作以下观察分析用).

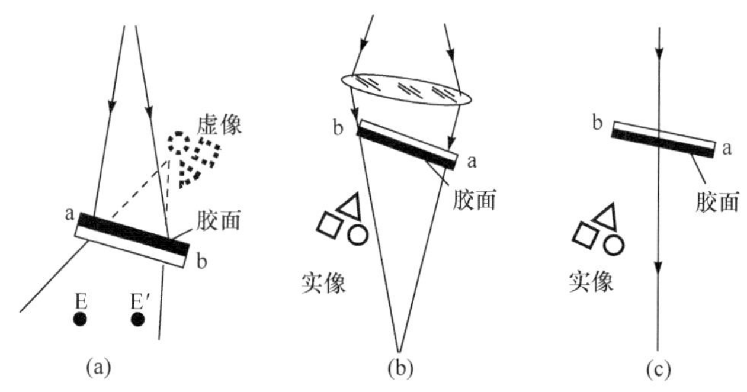

图 4-5-8　全息像的再现

(3) 改变全息图至扩束透镜之间的距离，观察再现虚像的位置和大小的变化，并用方程(4-5-8)来说明.

(4) 用一张直径约 5 mm 小孔光阑遮住全息图，通过小孔观察再现像有何变化？是否现出被摄物体的全貌？移动小孔位置，仔细观察全息图，比较再现像的区别.

(5) 如图 4-5-8(b)，将全息图绕垂直轴旋转 180°，用会聚光束(原参考光的共轭光)照明，用白屏(或玻璃屏)在原被摄物附近将观察到实像，并注意观察再现像的“赝视”，赝视现象就是原来物体上离观察者近的物点，共轭像中的对应点反而离观察者远了，即看到的像与原物的凹凸状态相反，给人以特殊的感觉.

(6) 如图 4-5-8(c)，用未扩束的氦氖激光直接照射全息图，除再现虚像外，在透射光一侧的白屏上还会有两个“再现实像”，仔细观察两个“像”的区别，判断真伪，给出物理解释.

四、注意事项

(1) 为保证全息照片的质量，各光学元件要保持清洁. 若光学元件表面被污染或有灰尘，应按实验室规定方法处理，切忌用手、手帕或纸片等擦拭.

(2) 绝对不能用眼镜直视未经扩束的激光束，以免造成视网膜永久损伤.

五、思考题与讨论

(1) 拍摄全息照相用的感光底片用正片和负片都可以，一般都是采用负片，这是为什么?

(2) 推导公式 $d=\dfrac{\lambda}{2\sin(\theta/2)}$. 式中 d 代表夹角为 θ 的两列平行光产生的干涉条纹的间距.

(3) 拍摄全息照片，为什么参考光的强度必须比物光的大?

(4) 成功地拍摄一幅全息图所要满足的条件是什么?

(5) 与普通照片相比全息照片有哪些特点?

参 考 文 献

考尔菲尔德. 1998. 光全息手册. 北京: 科学出版社.
于美文. 1984. 光学全息与信息处理. 北京: 国防工业出版社.
龚勇清, 何兴值. 2010. 激光原理与全息技术. 北京: 国防工业出版社.

附录　反射全息图

物光波和参考光波发生干涉时，在全息图的周围空间形成三维条纹，当记录介质的厚度是条纹间距的若干倍时，则在记录介质内记录下干涉条纹的空间三维分布，这就形成了体积全息图. 体积全息图对于照明光波的衍射作用如同三维光栅的衍射一样. 按物光和参考光入射方向和再现方向的不同，体积全息图可分为两类：一类是物光和参考光在记录介质的同侧入射，得到投射型全息图，再现时由照明光的投射光成像；另一类是物光和参考光从记录介质的两侧入射，得到反射型全息图(李普曼(Lippmann)全息图)，再现时由照明光的反射光成像. 反射型体积全息图具有很高的波长选择性，所以它可以用白光照射来再现准单色像.

本实验的目的是了解平面全息图和体积全息图的定义；掌握反射全息图的特性；掌握两种反射全息图的拍摄光路；了解反射全息的白光再现特点.

一、实验原理

反射全息是利用体积全息对波长的灵敏性，用激光记录，白光再现出单色像.

记录时物光由正面(乳胶面)射向全息干板，参考光从背面入射，如图 4-5-9，激光经 SF 扩束之后自背面投射到全息干板作为参考光，物体紧贴干板放置，物体表面散射向乳胶面的光为物光. 因为透过干板的光总比入射的光要弱，所以，被摄物体应该是高反射的.

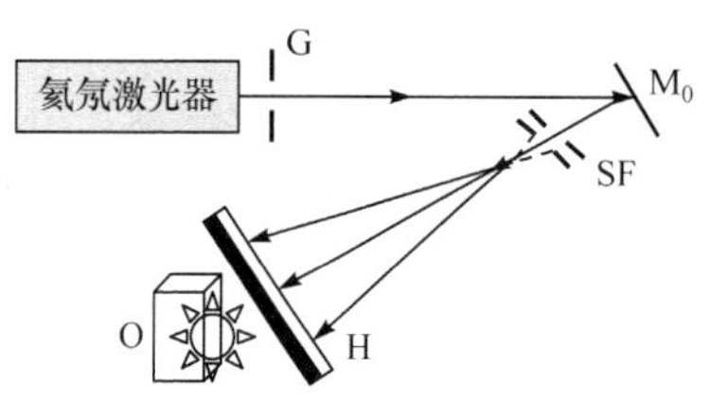

图 4-5-9 反射全息图的拍摄光路

如图 4-5-9，G 是定时光开关，M_0 是平面反射镜，SF 是针孔滤波器，H 是全息干板，O 为被摄物体(目标).

反射全息是体积全息，体积全息的一般理论是相当复杂的，为简单起见，我们假定，参考光波和物光波均为平面波

$$R = R_0 e^{-2\pi i(x\xi_1 + z\eta_1)}, \quad O = O_0 e^{-2\pi i(x\xi_2 + z\eta_2)} \tag{4-5-11}$$

空间频率为

$$\begin{aligned}&\xi_1 = (\sin\theta)/\lambda, \ \ \xi_2 = (\sin\theta')/\lambda \\ &\eta_1 = (\cos\theta)/\lambda', \ \ \eta_2 = (\cos\theta')/\lambda, \ \ \phi = (\theta + \theta')/2 = \pi/2\end{aligned} \tag{4-5-12}$$

(其中λ为物光参考光在乳胶内的波长)在 x-z 平面内由 z 轴夹角$\theta' = 0$，$\theta = \pi$，射入全息干板，相互干涉形成稳定的干涉极大值平面，这些平面与 z 轴的夹角，即与 z 轴垂直，平行乳胶在(x-y 平面)的一簇平面. 各平面之间的间隔为

$$d = \frac{\lambda}{2\sin\dfrac{\theta - \theta'}{2}} = \frac{\lambda}{2} \tag{4-5-13}$$

经过显影、定影及防缩处理成为一张体积全息图.

再现时，全息图的行为如同一个晶体光栅，前再现光以α角入射至全息图中，相邻两条纹平面的反向波之间的光程差为(布拉格条件)

$$2d\sin\alpha = \lambda \tag{4-5-14}$$

我们发现：只有当$\alpha = \varphi$，或$\alpha = \pi - \varphi$时，反射光加强，得到极大值.

若再现光为白光，则经适当的计算结果表明：反射光是由这样一些光波所组成的，它们的波长与全息图曝光时的光波波长相差很小；它们的相位与物体散射光波的相位相同；它们的振幅正比于物光波的振幅，以及再现光波通过全息图的光程. 这就是说，反射光与原光路的物光相同. 全息图对波长的这种高度选择性，决定了它用白光也可以再现，再现像呈单色.

这种在反射光中进行观察而不像通常全息图在透射光中进行观察的全息，称为反射全息. 若用红色、绿色和蓝色三种波长的光波制作全息图，则在乳胶中形成三种不同的干涉条纹平面(布拉格反射平面)，平面簇之间的距离分别为

$$d_1 = \frac{\lambda_1}{2}, \quad d_2 = \frac{\lambda_2}{2}, \quad d_3 = \frac{\lambda_3}{2} \tag{4-5-15}$$

用白光再现时，红、绿、蓝三种颜色的反射光得到加强，构成物体的彩色再现.

二、实验仪器

氦氖激光器、扩束镜、反射镜、分光光楔、准直镜、干板架、模拟干板、全息干板、目标物、载物台、冲洗设备及药品、曝光定时器及快门.

三、实验内容

(1) 按图 4-5-9 放置元件，反射全息要求物光从正面射入乳胶面，参考光从全息干板背面投射至乳胶面，两者之间夹角近似 180°，全息干板离物体越近越好，不大于 1 cm. 本实验用新的镍币作目标，反射本领强. 用真空泥把它固定在与全息干板同一座上，尽量靠近；以使物光强度接近参考光强度.

(2) 曝光、冲洗和防缩处理. 曝光和显影，定影按常规进行. 由于乳胶的收缩，制成的全息图用白光再现时呈现绿色的像. 为了得到与记录波长相近的再现像. 需要经过防缩处理，处理的方法是将全息照片放在 1∶7 用水稀释的甲醇中漂洗，然后在丙醇中浸泡.

四、思考题与讨论

(1) 反射全息照片与透射全息照片有什么区别？

(2) 反射全息照片有哪些特点？

4.6 REL-RI03 光纤光谱仪应用综合实验

光谱仪是光谱检测最常用的设备. 将光纤与 CCD 技术应用于微型光谱仪，可以大大提高其稳定性和分辨率. 微型光纤光谱仪的便携性和高性价比，使得光谱检测从实验室走向检测现场，拓展了光谱仪的应用范围.

光纤光谱仪原理与结构

光谱仪器一般由入射狭缝、准直镜、色散元件(光栅或棱镜)、聚焦光学系统和探测器构成. 由单色仪和探测器搭建的光谱仪中通常还包括出射狭缝，仅使整个光谱中波长范围很窄的一部分光照射到单像元探测器上. 单色仪中的入射和出射狭缝位置固定、宽度可调. 对整个光谱的扫描是通过旋转光栅来完成的.

在 20 世纪 90 年代以来，微电子领域中的多像元光学探测器(如 CCD、光电二极管阵列)制造技术迅猛发展，使得 CCD 器件广泛应用到各个领域. 本实验选用的光纤光谱仪使用了同样的 CCD(CCD 光谱仪)和光电二极管阵列探测器，可以对整个光谱进行快速扫描，不需要转动光栅.

低损耗石英光纤，可以用于传输光谱信号——把被测样品产生的信号光传导到光谱仪的光学平台中. 由于光纤的连接、耦合非常容易，所以可以很方便地搭建起由光源、采样附件和光纤光谱仪等模块组成的测量系统.

光纤光谱仪的优势在于测量系统的模块化和灵活性. 本实验使用的微小型光纤光谱仪(图 4-6-1)的测量速度非常快，可以用于在线分析. 由于光纤光谱仪使用了光纤传导光信号，屏蔽了工作环境的杂散光，提高了光学系统的稳定性，可以用于较恶劣环境的现场测试.

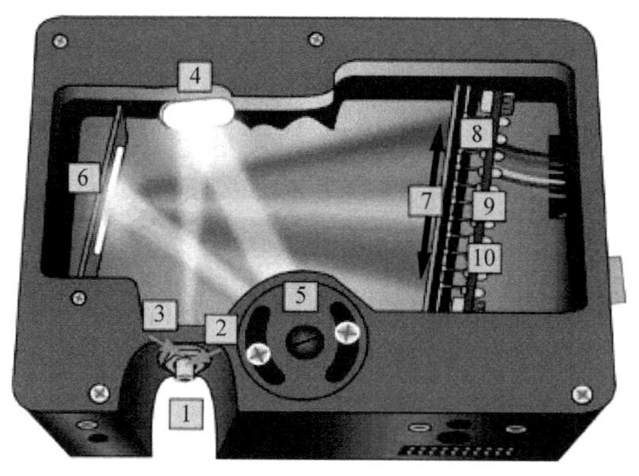

图 4-6-1　光纤光谱仪结构图

1. 连接器；2. 狭缝；3. 长通滤光片；4. 准直镜；5. 光栅(确定波长范围)；6. 聚焦镜；7. 探测器聚光透镜；8. 探测器；9. OFLV 消除高阶衍射滤光片(可选)；10. 升级为 UV4 探测器(可选)

图中 1～8 为必备组件，光栅和准直镜有一些型号可供选择，9 和 10 为可选组件.

(1) 连接器：固定光纤、滤波片、狭缝的相对位置，将光纤的信号光倒入光学平台，一般采用 SMA905 连接器.

(2) 狭缝：控制进入光谱仪的光通量，宽度在 5～200 μm，有 6 种选择，高度固定为 1 mm. 狭缝越窄光通量越少，光谱分辨率越高. (选择不同孔径的光纤也可起同样的作用.)

(3) 长通滤光片：安装在连接器中，消除短波长信号光造成的倍频光，使测量的光谱分布更准确. 滤光片有 6 种选择，分别为波长大于 305nm、375nm、475nm、515nm、550nm、590nm 能够通过的滤光片.

(4) 准直镜：将入射光准直成一束平行光入射到光栅上，可选择普通铝准直镜或 SAG+ 准直镜，SAG+透镜是海洋光学专利，其不同于其他普通镀银反射镜，不会氧化，其特点为吸收几乎所有的紫外线，增强可见到近红外波段的反射率(95%)，能够增强测试的灵敏度，特别适用于荧光测量中消除激发光源对测试结果的影响.

(5) 光栅：光栅在光谱仪中起色散作用，将不同颜色的光区分出来. 光栅的选择是所有组件选择中最重要、最关键的部分，其直接决定光谱仪的光学分辨率和测试范围. 光栅有两种，分别是机械刻划光栅和闪耀光栅，机械刻划光栅的特点是反射率和灵敏度高，全息光栅的特点是杂散光小. 每种光栅都有固定的刻线密度、光谱范围、闪耀波长、最有效波段. 同等条件下选择刻线密度大的光栅能够得到更好的光学分辨率，在 25μm 狭缝的条件下，600 线的光栅分辨率优于 1.34 nm，2400 线的光栅分辨率优于 0.29nm.

(6) 聚焦镜：将光栅的一级衍射光线聚焦到探测器上.

(7) 探测器聚光透镜：固定在探测器的窗片上，可提高信号光的采集效率.

(8) 探测器：USB2000+和 USB4000+分别采用 Sony ILX511 和 Toshiba TCD 1304AP CCD 探测器，它们分别对不同波长的信号光产生响应.

(9) OFLV 消除高阶衍射滤光片(可选)：截止光栅的二级和三级衍射光.

(10) 探测器升级：USB2000+和 USB4000+分别采用 UV2 和 UV4 探测器，通常用于紫外线测量，选择升级后，探测器上的 BK7 窗片会被石英窗片取代.

本实验光谱仪采用海洋 USB2000+光纤光谱仪，如图 4-6-2 所示. 光由一个标准的 SMA905 光纤接口进入光学平台，在被一个球面镜准直后由一块平面光栅色散，然后经由第二块球面镜聚焦至线阵探测器上.

图 4-6-2　海洋 USB2000+光纤光谱仪

光学分辨率

光谱仪的光学分辨率定义为光谱仪所能分辨的最小波长差(图 4-6-3). 要把两个光谱线分开则至少要把它们成像到探测器的两个相邻像元上.

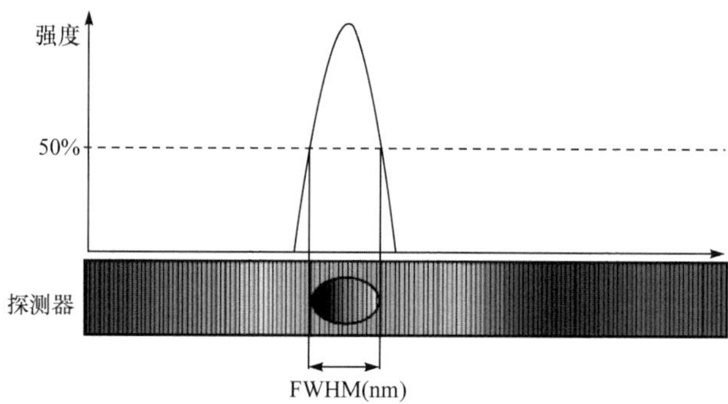

图 4-6-3　光谱仪分辨率示意图

因为光栅决定了不同波长在探测器上可分开(色散)的程度，所以它是决定光谱仪分辨率的一个非常重要的参数. 另一个重要参数是进入光谱仪的光束宽度，它基本上取决于光谱仪上安装的固定宽度的入射狭缝或光纤芯径(当没有安装狭缝时).

在指定波长处，狭缝在探测器阵列上所成的像通常会覆盖几个像元. 如果要分开两条光谱线，就必须把它们色散到这个像尺寸再加上一个像元. 当使用大芯径的光纤时，可以通过选择比光纤芯径窄的狭缝来提高光谱仪的分辨率，因为这样会大大降低入射光束的宽度.

表 4-6-1 是光谱仪的典型分辨率表. 光栅的线对数越高，色散效应随波长变化就会越显著，波长越长，色散效应越大，因此在最长波长处会得到最高分辨率. 表 4-6-1 中的分辨率是 FWHM 值，即最大峰值光强 50%处所对应的谱线宽度(nm).

表 4-6-1　光谱仪的分辨率表(FWHM 值)　　(单位：nm)

光栅/(线 · mm^{-1})	狭缝/μm					
	10	25	50	100	200	500
300	0.8	1.4	2.4	4.3	8.0	20.0
600	0.4	0.7	1.2	2.1	4.1	10.0
1200	0.1～0.2*	0.2～0.3*	0.4～0.6*	0.7～1.0*	1.4～2.0*	3.3～4.8*
1800	0.07～0.12*	0.12～0.21*	0.2～0.36*	0.3～0.7*	0.7～1.4*	1.7～3.3*
2400	0.05～0.09*	0.08～0.15*	0.14～0.25*	0.3～0.5*	0.5～0.9*	1.2～2.2*
3600	0.04～0.06*	0.07～0.10*	0.11～0.16*	0.2～0.3*	0.4～0.6*	0.9～1.4*

* 取决于光栅的起始波长：起始波长越长，色散越大，分辨率越高.

利用反射光谱测定印刷品质量

目前的色彩描述方法分为定性描述的显色系统表示法和定量描述的混色系统表示法两种.

1. 显色系统表示法

显色系统是根据色彩的心理属性即色相、明度和饱和度或彩度进行系统的分类排列的. 显色系统以某种顺序对色彩要素进行分类，首先定义色相，这是颜色的基本特征，用以判断物体颜色是“红、绿、蓝”等不同颜色，物体的色相取决于光源的光谱组成和物体表面选择性吸收后所反射(透射)的各波长辐射的比例对人眼所产生的感觉. 其次定义明度，对于某一色调按相对明亮感觉分类，就是人眼所感受到的色彩明暗程度. 最后定义饱和度，它表示离开相同明度中性灰色的程度. 常用的显色系统有芒塞尔表色系统、瑞典的自然色系统(NCS)、德国 DIN 表色系统等. 目前在世界各国的印刷业中采用最多的是色谱、油墨色样卡.

芒塞尔表色系统是最具有代表性的显色系统，它按目视色彩感觉等间隔的排列方式采用色卡表示色彩的色相、明度、彩度三种属性. 色卡用圆筒坐标进行配置，纵轴表示明度 V，圆周方向表示色相 H，半径方向表示彩度 C.

2. 混色系统表示法

由于显色系统存在的不足，人们迫切需要一种精度更高、对人依赖性更低的色彩定量描述系统，因此提出了混色系统. 它以采用光的混色实验求出的、为了与某一颜色相匹配所必要的色光混合量作为基础，对色彩进行定量描述. 混色系统又称为三色表色系统，用三个值表示色刺激. 把色刺激的光谱分布称作色刺激函数. 三刺激值是由色刺激函数这种物理量和人眼的心理上的光谱响应之组合而求出的，因此是一种心理物理量. 我们把表示色刺激特性的三刺激值的三个数值称为色度值，把用色度值表示的色刺激称为心理物理色. 因此作为混色系统的表色值可用色度值表示.

常用的混色系统有如下三种.

1) CIE 1931 RGB 表色系统(图 4-6-4)

1931 年国际照明委员会(CIE)规定三原色光的选取必须为：红原色波长为 700.0nm，绿原色波长为 546.1nm，蓝原色波长为 435.8nm. 根据实验，当这三原色光的相对亮度比例为 1.0000:4.5907:0.0601，或辐射量之比为 72.0966:1.3791:1.0000 时，就能混合匹配产生等能量中性色的白光 E. 所以，CIE 选取该比率作为红、绿、蓝三原色光的单位量，即(R):(G):(B)=1:1:1，将此时每一原色的亮度值归一化，因此确定了标准观察者匹配函数，得到的三刺激值 R、G、B 可以唯一确定具有任意光谱分布的光的颜色.

2) 1931 CIE-XYZ 系统

由于 RGB 系统的负值带来的运算难度，在此基础上，用坐标变换方法，选用三个理想中的原色来代替实际的三原色，从而将 CIE-RGB 系统中的光谱三刺激值和色度坐标均变换为正值. 选择(X)、(Y)、(Z)代表三个假想的红、绿、蓝原色.

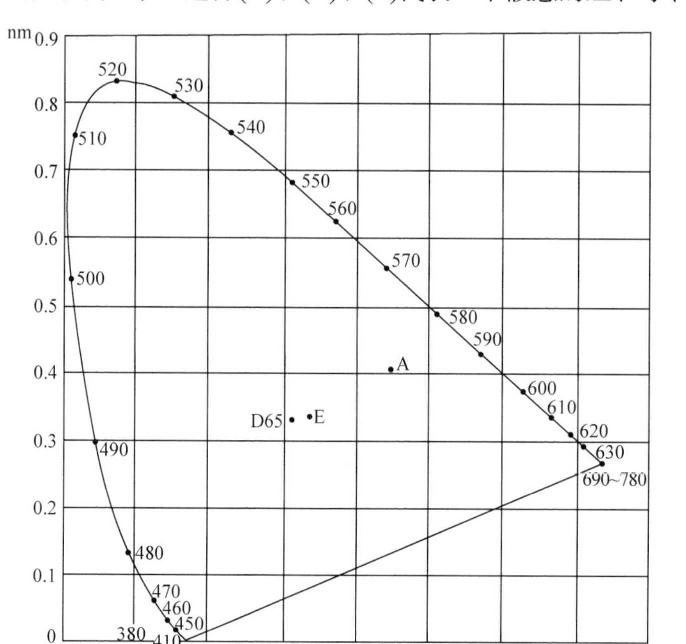

图 4-6-4　CIE 1931 RGB 标准色度系统色品图

3) 均匀表色系统 CIE 1976 Lab

均匀表色系统是为了使色彩设计和复制更精确、更完美，使色彩的转换和校正尺度或比例更合理，减少由于空间的不均匀而带来的复制误差，因此寻找出一种最均匀的色彩空间，即在不同位置，不同方向上相等的几何距离在视觉上有对应相等的色差，把易测的空间距离作为色彩感觉差别量. 均匀表色系统能使色彩复制技术优化，使颜色匹配和色彩复制的准确性加强.

本实验的目的是利用反射光谱测定印刷品质量.

【预习要求】

熟悉显色系统表示法的定性描述和混色系统表示法的定量描述.

一、实验原理

1. 色度测量基本原理

色度测量是将人眼对颜色的定性颜色感觉转变成定量的描述，这个描述是基于表色系统的. 色度测量的依然是从印刷品表面反射或透射出来的光谱，基本原理是依据颜色的三刺激值 XYZ 色度计算公式

$$x = k\int \Phi(\lambda)\cdot \overline{x}(\lambda)d_{\lambda} \tag{4-6-1}$$

$$y = k\int \Phi(\lambda)\cdot \overline{y}(\lambda)d_{\lambda} \tag{4-6-2}$$

$$z = k\int \Phi(\lambda)\cdot \overline{z}(\lambda)d_{\lambda} \tag{4-6-3}$$

其中，$\Phi(\lambda)$ 为印刷品的色刺激，对于反射物体为 $\Phi(\lambda)=\beta(\lambda)\cdot S(\lambda)$，透射物体为 $\Phi(\lambda)=\tau(\lambda)\cdot S(\lambda)$，$S(\lambda)$ 为照明的光谱分布，$\beta(\lambda)$ 为反射物体的光谱反射率，$\tau(\lambda)$ 为透射物体的光谱透过率，k 为系数，定义为

$$k = \frac{100}{\int S(\lambda)\cdot \overline{y}(\lambda)d_{\lambda}} \tag{4-6-4}$$

2. 积分球原理与结构

积分球如图 4-6-5 所示，其主要功能是作为光收集器，积分球内均匀涂有漫反射涂层，可以高效反射 200～2500 nm 范围的光线. 被收集的光可以用作漫反射光源或者被测光源. 积分球的基本原理是光通过采样口进入积分球，经过多次反射后非常均匀地散射在积分球内部. 探测口与积分球侧面的接口相连，该接口内部有一个挡板，探测器只能测量到光挡板上的光，这样就不受从采样口进入光的角度影响，从而避免了第一次反射光直接进入金属探测器.

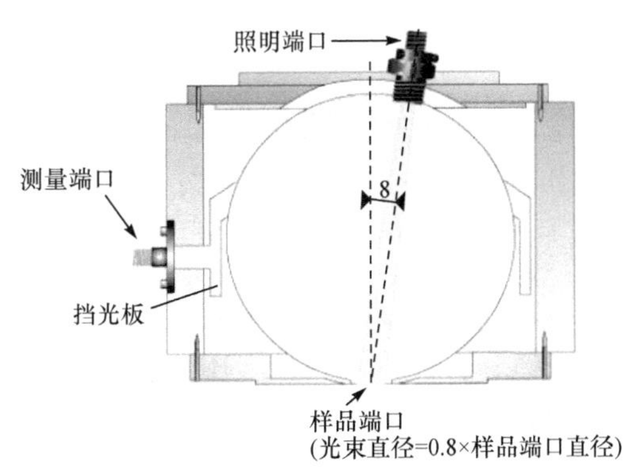

图 4-6-5　积分球结构示意图

本实验选用的是内径 50 mm 的光纤式积分球，探测器是使用 SMA905 接口光纤将光导入到光纤光谱仪进行探测的，照明光源使用光纤式的白光源使用 SMA905 接口与积分球连接.

3. 照明及观察方式

照明和观察条件的不同也会使同一色样呈现的颜色有所不同，为正确评价颜色，照明和观察条件应该统一，为此，CIE 标准对照明和观察条件也做了规定. CIE 规定不透明样品的色度测量推荐使用四种照明和观察条件之一.

方式一：45°/垂直(如图 4-6-6 所示，缩写为 45°/0°)，照明光束的轴线与样品表面的法线成 45°± 2°角. 观察方向与样品法线间夹角不应超过 10°.

方式二：垂直/45°(如图 4-6-7 所示，缩写为 0°/45°)，照明光束的轴线与样品表面法线之间的夹角不应超过 10°. 在与法线成 45°±2°的方向观测样品. 照明光束的任一照明光线与光轴的夹角不应超过 8°. 观察光束也应遵守相同的限制.

方式三：漫射/垂直(如图 4-6-8 所示，缩写 d/0°)，样品用积分球漫射照明，样品的法线和观测光束的轴线间的夹角不应超过 10°. 积分球可以是任意直径，只要开孔部分的总面积不超过球内反射面积的 10%即可. 观测光束中任一观测光线与观测光轴间的夹角不应超过 5°.

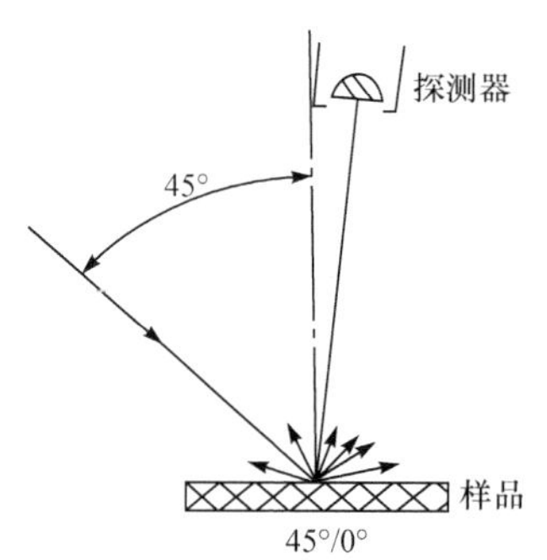

图 4-6-6　样品观察示意图(方式一)

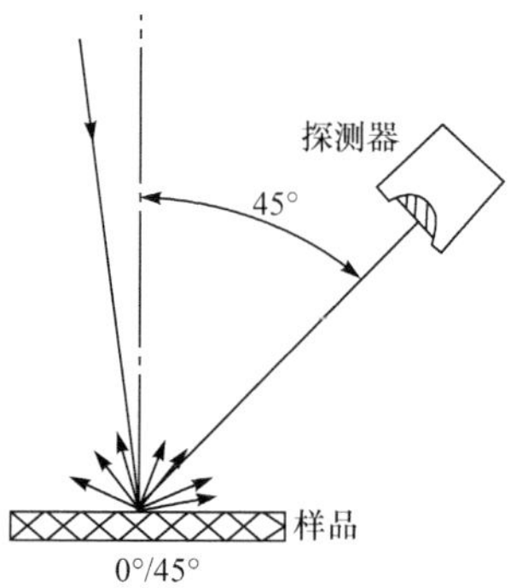

图 4-6-7　样品观察示意图(方式二)

方式四：垂直/漫射(如图 4-6-9 所示，缩写为 0°/d)，照明光束的轴线与样品表面法线的夹角不应超过 10°. 用积分球收集样品反射光通量. 照明光束中任一光线与其光轴的夹角不应超过 5°. 积分球可以是任意直径的，只要开孔部分的面积不超过球内反射面积的 10%即可.

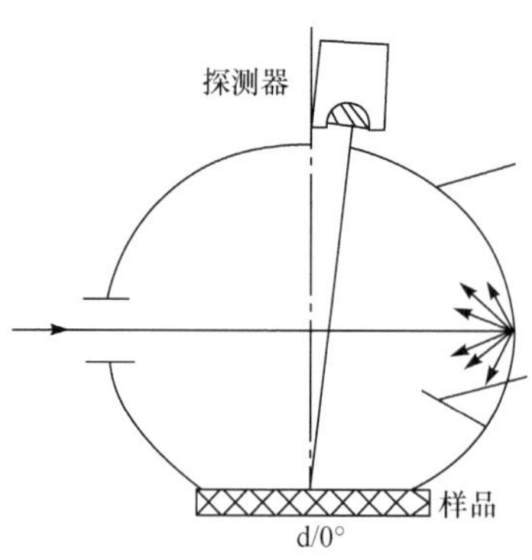

图 4-6-8　样品观察示意图(方式三)

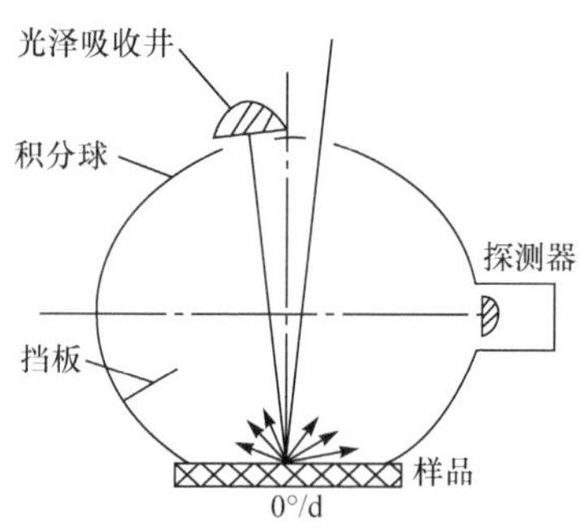

图 4-6-9　样品观察示意图(方式四)

4. 使用反射式探头探测颜色

在测试一些面积较小的被测物时，由于积分球口径一般都在 10 mm，无法使用积分球精确测试较小区域的颜色信息，所以工程上普遍采用反射式的通轴光纤作为探测光纤.

本实验采用反射式光纤探头，其结构和参数如图 4-6-10 所示.

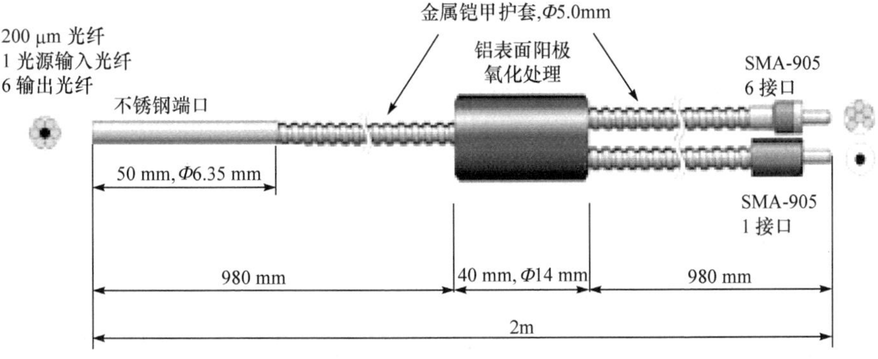

图 4-6-10 反射式光纤结构示意图

光纤呈 Y 字形，其中 6 根光纤与光纤光源连接，用作照明. 一根光纤用于连接光谱仪用作探测. 探测端光纤束由 7 根 200 μm 光纤组成，6 根光纤围绕一份光纤圆周排布. 光纤芯径均为 200 μm.

使用反射式光纤探测物体颜色的实验原理图，如图 4-6-11 所示. 此种方法是 CIE 推荐的 d/0°探测方法的一种变形，现在在工程上广泛应用.

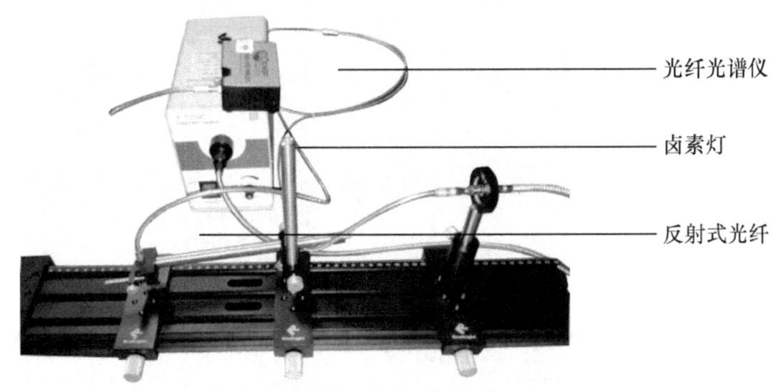

图 4-6-11 利用反射式光纤探测物体颜色原理示意图

5. 使用积分球探测物体颜色

当物体面积较大时，为了提高精度，我们一般采用漫射/垂直(缩写 d/0°)方法检测，样品用积分球漫射照明，其原理示意图如图 4-6-12 所示.

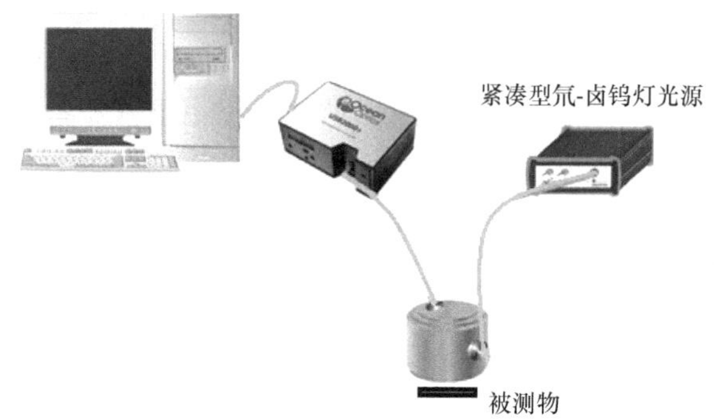

图 4-6-12　使用积分球探测物体颜色原理示意图

6. 系统标定及白板

按照国标 GB/T 3979-2008 物体色的测量方法的要求，在物体颜色测试前需要使用标准白板进行标定. 标准白板的要求遵循 GB 9086-1988《用于色度和光度测量的陶瓷标准白板》标准要求.

标准白板分有光泽和无光泽两种，这两种标准白板具有较高的光谱反射性能(图 4-6-13). 无光泽的陶瓷标准白板，其表面的漫反射性能接近于氧化镁或硫酸钡漫反射标准白板. 既可用于色度和光度的直接测量，又可用于工作标准的标定.

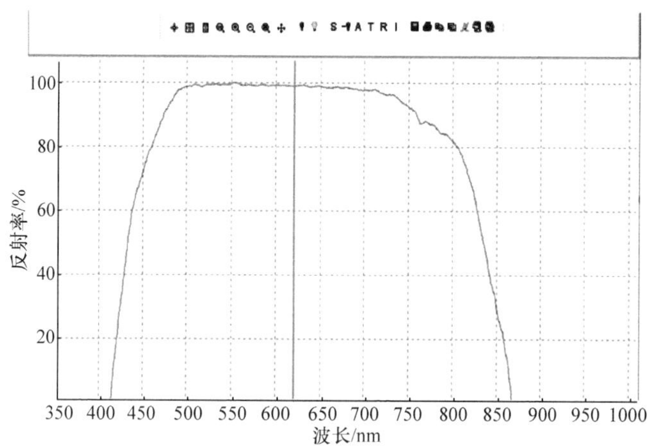

图 4-6-13　参考白板反射光谱曲线

本实验选用的标准白板(图 4-6-14)为白色漫反射材料 PTFE 制成，可以满足对漫反射率要求很高的领域. 在色度学应用中，这类应用要求在反射测量时先测参考信号. 由于 PTFE 材料制作得非常精确，在 350～1800 nm 光谱范围内达到大约

98%的反射率，在 250～2500 nm 光谱范围内达到 92%的反射率. PTFE 材料具有非常好的长期稳定性，即使在紫外区. PTFE 材料不易被水沾湿，而且化学性质也不活跃.

二、实验步骤

(1) 根据实验原理图连接各个器件. 反射式光纤中端面为六芯的，一端连接光源，另一端连接光谱仪 SMA905 接口. 反射式光纤检测平台搭建如图 4-6-15 所示.

图 4-6-14　参考白板实物图

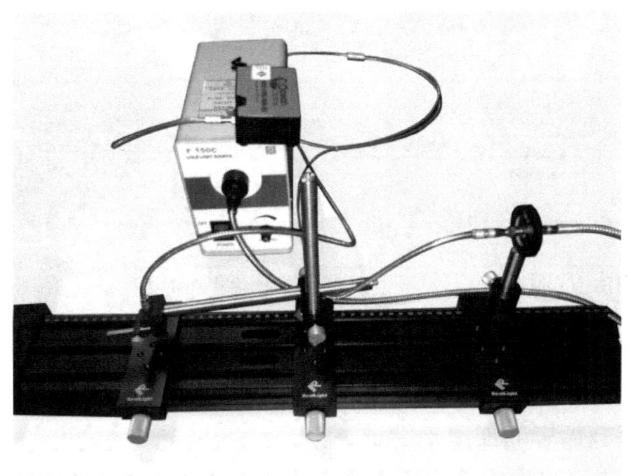

图 4-6-15　反射式光纤检测平台搭建实物图

(2) 反射式光纤的探头使用 V 形夹持器夹紧后探头朝下夹持在 360°支杆架上，搭建光路完成后，打开 SpectraSuite 软件连接光谱仪.

(3) 将白板放置在测试样品位置，点击“文件”“新建”“颜色测量”“新建反射幅度测量”(图 4-6-16).

(4) 如上操作之后需要完成标定过程，首先将反射式探头垂直对准白板，并开启光源进行白色参考数据标定.

(5) 完成明环境标定之后，关闭照明光源，进行暗环境标定(图 4-6-17).

(6) 如图 4-6-18，光源选择为 D65；完成如上操作之后，就会到达颜色测量主界面(图 4-6-19).

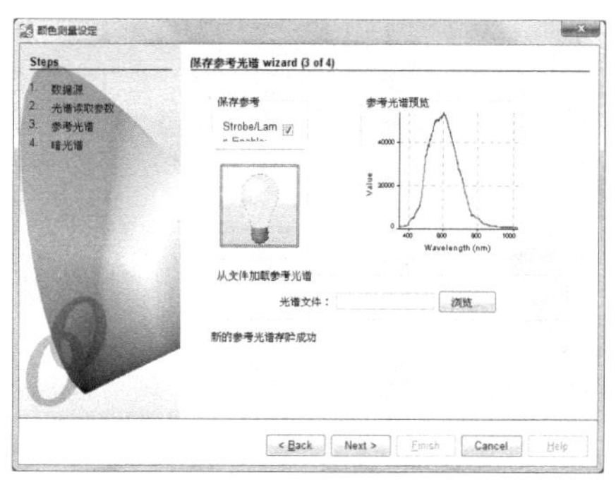

图 4-6-16　参考明环境标定

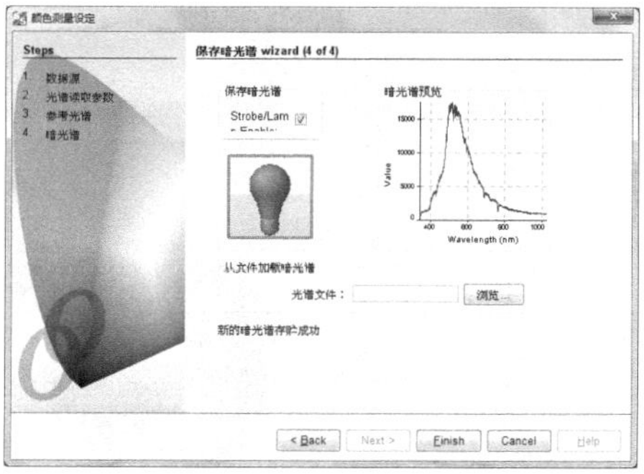

图 4-6-17　暗环境标定

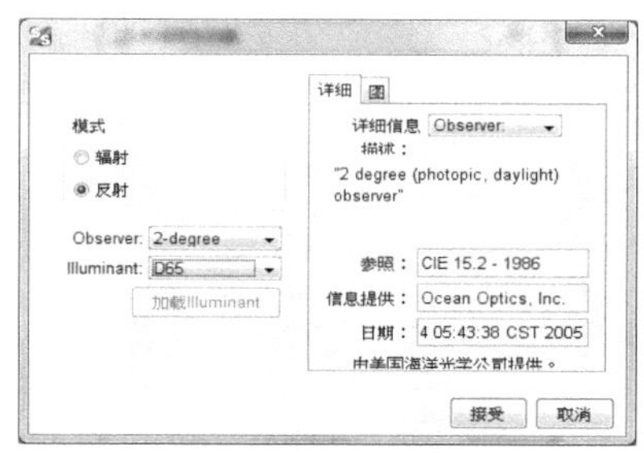

图 4-6-18　光源选择

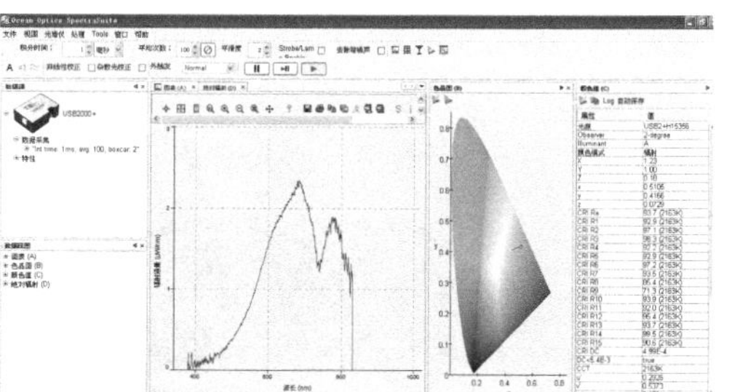

图 4-6-19　颜色测量主界面

(7) 将反射探头对准待测物体方向，距离约 20mm，即可开始测量，若光谱不太理想可以调节“平均次数”“平滑度”“去除噪声”等参数来设置光谱曲线的相关参量，直到得到需要的理想光谱.

(8) 数据测试. 随即测试色标卡中 5 种色标. 记录数据至表 4-6-2.

测试仪器：光纤光谱仪 海洋 2000+ SpectraSuite.

测试波长范围：350～1100 nm，$\Delta\lambda = 2.4$ nm.

照明条件：采用 0°照明，漫反射接收几何条件，标准照明体 D65.

环境条件：温度：25℃；湿度：50 %RH.

表 4-6-2　实验测试数据

色标卡序号	三刺激值			L^*	a^*	b^*	x	y	z
	X	Y	Z						

三、注意事项

(1) 应保持光源、光纤、光谱仪等各器件稳定，尤其是光纤不要剧烈晃动. 被测物体表面应尽可能是平面. 测量过程中应该保持积分时间和平均次数等参数不变.

(2) 在使用中应保护光纤短面不接触到其他物体，以免磕碰污染光纤端面影响测量精度. 在连接光纤时应避免光纤弯曲角度过大导致光纤折断.

(3) 使用反射式探头测量时，尤其应当注意保持反射式探头与被测物体的距离不变，并且与白板的距离相等.

(4) 本实验还可以加入积分球，比较前后两者之间的差异(在此不再赘述，供学生自己探究)；使用积分球测量时，由于光强较弱，积分时间和平均次数可能较大，因而测试时间稍长，这时要注意进入稳定的测量周期之后再进行存白/黑参考等操作. 为了提高测试的稳定性，白光源和光谱仪应提前预热 30 min.

四、拓展实验液体颜色测定(拓展选做)

说明，当测试无腐蚀的透明液体时，可直接将反射式光纤探头插入液体内进行测试，测试标定方法与利用反射光谱测定印刷品质量实验相同. 测试结束后应使用清水冲洗光纤，并擦拭干净. 注意，光纤端面如果被腐蚀将对测试结果产生极大影响.

参 考 文 献

贾辉，姚勇. 2007. 微小型光栅光谱仪光学系统的特点与光谱分辨率的提高. 光谱学与光谱分析, 27 (8): 1653-1656.

王晗，李水峰，刘秀英. 2008. 微型光谱仪光学结构研究. 应用光学, 29 (2): 230-233.

张芳，高教波，王军，等. 2011. 光纤光谱仪绝对光谱辐射定标新技术. 应用光学，32(1): 101-105.

4.7　光电探测器特性测量实验系统

光电探测器件是光电系统核心组成部件之一. 频谱特性、时间特性、电特性都是光电探测器的重要参数. 了解和掌握这些重要参数的概念、特性和测试方法是光电专业本科生必备的专业知识. 本实验是光电检测相关课程的基础实验.

实验 1　光电探测器光谱响应特性实验

光谱响应度是光电探测器的基本性能参数之一，它表征了光电探测器对不同波长入射辐射的响应. 通常热探测器的光谱响应较平坦，而光子探测器的光谱响应却具有明显的选择性. 一般情况下，以波长为横坐标，以探测器接收到的等能量单色辐射所产生的电信号的相对大小为纵坐标，绘出光电探测器的相对光谱响应曲线. 典型的光子探测器和热探测器的光谱响应曲线如图 4-7-1 所示.

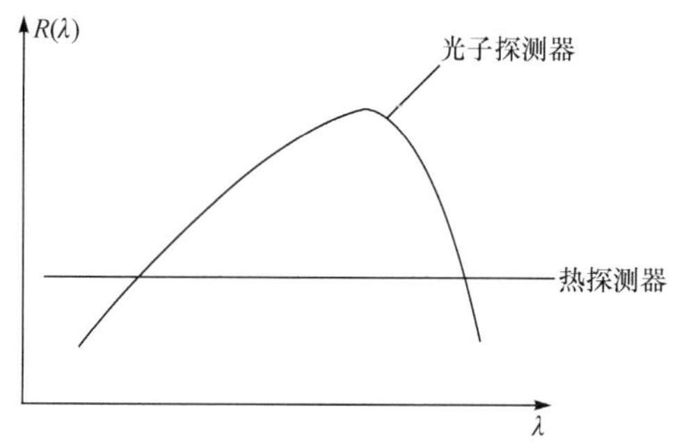

图 4-7-1　典型的光电探测器的光谱响应

本实验的目的是加深对光谱响应概念的理解；掌握光谱响应的测试方法；熟悉热释电探测器和光电二极管的使用. 实验内容为用热释电探测器测量钨丝灯的光谱特性曲线；用比较法测量光电二极管的光谱响应曲线.

【预习要求】

(1) 详细阅读实验原理，理解光电探测器对单色入射辐射光谱响应度的定义式.

(2) 了解实验装置的光路构型，注意实验仪器操作的注意事项.

(3) 认真观看实验操作视频，注意影响光电探测器光谱响应度精度的操作细节.

一、实验原理

光谱响应度是光电探测器对单色入射辐射的响应能力. 电压光谱响应度 $R_V(\lambda)$ 定义为在波长为 λ 的单位入射辐射功率的照射下，光电探测器输出的信号电压，用公式表示，则为

$$R_v(\lambda)=\frac{V(\lambda)}{P(\lambda)} \tag{4-7-1}$$

而光电探测器在波长为 λ 的单位入射辐射功率的作用下，其所输出的光电流叫做探测器的电流光谱响应度，用下式表示：

$$R_i(\lambda)=\frac{I(\lambda)}{P(\lambda)} \tag{4-7-2}$$

式中，$P(\lambda)$为波长为 λ 时的入射光功率；$V(\lambda)$为光电探测器在入射光功率 $P(\lambda)$作用下的输出信号电压；$I(\lambda)$则为用电流表示的输出信号电流. 为简写起见，$R_v(\lambda)$和 $R_i(\lambda)$均可以用 $R(\lambda)$表示. 但在具体计算时应区分 $R_v(\lambda)$和 $R_i(\lambda)$，显然，二者具有不同的单位.

通常，测量光电探测器的光谱响应多用单色仪对辐射源的辐射功率进行分光来得到不同波长的单色辐射，然后测量在各种波长的辐射照射下光电探测器输出的电信号 $V(\lambda)$. 然而由于实际光源的辐射功率是波长的函数，因此在相对测量中要确定单色辐射功率 $P(\lambda)$，需要利用参考探测器(基准探测器). 即使用一个光谱响应度为 $R_f(\lambda)$的探测器为基准，用同一波长的单色辐射分别照射待测探测器和基准探测器. 由参考探测器的电信号输出(如为电压信号)$V_f(\lambda)$可得单色辐射功率 $P(\lambda)=V_f(\lambda)R(\lambda)$，再通过式(4-7-1)计算即可得到待测探测器的光谱响应度.

本实验采用图 4-7-2 所示的实验装置. 用单色仪对钨丝灯辐射进行分光，得到单色光功率 $P(\lambda)$.

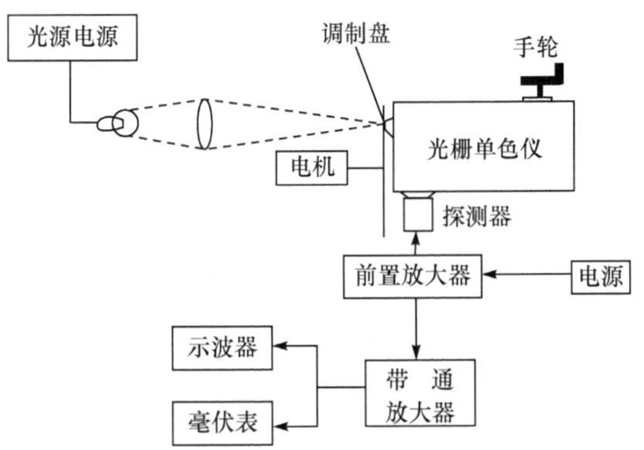

图 4-7-2　光谱响应测试装置图

这里用响应度和与波长无关的热释电探测器作参考探测器，测得 $P(\lambda)$入射时的输出电压为 $V_f(\lambda)$. 若用 R_f表示热释电探测器的响应度，则显然有

$$R(\lambda)=\frac{V_f(\lambda)}{R_f K_f} \tag{4-7-3}$$

这里 K_f 为热释电探测器前放和主放放大倍数的乘积，即总的放大倍数. 在本实验中 $K_f = 100\times300$, R_f 为热释电探测器的响应度,实验中在所用的 25Hz 调制频率下, $R_f = 900$ V/W.

然后在相同的光功率 $P(\lambda)$下，用光电二极管测量相应的单色光，得到输出电压 $V_b(\lambda)$，从而得到光电二极管的光谱相应度

$$R(\lambda)=\frac{V(\lambda)}{P(\lambda)}=\frac{V_b(\lambda)/K_b}{V_f(\lambda)/(R_f K_f)} \tag{4-7-4}$$

式中，K_b 为光电二极管测量时总的放大倍数，这里 $K_b = 150\times300$.

二、实验仪器

单色仪、热释电探测器组件、光电二极管探测器组件、选频放大器、光源.

三、实验步骤

(1) 打开光源开关，调整光源位置，使灯丝通过聚光镜成像在单色仪入射狭缝 S_1 上，S_1 的缝宽调整在 0.2 mm. 把出射狭缝 S_2 开到 1 mm 左右，人眼通过 S_2 能看到与波长读数相应的光，然后逐渐关小 S_2，最后开到 S_2 为 0.2 mm.

注意：狭缝开大时不能超过 3 mm，关小时不能超过零位，否则将损坏仪器!

(2) 在光路中靠近 S_1 的位置放入调制器，并接通电机电源.

(3) 把热释电器件光敏面对准出射狭缝 S_2，并连接好放大器和毫伏表，然后为探测器加上电池电压+12V_0.

(4) 转动光谱手轮，记下探测器的入射波长及毫伏表上相应波长的输出电压值，并填入表 4-7-1.

(5) 用光电二极管换下热释电器件，给光电二极管加上+12 V 电压，重复步骤(4)，将数据记入表 4-7-1.

表 4-7-1　光谱响应测试实验数据

入射光波长 λ/μm	用热释电时毫伏表输出 V_f	光电二极管经放大后输出 V_b	光谱功率 $P(\lambda)$	响应度 $R(\lambda)$
0.5				
1.2				

四、注意事项

在实验过程中，光路的对准很重要，直接影响到测试结果.

(1) 首先确认单色仪狭缝，根据要求将狭缝调整到适当大小.

(2) 将光源置于入射狭缝一侧并点亮，调整与狭缝的距离，使光聚于入射狭缝. 此时将单色仪的波长调至可见光范围，在出射狭缝处可见到单色光.

(3) 将任一探测器置于出射狭缝的位置，尽量贴紧狭缝.

(4) 将各组件的连接线与“选频放大器和调制盘驱动器”的相应端口相连，打开“选频放大器和调制盘驱动器”的电源，用示波器观察输出信号，应能在示波器的屏幕上看到 $f = 25$ Hz 的正弦波.

(5) 调整光路，使输出波形达到最大(此时单色仪的波长读数调在红光附近)，至此，测试前的准备工作完成，注意保证光路在整个测试过程中的稳定性.

(6) 将单色仪的输出波长调至测试范围的一个极限值，然后连续缓慢调整其输出波长，同时注意观察示波器显示的波形，对波峰、波谷、波长等较重要的数据做到心中有数，以防漏测.

(7) 再次将单色仪的输出波长调至测试范围的一个极限值，根据要求将测得的数据记入表 4-7-1 中，以备撰写实验报告. 测试时注意波长间隔不宜太大，并防止将关键点漏测.

(8) 换另一探测器，改变波长读数，再与上一探测器相应的波长点进行测试. 注意保证光路在两次测试中的一致性.

(9) 两个探测器经过选频放大后的输出应在几百毫伏左右，如输出比较小，则说明光路对准有误，要及时调整.

五、思考题与讨论

(1) 狭缝宽度对光电探测器响应度的影响规律如何?

(2) 探测器位置与角度的放置对响应度的影响规律如何，探测器应该如何放置?

(3) 光电二极管探测器与热释电探测器采用交替测量方式精度较高，为什么?

实验 2　光电探测器响应时间测试实验

通常光电探测器输出的电信号相对于输入的光信号发生沿时间上的扩展，即输出的电信号要落后于作用在其上的光信号. 扩展的程序可由响应时间来描述. 光电探测器的这种响应落后于作用信号的特性称为惰性. 惰性的存在会使先后作用的信号在输出端相互交叠，从而降低信号的调制度. 如果探测器观测的是随时间快速变化的物理量，则惰性的影响会造成输出严重畸变. 因此，深入了解探测器的时间响应特性是十分必要的.

本实验目的：了解光电探测器的响应度与信号光的波长、调制频率的关系；掌握发光二极管的电流调制法；熟悉测量光电探测器响应时间的方法. 实验内容：利用探测器的脉冲响应特性测量响应时间；利用探测器的幅频特性确定其响应时间.

【预习要求】

(1) 详细阅读实验原理，理解光电探测器时间响应特性的定义方法.

(2) 了解实验装置的基本结构，注意操作实验仪器的注意事项.

(3) 认真观看实验操作视频，注意影响实验精度的操作细节.

一、实验原理

表示时间响应特性的方法主要有两种，一种是脉冲响应特性法，另一种是幅频特性法.

1. 脉冲响应

响应落后于作用信号的现象称为弛豫. 对于信号开始作用时的弛豫称为上升弛豫或起始弛豫；信号停止作用时的弛豫称为衰减弛豫. 弛豫时间的具体定义如下：

如用阶跃信号作用于器件，则起始弛豫定义为探测器的响应从零上升为稳定值的$(1-e^{-1})$(即 63%)时所需的时间；衰减弛豫定义为信号撤去后，探测器的响应下降到稳定值的 e^{-1}(即 37%)所需的时间. 这类探测器有光电池、光敏电阻及热电探测器等. 另一种定义弛豫时间的方法是：起始弛豫为响应值从稳态值的 10%上升到 90%所用的时间；衰减弛豫为响应从稳态值的 90%下降到 10%所用的时间. 这种定义多用于响应速度很快的器件，如光电二极管、雪崩光电二极管和光电倍增管等.

若光电探测器在单位阶跃信号作用下的起始阶跃响应函数为$[1-\exp(-t/\tau_1)]$，衰减响应函数为 $\exp(-t/\tau_2)$，则根据第一种定义，起始弛豫时间为τ_1，衰减弛豫时间为τ_2.

此外，如果测出了光电探测器的单位冲激响应函数，则可直接用其半值宽度来表示时间特性. 为了得到具有单位冲激函数形式的信号光源，即δ函数光源，可以采用脉冲式发光二极管、锁模激光器以及火花源等光源来近似. 在通常测试中，更方便的是采用具有单位阶跃函数形式的亮度分布的光源，从而得到单位阶跃响应函数，进而确定响应时间.

2. 幅频特性

由于光电探测器惰性的存在，其响应度不仅与入射辐射的波长有关，而且还是入射辐射调制频率的函数. 这种函数关系还与入射光强信号的波形有关. 通常定义光电探测器对正弦光信号的响应幅值同调制频率间的关系为它的幅频特性. 许多光电探测器的幅频特性具有如下形式:

$$A(\omega)=\frac{1}{(1+\omega^2\tau^2)^{\frac{1}{2}}} \tag{4-7-5}$$

式中，$A(\omega)$表示归一化后的幅频特性；$\omega = 2\pi f$为调制圆频率；f为调制频率；τ为响应时间.

在实验中可以测得探测器的输出电压 $V(\omega)$为

$$V(\omega)=\frac{V_0}{(1+\omega^2\tau^2)^{\frac{1}{2}}} \tag{4-7-6}$$

式中，V_0 为探测器在入射光调制频率为零时的输出电压. 这样，如果测得调制频率为f_1时的输出信号电压 V_1 和调制频率为f_2时的输出信号 V_2,就可由下式确定响应时间：

$$T=\frac{1}{2\pi}\sqrt{\frac{V_1^2-V_2^2}{(V_2f_2)^2-(V_1f_1)^2}} \tag{4-7-7}$$

为减小误差，V_1与 V_2的取值应相差 10%以上.

由于许多光电探测器的幅频特性都可由式(4-7-5)描述，人们为了更方便地表示这种特性，引出截止频率 f_e. 它的定义是当输出信号功率降至超低频一半时，即信号电压降至超低频信号电压的 70.7%时的调制频率. 故 f_e 频率点又称为三分贝点或拐点. 由式(4-7-5)可知

$$f_0=\frac{1}{2\pi\tau} \tag{4-7-8}$$

实际上，用截止频率描述时间特性是由式(4-7-5)定义的参数的另一种形式.

在实际测量中，对入射辐射调制的方式可以是内调制，也可以是外调制. 外调制是用机械调制盘在光源外进行调制的，因这种方法在使用时需要采取稳频措施，而且很难达到很高的调制频率，所以不适用于响应速度很快的光子探测器，具有很大的局限性. 内调制通常采用快速响应的电致发光元件作辐射源. 采取电调制的方法可以克服机械调制的不足，得到稳定度高的快速调制.

二、实验仪器

在本实验箱中，提供了需测试的两种光电器件：峰值波长为 880 nm 的光电

二极管和可见光波段的光敏电阻. 光源均为调制光，峰值波长为 900 nm 的红外发光管发出脉冲调制光，可见光(红)发光管发出正弦调制光.

光电二极管的响应时间与其偏压与负载都有关系，所以，光电二极管的偏压与负载电阻都是可调的，偏压分 5 V、10 V、15 V 三挡，负载分 100 Ω、1 kΩ、10k Ω、50 kΩ和 100 kΩ五挡. 根据需要，光源的驱动电源有脉冲和正弦波两种，并且频率在一定范围内可调.

实验系统面板说明：

(1) 偏压：指加在光电二极管上的电压，三挡可选.

(2) 负载电阻：指光电二极管的负载电阻，五挡可选.

(3) 波形选择：对加在光源上的调制波形的选择，分为正弦波和脉冲波两种.

(4) 频率调节：指调制波的频率调节旋钮，分为正弦波和脉冲波两种.

(5) 探测器选择：对被测光电器件的选择，分别为光敏电阻和光电二极管.

(6) 光源：指加在光源上的调制波形，分别为正弦波和脉冲波.

(7) 输出：指被测光电器件的输出测试端，分别为光敏电阻和光电二极管.

(8) 特别说明：光电探测器选择为光电二极管时，波形选择只能选择脉冲波形. 偏压和负载电阻选择对光敏电阻无效.

三、实验内容

1. 脉冲法测量光电二极管的相应时间

(1) 首先要将本实验面板上“偏压”和“负载”分别选择一组.

(2) 将“**波形选择**”开关拨至脉冲挡，“**探测器选择**”开关拨至光电二极管挡，此时由“**输入波形**”的二极管处应可观测到方波，由“**输出**”处引出的输出线(红线)即可得到光电二极管的输出波形，其频率可通过“**频率调节**”处的方波旋钮来调节. 此时调制光的频率可调至适当频率. (比如 200 Hz，频率太低，用普通示波器观测波形时不易测试，频率太高，会影响对响应时间测试的精度.)

(3) 调节示波器的扫描时间和触发同步，使光电二极管对光脉冲的响应在示波器上得到清晰的显示.

(4) 选定负载为 10kΩ，改变其偏压. 观察并记录在零偏(不选偏压即可)及不同反偏下光电二极管的响应时间，并填入表 4-7-2.

表 4-7-2　光电二极管的响应时间与偏置电压的关系

偏置电压 E/V	0	5	12	15	…
响应时间 t_r/s					

(5) 在反向偏压为 15 V 时，改变探测器的偏置电阻，观察探测器在不同偏置电阻时的脉冲响应时间. 记录填入表 4-7-3.

表 4-7-3　光电二极管的响应时间与偏置电压的关系

负载电阻 R_L/kΩ	0.05	0.100	1	10	100
响应时间 t_r/s					

2. 用幅频法测量光敏电阻的响应时间

(1) 将本实验箱面板上“**波形选择**”开关拨至正弦挡，“**探测器选择**”开关拨至光敏电阻挡，此时由“**输入波形**”的光敏电阻处应可观测到正弦波形，由“**输出**”处引出的输出线(蓝线)即可得到光敏电阻的输出波形，其频率可通过改变“**频率调节**”处的正弦旋钮来调节.

(2) 改变光波信号频率，测出不同频率下的输出电压(至少测三个频率点)并记录. 根据公式要求，三个频率点的输出电压相差要在 10%以上.

(3) 根据式(4-7-7)计算出其响应时间.

四、思考题与讨论

(1) 起始弛豫与衰减弛豫定义如何，如何理解这种定义方式与其他定义方式的异同?

(2) 比较实际测量中对入射辐射的内外调制方式的优劣.

(3) 光电二极管的响应时间与其偏压与负载的关系如何?

参 考 文 献

李晓军, 尹长松. 1997. 半导体光电探测器及进展. 半导体杂志, 22(2): 34-40.

阮乂, 宁提纲, 裴丽, 等. 2008. 光通信中的主流光电探测器研究. 光电技术应用, 23(3): 9-12.

第 5 章　磁共振技术

引　言

磁共振是在固体微观量子理论和无线电微波电子学技术发展的基础上被发现的一种重要的物理现象. 磁矩不为零的微观粒子(电子、质子、中子、原子核、原子、离子等)其磁矩是量子化的，当粒子处于磁场中时其空间取向也是量子化的，这一磁矩在外磁场中的能量也是量子化的，造成能级的塞曼分裂. 此时若在垂直于磁场方向施加一个频率合适的交变电磁场，将导致粒子在相邻的塞曼能级之间跃迁，这就是磁共振. 可以利用磁共振现象来研究粒子的结构和性质. 此外，由于粒子真正接收到的磁场不仅和外加磁场有关，而且还和周围的微观环境及与其他粒子的相互作用有关，因此磁共振技术还可以用来研究物质内部不同层次的结构. 磁共振研究的对象是处于基态的塞曼能级，具有不破坏物质原来状态和结构的优点，因此磁共振技术已成为物理、化学、生物、计量科学、材料科学、药物分析、医学临床诊断、石油勘探与分析等领域的重要研究和检测手段. 迄今为止，与磁共振技术相关的研究与发现已获得五次诺贝尔奖：1938 年，美国科学家 Rabi 利用原子束和不均匀磁场研究原子核磁矩时观察到核磁共振现象，因此获得了 1944 年的诺贝尔物理学奖；1946 年，美国科学家 Purcell 和 Bloch 分别用不同方法在常规物质中观察到核磁共振现象，他们的发现和所用的方法成为现代核磁共振技术的基础，共获 1952 年的诺贝尔物理学奖；20 世纪 50 时年代初，法国科学家 Kastler 发明了光磁双共振技术，使磁共振的探测灵敏度提高了几个甚至十几个数量级，因此获得了 1966 年诺贝尔物理学奖；20 世纪六七十年代，瑞士科学家 Ernst 在发展脉冲核磁共振技术、用傅里叶变换方法获得高分辨核磁共振谱和二维核磁共振谱方面作出重要贡献，因此获得了 1991 年的诺贝尔化学奖；1973 年，发明核磁共振成像技术的美国科学家 Lauterbur 和对核磁共振成像技术的发展作出贡献的 Mansfield 分获 2003 年的诺贝尔生理学或医学奖.

磁共振技术意义较广，按其研究对象可包含核磁共振、电子顺磁共振(或称电子自旋共振)、铁磁共振、反铁磁共振和来铁磁共振等. 本章列出四个实验. 5.1 节为核磁共振，主要介绍核磁共振实验现象及其原理，学会用核磁共振精确测定磁场的实验方法，掌握连续波吸收法测核的旋磁比和核磁矩的方法. 5.2 节为光磁共振，进一步理解原子超精细结构，掌握以光抽运为基础的光检测磁共振方法，测定铷原子超精细结构塞曼子能级的朗德因子和地磁场强度. 5.3 节为脉冲核磁共振，通过观测核磁共振对射频脉冲的响应，了解能级跃迁过程(弛豫)，了解自旋回波，利用自旋回波测量横向弛豫时间，了解傅里叶变换-脉冲核磁共振实验方法.

1945 年，人类首先在顺磁性 Mn 盐的水溶液中观测到顺磁共振；第二年，又分别用吸收和感应的方法发现了石蜡和水中质子的核磁共振；用波导谐振腔方法发现了 Fe、Co 和 Ni 薄片的铁磁共振. 科学家于 1950 年在室温附近观测到固体 Cr_2O_3 的反铁磁共振，又于 1953 年在半导体硅和锗中观测到电子和空穴的回旋共振. 1953 年和 1955 年，科学家先后从理论上预言和在实验上观测到亚铁磁共振，随后又发现了磁有序系统中高次模式的静磁型共振(1957)和自旋波共振(1958). 1956 年，人类开始研究两种磁共振耦合的磁双共振现象. 这些磁共振被发现后，便在物理、化学、生物等基础学科和微波技术、量子电子学等新技术中得到了广泛的应用. 例如，顺磁固体量子放大器，各种铁氧体微波器件，核磁共振谱分析技术和核磁共振成像技术及利用磁共振方法对顺磁晶体的晶场和能级结构、半导体的能带结构和生物分子结构等的研究. 原子核和基本粒子的自旋、磁矩参数的测定也是以各种磁共振原理为基础发展起来的.

磁共振成像技术由于其无辐射、分辨率高等优点被广泛地应用于临床医学与医学研究. 一些先进的设备制造商与研究人员一起，不断优化磁共振扫描仪的性能、开发新的组件. 例如，德国西门子公司的 1.5 T 超导磁共振扫描仪具有神经成像组件、血管成像组件、心脏成像组件、体部成像组件、肿瘤程序组件、骨关节及儿童成像组件等，其具有高分辨率、磁场均匀、扫描速度快、噪声相对较小、多方位成像等优点.

5.1　核 磁 共 振

Pauli 在 1924 年研究某些元素光谱的精细结构时首先提出了核磁矩与核自旋的概念，光学仪器分辨本领的限制，妨碍了对核磁矩的精确测量. 1939 年，首创于 Otto Stern(由于分子束和质子磁矩获 1943 年诺贝尔物理学奖)经 Isidor Issac Rabi(由于发现原子束内的核磁共振获 1944 年诺贝尔物理学奖)改进的分子束实验，提出了更为精确的测量核磁矩的方法. 近代核磁共振技术在 1946 年由美国 Harvard 大学的 Purcell 与 Stanford 大学的 Bloch 同时独立设计，两人因此共获 1952 年的诺贝尔物理学奖. 这些技术所需设备和试验方法都较简单，但却提高了核磁矩的测量精度. 在核物理方面，通过对各种核矩大小的测量，提供了有关核结构的许多信息.

本实验的目的是：了解核磁共振现象及其原理，学会用核磁共振精确测定磁场的实验方法，掌握连续波吸收法测核的旋磁比和核磁矩的方法.

【预习要求】

(1) 了解原子核的磁矩和原子核的角动量之间的关系.

(2) 观察核磁共振必要的实验条件是什么？

(3) 扫场在本实验中起到什么作用？磁场的均匀性对共振信号有什么影响？

一、实验原理

原子中的电子和原子核具有磁矩，因此，当它们处在磁场中时，要受到磁场的作用，使磁矩绕磁场的方向作旋进. 这就是在射频段和微波段产生核磁共振的主要机制.

在射频及微波段，产生磁共振的主要机制是在外磁场作用下，原子核或电子的自旋进动. 因此，在说明磁共振现象之前，先回顾一下原子物理学中讲过的有关内容.

从原子物理学知道，原子中的电子，由于轨道运动和自旋运动，具有轨道磁矩 $\boldsymbol{\mu}_l$ 和自旋磁矩 $\boldsymbol{\mu}_s$，其数值分别是

$$\mu_l = \frac{e}{2m_e}P_l, \qquad \mu_s = \frac{e}{2m_e}P_s \tag{5-1-1}$$

其中，m_e 和 e 分别为电子的质量和电荷，P_l 和 P_s 分别表示电子的轨道角动量和自旋角动量.

对于单电子原子的总磁矩 $\boldsymbol{\mu}_j$ 的数值为

$$\mu_j = g\frac{e}{2m_e}P_j \tag{5-1-2}$$

式中，$g = 1 + \frac{J(J+1) - L(L+1) + S(S+1)}{2J(J+1)}$ 称为朗德因子.

从上式可以看出，若原子的磁矩完全由电子自旋磁矩所贡献，则 $g = 2$；反之，若磁矩完全由电子的轨道磁矩所贡献，则 $g = 1$. 两者都有贡献，则 g 在 1 与 2 之间. 因此，g 与原子的具体结构有关，其数值可以通过实验精确测定.

同样，我们知道原子核也具有磁矩 $\boldsymbol{\mu}_I$，如同核外电子的情况，其数值可以表示为

$$\mu_I = g\frac{e}{2m_p}P_I \tag{5-1-3}$$

式中，g 为原子核的朗德因子，其数值只能由实验测得；P_I 为核的角动量；m_p 为

质子的质量. 由于质子的质量比电子的质量大 1836 倍，因此原子核磁矩比原子中的电子的磁矩要小得多，所以有时就可将原子中电子的总磁矩看成原子的总磁矩.

通常原子磁矩的单位用玻尔磁子 μ_B 表示，核磁矩的单位用核磁子 μ_N 表示，在 SI 单位制中

$$\mu_B = \frac{\hbar e}{2m_e} = 9.27402 \times 10^{-24}\,\mathrm{J \cdot T^{-1}}$$
$$\mu_N = \frac{\hbar e}{2m_p} = 5.05079 \times 10^{-27}\,\mathrm{J \cdot T^{-1}} \tag{5-1-4}$$

这样，原子中电子和原子核的磁矩可分别写成

$$\mu_j = g\frac{\mu_B}{\hbar}P_j, \qquad \mu_I = g\frac{\mu_N}{\hbar}P_I \tag{5-1-5}$$

下面以原子核为例，对共振现象作简要说明.

如图 5-1-1 所示，若将具有磁矩 $\boldsymbol{\mu}_I$ 的核置于稳恒磁场 $\boldsymbol{B}_0$ 中，则它要受到磁场产生的磁转矩的作用，为

$$\boldsymbol{L} = \boldsymbol{\mu}_I \times \boldsymbol{B}_0 \tag{5-1-6}$$

此力矩迫使原子核的角动量 $\boldsymbol{P}_I$ 改变方向，角动量改变的方向就是力矩的方向，而且

$$\frac{\mathrm{d}\boldsymbol{P}_I}{\mathrm{d}t} = \boldsymbol{L} \tag{5-1-7}$$

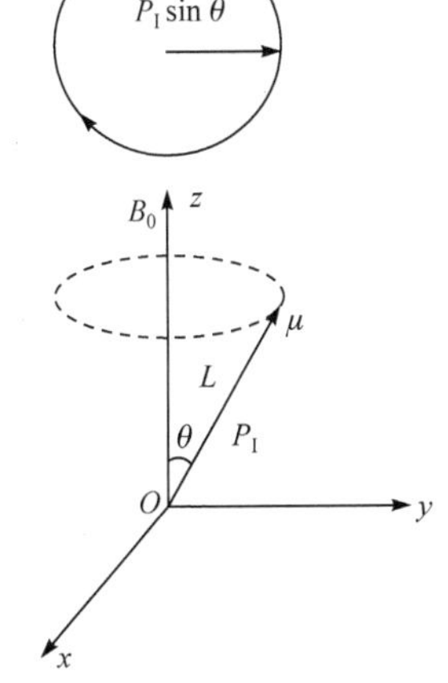

图 5-1-1　核磁矩受磁场作用发生的旋进

从图 5-1-1 可看出，由于力矩的存在，角动量的方向要不断改变，但其数值大小不变，这就造成 $\boldsymbol{P}_I$ 在图 5-1-1 所示的方向连续地旋进. 若自上向下看，我们将看到 $\boldsymbol{P}_I$ 的端点做一圆周运动. 此圆的半径为 $P_I \sin\theta$，设 $\boldsymbol{P}_I$ 的端点做圆周运动的角速度为 ω_0，则线速率是 $P_I \sin\theta \cdot \omega_0$，这也是时间变化率，即

$$\frac{\mathrm{d}P_I}{\mathrm{d}t} = P_I \sin\theta \cdot \omega_0 \tag{5-1-8}$$

而 $L = \mu_I B_0 \sin\theta$，故有

$$P_I \sin\theta \cdot \omega_0 = \mu_I B_0 \sin\theta \tag{5-1-9}$$

即得

$$\omega_0 = \frac{\mu_\mathrm{I}}{P_\mathrm{I}} B_0 = \gamma B_0 \tag{5-1-10}$$

式中，$\gamma = \frac{\mu_\mathrm{I}}{P_\mathrm{I}} = g\frac{\mu_\mathrm{N}}{\hbar}$ 称为核的旋磁比(或磁比)，$\mu_\mathrm{N} = e\hbar/(2m_\mathrm{p})$ 为核磁子. 不同元素的核，其 γ 值不同，所以旋磁比也是一个反映核的固有性质的物理量，其值可由实验测定. 上式就是拉莫尔旋进公式，ω_0 称为拉莫尔旋进角频率. 由公式可知：核磁矩在稳恒磁场的作用下，将绕磁场方向作旋进，其旋进频率 ω_0 取决于核的旋磁比 γ 和磁场 $\boldsymbol{B}_0$ 大小.

如果这时再在垂直于 $\boldsymbol{B}_0$ 的平面内附加一个角频率大小和方向与磁矩旋进角频率大小和旋进方向相同的弱旋转磁场 $\boldsymbol{B}_1(\boldsymbol{B}_1 \ll \boldsymbol{B}_0)$，如图 5-1-2 所示，则磁矩 $\boldsymbol{\mu}_\mathrm{I}$ 除受 $\boldsymbol{B}_0$ 作用外，还受到旋转磁场 $\boldsymbol{B}_1$ 的影响. 由于 $\boldsymbol{B}_1$ 的 $\omega = \omega_0$，即 $\boldsymbol{B}_1$ 与 $\boldsymbol{\mu}_\mathrm{I}$ 的相对方位保持固定，则它对 $\boldsymbol{\mu}_\mathrm{I}$ 的作用也以一个稳恒磁场的形式出现. 如前所述，它也将导致 $\boldsymbol{\mu}_\mathrm{I}$ 绕 $\boldsymbol{B}_1$ 旋进，其综合效果使 $\boldsymbol{\mu}_\mathrm{I}$ 原来绕 $\boldsymbol{B}_0$ 旋进的夹角 θ 有增加的趋势. 而核磁能可以表示为 $E = -\boldsymbol{\mu}_\mathrm{I}\cdot\boldsymbol{B}_0 = \mu_\mathrm{I} B_0\cos\theta$，现在 $\boldsymbol{\mu}_\mathrm{I}$ 对 $\boldsymbol{B}_0$ 的空间取向发生了变化，表示核从弱磁场 $\boldsymbol{B}_1$ 中吸收了能量而使自己的势能增加，这就是共振现象.

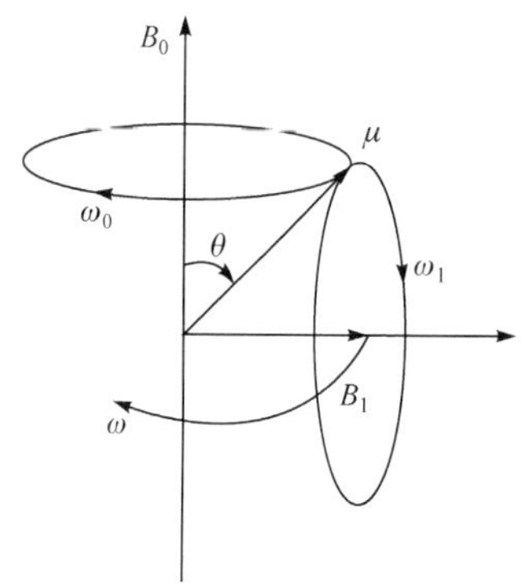

图 5-1-2　共振现象原理图

综上所述，可以得到如下结论：具有自旋磁矩的核，在一稳恒磁场 $\boldsymbol{B}_0$ 和一弱的旋转磁场 $\boldsymbol{B}_1$ 作用下，当旋转磁场的角频率 ω 等于核磁矩在稳恒磁场中的拉莫尔旋进角频率 ω_0 时，核将从 $\boldsymbol{B}_1$ 中吸收能量，而改变自己的能量状态，这种现象便称为磁共振. 发生磁共振的条件可表示为

$$\omega = \omega_0 = \gamma B_0 = g\frac{\mu_\mathrm{N}}{\hbar} B_0 \tag{5-1-11}$$

磁共振是一种基本而普遍的物理现象，上述共振条件，不仅对原子核适用，对自由电子以及其他粒子也适用，只是粒子不同，旋磁比和 g 因子值不同，使得在相同磁场下的共振频率不同.

由磁共振的基本原理可知，要进行核磁共振实验，必须具备一个均匀稳恒磁场 $\boldsymbol{B}_0$ 和一个旋转磁场 $\boldsymbol{B}_1$，并且旋转场的角频率 ω 满足拉莫尔旋进公式，即

$$\omega = \omega_0 = \gamma B_0 \tag{5-1-12}$$

才能发生核磁共振，式中 γ 为样品核的旋磁比. 为了便于观察核磁共振信号，通常应用大调场技术，对稳恒磁场所产生的共振吸收范围予以扫描. 在稳恒磁场 $\boldsymbol{B}_0$ 方向上加一个低频调制磁场 $\boldsymbol{B}_\mathrm{m}$，那么此时样品所在的实际磁场为 $\boldsymbol{B}_0 + \boldsymbol{B}_\mathrm{m}$，由于

调制场幅值不大，磁场方向仍保持不变，只要磁场的幅值按调制频率周期性变化，相应的拉莫尔旋进频率 ω_0 也相应地发生周期性的变化，即 $\omega_0=\gamma\left(B_0+B_{\mathrm{m}}\right)$，这时只要射频场角频 ω' 调制到 ω_0 的变化范围之内，同时调制磁场峰(峰值大于共振场范围)，便能用示波器观察到共振吸收信号(示波器的扫描频率和调制场的频率要一致). 如果变化 $\boldsymbol{B}_{\mathrm{m}}$ 的幅值，只有与 ω' 相应的共振吸收磁场范围 $\boldsymbol{B}_0'$ 被 $\boldsymbol{B}_0+\boldsymbol{B}_{\mathrm{m}}$ 扫过的期间才能发生核磁共振，观察到共振吸收信号，如图 5-1-3 所示. 在其他时刻不满足共振条件，没有共振吸收信号出现，并且磁场曲线上一周期内与 $\boldsymbol{B}_0'$ 在两处相交，表示共振发生在不同时刻. 此时在示波器荧光屏上将出现间隔不均等的共振吸收信号.

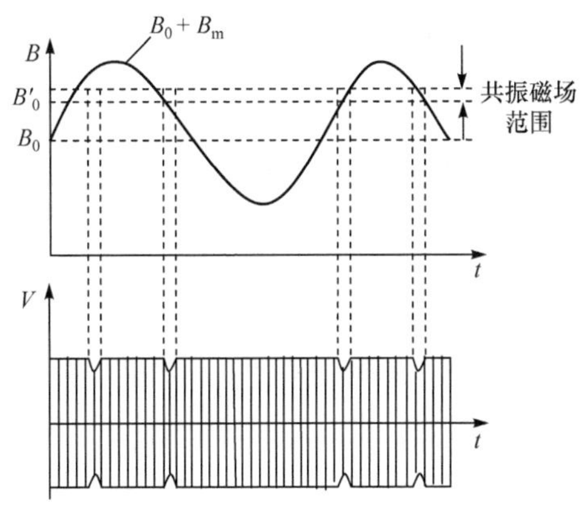

图 5-1-3　共振吸收信号条件

如图 5-1-4(a)所示，这是该处射频频率发生共振磁场 $\boldsymbol{B}_0'$ 的值. 改变稳恒磁场 $\boldsymbol{B}_0$ 的大小或调制场 $\boldsymbol{B}_{\mathrm{m}}$ 的幅值，以及变化射频率 ω'，都能使共振吸收信号的相对位置发生变化，出现“相对走动”现象. 若出现间隔相等的共振吸收信号，见图 5-1-4(b)，则其相对位置与调制场 $\boldsymbol{B}_{\mathrm{m}}$ 的幅值无关，并随 $\boldsymbol{B}_{\mathrm{m}}$ 的减小，信号变低变宽，见图 5-1-4(c)，此时即表明 $\boldsymbol{B}_0$ 与 $\boldsymbol{B}_0'$ 相等，满足 $\omega'=\gamma B_0'=\omega_0$.

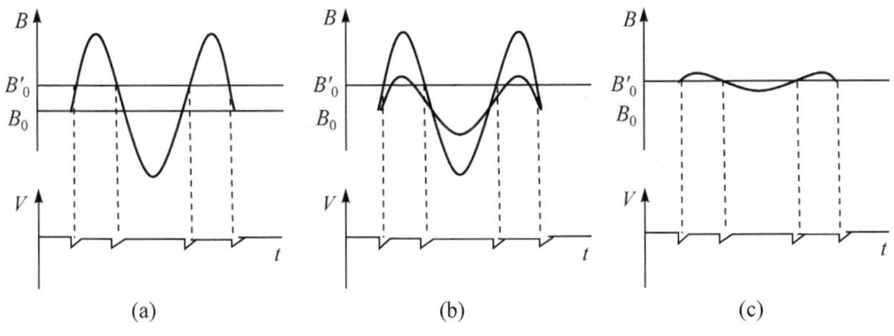

图 5-1-4　共振吸收信号

二、实验装置

核磁共振从实验方法上可分为连续波(稳态)和脉冲波(暂态)两大类. 检测方法有吸收法、感应法和电桥法. 我们这里仅就连续波吸收法加以介绍. 实验装置如图 5-1-5 所示，均匀的稳恒磁场由永久磁铁产生，其强度可以通过改变磁极之间的距离调节(如用电磁铁，其磁场通过改变励磁电流的大小来调节). 磁极上装有一对调制线圈，提供一个可调的均匀调制场(为方便起见，频率用 50 Hz)，其最大强度约为 20 Gs，用移相器可以调整示波器水平输入电压V_m与调制场之间的相位，核磁共振探头提供一个射频振荡. 圆柱形样品放在振荡器的谐振线圈内，并应注意调准其轴线与稳恒磁场方向垂直，通过调节边缘振荡器的工作状态以获得最佳的测量灵敏度. 射频频率用数字频率计或外差频率计测量，核磁共振信号用示波器检测.

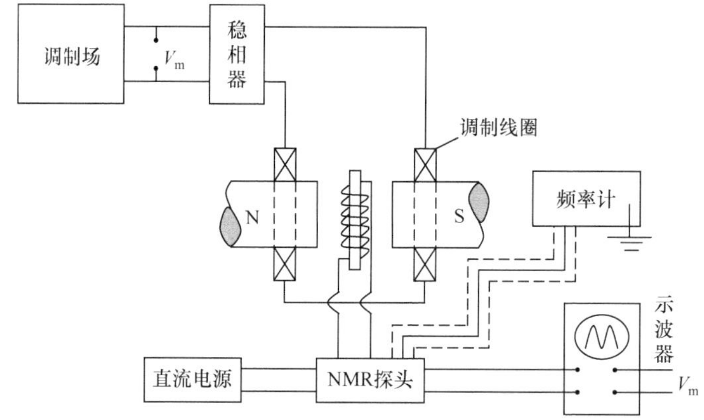

图 5-1-5　核磁共振实验装置

核磁共振探头产生线性振动的磁场，但从振动理论可以分析出它相当于旋转磁场的存在. 一个线性推动的磁场相当于两个大小相等、旋转方向相反的磁场. 其中与拉莫尔旋进方向相同的磁场，即起着我们前面所要求的旋转磁场$\boldsymbol{B}_1$的作用. 另一个旋转方向与拉莫尔旋进方向相反的磁场，对核磁共振不会产生有效影响，在此不予考虑.

核磁共振探头，一方面提供一个角频率等于拉莫尔进动频率的旋转磁场，以满足核磁共振的必要条件；另一方面用来接收、放大共振吸收信号，以便于观察核磁共振现象. 可见它是核磁共振实验的核心部分.

三、实验内容

1. 用测量频率的方法来确定磁场

用好样品，选定一稳恒磁场$\boldsymbol{B}_0$和一调制磁场$\boldsymbol{B}_m$，示波器x轴接“扫描”，调节射频频率，找出等间隔的质子核磁共振信号，然后切断“扫描”，将调制电压 V_m 接示波器 x 轴输入，即可在荧光屏上观察到如图 5-1-6 所示的两个形状对称的信号波形，它对应于调制场 $\boldsymbol{B}_m$ 一周期内发生的两次核磁共振. 细心地把波形调节到屏的中央位置上，并使两峰重合，这时质子共振频率和磁场满足 $\omega_0 = \gamma B_0$，即可用测量频率的方法来确定磁场了.

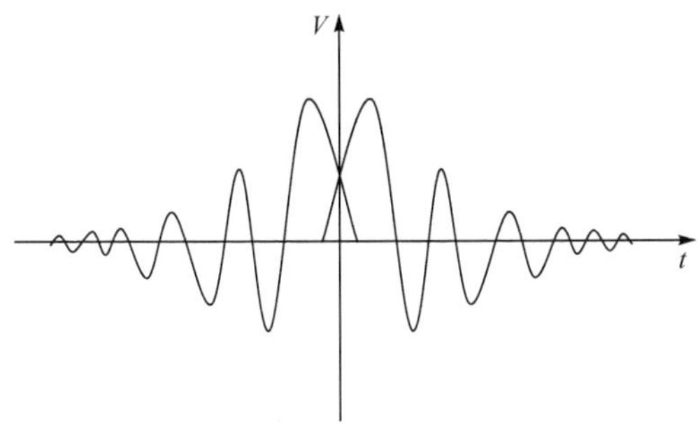

图 5-1-6　磁场的确定方法

2. 熟悉仪器，调试并观察质子 (^{1}H) 的核磁共振信号

首先将参有少量顺磁离子 ($FeCl_3$和$CuSO_4$) 的水溶液样品放入探头样品线圈内，加上一定幅值的调制磁场，缓慢地调节稳恒磁场或射频场频率，使在示波器上观察到如图 5-1-6 所示的核磁共振信号图形.

然后，在保持其他条件不变的情况下，分别改变稳恒磁场的大小、射频频率和调制磁场的幅值，观察共振吸收信号的位置和形状的变化，并做简略分析.

3. 用水做样品测量磁场强度

由于质子的共振吸收信号较强，所以是比较容易观察到的. 其计算公式为

$$B_0 = \omega / \gamma = 2\pi \nu / \gamma \tag{5-1-13}$$

已知质子的旋磁比 $\gamma_H = 2.675 \times 10^2 \, \text{MHz} \cdot \text{T}^{-1}$，上式中 $\dfrac{2\pi}{\gamma} = 0.0234877 \text{T} \cdot \text{MHz}^{-1}$，所以

$$B_0 = 0.0234877 \nu \text{T} \tag{5-1-14}$$

式中，B_0 为被测磁场值，以 T 或 Gs 为单位；ν 为射频振荡频率，以 MHz 为单位. 测量磁场的精确度取决于频率测量的精确度.

4. 观察 ^{19}F 样品的核磁共振现象，测定 ^{19}F 的旋磁比，计算其 g 因子和核磁矩

由于 ^{19}F 的核磁共振信号比 ^{1}H 弱得多，观察时需要特别细心. 完成实验内容 3 之后，换上 ^{19}F 样品，然后缓慢地增加磁场或降低射频频率，找到共振信号，测

出其共振频率ν_{F}和磁场$\boldsymbol{B}_{\mathrm{F}}$即可.

$\boldsymbol{B}_{\mathrm{F}}$磁场值的测定可应用质子核磁共振的方法. 测定完 ^{19}F 的共振频率ν_{F}之后，保持磁场值不变，换上^{1}H 样品，缓慢地增加射频频率，找到质子的共振信号，测出其共振频率ν_{F}，B_{F}，即可计算

$$\gamma_{\mathrm{F}}=2\pi\frac{\nu_{\mathrm{F}}}{B_{\mathrm{F}}}=\frac{\nu_{\mathrm{F}}}{\nu_{\mathrm{H}}}\gamma_{\mathrm{H}} \tag{5-1-15}$$

将测得的ν_{F}、ν_{H}代入公式(5-1-15)，即可计算出 ^{19}F 的旋磁比. γ_{F}和γ_{H}分别为 ^{19}F 和 ^{1}H 的旋磁比，ν_{F}和ν_{H}分别为同一磁场下的 ^{19}F 和 ^{1}H 的核磁共振频率.

由磁共振的基本原理可推出，g 因子和核磁矩的计算公式为

$$g=\frac{\gamma\hbar}{\mu_{\mathrm{N}}} \tag{5-1-16}$$

$$(\mu_g)_{\mathrm{F}}=I\gamma_{\mathrm{F}}\hbar=Ig_{\mathrm{F}}\mu_{\mathrm{N}} \tag{5-1-17}$$

其中，$\hbar=h/(2\pi)$，h 为普朗克常量，$h=6.6208\times10^{-34}\ \mathrm{J\cdot s}$；$\mu_{\mathrm{N}}=5.05079\times10^{-27}\ \mathrm{J\cdot T^{-1}}$；$I$ 为自旋量子数，^{19}F 的 I 值为 1/2.

四、思考题与讨论

(1) 试用经典力学和量子力学观点，对核磁共振现象作简要说明，并指出实现核磁共振必备的条件是什么？

(2) 本实验所用的磁场是恒定磁场叠加一个正弦交变磁场作为扫场，射频场信号的频率在一定范围内连续可调. 当示波器采用内部线性扫描时，一开始若找不到共振信号，其原因有哪些？找到信号后，改变射频场频率时共振信号在荧光屏上的分布将如何变化？在什么情况下读取的频率才是恒定磁场对应的共振频率？

(3) 对“纯水”样品与掺有 $FeCl_3$ 的“水”样品中质子共振信号的主要差别作出解释.

参 考 文 献

吕斯骅, 段家. 2006. 新编基础物理实验. 北京: 高等教育出版社.
沈元华, 陆申龙. 2003. 基础物理实验. 北京: 高等教育出版社.

5.2 光 磁 共 振

气体原子塞曼子能级之间的磁共振信号非常弱，利用磁共振的方法难以观察.

光磁共振是利用光抽运效应来研究原子超精细结构塞曼子能级间的磁共振的. 光抽运用圆偏振光激发气态原子，打破原子在所研究能级间的热平衡分布，造成能级间所需要的粒子数差，以便在低浓度条件下提高磁共振信号强度. 光磁共振采用光探测方法，探测原子对光量子的吸收，而不是像一般的磁共振直接探测原子对射频量子的吸收，因而极大地提高了探测灵敏度，即光磁共振方法既保持了磁共振分辨率高的优点，同时将探测灵敏度提高了几个甚至十几个数量级. 本实验所用的光磁共振也称为光泵磁共振，是在光频和射频电磁场共同作用下，原子、分子样品发生光频跃迁和射频共振相结合的一种物理过程. 应用光抽运方法，造成基态塞曼子能级间显著的粒子数差，从而实现原子超精细结构塞曼子能级间的磁共振. 实验目的是：进一步理解原子超精细结构，掌握以光抽运为基础的光检测磁共振方法，测定铷原子超精细结构塞曼子能级的 g 因子和地磁场强度.

【预习要求】

(1) 光抽运的物理过程如何？本实验中实现光抽运必要的实验条件是什么？

(2) 光抽运过程为什么采用单一的左旋或者右旋圆偏振光？

(3) 观察磁共振信号时，为什么射频场选择与恒定磁场的方向垂直？

一、实验原理

1. 铷原子基态和最低激发态的能级

本实验的研究对象为铷原子,天然铷有两种同位素 ^{85}Rb(占 72.15%)和 ^{87}Rb(占 27.85%). 选用天然铷作样品，既可避免使用昂贵的单一同位素，又可在一个样品上观察到两种原子的超精细结构塞曼子能级跃迁的磁共振信号. 铷是一价碱金属原子，其基态为 $5^2S_{1/2}$，最低激发态为 $5^2P_{1/2}$ 和 $5^2P_{3/2}$ 双重态，是电子的轨道角动量与自旋角动量耦合而产生的精细结构. 由于是 LS 耦合，电子总角动量的量子数 $J = L+S, L+S-1,\cdots,|L-S|$. 对于铷原子的基态，$L=0, S=1/2$，故 $J=1/2$；其最低激发态，$L=1, S=1/2$，故 $J=1/2$ 和 $3/2$，这就是双重态的由来. 在 5P 与 5S 之间产生的跃迁是铷原子主线系的每一条线，为双线，在铷灯的光谱中强度特别大. $5^2P_{1/2}$ 到 $5^2S_{1/2}$ 的跃迁产生的谱线为 D_1 线，波长是 794.8 nm；$5^2P_{3/2}$ 到 $5^2S_{1/2}$ 的跃迁产生的谱线为 D_2 线，波长是 780.0 nm. 铷原子基态和最低激发态的能级结构如图 5-2-1 所示.

原子物理学中已给出核自旋 $I=0$ 的原子的价电子 LS 耦合后总角动量 $\boldsymbol{P}_J$ 与原子总磁矩 $\boldsymbol{\mu}_J$ 的关系

$$\boldsymbol{\mu}_J = -g_J \frac{e}{2m}\boldsymbol{P}_J \tag{5-2-1}$$

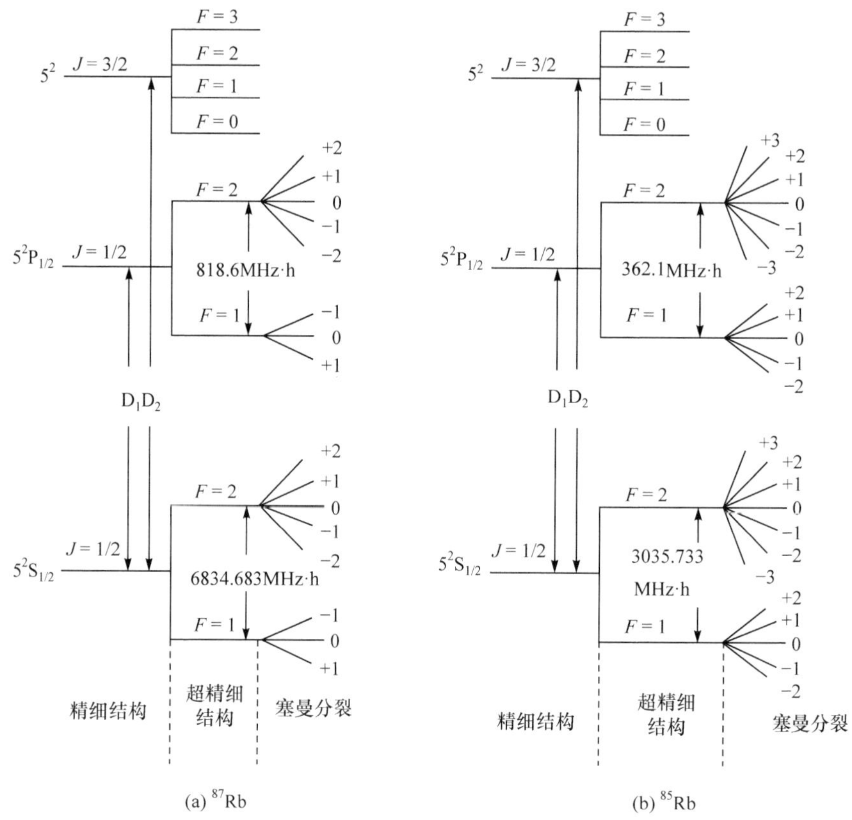

图 5-2-1　铷原子能级结构示意图

$$g_J = 1 + \frac{J(J+1) - L(L+1) + S(S+1)}{2J(J+1)} \tag{5-2-2}$$

铷原子核自旋不为零，两个同位素的核自旋量子数 I 也不相同. ^{87}Rb 的 $I = 3/2$，^{85}Rb 的 $I = 5/2$. 核自旋角动量与电子总角动耦合，得到原子的总角动量. 由于 IJ 耦合，原子总角动量的原子数 $F = I + J, \cdots, |I - J|$. 故 ^{87}Rb 基态的 $F = 2$ 和 $F = 1$；^{85}Rb 的基态的 $F = 3$ 和 $F = 2$. 这些由 F 量子数标定的能级称为超精细结构. 总角动量 P_F 与原子总磁矩 μ_F 的关系为

$$\mu_F = -g_F \frac{e}{2m} P_F \tag{5-2-3}$$

$$g_F = g_J \frac{F(F+1) + J(J+1) - I(I+1)}{2F(F+1)} \tag{5-2-4}$$

上面朗德因子式子均是由量子理论导出的，把相应的量子数代入很容易求得

具体数值.

在磁场中，铷原子的超精细结构能级产生塞曼分裂，标定这些分裂能级的磁量子数 $m_F = F, F-1, \cdots, -F$ ，因而一个超精细能级分裂为 $2F+1$ 个塞曼子能级.

设原子的总角动量所对应的原子总磁矩为 $\boldsymbol{\mu}_{\mathrm{F}}$, $\boldsymbol{\mu}_{\mathrm{F}}$ 与外磁场 $\boldsymbol{B}_0$ 相互作用的能量为

$$E = -\boldsymbol{\mu}_F \cdot \boldsymbol{B}_0 = g_F m_F \mu_{\mathrm{B}} B_0 \tag{5-2-5}$$

这正是超精细塞曼子能级的能量. 式中玻尔磁子 $\mu_{\mathrm{B}} = 9.2741\times10^{-24}\ \mathrm{J\cdot T^{-1}}$. 相邻塞曼子能级之间的能量差

$$\Delta E = g_F \mu_{\mathrm{B}} B_0 \tag{5-2-6}$$

式中 ΔE 与 B_0 成正比，在弱磁场的情况下是正确的. 若外磁场 $\boldsymbol{B}_0 = 0$，则塞曼子能级简并为超精细结构能级.

2. 光抽运效应

在热平衡状态下，各能级的粒子数遵从玻尔兹曼分布，其分布规律由

$$\frac{N_2}{N_1} = \exp(-\Delta E / kT) \approx 1 - \frac{\Delta E}{kT} \tag{5-2-7}$$

表示. 式中 k 为玻尔兹曼常量，T 为温度，低能级 E_1 的粒子数为 N_1，高能级 E_2 的量子数为 N_2，ΔE 为能量差. 由于超精细塞曼子能级间的能量差 ΔE 很小，可以近似地认为这些子能级上的粒子数是相等的. 这就很不利于观测这些子能级之间的磁共振现象. 为此，Kastler 提出光抽运方法，即用圆偏振光激发原子，使原子能级的粒子数分布产生重大改变.

光抽运效应是建立在光与原子相互作用中角动量守恒的基础上的. 由于光波中磁场对电子的作用远小于电场对电子的作用，故光对原子的激发可看成是光波的电场部分起作用. 设偏振光的传播方向跟产生塞曼分裂的磁场 $\boldsymbol{B}_0$ 的方向相同，则左旋圆偏振的 σ^+ 光的电场 E 绕光传播方向做右手螺旋转动，其角动量为 $\hbar$；右旋圆偏振的 σ^- 光的电场 E 绕光传播方向做左手螺旋转动，其角动量为 $-\hbar$；线偏振的 π 光可看成两个旋转方向相反的圆偏振光的叠加，其角动量为零.

现在以铷灯作光源. 由图 5-2-1 可见，铷原子由 $5^2\mathrm{P}_{1/2} \to 5^2\mathrm{S}_{1/2}$ 的跃迁产生 D_1 线，波长为 794.8 nm；由 $5^2\mathrm{P}_{3/2} \to 5^2\mathrm{S}_{1/2}$ 的跃迁产生 D_2 线，波长为 780 nm. 这两条谱线在铷灯光谱中特别强，用它们去激发铷原子时，铷原子将会吸收它们的能量而引起相反方向的跃迁过程. 然而，频率一定而角动量不同的光所引起的塞曼子能级的跃迁是不同的，由理论可得跃迁的选择定则为

$$\Delta L=\pm 1,\quad \Delta F=0,\pm 1,\quad \Delta m_F=\begin{cases}+1 & (\text{入射光为}\sigma^+)\\ 0 & (\text{入射光为}\pi)\\ -1 & (\text{入射光为}\sigma^-)\end{cases} \tag{5-2-8}$$

所以，当入射光为 $D_1\sigma^+$光，作用 ^{87}Rb 时，由于 ^{87}Rb 的 $5^2S_{1/2}$ 态和 $5^2P_{1/2}$ 态的磁量子数为 m_F 的最大值，均为+2，而 σ^+ 光角动量为 $\hbar$ 只能引起 $\Delta m_F=+1$ 的跃迁，故 $D_1\sigma^+$光只能把基态中 $m_F=+2$ 以外各子能级上的原子激发到 $5^2P_{1/2}$ 的相应子能级上，如图 5-2-2(a)所示.

图 5-2-2(b)表示跃迁到 $5^2P_{1/2}$ 上的原子经过大约 10^{-18} s 后，通过自发辐射以及无辐射跃迁两种过程，以相等概率回到基态 $5^2S_{1/2}$ 各个子能级上. 这样经过多次循环之后，基态 $m_F=+2$ 能级上的粒子数就会大大增加，即基态其他能级上大量的粒子被“抽运”到基态 $m_F=+2$ 子能级上. 这就是光抽运效应.

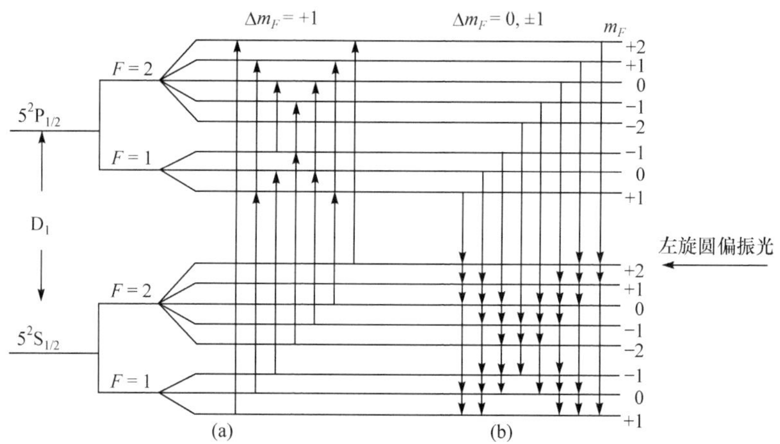

图 5-2-2　铷原子跃迁和辐射示意图

同理，如果用 $D_1\sigma^-$光照射，则大量粒子将被“抽运”到 $m_F=-2$ 子能级上，但是，π 光照射是不可能发生光抽运效应的.

对于铷 ^{85}Rb，若用 $D_1\sigma^+$光照射，粒子将会被“抽运”到 $m_F=+3$ 子能级上.

各子能级上粒子数的这种远远偏离玻尔兹曼分布的不均匀分布称为“偏极化”，光抽运的目的就是造成偏极化，有了偏极化就可以在子能级之间得到较强的磁共振信号.

3. 弛豫过程

系统由非热平衡态分布趋向于热平衡态分布的过程被称为弛豫过程.

光抽运使得原子系统能级分布偏极化而处于非平衡状态时，将会通过弛豫过程恢复到热平衡分布状态. 弛豫过程的机制比较复杂，但在光抽运的情况下，铷原子与容器壁碰撞是失去偏极化的主要原因. 通常在铷样品泡内充入氮、氖等作为缓冲气体，其密度比样品泡中铷蒸气的原子密度约大 6 个数量级，可极大地减少铷原子与容器壁碰撞的机会，缓冲气体的分子磁矩非常小，可认为它们与铷原子碰撞时不影响这些原子在磁能级上的分裂，从而能保持铷原子系统有较高的偏极化程度. 但缓冲气体不可能使铷原子能级之间的跃迁完全被抑制，故光抽运也就不可能把基态上的原子全部“抽运”到特定的子能级上去. 由实验得知，样品泡中充入缓冲气体后，弛豫时间为 10^{-2} s 数量级. 在一般情况下，光抽运造成塞曼子能级之间的粒子差数，比玻尔兹曼分布造成的差数大几个数量级.

不过值得注意的是，温度高低对铷原子系统的弛豫过程有很大的影响. 温度升高则铷蒸气的原子密度增加，铷原子与容器壁之间以及铷原子相互之间的碰撞都增加，将导致铷原子能级分布的偏极化减少；而温度过低时铷蒸气的原子数目太少，则抽运信号的幅度必然很小. 因此，实验时样品泡的温度要控制在 40～55℃.

4. 磁共振与光检测

式(5-2-6)给出了铷原子在弱磁场 $\boldsymbol{B}_0$ 作用下相邻塞曼子能级的能量差. 要实现这些子能级的共振跃迁，还必须在垂直于恒定磁场 $\boldsymbol{B}_0$ 的方向上施加一射频场 $\boldsymbol{B}_1$ 作用于样品，当射频场的频率 ν 满足共振条件

$$h\nu = \Delta E = g_F \mu_B B_0 \tag{5-2-9}$$

时，便发生基态超精细塞曼子能级之间的共振跃迁现象. 若作用在样品上的 $D_1\sigma^+$ 光，对于 ^{87}Rb 来说，是由 $m_F = +2$ 跃迁到 $m_F = +1$ 子能级，接着也相继有 $m_F = +1$ 的原子跃迁到 $m_F = 0, \cdots\cdots$ 与此同时，光抽运又把基态中非 $m_F = +2$ 的原子抽运到 $m_F = +2$ 子能级上. 因此，共振跃迁与光抽运将会达到一个新的动态平衡. 发生磁共振时，处于基态 $m_F = +2$ 子能级上的原子数小于未发生磁共振时的原子数. 也就是说，发生磁共振时能级分布的偏极化程序降低了，从而必然会增大对 $D_1\sigma^+$ 光的吸收，如图 5-2-3 所示. (a)不发生磁共振时，$m_F = +2$ 能级上粒子数较多；(b)发生磁共振时，$m_F = +2$ 能极上粒子数较少，对 $D_1\sigma^+$光的吸收增加.

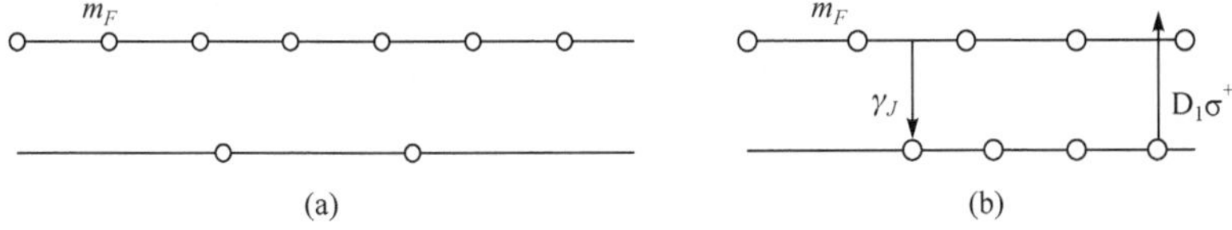

图 5-2-3　磁共振过程中塞曼能级粒子数的变化

由于在偏极化状态下样品对入射光的吸收甚少，透过样品泡的 $D_1\sigma^+$光已达恒定；一旦发生了磁共振跃迁，样品对 $D_1\sigma^+$光的吸收将增大，则透过样品泡的 $D_1\sigma^+$

光必然减弱. 那么，只要测量透射光强的变化即可得到磁共振信号，实现磁共振的光检测. 由此可见，作用在样品上的 $D_1\sigma^+$光，一方面起到抽运作用，另一方面可用透过样品的光作为检测光，即一束光起了抽运和检测两重作用.

对磁共振信号进行光检测可极大地提高检测的灵敏度. 本来塞曼子能级的磁共振信号非常微弱，特别是密度很低的气体样品的信号就更加微弱，所以直接观察射频共振信号是很困难的. 光检测方法利用磁共振时伴随着 $D_1\sigma^+$光强的变化，可巧妙地将一个频率较低的射频量子(1～10 MHz)转换成一个频率很高的光频量子(10^8 MHz)的变化，使观察信号的功率提高了 7～8 个数量级. 这样，气体样品的微弱磁共振信号的观测，便可用很简便的光检测方法来实现.

二、实验装置

1. 实验系统

本实验系统由主体单元、电源、辅助源、射频信号发生器及示波器五部分组成，如图 5-2-4 所示.

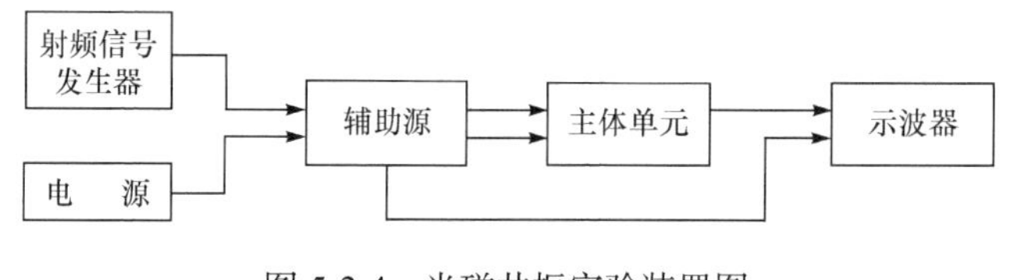

图 5-2-4　光磁共振实验装置图

1) 主体单元

主体单元是该实验装置的核心，由铷光谱灯、准直透镜、吸收池、聚光镜、光电探测器及亥姆霍兹线圈组成.

天然铷和惰性缓冲气体被充在一个直径约为 52 mm 的玻璃泡内，该铷泡两侧对称放置着一小射频线圈，它为铷原子跃迁提供了射频磁场. 这个铷吸收泡和射频线圈都置于圆形恒温槽内，称它为“吸收池”. 槽内温度约为 55℃. 吸收池放置在两对亥姆霍兹线圈中心. 小的一对线圈产生的磁场用来抵消地磁场的垂直分量. 大的一对线圈有两个绕组，一组为水平直流磁场线圈，它使铷原子的超精细能级产生塞曼分裂；另一组为扫场线圈，它使直流磁场上叠加一个调制磁场. 铷光谱灯作为抽运光源. 光路上有两个透镜，一个为准直透镜，另一个为聚光透镜，两透镜的焦距为 771 mm，它们使铷灯发出的光平行通过吸收泡，然后再会聚在电池上. 干涉滤光镜(装在铷光谱灯的口上)从铷光谱中选出 D_1 光($\lambda = 794.8$ nm).

偏振片和 1/4 波片(和准直透镜装在一起)使光成为左旋圆偏振光. 偏振光对基态超精细塞曼能级有不同的跃迁概率，可以在这些能级间造成较大的粒子数差. 当加上某一频率的射频磁场时，将产生光磁共振，在共振区的光强由于铷原子的吸收而减弱. 通过大调场法,可以从终端的光探测器上得到这个信号. 经过放大这个信号可以从示波器上显示出来.

铷光灯谱是一种高频气体放电灯. 它由高频振荡器、控温装置和铷灯泡组成. 铷灯泡放置在高频振荡回路的电感线圈中，在高频电磁场的激励下产生无极放电而发光. 整个振荡器连同铷灯泡放在同一恒温槽内，温度控制在 90℃左右. 高频振荡器频率约为 65 MHz.

光电探测器接收透射光强度变化，并把光信号转换成电信号. 接收部分采用硅光电池. 放大器倍数大于 100.

2) 电源

电源为主体单元提供三组直流电源，第 I 路是 0～1 A 可调稳流电源，为水平磁场提供电流. 第 II 路是 0～0.5 A 可调稳流电源，为垂直磁场提供电流. 第 III 路是 24 V/2 A 稳压电源，为铷光谱灯、控温电路扫场提供工作电压.

3) 辅助源

辅助源为主体单元提供三角波、方波扫场信号及温度控制电路等，并没有“外接扫描”插座，可接 SBR-1 型示波器的扫描输出，将其锯齿扫描经电阻分压及电流放大，作为扫场信号源代替机内扫场信号，辅助源与主体单元由 24 线电缆连接.

4) 射频信号发生器

本实验装置中的射频信号发生器为通用仪器，可以选配频率范围为 100 Hz～1 MHz，输出功率在 50 Ω 负载上不小于 0.5 W，并且输出幅度可调节. 射频信号发生器为吸收池中的小射频线圈提供射频电流，使其产生射频磁场，激发铷原子产生共振跃迁.

2. 使用操作说明

(1) 电源. 打开电源的开关，辅助源和主体单元进入工作状态. 电流的大小由其上方数字面板显示.

(2) 辅助源.

① 池温开关：吸收池控温电源的通断开关.

② 扫场方向开关：改变扫场的电流方向(选择扫场的方向).

③ 水平场方向开关：改变水平场的电流方向(选择水平磁场的方向).

④ 垂直场方向开关：改变垂直场的电流方向(选择垂直磁场的方向).

⑤ 方波、三角波选择开关：用于扫场方式的选择.

⑥ 内、外转换开关(在后面板上)：内部扫场和外部扫场的选择.

⑦ 灯温、池温指示：分别表示灯温、池温进入工作温度状态.

⑧ 扫描幅度：调节扫场幅度大小的电位器.

三、实验内容

1. 实验准备

(1) 在装置加电之前，应先进行主体单元光路的机械调整(已调整好不必再动).

(2) 借助指南针将光具座与地磁场水平分量平等搁置. 检查各连线是否正确(已放置好，连线正确).

(3) 将“垂直场”“扫场幅度”旋钮调至最小，按下池温开关.

(4) 接通电源线，按下电源开关. 约 30 min 后，灯温、池温指示灯点亮，实验装置进入工作状态.

2. 观测光抽运信号

(1) 扫场方式选择“方波”，调大扫场幅度. 再将指南针置于吸收池上边改变扫场方向，使扫场方向与地磁场水平分量方向相反.

(2) 预置垂直场电流为 0.086 A(参考值)左右，用来抵消地磁场垂直分量.

(3) 调节扫场幅度及垂直场大小和方向，使光抽运信号幅度最大(图 5-2-5).

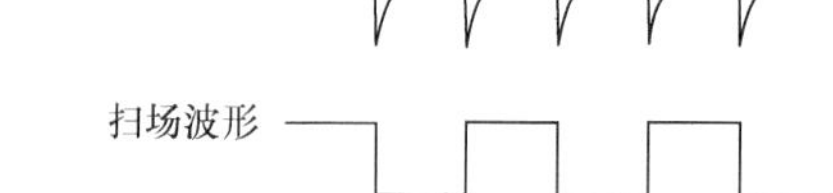

图 5-2-5　光抽运信号波形与扫场波形

3. 测量 g_F 因子

(1) 扫场方式选择“三角波”，将水平场电流预置为 0.456 A(参考值)左右，并使水平磁场方向和扫场方向与地磁场水平分量方向相同(由指南针来判断).

(2) 垂直场大小保持不变.

(3) 调节射频信号发生器频率，可观察到共振信号，对应图 5-2-6(a)的波形，可读出频率 ν_1 及对应的水平场电流 I.

(4) 再按动水平场方向开关，使水平场方向与地磁场水平分量和扫场方向相反.

(5) 仍用上述方法，如图 5-2-6(b)所示可得到 ν_2.

(6) 这样水平场所对应的频率 $\nu = (\nu_1 - \nu_2)/2$ 即排除了地磁场水平分量及扫场直流分量的影响.

(7) 水平磁场数值可由水平场电流及水平亥姆霍兹线圈的参数来确定

$$B_0 = \frac{16\pi}{5^{3/4}} \times \frac{N}{r} \times I \times 10^{-3} \tag{5-2-10}$$

其中，N 为亥姆霍兹线圈匝数；r 为线圈的有效半径，单位为 m；I 为流过线圈的电流，单位为 A.

(8) 由公式

$$h\nu = g_F \mu_B B_0 \tag{5-2-11}$$

得

$$g_F = \frac{h\nu}{\mu_B B_0} \tag{5-2-12}$$

式中普朗克常量 $h = 6.62616 \times 10^{-34}$ J · s.

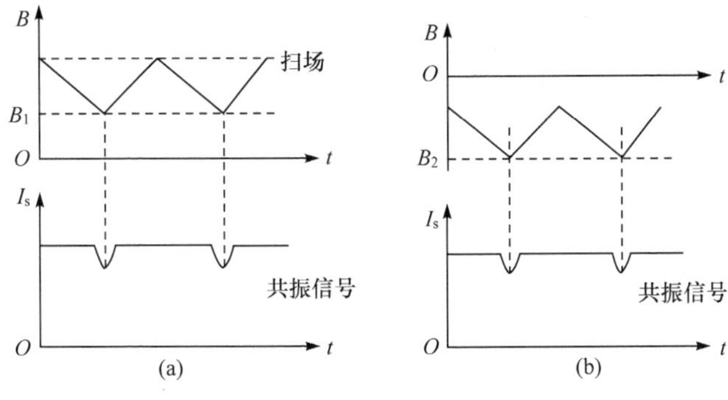

图 5-2-6　共振信号

4. 测量地磁场

(1) 同测 g_F 因子方法类似，先使扫场和水平场与地磁场水平分量方向相同，测得 ν_1；

(2) 再按动扫场及水平场方向开关，使扫场和水平场方向与地磁场水平分量方向相反，又得到 ν_2；

(3) 这样地磁场水平分量所对应的频率为 $\nu = (\nu_1 + \nu_2)/2$. (即排除了扫场和水平磁场的影响).

(4) 从式(5-2-11)中得到地磁场水平分量为

$$B_{水平} = \frac{h\nu}{\mu_0 g_F} \tag{5-2-13}$$

(5) 因为垂直场正好抵消地磁场的垂直分量，从数字表头指示的垂直电流及垂直亥姆霍兹线圈参数(表 5-2-1)可以确定垂直地磁场分量的数值.

(6) 由地磁场水平分量和地磁场垂直分量的矢量和可求得地磁场.

四、注意事项

(1) 本实验中应注意区分 ^{87}Rb、^{85}Rb 的共振谱线，当水平磁场不变时，频率高的为 ^{87}Rb 共振谱线，频率低的为 ^{85}Rb 共振谱线. 当射频频率不变时，水平磁场

大的为 ^{85}Rb 共振谱线，水平磁场小的为 ^{87}Rb 共振谱线.

(2) 在精确测量时为避免吸收池加热丝所产生的剩余磁场影响测量的准确性，可以短时间断掉池温电压源.

(3) 为避免光线(特别是灯光的 50 Hz)影响信号幅度及线型，必要时主体单元应当罩上遮光罩.

(4) 在实验过程中，本装置主体单元一定要避开铁磁性物体、强电磁场及大功率电源线.

表 5-2-1　亥姆霍兹线圈的参数

	水平场线圈	扫场线圈	垂直场线圈
线圈匝数(N)	250	250	100
有效半径(r)	0.2388 m	0.2420 m	0.1530 m

五、思考题与讨论

(1) 在寻找和观察光抽运信号时，一开始可能找不到光抽运信号，试分析有几种可能的原因.

(2) 实验装置中为什么要用垂直磁场线圈抵消地磁场的垂直分量？不抵消会有什么后果？为什么？

(3) 测定 g_F 因子的方法是否受到地磁场和扫场直流分量的影响？为什么？

参 考 文 献

褚圣麟. 1979. 原子物理学. 北京: 高等教育出版社.
吴泳华, 霍剑青, 浦其荣. 2005. 大学物理实验. 北京: 高等教育出版社.

5.3　脉冲核磁共振

核磁共振(nuclear magnetic resonance，NMR)指受电磁波作用的原子核系统，在外磁场中能级之间发生的共振跃迁现象. 这一现象是由美国斯坦福大学布洛赫(F.Bloch)和哈佛大学珀赛尔(E.M.Purcell)于 1946 年各自独立发现的，两人因此获得 1952 年诺贝尔物理学奖. 早期的核磁共振电磁波主要采用连续波，灵敏度较低.

1966 年发展起来的脉冲傅里叶变换核磁共振技术，将信号采集由频域变为时域，从而极大地提高了检测灵敏度，由此脉冲核磁共振技术迅速发展，成为物理、化学、生物、医学等领域中分析鉴定和微观结构研究不可缺少的工具. 核磁共振的物理基础是原子核的自旋. 泡利在 1924 年提出核自旋的假设，1930 年，在实验上得到证实. 1932 年，人们发现中子，从此对原子核自旋有了新的认识：原子核的自旋是质子和中子自旋之和，只有质子数和中子数两者或者其中之一为奇数时，原子核才具有自旋角动量和磁矩. 这类原子核称为磁性核，只有磁性核才能产生核磁共振. 磁性核是核磁共振技术的研究对象，5.1 节核磁共振实验中介绍的是稳态核磁共振. 而本实验是将脉冲射频场作用到核系统上，观察核系统对脉冲的响应，并利用快速傅里叶变换(FFT)技术将时域信号变换成频域信号，这种方法称为脉冲核磁共振. 目前绝大部分核磁共振谱仪和磁共振成像仪都以脉冲核磁共振技术为基础. 本实验目的：通过观测核磁共振对射频脉冲的响应，了解能级跃迁过程(弛豫)，利用自旋回波测量横向弛豫时间，掌握傅里叶变换-脉冲核磁共振实验方法.

【预习要求】

(1) 了解弛豫时间 T_1 和 T_2 的物理意义，以及两者之间的数量关系.

(2) 用什么方法可以测量 T_1？

(3) 为什么自旋回波法可以消除磁场不均匀的影响？

(4) 实验中通过改变什么参量来改变 $\boldsymbol{M}$ 的倾角 θ？如何在实验中判断 $\boldsymbol{M}$ 已转了 $\dfrac{\pi}{2}$ 或 π？

一、实验原理

1. 核磁共振

原子核中的质子和中子都具有轨道和自旋角动量，因此，原子核的磁矩应该是质子磁矩和中子磁矩的总和. 当原子核处于外磁场 $\boldsymbol{B}_0$ 中时，原子核磁矩在外磁场 $\boldsymbol{B}_0$ 作用下产生分裂获得附加能量

$$E_m = -\mu_z \cdot B_0 = -\gamma \hbar m B_0 \tag{5-3-1}$$

以质子为例，m 取值为 $\dfrac{1}{2}$ 与 $-\dfrac{1}{2}$，从而在外磁场作用下核能分裂为两个能级，由此可见，不同磁量子数的原子核获得的能量是不同的，这就使原来简并的磁能级发生分裂，即著名的塞曼分裂，由上式可知磁能级在外磁场中的分裂是等间距的，其相邻的两个磁能级间的能量差是

$$\Delta E = \gamma \hbar B_0 \tag{5-3-2}$$

如果此时在与 $\boldsymbol{B}_0$ 垂直的方向再加上一个频率为 ν 的交变磁场 $\boldsymbol{B}_1$，此交变磁场的能量为 $h\nu$，当 $h\nu = \Delta E$ 时，就会引起核能态在两个分裂能级间的跃迁，即产生共振现象. 此共振频率 ν_0 为

$$\nu_0 = \gamma \frac{B_0}{2\pi} \tag{5-3-3}$$

即共振频率ν_0与外磁场强度B_0成正比.

从运动学的角度看核磁矩$\boldsymbol{\mu}$并不与外磁场$\boldsymbol{B}_0$的方向一致，受到外磁场$\boldsymbol{B}_0$引起的力矩$\boldsymbol{\mu}\times\boldsymbol{B}_0$的作用，因而有

$$\frac{\mathrm{d}\boldsymbol{P}}{\mathrm{d}t} = \boldsymbol{\mu}\times\boldsymbol{B}_0 \tag{5-3-4}$$

即

$$\frac{\mathrm{d}\boldsymbol{\mu}}{\mathrm{d}t} = \gamma(\boldsymbol{\mu}\times\boldsymbol{B}_0) \tag{5-3-5}$$

由此可知，核除自旋外还要以角频率$\omega_0 = 2\pi\nu_0$绕磁场$\boldsymbol{B}_0$进动，如图 5-3-1 所示，进动的角频率为$\omega_0 = |\gamma B_0|$，此式与用能量关系所得到的式(5-3-3)是一致的. 此圆频率ω_0也称为拉莫尔(Larmor)频率，此进动称为拉莫尔进动. 只有外加交变磁场$\boldsymbol{B}_1$的频率与拉莫尔频率一致时，才能产生共振吸收.

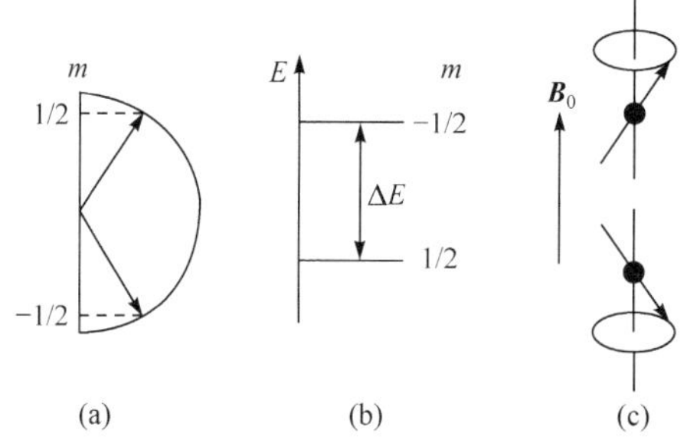

图 5-3-1　(a)空间量子化；(b)能级分裂；(c)核进动

2. 宏观磁矩与弛豫过程

单个原子核磁矩的强度很弱，不可能在实验中观察到，我们能测量到的是由大量原子核组成的宏观物体的磁矩. 在宏观非磁物体内每个核磁矩的空间取向是随机的，不表现出宏观磁性. 只有将物体放在外磁场内才出现空间量子化，表现出宏观磁性. 我们用磁化强度矢量$\boldsymbol{M}$表示单位体积的宏观磁矩，其取向与外磁场$\boldsymbol{B}_0$方向一致，它们彼此间的相位是随机的，如图 5-3-2(a)所示. 总的宏观磁矩$\boldsymbol{M}_0$与$\boldsymbol{B}_0$的方向即z方向一致，在x、y方向的分量为零. 若因某种因素(如加射频场$\boldsymbol{B}_1$)使$\boldsymbol{M}$偏离z轴，如图 5-3-2(b)所示，$\boldsymbol{M}$除了有z分量处还有位于x-y平面内的分量$\boldsymbol{M}_{xy}$，总磁矩$\boldsymbol{M}$将绕z轴以拉莫尔频率ω_0旋转，并逐渐恢复到平衡态，这个过程称为弛豫过程，如图 5-3-2(c)所示. 弛豫过程即指系统由非平衡态恢复到平衡态的过程.

从微观角度看弛豫过程的机制可分为两类，一种是自旋磁矩与周围介质(晶格)的相互作用使$\boldsymbol{M}_z$逐渐恢复到$\boldsymbol{M}_0$，称为自旋-晶格弛豫，也称纵向弛豫，以弛豫时间T_1来表征. 另一种称为自旋-自旋弛豫，它导致$\boldsymbol{M}$的横向分量$\boldsymbol{M}_{xy}$逐渐趋于零，也称为横向弛豫，以弛豫时间T_2来表征. 横向弛豫过程源于核磁矩之间的自旋相互作用，不与外界交换能量，自旋体系的总能量保持不变. 在平衡态下$M_{xy}=0$，

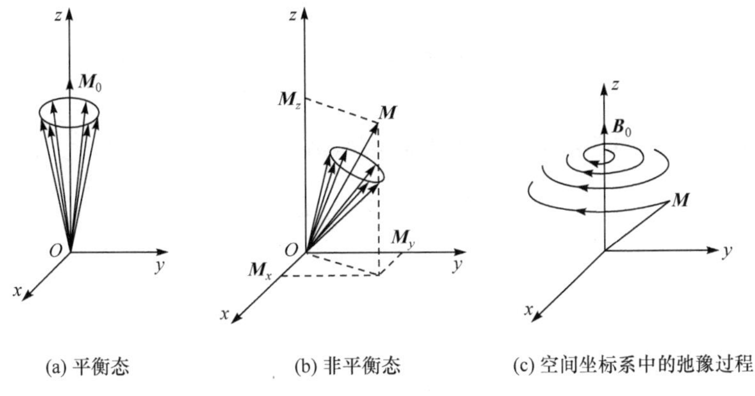

图 5-3-2　宏观磁化

各核磁矩在 x 、y 平面上的取向是无规的，即各核磁矩旋进的相位是随机无序的. 当 $M_{xy}\neq 0$ 时，就意味着各核磁矩的相位有了一定的一致性，如图 5-3-3(a)所示. 这种非平衡态通过核磁矩间的相互作用使相位逐渐趋于无序，即 $M_{xy}\to 0$. 由于 $M_z=M_0$ 时，M_{xy} 必然为零，相反的情况是不可能出现的，因而 T_2 一定小于 T_1，即选 $M_{xy}\to 0$ 才会有 $M_z\to M_0$，弛豫过程如图 5-3-3 所示.

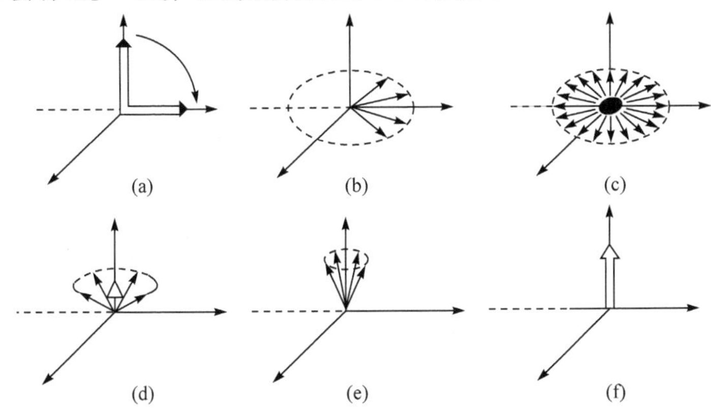

图 5-3-3　弛豫过程

纵向弛豫过程的数学表达式为

$$\frac{\mathrm{d}M_z}{\mathrm{d}t}=\frac{-\left(M_z-M_0\right)}{T_1} \tag{5-3-6}$$

其解为

$$M_z=M_0+\left(M_z^0-M_0\right)\mathrm{e}^{-\frac{t}{T_1}} \tag{5-3-7}$$

其中 M_z^0 为 $t=0$ 时 M_z 的值. 若 $t=0$ 时 $M_z^0=0$ (相当于 $\frac{\pi}{2}$ 脉冲的作用)，则

$$M_z = M_0\left(1-\mathrm{e}^{\frac{t}{T_1}}\right) \tag{5-3-8}$$

若 $t=0$ 时 $M_z^0=-M_0$ (相当于 π 脉冲的作用)，则

$$M_z = M_0\left(1-2\mathrm{e}^{\frac{t}{T_1}}\right) \tag{5-3-9}$$

横向弛豫过程的数学表达式为

$$\frac{\mathrm{d}M_x}{\mathrm{d}t}=\frac{-M_x}{T_2} \tag{5-3-10}$$

$$\frac{\mathrm{d}M_y}{\mathrm{d}t}=\frac{-M_y}{T_2} \tag{5-3-11}$$

M_x 和 M_y 的解是相同的

$$M_{xy}=M_{xy}^0\mathrm{e}^{-\frac{t}{T_2}} \tag{5-3-12}$$

式中，M_{xy}^0 为 $t=0$ 时 M_{xy} 的值.

3. 弛豫时间的测量

1) 自由感应衰减(FID)信号及其频谱

为测量 T_1、T_2，在与外磁场 $\boldsymbol{B}_0$(z 轴)垂直的平面内加一脉冲旋转磁场 $\boldsymbol{B}_1$(其 $\omega_1=\omega_0=\gamma B_0$ ，$B_1 \ll B_0$)，从与 $\boldsymbol{B}_1$ 转速相同的坐标系 x', y', z' (其中 z' 与 z 方向一致)中看，$\boldsymbol{M}$ 在 $\boldsymbol{B}_1$ 的作用下以角速度 $\gamma\boldsymbol{B}_1$ 向 y' 方向旋转，如图 5-3-4 所示. 如此脉冲的作用时间为 τ ，则 $\boldsymbol{M}$ 的倾角 θ 为

$$\theta=\gamma B_1\tau \tag{5-3-13}$$

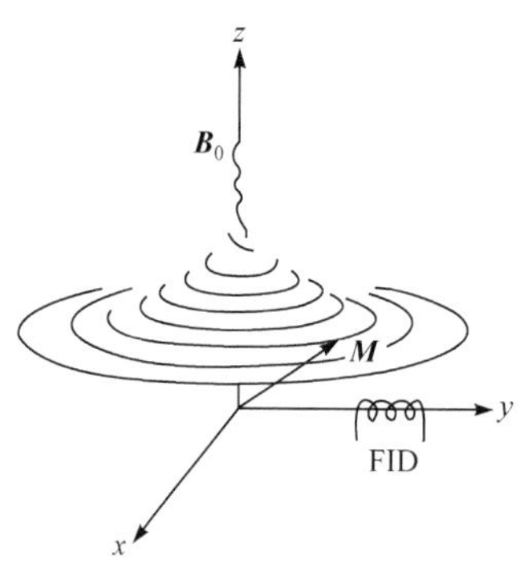

图 5-3-4　信号的获得

当 $\boldsymbol{B}_1$ 一定时，改变脉冲宽度 τ 可使 $\theta=\dfrac{\pi}{2}$，即 M 从 z' 方向倒向 y' 方向，如果在 y 方向放一电感线圈就可检测到横向弛豫引起的指数衰减信号

$$S(t)=A\mathrm{e}^{-\frac{t}{T_2}} \tag{5-3-14}$$

此信号称为自由感应衰减(free inductive decay, FID)信号. 图 5-3-5(a)显示的是使磁矩转 $\dfrac{\pi}{2}$ 的射频脉冲，其频率为 ν ，脉宽为 τ . 当 ν 与核的共振频率 $\nu_0=\gamma\dfrac{B_0}{2\pi}$ 相

同时,FID 信号(图中去掉了载波信号ν_0的成分)严格按式(5-3-15)变化,如图 5-3-5(b)所示. 其傅里叶变换后的频谱$\frac{1}{t}$如图 5-3-5(c)所示,它的峰位在$\Delta\nu=0$处,此时射频频率ν与ν_0一致;它的峰高与信号强度有关,即与共振核的数量有关. 当射频频率ν与ν_0有一差异$\Delta\nu$时,FID 信号如图 5-3-5(d)所示,其衰减规律可表达成

$$S(t)=A\cos(2\pi\Delta\nu t)\mathrm{e}^{-\frac{t}{T_2}} \tag{5-3-15}$$

其频谱如图 5-3-5(e)所示,与图 5-3-5(c)相比两者的差异仅在于峰位移动了$\Delta\nu$. 因而可根据频谱图来改变射频脉冲的频率,使其达到严格的共振$\nu=\nu_0$,同时也可以改变射频脉冲的宽度τ或脉冲幅度$\boldsymbol{B}_1$来准确判断是否达到了$\frac{\pi}{2}$的要求. 信号经过傅里叶变换所得到的频谱在做结构分析时是非常有用的,$\Delta\nu$被称为化学位移,化学结构不同使核所处的环境有所变化后,共振频率有微小的位移.

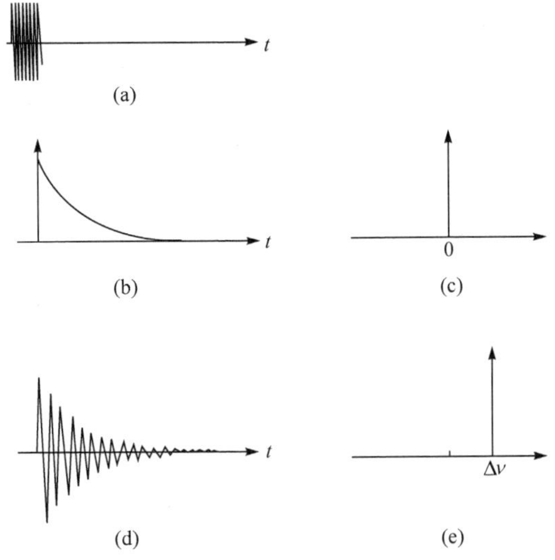

图 5-3-5 (a)$\frac{\pi}{2}$射频冲脉;(b)$\nu=\nu_0$时的 FID 信号;(c)图(b)的频谱;(d) $\nu=\nu_0+\Delta\nu$时的 FID 信号;(e)图(d)的频谱

2) 用自旋回波信号测T_2

由 FID 的包络线测出的T_2^*往往要小于核自旋-自旋弛豫时间T_2,这是由外加磁场$\boldsymbol{B}_0$的不均匀所引起的,它等效于有一个弛豫时间为T_2'的弛豫,一般小于T_2,它们之间的关系为

$$\frac{1}{T_2^*}=\frac{1}{T_2}+\frac{1}{T_2'} \tag{5-3-16}$$

为消除T_2'的影响，在实验中常用自旋回波的方法. 其工作过程如图 5-3-6 所示，先加一个$\frac{\pi}{2}$的射频脉冲场，使$\boldsymbol{M}$从z'方向倒向y'方向，如图 5-3-6(a)所示. 由于横向弛豫的作用，经过一段时间τ后，各核磁矩的相位离散使M_{xy}'减小，如图 5-3-6(b)所示(磁场不均匀使相位离散加速)，为便于说明，图上仅画两个核磁矩，一个旋进角速度高于ω_0(右旋)，另一个低于ω_0(左旋)，此时再加一个π射频脉冲，由于此磁场对x'方向分量M_x不起作用，仅使y'方向分量M_y反转π，其旋转方向不变，如图 5-3-6(c)所示. 再经过时间τ，M在$-y'$方向会聚形成极大，如同出现一个回波，其过程如图 5-3-6(d)、(e)所示. 实际的自旋回波信号如图 5-3-7 所示，从图中明显可知脉冲间隔的时间τ要大于$3T_2'-5T_2'$，使磁场不均匀的影响在测量中可忽略不计，自旋回波的峰值仅由T_2决定. 改变τ，测出一系列τ和回波信号的峰值，用式(5-3-12)就可求出自旋-自旋弛豫时间T_2. 也可由$\frac{\pi}{2}$-τ-π-2τ-π-2τ-π⋯系列脉冲来测T_2，此方法称为 Carr-Purcell(CP)系列脉冲法.

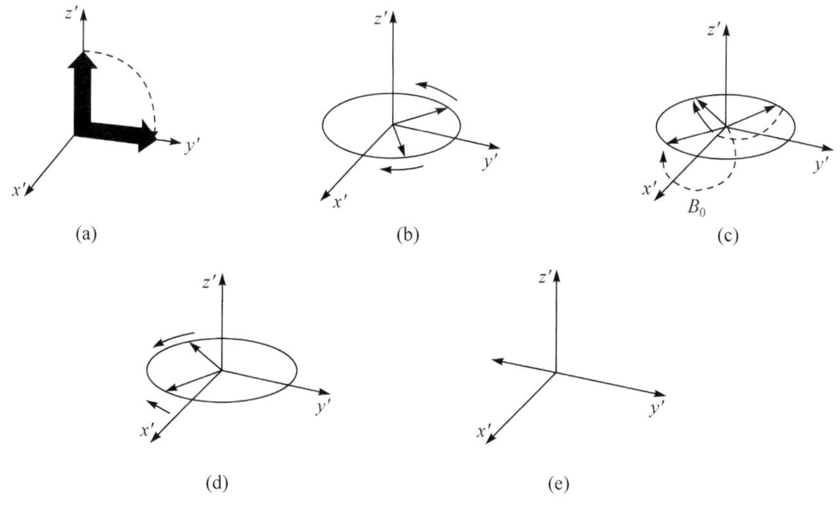

图 5-3-6　自旋回波的原理图

3) T_1的测量

如图 5-3-7 所示，T_1的测量可采用π-τ-$\frac{\pi}{2}$脉冲序列，首先加一个π脉冲使$\boldsymbol{M}_0$从z方向反转到$-z$方向，这时由于自旋-晶格弛豫，$\boldsymbol{M}_z$将从$-\boldsymbol{M}_0$逐渐增加，最后趋于$\boldsymbol{M}_0$. $M_z(t)$的变化规律见式(5-3-9). 如在τ时刻加一个$\frac{\pi}{2}$脉冲，使$\boldsymbol{M}_z$转到$-y'$

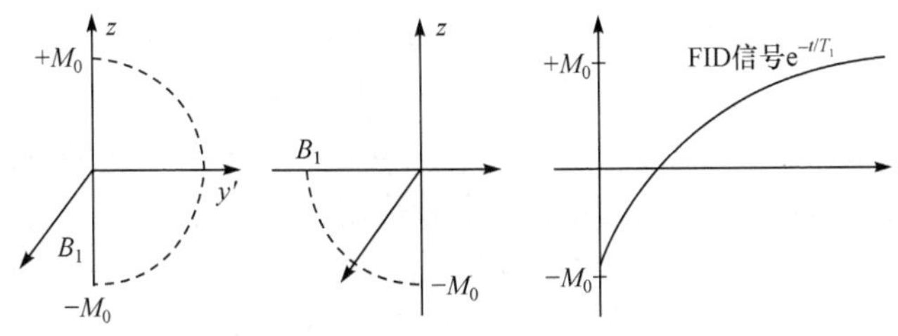

图 5-3-7　T_1的测量原理

方向，则在接收线圈中就能收到 FID 信号，其幅度正比于此刻的 $\boldsymbol{M}_z(\tau)$. 改变τ，测出一系列的 $\boldsymbol{M}_z(\tau)$，即可由式(5-3-9)得出 T_1. 也可用$M_z(\tau_0)=0$时所对应的τ_0，用$\tau_0=T_1\ln 2$来测 T_1.

二、实验仪器

本实验只使用了核磁共振成像仪中的部分功能，图 5-3-8 只画了与本实验有关的脉冲核磁共振谱仪框图部分. 装置由主磁体系统、电路系统和以计算机为核心的控制、采集、处理及显示系统三部分组成.

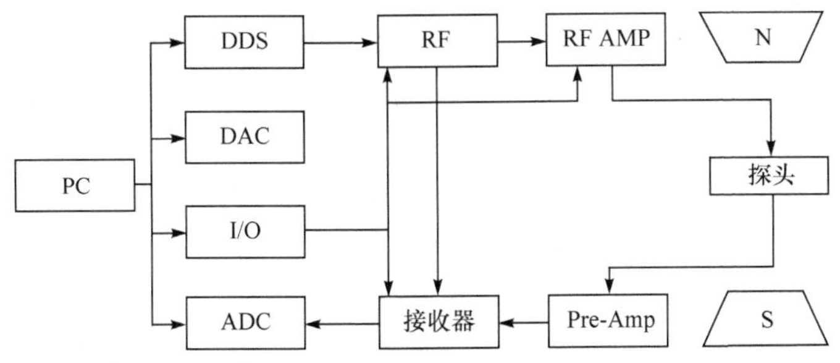

图 5-3-8　脉冲核磁共振谱仪框图

主磁体系统由主磁体和射频线圈两部分组成，主磁体的作用是产生静磁场 $\boldsymbol{B}_0$，其磁场强度大小直接决定核磁共振频率ω_0，频率越高，信号的信噪比越高，成像的质量也越好；磁场的均匀性影响谱仪的分辨率；其稳定性也直接影响仪器的使用. 主磁体有电磁体、超导磁体和永磁体三种. 电磁体能达到一般要求，但能耗大，场强值、均匀性和稳定性很难进一步提高. 超导磁体的磁场强度已可达到 9.4 T，均匀性、稳定性极佳，是理想的磁体，但价格昂贵. 永磁体是用铝镍钴、稀土类永磁材料制成的，成本低、维护简单，但磁场强度较低，强度不可调，适合用于要求不高的场合，本实验装置用的就是永磁体，磁场强度 B_0 在 0.4 T 左右. 为提高主磁体的均匀性，主磁体上还装了几组匀场线圈，调节匀场电流可提高主磁体的均匀性，本装置在工作区域内的均匀性可达到 10^{-5} 量级. 射频线圈也称探头，用来产生激励磁场和接收核磁共振信号，探头可以采用两个线圈，分别用于发射和接收，也可以一个线圈在两种状态间切换. 射频线圈最简单的结构为一螺旋管线圈，其中心轴与 $\boldsymbol{B}_0$ 垂直，位于 x-y 平面，探头发射的射频场的均匀和接收的灵敏度是评价其性能的主要指标. 本实验采用的是螺旋管式结构.

电路系统由发射单元和接收单元两部分组成，RF 为数字信号发生器，其频率与脉冲的包络形状由计算机内的直接数字频率合成源(DDS)控制，再经过功率放大器(RF AMP)放大加到探头上. 接收到的核磁共振信号先进入预放大(Pre-Amp)，使输入和输出信号间达到阻抗匹配. 由于核磁共振信号很弱，信噪比差，通常的接收器(receiver)均采用相干探测技术，如锁相放大器，它可以在强噪声背景中测出某一待测信号的幅值和相位，因而接收器的输出端可得到相位差为 90°的两个输出信号(称为实部与虚部)，也可以通过计算机的处理直接显示它们的模值. 本实验中采用的是更为先进的数字正交检测技术，其测量的思路和结果与相干探测技术是一致的.

计算机内插有将输入的模拟信号转换为数字信号的模-数变换器(ADC)、控制外部模拟信号的数-模变换器(DAC)和控制输入/输出(I/O)工作的 A/D 卡，以及控制射频频率与脉冲的包络形状的直接数字频率合成 DDS 卡. 它们的工作均受软件指挥. 软件有仪器工作参量设定、数据采集、数据处理和图像显示等功能. 工作参量设定中包括射频脉冲波形的设计和各脉冲间时序的设计，界面上有相关的图示及参考数据，使用者只需依据界面上的提示就能修改这些参量. 数据采集前要确定采样的点数、累加次数等与采集有关的参量，采集的数据实时显示在屏幕上，一般实部(红色)和虚部(绿色)同时显示，也可选择只显示模值. 根据测量数据可计算弛豫时间 T_1 和 T_2，数据处理中最重要的功能是 FFT，从自由感应衰减信号 FID 经 FFT 所得的频率图上可精确地测出共振频率，并据此调整射频脉冲的频率，使其满足共振条件，也可以据此频谱图来测量化学位移.

三、实验内容

(1) 熟悉软件的功能，观察、采集 FID 信号及与信号采集有关的知识，如如何选择采样的点数，如何提高信噪比等.

(2) 用添加 $CuSO_4$ 的水作为样品放入磁场，测量其 FID 信号，并分析 FID 信号的频谱，测量并调准共振频率.

(3) 准确地获得 $\frac{\pi}{2}$ 和 π 射频脉冲.

(4) 用 $\frac{\pi}{2}$-τ-π 自旋回波法测量几种样品(如 $CuSO_4$ 浓度不同的水溶液，浓度越高，弛豫时间越小)的 T_2.

(5) 用 $\pi\text{-}\tau\text{-}\frac{\pi}{2}$ 系列脉冲法测量几种样品的 T_1.

(6) 观察化学位移现象.

参 考 文 献

哈克, 曾晓庄, 包尚联. 2007. 核磁共振成像: 物理原理和脉冲序列设计. 北京: 中国医药科技出版社.

俎栋林, 高家红. 2014. 核磁共振成像——物理原理和方法. 北京: 北京大学出版社.

5.4　核磁共振成像

核磁共振成像是一种较新的医学成像技术，它采用静磁场和射频磁场使人体组织成像，在成像过程中，既不用电离辐射，也不用造影剂就可获得高对比度的清晰图像. 它能够从人体分子内部反映出人体器官失常和早期病变. 它在很多地方优于 X-CT. 虽然 X-CT 解决了人体影像重叠问题，但由于提供的图像仍是组织对 X 射线吸收的空间分布图像，不能够提供人体器官的生理状态信息，当病变组织与周围正常组织的吸收系数相同时，就无法提供有价值的信息. 只有当病变发展到改变了器官形态、位置和自身增大到给人以异常感觉时才能被发现. 核磁共振成像装置除了具备 X-CT 的解剖类型特点，即获得无重叠的质子密度体层图像之外，还可借助核磁共振原理精确地测出原子核弛豫时间 T_1 和 T_2，能将人体组织中有关化学结构的信息反映出来. 这些信息通过计算机重建的图像是成分图像(化学结构像)，它有能力将同样密度的不同组织和同一组织的不同化学结构通过影像显示表征出来. 这就便于区分脑中的灰质与白质，对组织坏死、恶性疾患和退化性疾病的早期诊断效果有极大的优越性，其软组织的对比度也更为精确.

1972 年，美国化学家 P. C. Lauterbur 提出了核磁共振成像(nuclear magnetic resonance imaging, NMRI)的思路和方法，1978 年，英国 EMI 制造出第一台 NMRI 仪,并成功地获得了第一张人体头部的 NMR 的断层图像. NMRI 的关键是需要对核磁共振信号进行编码,解译经过编码的 NMR 信号就可以得到实空间的 NMR 图像,编码方式是 NMRI 技术的核心. NMR 成像的过程包括自旋核的激发、核磁共振信号的采集与编码、图像重建和显示等步骤. NMRI 在成像过程中对人体没有电离辐射损伤，与其他的成像方法(如 X-CT、超声成像和核医学成像)相比，还具有空间分辨率高、对比度大的优点，从而受到广泛的重视并大力发展. 本实验目的：了解核磁共振成像原理，掌握核磁共振成像仪的结构、原理、调试和操作过程.

【预习要求】

(1) z 方向编码的原理是什么？如何选定 z 方向的位置和选层的厚度？

(2) y 方向编码的原理是什么？为什么要改变 y 方向梯度场的强度？其改变的次数与什么因素有关？

(3) 为什么选用软脉冲来激发，而不用矩形脉冲？

一、实验原理

1. 核磁共振信号的空间编码与反演

核磁共振成像就是将核磁共振信号所反映的核密度或弛豫时间 T_1、T_2 加权的核密度空间分布显示成图像. 为此必须对核磁共振信号进行空间编码. 在均匀的外加磁场 $\boldsymbol{B}_0$ 内所有同类核的核磁共振频率均相同，无法区分它们的空间位置，为此必须在均匀外磁场 $\boldsymbol{B}_0$ 上叠加一非均匀场 $\boldsymbol{B}(x, y, z)$，其磁场的方向与均匀场 $\boldsymbol{B}_0$ 的方向一致，其数值与坐标(x, y, z)相关，这样共振频率 $\nu_0(x, y, z)$就是空间位置的函数，因而只要将测出的 FID 信号或自旋回波信号进行傅里叶变换，所得到的频谱图 $F\{\nu_0(x, y, z)\}$就反映了核密度的空间分布，即我们常说的核磁共振图. 这就是核磁共振成像的空间编码和图像重建的基本思路. 由于核磁共振成像的技术发展太快，各种编码的方法有几十种，我们这里只介绍一种基本的方法.

三维成像由一系列 x-y 平面图像在 z 方向叠加而成，所以二维成像的方法是三维成像的基础. 下面首先讨论如何在 z 方向选定一特定的横断面，然后讨论如何在此横断面上得到二维图像.

z 方向的横断选择较为简单，只需在 z 方向加一个与 $\boldsymbol{B}_0$ 方向相同的线性梯度场 $\boldsymbol{G}_z$ 即可，总磁场强度 $\boldsymbol{B}(z)$为

$$\boldsymbol{B}(z) = \boldsymbol{B}_0 + \boldsymbol{G}_z z \tag{5-4-1}$$

式中 $\boldsymbol{G}_z$ 为一常量(单位为 $\mathrm{T \cdot m^{-1}}$.)

这时位于 x-y 平面的发射线圈，若发射圆频率 ω 为射频脉冲

$$\omega(z_1) = \gamma B(z_1) = \gamma(B_0 + G_z \cdot z_1) \tag{5-4-2}$$

则 $z = z_1$ 横断面附近的核将产生共振，其他各层的核均处于非共振状态，对 NMR 信号无贡献，如图 5-4-1 所示. 由图可见，梯度 $\boldsymbol{G}_z$ 越大，射频脉冲圆频率 ω 的带宽 $\Delta\omega$ 越窄，则 z 方向的空间分辨率 Δz 越高，但薄层内所含的核数量也减少，信号的信噪比下降.

一对特殊设计的线圈产生梯度场 $\boldsymbol{G}_z$，它们分别贴在两个磁极的表面，梯度的大小与线圈中的电流 I 成正比，改变电流即可改变 $\boldsymbol{G}_z$ 的值，本装置中 G/I 为 $1.6\times10^{-4}\mathrm{T\cdot A^{-1}\cdot cm^{-1}}$.

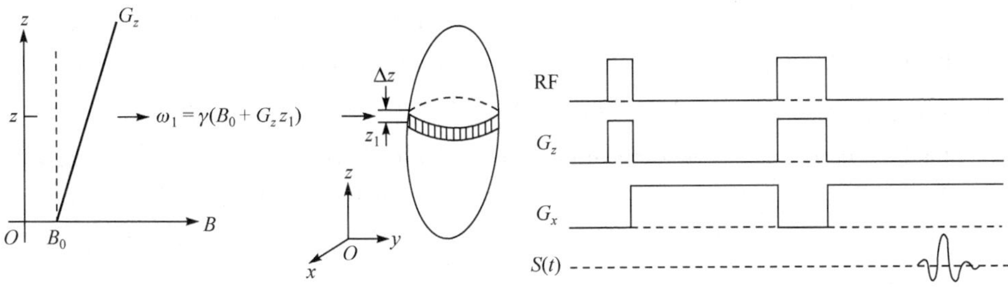

图 5-4-1　z 方向的梯度场和选层　　图 5-4-2　x 方向的频率编码

在 z 方向的梯度场 $\boldsymbol{G}_z$ 和π/2 射频脉冲的共同作用下，选定 $z=z_1$ 的横断面后，即可撤掉梯度场 $\boldsymbol{G}_z$(图 5-4-2)，此时该横断面内所有的核均以同一角速度绕 z 轴旋转. 然后在 x 方向加一梯度为 $\boldsymbol{G}_x$ 的梯度场，其磁场方向仍与 $\boldsymbol{B}_0$ 相同，这时只要 x 值相同，这些核均以相同的角速度运动

$$\begin{aligned}\omega(x,z_1)&=\gamma B(x,z_1)=\gamma\left\{B(z_1)+G_x\cdot x\right\}=\omega(z_1)+\gamma G_x\cdot x\\&=\omega(z_1)+\omega(x)\end{aligned}\tag{5-4-3}$$

从而实现了 x 方向的频率编码,测到的NMR信号 $S(t)$是这些不同信号的总和. 对测出的 NMR 信号 $S(t)$进行傅里叶变换所得到的频谱 $F\{\omega(x)\}$即核密度在 x 方向的剖面图，因为$\omega(x)$是与 x 成正比的. 信号 $S(t)$可以是自由感应信号(FID)，也可以是自旋回波信号(SE). 图 5-4-2 采用自旋回波信号 SE，所以撤掉 $\boldsymbol{G}_z$ 后发射线圈需加 π 脉冲(原理参见实验 5.3)，为了保证此脉冲仅作用于原选定横断面内的核，故同时要加 z 方向的梯度场 $\boldsymbol{G}_z$，在 $\boldsymbol{G}_x$ 的作用下经过一段延迟后可得到自旋回波信号 SE.

为实现 y 方向的编码，在撤掉射频脉冲撤销之后，加 x 方向梯度场之前，加一个与原磁场 B_0 方向相同，而沿 y 方向强度大小不同的梯度场 $\boldsymbol{G}_y$，持续时间为 t_y. 由于 $\boldsymbol{G}_y$ 的作用，所以与 y 轴平等的所有核以相同的角频率$\omega(y)$运动

$$\begin{aligned}\omega(y,z_1)&=\gamma B(y,z_1)=\gamma\left\{B(z_1)+G_y\cdot y\right\}=\omega(z_1)+\gamma G_y\cdot y\\&=\omega(z_1)+\omega(y)\end{aligned}\tag{5-4-4}$$

经过 t_y 时间后所有核附加了一个与 y 有关的初相位 $\Phi(y)$

$$\Phi(y)=\omega(y)t_y\tag{5-4-5}$$

撤掉梯度场 $\boldsymbol{G}_y$ 后，初相位 $\Phi(y)$ 则与 y 成正比，实现了 y 方向的编码，从而横断面上每一空间位置(x, y)可由其对应的相位 $\Phi(y)$ 和频率 $\omega(y)$ 来确定.

但对一组确定的$\{G_x, G_y\}$值，测到的只能是一条 FID 或回波信号 $S(t)$，对此 $S(t)$只能进行一维傅里叶变换 $F\{\omega(x)\}$，得到仅反映核密度在 x 投影方向的分布 $\rho(x)$. 每一个 x 坐标得到的 $\rho(x)$值是由 x 坐标上具有不同初相位$\omega(y)t_y$ 而频率$\omega(x)$

相同的信号叠加所得到的. 为了获得 y 方向的分布，需在 y 方向施加一同幅度的梯度场 $g_y = nG_y$(如 $G_y, 2G_y, 3G_y, \cdots, (n-1)G_y, nG_y$)，这样就可得到 n 条 FID 或回波信号 $S(t, g_{y1}), S(t, g_{y2}), \cdots, S(t, g_{yn})$，从而可得到 n 组一维傅里叶变换函数 $F\{\omega(x), g_{y1}\}, F\{\omega(x), g_{y2}\}, \cdots, F\{\omega(x), g_{yn}\}$. 由于 $g_y = nG_y$ 的作用，每一条不同梯度场 g_y 所测出的信号中 $S(t, g_{yn})$的初相位 $n\omega(y)t_y$ 还与 y 值成正比. 对得到的 n 个 $F\{\omega(x), g_y\}$ 数据矩阵，再做一次傅里叶变换就得到 $\rho(x, y)$二维分布函数. 图 5-4-3 是二维傅里叶变换示意图.

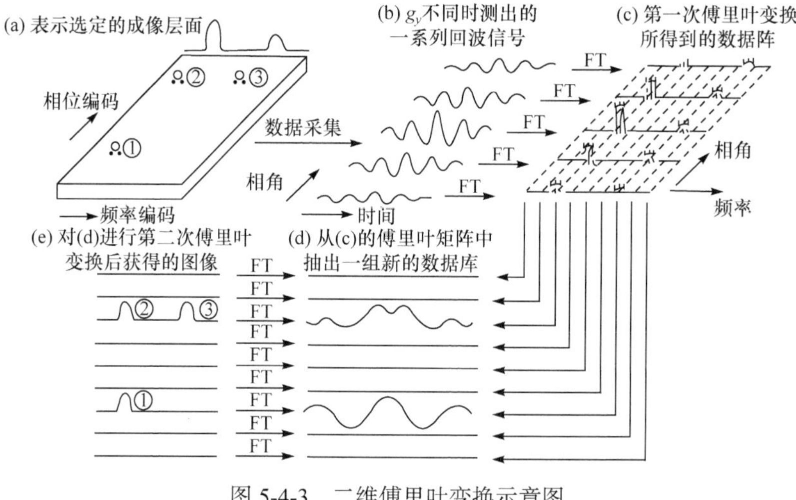

图 5-4-3　二维傅里叶变换示意图

图 5-4-4 是自旋回波成像所采用的射频脉冲和梯度场脉冲之间的时序关系，也是我们实验中所采用的. 它有几个特点：

(1) 射频脉冲包络在时域中按 $\dfrac{\sin\alpha}{\alpha}$ 规律变化，简称软脉冲，由图 5-4-5 可知它的傅里叶变换是个矩形脉冲，也就是说从频域看，射频脉冲带宽内各频率的强度相同，即存在梯度场时，梯度场空间内各处核所受到的作用力是一致的，以减小成像中的密度测量误差.

在 τ 时间内加一幅度恒定的矩形脉冲，它对应于中心频率为 ν_0 的频域函数是 $F(\nu) = A\tau(\sin\pi\nu\tau)/(\pi\nu\tau)$. 反之时域为 $\dfrac{\sin\alpha}{\alpha}$ 函数，频域就是矩形函数.

(2) 此处 $\dfrac{\pi}{2}$ 和 π 射频脉冲之间的差异是改变脉冲的幅度，脉冲的宽度是相同的，以保证两次脉冲对应的频带宽度一致，使选片的厚度保持不变.

(3) 在选层梯度场脉冲结束后加了一个反向脉冲，时间为正向脉冲的一半，其作用是补偿由该薄层内各子层间共振频率的微小差异造成的像散作用，以提高测量的灵敏度.

(4) 在加相位编码的梯度场时，同时也加了频率编码的梯度场，以提高效率.

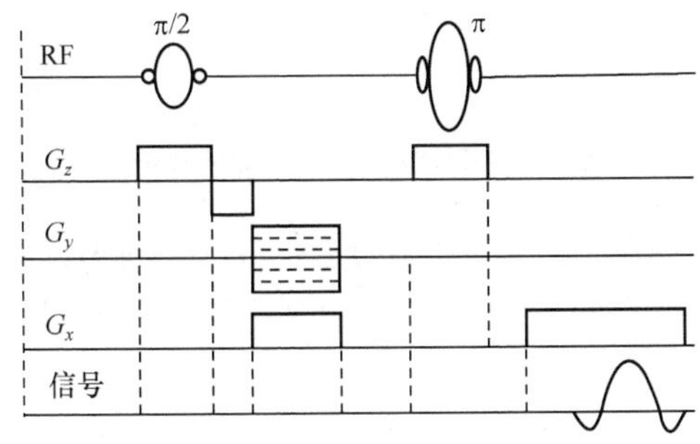

图 5-4-4　自旋回波成像所采用的射频脉冲和梯度场脉冲之间的时序关系

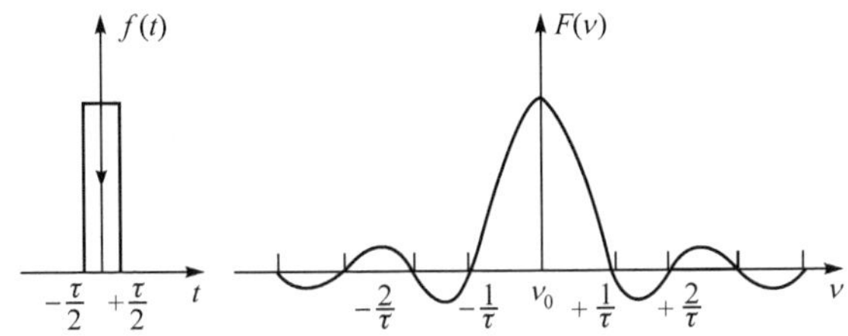

图 5-4-5　矩形脉冲的傅里叶变换

2. 二维成像的数学表达

只有在 x-y 平面内的磁化强度矢量 $\boldsymbol{M}_{xy}$ 才能感应到核磁共振信号，如用复数表示，$\boldsymbol{M}_{xy}$ 可写成

$$\boldsymbol{M}_{xy} = \boldsymbol{M}_x + \mathrm{i}\boldsymbol{M}_y \tag{5-4-6}$$

考虑 T_2 的弛豫作用，上式可写成

$$\boldsymbol{M}_{xy}(t) = \boldsymbol{M}_x^0 \mathrm{e}^{-\frac{t}{T_2}} \tag{5-4-7}$$

有

$$\boldsymbol{M}_{xy}^0 = \boldsymbol{M}_x^0 + \mathrm{i}\boldsymbol{M}_y^0 \tag{5-4-8}$$

再考虑到 $\boldsymbol{M}$ 围绕着 $\boldsymbol{B}$ 以角速度 ω 进动，则式(5-4-6)应为

$$\boldsymbol{M}_{xy}(t) = \left(\boldsymbol{M}_x^0 \mathrm{e}^{-\frac{t}{T_2}} \right) \mathrm{e}^{\mathrm{i}\omega t} \tag{5-4-9}$$

我们测到了信号 $S(t)$与 $M_{xy}(t)$成正比，即

$$S(t) \propto M_{xy}(t) \tag{5-4-10}$$

而磁化强度 $M_{xy}(t)$又与自旋原子核的数目 N 成正比，令 $\rho(x, y)$为自旋核的密度，则

$$N = \iint \rho(x, y)\, \mathrm{d}x\mathrm{d}y \tag{5-4-11}$$

故式(5-4-10)可写成

$$S(t) = k\iint \rho(x, y)\, \mathrm{e}^{-\frac{t}{T_2}} \mathrm{e}^{\mathrm{i}\omega t} \mathrm{d}x\mathrm{d}y \tag{5-4-12}$$

如果计及 z 方向的频率编码，此时 ω 应为 $\omega(z_1)+\omega(x)$．这里我们将 $\omega(x)$ 改写成 ω_x，以区别于相位编码时的 ω_y，同时也考虑到公式的对称性，上式应为

$$S(t) = k\iint \rho(x, y)\, \mathrm{e}^{-\frac{t}{T_2}} \mathrm{e}^{\mathrm{i}\omega(z_1)t} \mathrm{e}^{\mathrm{i}\omega_x t_x} \mathrm{d}x\mathrm{d}y \tag{5-4-13}$$

再考虑到相位编码的作用 $\Phi(y)=\omega(y)t_y=\omega_y t_y$，公式(5-4-13)成为

$$S(t) = k\iint \rho(x, y) \mathrm{e}^{-\frac{t}{T_2}} \mathrm{e}^{\mathrm{i}\omega(z_1)t} \mathrm{e}^{\mathrm{i}\omega_x t_x} \mathrm{e}^{\mathrm{i}\omega_y t_y} \mathrm{d}x\mathrm{d}y \tag{5-4-14}$$

为使结论简化，我们先假设 T_2 为常量，因而 $\mathrm{e}^{-\frac{t}{T_2}}$ 和 $\mathrm{e}^{\mathrm{i}\omega(z_1)t}$ 对积分无贡献，可提到积分号前，这样 $S(x)$ 就是 t_x 和 t_y 的函数，$S(x)$ 最终可写成

$$S\left(t_x, t_y\right) = k\iint \rho(x, y)\, \mathrm{e}^{\mathrm{i}\left(\omega_x t_x+\omega_y t_y\right)} \mathrm{d}x\mathrm{d}y \tag{5-4-15}$$

注意本式中的 t_y 并非常量，它像 t_x 一样，也是个变量，这是由于 y 方向的梯度场是可变的 $g_y=nG_y$，所以同一 y 值的初相位为 $\omega_y n t_y$，本式中 t_y 的含义是 nt_y，所以也是个变量.

对 $S\left(t_x, t_y\right)$ 进行二维傅里叶变换就得到核磁共振图像 $\rho(x, y)$

$$\rho(x, y) = h\iint S\left(t_x, t_y\right) \mathrm{e}^{-\mathrm{i}\left(\omega_x t_x+\omega_y t_y\right)} \mathrm{d}t_x \mathrm{d}t_y \tag{5-4-16}$$

式中 h 为一常量.

实际上，不同位置处的成像物质的 T_2 是不同的，由式(5-4-14)可知 $S(x)$ 与 $\rho(x, y)\mathrm{e}^{-\frac{t}{T_2}}$ 成正比，即 $S(x)$ 与 T_2 的值有关，式(5-4-16)中的 $\rho(x, y)$ 可看成是被 T_2 加权的核密度，增加 t 可使 T_2 的权重加大，从而使 T_2 不同的物质在核磁共振图像中的反差增强.

二、实验仪器

小型核磁共振仪成像框图如图 5-4-6 所示. 仪器的详细操作步骤见仪器说明书.

本实验装置与前面的 5.3 节所用的图 5-3-8 相比，磁体部分增加了三组梯度线圈，电路部分增加了梯度单元(Grad)以及相应的软件，与前面相同的部分这里不

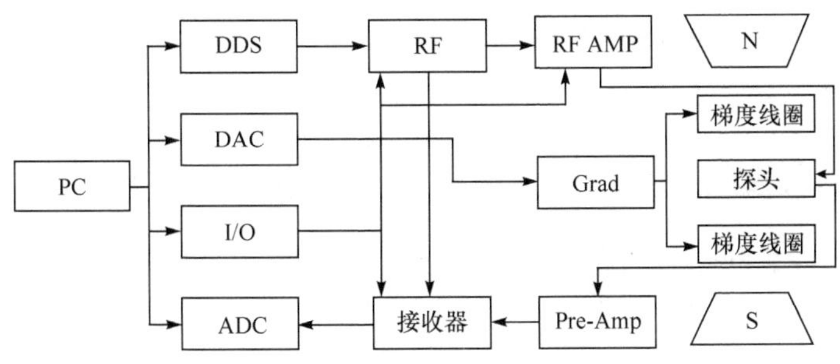

图 5-4-6　小型核磁共振仪成像框图

再重复. 实验中用三组梯度线圈来实现信号的空间编码，三组线圈分别产生 x, y, z 三个轴相互正交的梯度场 G_x, G_y, G_z，它们的磁场方向与 B_0 相同. 由于梯度线圈用于核磁共振信号的空间编码，其梯度场的线性度是至关重要的，它直接影响图像的失真度；梯度场的斜率在一定程度上影响空间分辨率，斜率太小分辨率下降；梯度场从零上升至稳定值所需的时间称为响应时间，在高速成像时应特别注意；梯度线圈工作于脉冲状态，上升或下降时的脉冲电流在周围导体上将感应出涡流，增加屏蔽装置、减小涡流影响是设计时必须考虑的问题. 梯度单元由三组独立的电源组成，它们要有在瞬间输出大电流的能力，矩形脉冲的上升时间要小. 梯度脉冲的波形和彼此间的时序关系由计算机控制. 频率编码的 FID 曲线，经过 FFT 后的频谱即物体的一维剖面图. 经过频率编码和相位编码的核磁共振数据，经二维 FFT 后即可得到物体在实空间的平面图. 软件还有一些常用的图像处理功能，如放大、缩小、灰度调节、假彩色编码、剖面曲线等可供选用.

三、实验内容

(1) 在圆形试管内放入 $CuSO_4$ 水溶液，用软脉冲观察 FID 信号和自旋回波信号.

(2) 用改变脉冲幅度的办法获得软脉冲的 $\frac{\pi}{2}$ 和 π 脉冲.

(3) 选择 $x=0$ 的横截面，用自旋回波法实现频率编码，获取一维剖面图.

(4) 改变 x 的位置，确定静磁场在 x 方向的成像区域.

(5) 选择 $x=0$ 的横截面，用自旋回波法实现频率编码和相位编码，获取二维剖面图.

(6) 改变 x 的位置，获取不同截面的剖面图.

(7) 在圆形试管中的 $CuSO_4$ 水溶液内放入不同形状的样品，测定核磁共振图像的几何分辨率和密度分辨率.

(8) 选择一生物样品，获取其核磁共振图像.

四、思考题与讨论

(1) 装着样品的圆形试管的一维剖面图应该是什么样的曲线?

(2) 实空间图像的空间分辨率由什么因素决定?

参考文献

吕斯骅, 段家忯, 张朝晖. 2013. 新编基础物理实验. 北京: 高等教育出版社.
俎栋林. 2004. 核磁共振成像学. 北京: 高等教育出版社.

第 6 章　磁 学 技 术

引　　言

磁性是物质的一种基本属性，这是由于组成磁性物质的原子及原子本身的组成部分，即电子和原子核，都具有磁性. 但是由于组成物质的原子结构不同，表现出来的磁性强弱也不同.

一、磁化率

通常用单位体积的磁矩 M 来描述物质磁性的强弱，M 称为磁化强度. 材料的磁性还可以用 M 随磁场强度 H 变化的方式来表征，即常用物质的磁化率 χ 或磁导率 μ 来反映物质磁性的特点，有

$$M = \chi H \quad 或 \quad B = \mu_0(H + M) = \mu_0(1+\chi)H = \mu_0\mu H \tag{6-0-1}$$

式中，$\mu = 1+\chi$，由于 M 是单位体积的磁矩，因而 χ 称为体积磁化率.

在国际单位制(SI)中，由于 M 和 H 的单位都是 $\mathrm{A \cdot m^{-1}}$，因此 χ 是无量纲的纯数. 磁感应强度 B 的单位是 T，μ_0 称为真空磁导率，其量值是 $\mu_0 = 4\pi\times10^{-7}\,\mathrm{H\cdot m^{-1}}$，$\mu$ 称为相对磁导率，是无量纲的纯量.

此外还有以下几种磁化率，它们与 χ 的关系如下.

(1) 质量磁化率 χ_{m}，是指单位质量样品的磁化率

$$\chi_{\mathrm{m}} = \frac{\chi}{\rho} \tag{6-0-2}$$

式中，ρ 是样品的密度.

(2) 摩尔磁化率 χ_{A}，是指每摩尔样品的磁化率

$$\chi_{\mathrm{A}} = \chi_{\mathrm{m}} A = \frac{\chi A}{\rho} \tag{6-0-3}$$

式中，A 为原子量.

因此在比较磁化率的数值时，要注意区别它们属于哪一种磁化率，并注意若所用的单位不同，数值也不同.

二、磁性物质的分类

弱磁性只有在具有外磁场时才会有所表现，并且随着外磁场的增大而增大. 强磁性主要表现为在没有外加磁场时材料自身会发生磁化，我们把这种现象称为自发磁化.

根据磁性体的磁化率大小和符号来分，物质的磁性可以分为抗磁性、顺磁性、反铁磁性、铁磁性、亚铁磁性五种，前三者是弱磁性，后两者为强磁性.

(1) 抗磁性物体在受到外磁场作用后，感生出与外加磁场方向相反的磁化强度，其磁化率 $\chi<0$，而且绝对值很小，一般为 10^{-5} 的数量级. 许多有机化合物，若干金属，如 Cu、Ag 和非金属 Si、P、S 等都是典型的抗(逆)磁性物质.

(2) 顺磁性物体在受到外磁场作用后，感生出与磁化磁场同方向的磁化强度，其磁化率 $\chi>0$，数值很小，室温下，为 10^{-6}～10^{-3} 数量级. 大多数顺磁性物体的磁化率与温度的关系遵守居里-外斯定律

$$\chi=\frac{C}{T-T_{\mathrm{p}}} \tag{6-0-4}$$

式中，C 为居里常数；T_{p} 为顺磁居里温度.

许多稀土金属、铁磁金属的盐类，如金属 Al、Mn、Cr、K 等都是顺磁性物质.

(3) 当反铁磁性物体温度达到某个临界值，如 T_{N} (奈耳温度)以上时，磁化率与温度的关系与正常顺磁性物体相似，服从居里-外斯定律，但是 T_{p} 常小于零. 此类物体的磁化率在温度等于 T_{N} 时存在极大值. 在 T_{N} 以下，由于其内部磁矩大小相等、方向相反，故宏观磁性为零，只有在很强的外磁场作用下才显示出微弱的磁性.

(4) 铁磁性物体只要在很小的磁场作用下就能被磁化到饱和，不但 $\chi>0$，而且数值达到～10^6 数量级，其磁化强度 M 与磁场强度 H 之间的关系是非线性的复杂函数关系，如图 6-0-1 所示的磁滞回线，其中 B_{s} 为饱和磁感应强度；B_{r} 为剩余磁感应强度；H_{c} 为矫顽力. 铁磁体在居里温度 T_{c} 以下，其内部自发磁矩取向平行，对外呈现铁磁性. 超过该温度，铁磁性转变为顺磁性. 例如，Fe、Co、Ni 是典型的铁磁性物质.

(5) 亚铁磁性物体的宏观磁性与铁磁性相同，仅磁化率的数量级稍低一些，约为 10^3 数量级. 它们的内部磁结构却与反铁磁性的相同，但相反排列的磁矩不等量. 所以，亚铁磁性是未抵消的反铁磁性结构的铁磁性. 亚铁磁性物体的典型代表是铁氧体，它是铁与其他一种或多种适当的金属元素的复合氧化物，化学式为 MFe_2O_4(其中 M 为二价金属，如 Mg、Zn、Mn、Ni、Co 等).

图 6-0-2 为各类物质的 M-H 曲线示意图.

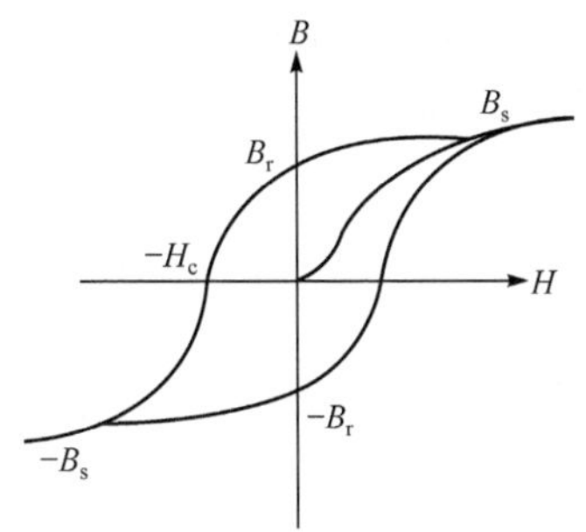

图 6-0-1　磁滞回线

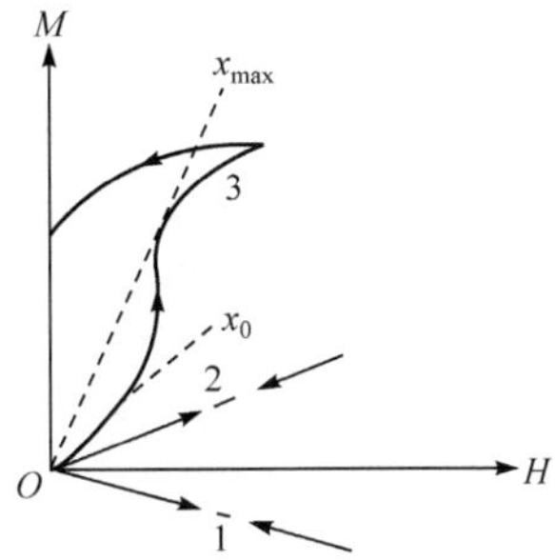

图 6-0-2　各类物质的 M-H 曲线示意图

1. 逆磁性；2. 顺磁性或反铁磁性；3. 铁磁性或亚铁磁性

6.1　弱磁性物质磁化率的测量

物质磁性的测量目前多采用振动样品磁强计、物理性能测试仪和超导量子干涉仪. 对于弱磁性物质而言，可采用磁天平这种简便易行的方法，对其磁化率进行测量. 磁天平法又称为古依法，该方法对条状、圆柱状和粉末状样品均适用.

一、实验原理

弱磁性物质的磁化率一般采用古依法进行测量，其主要思想是用分析天平称出样品在磁场中所受的力.

根据电磁场理论，磁场的能量(磁能)为

$$W_m = \frac{1}{2}BHV = \frac{\mu_0}{2}(1+\chi)H^2V \tag{6-1-1}$$

式中，V 为磁场所占的体积. 现在考虑将一体积为 dV，磁化率为 χ 的物体放入磁化率为 χ' 的磁场中，如图 6-1-1 所示.

由于物体的放入，按式(6-1-l)，dV 体积内磁能的改变为

$$\Delta W_m = W_m - W_m' = \frac{\mu_0}{2}(\chi - \chi')H^2 \mathrm{d}V \tag{6-1-2}$$

由于能量的改变，物体所受的力(由磁场能量梯度决定)为

$$\mathrm{d}F = \nabla(\Delta W_m) = \frac{\mu_0}{2}(\chi - \chi')\nabla H^2 \mathrm{d}V$$

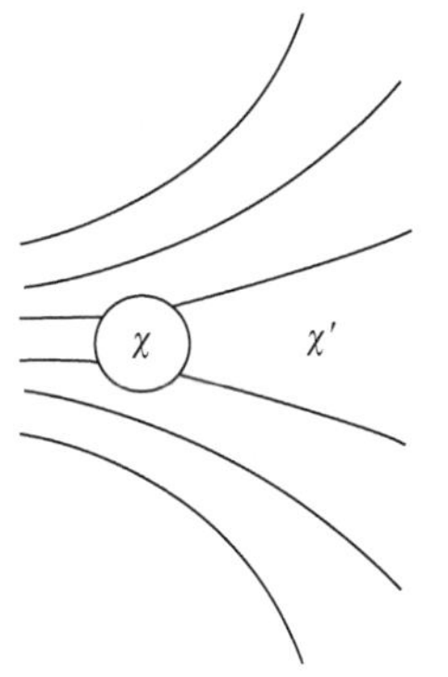

图 6-1-1　磁场中放入磁化率为 χ 的物质

$$dF = \frac{\mu_0}{2}(\chi - \chi')\left[\boldsymbol{i}\left(\frac{\partial H_x^2}{\partial x} + \frac{\partial H_y^2}{\partial x} + \frac{\partial H_z^2}{\partial x} \right) + \boldsymbol{j}\left(\frac{\partial H_x^2}{\partial y} + \frac{\partial H_y^2}{\partial y} + \frac{\partial H_z^2}{\partial y} \right) + \boldsymbol{k}\left(\frac{\partial H_x^2}{\partial z} + \frac{\partial H_y^2}{\partial z} + \frac{\partial H_z^2}{\partial z} \right) \right] \tag{6-1-3}$$

因为弱磁性物质的磁化率很小($|\chi|$为 $10^{-6}\sim10^{-4}$)，所以磁场对样品的作用力也就很小，为了保证用分析天平能准确地测出这个力，测量时所用样品的体积要大一些，一般采用截面均匀(圆形或矩形)的长条样品(长度为 10～15 cm)，而且要选用均匀的磁场(以免造成局部的磁化不均匀)，如图 6-1-2 所示，将长条形样品用线悬挂在天平的左方，使其下端位于电磁铁极间均匀的强磁场 $\boldsymbol{H}$ 中间，而样品的上端则位于较弱的磁场 $\boldsymbol{H}_0$ 中.

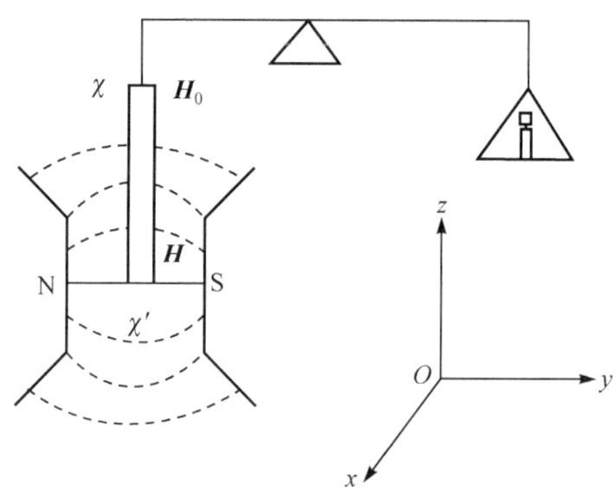

图 6-1-2　测量装置示意图

由图 6-1-2 可以看出：$H_x \ll H_y$；$H_z \ll H_y$；$\frac{dH_x^2}{dz} \ll \frac{dH_y^2}{dz}$；$\frac{dH_z^2}{dz} \ll \frac{dH_y^2}{dz}$，因此水平面内的磁场能量梯度可以忽略.

由于样品的截面是均匀的，故 $dV = Sdz$.

由 dF 的表达式(6-1-3)可得到作用在 dz 长度上的力为

$$dF_z = \frac{\mu_0(\chi - \chi')S}{2} \cdot \frac{dH_x^2}{dz} dz \tag{6-1-4}$$

整个样品所受的力为

$$F_z = \frac{\mu_0 S(\chi - \chi')}{2} \int_H^{H_0} \frac{dH_y^2}{dz} dz = \frac{\mu_0 S(\chi - \chi')}{2}(H_0^2 - H^2)$$
$$= -\frac{\mu_0 S(\chi - \chi')}{2}(H^2 - H_0^2) \tag{6-1-5}$$

因为样品较长，其上端所处的磁场远小于下端所处的磁场，即 $H_0 \ll H$，且实验时样品放在空气中，所以对于一般的固态顺磁性物质和逆磁性物质，总有 $\chi' = \chi_{空气} \ll \chi$，因此上式可简化为

$$F_z = -\frac{1}{2}\mu_0 S\chi H^2 \tag{6-1-6}$$

式中右边的负号表示力的方向与 z 轴方向相反，即向下拉的力，该 F_z 的大小可用分析天平称出.

实验时，先用天平称量样品的质量 m_1；施加磁场，待天平平衡后，砝码的质量为 m_2，$(m_1 - m_2)g = \Delta mg$ 即等于 F_z，于是有

$$\Delta mg = -\frac{1}{2}\mu_0 S\chi H^2 \tag{6-1-7}$$

$$\chi = \frac{2\Delta mg}{\mu_0 SH^2} \tag{6-1-8}$$

根据式(6-1-8)，即可求出物质的磁化率 χ. 其中，g 为重力加速度，S 为样品的截面积. 对于顺磁性物质，$\chi > 0$，所以顺磁质在磁场中受到的力是向下(沿 z 轴负方向)拉的力，随着磁场的增大，需要增加砝码才能使天平重新平衡，此时 Δm 为正值.

测量中必须考虑样品中微量铁磁性杂质对测量结果的影响. 因为铁磁质的磁化率比弱磁质的磁化率至少要大 10^6 倍，因此即使样品中只含有微量的铁磁性杂质，也需要对实验结果进行修正，才能正确得到弱磁物质的磁化率.

一般可采用如下公式进行修正：

$$\chi(H)=\chi + \frac{b}{H} \tag{6-1-9}$$

式中，$\chi(H)$是在一定磁场下测得的磁化率；χ 是弱磁性物质本身的磁化率；b 是常数. 作出 $\chi(H)$和 $1/H$ 的关系图，为一直线，见图 6-1-3，其斜率 $\tan\alpha=b$，纵截距即弱磁性物质的真正磁化率 χ；因此为了消除弱磁性物质样品中微量铁磁杂质的影响，只要在不同磁场下测出相应的 $\chi(H)$，作出 $\chi(H)$-$1/H$ 曲线，并由此外推到$(1/H)\to 0$ (即 $H\to\infty$)，此时纵截距即被测弱磁性物质的磁化率 χ 之值.

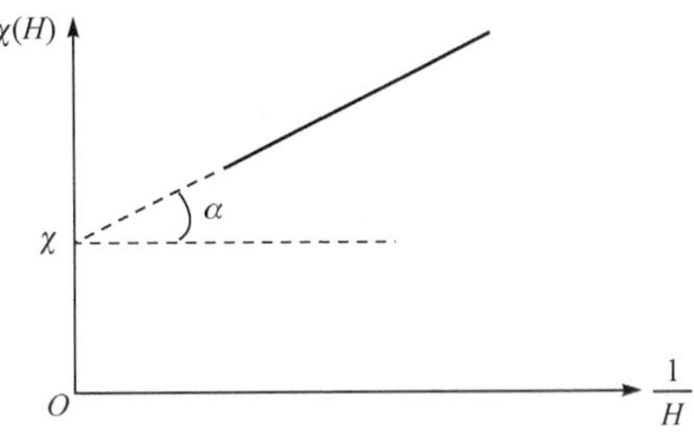

图 6-1-3　$\chi(H)$-$1/H$ 关系

二、实验装置

本实验所用的仪器为分析天平、电磁铁、直流电源、特斯拉计等. 实验装置方框图见图 6-1-4.

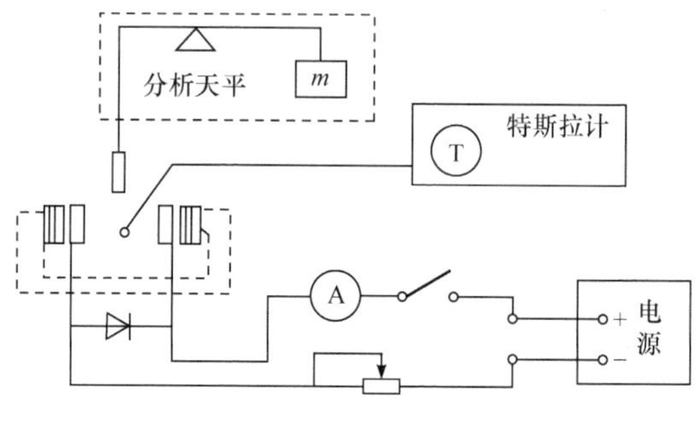

图 6-1-4　实验装置

三、实验内容

(1) 调节天平，校正分析天平的零点.

(2) 称出未加磁场时样品的质量 m_1 . 为了避免电磁铁剩磁的影响，不是将样品挂在电磁铁的两极头，而是放在天平的左盘上进行称量.

(3) 将样品悬挂在电磁铁两磁极中间，接通电磁铁励磁电源，调整磁化电流为一适当值，然后用特斯拉计测出电磁铁磁极间的磁感应强度 $\boldsymbol{B}$ 的值，并计算出磁场强度 $\boldsymbol{H}$ 的值($\boldsymbol{H} = \boldsymbol{B}/\mu_0$，此处 $\mu_0 = 1$). 在天平的右盘上增(减)砝码，待天平平衡后，计下砝码的质量 m_2，算出 $\Delta m = m_2 - m_1$ 和 Δmg.

(4) 改变磁化电流的数值(即改变磁场)，重复步骤(3)，测出相应的 m_2 ，算出所受的力 Δmg.

(5) 根据不同磁场下得到的 Δmg,算出弱磁性样品的 $\chi(H)$值,并作出如图 6-1-3 所示的 $\chi(H)$-$1/H$ 关系，并进行修正，从图中求得 χ 数值.

(6) 更换样品，重复上述步骤.

四、注意事项

(1) 必须按操作要求使用分析天平.

(2) 样品的下端一定要挂在电磁铁两极头中央的磁场均匀区中，必须保证重复性，以减少测量误差.

五、思考题

(1) 磁化率的种类有几种？各类的定义是什么？

(2) 物质按磁性分几类？每类的主要性质和代表物质是什么？

(3) 古依法测弱磁性物质磁化率的本质是什么？

(4) 为什么要对该实验得到的结果进行修正？如何修正？

(5) 实验的注意事项是什么？

(6) 本实验用到哪些仪器？各仪器的用途是什么？

(7) 导出古依法测弱磁性物质磁化率的公式，并指出式中各量的物理意义.

(8) 说明实验中所用特斯拉计的使用方法和注意事项.

参 考 文 献

侯登录, 郭革新. 2010. 近代物理实验. 北京: 科学出版社.
吴思诚, 荀坤. 2015. 近代物理实验. 4 版. 北京: 高等教育出版社.

6.2　法拉第效应实验

1845 年，法拉第(Faraday)在探索电磁现象和光学现象之间的联系时，发现了一种现象：当一束平面偏振光穿过介质时，如果在介质中，沿光的传播方向加上一个磁场，就会观察到光经过样品后偏振面转过一个角度，即磁场使介质具有了旋光性，这种现象后来就称为法拉第效应或磁致旋光效应，见图 6-2-1.

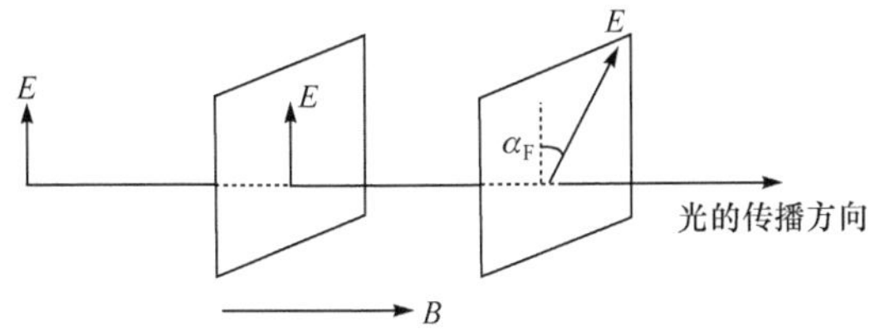

图 6-2-1　法拉第效应示意图

法拉第效应有许多方面的应用，它可以作为物质结构研究的手段，例如，根据结构不同的碳氢化合物法拉第效应表现的不同来分析碳氢化合物；在半导体物理的研究中，它可以用来测量载流子的有效质量和提供能带结构的知识；在电工技术测量中，它还被用来测量电路中的电流和磁场；特别是在激光技术中，利用法拉第效应的特性，制成了光波隔离器或单通器，这在激光多级放大技术和高分辨激光光谱技术中都是不可缺少的器件. 此外，在激光通信、激光雷达等技术中，也应用了基于法拉第效应的光频环行器、调制器等.

一、实验原理

1. 法拉第效应实验规律

当磁场不是非常强时，法拉第效应中偏振面转过的角度 α，与光波沿介质长度方向所加磁场的磁感应强度 $\boldsymbol{B}$ 及介质长度 D 成正比，即

$$\alpha = VBD \tag{6-2-1}$$

式中比例常数 V 叫做韦尔代(Verdet)常数，它由物质和工作波长决定，表征物质的磁光特性. 表 6-2-1 为几种材料的韦尔代常数值.

表 6-2-1　几种材料的韦尔代常数 V　(单位：弧分 · T^{-1} · cm^{-1})

物质	λ/nm	V
水	589.3	1.31×10^2
CS_2	589.3	4.17×10^2
轻火石玻璃	589.3	3.17×10^2
重火石玻璃	589.3	$(8\sim 10)\times 10^2$
铈磷酸玻璃	500.0	3.26×10^3
YIG	830.0	2.04×10^6
(YTb)IG	1270	3.78×10^3

几乎所有的物质(气体、液体、固体)都存在法拉第效应，不过一般都不显著. 不同的物质，其偏振面旋转的方向可能不同. 设磁场 $\boldsymbol{B}$ 是由绕在样品上的螺旋线圈产生的. 习惯上规定：振动面的旋转方向和螺旋线圈中的电流方向一致，称为正旋($V>0$)；反之，称为负旋($V<0$).

2. 法拉第效应的旋光性与旋光物质的旋光性的区别

对于每一种给定的物质，法拉第旋转方向仅由磁场方向决定，而与光的传播方向无关(不管传播方向与 $\boldsymbol{B}$ 同向或反向). 这是法拉第磁光效应与某些物质的自然旋光效应的重要区别. 自然旋光效应的旋光方向与光的传播方向有关. 对自然旋光效应而言，随着顺光线和逆光线方向观察，线偏振光的振动和它的旋向是相反的，因此，当光波往返两次穿过固有旋光物质时，则会一次沿某一方向旋转，另一次沿相反方向旋转，结果是振动面复位，即振动面没有旋转. 而法拉第效应则不然，在磁场方向不变的情况下，光线往返穿过磁致旋光物质时，法拉第转角将加倍，即转角为 2α. 利用法拉第旋向与光传播方向无关这一特性，可令光线在介质中往返数次，从而使效应加强.

与自然旋光效应类似，法拉第效应含有旋光色散，即韦尔代常数 V 随波长 λ 而变. 一束白色线偏振光穿过磁致旋光物质，紫光的振动面要比红光振动面转过的角度大. 这就是旋光色散.

实验表明，磁致旋光物质的韦尔代常数 V 随波长 λ 的增加而减小. 旋光色散曲线又称法拉第旋转谱.

3. 法拉第效应的旋光角及其计算

1) 法拉第效应的旋光角

一束平面偏振光可以分解为两个不同频率等振幅的左旋和右旋圆偏振.

设线偏振光的电矢量为 $\boldsymbol{E}$，角频率为ω，可以把 $\boldsymbol{E}$ 看成左旋圆偏振光 $\boldsymbol{E}_{\mathrm{L}}$ 和右旋圆偏振光 $\boldsymbol{E}_{\mathrm{R}}$ 之和. 在进入磁场中的磁性物质前，$\boldsymbol{E}_{\mathrm{L}}$、$\boldsymbol{E}_{\mathrm{R}}$ 没有相位差，其 $\boldsymbol{E}$ 沿轴 Ⅰ 方向振动，如图 6-2-2(a)所示. 通过磁场中的磁性物质(以下简称介质)后，由于磁场的作用，$\boldsymbol{E}_{\mathrm{L}}$、$\boldsymbol{E}_{\mathrm{R}}$ 在介质中的传播速度不同，$\boldsymbol{E}_{\mathrm{L}}$ 的传播速度为 v_{L}，$\boldsymbol{E}_{\mathrm{R}}$ 的传播速度为 v_{R}，$\boldsymbol{E}_{\mathrm{L}}$ 和 $\boldsymbol{E}_{\mathrm{R}}$ 之间产生相位差，电矢量 $\boldsymbol{E}_{\mathrm{L}}$、$\boldsymbol{E}_{\mathrm{R}}$ 不再与 Ⅰ 轴对称，而与 Ⅱ 轴(电矢量沿 Ⅱ 轴方向)对称，合成的电矢量 $\boldsymbol{E}$ 沿 Ⅱ 轴方向振动，它相对于入射前电矢量 $\boldsymbol{E}$ 旋转了一个角度 α_{F}，如图 6-2-2(b)所示. 其旋转角度可以这样计算.

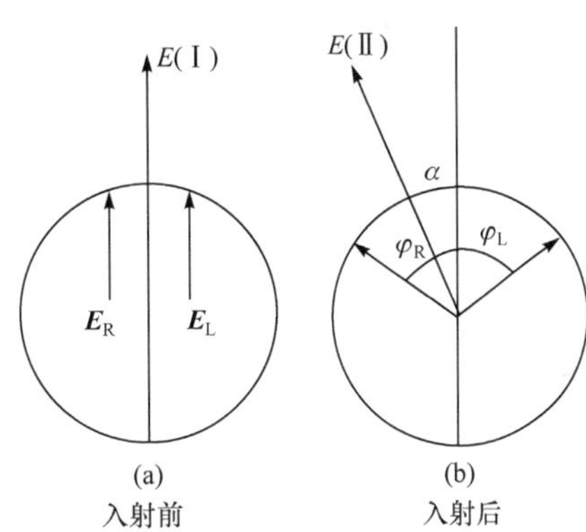

图 6-2-2　旋光的解释

设 $\boldsymbol{E}_{\mathrm{L}}$、$\boldsymbol{E}_{\mathrm{R}}$ 在长度为 D 的介质中的传播速度为 v_{L}、v_{R}，则由图 6-2-2 的几何关系有

$$\varphi_{\mathrm{R}}-\alpha=\alpha+\varphi_{\mathrm{L}} \tag{6-2-2}$$

或

$$\alpha=\frac{1}{2}\left(\varphi_{\mathrm{R}}-\varphi_{\mathrm{L}}\right)=\frac{1}{2}\omega\left(t_{\mathrm{R}}-t_{\mathrm{L}}\right)=\frac{1}{2}\omega\left(\frac{D}{v_{\mathrm{R}}}-\frac{D}{v_{\mathrm{L}}}\right)=\frac{1}{2}\frac{\omega D}{c}\left(n_{\mathrm{R}}\right)-n_{\mathrm{L}} \tag{6-2-3}$$

式中，t_{R}，n_{R} 为 E_{R} 光通过介质的时间和折射率；t_{L}，n_{L} 为 E_{L} 光通过介质的时间和折射率；c 为真空中的光度.

所以，出射介质和线偏振光相对于入射介质前的线偏振光转过一个角度

$$\alpha_{\mathrm{F}}=\frac{\omega D}{2c}\left(n_{\mathrm{R}}-n_{\mathrm{L}}\right)=\frac{\pi}{\lambda}\left(n_{\mathrm{R}}-n_{\mathrm{L}}\right)D \tag{6-2-4}$$

α_{F} 即为法拉第效应的旋转角.

法拉第效应的简单解释是:线偏振光总可分解为左旋和右旋的两个圆偏振光，无外磁场时，介质对这两种圆偏振光具有相同的折射率和传播速度，通过 D 距离的介质后，对每种圆偏振光引起了相同的相位移，因此透过介质叠加后的振动面不发生偏转；当有外磁场存在时，由于磁场与物质的相互作用，改变了物质的光特性，这时介质对右旋和左旋圆偏振光表现出不同的折射率和传播速度. 二者在介质中通过同样的距离后引起了不同的相位移，叠加后的振动面相对于入射光的振动面发生了旋转.

2) 法拉第旋转角的计算

由量子理论知道，介质中原子的轨道电子具有磁偶极矩 μ ，且

$$\mu=-\frac{e}{2m}L \tag{6-2-5}$$

式中，e 为电子电荷；m 为电子质量；L 为电子的轨道角动量.

在磁场 $\boldsymbol{B}$ 的作用下，一个电子磁矩具有势能 Ψ ，则

$$\Psi = -\mu \cdot B = \frac{e}{2m} L \cdot B = \frac{eB}{2m} L_{\mathrm{B}} \tag{6-2-6}$$

其中 L_{B} 为电子轨道角动量沿磁场方向的分量.

在磁场 $\boldsymbol{B}$ 的作用下，当平面偏振光通过介质时，光子与轨道电子发生相互作用，使轨道电子由基态激发到高能态，发生能级跃迁时轨道电子吸收了光量子的角动量 $\pm\hbar$ ，跃迁后轨道电子动能不变，而势能增加了 $\Delta\Psi$ ，且

$$\Delta\Psi = \frac{eB}{2m} \Delta L_{\mathrm{B}} = \pm \frac{eB}{2m} \hbar \tag{6-2-7}$$

当左旋光子参与交互作用时，

$$\Delta\Psi_{\mathrm{L}} = + \frac{eB}{2m} \hbar \tag{6-2-8}$$

而右旋光子参与交互作用时，

$$\Delta\Psi_{\mathrm{R}} = - \frac{eB}{2m} \hbar \tag{6-2-9}$$

与此同时光量子失去了 $\Delta\Psi$ 的能量.

我们知道，介质对光的折射率 n 是光子能量 $(\hbar\omega)$ 的函数，所以

$$n = n(\hbar\omega) \tag{6-2-10}$$

可以认为，在磁场作用下，具有能量为 $\hbar\omega$ 的左旋光子激发电子，电子在磁场中的能级结构等于不加磁场时能量为 $\hbar\omega - \Delta\Psi_{\mathrm{L}}$ 的左旋光子时的轨道电子能级结构，因此有

$$n_{\mathrm{L}} = n(\hbar\omega - \Delta\Psi_{\mathrm{L}}) \tag{6-2-11}$$

或

$$n_{\mathrm{L}}(\omega) = n\left(\omega - \frac{\Delta\Psi_{\mathrm{L}}}{\hbar}\right) \approx n(\omega) - \frac{\mathrm{d}n}{\mathrm{d}\omega} \frac{\Delta\Psi_{\mathrm{L}}}{\hbar} = n(\omega) - \frac{eB}{2m} \frac{\mathrm{d}n}{\mathrm{d}\omega} \tag{6-2-12}$$

同理，对于右旋光量子，有

$$n_{\mathrm{R}} = n(\hbar\omega - \Delta\Psi_{\mathrm{R}}) \tag{6-2-13}$$

或

$$n_{\mathrm{R}}(\omega) = n\left(\omega - \frac{\Delta\Psi_{\mathrm{R}}}{\hbar}\right) \approx n(\omega) - \frac{\mathrm{d}n}{\mathrm{d}\omega} \frac{\Delta\Psi_{\mathrm{R}}}{\hbar} = n(\omega) + \frac{eB}{2m} \frac{\mathrm{d}n}{\mathrm{d}\omega} \tag{6-2-14}$$

则

$$n_{\mathrm{R}}(\omega) - n_{\mathrm{L}}(\omega) = \frac{eB}{m} \frac{\mathrm{d}n}{\mathrm{d}\omega} \tag{6-2-15}$$

把式(6-2-15)代入式(6-2-4)得

$$\alpha_F = \frac{DeB}{2mc}\omega\frac{\mathrm{d}n}{\mathrm{d}\omega} \tag{6-2-16}$$

因为 $\omega = \frac{2\pi c}{\lambda}$，代入式(6-2-15)得

$$\alpha_F = -\frac{DeB}{2mc}\lambda\frac{\mathrm{d}n}{\mathrm{d}\lambda} \tag{6-2-17}$$

或

$$\alpha_F = V(\lambda)DB \tag{6-2-18}$$

其中

$$V(\lambda) = -\frac{e}{2mc}\lambda\frac{\mathrm{d}n}{\mathrm{d}\lambda} \tag{6-2-19}$$

称韦尔代常数，它反映了介质材料的一种特性.

公式(6-2-17)就是法拉第效应旋转角的计算公式. 它表明法拉第旋光角的大小和样品长度成正比，和磁场强度成正比，并且和入射波光的波长及介质 $\frac{\mathrm{d}n}{\mathrm{d}\lambda}$ 的色散有密切关系.

二、实验装置

本实验采用 WFC 法拉第效应测试仪进行实验. 法拉第效应测试仪由单色光源、磁场、样品介质和旋光角检测系统构成，见图 6-2-3.

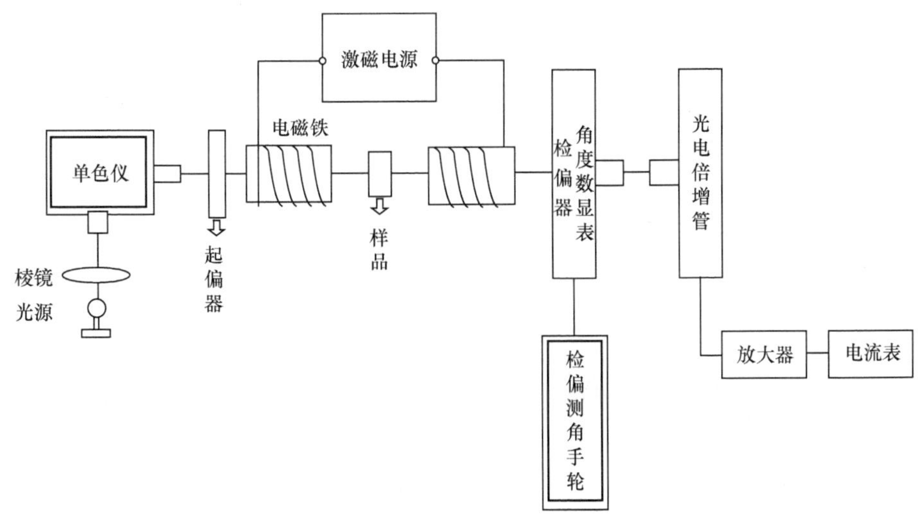

图 6-2-3 法拉第效应测试仪结构示意

(1) WDX 型小单色仪：工作波段 0.35～2.5 μm.

技术指标如下：

① 工作波段：0.35～2.5 μm .

② 分辨率：$R=\dfrac{\lambda}{\Delta\lambda}=982$，分辨率 0.6 nm(可分开钠 589.3 nm 双线).

③ 狭缝工作特性：固定狭缝，高 10 mm 、宽 0.08 mm . 可变狭缝，高 10 mm 、宽 0～3 mm ，鼓轮格值 0.01 mm .

④ 物镜：焦距 $f=329$ mm，相对孔径 $d/f=1/6$.

结构原理如下：

仪器结构由入射狭缝、棱镜、物镜、反射镜、控制棱镜旋转的波长选择机构、小反射镜和出射狭缝等部分组成.

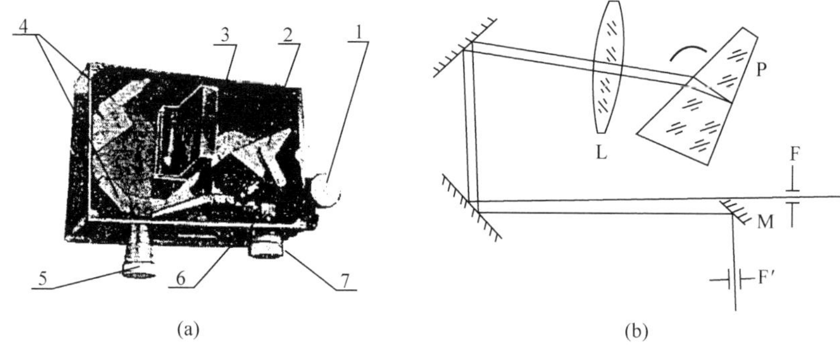

图 6-2-4　仪器结构(a)和光路原理(b)

1. 入射狭缝；2. 棱镜；3. 物镜；4. 反射镜；5. 控制棱镜旋转的波长选择机构；6. 小反射镜；7. 出射狭缝

从照明系统发出的复合光束，照射到位于物镜 L 焦点的入射狭缝 F，经物镜形成平行光束射入色散棱镜 P，通过棱镜背面反射又从入射面射出. 如入射光为复色光，光束被色散棱镜分解成不同折射角的单色平行光. 又经过物镜聚焦，由小反射镜 M 反射到出射狭缝 F′ 处，F′ 限制谱线的宽窄，从而获得单色光束. 旋转棱镜，在 F′ 处可获得不同波长的单色光束，如果光束从 F′ 进入系统，则在 F 处可引出单色光束. 表 6-2-2 为输出单色光波长与鼓轮读数对照表.

表 6-2-2　输出单色光波长与鼓轮读数对照表

波长/μm	鼓轮读数 棱镜(60°)	波长/μm	鼓轮读数 棱镜(60°)
0.4047	1.827	0.5770	4.890
0.4077	1.950	0.5790	4.909
0.4341	2.704	0.5876	4.990
0.4358	2.742	0.5893	5.000
0.4861	3.770	0.6563	5.490
0.5461	4.580	0.6678	5.556

(2) 光源：卤钨灯 12 V，100 W. 通过单色仪可获得 3600～8000 nm 的单色光.

(3) 磁场范围：0～1080 Gs.

(4) 磁场电源：直流 5 A，30 V.

(5) 测角游标值：1′.

(6) 样品介质 ZF6 为重火石玻璃，呈圆柱状.

三、实验内容

1. 仪器调整

(1) 调整单色仪的四脚螺钉，使单色仪处于水平状态，出光口的中心轴与电磁铁的通光孔在一条水平线上.

(2) 将单色仪和电磁铁配合衔接，从电磁铁的另一磁极通光孔中，用 30 倍的读数显微镜观察，调整单色仪的位置，使光束位于圆孔中心，将光电接收的连接罩插入电磁铁的凹槽中.

(3) 将测试样品固定在电磁铁的磁极中间孔中.

2. 仪器操作

(1) 打开光源及检偏角度测试仪的电源，预热 15 min，使仪器工作状态处于稳定.

(2) 调整灵敏度旋钮，顺时针为增加，灵敏度的大小反映在电流表数值变化的快慢上，也就是说，灵敏度增高，数值变化变快. 在加上 1 A 电流时，使数值为两位有效数字即可.

(3) 调整微调，使电流表值为零(或最小).

(4) 检验角度表的零位是否正确.

(5) 调整适当的狭缝宽度和鼓轮读数.

(6) 开始进行数据测量.

3. 实验内容

(1) 利用消光法测量法拉第效应偏振面旋转角 α 与外加磁场电流 I 的关系曲线.

① 未加磁场时，检查角度表零位及电流表的初值是否为零.

② 打开电源，逐渐增加电流至 1 A，电流表示值应为两位数.

③ 旋转手轮，使角度表读数增加，直到电流表读数为零，记录角度表数值，这就是法拉第效应角 α .

④ 逐渐减小电流(注意：不能直接关闭电源，因为剩磁会影响结果)，旋转手轮使电流表读数为零. 此时角度表的读数为重复误差.

⑤ 以上过程每增加 1 A 电流，重复测量三次，求平均，以减小误差.

(2) 固定磁场强度 $\boldsymbol{B}$，测量法拉第效应偏振面旋转角 α 和波长的关系曲线.

测量过程基本同上，在电流不变的基础上，每更改一次鼓轮读数，重复测量三次，求平均.

(3) 检验实验精度，计算电子荷质比 e/m.

在实验所测各 e/m 曲线或近线性范围内，选择 α 、B 、λ 和 $\dfrac{\mathrm{d}n}{\mathrm{d}\lambda}$ 值(取三组数据)，由

$$\frac{e}{m}=-\frac{2\alpha_F c}{D\lambda B\dfrac{\mathrm{d}n}{\mathrm{d}\lambda}} \tag{6-2-20}$$

计算 e/m 值，比较 e/m 测得值与经典 $e/m=1.7588\times10^{11}\ \mathrm{C\cdot kg^{-1}}$ 值，求出本实验的相对误差，并分析误差来源.

(4) 测样品介质色散 $\dfrac{\mathrm{d}n}{\mathrm{d}\lambda}$ 与波长 λ 的关系曲线方法.

由光源、单色仪产生单色光，将三棱镜样品放置在分光计上，用最小偏向角法测出入射光波长 λ 和最小偏向角 Q 的对应数值. 然后利用公式

$$n=\frac{\sin\dfrac{1}{2}(Q+\beta)}{\sin\dfrac{1}{2}\beta} \tag{6-2-21}$$

推导出

$$\frac{\mathrm{d}n}{\mathrm{d}\lambda}=\frac{\cos\dfrac{1}{2}(Q+\beta)}{\sin\dfrac{1}{2}\beta} \tag{6-2-22}$$

根据公式求出 λ 与 $\dfrac{\mathrm{d}n}{\mathrm{d}\lambda}$ 的对应关系. 式中，n 为样品折射率；β 为样品三棱镜顶角；Q 为最小偏向角.

四、注意事项

(1) 施加或撤除磁化电流时，应先将电源输出电位器逆时针旋到零，以防止接通或切断电源时磁体电流的突变.

(2) 为了保证能重复测得磁感应强度及与之相应的磁体激磁电流的数据，磁体电流应从零上升到正向最大值，否则要进行消磁.

(3) 测量过程中，不能直接关闭直流恒流电源，要逐渐减小电流直到为零.

(4) 必须使用交流稳压电源，电压的波动和浪涌对数值表和光源入射光强产生影响，测量存在误差，使数值表的读数不准确.

(5) 关启单色仪入射狭缝时，切勿过零.

(6) 电流表显示溢出，可关小单色仪入射狭缝或调整放大倍数.

五、思考题

(1) 磁致旋光与自然旋光有何区别?

(2) 利用法拉第效应设计一个单向通光阀.

(3) 误差主要来源是什么? 如何改进?

参 考 文 献

侯登录, 郭革新. 2010. 近代物理实验. 北京: 科学出版社.

吴思诚, 荀坤. 2015. 近代物理实验. 4 版. 北京: 高等教育出版社.

6.3 法拉第效应法观测磁晶各向异性

在晶体中，原子排成有规则的几何图形，在这样的结构中，各方向的状况是不相同的. 例如，在某一方向排列得紧密，另一方向排列得稀疏. 又如，在两种以上原子构成的晶体中，在某一方向排列成直线的是同一种原子，在另一方向排列成直线的是两种或两种以上的原子，这就是说在结构上各方向的状况有所不同. 由于结构上的各向异性，晶体在其物理性质上(力学、磁学、电学等性质)也表现出各向异性. 本实验观察的是磁性各向异性.

一、实验原理

1. 在晶体中标记方向的方法

按照布拉维的点阵学说，晶体的内部结构可以概括为是由一些相同的点子(称为格点)在空间作有规则的周期性的无限分布. 通过这些点子可以作许多平行的直线系和平面系，从而把晶体分成一些网格，这些直线系称为晶列. 每一个晶列定义一个方向，称为晶向. 这些网格称为晶格，一个晶格中最小的周期单元叫晶格的原胞. 它的三个棱可选为描述晶格的基本矢量，用 $\boldsymbol{a}_1,\boldsymbol{a}_2,\boldsymbol{a}_3$ 表示. 取某一格点为原点，则晶格中的其他任一格点 A 的位矢 $\boldsymbol{R}_{\mathrm{L}}$ 可表示为 $\boldsymbol{R}_{\mathrm{L}}=l_1\boldsymbol{a}_1+l_2\boldsymbol{a}_2+l_3\boldsymbol{a}_3$，把 l_1、l_2 和 l_3 化为互质整数，直接用来表征晶列的方向. 这样的三个互质整数称为晶列指数，记以 $\left[l_1l_2l_3\right]$. 例如，对于立方体(图 6-3-1)，其沿坐标轴及其反方向分

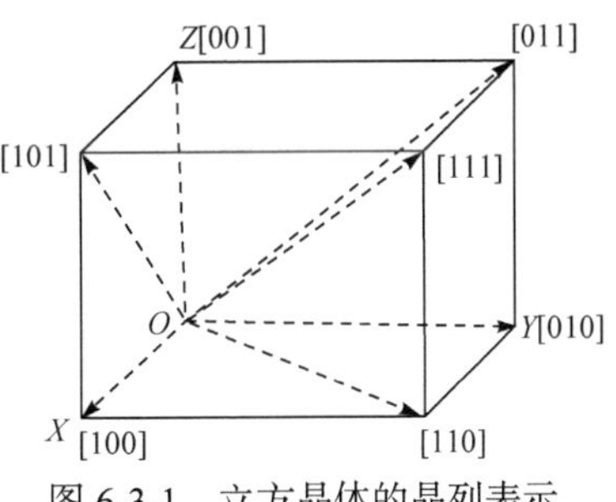

图 6-3-1 立方晶体的晶列表示

别为[100]，[010]，[001]，$[\bar{1}00]$，$[0\bar{1}0]$，$[00\bar{1}]$. 这样六个方向，有时用符号⟨100⟩作概括表示，数码上方的短线代表负号. 沿各面对角线及其反方向分别为[110]，[101]，[011]，$[\bar{1}01]$，$[\bar{1}10]$，$[0\bar{1}1]$，$[1\bar{1}0]$，$[10\bar{1}]$，$[01\bar{1}]$，$[\bar{1}\bar{1}0]$，$[\bar{1}0\bar{1}]$，$[0\bar{1}\bar{1}]$共 12 个方向，用⟨110⟩概括. 沿各体对角线及其反方向分别为[111]，$[11\bar{1}]$，$[1\bar{1}1]$，$[\bar{1}11]$，$[\bar{1}1\bar{1}]$，$[\bar{1}\bar{1}1]$，$[1\bar{1}\bar{1}]$，$[\bar{1}\bar{1}\bar{1}]$，共八个方向，用⟨111⟩概括.

2. 磁晶各向异性现象及其原因

研究铁磁体磁化强度曲线同其方向的关系后发现，对于不同元素的晶体，当施加相同的磁场于不同的晶向时，得到的磁化强度也不同. 可见对于晶体，有些方向容易磁化，有些方向比较难于磁化，这就是磁晶各向异性现象.

用能量观点可以推测，易磁化方向是能量最低的方向，所以自发磁化结成的磁畴的磁矩取这些方向. 在这样一个方向加外磁场，除在这个方向原有不少磁矩外，也容易把一些不在这个方向的磁矩转到这个方向来. 所以在较弱的磁场下，磁化就可以很强，甚至饱和. 如果在易磁化方向以外的方向加外磁场使材料磁化，那就需要把很多原来处在能量最低的易磁化方向的磁矩拉到能量较高的方向去，这就需要较多的能量.

从微观角度考虑，晶体中原子或离子的规则排列造成空间周期变化的不均匀静电场. 原子中的电子一方面受这个不均匀静电场的作用，同时邻近原子间电子轨道还有相互作用，电子轨道运动是同它的自旋耦合着的，而自旋是磁矩的来源. 这就是说，磁矩的取向牵连着电子的轨道运动，而轨道运动又受晶格静电场的作用，以及邻近原子的轨道运动之间的交换作用. 这种作用还随着轨道运动在晶体中取向的不同而有差异. 因而磁矩在晶体中，不同方向具有不同能量，这就是磁晶各向异性的成因.

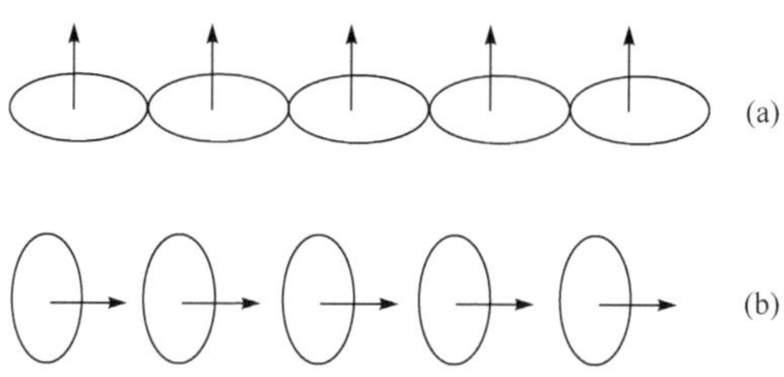

图 6-3-2　磁晶各向异性的成因示意图

基泰耳(Kittel)曾用一幅简单的图表示上面所说的情况. 图 6-3-2 表示排列在一条线上的原子在两种不同磁化方向的情况. 图 6-3-2(a)代表磁化方向垂直于原子排成的直线，邻近原子的电子运动区有重叠，因而彼此的交换作用强. 图 6-3-2(b)代表磁化方向平行于原子排成的直线，由于磁矩的取向与图 6-3-2(a)不同，牵连着电子运动区的方向也不同，邻近原子间电子运动区重叠极少，因而交换作用很弱，这样就发生了磁晶各向异性现象.

3. 法拉第效应和偏光显微镜

偏光显微镜和普通生物显微镜的主要区别是在载物台下安装了起偏器，在目镜和物镜之间安装了检偏器，从光源发出的自然光经起偏器变为平面偏振光. 适当调整检偏器与所通过的平面偏振光偏振面之间的角度，可直接影响在目镜观察到的光强.

平面偏振光经铁磁物质透射，偏振面会旋转一个角度，这种现象称为法拉第效应. 由于各个磁畴的磁化方向不同，各磁畴透射光线后，偏振面的旋转角也不同. 因此，如果样品中存在两种不同方向的磁畴，透过样品前光的一个偏振面就会在通过样品后变成两个偏振面. 通过检偏器后，在目镜中观察到的光强就有所不同，因而各磁畴的明暗程度就有差别. 如果给样品加外磁场使之达到饱和磁化(这时样品中所有磁畴的磁化方向与外磁场方向完全一致)，磁畴的明暗差别也就消失了，这时的外磁场称为磁畴消失场，用 H_K^* 表示.

本实验就是根据上述原理利用偏光显微镜观察石榴石磁泡材料的磁畴消失场. 石榴石材料属立方晶系. 实验样品是用液相外延生长法制备的薄膜,膜面法线方向为[111]晶向，样品成分为$(YSmCa)_3(FeGe)_5O_{12}$.

二、实验仪器

实验装置由直流稳流电源、数字万用表、偏光显微镜、光源等组成(图 6-3-3). 电磁铁的磁场在水平方向,与样品薄膜的膜面平行,称为平面内场,用 H_{in} 表示. 直流偏场线圈磁场方向与样品膜面垂直，用 H_{b} 表示. 电磁铁和直流偏场线圈分别由直流稳流电源供电. 通过电磁铁的电流由电流表测量，通过直流偏场线圈的电流用标准电阻及接在其两端的数字电压表测量. 它们的磁场都随电流的增大而增大，在所用范围近似为线性关系. 直流偏场的磁场电流系数为 9.55 $(\text{kA}\cdot\text{m}^{-1})$A，平面内场的磁场电流系数为 18.2 $(\text{kA}\cdot\text{m}^{-1})$A.

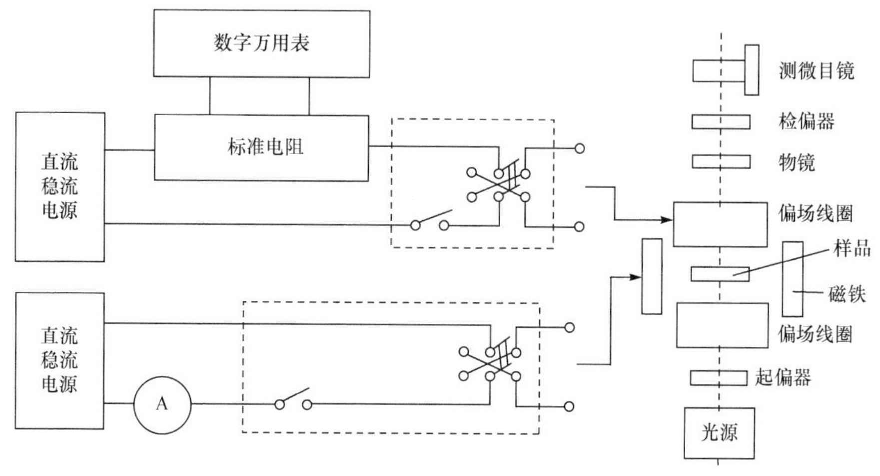

图 6-3-3　磁晶各向异性实验装置示意图

三、实验内容

1. 准备工作

(1) 接通光源和风扇开关，把光源电压调至 15 V；

(2) 接通平面内场和直流偏场电源；

(3) 接通数字万用表(作为电流表和电压表).

2. 测量[111]方向即膜面法向的条畴消失场

使 $H_{\text{in}}=0$ 升高，直流偏场至磁畴全灭再降至零，得到迷宫畴，见图 6-3-4(a). 缓慢升高 H_b，测出[111]方向磁畴消失场 $H^*_{K[111]}$.

(a) [111]方向

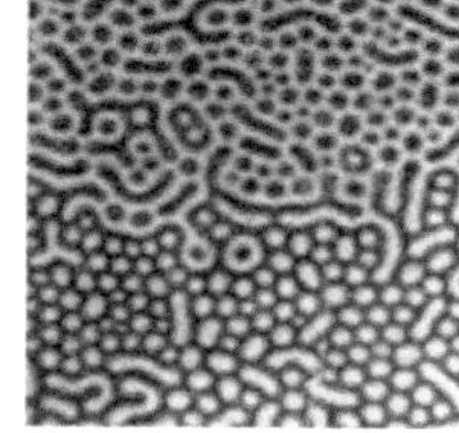
(b) 〈110〉方向

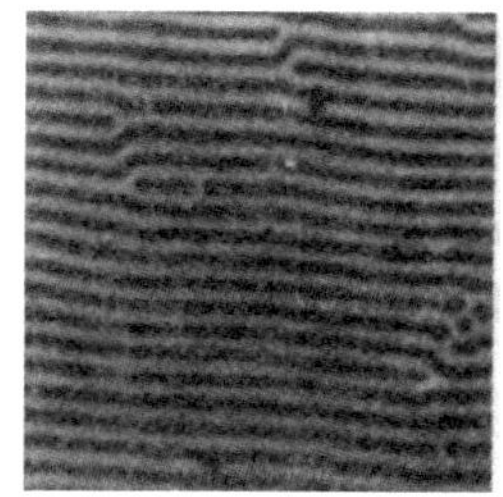
(c) 〈112〉方向

图 6-3-4　沿三个典型晶向饱和磁化后的剩磁态畴形

3. 测量沿膜面方向的磁畴消失场(图 6-3-5 和图 6-3-6)

(1) 寻找一个〈110〉方向：其方法为，加至磁畴全灭，再降至零后观察畴形，应为黑白泡各占 50%左右(否则，需转动样品下的刻度盘，重复同样的步骤)，见图 6-3-4(b). 这时，样品平面内与 H_{in} 平行的晶向就是〈110〉方向之一. 设其为

$[\bar{1}10]$方向. 这时，刻度盘上的角度记作 β_0.

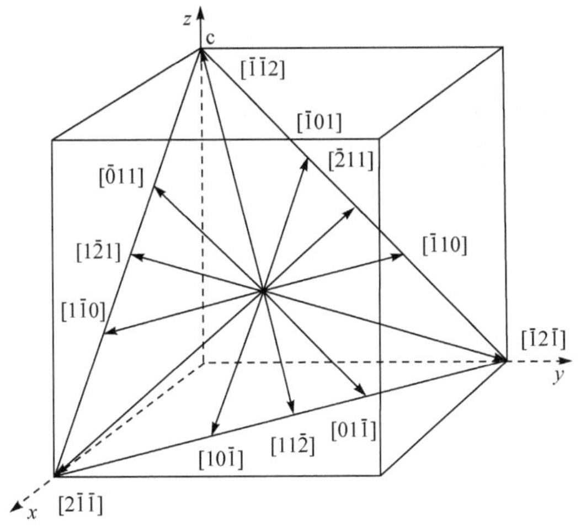

图 6-3-5 样品膜面及晶向

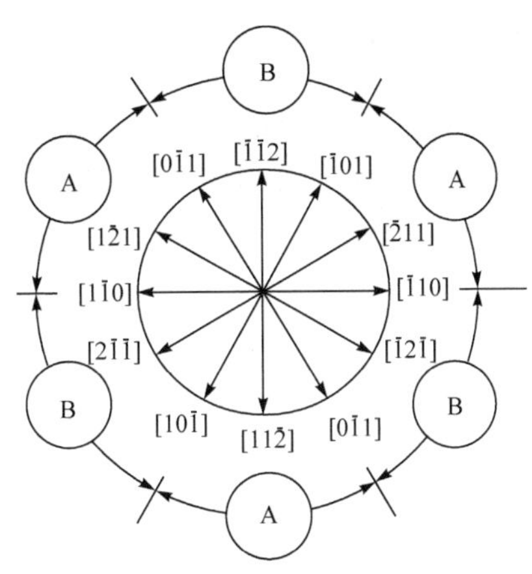

图 6-3-6 样品平面内退磁态周期示意图

A 为明畴区；B 为暗畴区

(2) 测出 β_0 方向的磁畴消失场 H_K^*.

(3) 转动样品，使 $\beta=\beta_0+10°, \beta_0+20°$，…，测出各个方向的磁畴消失场. 注意，〈110〉方向为 H_K^* 的峰值，〈112〉方向(如 $\beta=\beta_0+30°$)为 H_K^* 的谷值，峰值十分尖锐，谷值较平缓(图 6-3-7)，因此，测峰值时必须找到黑白泡共存的退磁态(不管角度与前述规定是否有偏差).

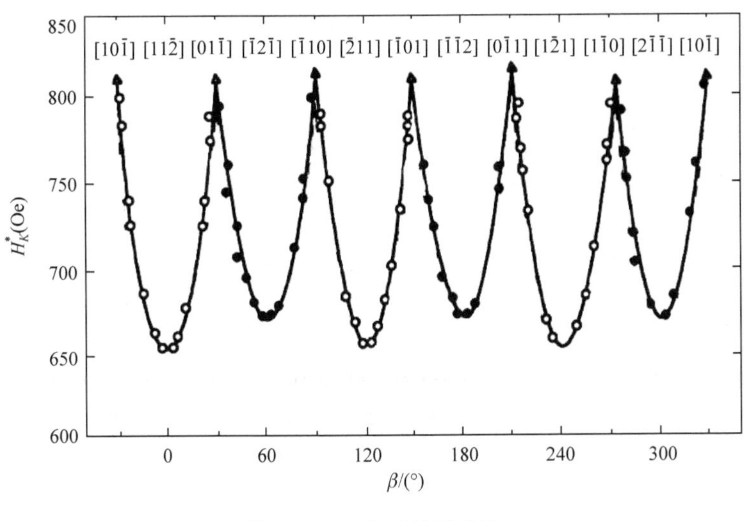

图 6-3-7 H_K^*-β 关系曲线

(4) 根据(2)、(3)步骤所得实验数据，算出样品平面内各方向的磁畴消失场，

在坐标纸上描出 H_K^*-β 关系曲线(图 6-3-7). 分析曲线，并与所测出的[111]方向磁畴消失场进行比较，得出结论.

四、注意事项

(1) 实验开始前，要把磁卡、手表等放在远离磁场的桌上，以防磁化；

(2) 样品为易碎品，注意保护；

(3) 显微镜镜筒下降时，要从侧面观察物镜下端，不要接触到样品.

五、思考题

(1) 什么叫平面偏振光?

(2) 晶列指数与晶格中格点的位矢有什么关系?

(3) 偏光显微镜与普通生物显微镜的主要区别是增加了什么附件? 它们的主要作用是什么?

(4) 什么是法拉第效应?

(5) 为什么利用法拉第效应可以观察到磁畴?

(6) 磁晶各向性异性现象及其原因.

(7) 什么叫晶列? 什么叫晶格? 怎样描述晶体的方向?

(8) 试述通过本实验观察到的磁畴消失场与样品晶向的关系.

(9) 试描述[111]、[110]和[211]方向的退磁态畴形(即加磁场至磁畴消失后，再把磁场降至零时的畴形).

(10) 试述用磁晶各向异性方法确定磁泡膜[110]方向的过程.

参考文献

侯登录, 郭革新. 2010. 近代物理实验. 北京: 科学出版社.

吴思诚, 荀坤. 2015. 近代物理实验. 4 版. 北京: 高等教育出版社.

6.4　振动样品磁强计测内禀磁性

振动样品磁强计(vibrating sample magnetometer, VSM)是测量材料磁性的重要手段之一，广泛应用于各种铁磁、亚铁磁、反铁磁、顺磁和抗磁材料的磁特性研究中，它包括对稀土永磁材料、铁氧体材料、非晶和准晶材料、超导材料、合金、化合物及生物蛋白质的磁性研究等. 它可测量磁性材料的基本磁性能，如磁化曲线、磁滞回线、退磁曲线、热磁曲线等，得到相应的各种磁学参数，如饱和磁化强度 M_s、剩余磁化强度、矫顽力 H_c、最大磁能积、居里温度、磁导率(包括初始磁导率)等，对粉末、颗粒、薄膜、液体、块状等磁性材料样品均可测量.

一、实验原理

1. VSM 的仪器结构

振动样品磁强计主要由电磁铁系统、样品强迫振动系统和信号检测系统组成. 图 6-4-1 所示的为两种类型的 VSM 原理结构示意图，两者的区别仅在于：①(a)为空芯线圈(磁场线圈)在扫描电源的激励下产生磁场 $\boldsymbol{H}$，(b)则是由电磁铁和扫描电源产生磁场 $\boldsymbol{H}$. 因此，(a)为弱场而(b)为强场. ②(a)的磁场 $\boldsymbol{H}$ 正比于激磁电流 $\boldsymbol{I}$，故其 $\boldsymbol{H}$ 的度量将由取样电阻 R 上的电压标注，而(b)由于 $\boldsymbol{H}$ 和 $\boldsymbol{I}$ 的非线性关系，$\boldsymbol{H}$ 必须用高斯计直接测量.

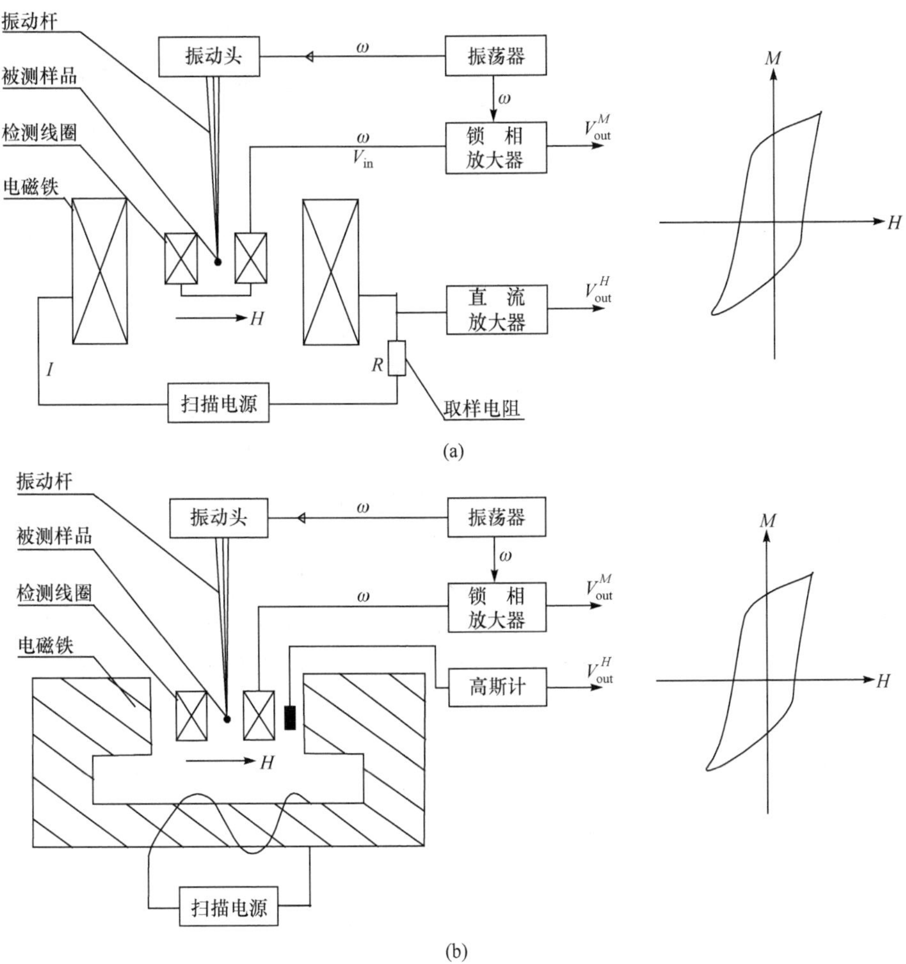

图 6-4-1　VSM 原理结构示意图

1) 振动系统

为使样品能在磁场中做等幅强迫振动，需要有振动系统推动. 系统应保证频率与振幅稳定. 显然适当地提高频率和增大振幅对获取信号有利，但为防止在样品中出现涡流效应和样品过分位移，频率和幅值多数设计在 200 Hz 和 1 mm 以下. 低频小幅振动一般采用两种方式产生：一种是用马达带动机械结构传动；另一种是采用扬声器结构用电信号推动. 前者带动负载能力强并且容易保证振幅和频率稳定，后者结构轻便，改变频率和幅值容易，外控方便，受控后也可以保证振幅和频率稳定.

因为仪器应仅探测由样品磁性产生的单一固定的频率信号，与该频率不同的信号可由选频放大器和锁相放大器消除. 一切因素产生的相同频率的伪信号必须设法消除，这是提高仪器灵敏度的关键. 因为振动头是一个强信号源，且频率与探测信号频率一致，故探头与探测线圈要保持较远距离，用振动杆传递振动，又在振动头上加屏蔽罩，防止产生感应信号. 为了确保测量精度，避免振动杆的横向振动，在振动管外面加黄铜保护管，振动杆和保护管之间中部和下部用聚四氟乙烯垫圈支撑，既消除了横振动又不影响振动效果.

2) 探测系统

在测量过程中，希望探测线圈能有较大的信噪比，同时要求样品在重复测量中取放位置的偏差在一定空间内不影响输出信号大小. 前者能够提供测量必要的灵敏度，后者则是保证测量精度和重复性的重要条件. 因此探测线圈形状和尺寸的选择是振动样品磁强计的关键之一. 由后面的公式(6-4-5)可以看出，信号的电动势为线圈到样品间距离 r 的灵敏圈数. 因此减小距离 r，增强样品与线圈的耦合，将会使灵敏度大为提高. 但是随着距离的减小，样品所在位置的偏差对信号影响就会越大，对样品取放位置的重复性要求就会更加苛刻. 可以使用成对的线圈，对称地放置在样品两边使这种情况得到改善. 在式(6-4-5)中，将 x 用 $-x$ 代入，信号将改变符号，这说明同样线圈在样品两边对称位置其输出信号相等，相位相反. 因此在使用中制成成对的线圈彼此串联反接，对称地放置在样品两边，这样不仅可以保证在每对线圈中由样品偶极子振动产生的信号彼此相加，而且它对位置尚有相互补偿的作用，使信号对位置的偏移变得不敏感了. 探测线圈这样串联反接的结果还可使来自磁化场的波动和来自其他空间的干扰信号互相抵消，因而改善了抗干扰的能力.

2. VSM 的工作原理

物质按其磁性来分类，大体可有下述五种，即：

(1) 顺磁性——这类物质具有相互独立的磁矩，在没有外磁场的作用下，相互杂乱取向，故不显示宏观的磁性；而在外场作用下，原来相互独立杂乱分布的磁矩将在一定程度上沿磁场取向，使此种物质表现出相应的宏观磁性；磁场越强则宏观磁性越强，而当外磁场去除后，其宏观磁性即消失. 如用 χ 表示磁化率、$\boldsymbol{H}$ 为磁化场、$\boldsymbol{M}$ 为单位体积的磁矩，则 $\boldsymbol{M}=\chi\boldsymbol{H}$；$\chi$ 的数值在 10^{-5}～10^{-3} 量级.

(2) 逆磁(抗磁)性——此类物质无固有磁矩，但是在外磁场的作用下产生的感应磁性 $M=-\chi H$，即 M 和 H 取向相反，故而得名. χ 非常小，为 10^{-6}～10^{-4} 量级. 磁化场消失则宏观磁性亦随之消失.

(3) 反铁磁性——此类物质内具有大小相等而反向取向的磁矩，故而合磁矩为零，使物质无宏观磁性.

(4) 亚铁磁性——此类物质内存在两种大小不等但反向耦合在一起的磁矩，故而相互不能完全抵消，所以该类物质表现出强磁特性，其宏观磁性与磁化场呈复杂关系.

(5) 铁磁性——此类物质内的磁矩均可相互平行耦合在一起，因而表现出强磁特性，如亚铁磁性一样，宏观磁性与磁化场呈现非常复杂的关系.

人们通常将前三类称为弱磁性，后两类称为强磁性. 强磁性物质在人类社会中起到不可或缺的作用，如电力部门、信息产业部门、航空航天领域等. 但是，随着人类社会的进步，对材料的诸多性能，包括磁性，都提出了更多更新的要求，这就促使人们不断地去对相关性能进行研究、探讨和改进. 要这样做，就必须有可信赖的物性检测设备. VSM 就是这种公认的专门检测各类物质(材料)内禀磁特性的设备，如磁化强度 $M_s(\sigma_s)$、居里温度 T_f、矫顽力 H_c、剩磁 M_r 等. 而在预知样品在测量方向的退磁因子 N 后，尚可间接得出其他的相关技术磁参量，如 B_s、H_c、$(BH)_{max}$ 等；另可根据回线的特点而判断被测样品的磁属性. 由于其具有操作简单、运行费用低(除超导类型外)、坚固耐用、检测灵敏度高等特点，被广泛用于相关的工矿企业、大专院校及研究机构中，成为材料的磁性研究、质检把关等方面不可缺少的关键设备. 利用这种设备，可测量诸如粉料、块材及各种纳米级材料、各种复合型材料的顺磁性、抗磁性及亚铁磁和铁磁性的相关磁特征，为检测和研究这些材料提供可靠的实验数据.

当振荡器的功率输出馈给振动头驱动线圈时，该振动头即可使固定在其驱动线圈上的振动杆以 ω 的频率做等幅振动，从而带动处于磁化场 $\boldsymbol{H}$ 中的被测样品做同样的振动；这样，被磁化了的样品在空间所产生的偶极场将相对于不动的检测线圈做同样的振动，从而导致检测线圈内产生频率为 ω 的感应电压；而振荡器的电压输出则反馈给锁相放大器作为参考信号；将上述频率为 ω 的感应电压馈送到处于正常工作状态的锁相放大器后(所谓正常工作，即锁相放大器的被测信号与其参考信号同频率、同相位)，经放大及相位检测而输出一个正比于被测样品总磁矩的直流电压 V_{out}^{J}，与此相对应的有一个正比于磁化场 H 的直流电压 V_{out}^{H}(即取样电阻上的电压或高斯计的输出电压)，将此两相互对应的电压图示化，即可得到被测样品的磁滞回线(或磁化曲线). 如预知被测样品的体积或质量、密度等物理量即可得出被测样品的诸多内禀磁特性. 如能知道样品的退磁因子 N，则不但可由上述实测曲线求出物质(材料)的磁感 $\boldsymbol{B}$ 和内磁化场 H_i 的技术磁滞(磁化)曲线，而且可由此求出诸多技术磁参数如 B_{r}、H_{c}、$(BH)_{\max}$ 等.

为简单起见，我们取一个直角坐标系，如图 6-4-2 所示. 并假定样品 S 位于原点且沿 z 向做简谐振动，$a = a_0\cos\omega t$，a_0 为振幅，ω 为振动频率. 磁化场 H 沿 x 向施加，并假设在距 s 为 r 远处放置一个圈数为 N 其轴为 z 向的检测线圈，其第 n 圈的截面积为 S_n(注意：$S_n \neq S_m$，即任意两圈的截面积是不等的). 如果样品 S 的几何尺度较 r 而言非常之小，即从检测线圈所在的空间看样品 S，可将其视为磁偶极子，此时，据偶极场公式

$$\boldsymbol{H}(r) = \frac{1}{4\pi}\left[-\frac{\boldsymbol{J}}{r^3} + \frac{3(\boldsymbol{r}\cdot\boldsymbol{J})\boldsymbol{r}}{r^5}\right] \tag{6-4-1}$$

并注意到矢量 $\boldsymbol{J}$ 仅有 x 分量，可得到穿过面积元 $\mathrm{d}S_n$ 的磁通量为

$$\mathrm{d}\phi_n = \mu_0 H_z(r_n)\mathrm{d}S_n = \frac{3\mu_0 J x_n z_n}{4\pi r_n^{\ 5}}\mathrm{d}S_n \tag{6-4-2}$$

其中，μ_0 为真空导磁率，$J = MV$ 是样品总磁矩(M 和 V 分别为样品的磁化强度和体积). 因此，第 n 匝内总的磁通量 ϕ_n 为

$$\phi_n = \int_{S_n}\mathrm{d}\phi_n = \int_{S_n}\frac{3\mu_0 J x_n z_n}{4\pi r_n^{\ 5}}\mathrm{d}S_n \tag{6-4-3}$$

而整个线圈的总磁通量为

$$\phi = \sum_1^N \phi_n = \frac{3\mu_0 J}{4\pi}\sum_1^N\int_{S_n}\frac{x_n y_n}{r_n^{\ 5}}\mathrm{d}S_n \tag{6-4-4}$$

其中 x_n 和 z_n 为线圈第 n 圈的坐标. 现作一个变换，令样品不动而线圈以 $Z(t) = Z(0)+a\cos\omega t$ 振动，亦即 $Z_n(t) = Z_n(0) + a_0\cos\omega t$ 为第 n 圈坐标与时间的关系.

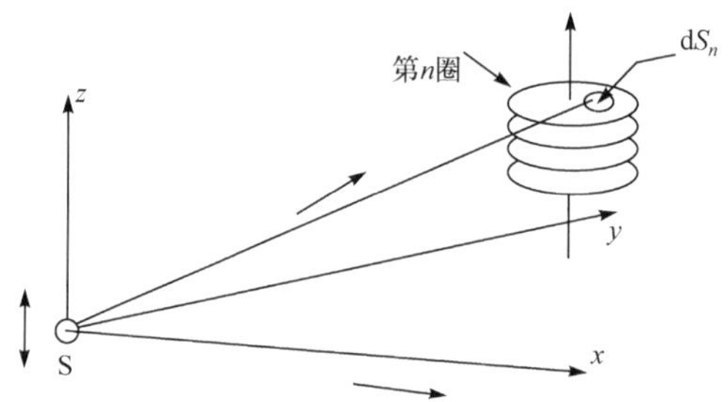

图 6-4-2　振动样品磁强计磁性检测原理

据电磁感应定律，考虑到 x、y 均不为时间 t 的函数，故 r 中仅考虑 z 向的时间变化关系，因此可得在整个检测线圈内的感应电压 e 为

$$\begin{aligned} e(t) &= -\frac{\mathrm{d}\phi}{\mathrm{d}t} = \left\{ -\frac{3\mu_0}{4\pi}\sum_1^N \int \frac{x_n(r_n^2 - z_n^2)}{r_n^7}\mathrm{d}S_n \right\} \cdot a\omega J \sin\omega t \\ &= ka\omega J \sin\omega t = KJ\sin\omega t \end{aligned} \tag{6-4-5}$$

设样品的振幅和振动频率均固定不变. 由上式可发现：①线圈中的电压，不可能计算得到；②其电压大小与被测样品的总磁矩 $\boldsymbol{J}$，振动幅度 a 及振动频率 ω 成正比.

在实验上，我们不需要去计算 K 值，而是采取“替换法”，从实验上求出 K 值，之后利用求得的 K 值反过来计算出被测样品的磁矩，这就叫“定标”. 实际上用一个已知磁矩为 J_0 的标准样品取代被测样品，在与被测样品相同的测试条件下测得此时电压幅值为 $V_0 = KJ_0$，则 $1/K = J_0/V_0$ 即可得到，若被测样品的相应电压幅值为 V，则被测样品的总磁矩即为 $J = (1/K)\cdot V = V J_0/V_0$. 例如，已知 Ni 标样的质量磁矩为 σ_0，质量为 m_0，其 $J_0 = \sigma_0 m_0$. 用 Ni 标样取代被测样品，在完全相同的条件下加磁场使 Ni 饱和磁化后测得 Y 轴偏转为 V_0，则单位偏转所对应的磁矩数应为 $K = \sigma_0 m_0/V_0$，再由样品的 J-H 回线测得样品某磁场下的 Y 轴高度 V_H，则被测样品在该磁场下的磁化强度 $M_H = KV_H / v = \dfrac{\sigma_0 m_0}{V_0}\cdot\dfrac{\rho}{m}\cdot V_H$，或被测样品的质量磁化强度 $\sigma_H = \dfrac{K\cdot V_H}{m} = \dfrac{V_H}{V_0}\cdot\dfrac{m_0}{m}\cdot\sigma_0$，$\rho$ 为样品密度，m 为样品质量. 这样，我们即可根据实测的 J-H 回线推算出被测样品材料的 M-H 回线.

二、实验仪器

本实验的仪器是由南京大学仪器厂生产的 LH-3 型振动样品磁强计(VSM)，其磁场线圈由扫描电源激磁，可产生 $H_{\max} = \pm 400$ Oe(1 Oe=79.577 A · m^{-1})的磁化场，扫描速度和幅度均可自由调节. 磁化场的大小和方向用激磁电流取样值加以标度，以保证磁场测量更准确. 扫描电流输出的激磁电流，其大小、方向等均由相关电压控制，无任何机械部件，故可实现磁化场的平滑过零功能. 检测线圈采用全封闭型四线圈无净差式，具有较强的抑制噪声能力和大的有效输出信号，保证了整机的高分辨性能. 在配备进口 Lock-in 的情况下，经统调后此种 LH-3 型 VSM 的最高灵敏度，在检测线圈间距为 20 mm 的情况下，可达 3×10^{-5}～4×10^{-5} emu(1A · m^2=10^3 emu).

LH-3 型 VSM 的振动头具有双级减振结构，可有效阻断振子与外界的振动偶联；用低频信号振荡器进行驱动，使其振幅可达 2 mm 左右；具有三维调节功能，可准确地将样品调整到检测线圈鞍部区.

LH-3 型 VSM 适用于低饱和场、低 H_c 磁性的软磁薄膜材料磁性能测量及研究，尤其是其不存在电磁铁类的铁芯剩磁效应而可以准确定出 $H = 0$ 的点，使其特别适用于铁磁/反铁磁界面的磁性钉扎效应研究，诸如钉扎型自旋阀薄膜、钉扎型磁性隧道结构的薄膜、各向异性磁电阻(AMR)效应的坡莫合金磁性膜等. 由于此设备中的检测线圈可以在不用时任意抬起而使其不占有效磁场的空间，从而可充分利用该设备的磁场做诸如各向异性磁电阻、巨磁电阻(GMR)、隧道磁电阻(TMR)等磁电阻特性测量.

三、实验内容

1. VSM 测试样品的制备

(1) 块材：对强磁性材料，用适当方式从大块材料上取出约数毫克的小块(但忌用铁质工具获取，以免样品受到强磁性污染)，其大小以能放入样品夹持器内为准.

(2) 粉料：对强磁性材料如铁氧体的各烧结过程前的粉料，用精密天平称出约数毫克(磁矩小的可适当多称出一些). 用软纸紧密包裹成小球状(例如，用 1/4 张擦镜纸折叠后放入天平中称出其质量，再用勺取粉料小心置于上述纸的折角处——该种纸因有较大较多孔，故需折成双层. 读出总的质量数，则样品的单一质量即为前后称量之差).

(3) 薄膜材料：由于薄膜均附着在衬底(如玻璃、硅片等)上面，故对铁磁性薄膜必须用玻璃刀裁下 2mm×5mm 大小的样品，用干净纸包一下以资保护(为计算其磁矩，必须预知其厚度，面积之测量应采用投影放大的办法以减少误差，从厚度和面积即可求得样品的体积).

(4) 液体材料：将铁磁性液样注入柱形孔内并密封. 注意：密封后，液体不能在其所在空间活动. 液样注入前后的质量差，即被测材料的质量.

(5) 非强磁性材料：必须用较大体积(质量)的样品及强磁场，以获得较大的电信号. ($J = M\times V = \chi HV$，J 大时信号才大，故在 χ 很小时，尽量用大体积 V 的样品及强磁场 H.)

2. 开关机

开机前应仔细检查设备是否完好、线路连接是否正确，仪表的各个开关旋钮位置、仪表显示是否正确. 扫描电源(功能转换旋钮处于自动挡、电流表电压表数值显示为零、手动调节旋钮的指针指示在刻度盘中数字 5 左右)，信号发生器的功率输出显示为零.

打开各单元电源开关，预热 20 min 左右再开始正式实验.

关停机时扫描电源必须严格按使用要求和程序；必须在振荡器无功率输出，即振动停止时关此驱动单元；其他单元停机时无特殊要求.

3. VSM 系统连接和调试

1) 检测线圈的安装调整

将弯头支架固定在 VSM 底座的相应位置即可. 检测线圈上的信号线连接于锁相放大器的信号输入端.

2) 振动头及振动杆的安装调整

将振动头的支撑固定支架安装于电磁铁上；减振隔离支架安装于支撑固定支架上；振动头安装于减振隔离支架上. 将所有固定螺丝匀称地拧紧.

打开振动头腔体，取出支撑泡沫，分别调整减振簧片，使得样品杆垂直于水平面；且在旋转振动头的同时，随之旋转的样品杆端应没有水平方向的位移现象.

振动头底部的两对锁紧螺丝：前后锁紧螺丝调节 x 方向，左右锁紧螺丝调节 y 方向；转动底部圆盘调节 z 方向.

通过调节振动头的 x、y、z 方向和观察磁矩大小发现 VSM 的鞍部区(即样品测量点). 使样品测量点尽量位于鞍部区中央(鞍部区测量方法见后).

振动头上的航空接头连接于信号发生器的功率输出端.

3) 特斯拉计探头的安装调整

先将特斯拉计探头远离磁场调零，将特斯拉计探头支架固定于电磁铁的激磁线圈之间，并使探头靠近检测线圈；调整探头平面，尽量使探头平面垂直于电磁铁的磁场. 特斯拉计探头由导线连接于特斯拉计的磁场信号输入端.

4) 各个设备单元的连接

(1) 检测线圈连接于锁相放大器的信号输入端；

(2) 振动驱动线连接于振动头和信号发生器的功率输出端；

(3) 特斯拉计探头连接于特斯拉计的磁场信号输入端；

(4) 特斯拉计的磁场信号输出端连接于 x-y 记录仪 x 轴；

(5) 锁相放大器的信号输出(V_x或 V_y)连接于 x-y 记录仪 y 轴；

(6) x-y 记录仪的数据输出连接于电脑串口；

(7) 信号发生器的电压输出(同步频率)连接于锁相放大器的参考频率. (注意：如使用内参考，则不需要连接.)

(8) 保证各个仪器可靠接地.

4. VSM 系统的定标和测量

1) 数据的定标

对 LH-13 型 VSM，转换系数 $K = 0.8(\mathrm{Oe \cdot mV^{-1}})$. 将 K 值输入电脑记录仪上

显示的 x 轴的转换框内，单位为 Oe.

y 轴的定标：y 轴的参数一般是磁矩.

将标准样品固定于样品杆底部的中间位置，并将样品连接在振动杆上，将振动杆固定于振动头上.

将扫描电源上的功能转换旋钮(自动、手动、机控)调至手动挡. 调节扫描电源上的手动(+、5、–)旋钮，给电磁铁加上一恒定电流，使电磁铁产生一个恒定磁场. 产生的磁场必须能使标准样品饱和磁化.

在电脑上调节 x-y 记录仪的量程至适当位置. 调节信号发生器功率输出旋钮，使功率输出为一恒定值，此时，振动杆被驱动，开始振动.

锁相放大器的信号发生器输出调零：调节锁相放大器的设置按钮至输出的短路位置，分别调节 V_x，V_y 钮使其数值为最小值，调零完成.

调节锁相放大器的设置按钮至输出位置，准备测量定标. (锁相放大器的使用详见其使用说明书.)

相位的确定：调节锁相放大器的相位旋钮，使 V_x 或 V_y 的值为最大值，即检测样品具有的输出信号为最大值. 此时，被测信号与参考信号同相位，相位调节完成.

VSM 的鞍部区的确定：调节锁相放大器的量程至适当位置，分别调节振动头的 x，y，z 三个方向，找出 x，z 两个方向上具有最大输出信号的位置(即在 x-y 记录仪上纵坐标的值为最大)；找出 y 方向上具有最小输出信号的位置(即在 x-y 记录仪上纵坐标的值为最小)；这样确定好 VSM 的鞍部区(即样品的测量点).

此时缓慢平稳地调节扫描电源上的手动旋扭(+、5、–)，使得标准样品被电磁铁的磁场磁化饱和，并在 x-y 记录仪的一、三象限上记录出样品的饱和回线. 取一、三象限上回线的水平线分别对应的电压信号数值为 V_1、V_2，单位为：mV，V_1，V_2 均取绝对值. 我们定义 J 为磁矩符号，则$(V_1+V_2)\div 2 = V(\text{mV})$. 标准样品的磁矩为 J_0，$J_0 \div V = K(\text{emu}\cdot\text{mV}^{-1})$. 将 K 值输入 x-y 记录仪上的 y 轴的转换框内，单位为$(\text{emu}\cdot\text{mV}^{-1})$. 由于 J_0 的量级为 10^{-4} 或 10^{-5}，非常小，所以，我们在 y 轴的转换框内输入有数值的数，量级放在单位框内. 例如，得出 $J = 0.000087895243$ emu，那么，输入 y 轴的转换框内的数值= (8.79)，单位框内= (e^{-5} emu). 这样，在图纸打印时，数据能够正确地表示. 再调节扫描电源上的手动扫描旋钮，使电流电压表的读数为零；关闭信号发生器功率输出，使设备处于备用状态. 这样，y 轴定标完成.

2) 样品的测量

将扫描电源的波段旋钮调至自动扫描，按下扫描电源的开关，根据需要，调节扫描电源的扫描幅度，扫描速度(详见扫描电源使用说明书).

开启电脑上的 x-y 记录仪程序，使用常规方式. 调节其量程到适当位置. 将样品仔细放入样品夹中，将样品杆放入振动头内，对准位置，锁紧压紧螺母.

开启信号发生器功率输出，使振动头开始振动，使 x-y 记录仪开始工作.

开启锁相放大器，当锁相放大器的参考频率等于信号发生器的输出频率时，按下扫描电源的扫描开关(黄色按钮)，此时，面板上红灯点亮，测量开始.

磁滞回线测量完毕后，停止 x-y 记录仪. 停止信号发生器功率输出. 在扫描电流为零时，按下扫描电源的扫描开关(黄色按钮)，此时，面板上红灯熄灭，扫描停止. 松开振动头顶端的振动杆紧固螺母，拉出振动杆到合适位置，用夹子夹住，取出样品.

一个样品测量结束，下一个样品测量重复上述过程.

5. 测量数据处理与分析

将测量得到的数据用 Origin 软件作图，并由曲线计算出每个样品的饱和磁化强度 M_s，剩余磁化强度 M_r 和矫顽力 H_c.

四、注意事项

(1) 粉体样品包裹时，务必使粉料集中在一小区间.

(2) 样品杆必须保持清洁，特别是不能有强磁性污染，否则将导致严重误差(为确保此点，可在测量前，样品杆上不放任何材料，对空杆进行测量，此时测得的应为一直线. 注：不一定是水平直线).

(3) 任何时间使用扫描电源上的任何一个旋钮或开关，必须是在扫描电源处于停机状态时. 禁止快速操作各旋钮，特别是涉及扫描速度、扫描幅度的相关旋钮，否则，容易造成严重的故障.

(4) 对非规则块料，其磁滞回线形状将与样品安装的方位有关，这是正常现象，因为 VSM 测的是磁矩与外加磁化场之关系，并非内场与磁矩的关系，而由于非规则的样品，其各方向的退磁因子不等，故必然导致不同方向上的回线多少都有些差异；此时测得的回线并非样品的内禀特性，而是样品的磁矩与外磁化场的函数关系；只有将此处的外磁场转化成内场后，重新将磁矩与相应内场的关系求出，才可得到被测样品的内禀特性与磁化场的函数关系.

五、思考题

(1) 本实验中参考信号是怎样产生的，其作用是什么？

(2) 简述振动样品磁强计的特点及用途.

(3) 简述 VSM 的鞍部区的确定方法以及样品在 x、y、z 方向上有偏差对测量结果的影响.

参考文献

隋文波, 张昕, 杨德政. 2018. 振动样品磁强计的磁性表征测量. 实验科学与技术, 16(1): 22-25.

郁维亮, 高峰, 徐小龙, 等. 2012. 新型振动样品磁强计测量材料磁性. 实验技术与管理, 29(2): 36-39,47.

第 7 章　X 射线、电子衍射和结构分析

引　　言

本单元的实验主要介绍的是利用 X 射线和电子衍射对晶体结构进行分析、利用扫描电子显微镜进行物质形貌分析以及利用扫描隧穿显微镜进行原子纯度结构、形貌分析的实验原理和仪器设备的使用方法.

一、X 射线的产生

在一个高真空的绝缘管内封入两个电极，阴极能够产生自由电子，阳极即作为靶，当在两极之间有一个很高的电势差时，阴极附近的电子在此电场的驱使下，便向阳极做加速运动而形成一束电子流，最后到达阳极，并轰击靶，从而产生 X 射线，所得到的 X 射线中有连续谱线和标识谱线. 本实验中所用的是标识谱线中的 K_a 线，其强度与电流的大小成正比，与电压的大小也有关(详细理论参阅有关书目).

二、晶体结构

对于任何晶体结构来说，它们的原子或离子在空间的分布都遵循空间格子规律，不同的晶体，只是在组成晶胞的原子或离子的种类、数目，它们的配置方式以及各晶胞间重复周期 $\boldsymbol{a},\boldsymbol{b},\boldsymbol{c}$ 的方向、大小等方面存在差异，其空间格子共有 14 种，按对称特点的不同，分成七个晶系与之对应.

从数学上可以证明，晶体结构中任一 hkl 面网的间距为 d_{hkl}，它与晶胞数间具有确定的关系，对于立方晶系而言，有

$$d_{hkl}=\frac{a}{\sqrt{h^2+k^2+l^2}}$$

请参阅固体物理教程.

三、晶体结构对 X 射线的衍射效应

假定一个原子中的所有电子都集中在原子中心，当一束 X 射线投射到一组原子上时，每个原子都将对入射 X 射线发生散射，由这一组原子构成一个原子面网. 其所形成的衍射，在形式上可以看成是该原子面网对 X 射线的反射.

由于三维空间的原子点阵可分解为一组相互平行的原子面网族，其方向随意，于是整个原子点阵对 X 射线的衍射效应，便可以由一系列不同取向的原子面网族中的反射效应共同来决定. 但需要知道，实质上它是整个晶体结构对 X 射线的衍射，而不是真有某个面网在反射 X 射线.

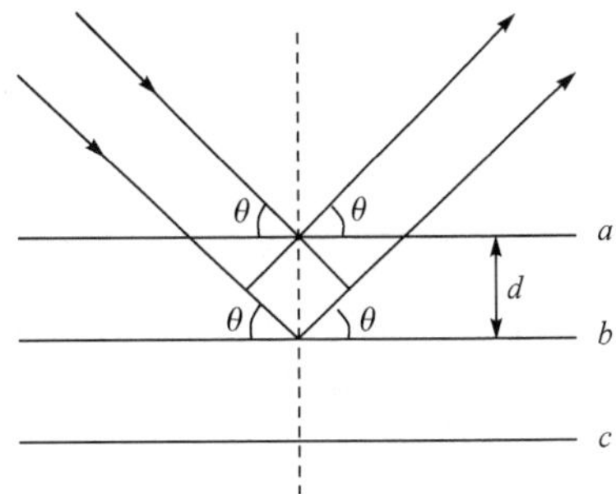

图 7-0-1　晶体结构对 X 射线的衍射

如图 7-0-1 所示，是三个相邻面网，其面网间距为 d. 由图可知，从入射波波前，到面网而后再到反射波波前，其光程差 $\Delta = 2d\sin\theta$ ，如果其光程差为波长 λ 的整数倍，即

$$2d\sin\theta = n\lambda$$

则产生衍射，这就是著名的布拉格方程.

在实际晶体中，包括所有的化合物晶体以及许多单质晶体，它们的结构都不是点阵式的单原子结构，即配置于空间点阵中每个阵点位置上的质点不再是单个的同种原子，而是一个多原子或多离子的“集团”. 但是，任何一个晶体结构，不管它多么复杂，在形式上总是可以把它分解为若干套具有重复周期，而且彼此平行地穿插在一起的单原子的空间点阵. 因此，它们(每套单原子空间点阵)各自产生的衍射条件完全相同，即遵守同一个布拉格方程，从而整个复杂结构的衍射条件自然也遵守此给定的布拉格方程. 即结构内容复杂化并不引起衍射条件的改变，也即衍射方向不变. 但是，衍射强度将因各套单原子面网所产生的反射波相互间干涉的结果而发生变化，这是因为各套原子面网不相重合，彼此间有一间距 t，对各套原子面网而言都遵守布拉格方程，但是，入射波到各套原子面网的路程是不一样的，即各套原子面网所产生的反射波存在一个光程差 Δ ，也遵守布拉格方程，即 $\Delta = 2t\sin\theta$ ，由于 $t \neq d$ ，因此，由各套面网所产生的反射波之间相互干涉的结果，将导致合成波振幅发生变化，亦即反射波强度改变. 改变的程度取决于 $t:d$ 的比值以及不同种类的原子各自对 X 射线散射能力的大小.

综上所述，晶体对 X 射线的衍射，其衍射线的方向仅与晶体结构中单位晶胞的形状和大小有关. 衍射线的相对强度，则取决于包含原子的种类和它们在晶体中的相互配置. 显然，单位晶胞的形状和大小，所包含原子种类以及它们在晶胞中的相互配置，这些要素结合在一起，便完整反映出了一个晶体结构的全部特征. 因此，晶体对 X 射线衍射的方向和相对强度，对于其本身的结构来说，总是具有特征性.

7.1　利用X射线衍射仪进行物相定性分析

X射线是1895年由德国物理学家伦琴在研究阴极射线时发现的. 伦琴的这一划时代发现，使当时几乎处于沉寂的物理科学又重新活跃起来. 自1901年伦琴获得首届诺贝尔物理学奖后，到1927年劳厄、布拉格父子、贝可勒尔、曼内 · 西格巴恩和康普顿等由于对X射线方面的研究获得了诺贝尔物理学奖. 由此可见，X射线学作为物理学的一个分支，在物理学的发展史上有光辉的一页. 目前，X射线学已经渗透到物理学、化学、生物学、地学、天文学、材料学以及工程科学等许多学科中，并得到广泛的应用.

本实验的目的是初步掌握X射线衍射仪的构造、原理和操作技术.

【预习要求】

(1) 复习晶体结构.

(2) 复习晶体结构对X射线的衍射效应.

一、实验原理

1. X射线衍射仪的构造和原理

(1) 构造：X射线衍射仪主要由四大部分组成：X射线发生器、测角仪、计数装置和数据处理系统，其中心部分是测角仪.

(2) 原理：如图7-1-1所示，H为试样台，其中心轴到射线源M和计数器C的距离相同，由射线源射出的发散X射线照射试样台，形成收敛的X射线，聚焦在计数器.

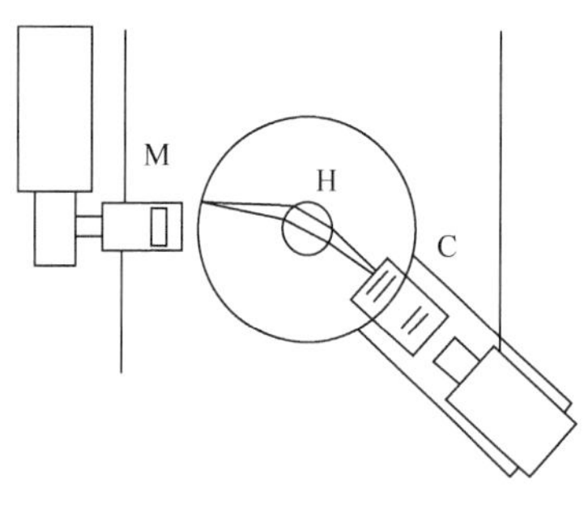

图7-1-1　X射线衍射仪的构造

衍射仪的设计使试样台和计数器的转动保持固定关系，即试样台每转θ角，计数器需转2θ，这样才能始终保持“入射角”与“反射角”相同，且等于衍射角的一半，于是从试样产生任何衍射线都正好能聚焦并进入计数器，计数器能将X射线的强弱情况转化为电信号，电子系统则将信号记录下来，在本实验中，将粉末样品装入样品架中，放入试样台上随之转动，由于粉末样品中的小晶粒存在所有可能的排列方向，在某个方向上参与反射X射线方向的晶粒数目，决定了反射线强度的大小，当试样转到某一角度时，粉末样品中的小晶粒正好存在间距为

d 的面网，满足布拉格方程，将入射的 X 射线反射到计数器中，从而记录下 X 射线的强度，当再次改变样品的角度时，可能就不满足布拉格方程，就没有反射线进入计数器. 于是，当试样连续转动时，衍射仪就能自动描绘出衍射强度随 2θ 角的变化情况. θ～2θ 角的读数从刻度盘中即可看到，并且计算机会自动记录下来，这样作出的图即衍射图，如图 7-1-2 所示.

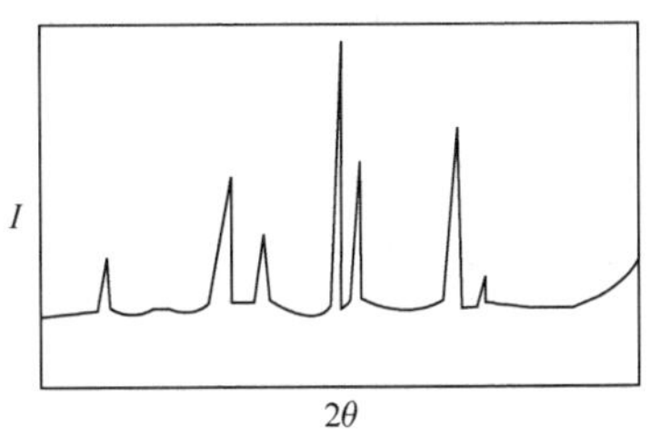

图 7-1-2　X 射线衍射图

2. 物相定性分析原理

每一种结晶物质都有自己独特的化学组成和晶体结构，没有任何两种结晶物质的晶胞大小、质点的种类和质点在晶胞中的排列方式是完全一致的. 因此，当 X 射线通过晶体时，每一种结晶物质都有自己独特的衍射花样，它们的特征可以用各个反射面网间距 d 值和反射线的相对强度 I 来表征，其中，面网间距 d 值与晶胞的形状大小有关，相对强度 I 与质点的种类及其在晶胞中的位置有关. 所以，任何一种结晶物质的衍射数据 d 和 I 是其结构的必然反映，因而可以根据它们来鉴别结晶物质的物相.

在本实验中，测量出物质的衍射圈，以此计算出各衍射线的 d 值和 I 值. 根据这些值在计算机中存储的索引卡片找出与此相同和相似的物质的 d 值和 I 值. 然后进一步比较，最后确定所测物质是什么物质和由什么物质组成.

二、实验操作规程

(1) 开机关机顺序如流程图 7-1-3 中箭头方向所示：

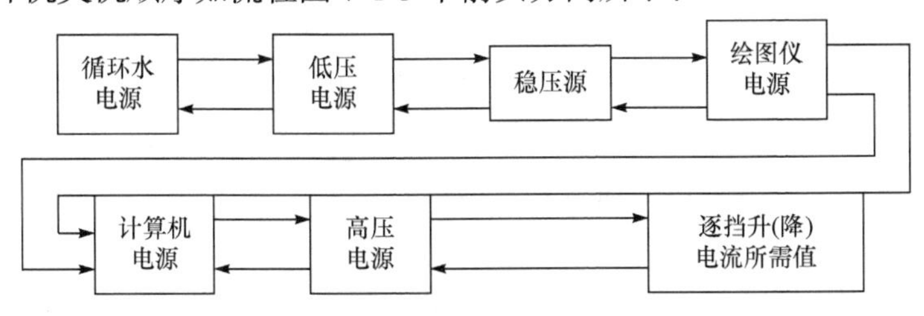

图 7-1-3　开机关机顺序流程图

注意：必须严格按照上述顺序执行开机关机操作.

(2) 样品制备. 选适量样品，放入研钵中进行研磨，达到 1～20 μm 即可，然后装填样品，要求用力均匀，表面平整.

(3) 测量. 将样品放入样品台，关好防护盖和防辐射铅屏，将电压和电流调到所需数值. 根据计算机所给出的提示信息，选择测量条件.

(4) 分析处理数据. 根据实验要求，选择处理方式，按计算机的提示信息，进行数据处理.

(5) 打印结果.

三、思考题

(1) 简述 X 射线产生和布拉格方程的意义.

(2) 简述开机、关机的操作顺序.

(3) 什么叫物相？物相分析的依据是什么？

(4) 为什么不同物质有不同的衍射强度和不同的衍射角？衍射线条数不同？

参 考 文 献

黄继武，李周. 2012. 多晶材料 X 射线衍射——实验原理、方法与应用. 北京:冶金工业出版社.
莫志深, 张宏放, 张吉东. 2010. 晶态聚合物结构和 X 射线衍射. 北京: 科学出版社.
潘峰, 王英华, 陈超. 2016. X 射线衍射技术. 北京: 化学工业出版社.

7.2　扫描电子显微镜

扫描电子显微镜(扫描电镜，SEM)是 1965 年发明的较现代的细胞生物学研究工具，主要是利用二次电子信号成像来观察样品的表面形态，即用极狭窄的电子束去扫描样品，通过电子束与样品的相互作用产生各种效应，其中主要是样品的二次电子发射. 二次电子能够产生样品表面放大的形貌像，这个像是在样品被扫描时按时序建立起来的，即使用逐点成像的方法获得放大像. 扫描电镜是介于透射电镜和光学显微镜之间的一种微观形貌观察手段，可直接利用样品表面材料的物质性能进行微观成像. 扫描电镜的优点是：①有较高的放大倍数，20 倍到 20 万倍之间连续可调；②有很大的景深，视野大，成像富有立体感，可直接观察各种试样凹凸不平的表面的细微结构；③ 试样制备简单. 目前的扫描电镜都配有 X 射线能谱仪装置，这样可以同时进行显微组织形貌的观察和微区成分分析，因此它是当今十分有用的科学研究仪器.

本实验的目的是了解扫描电镜的构造以及操作方法，掌握二次电子、背散射电子及特征 X 射线分别给出的物理信息以及含义，从而对样品的表面形貌分析有一个生动具体的了解.

【预习要求】

(1) 复习原子的核式结构.

(2) 复习电子与物质相互作用的机制.

一、实验原理

1. 扫描电镜的成像原理

当一束聚焦的电子(或称为电子探针)照射样品表面时，大约 90%的能量转化为热能，剩余的能量产生一系列信息，如二次电子 e_2、俄歇电子 e_A、背散射电子 e_B、X 射线、电子-空穴对和吸收电流等(图 7-2-1). 对薄膜样品还有透射电子.

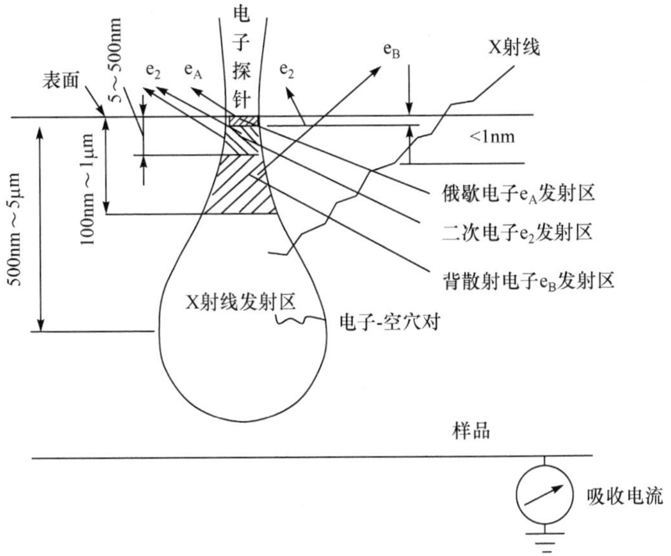

图 7-2-1　电子探针与样品原子相互作用产生的各种信息

射入样品表面的一次性电子在其穿透和散射过程中，与样品原子的库仑场相互作用而进行能量交换，使一部分原子的外层电子被激发而逸出表面，成为二次电子，二次电子能量在 0～50 eV，发射深度由入射电子束从试样表面层不同部位激发的二次电子量决定，而激发的二次电子量的多少主要与样品表面的凸凹及物理、化学性质有关. 故二次电子像能显示出样品表面丰富的细微结构，还能显示出样品表面电场与磁场的分布.

在扫描电镜中，电子探针在扫描线圈的作用下，在样品上作为光栅式扫描，同时激发样品产生二次电子、X 射线等各种含有样品某些特征的物理信息，再将某一种信息用相应的探测器逐点加以收集，经过适当的处理和放大，并以此信号调制与入射电子束同步扫描的显像管亮度，在显像管上就可以得到该种信息的样品图像，这就是扫描电镜的成像原理.

2. X 射线能谱仪的分析原理

高能电子束从分析试样激发的特征 X 射线射入 LiSi 检测器(探头)，使硅原子电离，产生与入射 X 射线光子能量成正比的电荷脉冲，信号放大系统将输入的电荷脉冲转变成放大的电压脉冲，多道脉冲分析仪将输入电压脉冲按幅度分类，最后在荧光屏上显示一组直线，即谱线(横轴表示 X 光子能量，纵轴表示 X 光子强度). 根据谱线位置确定被检测元素(定性分析)，由相应谱线高度经过校正计算，可确定所含元素的相对含量(定量分析).

二、实验装置

1. 扫描电镜

扫描电镜的构造基本上可分为电子光学系统、扫描系统、信号检测系统、显示系统、样品室和样品台、真空系统，如图 7-2-2 所示.

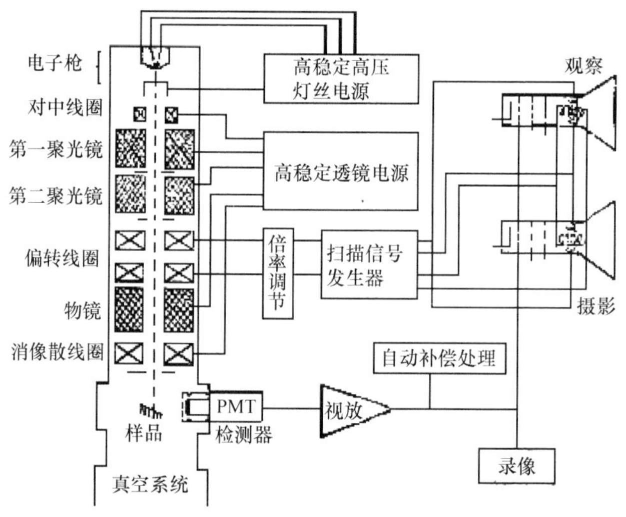

图 7-2-2　扫描电镜结构方框图

1) 电子光学系统

电子光学系统的作用在于形成一个有足够亮度的微细电子探针. 扫描电镜的电子光学系统由电子枪、电磁透镜及辅助系统(如光阑、合轴线圈、消像散器)构成.

(1) 电子枪：如图 7-2-3 所示，用于扫描电镜的电子枪有热电子发射型和场发射型两种，本实验所用的电镜的电子枪是热电子发射型，故仅对此电子枪作以说明.

该电子枪由发射热电子的阴极(灯丝)、会聚发射电子的控制栅极(韦氏帽)和加速电子会聚的阳极(加速电极)构成. 灯丝是形成电子束的电子源，通常将其做成发叉形(V)，这样热量就更集中于尖端，电子发射就多而密. 由于灯丝是在白热化下工作，加热功率又集中于尖端，通常其工作温度约为 2600 K，所以必须处于高真空下工作，扫描电镜用的灯丝寿命一般在 20～50 h，灯丝工作状态的好坏，对于获得扫描电子像的质量至关重要，因此，既能获得质量高的扫描像，又能保持灯丝较长的使用时间，就成为电镜使用人员的一个很重要的技术问题.

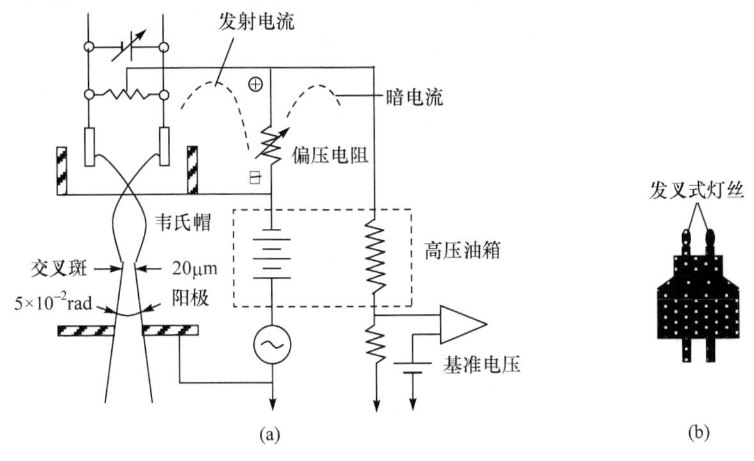

图 7-2-3　热电子枪

电子枪的栅板(也叫韦氏帽)中心有一个小孔，紧靠灯丝处，灯丝尖端处于栅孔中心，随着加热电流的增大，大量的电子逸出时，灯丝将不断变细，使尖端电阻增加，尖端温度更高，电子发射更强……如此反复，直到灯丝断裂而告终. 由于栅极上加有 100～1000 V 的电压，当灯丝的电子发射到一定程度时，不再能继续随温度的增加而增加，也即达到空间电荷的饱和，此时再增加电流，非但不会增加电子的发射，反而会缩短灯丝的寿命，通过改变栅负压的大小，可以改变灯丝的饱和程度. 在电镜工作时，应调节栅负压和灯丝电流，使灯丝工作在比饱和点稍偏小的状态下，则既能保证获得质量较好的扫描电子像，又能使灯丝有较长的寿命.

离开栅极一定距离，有一个中心有孔的阳极，在阳极和阴极间加有一个很高的正电压，称为加速电压，为了结构上绝缘方便，常使阳极处于零电势，而让阴极和栅极带上负的高电势. 在三个电极形成的复合电场作用下，电子束被拉向阳极，并在栅极与阳极之间形成一个截面直径为 10～40 μm 的交叉斑，在交叉斑内的电子密度很高，在扫描电镜中，把该交叉斑视为照明源. 斑点直径越小，越有利于提高电镜的分辨能力.

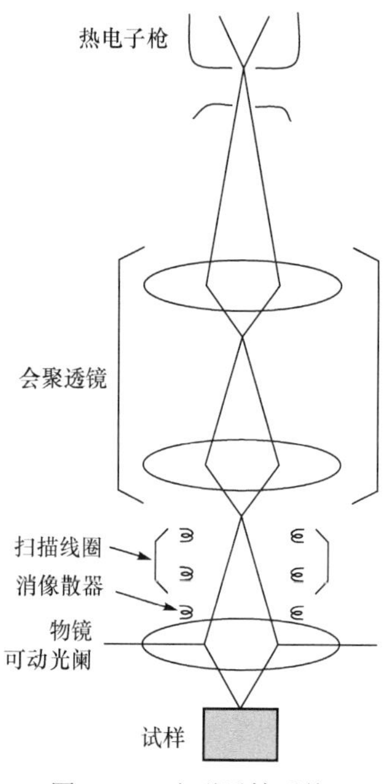

图 7-2-4　电磁透镜系统

(2) 电磁透镜：扫描电镜使用的电磁透镜是缩小透镜，其作用是把前述的交叉斑，经过二级或三级电子透镜缩小，使达到试样表面的电子束斑最小直径为 2～5 μm(一般叫电子探针). 图 7-2-4 为电子发射型扫描电镜的电磁透镜系统的示意图. 靠近电子枪的透镜叫会聚透镜，改变会聚透镜励磁电流，即改变透镜缩小倍数，可控制打到试样上的电子束流及束斑直径. 会聚透镜工作条件是否合适，对能否获得满意的图像亮度和衬度有直接影响，靠近试样的透镜叫物镜，其作用是进一步缩小束斑并将其正聚焦在试样表面(即调节图像聚焦)，物镜的性能(像差)是决定扫描电镜分辨能力的一个重要因素.

每个透镜都有钼制光阑，会聚透镜配有孔径为 200～300 μm 的固定光阑，其作用是挡掉由电子枪打出来的大散射角的电子及其杂散电子，以降低扫描图像噪声(本底)，减少镜筒污染. 物镜内装有可动物镜光阑 S-570. 在镜体外可任意选择某一孔径，并可进行水平方向(x, y)调节. 物镜光阑的作用是限制打到试样上的电子束张开角，调节聚焦，改变扫描图像衬度. 孔径小则景深大，物镜光阑的椭圆度，光阑的沾污程度和光阑对中情况对图像分辨能力有显著影响，工作过程中要特别注意随时检查，定期清洗和正确调整光阑对中.

2) 扫描系统

扫描系统的作用是驱使电子探针以不同的速度和方式在样品表面扫描，以适应各种观察方式和获得合理的信噪比. 扫描系统如图 7-2-5 所示. 为减少偏转现象和实现低倍观察，扫描电镜的扫描线圈大都采用双偏转系统，即将扫描电镜的扫描线圈分上、下两层，扫描线圈组合作用可使电子束在试样表面实现水平(行扫)垂直(帧扫)二维扫描.

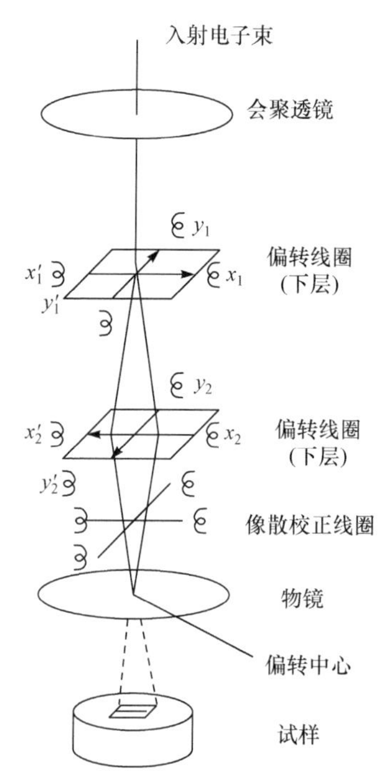

图 7-2-5　扫描系统

为了达到同步，行与帧这两个锯齿信号也同时加到显像管的偏转线圈上去. S-570 扫描电镜的帧扫时间为 0.03 s/帧，0.5 s/帧，1 s/帧，10 s/帧，40 s/帧，照相帧扫时间为 40 s/帧，80 s/帧，200 s/帧，0.03 及 0.5 两挡多用于寻找视场和一般观察，但此时噪声电平较高，图像质量不如慢扫时的好. 在照二次电子时用 40 s/帧，照 X 射线时用 200 s/帧，改变扫描速度是通过改变扫描线圈的锯齿波电流周期实现的. 放大倍数的改变是通过改变锯齿波振幅(电流量)实现的.

扫描方式有多种，用于观察样品表面形貌时用面扫描，作 X 射线分析时，除用面扫描外，还用线扫描和点扫描，一般称为面分析、线分析、点分析.

3) 信号检测系统

(1) 二次电子探测器. 图 7-2-6 是二次电子探测器原理图. 它由收集极、闪烁体、加速极和光电倍增管等组成. 收集极处于正电势，最高可达 500 V，由试样表面向各个方向发射的低能二次电子在收集极正电场作用下，被有效地收集和聚焦. 闪烁体一端是半球形(或圆形)，其上涂有高灵敏度长寿命的荧光涂料和用于引入加速高压，阻止杂散电子的镀铝层. 另一端与光电倍增管相接. 加速极一般为 10 kV 高压，用以加速被收集的二次电子，以使闪烁体被激发光，二次电子转变为光信号，并沿光导管射入光电倍增管，重新转变为电信号，并多次进行倍增放大(10^3～10^5)，实际工作中可通过调节收集极电势，改变工作电子收集量，调节光电倍增管高压，改变管子放大倍数，实现二次电子图像衬度调节.

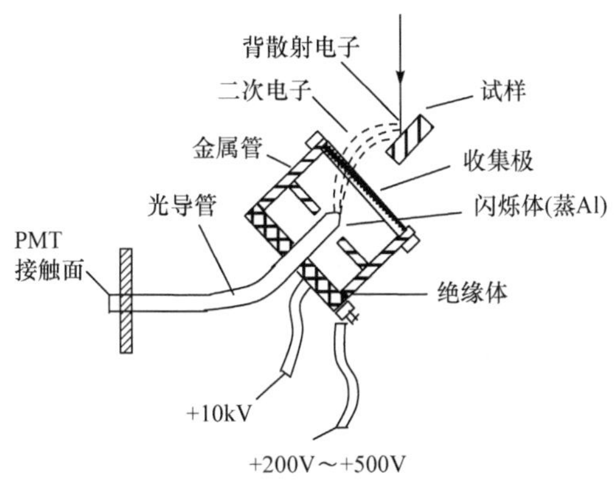

图 7-2-6　二次电子探测器原理图

(2) 背散射电子探测器. 对于一般试样，主要利用背散射电子观察其组成形貌混合像，最简便的背散射电子检测器就是利用在收集罩上加了负压的二次电子探测器.

(3) 吸收电子是入射试样的电子在其全部能量损失后残存在试样中的电子，在加速电压一定时，残存在试样中吸收电子量多的部位正好是发出背散射电子量少的部位，即吸收电子与背散射电子像反差互补，可作为组成像进行平均元素分析，吸收电子无须通过一个专用的探测器进行探测，试样本身就可作为吸收电子的探测器，我们通过高灵度的前置放大器及高增益的吸收电流放大器放大，以其输出作为显像管的调制信号.

(4) 特征 X 射线探测器对试样发出的特征 X 射线的波长(或能量)进行分析，可以对分析区域所含化学元素作定性(含哪些元素)或定量(每一元素浓度)分析. 本实验室配有 PV-9900 能谱仪，图 7-2-7 为其构造图.

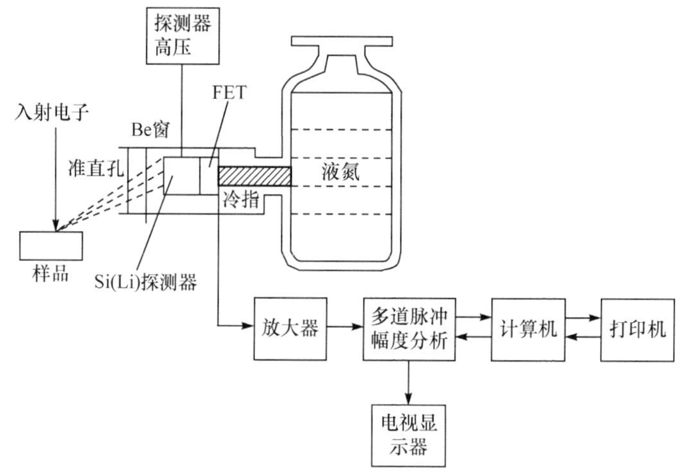

图 7-2-7　X 射线能谱仪的基本组成

4) 显示系统

显示系统的作用是把已放大的信号显示成对应的像，并加以记录，为了达到观察照相两种目的，一般扫描电镜都采用一支长余辉显像管和一支短余辉显像管.

显像管本身的分辨率对成像质量有很大影响，S-570 扫描电镜采用的是高分辨显像管.

5) 样品室和样品台

扫描电镜有较大的专用样品室，位于电子系统之下，样品室不但作放置样品台用，而且四周壁上开有许多窗口，以放置各种探测器.

每个电镜都有一个具有五个自由度的标准样品台作为必备件，另有拉伸台、低温冷冻台、加热台以及半导体样品台等作为附件以扩展扫描电镜的应用功能.

6) 真空系统

S-570 扫描电镜的真空度优于 1.33×10^{-3} Pa，它是由机械泵和油扩散泵组成的真空系统.

2. X 射线能谱仪

X 射线能谱仪主要由检测系统、信号放大系统、数据处理显示系统组成，如

图 7-2-7 所示.

三、实验内容

1. 扫描电镜的操作

1) 真空操作

扫描电镜工作前，整个系统必须抽真空，这是为了保证电子能正常发射和聚焦，但是过低的真空度会使电子枪加速高压和探测器高压放电而导致电子器件损坏，所以这些器件都与真空连锁. 在进入高真空前，仪器不能工作. S-570 扫描电镜所有自动抽真空系统，开机前必须先接通冷却水，然后合上电闸，按动抽真空按钮，仪器按已设定的程序抽真空，待达到所要的真空时，有高真空指示灯予以提示.

2) 置换样品

在置换样品时，首先要先切断高压和灯丝电源，然后打开放气阀，取出样品台换样，换样后，把样品台送回样品室，关闭气阀抽真空，待高真空指示灯亮时，再加高压和灯丝电流.

3) 选择加速电压，加灯丝电流

加速电压的选择随样品而异. 对应于低加速电压，电子束斑直径较大，因此为获得高分辨率时，加速电压应选择大些，在观察生物和高分子样品，放大倍数不是很大时，可选择低加速电压.

在一定的栅偏压下，灯丝的发射电流有两个饱和点，第一个饱和点是不稳定的，但有时为了延长灯丝寿命，分辨率要求不是太高时，可以利用；第二个为稳定饱和点，为获得质量较好的图像，可选择此饱和点. 需要注意的是，过大的热电流会损坏灯丝寿命，灯丝的安装也很重要，一般要低于栅极帽内平面 0.2 mm.

4) 聚焦调节

在扫描电镜中，所谓聚焦是指将作为实际照明源的交叉斑(即十个微米)正聚焦在被观察样品表面上(几个纳米). 这一调节实际上是通过聚光镜和物镜电流实现的，为获得高分辨率，电子探针的直径必须很小. 为此要增加聚光镜的激磁电流，即增加聚光镜的缩小倍数. 反之，扫描电镜在较低的倍率工作时，太小的探针电流使信号中噪声很大，图像质量不佳，而较大光斑反而能获得清晰的图像. 物镜调焦时有粗调、细调两个旋钮，先粗调后细调，低倍时用粗调，高倍时再加以细调. 在像的过聚焦和欠聚焦反复仔细观察，以选择正确的聚焦位置.

S-570 扫描电镜配有自动聚焦装置，这种装置在移动样品后找不到像时使用是较方便的. S-570 扫描电镜还配有动态聚焦装置，在低倍率成像时，由于样品倾斜，扫描电镜不可能有那么大的焦深范围，所以图像在中间部分正聚焦时，上下部分就欠聚焦或过聚焦. 加此装置正好能补偿欠聚焦或过聚焦，在高倍率时，由于扫描面积很小，一般在焦深范围内补偿作用并不明显.

5) 扫描速度的选择

关于 S-570 扫描电镜的扫描速度前已述及，在开始寻找样品上感兴趣的部位时，要快速移动样品，为能清楚看到样品像的全貌，并可方便地鉴别聚焦和消像散的效果要选择快速扫描，而为了记录清晰，分辨率高的像要选择慢速扫描.

6) 放大倍数扫描

扫描电镜的图像放大倍数定义为显像管荧光屏边长(扫描宽度)与电子探针在试样上相应方向扫描宽度之比. 因显像管与荧光屏尺寸一定，所以只要改变电子束在试样表面的扫描宽度，就可连续几倍，几十倍直至几十万倍地改变图像放大倍数. 这一改变是通过扫描线圈上的电流加以实现的，当然，改变工作距离也可以改变放大倍数.

7) 图像记录——照相

图像完全调好后就可以照相，S-570 配有专用照相机，照相时要避免振动，操作者不能触动主机.

8) 关闭真空

关机时应关闭真空，且需按顺序操作，不得先关闭冷却水，待冷却水一直开到扩散泵冷却下来才可以关闭冷却水.

以上仅就操作的一般原则加以说明，为了获得一个高质量的图像，还有一些极为重要的技术细节必须做好，如电子枪对中、光阑对中、消除像散、亮度、反差的适当配合等. 这一切只有详细理解操作说明书，在教师的指导下，经过必要的操作训练后才可较好地掌握.

2. PV9900 型 X 射线能谱仪的操作

实际操作见使用说明书.

四、实验步骤

(1) 启动

① 打开自动循环水电源，使循环水接通，以冷却扩散泵.

② 打开稳压电源，使电压指示到 220 V.

③ 打开电镜控制台上的真空电源(EVAC POWER)开关. 油旋转泵启动，等待(WATT)指示灯亮，空气压缩机也同时启动，抽到 4.90×10^5 Pa 后自动停止，如没有通冷却水或空气压缩机压力不够则蜂鸣器报警.

④ 打开电镜控制台上的显示(DISPLAY)单元开关.

⑤ 按下真空系统操作板上的“真空/放气”(EVAC/AIR)开关，并置于 EVAC(通

常这个开关是按下的，因此不必再按).

⑥ 真空灯(绿灯)亮表示镜筒真空已抽到工作状态，此时主操作板 READY 灯亮，这个过程大约 20 min.

(2) 装或更换样品方法见说明书.

(3) 加电子枪高压和灯丝电流，先按(ACC OLTAGE)ON 开关，给电子枪阳极加电压，即加速电压，然后用 FILAMENT 旋钮给灯丝加电流.

(4) 其他一些操作方法见说明书.

(5) 关机

① 先把 FILAMENT 旋钮旋至 0 位，即关灯丝电流.

② 按(ACC OLTAGE)OFF 开关，即关高压.

③ 关闭主机的真空电源.

④ 确认真空操作板上的真空指示灯是亮的.

⑤ 关闭主机的真空电源.

⑥ 关闭稳压电源.

⑦ 20 min 后关闭循环水电源.

五、思考题与讨论

(1) 本实验的目的是什么?

(2) 试述扫描电镜的构造以及各部分的作用?

(3) 扫描电镜的成像原理是什么?

(4) 电镜与光学显微镜的相同和不同之处是什么?

参 考 文 献

王佳, 武晓宇, 孙琳. 2017. 扫描近场光学显微镜与纳米光学测量. 北京: 科学出版社.

杨序纲. 2015. 聚合物电子显微术. 北京: 化学工业出版社.

7.3　扫描隧道显微镜实验

1982 年，IBM 瑞士苏黎世实验室的宾宁(G. Binnig)和罗雷尔(H. Rohrer)研制出世界上第一台扫描隧道显微镜(scanning tunneling microscope，STM). STM 使人类第一次能够实时地观察单个原子在物质表面的排列状态和与表面电子行为有关的物化性质，在表面科学、材料科学、生命科学等领域的研究中有着重大的意义和广泛的应用前景，被国际科学界公认为 20 世纪 80 年代世界十大科技成就之一. 为表彰 STM 的发明者对科学研究所作出的杰出贡献，1986 年，宾宁和罗雷尔被授予诺贝尔物理学奖.

本实验的目的是掌握和了解量子力学中的隧道效应的基本原理；学习和了解 STM 的基本结构和基本实验方法原理；基本了解 STM 的样品制作过程、设备的操作和调试过程，并最后观察样品的表面形貌；正确使用 AJ-1 STM 的控制软件，并对获得的表面图像进行处理和数据分析.

【预习要求】

(1) 复习量子力学中的隧道效应.

(2) 复习纳米材料的制作方法.

一、实验原理

多年来，人们对物质结构的认识，大都是通过 X 射线衍射这类实验间接验证的. 而 STM 却能真正解决每一种导电固体表面在原子尺度上的局域电子结构，从而揭示它的表面局域原子结构——表面原子的排列图像. STM 的一种拓展，即原子力显微镜(AFM)，还可以使绝缘体表面的局域原子结构成像. 使人们亲眼看见原子的存在. 因为 STM 能在普通环境下(如大气中)得到稳定的、高分辨率的原子图像，并具有对样品无损伤、无干扰和可连续观察过程等优点而成为凝聚态物理、化学、生物学和纳米材料学科的强有力的研究工具. 同时也诞生了一门崭新的科学分支——扫描隧道显微镜学.

1. 隧道电流

STM 的工作原理是基于量子力学中的隧道效应. 对于经典物理学来说，当一个粒子的动能 E 低于前方势垒的高度 V_0 时，它不可能越过此势垒，即透射系数等于零，粒子将完全被弹回. 而按照量子力学的计算，在一般情况下，其透射系数不等于零，也就是说，粒子可以穿过比它能量更高的势垒(图 7-3-1)，这个现象称为隧道效应.

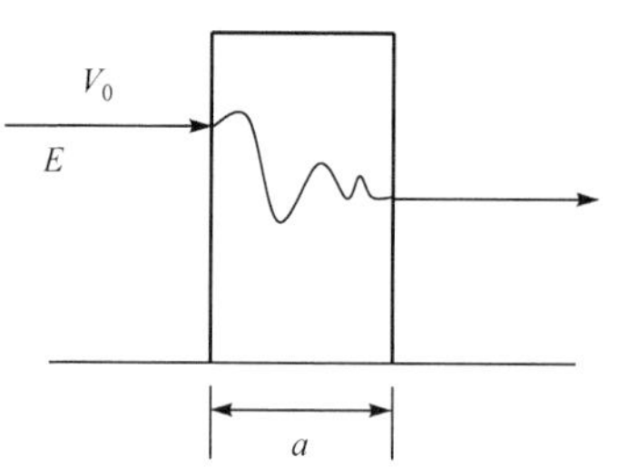

图 7-3-1　隧道效应

隧道效应是由粒子的波动性引起的，只有在一定的条件下，隧道效应才会显著. 经计算，透射系数 T 为

$$T \approx \frac{16E(V_0 - E)}{V_0^2} e^{-\frac{2a}{h}\sqrt{2m(V_0 - E)}} \tag{7-3-1}$$

由上式可见，T 与势垒宽度 a，能量差(V_0-E)以及粒子的质量 m 有着很敏感的关

系. 随着势垒厚(宽)度 a 的增加，T 将指数衰减，因此在一般的宏观实验中，很难观察到粒子隧穿势垒的现象.

STM 的基本原理是将原子线度的极细探针和被研究物质的表面作为两个电极，当样品与针尖的距离非常接近(通常小于 1 nm)时，在外加电场的作用下，电子会穿过两个电极之间的势垒流向另一电极.

隧道电流 I 是电子波函数重叠的量度，与针尖和样品之间的距离 S 以及平均功函数 Φ 有关：

$$I \propto V_{\mathrm{b}} \exp\left(-A\Phi^{\frac{1}{2}}S\right) \tag{7-3-2}$$

式中，V_{b} 是加在针尖和样品之间的偏置电压，平均功函数

$$\Phi = \frac{1}{2}(\Phi_1 + \Phi_2) \tag{7-3-3}$$

Φ_1 和 Φ_2 分别为针尖和样品的功函数，A 为常数，在真空条件下约等于 1. 隧道探针一般采用直径小于 1 mm 的细金属丝，如钨丝、铂-铱丝等，被观测样品应具有一定的导电性才可以产生隧道电流.

2. 样品表面的扫描

由式(7-3-2)可知，隧道电流强度对针尖和样品之间的距离有着指数依赖关系，当距离减小 0.1 nm 时，隧道电流即增加约一个数量级. 因此，根据隧道电流的变化，我们可以得到样品表面微小的高低起伏变化的信息，如果同时对 x-y 方向进行扫描，就可以直接得到三维的样品表面形貌图，这就是扫描隧道显微镜的工作原理. 能够同时实现 x、y 方向扫描的基本实验装置如图 7-3-2 所示.

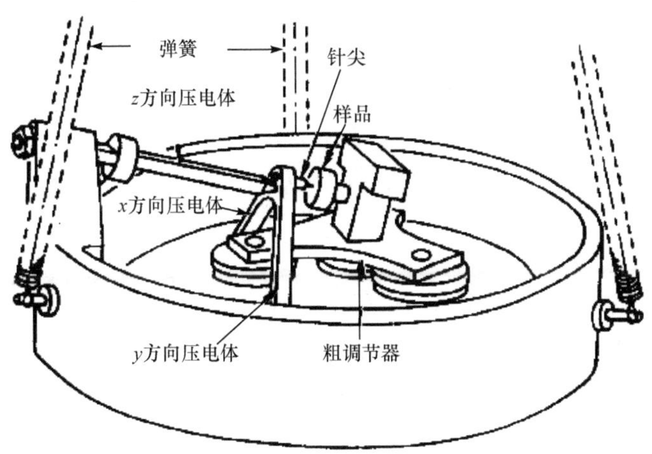

图 7-3-2　针尖在 x、y、z 三个方向实现扫描的基本装置图

在图 7-3-2 中，针尖安装在三个边、每个边互成 90°的支架顶角上. 支架的每一边都是用压电材料制作的. 根据压电效应原理，在压电体两端施加一个交变电压，压电体产生形变，它的长度会伸缩变化. 在一定条件下，这种伸缩变化与交变电压大小成正比.

一般的实验装置设计在 y 方向压电体上施加锯齿波电压，周期为 T_y，而在 x 方向压电体上施加三角波电压，周期为 T_x，令 $T_y = NT_x$，这样针尖就在样品表面 x-y 平面内实现同步扫描.

3. 扫描模式

探针的针尖在样品表面 x-y 平面上扫描的方式有两种：

(1) 恒流模式. 该模式是当针尖扫描时保持隧道电流不变，根据式(7-3-2)，即需保持针尖到样品表面的距离 S 不变. 从图 7-3-2 和图 7-3-3(a)可知，这就需要在扫描时调节针尖在 z 方向上的位置. 当样品表面凸起时，针尖自动就会向后退，反之当样品表面凹进时，针尖自动向前移动. 这种针尖上下移动的轨迹可通过计算机记录下来，再合成处理后，就可得出样品表面的三维形貌.

(2) 恒高模式. 如图 7-3-3(b)所示，针尖在 x-y 方向上的扫描仍起主导作用. 而在 z 方向则保持水平高度不变，这样当样品表面凹凸不平时，所产生的隧道电流随距离 S 有明显的变化，只要用计算机记录 x-y 方向上电流变化的数据，经合成处理后，也可得出样品表面的三维形貌.

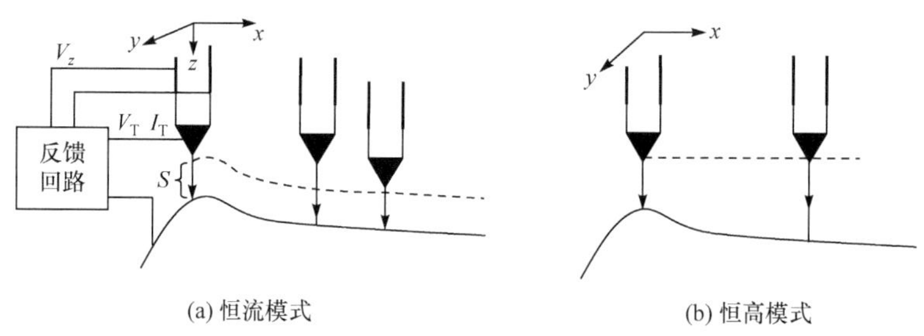

(a) 恒流模式　(b) 恒高模式

图 7-3-3　STM 的两种工作模式

二、实验仪器

AJ-1 型 STM；P-IV 型计算机；高序石墨样品；金属探针及工具.

一套完备的 STM 仪器测试系统的结构示意图如图 7-3-4 所示. 探测针尖附着于 x、y、z 三方向的压电传感器，施加如图中所示的电压，针尖就在 x-y 平面内扫描. 隧道电流经电流放大器放大并转换为电压，然后与所设定的参考值进行比较，所得其差值再次放大用以驱动 z 方向压电元件，同时选择合适的相位以便实现负反馈控制：若隧道电流大于参考值，则加到 z 方向压电元件的电压倾向于使针尖从样品表面后撤，反之亦然. 这样就实现了恒流模式测量.

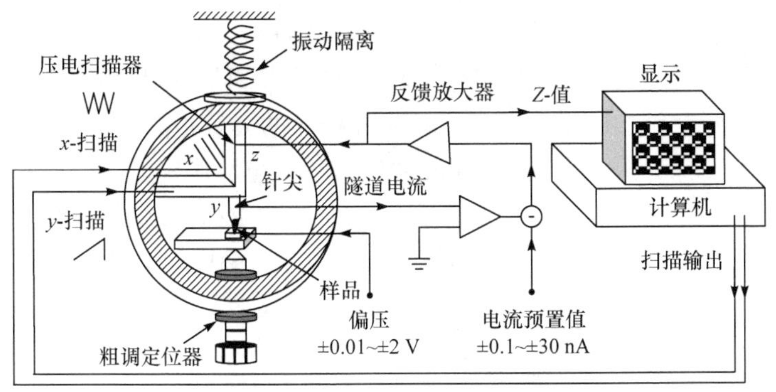

图 7-3-4　STM 系统结构示意图

AJ-1 型 STM 一般可分为三部分，其实物图如图 7-3-5 所示.

图 7-3-5　AJ-1 型 STM 系统基本结构图

主体(头部和机座)：它是 STM 仪器的工作执行部分，包括信号检测装置及处理电路、针尖、样品、扫描器、粗细调驱进的装置以及隔离振动的设备.

电子学系统(控制箱)：它是 STM 仪器的控制部分，主要实现扫描器的各种预设的功能以及维持扫描状态的反馈控制系统.

计算机系统(主机和显示器)：工作人员通过对计算机的人机交互软件的操作，指令电子学控制系统使头部实现其功能，完成实时过程的处理、数据的获取、分析处理及输出.

1. AJ-1 型 STM 探头系统

STM 探头. 包括针管、粗调驱进定位槽、观察窗、μ 采光窗、探头插头和隧道电流检测电路(电流放大器). 针管是固定 STM 针尖的地方，针尖要求不长于 2 cm，通常在针尖末端 5 mm 处将针尖弯成 45°角，再插入针管中. 通过观察窗观察镜像红灯中两个针尖的像，可估计针尖和样品的大致距离.

STM 探针. 探针采用直径 0.4 mm 的铂铱丝，也可用钨丝.

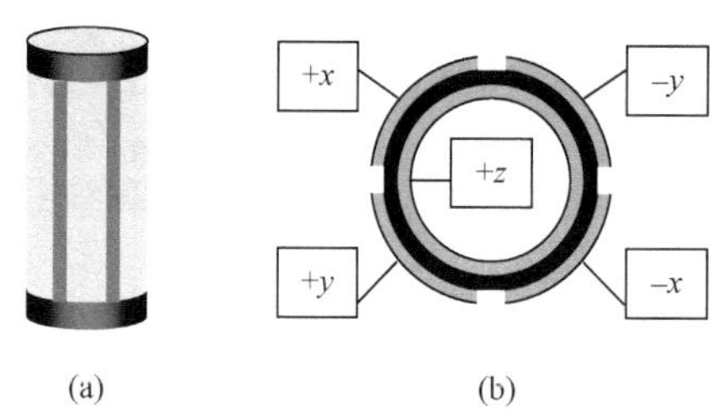

图 7-3-6　PZT 压电陶瓷管. (a)外观，有五个电极；(b)剖面接线图

PZT 压电陶瓷管扫描器. 扫描器的结构如图 7-3-6 所示，外形如同管状，在五个电极上加上合适的扫描电压，就能带动附着在它上面的样品做三维方向的运动. PZT 的压电系数优于 5 nm · V^{-1}, 因而施加幅度最大达 300 V 的扫描电压时，可实现的最大位移也不过 6 μm.

探头底座. 底座带有磁性，粘贴在铁片上的测试样品可被牢牢地吸附在样品平台上，而 PZT 压电扫描器安装在样品平台的下方，驱动样品扫描(此时针尖不动). 探头底座上半部分是粗调驱动装置，下半部分是控制箱接线盒.

粗调驱动装置. 该装置采用双螺旋测微仪(实现粗调)加步进电机驱动(实现细调)的工作方式去调节样品和针尖之间的距离. 探头(含针尖)依靠重力作用，三点支撑放在两个粗调螺杆和一个步进电机螺杆上. 调节两个粗调螺杆可使样品和针尖的距离在 0～25 mm 范围内粗调变化，而操作步进电机(手动和自动两种方式)则实现在 0～1 mm 范围内精细的调节. 每次步进的长度可人为地在 20～50 nm 范围内设定.

防振设备. 由于 STM 系统工作时针尖与样品的间距一般小于 1 nm，同时从式(7-3-2)可知，隧道电流与间距 S 之间呈指数变化的关系，因此在测试时任何微小的振动(甚至包括人说话和走动)都会对测量产生不可预料的结果. 因而防振措施是一个很重要的问题，一般要求振动引起的间距的变化应小于 0.001 nm.

有两种类型的扰动必须隔绝：振动和冲击. 瞬态的冲击比较好防备，而连续性和重复性的振动隔绝成为主要问题. 实验室周边环境的振动频率一般在 1～10 Hz，所以隔绝这类振动的方法是提高仪器的固有振动频率和使用振动阻尼系统. AJ-1 型 STM 系统采用了弹簧悬挂的减振措施. 悬吊环通过减振弹簧与头部的样品平台连接，能够很好地隔离 1 Hz 以上的振动，保证了一个稳定的测量环境.

2. AJ-1 型 STM 控制系统的结构和功能

控制器的电路原理框图如图 7-3-7 所示. 其核心是一片型号为 TMS320C50 的数字信号处理器(DSP). 它除了有一个功能强大的中央处理器(CPU)外，片内还有 10 K 字 RAM 和 2 K 字 ROM，并有 64 K 并行 I/O 口，有两个高速串行口. DSP 通过编程产生特定的合乎要求的各种数字信号，分别送至三片 16 位 D/A 转换芯片，通过数-模转换所获得的模拟电压再由高压放大器放大，送到探头的扫描器，实现 x-y 方向扫描和间距 S 大小的调节. 同时另一路 D/A 转换就产生隧道电流所需的偏压. 此外，隧道电流经电流放大器放大、比较后，所获得的有关 z 方向距离变化的反馈信息(电压信号)，送入一块 16 位 A/D 转换芯片中，实现模-数转换，又回送入 DSP 进行分析比较和处理，处理结果表示为产生一定数量和时序的步进脉冲，将它们再通过 D/A 转换电路去控制扫描器的 z 方向进或退的工作状态，从而实现针尖和样品之间的距离 S 在整个扫描过程中保持恒定不变(恒流模式). DSP 通过编程管理 RS232 串行口通信，从而实现与计算机之间的数据交换和传送.

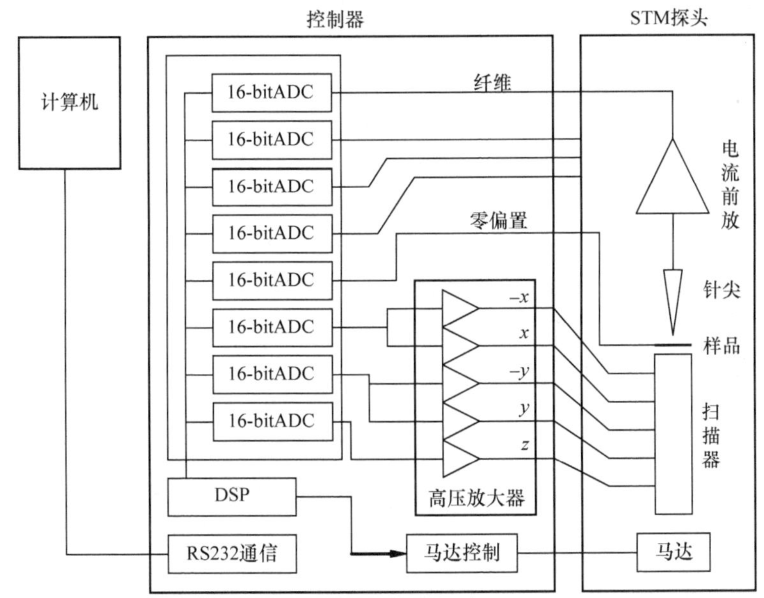

图 7-3-7 控制器电路原理框图

控制器前面板有两个手动步进马达控制按钮(▼按钮和▲按钮)，并有一个双色发光二极管指示马达的工作状态. 按住▼按钮使马达连续进，发光二极管发绿光；而按住▲按钮马达连续退，发光二极管发红光；若同时按住▼和▲按钮，发光二极管发红光，指示马达连续退. 当系统采用自动状态驱动马达时(由计算机中的在线控制软件控制)，发光二极管同样有相应的指示. 如果自动和手动马达控制同时作用，则马达手动控制优先.

3. 针尖的制备

隧道针尖是 STM 技术中首要解决的问题之一，针尖的大小、形状和化学同一性不仅影响着图像的分辨率和表面的形貌，而且也影响着测定的电子态. 如果能制备出针尖的最尖端只有一个稳定的原子而不是多重针尖(毛刺)，那么隧道电流就会很稳定，而且能够获得原子级分辨率的图像. 此外，还要求针尖的化学纯度高、无氧化层覆盖. 目前制备针尖的方法主要有机械成型法和电化学腐蚀法. 对于机械成型法，多用铂铱合金丝，它有不易氧化和刚性较好的特点. 机械成型法的基本过程如下：首先用丙酮溶液对针、镊子和剪刀进行清洁，用脱脂棉球对它们进行多次清洗，稍等片刻让针、镊子和剪刀完全干燥. 接着拿镊子用力夹紧针的一端，慢慢地调整剪刀使剪刀和针尖的另一端成一定角度(30°～45°)，握剪刀的手在伴有向前冲力(冲力方向与剪刀和针所成的角度保持一致)的同时，快速剪下，形成一个针尖. 然后以强光为背景对针尖进行观察，看它是否很尖锐，否则重复上述操作.

4. 计算机和在线操作控制软件

控制箱用电缆与计算机的串口连接. 计算机为双操作系统模式，在 Win98 系统中已安装 AJ-1 型 STM 的在线操作软件，在实验前一定要熟悉在线操作软件的使用方法，为此先参阅“爱建纳米扫描隧道显微镜在线分析软件”手册. 如果实验结果获得令人满意的样品表面形貌图像，可存盘为图像文件，然后在 Win2000 系统中使用 AJ-1 型 STM 离线分析软件，输入该图像文件名，对样品形貌图像进行必要的处理、分析和计算.

5. 样品的准备

本实验提供有二维光栅和高序石墨(HOPG)两种样品. 样品制成面积大约为 $5\times5\ \mathrm{mm}^2$ 方块状，粘贴在一块圆形的磁性材料上，使用时用镊子小心地把它放在头部中的磁性样品座上. 对于光栅样品，应使它的表面保持清洁和干燥. 而 HOPG 样品要用下列方法处理：先剪下约 3 cm 的一段透明胶，用透明胶一端完整覆盖和粘住 HOPG 样品表面，快速揭下透明胶，透明胶应完整粘走 HOPG 的表面一层，这样 HOPG 样品就准备好了.

STM 是一种样品的表面分析技术，它用于各种导电样品的表面结构研究. 对于金属、半导体的样品材料，首先要对样品进行抛光处理，然后在真空甚至超真空的条件下，再对样品进行热处理(退火)、离子溅射轰击等以便获得除去表面污物的平整的原子级表面晶面. 对于半导体样品，有时还需采用加热去氧化的工艺除去表面的氧化物. 对于绝缘体样品，首先要经洗涤剂超声清洗、去离子水淋洗、热丙醇清洗和烘干后，再将样品在一定的真空条件下镀上一层 25～95 Å 的金. STM 技术已成功用于生物样品的研究，生物样品的制备有多种方法，常见的有液滴干燥法，制备方法非常简单：将生物样品(如生物分子)稀释于 0.1%甘油溶液中，再用移液枪滴到高序石墨表面上，在清洁的空气中自然干燥即可.

现在简单地介绍一种碳纳米材料样品的制作方法：首先将粉末状的纳米材料按一定的比例与无水乙醇混合后倒入离心管中，然后把离心管插入超声波清洗器进行振动清洗，使纳米颗粒尽可能细地、均匀地与乙醇混合. 同时在一块圆形铁片上粘贴一片高序石墨，用透明胶带快速揭下石墨表面一层，最后用移液枪将离心管中的样品混合液滴一点到石墨表面，吹干后纳米材料样品的制备就完成了.

三、实验内容和实验步骤

1. 实验内容

(1) 在掌握隧道效应的原理后，要仔细了解和熟悉 AJ-1 型 STM 系统的基本结构以及各部分的原理，特别是头部的工作原理.

(2) 基本了解 AJ-1 型 STM 在线控制软件的使用方法，特别是测量参数的设置方法.

(3) 按照书中提供的方法认真精心地制作针尖和高序石墨样品.

(4) 按照实验步骤的顺序，认真仔细地一步步操作 STM，完成高序石墨样品表面原子级图像的测量，并存盘.

(5) 利用 AJ-1 型 STM 的离线图像分析处理软件，对所获得的样品图像进行初步处理和分析，具体包括平整、滤波处理及颗粒、深度分析等.

2. 实验步骤

(1) 启动计算机进入 Win98 系统，打开控制器电源开关. 单击桌面的“AJ-1”图标，执行操作软件. 此时屏上出现在线软件的主界面，再单击菜单中“显微镜\校正\初始化”，屏上跳出一个选择框，选定“通道零”，然后多次点击“应用”，左边的通道零参数不断变化，选定一个变化参数绝对值最小的值，最后单击“确定”.

(2) 单击菜单“视图\高度图像”，屏上会出现高度图像(H)、Z 高度显示(T)、马达高级控制(A)共三个操作框. 然后再将“图像模式”修改成“曲线模式”，同时出现“高度曲线”框.

(3) 按前面针尖制备的方法剪一段合乎要求的针尖，将探头反面放置，用镊子小心地将针尖插入针槽内(切勿反插)，留在针槽外的长度为 5～6 mm，插入时保持针与针槽内壁有较强的摩擦力，以确保针的稳固(方法是先将针事先稍微折弯后再插入).

(4) 用镊子将待测样品平稳地放到样品平台上. 然后用手调节机座上前方两个带螺旋测微仪的旋钮，逆时针调节(退针)十多圈左右. 再把探头以针尖朝下的方向缓慢平稳地安放在平台上. 注意探头 1.5 cm 宽的缺口处朝前方，探头端面的两个凹孔应正好落在平台前面的两个支架上，此时针尖应正好指向样品表面.

(5) 手动进针. 首先仔细观察样品表面位置并找到镜像小红灯，此时可在样品表面上看到在镜像红灯背景下的镜像针尖. 因而可以估计出针尖与样品(镜面)之间的距离. 接着用计算机实行一次“单步进”操作，再用手顺时针调节两个螺旋测微仪旋钮，观察背景镜像红灯使实际针尖和镜像针尖的距离缓慢靠近，直至两针尖距离十分接近为止(千万不能接触). 在计算机屏上单击菜单“视图\Z高度”，出现“*Z*高度面板”，观察红线应居于 OV，如果红线达到顶部即为撞针，针尖报废，需重新再制备和安装新针尖. 如果一切正常就可以轻轻地将探头盖盖好并锁定.

(6) 自动进针. 在计算机控制主界面上，单击“马达\高级控制”菜单，再在马达高级控制面板(A)中单击“连续进”，并密切观察屏上显示的进针情况，待“已进入隧道区马达停止连续进”的提示框出现后，再点击“确定”，此时红线应在 −50～+100 V. 然后进行单步操作，即单击马达高级控制面板(A)中的“单步进”，使红线最后调节于中间位置时停止操作，进针结束. 最后关闭“马达高级控制面板(A)”图框.

(7) 针尖检验. 在屏上打开“*IZ* 曲线 *Z*”图(即 *IZ* 的高度曲线图)，出现“高度图像”后在最左端单击“扫描”，实现针尖在样品表面扫描. 扫描完毕后观察图中电流衰减情况，如果图中的曲线陡峭，同时变化不大就说明针尖好.

(8) 高序石墨的原子级图像的扫描.

① 针尖和高序石墨样品的制备、安装与前述的(1)～(4)的实验步骤相同，并按第(5)步骤的要求实现手动进针.

② 悬挂防振. 要获得高序石墨的原子级图像，将头部受到的振动减小到最小程度是关键，为此整个头部要悬挂起来. 首先单击“高级马达控制面板”中的“连续退”，使针尖退到 1000～1500 步(或者手动按控制器面板退键▲6～7 s)，此举措是要防止针尖和样品在悬挂过程中碰撞. 然后将探头防尘盖与机座轻轻盖好并锁定. 接着一手按住探头，另一手将弹簧悬挂环拉长，慢慢地和防尘盖的扣环套牢，连接后千万不能松手，并用手平稳地托起整个头部，缓慢地使头部上移，直到感觉到弹簧的拉力和头部的重量平衡时才能松开手. 最后再将防尘防振箱封闭.

③ 自动进针：此过程与前述实验步骤(6)相同，不再另述.

④ 高序石墨样品的阶梯扫描：首先将屏上的“扫描控制面板”中的“扫描范围”参数设置为最大，再将“显示范围”参数设置为 10 nm，其他参数无须设定，保持初始默认值，然后即可对样品扫描. 此扫描的目的是选择一块样品表面平整区域，供随后的原子级扫描用.

⑤ 扫描区域的选择：在前面阶梯扫描中要仔细观察高度曲线和高度图像的变化情况，如在高度图像中颜色的深浅变化、被测样品表面的凹凸变化. 而高度曲线的变化就很直观地反映了被测样品的平整度. 总体来说，我们希望所选择的扫描区域平坦、无毛刺. 结合上述两方面的操作，多扫几个来回. 看中一块扫描的区域后，单击菜单栏中的“*”图标，该区域即被选中.

⑥ 高序石墨的原子级扫描：扫描区域选定后，要进行测量参数的调节. 因为针尖和振动、噪声影响等条件有很大的关系，所以参数的调节则显得尤为重要. 首先将“扫描范围”置于 10 nm(越小越好，可直至 1 nm)；而“扫描速率”置于 5～8 Hz；“比例增益”和“积分增益”置于 10；“设置点”(即隧道电流)置于 1 nA(最大不要超过 10 nA，最小不要小于 0.05 nA). 参数设置完毕后，单击“扫描”图标，进行一次试探性的预览扫描. 仔细观察扫描后的图像，如能看到有较为细密的原子形貌图，可将“显示范围”置于 0.3～0.1 nm；同时将“扫描范围”置于 5nm 左右，并再次扫描观察是否有比前次分辨率更高、更为清晰的原子形貌出现. 若有则进一步调节“比例增益”“积分增益”“设置点”的参数，或许会有更好的原子级图像出现. 若无则需调节“扫描速度”和“旋转角度”. 旋转角度是调节针尖相对轴心旋转的位置，目的是使针尖最尖的位置对准样品表面. 调节先以 15°为一个阶梯进行针尖角度旋转粗调，然后再进行 1°一个阶梯的微调. 每次调节都要注意扫描范围的变化，因为角度的变化会使显示范围作相应改变(此时应调节“扫描范围”，保持扫描范围的恒定不变). 而扫描速率可在 4～21 Hz 范围内调节. 如环境有轻微振动存在，速率可提高到 12～15 Hz，但原子形貌图像边缘可能不太清楚. 只要细心地多次操作上述步骤，就可获得令人满意的原子形貌图像. 最后还应将扫描的图像存盘，以备离线分析用. 图 7-3-8 为一幅较好的高序石墨样品表面三维原子级形貌图.

(9) 结束实验. 在计算机屏上单击“高级马达控制面板”中的“连续退”，使针尖退到 500～1000 步停止. 然后才退出关闭 AJ-1 型在线控制软件，接着再关掉控制箱电源，最后关掉计算机. 离开实验室前还须整理和清洁实验所用的工具.

四、注意事项

(1) 整个实验成功与否最关键的地方是针尖的制备和安装，除了剪切一个合乎要求的针尖外，运用针尖还应注意下列几点：

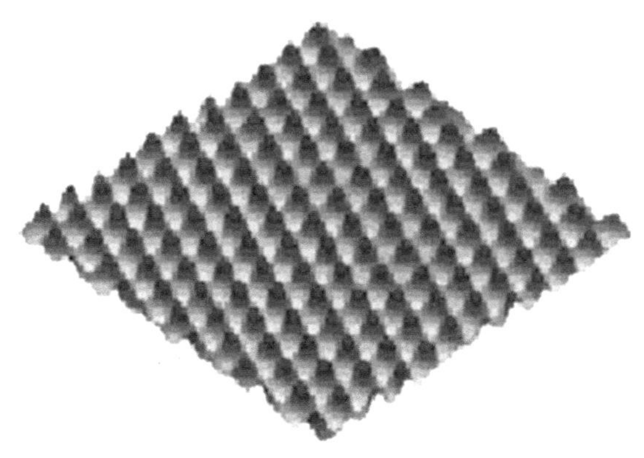

图 7-3-8　石墨样品表面形貌图

① 避免针尖尖头污染. 实验前的针尖清洗和处理前面已详细阐述了, 但在测量过程中空气中的灰尘和水汽也很可能吸附在针尖上，因而针尖应取下再清洗. 测量时应关好防尘罩门，最好在罩内安放干燥剂除潮.

② 绝对避免针尖撞上样品表面. 在快速扫描表面起伏大的样品时, 应特别注意将扫描速度降低.

③ 通过对针尖加脉冲电压的方法可以修饰针尖, 使针尖污物脱离, 同时使针尖更尖锐.

④ 在进行原子级测量时，如果针尖并非一个原子，就会出现多针效应. 这时可以调节偏压值和电流值，让针尖得到修饰，可能在多次往返扫描后就可得到单原子的针尖.

⑤ 对不同的样品应选择不同的偏压. 通常对高序石墨这类导电性好的样品，可在 10～100 mV 范围内选择，而对半导体样品偏压可达到几伏，对于生物样品，偏压一般在 0.1 V 左右.

(2) 从图 7-3-7 中可知, 从隧道电流的变化到 z 方向的距离反馈信息产生和回送的响应速度-反馈速度的调节也很重要. 理想的成像条件是在不引起共振的前提下，尽量加快反馈速度. 反馈速度的变化是通过调节“比例增益”和“积分增益”来实现的. 一般来说，比例增益越大，积分增益越大，反馈速度就越快. 对于大起伏样品，扫描时隧道电流变化很大，电流放大器易自激，产生共振. 此时反馈速度和扫描速度都要尽量慢一些.

(3) 在线操作控制软件. 软件部分影响图像质量的关键因素是测量条件的正确选择(包括扫描区域的选择). 总体来说，如果要求图像分辨率高(原子级图像)，则扫描范围要小，扫描速度要快，注意如需同时改变几个测试因素，一般是逐一改变一个参数就扫描一次，再根据图像情况决定是否进行下一次改变另一个参数的扫描.

(4) 做光栅样品测试时，也可先将头部悬挂防振再做扫描. 此时针尖在完成手动进针后，就应把探头平稳地悬挂好，稳定后再自动进针.

五、思考题与讨论

(1) 阐述恒高模式和恒流模式的基本工作原理.

(2) 通过对 STM 的实际操作，请说明和分析不同的扫描速度对样品表面形貌图的影响情况.

(3) 样品偏压和隧道电流的不同设置对实验结果有何影响?

(4) 用 STM 技术获得的样品表面形貌图实质上表示的内容是什么?

参 考 文 献

白春礼. 1992. 扫描隧道显微术及其应用. 上海: 上海科学技术出版社.
白春礼. 2000. 扫描力显微术. 北京: 科学出版社.
陈成钧. 1996. 扫描隧道显微学引论. 北京: 中国轻工业出版社.
黄惠忠. 2003. 纳米材料分析. 北京: 化学工业出版社.
霍剑青. 2006. 大学物理实验(第四册). 北京: 高等教育出版社.
梁志德, 王福. 2003. 现代物理测试技术. 北京: 冶金工业出版社.
吕斯骅, 朱印康. 1991. 近代物理实验技术(Ⅰ). 北京: 高等教育出版社.
舒启清. 1998. 电子隧穿原理. 北京: 科学出版社.
王正行. 1995. 近代物理学. 北京: 北京大学出版社.

附录　AJ-1 型 STM 离线软件

该图像处理及分析软件已安装在计算机内. 启动软件先要在 USB 口插入微狗. 然后单击屏上桌面的“AJ-1 离线软件”图标即可. 该软件结构按功能共分为四大部分:

(1) 文件管理方面：包含通常文件的打开、另存为、复制、移动和删除等功能，还有 ASCⅡ码的输出功能.

(2) 图形显示方面：有顶视图、表面视图(三维)、图像浏览及多重视图等功能. 利用在线控制软件获得被测样品表面扫描的形貌图后，可用离线软件转成所需的各种视图.

(3) 图像处理(变换)方面：为了获得理想的表面图像，要把各种影响图像质量的外来因素减小到最小程度，该软件提供了低通滤波、高通滤波、中值滤波、高斯滤波以及卷积；清除噪声线；图像缩放、相减和平整；平面自适应；边缘增强；图像反转、旋转、二维功率谱及选择区域截取等功能.

(4) 图像分析方面：获得理想的样品表面形貌图仅仅是第一步，必须对图像进行定量分析. 该软件提供有自相关分析、Bearing 分析、颗粒分析、功率谱分析、粗糙度分析、深度分析、横截面分析、阶梯分析、宽度分析和功率谱比较及 Bearing 比较等功能. 软件还提供其他关于颜色条的设置、屏幕上图形文字输出等公用工具.

该软件的有些图像处理功能是经常要用到的. 例如，“平整”(flatten)功能可将像素与周边缘的像素作加权平均，曲线的拟合阶数有 0 价、1 价、2 价和 3 价四种. 而“平面自适应”(plane fit)可在 x 轴、y 轴和 x-y 方向作曲线拟合. 另外还有“傅里叶变换”功能在分析原子图像时很有用.

第 8 章　低温与半导体物理实验

引　言

低温物理实验是以物质在低温下的各种物理性质为研究对象的实验物理学，它与低温技术的发展及应用密切相关，相互促进. 温度的降低导致物质中原子、分子的热运动减弱，特别是接近绝对零度时，物质处在能量的基态或低激发态. 因此，在低温状态下，物质的光学、电学、热学和磁学等物理性质都会发生很大变化，甚至可以观察到宏观尺度的量子效应，例如，某些金属、合金和氧化物材料所呈现的超导性，液体氦的超流性以及半导体的量子霍尔效应，低温下这些物理变化大大加深了人们对物质世界的认识.

常用的低温液体有液氮和液氦，它们是利用气体液化器制取的，气体液化器是指将气体转变成液体的低温设备，其核心部件是根据热力学等焓膨胀和等熵膨胀原理设计而成的. 液氮的沸点是 77.344 K，能通过工业规模的生产比较经济地获得，储存和使用都很方便安全，其汽化热较大(161 kJ · L^{-1})，有较高的冷却能力，在低温实验中得到广泛应用. 液氦通常所指的是 ^{4}He，是惰性气体，沸点为 4.215 K，是最后一个被液化的气体. 液氦与普通液体有着极不相同的特点，这是由反映微观粒子运动规律的量子力学效应引起的，因此液氦也常称为量子气体，其量子效应的两个突出表现为存在零点能效应和潮流相. 零点能效应导致液氦的密度低，汽化热小，常压降温不固化，光的折射率及介电常数与气体相近，温度降至 2.18 K 时，出现的新液相称为 HeⅡ，即超流氦. 超流氦有很多奇异的特征：具有极高的热导率；黏性系数接近于零，可以无阻地通过 0.1μm 的微孔；具有爬行膜现象，以及 HeⅡ液面以上的器壁表面都有一层约 30 nm 的液氦膜，该膜以一定速度沿固体表面爬行.

温度的测定是低温物理实验技术中的一个重要方面，温差电偶温度计的原理是，根据热电效应，形成一个闭合回路的一对不同材料的导体，当两个节点存在温差时，会在回路中产生电流，在两个节点处存在温差电动势，如果我们把其中一端节点的温度固定作为参考点，另一端节点作为样品的感温元件，则可以利用温差电动势与样品的函数关系来测量温度，常用的低温热电偶有铜-康铜、镍铬-镍铝、铬镍-康铜热电偶等.

参 考 文 献

舒水明, 胡兴华, 丁国忠. 2009. 制冷与低温工程实验技术. 武汉: 华中科技大学出版社.
熊俊. 2007. 近代物理实验.北京: 北京师范大学出版社.

8.1 高临界温度超导体临界温度的电阻测量法

人们在 1877 年液化了氧，获得 90 K 的低温后就发展了低温技术. 1908 年，昂内斯(Onnes)教授成功地使氦气液化，达到了 4.2 K 的低温，三年后即在 1911 年昂内斯发现将水银冷却到 4.15 K 时，其电阻急剧地下降到零. 他认为，这种电阻突然消失的现象，是由于物质转变到了一种新的状态，并将此以零电阻为特征的金属态，命名为超导态. 1933 年迈斯纳和奥森菲尔德发现超导电性的另一特性：超导态时磁通密度为零或叫完全抗磁性，即迈斯纳效应. 电阻为零和完全抗磁性是超导电性的两个最基本的特性. 超导体从具有一定电阻的正常态，转变为电阻为零的超导态时，所处的温度叫做临界温度，常用 T_c 表示. 直至 1986 年以前，人们经过 70 多年的努力才获得了最高临界温度为 23 K 的 Nb_3Ge 超导材料. 1986 年 4 月，贝德诺兹和缪勒创造性地提出了在 Ba-La-Cu-O 系化合物中存在高 T_c 超导的可能性. 1987 年，中国科学院物理研究所赵忠贤等在这类氧化物中发现了 T_c = 48 K 的超导电性. 同年 2 月，美籍华裔科学家朱经武在 Y-Ba-Cu-O 系中发现了 T_c = 90 K 的超导电性. 这些发现使人们梦寐以求的高温超导体变成了现实的材料，可以说这是科学史上又一次重大的突破. 1988 年日本研制成功临界温度达 110 K 的 Bi-Sr-Ca-Cu-O 超导体. 至此，人类终于实现了液氮温区超导体的梦想，实现了科学史上的重大突破. 这类超导体由于其临界温度在液氮温度(77 K)以上，因此被称为高温超导体. 2009 年 10 月 10 日，美国科学家合成物质超导温度提高到 254 K，距离冰点仅 19℃，对于推广超导的实际应用具有极大的意义.

本实验主要通过测量银包套铋锶钙铜氧的超导临界温度，初步了解超导体的概念，掌握超导体的临界温度测量方法.

【预习要求】

(1) 复习超导体的有关原理.

(2) 了解 HT-288 型高 T_c 超导材料电阻-温度特性测量仪的结构和使用方法.

一、实验原理

1. 临界温度 T_c 的定义及其规定

超导体具有零电阻效应，通常把外部条件(磁场、电流、应力等)维持在足够低值时电阻突然变为零的温度称为超导临界温度. 实验表明，超导材料发生正常→超导转变时，电阻的变化是在一定的温度间隔中发生的，而不是突然变为零，如图 8-1-1 所示. 起始温度 T_s (onset point)为 R-T 曲线开始偏离线性所对应的温度；中点温度 T_m(mid point)为电阻下降至起始温度电阻 R_s一半时的温度；零电阻温度 T为电阻降至零时的温度. 而转变宽度ΔT 定义为 R_s 下降到 90%及 10%所对应的温度间隔. 高 T_c 材料发现之前，对于金属、合金及化合物等超导体，在测试工作中，一般将中点温度定义为 T_c，即 $T_c = T_m$. 对于高 T_c 氧化物超导体，由于其转变宽度 ΔT 较宽，有些新试制的样品 ΔT 可达十几 K，再沿用传统规定容易引起混乱. 因此，为了说明样品的性能，目前发表的文章中一般均给出零电阻温度 $T(R=0)$的数值，有时甚至同时给出上述的起始温度、中点温度及零电阻温度. 而所谓零电阻在测量中总是与测量仪表的精度、样品的几何形状及尺寸、电极间的距离以及流过样品的电流大小等因素有关，因而零电阻温度也与上述诸因素有关，这是测量时应予注意的.

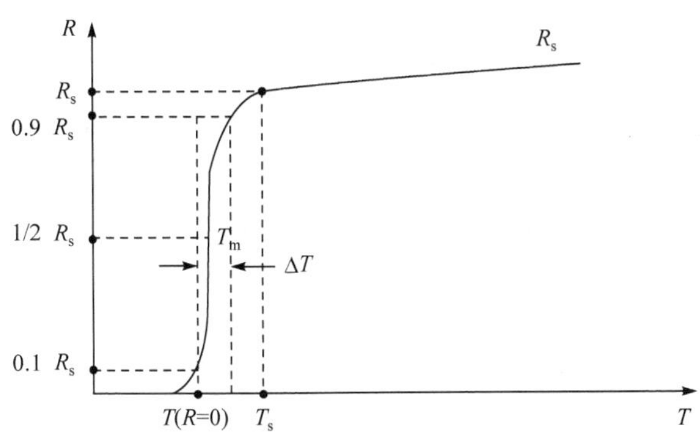

图 8-1-1　超导材料的电阻温度曲线

2. 样品电极的制作

目前所研制的高 T_c氧化物超导材料多为质地松脆的陶瓷材料，即使是精心制作的电极，电极与材料间的接触电阻也常达零点几欧姆，这与零电阻的测量要求显然是不符合的. 为消除接触电阻对测量的影响，常采用图 8-1-2 所示的四端法. 两根电流引线与直流恒流电源相连，两根电压引线连至数字电压表或经数据放大器放大后接至 X-Y 记录仪，用来检测样品的电压. 按此接法，电流引线电阻及电极 1、4 与样品的接触电阻与 2、3 端的电压测量无关.

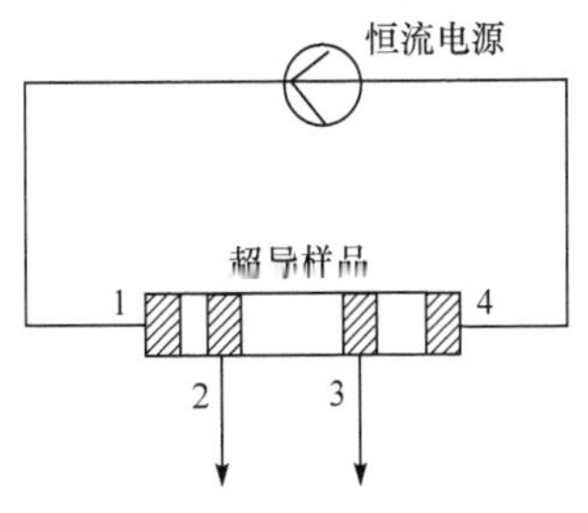

图 8-1-2　四端法接线图

2、3 两电极与样品间存在接触电阻，通向电压表的引线也存在电阻，但是由于电压测量回路的高输入阻抗特性，吸收电流极小，因此能避免引线和接触电阻给测量带来的影响. 按此法测得电极 2、3 端的电压除以流过样品的电流，即为样品电极 2、3 端间的电阻. 本实验所用超导样品为商品化的银包套铋锶钙铜氧高 T_c 超导样品，四个电极直接用焊锡焊接.

3. 温度控制及测量

临界温度 T_c 的测量工作取决于合理的温度控制及正确的温度测量. 目前高 T_c 氧化物超导材料的临界温度大多在 77 K 以上，因而冷源多用液氮. 纯净液氮在一个大气压下的沸点为 77.348 K，三相点为 63.148 K，但在实际使用中由于液氮不纯，沸点稍高而三相点稍低(严格地说，不纯净的液氮不存在三相点). 对三相点和沸点之间的温度，只要把样品直接浸入液氮，并对密封的液氮容器抽气降温，一定的蒸汽压就对应于一定的温度. 在 77 K 以上直至 300 K，常采用如下两种基本方法.

(1) 普通恒温器控温法. 低温恒温器通常是指这样的实验装置. 它利用低温流体或其他方法，使样品处在恒定的或按所需方式变化的低温温度下，并能对样品进行一种或多种物理量的测量. 这里所称的普通恒温器控温法，指的是利用一般绝热的恒温器内的锰铜线或镍铬线等绕制的电加热器的加热功率来平衡液池冷量，从而控制恒温器的温度稳定在某个所需的中间温度上. 改变加热功率，可使平衡温度升高或降低. 由于样品及温度计都安置在恒温器内并保持良好的热接触，因而样品的温度可以严格控制并被测量. 这种控温方式的优点是控温精度较高，温度的均匀性较好，温度的稳定时间长. 用于电阻法测量时，可以同时测量多个样品. 由于这种控温法是点控制的，因此普通恒温器控温法应用于测量时又称定点测量法.

(2) 温度梯度法. 这是指利用储存液氮的杜瓦容器内液面以上空间存在的温度梯度来自然获取中间温度的一种简便易行的控温方法. 样品在液面以上不同位置获得不同温度. 为正确反映样品的温度，通常要设计一个紫铜均温块，将温度计和样品与紫铜均温块进行良好的热接触. 紫铜块连接至一根不锈钢管，借助于不锈钢管进行提拉以改变温度.

本实验的恒温器设计综合上述两种基本方法，既能进行动态测量，也能进行定点的稳态测量，以便进行两种测量方法和测量结果的比较.

4. 热电势及热电势的消除

用四端子法测量样品在低温下的电阻时会发现，即使没有电流流过样品，电压端也常能测量到几微伏至几十微伏的电压降. 而对于高 T_c 超导样品，能检测到

的电阻常在 $10^{-5}\sim10^{-1}\ \Omega$，测量电流通常取 1～100 mA，取更大的电流将对测量结果有影响. 据此换算，由于电流流过样品而在电压引线端产生的电压降只在 $10^{-2}\sim10^{3}\ \mu V$，因而热电势对测量的影响很大，若不采取有效的测量方法予以消除，有时会将良好的超导样品误作非超导材料，造成错误的判断.

测量中出现的热电势主要来源于样品上的温度梯度. 为什么放在恒温器上的样品会出现温度的不均匀分布呢?这取决于样品与均温块热接触的状况. 若样品简单地压在均温块上，样品与均温块之间的接触热阻较大. 同时样品本身有一定的热阻，也有一定的热容. 当均温块温度变化时，样品温度的弛豫时间与上述热阻及热容有关，热阻及热容的乘积越大，弛豫时间越长. 特别是在动态测量情形，样品各处的温度弛豫造成的温度分布不均匀不能忽略. 即使在稳态的情形，若样品与均温块之间只是局部热接触(如不平坦的样品面与平坦的均温块接触)，由于引线的漏热等因素，在样品内会形成一定的温度梯度. 样品上的温差 ΔT 会引起载流子的扩散，产生热电势 E：

$$E = S\Delta T \tag{8-1-1}$$

其中 S 是样品的微分热电势，其单位是$\mu V \cdot K^{-1}$.

对高 T_c 超导样品热电势的讨论比较复杂，它与载流子的性质以及电导率在费米面上的分布有关，利用热电势的测量可以获知载流子性质的信息. 对于同时存在两种载流子的情况，它们对热电势的贡献要乘以权重，满足所谓的 Nordheim-Gorter 法则

$$S = \frac{\sigma_A}{\sigma} S_A + \frac{\sigma_B}{\sigma} S_B \tag{8-1-2}$$

式中，S_A、S_B 是 A、B 两种载流子本身的热电势，σ_A、σ_B 分别为 A、B 两种载流子相应的电导率，$\sigma = \sigma_A + \sigma_B$. 材料处在超导态时，$S = 0$.

为消除热电势对测量电阻率的影响，通常采取下列措施：

(1) 动态测量. 应将样品制得薄而平坦. 样品的电极引线尽量采用直径较细的导线，例如，直径小于 0.1 mm 的铜线. 电极引线与均温块之间要建立较好的热接触，以避免外界热量经电极引线流向样品. 同时样品与均温块之间用导热良好的导电银浆粘接，以减少热弛豫带来的误差. 另一方面，温度计的响应时间要尽可能小，与均温块的热接触要良好，测量中温度变化应该相对比较缓慢. 对于动态测量中电阻不能下降到零的样品，不能轻易得出该样品不超导的结论，而应该在液氮温度附近，通过后面所述的电流换向法或通断法检查.

(2) 稳态测量. 当恒温器上的温度计达到平衡值时，应观察样品两侧电压电极间的电压降及叠加的热电势值是否趋向稳定，稳定后可以采用如下方法：

① 电流换向法：将恒流电源的电流 I 反向，分别得到电压测量值 U_A、U_B，则超导材料测电压电极间的电阻为

$$R=\frac{|U_A-U_B|}{2I} \tag{8-1-3}$$

② 电流通断法：切断恒流电源的电流，此时测电压电极间量到的电压即是样品及引线的积分热电势，通电后得到新的测量值，减去热电势即是真正的电压降. 若通断电流时测量值无变化，表明样品已经进入超导态.

二、实验装置

1. 低温恒温器

实验用的恒温器如图 8-1-3 所示，均温块 1 是一块经过加工的紫铜块，利用其良好的导热性能来取得较好的温度均匀区，使固定在均温块上的样品和温度计的温度趋于一致. 铜套 2 的作用是使样品与外部环境隔离，以减小样品温度波动. 提拉杆 3 采用低热导的不锈钢管以减少对均温块的漏热，经过定标的铂电阻温度计 4 及加热器 5 与均温块之间既保持良好的热接触又保持可靠的电绝缘. 测试用的液氮杜瓦瓶宜采用漏热小、损耗率低的产品，其温度梯度场的稳定性较好，有利于样品温度的稳定. 为便于样品在液氮容器内上下移动，要附设相应的提拉装置.

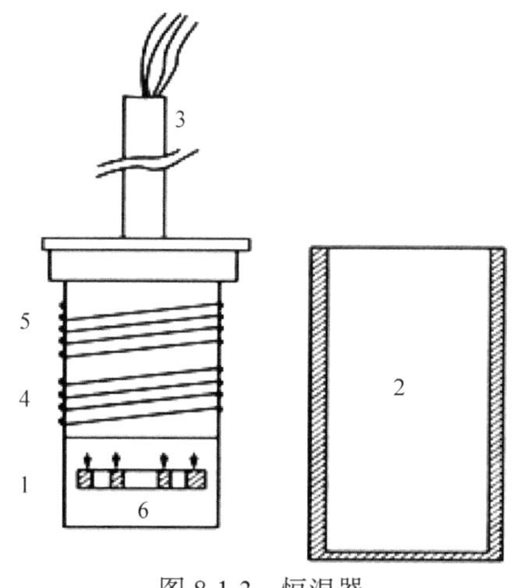

图 8-1-3　恒温器

2. 测量仪器

它由安装了样品的低温恒温器，测温、控温仪器，数据采集、传输和处理系统以及计算机组成(图 8-1-4)，既可进行动态法实时测量，也可进行稳态法测量. 动态法测量时可分别进行不同电流方向的升温和降温测量，以观察和检测因样品和温度计之间的动态温差造成的测量误差以及样品及测量回路热电势给测量带来的影响. 动态测量数据经测量仪器处理后直接进入计算机 X-Y 记录仪显示、处理或打印输出.

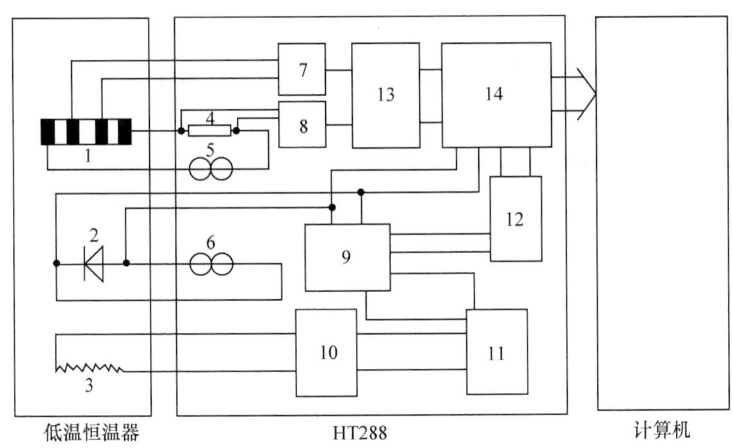

图 8-1-4　仪器工作原理示意图

1. 超导样品；2. pn 结温度传感器；3. 加热器；4. 参考电阻；5. 恒流源；6.恒流源；7. 微伏放大器；8. 微伏放大器；9. 放大器；10. 功率放大器；11. PID；12. 温度设定；13. 比较器；14. 数据采集、处理、传输系统

稳态法测量结果经由键盘输入计算机(如 Excel 软件)作出 *R-T* 特性曲线供分析处理或打印输出.

三、实验内容

(1) 利用动态法在电脑 X-Y 记录仪上分别画出样品在升温和降温过程中的电阻-温度曲线.

(2) 利用稳态法，在样品的零电阻温度与 0℃之间测出样品的 *R-T* 分布.

(3) 对实验数据进行处理、分析.

(4) 对实验结果进行讨论.

【操作步骤】

1. 动态测量

(1) 打开仪器和超导测量软件.

(2) 仪器面板上“测量方式”选择“动态”,“样品电流换向方式”选择“自动”,“温度设定”逆时针旋到底.

(3) 在计算机界面启动“数据采集”.

(4) 调节“样品电流”至 80 mA.

(5) 将恒温器放入装有液氮的杜瓦瓶内,降温速率由恒温器的位置决定,直至泡在液氮中.

(6) 仪器自动采集数据,画出正反向电流所测电压随温度变化的曲线(图 8-1-5),

最低温度到 77 K.

(7) 点击“停止采集”，点击“保存数据”，给出文件名保存，降温测量结束.

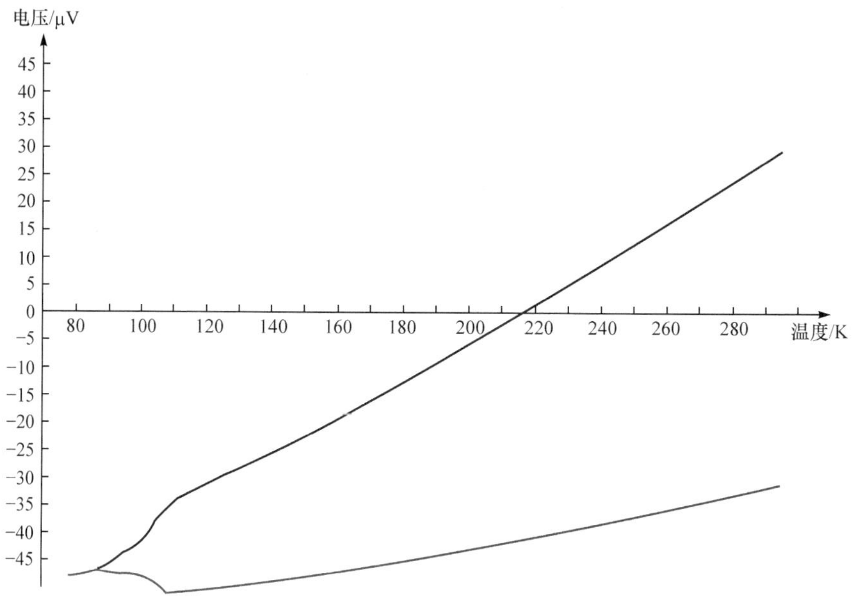

图 8-1-5　正反向电流所测电压随温度变化的曲线

(8) 重新点击“数据采集”，将样品杆拿出杜瓦瓶，作升温测量，测出升温曲线(图 8-1-6).

(9) 根据软件界面进行数据处理.

2. 稳态测量(选做)

(1) 将样品杆放入装有液氮的杜瓦瓶中，当温度降为 77.4 K 时，仪器面板上“测量方式”选择“稳态”，“样品电流换向方式”选择“手动”，分别测出正反向电流时的电压值.

(2) 调节“温度设定”旋钮，设定温度为 80 K，加热器对样品加热，温度控制器工作，加热指示灯亮，直到指示灯闪亮时，温度稳定在一数值(此值与设定温度值不一定相等)，记下实际温度值，测量正反向电流对应的电压值.

(3) 将样品杆往上提一些，重复步骤(2)，设定温度为 82 K 进行测量.

(4) 在 110 K 以下每 2～3 K 测一点，在 110 K 以上每 5～10 K 测一点，直至室温.

(5) 算出不同温度对应的电阻值，画出电阻随温度变化的曲线.

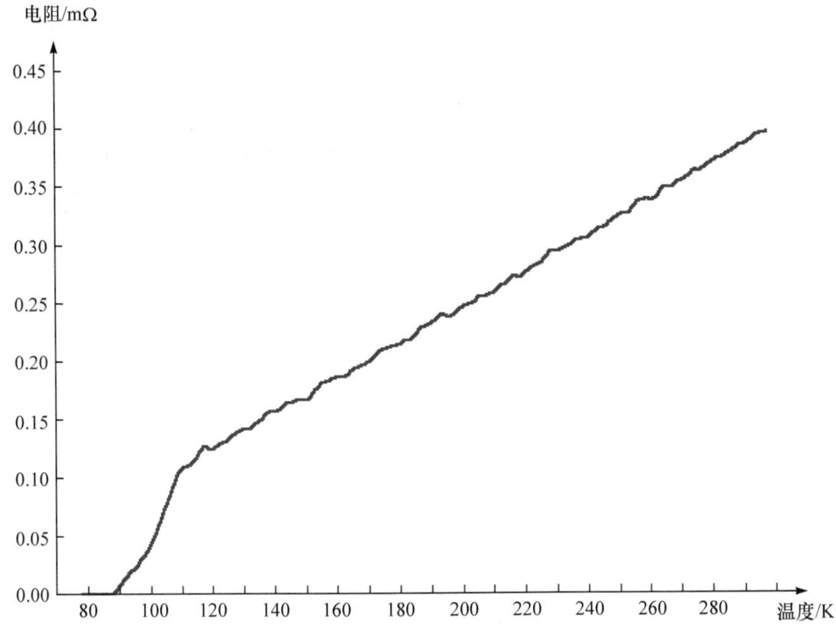

图 8-1-6 正反向电流所测电压随温度升高曲线处理后的 *R-T* 曲线

四、注意事项

(1) 动态法测量时，热弛豫对测量的影响很大. 它对热电势的影响随升降温速度变化以及相变点的出现可能产生不同程度的变化. 应善于利用实验条件，观察热电势的影响.

(2) 动态法测量中样品温度与温度计温度难以一致，应观察不同的升降温速度对这种不一致的影响.

(3) 进行稳态法测量时可以选择样品在液面以上的合适高度作为温度的粗调，而以电脑给定值作为温度的细调.

五、思考题与讨论

(1) 本实验的动态法升降温过程获得的 *R-T* 曲线有哪些具体差异？为什么会出现这些差异？

(2) 给出实验所用样品的超导起始温度、中间温度和零电阻温度，分析实验的精度.

参考文献

韩汝珊. 2014. 高温超导物理. 2 版. 北京：北京大学出版社.
HT-288 型高 T_c 超导材料电阻-温度特性测量仪使用说明.

8.2　磁电阻效应

磁电阻效应则是磁电子学的主要研究内容之一. 在通有电流的金属或半导体上施加磁场，其电阻值将发生明显的变化，这种现象称为磁阻效应，也称为磁电阻效应(MR). 磁电阻的大小常表示为

$$MR = \frac{\Delta\rho}{\rho} \times 100\% \tag{8-2-1}$$

其中 $\Delta\rho$ 为磁场引起的电阻率变化.

磁电阻效应最初是于 1856 年由英国物理学家威廉·汤姆(William Thomson)发现的. 绝大多数非磁性导体的 MR 很小，在一般的磁性导体中，磁电阻通常小于 5%，且电阻率的变化与磁场方向与导体中电流方向的夹角有关，即具有各向异性，称之为各向异性磁电阻(anisotropy magnetoresistance)，简记为 AMR. 1988 年，长期研究磁电阻现象的法国巴黎大学 Albert Fert 教授研究组，从英国物理学家 N.F. Mott 提出的磁性金属电现象的模型出发，设计了一种多层薄膜结构，并在分子束外延制备的 Fe/Cr 多层膜中发现 MR 可达 50%. 其值远大于通常的 AMR，成功地“放大”了磁电阻现象，并且在薄膜平面上磁电阻是各向同性的，称之为巨磁电阻(giant magnetoresistance)，简记为 GMR，之后逐渐在磁记录领域表现出巨大的应用潜力，也因此逐步成为凝聚态物理的研究热点. 20 世纪 90 年代后期，人们在掺碱土金属的稀土锰氧化物中发现 MR 可达 $10^3\%$～$10^6\%$，比 GMR 还要大得多，故称之为庞磁电阻(colossal magnetoresistance)，简记为 CMR. 目前锰氧化物材料的磁电阻饱和磁场较高，降低其饱和磁场是将之推向应用的重要研究课题. 利用磁电阻效应可以制成计算机硬盘读出磁头，可以制成随机存储器，还可测量位移、角度、速度、转速等.

本实验主要通过测量钙钛矿型锰氧化物$(La_{0.8}Sr_{0.2})_{0.9}MnO_3$ 的磁电阻，初步了解磁电阻的概念，掌握磁电阻的初步测量方法.

【预习要求】

(1) 复习磁电子学的有关原理.

(2) 理解 HT-228 磁电阻效应测试仪的结构和使用方法.

一、实验原理

当材料处于磁场中时，导体或半导体内的载流子将受洛伦兹力作用发生偏转，在两端产生积聚电荷并产生霍尔电场. 如果霍尔电场作用和某一速度的载流子的

洛伦兹力作用刚好抵消，那么大于或小于该速度的载流子将发生偏转，因而沿外加电场方向运动的载流子数目将减少，电阻增大，表现横向电阻效应. 通常以电阻率的相对改变量来表示磁阻的大小，即用 $\Delta\rho/\rho$ 来表示.

1. 各向异性磁电阻

一些磁性金属和合金的 AMR 与技术磁化相对应，即与从退磁状态到趋于磁饱和的过程相应的电阻变化. 外加磁场方向与电流方向夹角不同，饱和磁化时电阻率不一样，即有各向异性. 通常取外磁场方向与电流方向平行和垂直两种情况测量 AMR，即有 $\Delta\rho_{//}=\rho_{//}-\rho(0)$ 及 $\Delta\rho_{\perp}=\rho_{\perp}-\rho(0)$. 若退磁状态下磁畴是各向同性分布的，畴壁散射变化对磁电阻的贡献较小，将之忽略，则 $\rho(0)$ 与平均值 $\rho_{\mathrm{av}}=(\rho_{//}+2\rho_{\perp})/3$ 相等. 大多数材料 $\rho_{//}>\rho(0)$ ，故

$$\begin{aligned}&\frac{\Delta\rho_{//}}{\rho_{\mathrm{av}}}=\frac{\rho_{//}-\rho_{\mathrm{av}}}{\rho_{\mathrm{av}}}>0\\&\frac{\Delta\rho_{\perp}}{\rho_{\mathrm{av}}}=\frac{\rho_{\perp}-\rho_{\mathrm{av}}}{\rho_{\mathrm{av}}}<0\\&\frac{\Delta\rho_{\perp}}{\rho_{\mathrm{av}}}=\frac{1}{2}\frac{\Delta\rho_{//}}{\rho_{\mathrm{av}}}\end{aligned}\tag{8-2-2}$$

AMR 常定义为

$$\mathrm{AMR}=\frac{\rho_{//}-\rho_{\perp}}{\rho_0}=\frac{\Delta\rho_{//}}{\rho_0}-\frac{\Delta\rho_{\perp}}{\rho_0}\tag{8-2-3}$$

如果 $\rho(0)\neq\rho_{\mathrm{av}}$ ，则说明该样品在退磁状态下有磁畴织构，即磁畴分布非完全各向同性. 图 8-2-1 是曾用作磁盘读出磁头和磁场传感器材料的 $Ni_{81}Fe_{19}$ 的磁电阻曲线，很明显 $\rho_{//}>\rho(0)$ ， $\rho_{\perp}<\rho(0)$ ，各向异性明显. 图中的双峰是材料的磁滞引起的.

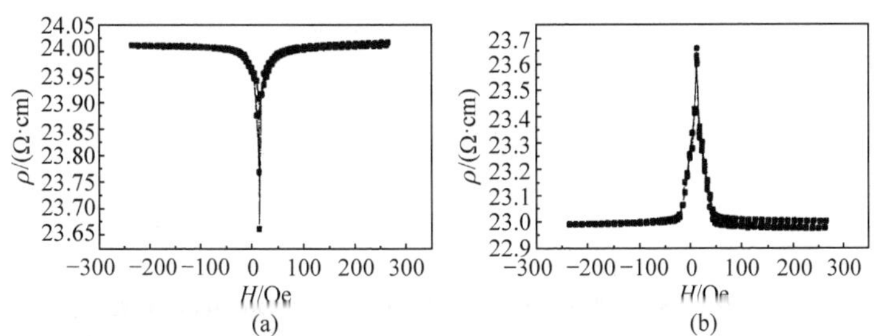

图 8-2-1　$Ni_{81}Fe_{19}$ 薄膜的磁电阻曲线

(a) 电流方向与磁场方向平行；(b) 电流方向与磁场方向垂直

2. 多层膜的巨磁电阻

巨磁电阻效应首次在 Fe/Cr 多层膜中发现. 图 8-2-2 为这种多层膜的磁电阻曲

线. 由图可见，Fe/Cr 多层膜室温下的 MR 约 11.3%，4.2 K 时约 42.7%. Co/Cu 多层膜室温 MR 可达 60%～80%，远大于 AMR，故称为巨磁电阻. 这种巨磁电阻的特点是：

(1) 数值比 AMR 大得多.

(2) 基本上是各向同性的. 图中高场部分的双线分别对应于 $(\mathrm{MR})_{//}$ 和 $(\mathrm{MR})_{\perp}$，其差值为 AMR 的贡献. 该多层膜在 300K 和 4.2K 下分别为 0.35%和 2.1%，约为其 GMR 的 1/20.

(3) 负磁电阻特性. 即磁场增大，电阻率降低. 若按传统定义，$\mathrm{MR}=[\rho(H)-\rho(0)]/\rho(0)\times100\%$ 是负值，恒小于 100%. 常采用另一定义 $\mathrm{GMR}=[\rho(0)-\rho(H)]/\rho(H)\times100\%$，用此定义数值为正，且可大于 100%.

(4) 中子衍射直接证实，前述多层膜相邻铁磁层的磁化为反铁磁排列，来源于层间的反铁磁耦合. 无外磁场时各层 M_s 反平行排列，电阻最大，加外磁场后，各层 M_s 平行排列，电阻最小，如图 8-2-3 所示.

(5) 除 Fe/Cr 多层膜外，人们已在许多系统如 Fe/Cu、Fe/Al、Fe/Ag、Fe/Au、Fe/Mo、Co/Cu、Co/Al、Co/Ag、Co/Au、Co/Ru、FeNi/Co 等中观察到不同大小的 GMR，但并不是所有多层膜都有大的磁电阻，有的很小，甚至只观察到 AMR，如 Fe/V 多层膜.

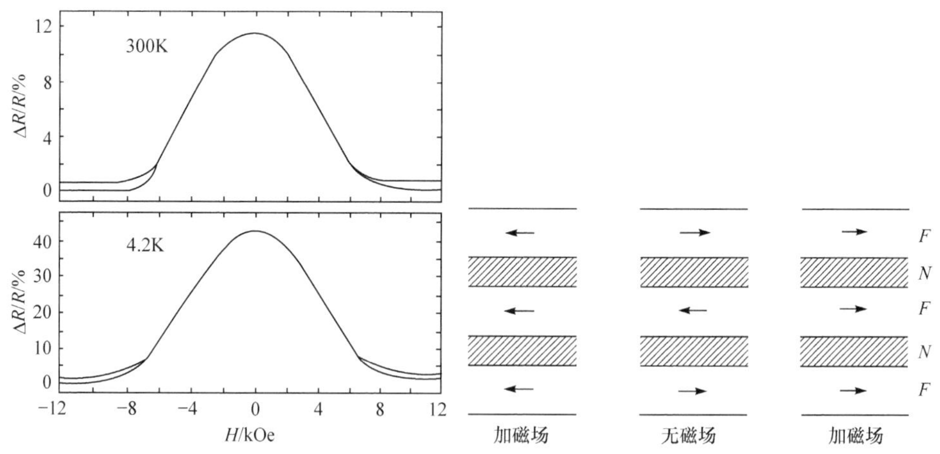

图 8-2-2　Fe/Cr 多层膜 GMR 曲线($1\ \mathrm{Oe}=79.577\mathrm{A\cdot m^{-1}}$)

图 8-2-3　多层膜中有无外磁场的磁化分布与电阻变化的示意图

3. 庞磁电阻

图 8-2-4 是 $\mathrm{Nd_{0.7}Sr_{0.3}MnO_3}$ 薄膜样品的电阻率与磁电阻随温度变化的关系图. 该样品的 CMR > 10^6%.

到目前为止，对 $RE_{1-x}T_xMnO_3$ (RE=La, Pr, Nd, Sm; T= Ca, Sr, Ba, Pb)，在 x = 0.2～0.5 范围都观测到 CMR 和铁磁性. 这种 CMR 的特点是：

(1) 数值远大于多层膜的 GMR.

(2) 各向同性.

(3) 负磁电阻性. 图 8-2-5 是一种掺银的 La-Ca-Mn-O 样品的室温磁电阻曲线.

(4) CMR 总是出现在居里温度附近($T < T_c$)，随温度升高或降低，都会很快降低. 这一特性与金属多层膜的磁电阻有本质的差别. 而且到目前为止,只有少部分材料的居里点高于室温.

(5) 观察这类材料的 CMR 外加磁场比较高，一般需 T 量级.

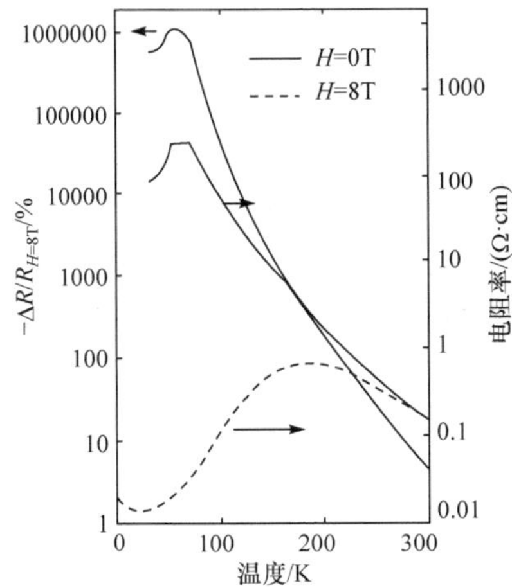

图 8-2-4　$Nd_{0.7}Sr_{0.3}MnO_3$ 薄膜样品的电阻率和磁电阻随温度变化关系

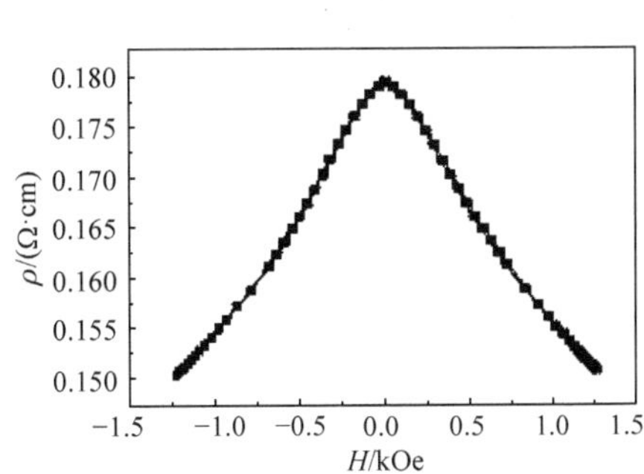

图 8-2-5　掺银 La-Ca-Mn-O 样品的室温磁电阻曲线

二、实验仪器及材料

(1) 实验仪器：HT-228 磁电阻效应测试仪、数字毫特斯拉计、电磁铁、四探针样品架，如图 8-2-6 所示.

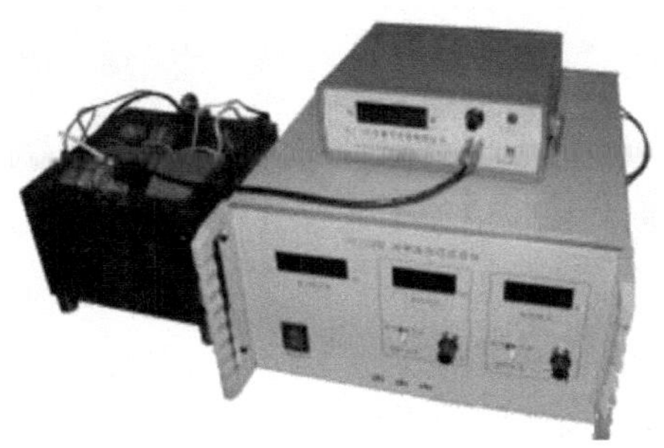

图 8-2-6　实验仪器

(2) 实验材料：钙钛矿型锰氧化物$(La_{0.8}Sr_{0.2})_{0.9}MnO_3$.

三、实验内容与步骤

1. 测量样品两端的电压

(1) 打开实验仪器和数字特斯拉计，数字表头亮.

(2) 将样品杆拿出电磁铁气隙调节数字毫特斯拉计“调零”旋钮至表头指示为零，然后将样品杆推回电磁铁气隙.

(3) 调整精密恒流源输出，使测量电流为 1～10 mA 内的某个确定值，具体大小视样品情况而定. 为便于计算，一般选取整数.

(4) 将磁场电源换向开关拨至“反向”，调节磁场电流至最大值，记录此时的磁场值、恒流电源值、数字电压表值.

(5) 调节磁场大小，逐点记录大功率恒流源输出电流值、数字毫特斯拉计显示的磁场值、数字电压表显示的电压值.

(6) 当磁场调至最小后，磁场电源换向开关拨至正向，仔细调节磁场电流使数字毫特斯拉计表头显示为零($B = 0$)，记录电压值.

(7) 继续增大磁场，测量对应的 B 及 V 值.

2. 计算样品电阻与磁电阻

(1) 根据测量值计算对应的 B 及 $R(H)$值.

(2) 计算对应的 MR 值.

3. 画出磁电阻与磁场的关系曲线

(1) 画出 B 为 x 轴，对应的 MR 为 y 轴的变化曲线.

(2) 分析随着磁场变化磁电阻的变化趋势.

四、注意事项

(1) 因磁铁有剩磁，测量前要将样品移出电磁铁气隙再对数字毫特斯拉计调零.

(2) 调节磁场大小时，磁场电流不能超量程.

五、思考题与讨论

(1) 磁电阻效应与霍尔效应的区别.

(2) 分析样品材料的磁电阻随磁场的变化趋势.

参考文献

陈玉林, 李佳起. 2013. 大学物理实验. 北京: 科学出版社.
HT-228 磁电阻效应测试仪使用说明.

8.3　变温霍尔效应

1879 年，霍尔研究通有电流的导体在磁场中受力时，发现一种电磁效应：在垂直于磁场和电流的方向上产生了电动势，这个效应被称为“霍尔效应”. 研究表明，在半导体材料中，霍尔效应比在金属中大几个数量级，人们对半导体材料进行了大量的深入研究. 霍尔效应的研究在半导体理论的发展中起了重要的作用. 直到现在，霍尔效应的测量仍是研究半导体性质的重要实验方法.

利用霍尔系数和电导率的联合测量，可以用来研究半导体的导电机制(本征导电和杂质导电)、散射机制(晶格散射和杂质散射)，并可以确定半导体的一些基本参数，如半导体材料的导电类型、载流子浓度、迁移率大小、禁带宽度、杂质电离能等. 霍尔效应的研究技术也越来越复杂，出现了变温霍尔、高场霍尔、微分霍尔、全计算机控制的自动霍尔谱测量分析等.

利用霍尔效应制成的元件，称为霍尔元件，已经广泛地用于测试仪器和自动控制系统中磁场、位移、速度、结构、缺陷、存储信息的测量等.

本实验主要通过测量不同温度下材料的霍尔效应参数，学习和了解半导体中霍尔效应的产生机制、霍尔系数计算公式的推导、测量过程中副效应的产生和消除，掌握霍尔效应的测量方法.

【预习要求】

(1) 复习半导体内的载流子及杂质电离知识.

(2) 理解 CVM-200 霍尔效应测试仪与 SV-12 变温恒温器的结构和使用方法.

(3) 副效应的产生与消除.

一、实验原理

1. 霍尔效应和霍尔系数

设一块样品的 x 方向上有均匀的电流 I_x 流过，在 z 方向上加有磁场 B_z，则在这块样品的 y 方向上将出现一横向电势差 U_H，这种现象被称为“霍尔效应”，U_H 称为“霍尔电压”，所对应的横向电场 E_H 称为“霍尔电场”，如图 8-3-1 所示.

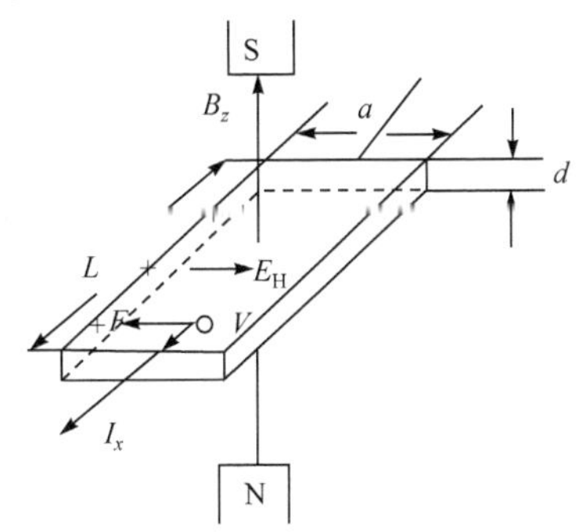

图 8-3-1　霍尔效应示意图

实验指出，霍尔电场强度 E_H 的大小与流经样品的电流密度 J_x 和 B_z 的乘积成正比

$$E_{\mathrm{H}} = R_{\mathrm{H}} J_x B_z \tag{8-3-1}$$

式中比例系数 R_H 称为"霍尔系数".

产生霍尔效应的根本原因是带电粒子在垂直磁场中运动时受到洛伦兹力的横向作用，带电粒子偏转，在垂直于带电粒子运动和磁场方向上产生电荷积累.

下面以 p(空穴)型半导体样品为例，讨论霍尔效应产生的原因，并推导、分析霍尔系数的计算公式. 假设样品为标准霍尔样品，长、宽、厚分别为 L、a、d，载流子为空穴，其浓度为 p，它们在电场 E_x 作用下，以平均漂移速度 V_x 沿 x 方向运动，形成电流 I_x；在垂直于电场 E_x 方向上加一磁场 B_z，则运动着的载流子要受到洛伦兹力的作用

$$F = qV_x B_z \tag{8-3-2}$$

式中 q 为空穴电荷量. 该洛伦兹力指向 $-y$ 方向，因此载流子向 $-y$ 方向偏转，该样品的左侧面就积累了空穴，从而产生了一个指向 $+y$ 方向的电场——霍尔电场 E_y. 当该电场对空穴的作用力 qE_y 与洛伦兹力相平衡时，空穴在 y 方向上所受的合力为零，达到稳态. 稳态时电流仍沿 x 方向不变，但合成电场 $\boldsymbol{E} = \boldsymbol{E}_x + \boldsymbol{E}_y$ 不再沿 x 方向，$\boldsymbol{E}$ 与 x 轴的夹角称为"霍尔角".

在稳态时，有

$$qE_y = qV_x B_z \tag{8-3-3}$$

若 B_z 是均匀的，则在样品左、右两侧面间的电势差为

$$U_{\mathrm{H}} = E_y \cdot a = V_x \cdot B_z \cdot a \tag{8-3-4}$$

而 x 方向的电流强度

$$I_x = qpV_x ad \tag{8-3-5}$$

将式(8-3-5)中的 V_x 代入式(8-3-4)得霍尔电压

$$U_{\mathrm{H}} = \frac{1}{qp} \cdot \frac{I_x B_z}{d} \tag{8-3-6}$$

由式(8-3-1)、式(8-3-3)、式(8-3-5)得霍尔系数

$$R_{\mathrm{H}} = \frac{1}{qp} \tag{8-3-7}$$

对于 n 型样品，载流子(电子)浓度为 n，霍尔系数为

$$R_{\mathrm{H}} = -\frac{1}{qn} \tag{8-3-8}$$

上述模型过于简单. 根据半导体输运理论，考虑到载流子速度的统计分布，

以及载流子在运动中受到散射等因素，在霍尔系数的表达式中还应引入一个霍尔因子 A，则式(8-3-7)和式(8-3-8)应修正为

$$\text{p 型：}\quad R_{\mathrm{H}}=\frac{A}{qp} \tag{8-3-9}$$

$$\text{n 型：}\quad R_{\mathrm{H}}=-\frac{A}{qn} \tag{8-3-10}$$

A 的大小与散射机制及能带结构有关. 由理论算得，在弱磁场条件下，对球形等能面的非简并半导体，在较高温度(此时，晶格散射起主要作用)下

$$A=\frac{3\pi}{8}=1.18 \tag{8-3-11a}$$

在较低温度(此时，电离杂质散射起主要作用)下

$$A=\frac{315\pi}{512}=1.93 \tag{8-3-11b}$$

对于高载流子浓度的简并半导体以及强磁场条件，$A=1$；对于晶格和电离杂质混合散射情况，一般取文献报道的实验值.

上面讨论的是只有电子或只有空穴导电的情况. 对于电子、空穴混合导电的情况，在计算 R_{H} 时应同时考虑两种载流子在磁场下偏转的效果. 对于球形等能面的半导体材料，可以证明

$$R_{\mathrm{H}}=\frac{A(p\mu_{\mathrm{p}}^2-n\mu_{\mathrm{n}}^2)}{q(p\mu_{\mathrm{p}}+n\mu_{\mathrm{n}})^2}=\frac{A(p-nb^2)}{q(p+nb)^2} \tag{8-3-12}$$

式中，$b=\dfrac{\mu_{\mathrm{n}}}{\mu_{\mathrm{p}}}$；$\mu_{\mathrm{n}}$、$\mu_{\mathrm{p}}$ 为电子和空穴的迁移率.

从霍尔系数的表达式可以看出：由 R_{H} 的符号可以判断载流子的类型，正为 p 型，负为 n 型(注意，此时要求 $\boldsymbol{I}$、$\boldsymbol{B}$ 的正向分别为 x 轴、z 轴的正向，且 xyz 坐标轴为右旋系)；R_{H} 的大小可确定载流子的浓度，还可结合测得的电导率 σ 算出如下定义的霍尔迁移率

$$\mu_{\mathrm{H}}=|R_{\mathrm{H}}|\cdot\sigma \tag{8-3-13}$$

μ_{H} 的单位与载流子的迁移率相同，通常为 $\mathrm{cm^2\cdot V^{-1}\cdot s^{-1}}$，它的大小与载流子的电导迁移率有密切的关系.

霍尔系数 R_{H} 可以在实验中测量出来，若采用国际单位制，由式(8-3-6)和式(8-3-7)可得

$$R_{\mathrm{H}}=\frac{U_{\mathrm{H}}\cdot d}{I_x\cdot B_z}\ (\mathrm{m^3\cdot C^{-1}}) \tag{8-3-14}$$

但在半导体研究中习惯采用实用单位制(其中，d：cm；B：Gs)，则

$$R_{\mathrm{H}}=\frac{U_{\mathrm{H}}\cdot d}{I_x\cdot B_z}\times 10^5\ \ (\mathrm{cm}^3\cdot\mathrm{C}^{-1}) \tag{8-3-15}$$

2. 霍尔系数与温度的关系

R_{H}与载流子之间有反比关系，因此当温度不变时，R_{H}不会变化；而当温度改变时，载流子浓度发生变化，R_{H}也随之变化. 图 8-3-2 是(R_{H})随温度 T 变化的关系图，曲线 A、B 分别表示 n 型和 p 型半导体的霍尔系数随温度的变化曲线.

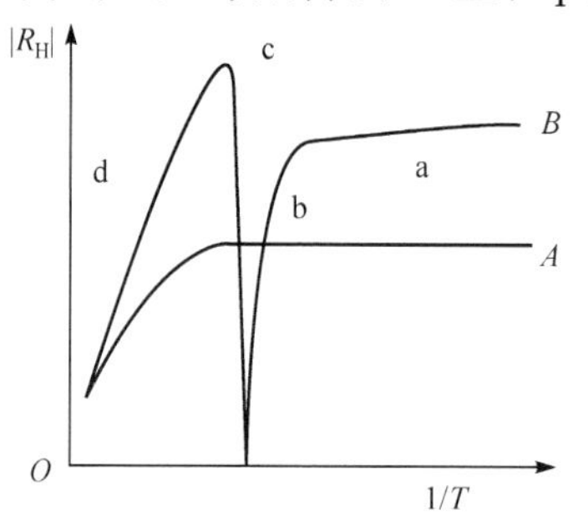

图 8-3-2　霍尔系数随温度变化的关系图

下面简要地讨论曲线 B：

(1) 杂质电离饱和区. 在曲线 a 段，所有的杂质都已电离，载流子浓度保持不变. p 型半导体中 $p\gg n$，式(8-3-12)中 nb^2 可忽略，可简化为

$$R_{\mathrm{H}}=A\cdot\frac{1}{qp}=A\cdot\frac{1}{qN_{\mathrm{A}}}>0 \tag{8-3-16}$$

式中，N_{A}为受主杂质浓度.

(2) 温度逐渐升高，价带上的电子开始激发到导带，由于$\mu_{\mathrm{n}}\gg\mu_{\mathrm{p}}$，所以 $b>1$，当温度升到使 $p=nb^2$ 时，$R_{\mathrm{H}}=0$，出现了图 8-3-2 中的 b 段.

(3) 温度再升高时，更多的电子从价带激发到导带，$p<nb^2$ 而使 $R_{\mathrm{H}}<0$，式(8-3-12)中分母增大，R_{H}减小，将会达到一个负的极值. 此时价带的空穴数 $p=n+N_{\mathrm{A}}$，将它代入式(8-3-12)，并对 n 求微商，可以得到当 $n=N_{\mathrm{A}}/(b-1)$ 时，R_{H}也达到极值

$$R_{\mathrm{HM}}=\frac{A}{qN_{\mathrm{A}}}\cdot\frac{(b-1)^2}{4b} \tag{8-3-17}$$

由此式可见，当测得 R_{HM}和杂质电离饱和区的 R_{H}，就可定出 b 的大小.

(4) 当温度继续升高，达到本征范围时，半导体中载流子浓度大大超过受主杂质浓度，所以 R_{H}随温度上升而呈指数下降，R_{H}只由本征载流子浓度 n_{i} 来决定，此时杂质含量不同或杂质类型不同的曲线都将趋聚在一起，见图中 d 段.

3. 电导率与温度的关系

在半导体中若有两种载流子同时存在，则其电导率σ为

$$\sigma=qp\mu_{\mathrm{p}}+qn\mu_{\mathrm{n}} \tag{8-3-18}$$

实验得出σ与温度 T 的关系曲线如图 8-3-3.

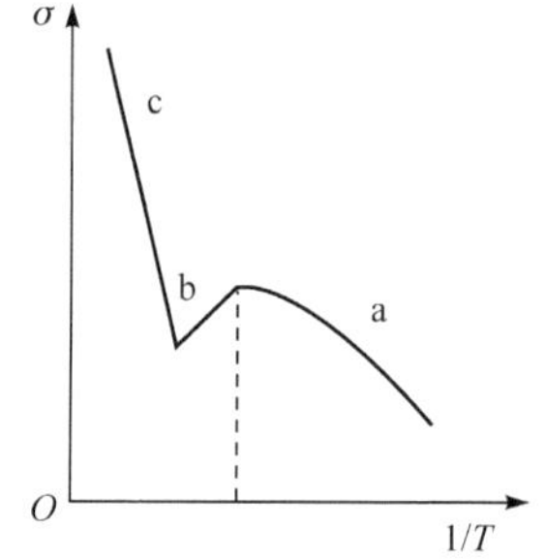

图 8-3-3　电导率与温度的关系曲线

现以 p 型半导体为例分析：

(1) 低温区. 在低温区杂质部分电离，杂质电离产生的载流子浓度随温度升高而增加，而且 μ_p 在低温下主要取决于杂质散射，它也随温度升高而增加. 因此，σ 随 T 的增加而增加，见图 8-3-3 的 a 段.

(2) 室温附近. 此时杂质已全部电离，载流子浓度基本不变，这时晶格散射起主要作用，使 μ_p 随 T 的升高而下降，导致 σ 随 T 的升高而下降，见图 8-3-3 的 b 段.

(3) 高温区. 在这一区域中，本征激发产生的载流子浓度随温度升高而呈指数剧增，远远超过 μ_p 的下降作用，致使 σ 随 T 而迅速增加，见图 8-3-3 的 c 段.

实验中电导率 σ 可由下式计算出：

$$\sigma = \frac{1}{\rho} = \frac{I \cdot l}{U_0 \cdot a \cdot b} \tag{8-3-19}$$

式中，ρ 为电阻率；I 为流过样品的电流；U_0 和 l 分别为两测量点间的电压降和长度.

以上讨论都是对形状为严格长方体的标准样品，需要做五个电极. 实际上对多数研究对象，制备标准样品是不现实的. 范德堡(van der Pauw)对于不规则形状样品的霍尔系数和电阻率测量方法进行了严格深入的研究，提出了四电极的霍尔效应测量方法——范德堡法. 目前，在科学研究和生产活动中，广泛应用的就是范德堡法.

4. 霍尔效应的副效应及其消除

在霍尔系数的测量中，会伴随一些热磁副效应、电极不对称等因素引起的附加电压叠加在霍尔电压 U_H 上，下面作些简要说明.

(1) 埃廷斯豪森(Ettingshausen)效应. 在样品 x 方向上通电流 I_x，由于载流子速度分布的统计性，大于和小于平均速度的载流子在洛伦兹力和霍尔电场力的作用下，沿 y 轴的相反两侧偏转，其动能将转化为热能，使两侧产生温差. 由于电极和样品不是同一材料，电极和样品形成热电偶，这一温差将产生温差电动势 U_E，有

$$U_E \propto I_x \cdot B_z \tag{8-3-20}$$

这就是埃廷斯豪森效应. U_E 方向与电流 $\boldsymbol{I}$ 及磁场 $\boldsymbol{B}$ 的方向有关.

(2) 能斯特(Nernst)效应. 如果在 x 方向上存在热流 Q_x(往往由于 x 方向通以电流，两端电极与样品的接触电阻不同而产生不同的焦耳热，致使 x 方向两端温度不同)，沿温度梯度方向扩散的载流子将受到 B_z 作用而偏转，在 y 方向上建立电势差 U_N，有

$$U_N \propto Q_x \cdot B_z \tag{8-3-21}$$

这就是能斯特效应. $\boldsymbol{U}_N$ 方向只与 $\boldsymbol{B}$ 有关.

(3) 里吉-勒迪克(Righi-Leduc)效应. 当有热流 Q_x 沿 x 方向流过样品，载流子将倾向于由热端扩散到冷端，与埃廷斯豪森效应相仿，在 y 方向产生温差，这温差将产生温差电势 U_{RL}，这一效应称里吉-勒迪克效应

$$U_{RL} \propto Q_x \cdot B_z \tag{8-3-22}$$

$\boldsymbol{U}_{RL}$ 的方向只与 $\boldsymbol{B}$ 的方向有关.

(4) 电极位置不对称产生的电压降 U_0. 在制备霍尔样品时，y 方向的测量电极很难做到处于理想的等位面上，见图 8-3-4. 即使在未加磁场时，在 A、B 两电极间也存在一个由不等势引起的欧姆压降 U_0：

$$U_0 = I_x \cdot R_0 \tag{8-3-23}$$

其中 R_0 为 A、B 两电极间所在的两等势面之间的电阻，U_0 方向只与 I_x 方向有关. 如果四个测量电极明显偏离正交对称分布，就会产生很大的欧姆压降 U_0. 欧姆压降 U_0 叠加到很小的霍尔电压上，就会大大增加霍尔电压的测量误差，要求选用更高级的电压表.

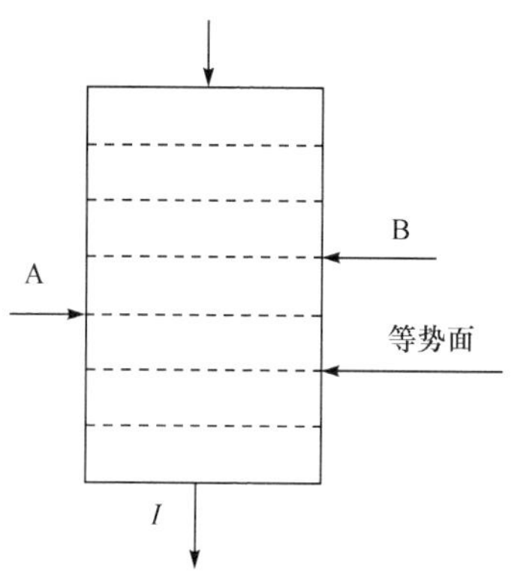

图 8-3-4　电极位置不对称产生电压降示意图

(5) 样品所在空间如果沿 y 方向有温度梯度，则在此方向上产生的温差电势 $\boldsymbol{U}_T$ 与 $\boldsymbol{I}$、$\boldsymbol{B}$ 方向无关.

要消除上述诸效应带来的误差，可以通过改变 $\boldsymbol{I}$ 和 $\boldsymbol{B}$ 的方向，使 U_N、U_{RL}、U_0 和 U_T 从计算结果中消除，然而 U_E 却因与 $\boldsymbol{I}$、$\boldsymbol{B}$ 方向变化而无法消除，但 U_E 引起的误差一般小于 5%，可以忽略不计.

实验时在样品上加上磁场通以电流，可测出 y 方向两电极间电势差 U_1 应为

加上 $+B$、$+I$ 时，$U_1 = +U_H + U_E + U_N + U_{RL} + U_0 + U_T$

加上 $+B$、$-I$ 时，$U_2 = -U_H - U_E + U_N + U_{RL} - U_0 + U_T$

加上 $-B$、$-I$ 时，$U_3 = +U_H + U_E - U_N - U_{RL} - U_0 + U_T$

加上 $-B$、$+I$ 时，$U_4 = -U_H - U_E - U_N - U_{RL} + U_0 + U_T$

由以上四式可得

$$U_H + U_E = \frac{U_1 - U_2 + U_3 - U_4}{4} \tag{8-3-24}$$

将实验时测得的 U_1、U_2、U_3、U_4 代入上式，即可消除 U_N、U_{RL}、U_0、U_T 等附加电压引入的误差.

二、实验仪器及材料

1) 实验仪器

霍尔效应测试仪、SV-12 变温恒温器、可换向永磁铁、TC201 控温仪和装在恒温器内冷指上的霍尔探头、标准样品组成.

(1) 样品接线示意图(图 8-3-5).

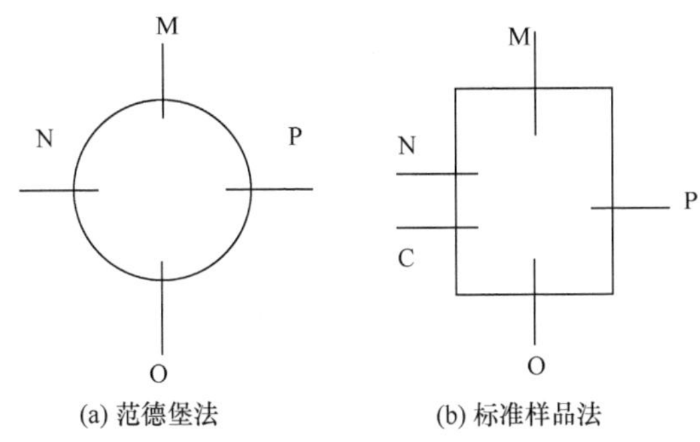

图 8-3-5　样品接线示意图

(2) 霍尔测量仪的电压选择与样品内电流流向和电压方向表(表 8-3-1).

表 8-3-1　电压选择与电流流向和电压方向表

电压选择	电流流向	电压
V_H	I_+=M　I_-=O　M→O	A=P　B=N　$V_{mo,\ pn}$
V_0	I_+=M　I_-=O　M→O	A=N　B=C　$V_{mo,\ nc}$
V_M	I_+=M　I_-=P　M→P	A=O　B=N　$V_{mp,\ on}$
V_N	I_+=M　I_-=N　M→N	A=O　B=P　$V_{mn,\ op}$

2) 实验材料

本仪器中的两块样品均为范德堡法样品，其电阻率较低.

1 号样品(S_1)：美国 Lakeshore 公司 HGT-2100 高灵敏霍尔探头，工作电流小于 10 mA.

2 号样品(S_2)：厚 1.11 mm，碲镉汞单晶，最大电流 50 mA.

三、实验内容与步骤

1. 抽真空

对恒温器抽真空(大约 3 小时).

2. 室温下的霍尔测量

开机预热，调整样品电流到 50.00mA，电压选最大量程. 选择样品 2，按下 S_2 开关. 按下开关 V_H，测霍尔电压 V_{H1}(如果电压较小，改在 200mV 或 20mV 挡)；按电流换向开关，测 V_{H2}；将可换向永磁铁缓慢旋转 180°，测 V_{H3}；电流换向，测 V_{H4}.

将变温恒温器沿滑槽移出磁场，按 V_M 开关，测 V_{M1}；按电流换向开关，测 V_{M2}；按 V_N 开关，测 V_{N1}；按电流换向开关，测 V_{N2}.

3. 变温测量

(1) 打开控温仪的电源开关，设定恒温器温度.

(2) 取出恒温器的中心杆，分三次向杜瓦瓶里加灌液氮，插入恒温器的中心杆，拧到底再回转一圈.

(3) 打开 CVM-200 霍尔效应测试仪的电源开关，等待样品温度稳定时，开始测量并记录数据：将恒温器插入可换向永磁铁中心，在磁场正反向，电流正反向的情况下分别测量并记录下 4 个 V_H；将插入可换向永磁铁中的恒温器顺着滑槽移到一边，使样品位于磁场之外，在电流正反向的情况下分别测量并记录下 V_M、V_N.

(4) 改变设定温度，待温度稳定后，重复步骤(3)；从液氮温度到室温之间选定 10 个实验点，测量并记录下数据.

4. 实验数据处理

1) 霍尔系数

霍尔电压的方向与电流方向、磁场方向和载流子类型有关. 本系统所提供的碲镉汞单晶样品在室温下为 n 型载流子导电，在液氮温度下为 p 型载流子导电.

进行霍尔测量时，由于存在副效应，故要在不同电流方向和磁场方向下进行测量，得 V_{H1}、V_{H2}、V_{H3}、V_{H4}. 最后，霍尔电压

$$|V_H| = \frac{1}{4}(|V_{H1}| + |V_{H2}| + |V_{H3}| + |V_{H4}|) \tag{8-3-25}$$

霍尔系数

$$R_H = \frac{V_H d}{IB} \tag{8-3-26}$$

式中，V_H 是霍尔电压，单位为 V；d 是样品厚度，单位为 m；I 是通过样品的电流，单位为 A；B 是磁通密度，单位为 $Wb \cdot m^{-2}$；霍尔系数的单位是 $m^3 \cdot C^{-1}$.

2) 载流子浓度

对于单一载流子导电的情况，载流子浓度为

$$n = \frac{10^{19}}{1.6R_{\mathrm{H}}}\,(\mathrm{m}^{-3}) \tag{8-3-27}$$

3) 电阻率

标准样品的电阻率

$$\rho = \frac{dwV_{\sigma}}{IL}\,(\Omega \cdot \mathrm{m}) \tag{8-3-28}$$

其中，V_{σ}为电导电压(正反向电流后测得的平均值)，单位为 V；d 是样品厚度，单位为 m；w 是样品宽度，单位为 m；L 是样品电位引线 N 和 C 之间的距离，单位为 m；而 I 是通过样品的电流，单位为 A.

对范德堡样品

$$\rho = \frac{\pi t}{2f\ln 2}(R_{\mathrm{mp,on}} + R_{\mathrm{mn,op}}) = \frac{\pi t}{4If\ln 2}(|V_{\mathrm{M1}}| + |V_{\mathrm{M2}}| + |V_{\mathrm{N1}}| + |V_{\mathrm{N2}}|) \tag{8-3-29}$$

其中，I 为通过样品的电流(假设在测量过程中使用了同样的样品电流)，f 为形状因子. 对于对称的样品引线分布，$f \approx 1$.

4) 霍尔迁移率

霍尔迁移率

$$\mu = R_{\mathrm{H}} / \rho \tag{8-3-30}$$

对于混合导电的情况，按照上式计算出来的结果无明确的物理意义. 它们既不代表电子的迁移率，也不代表空穴的迁移率.

四、注意事项

(1) 真空度对实验有一定的影响，所以实验中应该保证我们所用仪器的真空度.

(2) 湿手不能触及过冷表面、液氮漏斗，防止皮肤冻粘在深冷表面上，造成严重冻伤. 如果产生冻伤，立即用大量自来水冲洗，并按烫伤处理伤口.

(3) 由于实验中所用的控温仪控温不是很快，建议在设定某个温度的时候，可以读数值边缘的数值，节约时间.

(4) 实验完毕，一定要拧松、提起中心杆，防止热膨胀胀坏恒温器.

五、思考题与讨论

(1) 分别以 p 型、n 型半导体样品为例，说明如何确定霍尔电场的方向.

(2) 霍尔系数测量中有哪些副效应，通过什么方式消除它们?

(3) 如何根据测量数据判别样品的导电类型，计算各霍尔参数值.

参 考 文 献

梁灿彬, 秦光戎, 梁竹健. 2015. 电磁学. 3 版. 北京: 高等教育出版社.
CVM-200 霍尔效应测试仪使用说明.

8.4　掺氮磷化镓半导体材料的光致发光谱

固体光谱学是通过测量光与固体材料相互作用引起的光的吸收、发射、反射和散射等现象，并根据光的波长和强度等信息，研究半导体、绝缘体和金属等各种固体的能带结构、杂质状态和各种元激发，诸如最外层电子、激子、声子和电磁激元等的有力工具. 由于固体的能带是准连续能级，所以得到的光谱一般是连续的. 大多数绝缘体和半导体的基本吸收波长落在紫外和可见光谱波段，它们相应于电子由价带能级到导带能级之间的跃迁，因此，紫外及可见光吸收和发射光谱适用于禁带宽度较大，或者带内跃迁和杂质态等情况. 红外光谱是研究晶格振动的主要方法之一，还可以研究自由载流子吸收和杂质吸收等. 拉曼散射光谱主要用于研究固体中的光学声子谱及相应能量的其他元激发. 布里渊散射光谱用于研究声学声子谱及能量甚低的元激发，如磁振子等.

本实验通过测量掺氮磷化镓(GaP:N)半导体材料的光致发光谱，了解光致发光谱测量的原理，掌握测量光致发光谱的方法.

【预习要求】

(1) 了解光致发光谱测量原理及方法.

(2) 了解仪器设备的使用、维护及保养.

一、实验原理

1. GaP:N 的复合过程

1) 直接复合(本征复合)

GaP 是间接带隙材料，在直接复合过程中，参与跃迁的电子和空穴在各自能态的动量不同，要满足动量守恒定律，就必须伴随声子的跃迁，这是一个二级过程，复合概率很小. GaP 的理论复合概率在 300 K 时为 $5.37\times10^{-14}\ \mathrm{cm^2\cdot s^{-1}}$，而直接带隙的 GaAs 的复合概率为 $7.21\times10^{-19}\ \mathrm{cm^3\cdot s^{-1}}$.

2) 间接复合

GaP:N 中的间接复合主要就是激子复合，因为电子被束缚在 N 原子附近，使得 k 空间的波函数展宽，对应 $k=0$ 的直接跃迁的分量增加，所以被孤立 N 和 NNi 束缚的激子复合发光效率最高. GaP:N 的发光主要是以激子的复合为主.

3) 杂质能级的复合

GaP:N 材料中存在 n 型掺杂剂硫(S)元素和 p 型掺杂剂锌(Zn)元素. 其中，施主杂质 S 俘获的电子和受主杂质 Zn 俘获的空穴可分别与价带上的空穴和导带上的电子复合而发光. 当杂质浓度较大时，二者也有较大的复合概率. 此外，施主杂质和受主杂质相邻，二者束缚的电子和空穴形成电子-空穴对，它们复合发光也具有较高效率.

4) 俄歇过程

导带的一个电子和价带的一个空穴复合时，放出的能量转移到另外的电子或空穴，使其上升到较高能级，然后逐渐放出声子，回到导带底或价带顶. 同样在杂质和缺陷的复合中心上的复合所放出的能量也可激发相近的载流子. 这类过程需要三个粒子的参与，在高掺杂的半导体材料中概率较大. 一般在 GaP:N 材料中，等电子杂质复合中心附近存在第三个粒子的机会很小，故发生俄歇过程的概率甚小.

5) 表面复合

表面缺陷可在禁带内产生表面能级，载流子可通过这些能级无辐射地复合. 表面复合是间接复合，一般发生的概率也较小.

上述 GaP:N 的复合过程中，前三个为辐射复合，后两个为无辐射复合. 通过以上讨论，可以知道，GaP:N 的发光主要是以激子的复合为主，其中，被孤立 N 和 NNi 束缚的激子复合发光效率最高，也是我们光致发光谱的研究重点.

2. GaP:N 的激子跃迁过程

1) 激子的形成机制

在半导体，当价带上的电子吸收的能量大于或等于禁带宽度 E_g 时，该电子将会跃迁到导带，从而形成一对能自由运动的电子和空穴. 但是，当价带上的电子吸收的能量小于 E_g 时，受激电子虽然不足以进入导带但还是跃出了价带并受到空穴的库仑场作用形成了一个正负电荷中心，这种由受激电子和空穴互相束缚而产生的新的系统称为激子.

2) 激子的复合机制

孤立的 N 和 N-N 对在 GaP:N 中形成等离子复合中心，从而在 GaP 的禁带中引入了复合中心能级，电子-空穴(激子)的复合可以分为两步：第一步，导带电子落入复合中心能级；第二步，这个电子再落入价带与空穴复合. 复合中心恢复了原来空着的状态，又可以再去完成下一次的复合过程. 显然，一定还存在上述两个可逆过程. 所以，激子复合仍旧是一个统计性的过程，如图 8-4-1 所示.

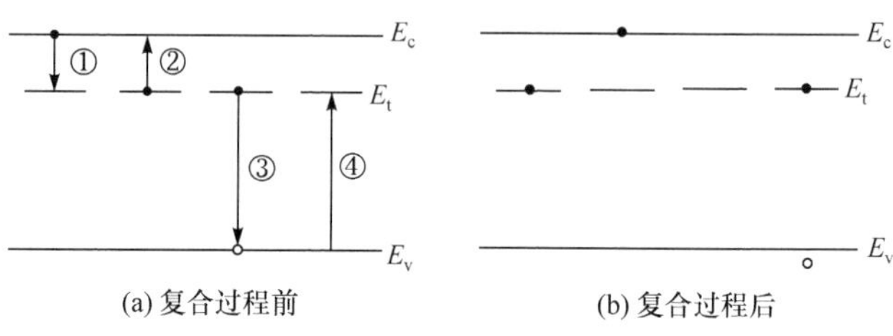

图 8-4-1　激子复合的四个过程

(1) 捕获电子过程. 复合中心能级 E_t 从导带捕获电子.

(2) 发射电子过程. 复合中心能级 E_t 上的电子被激发到导带(为(1)的逆过程).

(3) 捕获空穴过程. 电子由复合中心能级 E_t 落入价带与空穴复合. 也可看成复合中心能级从价带捕获了一个空穴.

(4) 发射空穴过程. 价带电子被激发到复合中心能级 E_t 上. 也可以看成复合中心能级向价带发射了一个空穴(为(3)的逆过程).

3. GaP:N 的激子跃迁模型和氮浓度的测量公式

西瑞-米格(Thierry-Mieg)等在 1983 提出了一个 GaP:N 的激子跃迁简化能级模型，其中只有孤立 N 和 NN_1 的束缚激子能级，如图 8-4-2 所示. 依据这一模型，他们推导出了在弱激发光强条件下氮浓度[N]的测量公式.

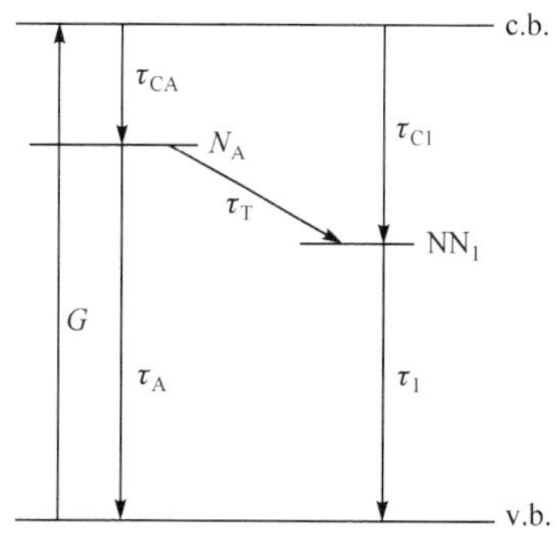

图 8-4-2　西瑞-米格能级模型

在低温和低激发光功率密度下，激子的热离化可以忽略，所以，图 8-4-2 所示能级系统的激子跃迁速率方程可以写为

$$\frac{\mathrm{d}n_0}{\mathrm{d}t}=G-\frac{n_0}{\tau_{CA}}\left(1-\frac{N_A^*}{N_A}\right)-\frac{n_0}{\tau_{C1}}\left(1-\frac{N_1^*}{N_1}\right) \quad (8\text{-}4\text{-}1)$$

$$\frac{\mathrm{d}N_A^*}{\mathrm{d}t}=-\frac{N_A^*}{\tau_A}-\frac{n_0}{\tau_T}\left(1-\frac{N_1^*}{N_1}\right)+\frac{n_0}{\tau_{CA}}\left(1-\frac{N_A^*}{N_A}\right) \quad (8\text{-}4\text{-}2)$$

$$\frac{\mathrm{d}N_1^*}{\mathrm{d}t}=-\frac{N_1^*}{\tau_1}-\frac{N_A^*}{\tau_T}\left(1-\frac{N_1^*}{N_1}\right)+\frac{n_0}{\tau_{C1}}\left(1-\frac{N_1^*}{N_1}\right) \quad (8\text{-}4\text{-}3)$$

其中，n_0 为自由激子的浓度；G 为自由激子的产生速率；N_A 为孤立氮中心浓度；N_A^* 为束缚一个激子的孤立氮中心的浓度；N_1 为 NN_1 中心的浓度；N_1^* 为 NN_1 束缚一个激子的 NN_1 对的浓度；τ_{CA} 为孤立氮捕获一个激子的时间；τ_{C1} 为 NN_1 中心捕获一个激子的时间；τ_A 为孤立氮束缚激子的辐射寿命；τ_1 为束缚于 NN_1 中心的激子辐射寿命，τ_T 为激子由孤立氮中心转移到 NN_1 中心的时间. 因为 $1/\tau$ 是跃迁

概率，故孤立氮和 NN_1 束缚激子两个能级的跃迁发光强度分别为 $I_A = N_A^*/\tau_A$，$I_1 = N_1^*/\tau_1$. 求解上述速率方程要考虑以下条件.

(1) 激发与跃迁动态平衡时，式(8-4-1)～式(8-4-3)三式分别等于 0.

(2) 低激发光强时，束缚激子氮中心与全部氮中心相比很少，$N_A^*/N_1 \ll 1$，$N_1^*/N_1 \ll 1$.

(3) 设 N_0 为磷原子浓度，则磷位被氮占据的概率为：$[N]/N_0$，在一个氮原子邻近有另外一个氮原子的概率为 $\frac{[N]}{N_0}\times\eta\frac{[N]}{N_0}$，其中，$\eta$=12，为 NN_1 的等价位置点数，因此，NN_1 的浓度为

$$N_1 = \eta\frac{[N]^2}{N_0^2}\times N_0\times\frac{1}{2} = 6\frac{[N]^2}{N_0} \tag{8-4-4}$$

(4) 设孤立氮和 NN_1 中心的俘获系数相同，记为 γ，则

$$\frac{1}{\tau_{AC}} = \gamma N_A,\quad \frac{1}{\tau_{C1}} = \gamma N_1 \tag{8-4-5}$$

式(8-4-2)和式(8-4-3)联立求解，消去 n_0，并应用这些条件可得

$$\frac{I_1}{I_A} = \frac{\tau_A}{\tau_T}(1+\xi) \tag{8-4-6}$$

其中，$\xi = \frac{\eta N_A}{2N_0}\left(\frac{\tau_A+\tau_T}{\tau_A}\right)\approx 0$. 这是由于孤立氮束缚激子的辐射寿命 $\tau_A = 10^{-7}$ s，比激子由孤立氮中心转移到 NN_1 中心的时间 τ_T 大很多，并且，$[N]\approx 10^{17}\sim 10^{19}\text{cm}^{-3}$，$N_0 = 2.5\times 10^{23}\text{cm}^{-3}$，氮浓度比为磷原子浓度小很多.

式(8-4-6)中，$1/\tau_T$ 是激子从孤立氮中心到 NN_1 中心的迁移概率，这一过程是激子隧穿过程，孤立氮束缚激子的转移率为

$$P = N_A\int P(R)\mathrm{d}^3R = N_A\int \omega_0\exp(-2R/R_0)\mathrm{d}^3R \tag{8-4-7}$$

被积函数为束缚于一个氮原子的激子转移到距离 R 外的另一氮原子的概率，其中，$\omega_0 = 3\times 10^{12}\text{s}^{-1}$，为激发自由激子的频率；$R_0 = 4$ nm，为激子半径，因此

$$\frac{1}{\tau_T} = \frac{N_1}{N_A}P = N_1\pi\omega_0 N_0^3 \tag{8-4-8}$$

将式(8-4-8)代入式(8-4-6)，并考虑到 $\xi\approx 0$，可得

$$\frac{I_1}{I_A} = \frac{6\pi\omega_0 R_0^3}{2.5\times 10^{22}}\tau_A N_A^2 = 1.45\times 10^{-33} N_A^2 \tag{8-4-9}$$

由式(8-4-9)可知，在低激发功率密度下，NN_1 束缚激子跃迁的发光强度与孤立 N

束缚激子跃迁的发光强度的比值是一个常数，与激发光强无关，只与氮浓度有关. 实际上，$N_1 \leqslant N_A$，N_A 近似为氮浓度[N]，因此

$$[\mathrm{N}] \approx 2.63 \times 10^{17} \sqrt{\frac{I_1}{I_A}} \tag{8-4-10}$$

只要通过实验测出 I_1 和 I_A 的比值，我们就可以得到 GaP:N 的氮浓度[N].

二、实验装置

实验设备如图 8-4-3 所示.

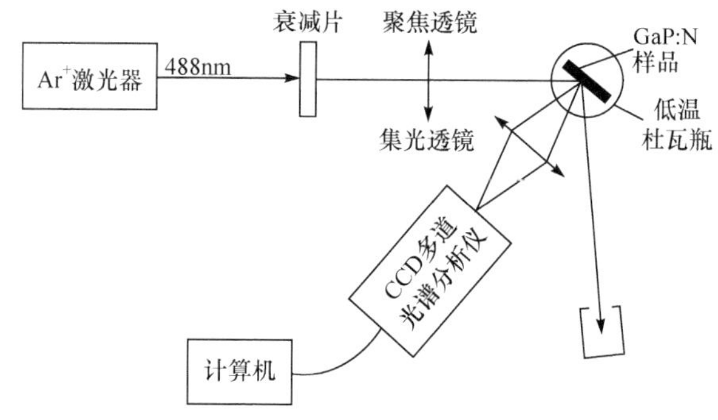

图 8-4-3　实验设备示意图

激发光为氩离子(Ar^+)激光器发出的 488nm 激光，激发光经过可调节衰减片衰减后，通过聚焦透镜会聚到浸没在 77 K 液氮中的 GaP:N 样品上，GaP:N 被光激发产生的荧光经过集光透镜后进入 CCD 多道光谱分析仪进行光谱采集，所采集的光谱数据通过计算机进行显示和分析.

1. Ar^+激光器

南京生产的 Ar^+-238 型 Ar^+激光器的光学参数如下：谐振腔为平凹腔，凹面镜的曲率半径为 5 m，腔长为 1435 mm，光斑直径小于 1.5 mm，光束发散角小于 1.0 mrad，偏振度大于 100:1，电控光功率稳定性在 30 min 内小于±3%，利用循环水进行冷却.

2. CCD 多道光谱分析仪

天津港东生产的 WGD-5 型 CCD 多道光谱分析仪. WGD-5 型光学多通道分析器由光栅多色仪、CCD 接收单元、扫描驱动系统和计算机控制处理单元组成，可用于分析 300～900 nm 范围内的光谱. 多色仪的光栅刻线为 1200 条/mm，波长精度为 0.2 nm，线型 CCD 由 2048 个像素组成.

三、实验内容

1. 激光器调整

先开启水冷循环系统，启动激光器后，工作电流视需要调整到 25～30 A，把激光器输出光强调至最强，为 300～600 mW，稳定 0.5 h. 实验完成关闭激光器后，水冷循环继续维持 10 min 才能关闭.

2. 样品处置

将待测 GaP∶N 样品用有机溶剂清洗去污. 在低温杜瓦瓶内注入液氮. 操作时注意安全. 将样品安放在样品架上，然后把样品架放入已灌满液氮的杜瓦瓶中，调整样品平面与 CCD 多道光谱分析仪的入射窗口平面保持平行.

3. 光谱仪设定

由于 GaP：N 的 A 线和 NN_1 线波长分别约为 536 nm 和 568 nm，因此，将 CCD 多道光谱分析仪的中心波长调至 540 nm. 对应的光谱测量范围为 500～600 nm. 用 Ne 元素高频放电灯作为波长标准对 CCD 多道光谱分析仪的波长进行定标.

4. 光路调整

让激发光在样品表面聚焦，并将样品受激产生的荧光会聚到光谱仪的入射狭缝上，根据显示器所显示的荧光信号的强弱调节激光聚焦、荧光集光光路及光谱仪入射狭缝，以得到较强的光谱信号和较高的信噪比. GaP:N 的典型光致发光谱如图 8-4-4 所示.

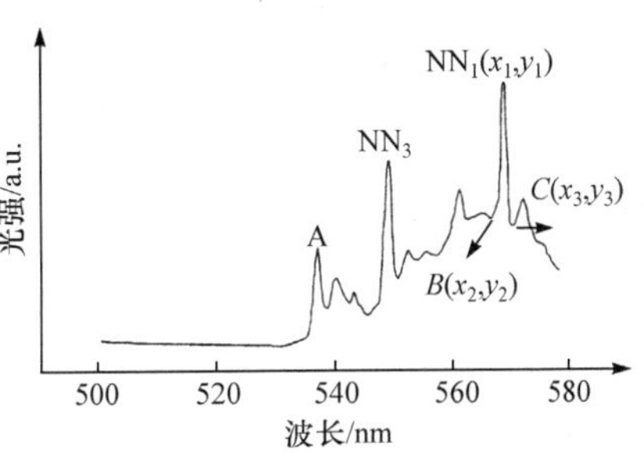

图 8-4-4　GaP:N 的典型光致发光谱

5. 光谱测量

对样品的同一测量点，用强、中、弱三种光强的激光进行激发，分别记录. 移动样品架换另一个测量点重复上面的实验，激光光强由功率计在激光入射杜瓦瓶前测得，激光光强的改变通过调节透射式铝膜光学梯度衰减器实现.

6. 数据处理

1) 频谱响应修正

本实验需要测量不同波长谱线的光强比，光谱相对光强的准确测量极为关键，由于 CCD 光谱仪的光谱频率响应曲线在我们测量的光谱范围内不是平坦的，因此，必须测出 CCD 多道光谱分析仪的频率响应修正曲线，从而对所测量的光强度进行修正. 一般是用照度计测量标准钨带灯得到标准光强随波长的分布，然后用待校准的光谱仪测量在同样工作条件下的钨带灯光谱，前者除以后者即可得到频响修正曲线. 我们已经对 CCD 多道光谱分析仪 500～600 nm 范围频响修正曲线进行了测定.

根据事先测定的 CCD 光谱仪的频率响应曲线，对测得的光谱在各个波长的光强数据乘以其对应的频率响应系数，进行光谱强度的频率响应修正.

2) 光致发光谱的光强测量

为了测量 N 浓度[N]，需要测量 NN_1 束缚激子跃迁的发光强度与孤立 N 束缚激子跃迁的发光强度 I_1 与 I_A. 光强可以用光谱图中 NN_1 线和 A 线的高度来近似. 谱线高度的测量如图 8-4-4 所示，对于我们的实验精度而言，谱线的最低点可取为峰的轮廓线与伴峰轮廓两交点(点 B 和点 C)高度差的中点，所以 NN_1 线的强度可以用公式表示为：$I_1 = y_1-(y_2 + y_3)/2$，同理可测得 A 线的强度.

四、注意事项

(1) 必须保证开启水冷循环系统.

(2) 在低温杜瓦瓶内注入液氮，操作时注意安全.

(3) 样品用有机溶剂清洗干净.

五、思考题与讨论

(1) 半导体 GaP 中的杂质 N 在发光过程中的作用如何？

(2) GaP：N 的复合过程有哪些，主要的光致发光过程如何？

(3) 本实验对激光器的激光波长有何要求？为何要对频谱响应进行修正？

参 考 文 献

刘恩科，朱秉升，罗晋生. 2008. 半导体物理学. 7 版. 北京：国防工业出版社.

熊俊. 2007. 近代物理实验. 北京：北京师范大学出版社.

第 9 章 微波实验

引　　言

微波技术是近代发展起来的一门尖端科学技术. 微波技术不仅在国防、工业、农业和通信等方面有着广泛的应用，在科学研究中也是一种重要的观测手段. 微波的研究方法和测试设备都与无线电波不同. 本书安排微波实验的目的在于：学习微波的基本知识和基本测量技术，并以微波为科学研究手段来观测物理现象.

一、微波的特点及其应用

微波是波长很短(也就是频率很高)的电磁波. 具体地说，“微波”一般是指波长 1 mm～1 m 范围内的电磁波，它的频率处在 300～300000 MHz 范围内，所以也称为“超高频”. 微波波段介于超短波和红外线之间，它又可以细分为“分米波”(波长为 1～10 dm)、“厘米波”(波长为 1～10 cm)和“毫米波”(波长为 1～10 mm). 波长在 1 mm 以下至红外线之间的电磁波称为“亚毫米波”或“超微波”，这是一个正在开发的波段.

对微波只有数量(波长和频率)的概念而没有本质的认识，是远远不够的，在充分了解微波的特性之后，才能加深对微波的理解. 下面介绍微波的几个主要特点.

1. 波长短

微波的波长比一般物体(如飞机、舰船、火箭、建筑物等)的尺寸要小得多. 在这种情况下，微波和几何光学中的光很相似，具有直线传播的性质. 利用这个特点，就能在微波波段制成方向性极好的天线系统，也可以收到地面和宇宙空间各种物体反射回来的微弱微波，从而确定物体的方位和距离，这一特性使得微波技术在雷达、导航和通信中有着广泛应用. 此外，微波传输线、微波元件和微波测量设备的线度与波长具有相近的数量级，因此一般无线电元件(如电阻、电容、电感等)元件由于辐射效应和趋肤效应都不能用了，必须用原理上完全不同的微波元件(波导管、波导元件、谐振腔等)来代替.

2. 频率高

微波的电磁振荡周期(10^{-12}～10^{-9} s)很短，已经可以和电子管中电子在电极间的飞越时间(约 10^{-9} s)比拟，甚至还要小. 在低频率时，电子在普通电子管中电极间的飞越时间与信号的振荡周期相比可以忽略，但是在微波波段就不是这样了. 因此，普通电子管已经不能用作微波振荡器、放大器和检波器，而必须采用原理上完全不同的微波电子管(速调管、磁控管和行波管等)、微波固体器件和量子器件来代替. 电磁波是以光速传播的，从电路的一端传到另一端需要一定的时间，这就是“延时效应”. 在一般低频电路中延时远小于振荡周期，可以忽略，但是在微波电路中延时与周期可以比拟，因此研究微波问题时，电磁场及电磁波的概念和方法就显得十分重要了.

3. 量子特性

在微波波段，电磁波每个量子的能量范围是 10^{-6}～10^{-3} eV，许多原子和分子发射和吸收的电磁波的波长正好处在微波波段内. 人们利用这一特点来研究分子和原子的结构，发展了微波波谱学和量子电子学等尖端学科，并研制了低噪声的量子放大器和准确的分子钟、原子钟.

4. 能穿透电离层

微波可以畅通无阻地穿过地球上空的电离层，为卫星通信、宇航通信和射电天文学的研究和发展提供了广阔的前途.

观测微波与物质相互作用所发生的物理现象，一方面可以研究物质的原子和分子的结构，另一方面可以研究发生特殊效应的有关机制并开辟新用途. 例如，利用微波磁共振方法来观测顺磁物质和铁磁物质的特性、测定 g 因子、共振线宽和弛豫时间等，可以研究共振的机制和分子能级的精细结构.

此外，利用某些物质吸收微波能量所产生的热效应进行加热，具有内外同热、均匀迅速等优点. 微波加热装置已广泛应用于工业、农业、医疗以及食物烹调等方面.

二、微波基本知识

为了更好地理解和掌握与实验相关的微波技术，了解一些微波基本知识是必要的. 常用的微波传输线有同轴线、波导管、带状线和微带线等，如图 9-0-1 所示.

微波传输线中某一种确定的电磁场分布形式，称为“波形”. 同轴线、带状线和微带线中传播的基本波形是横电磁波(或近似为横电磁波)，简写为 TEM 波. 所谓横电磁波就是电磁场只有横向(垂直于传播方向)分量，而没有纵向(传播方向)分量.

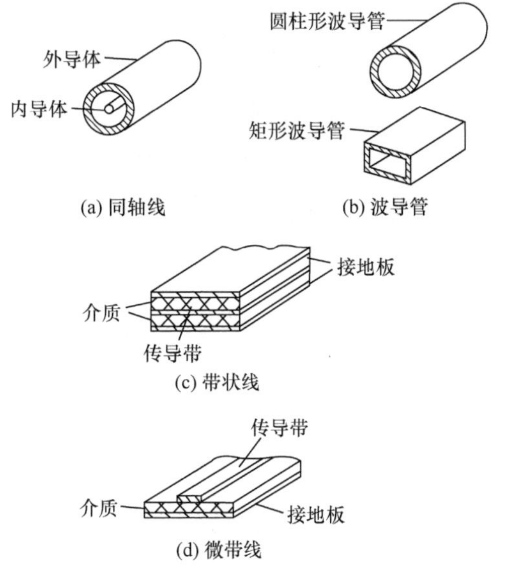

图 9-0-1 微波传输线

引导电磁波传播的空心金属管称为波导管，常见的波导管有矩形波导管和圆柱形波导管两种. 理论分析证明：在波导管中不可能传播横电磁波，亦即在波导管中不存在电场纵向分量和磁场纵向分量同时为零的电磁波. 在波导管中能够传播的电磁波可以归纳成两大类：①横电波又称为磁波，简写为 TE 波或 H 波，磁场可以有纵向和横向的分量，但电场只有横向分量；②横磁波又称为电波，简写为 TM 波或 E 波，电场可以有纵向和横向的分量，但磁场只有横向分量. 至于电场和磁场的纵向分量都不为零的电磁波，则可以看成由横电波和横磁波叠加而成.

在实际应用中，总是把波导管设计成只能传输单一的波形. 现在使用的标准矩形波导管中，只能传播 TE_{10} 波(或 H_{10} 波).

1. 矩形波导管中的 TE_{10} 波

在横截面为 $a \times b$(其中 $a>b$)的矩形波导管中(图 9-0-2)，管内充以介电常量为 ε，磁导率为 μ 的均匀介质(一般为空气). 如果在开口端输入角频率为 ω 的电磁波，使它沿着 z 轴传播，则管内的电磁场分布由麦克斯韦方程组和边界条件决定.

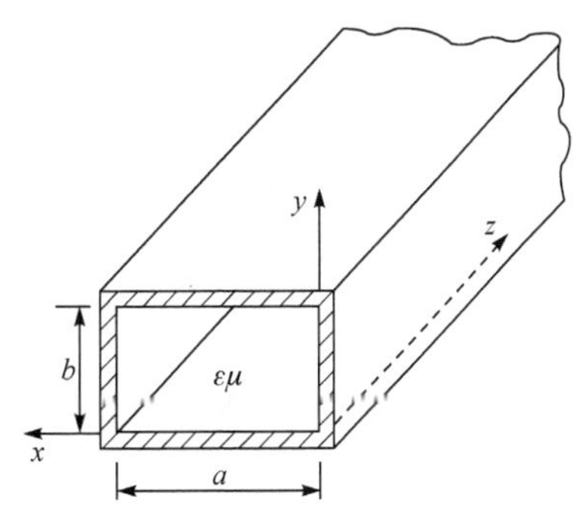

图 9-0-2 矩形波导管

在无耗、均匀和无限长的矩形波导管中，TE_{10} 波的电磁场分量为

$$
\begin{cases}
E_y = E_0 \sin\dfrac{\pi x}{a} \mathrm{e}^{\mathrm{i}(\omega t-\beta z)}, \quad E_x = E_z = 0 \\
H_x = -\dfrac{\beta}{\omega\mu} E_0 \sin\dfrac{\pi x}{a} \mathrm{e}^{\mathrm{i}(\omega t-\beta z)}, \quad H_y = 0 \\
H_z = \mathrm{i}\dfrac{\pi}{\omega\mu a} \cdot E_0 \cos\dfrac{\pi x}{a} \mathrm{e}^{\mathrm{i}(\omega t-\beta z)}
\end{cases}
\tag{9-0-1}
$$

其中相位常量

$$
\beta=2\pi / \lambda_{\mathrm{g}} \tag{9-0-2}
$$

波导导波

$$
\lambda_{\mathrm{g}} = \lambda / \sqrt{1-(\lambda / \lambda_{\mathrm{c}})^2} \tag{9-0-3}
$$

临界波长

$$
\lambda_{\mathrm{g}} = 2a \tag{9-0-4}
$$

自由空间波长

$$
\lambda = c / f \tag{9-0-5}
$$

从式(9-0-1)～式(9-0-5)中可以看出 TE_{10} 波具有下列特性.

(1) 存在一个临界波长 $\lambda_{\mathrm{c}}(=2a)$, 只有波长 $\lambda<\lambda_{\mathrm{c}}$ 的电磁波才能在波导管中传播.

(2) 波导波长 λ_{g} 大于自由空间波长 λ.

(3) 电场矢量垂直于波导宽壁(E_y)，而磁场矢量在平行于波导宽壁的平面内(H_x，H_z).

(4) 电磁场在 x 方向形成一个驻立半波，而沿 y 方向是均匀的. 电磁场振幅随 x、y 的分布如图 9-0-3 所示(参看图的右上方).

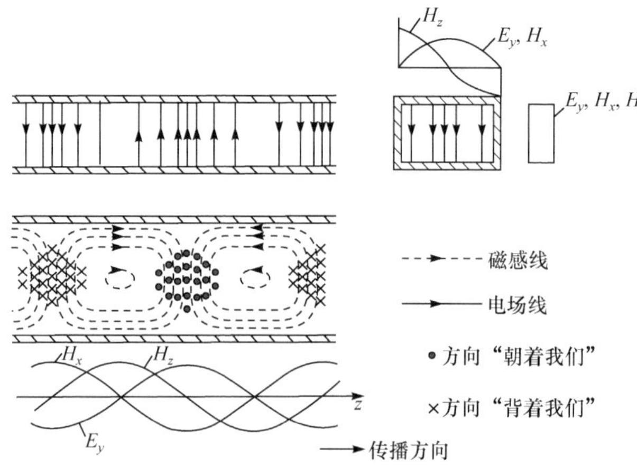

图 9-0-3　TE_{10} 波的电磁场结构

(5) 电磁场在波导的纵方向(z)上形成行波. 在 z 方向上，E_y 和 H_x 的分布规律相同，也就是说，E_y 最大处 H_x 也最大，E_y 为零处 H_x 也为零(图 9-0-3). 场的这种结构是行波的特点. 同时，在 z 方向上，H_z 的相位比 H_x 的相位相差$\pi/2$，所以在一般情况下，H 是一个椭圆偏振波(圆偏振波和线偏振波都可以看成椭圆偏振波的特殊情况).

从上面的分析可以看出“TE_{10} 波”的含义. TE_{10} 波的“TE”表明电场没有纵分量，即 $E_z=0$；TE_{10} 的第一个脚标“1”表明场沿波导的宽边方向有“1”个最大值，或者说有“1”个驻立半波；第二个脚标“0”表明场沿波导窄边方向没有变化. (类似地，想想矩形波导管中 TE_{mn} 波和 TM_{mn} 波的含义，其中 $m=0$，1，2，…，$n=0$，1，2，….)

为了使波导管中只传输单一波形——TE_{10} 波，必须采用合适的激励方法和波导截面尺寸. 通常激励 TE_{10} 波的装置如图 9-0-4 所示. 把一根探针(由同轴线内导体延长而成，像一根小天线)放在波导管中电场强度最大值附近，针与电场方向平行. 要使矩形波导中只传输 TE_{10} 波，波导截面尺寸应满足$\lambda/2<a<\lambda$，$0<b<\lambda/2$(一般选取 $a\approx0.7\lambda$，$b\approx0.3\sim0.35\lambda$).

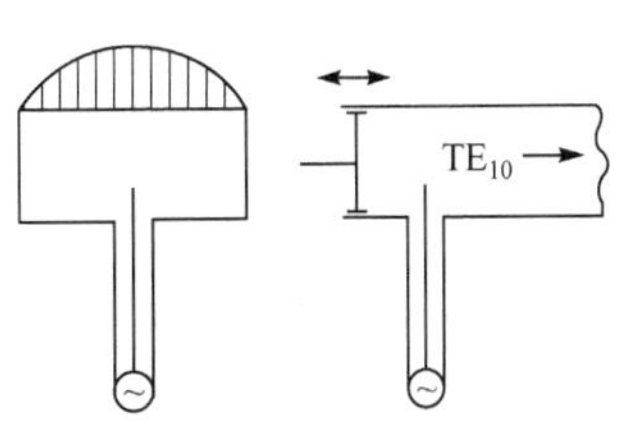

图 9-0-4　TE_{10} 波的激励

2. 反射系数、驻波比及波导的工作状态

上面讨论的是在均匀、无限长的波导中 TE_{10} 波传播的情况，在此情况下波导中只有沿 z 轴传播的波，没有反射波，亦即波导中传播的是行波. 电场的分量 E_y 是

$$E_y = E_0 \sin\frac{\pi x}{a} e^{-i\beta z} e^{i\omega t} \tag{9-0-6}$$

以 $x=a/2$ 为参考面研究电磁波沿轴的传播情况，并略去因子(因为我们只讨论在某一时刻电磁场的分布，测量的也只是场随时间变化的平均值)，有

$$E_y = E_0 e^{-i\beta z} \tag{9-0-7}$$

如果波导不是均匀和无限长的，一般在波导中存在入射波和反射波，电场由入射波和反射波叠加而成

$$E_y = E_i e^{-i\beta z} + E_r e^{i\beta z} \tag{9-0-8}$$

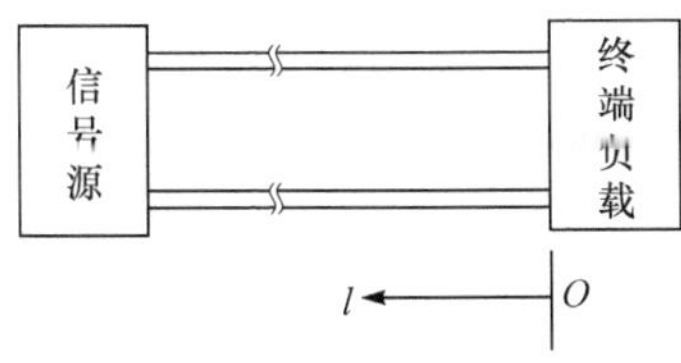

图 9-0-5　变换坐标

式中，E_i 、E_r 分别是电场入射波和反射波的振幅. 如果我们把距离改为由终端负载算起，而不是从信号源算起(图 9-0-5)，则上式变成

$$E_y = E_i e^{i\beta l} + E_r e^{-i\beta l} \tag{9-0-9}$$

我们定义波导中某横截面处的电场反射波与入射波之比为反射系数，记为$\varGamma$：

$$\varGamma=\frac{E_{\mathrm{r}}\mathrm{e}^{-\mathrm{i}\beta l}}{E_{\mathrm{i}}\mathrm{e}^{\mathrm{i}\beta l}}=\frac{E_{\mathrm{r}}}{E_{\mathrm{i}}}\mathrm{e}^{-\mathrm{i}2\beta l}=\varGamma_0\mathrm{e}^{-\mathrm{i}2\beta l} \tag{9-0-10}$$

式中

$$\varGamma=\left|\varGamma_0\right|\mathrm{e}^{\mathrm{i}\varphi} \tag{9-0-11}$$

$\varGamma_0$是终端的反射系数，φ表示在终端反射波与入射波的相位差. 于是可以把式(9-0-9)写成

$$E_y=E_{\mathrm{i}}\mathrm{e}^{\mathrm{i}\beta l}\left[1+\left|\varGamma_0\right|\mathrm{e}^{-\mathrm{i}(2\beta l-\varphi)}\right] \tag{9-0-12}$$

当$2\beta l-\varphi=2n\pi$时，驻波的电场达到最小值(波腹)

$$\left|E_y\right|_{\max}=\left|E_{\mathrm{i}}\right|\left(1+\left|\varGamma_0\right|\right) \tag{9-0-13}$$

当$2\beta l-\varphi=(2n+1)\pi$时，驻波的电场达到最小值(波节)

$$\left|E_y\right|_{\min}=\left|E_{\mathrm{i}}\right|\left(1-\left|\varGamma_0\right|\right) \tag{9-0-14}$$

波导中驻波电场最大值与驻波电场最小值之比称为驻波比(或驻波系数)，记

$$\rho=\frac{\left|E_y\right|_{\max}}{\left|E_y\right|_{\min}} \tag{9-0-15}$$

因为波导中的电场与电压(宽壁间的电势差)成正比，所以驻波比又称为电压驻波比. 它可以用反射系数来表示

$$\rho=\frac{1+\left|\varGamma_0\right|}{1-\left|\varGamma_0\right|} \tag{9-0-16}$$

当然也可用驻波比ρ来表示反射系数

$$\left|\varGamma_0\right|=\frac{\rho-1}{\rho+1} \tag{9-0-17}$$

由以上两式看出：$\rho\geqslant1$，$\left|\varGamma_0\right|\leqslant1$.

当微波功率全部为终端负载所吸收时(这种负载称为“匹配负载”)，波导中不存在反射波. 根据反射系数的定义，这时$\left|\varGamma_0\right|=0$，由式(9-0-12)及式(9-0-16)可以分别得到$\left|E_y\right|=\left|E_{\mathrm{i}}\right|$及$\rho=1$，这时传播的是行波，这种状态称为匹配状态.

当波导终端是理想导体板时(微波技术中叫“终端短路”)，形成全反射. 因在终端处$E_y=E_{\mathrm{i}}+E_{\mathrm{r}}=0$，所以$E_{\mathrm{i}}=-E_{\mathrm{r}}$，亦即$\varGamma_0=-1=\mathrm{e}^{\mathrm{i}\pi}$(终端处电场反射波与入射波的相位差为$\pi$，即相位相反)，此时$\left|\varGamma_0\right|=1$，$\rho=\infty$. 由式(9-0-12)可算出

$$\left|E_y\right|=2\left|E_{\mathrm{i}}\right|\sin\beta l \tag{9-0-18}$$

这时波导中形成纯驻波，在驻波波节处$\left|E_y\right|_{\min}=0$，驻波波腹处$\left|E_y\right|_{\max}=2\left|E_{\mathrm{i}}\right|$，

这种状态称为驻波状态.

一般情况下，波导中传播的不是单纯的行波或驻波，即 $|\Gamma_0|<1$ ，$\rho<1$ ，$|E_y|_{\max}=(1+|\Gamma_0|)|E_{\mathrm{i}}|$ ，$|E_y|_{\min}=(1-|\Gamma_0|)|E_{\mathrm{i}}|$ ，这时称为混波状态.

图 9-0-6 中(a)～(c)分别给出波导在上述三种状态下电场随 l 而变的分布曲线.

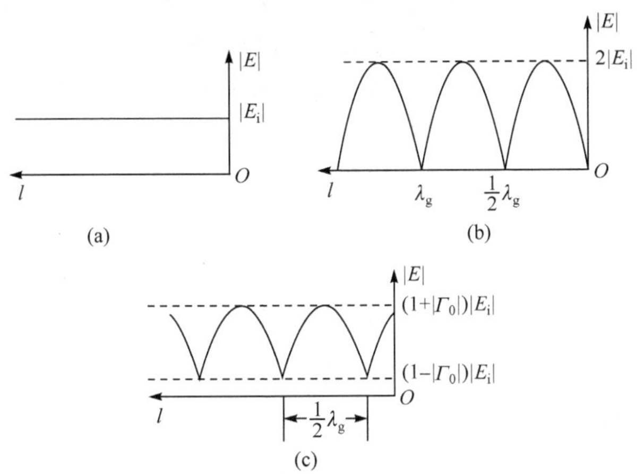

图 9-0-6　电场随 l 而变的分布曲线

上面我们已经说过，波节的相位满足：

$$2\beta l-\varphi=(2n+1)\pi \tag{9-0-19}$$

由上式证明：两个相邻波节的距离等于半个波导波长，即

$$l_{n+1}-l_n=\frac{\pi}{\beta}=\frac{\pi}{\dfrac{2\pi}{\lambda_{\mathrm{g}}}}=\frac{\lambda_{\mathrm{g}}}{2} \tag{9-0-20}$$

同理，两个相邻波腹的距离也等于半个波长，电场在波腹处变化缓慢，而在波节处变化尖锐. 从测量精度方面来考虑，总是由确定两个相邻波节的位置来测定波导波长.

3. 谐振腔

个封闭的金属导体空腔可以用来做微波谐振腔，导体壁可防止电磁波辐射，使电磁场局限在空腔内部. 高频电流可以通过整个空腔壁，使高频电流密度降低，因此趋肤损耗很小. 当电磁波进入封闭导体空腔时，电磁波在腔内连续反射. 如果波增和频率合适，即产生驻波，也就是说，发生谐振现象. 如果谐振腔的损耗可以忽略，则腔内振荡将持续下去，那么在什么条件下，谐振腔能发生谐振呢?

1) 谐振条件、谐振频率

让我们来讨论一个简单的矩形谐振腔——由一段标准矩形波导两端加金属导体板封闭而成的空腔. 设矩形谐振腔的宽为 a，高为 b，长为 l(图 9-0-7). 电磁波沿 z 方向进入空腔后，便在空腔内来回反射，调节反射面的位置(即 l 的数值)，可使空腔内产生驻波，即发生谐振.

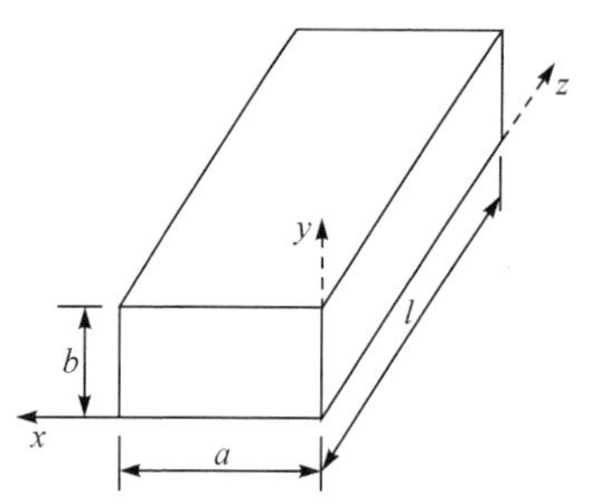

图 9-0-7 矩形谐振腔

因为空腔中存在着入射波和反射波，由 TE_{10} 波的电磁场分量式(9-0-1)考虑反射波，可以得到空腔内电磁场的分布. 例如

$$E_y=\left(E_{\mathrm{i}}\mathrm{e}^{-\mathrm{i}\beta z}+E_{\mathrm{r}}\mathrm{e}^{\mathrm{i}\beta z}\right)\sin\frac{\pi x}{a}\mathrm{e}^{\mathrm{i}\omega t} \tag{9-0-21}$$

在 $z=0$ 平面处，$E_y=0$，由上式有 $E_{\mathrm{i}}+E_{\mathrm{r}}=0$，所以

$$E_{\mathrm{i}}=-E_{\mathrm{r}} \tag{9-0-22}$$

在 $z=l$ 平面处，$E_y=0$，由式(9-0-21)、式(9-0-22)，令 $E_{\mathrm{i}}=E_0$，得 $E_0\mathrm{e}^{-\mathrm{i}\beta l}-E_0\mathrm{e}^{\mathrm{i}\beta l}=0$，所以

$$\beta l=p\pi,\quad p=1,2,3,\cdots \tag{9-0-23}$$

但 $\beta=2\pi/\lambda_{\mathrm{g}}$，代入上式，得

$$l=p\cdot\frac{\lambda_{\mathrm{g}}}{2} \tag{9-0-24}$$

上式就是谐振条件，它表明：谐振腔的两个金属封闭板的距离 l 必须是半个波导波长的整数倍. 由式(9-0-3)和式(9-0-4)我们有

$$\lambda_{\mathrm{g}}=\frac{\lambda}{\sqrt{1-\left(\frac{\lambda}{2a}\right)^2}} \tag{9-0-25}$$

利用式(9-0-24)可得(为了表示谐振，把 λ 记为 λ_0)

$$\lambda_0=\frac{2}{\sqrt{\left(\frac{1}{a}\right)^2+\left(\frac{p}{l}\right)^2}},\quad p=1,2,3,\cdots \tag{9-0-26}$$

上式是谐振波长 λ_0 的表达式. λ_0 与腔的形状、体积、波形等有关. 谐振频率 $f_0=c/\lambda_0$，c 为真空中光速.

2) 振荡模式

由式(9-0-21)～式(9-0-23)求得 E_y，代入麦克斯韦方程组决定 H，得到谐振腔中的电磁场分布为

$$\begin{cases} E_y = -2E_0 \mathrm{i} \sin\dfrac{\pi x}{a}\sin\dfrac{p\pi z}{l}\mathrm{e}^{\mathrm{i}\omega t} \\ H_x = -\dfrac{p\pi}{\omega\mu l}2E_0\sin\dfrac{\pi x}{a}\cos\dfrac{p\pi z}{l}\mathrm{e}^{\mathrm{i}\omega t} \\ H_z = \dfrac{\pi}{\omega\mu a}2E_0\cos\dfrac{\pi x}{a}\sin\dfrac{p\pi z}{l}\mathrm{e}^{\mathrm{i}\omega t} \end{cases} \tag{9-0-27}$$

由 TE_{10} 波波导两端封闭而成的谐振腔，腔内的电磁场分布必须用三个脚标来描述，我们把它记为 TE_{10p}，称为振荡模式. 振荡模式应理解为谐振腔中的某种振荡状态(某种确定的电磁场分布). 脚标 p 表示场沿谐振腔长度上的半波数.

当 p=1 时，TE_{101} 矩形谐振腔中的电磁场结构如图 9-0-8 所示. 由图中可以看出电磁场振幅 E_y,H_x,H_z 沿腔的宽度、高度和长度方向的变化.

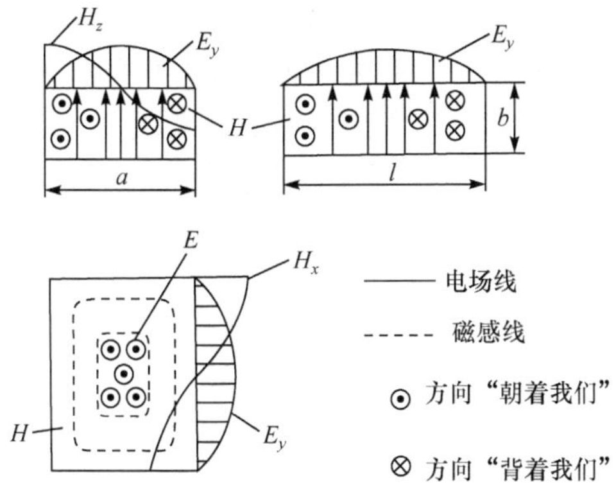

图 9-0-8　TE_{10} 矩形谐振腔的电磁场结构

对于 TE_{10} 矩形谐振腔中的电磁场结构，只要把 TE_{101} 矩形谐振腔的电磁场结构类似地接连画 p 个就行了. (为什么？)

由式(9-0-27)不难看出下列两点：

(1) 电磁场沿 x、z 方向都形成驻波，沿 y 方向是均匀的. 场沿 x 方向有一个驻立半波. 在 E_y 的驻波波腹处，H_z 为驻波波节；在 E_y 的驻波波节处为 H_z 的驻波波腹. 同理，场沿 z 方向有 p 个驻立半波. 在 E_y 的驻波波腹处，H_x 为驻波波节；在 E_y 的驻波波节处，H_x 为驻波波腹.

(2) 腔内各点的电场与磁场在时间上有 $\pi/2$ 的相位差，这就是说，在谐振腔内，浅电场能量最大时，磁场能量为零；反之，当磁场能量最大时，电场能量为零. 因此，腔内电能与磁能相互转换，形成持续振荡，转换频率即为谐振腔的谐振频率.

利用耦合环(由同轴线的内导体与外导体连成圆环而成)和小孔可以使谐振腔

与外负载耦合起来. 谐振腔与同轴线的耦合大多数通过耦合环来实现，谐振腔与波导管的耦合是利用谐振腔与波导管公共壁上的小孔作为耦合元件的. 图 9-0-9 表示谐振腔的耦合.

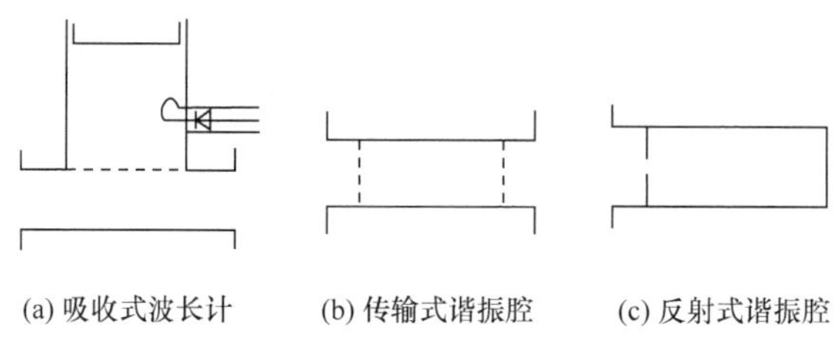

(a) 吸收式波长计　(b) 传输式谐振腔　(c) 反射式谐振腔

图 9-0-9　谐振腔与传输线的耦合

3) 品质因数(Q 值)

和普通 LC 振荡回路一样，除了谐振频率以外，谐振腔的另一个重要参量是品质因数(Q 值)，它表明谐振腔效率的高低. 从 Q 值能够知道在电磁振荡延续过程中有多少功率消耗. 相对谐振腔所储存的能量来说，功率的消耗越多，则谐振腔的值就越低；反之，功率的消耗越少，值也就越高. 作为有效的振荡回路，谐振腔必须有足够高的 Q 值.

品质因数 Q 的一般定义是

$$Q=\omega_0\frac{\text{谐振腔内总储能}}{\text{每秒耗能}}=\omega_0\frac{W_{\text{储}}}{W_{\text{耗}}} \tag{9-0-28}$$

式中 $\omega_0=2\pi f$ 为谐振角频率，$W_{\text{耗}}$ 是每秒的能量损耗，它不仅指腔壁的电阻损耗及腔内的介质损耗(如果腔内含有损耗介质)，而且包括谐振腔通过耦合元件与外界耦合而耗散于负载的辐射损耗.

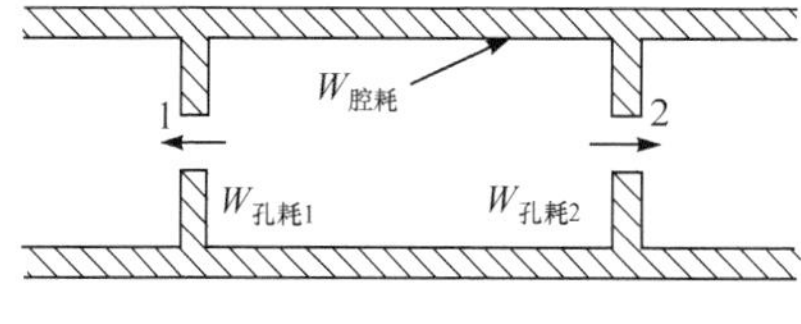

图 9-0-10　传输式谐振腔

图 9-0-10 中的传输式谐振腔，如果腔内的介质损耗可以忽略(腔内的介质是空气)，则 $W_{\text{耗}}$ 是指腔壁电阻损耗和通过两个耦合孔的辐射损耗，即 $W_{\text{耗}}=W_{\text{腔耗}}+W_{\text{孔耗}}$，此时腔的有载品质因数 Q_{L} 为

$$Q_{\text{L}}=\omega_0\frac{W_{\text{储}}}{W_{\text{腔耗}}+W_{\text{孔耗1}}+W_{\text{孔耗2}}} \tag{9-0-29}$$

取倒数

$$\frac{1}{Q_{\text{L}}}=\frac{W_{\text{腔耗}}}{\omega_0 W_{\text{储}}}+\frac{W_{\text{孔耗1}}}{\omega_0 W_{\text{储}}}+\frac{W_{\text{孔耗2}}}{\omega_0 W_{\text{储}}} \tag{9-0-30}$$

令

$$Q_0=\omega_0\frac{W_{储}}{W_{腔耗}},\quad Q_{e1}=\omega_0\frac{W_{储}}{W_{孔耗1}},\quad Q_{e2}=\omega_0\frac{W_{储}}{W_{孔耗2}}$$

其中 Q_0 为腔的固有品质因数，Q_{e1}，Q_{e2} 为腔的外界品质因数. 这时式(9-0-30)变成

$$\frac{1}{Q_L}=\frac{1}{Q_0}+\frac{1}{Q_{e2}}+\frac{1}{Q_{e3}}$$

或

$$Q_L=\frac{Q_0}{1+\beta_1+\beta_2} \tag{9-0-31}$$

式中，$\beta_1=\dfrac{Q_0}{Q_{e1}}$，$\beta_2=\dfrac{Q_0}{Q_{e2}}$ 称为耦合系数，表示谐振腔与外界耦合的强弱. 谐振腔的固有品质因数 Q_0 值，一般都较大，最小也在几千以上；而有载品质因数 Q_L 与负载有关，较 Q_0 为小，耦合孔越大，$\beta_1\beta_2$ 越大，Q_L 越低.

谐振腔的固有品质因数 Q_0 可以用下式作近似估计：

$$Q_0\approx\frac{1}{\delta}\frac{V}{S} \tag{9-0-32}$$

式中，δ 为腔壁的趋肤深度. 上式表明：Q_0 与腔体积 V 成正比，与内壁表面积 S 成反比，比值 V/S 越大，Q_0 的数值也越大(这就是谐振腔多做成圆柱形的原因. 因在 V 相同时，圆柱形谐振腔比矩形谐振腔的 V/S 要大). 从物理上看，大致可以这样解释：V 大则储能多，S 小则损耗小，所以 Q_0 随 V/S 的增大而增大.

4) 谐振曲线

谐振腔的谐振曲线显示腔的谐振特性，谐振曲线越窄，频率选择性越好. 可以证明：谐振腔的 Q 值越高，谐振曲线越窄. 因此，值的高低除了表示谐振腔效率的高低之外，还表示频率选择性的好坏.

a. 传输式谐振腔的谐振曲线

在图 9-0-11 的微波线路中，微波信号源输出的功率经过隔离器进入谐振腔，然后为检波器所接收.

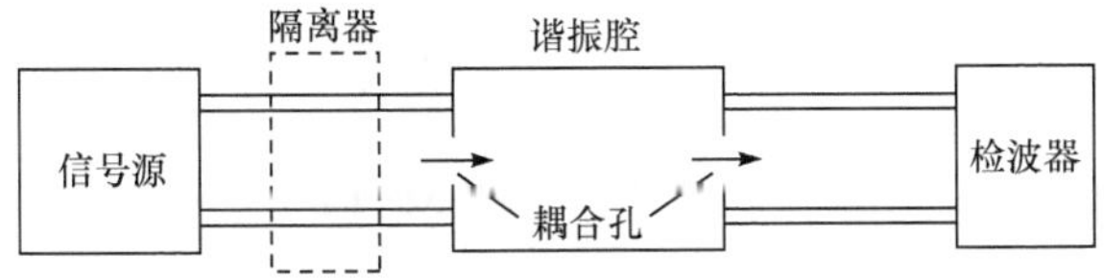

图 9-0-11 传输式谐振腔的传输系数

传输式谐振腔的传输系数 $T(f)$ 定义如下：

$$T(f)=\frac{P_{出}(f)}{P_{入}(f)} \tag{9-0-33}$$

其中 $P_{出}(f)$ 为负载上的输出功率，$P_{入}(f)$ 为信号源与匹配负载连接时负载端的最大输入功率. 在值够高的情况下，$T(f)$ 与 Q 值的关系为

$$T(f)=\frac{T(f_0)}{1+4Q_{\mathrm{L}}^2\left(\frac{\Delta f}{f_0}\right)^2} \tag{9-0-34}$$

其中

$$T(f_0)=\frac{4Q_{\mathrm{L}}^2}{Q_{\mathrm{e1}}Q_{\mathrm{e2}}} \tag{9-0-35}$$

$$\Delta f=f-f_0$$

上式中 f_0 为腔的谐振频率，f 为微波频率. $T(f)$ 的图形如图 9-0-12 所示，这就是传输式谐振腔的谐振曲线.

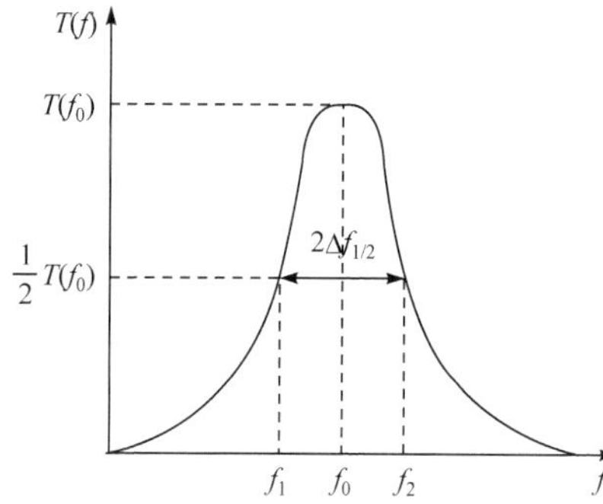

图 9-0-12　传输式腔的谐振曲线

对于半功率点，有

$$4Q_{\mathrm{L}}^2\left(\frac{\Delta f_{1/2}}{f_0}\right)^2=1 \tag{9-0-36}$$

由上式可以决定有载品质系数

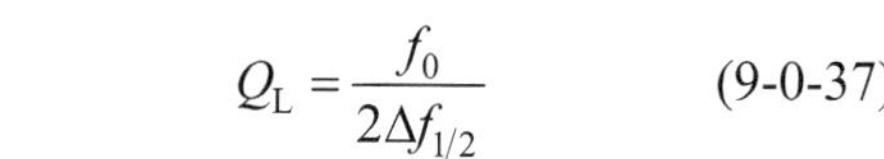

$$Q_{\mathrm{L}}=\frac{f_0}{2\Delta f_{1/2}} \tag{9-0-37}$$

在微波测量中，先测量谐振腔谐振时的微波频率 f_0 (此时输出功率最大)，然后测量输出功率降至一半时的微波频率 f_1 和 f_2，则有载品质因数

$$Q_{\mathrm{L}}=\frac{f_0}{|f_1-f_2|} \tag{9-0-38}$$

b. 反射式谐振腔的谐振曲线

反射式谐振腔的反射率 $R(f)$ 定义为腔输入端的反射功率 P_{r} 与入射功率 P_{i} 之比，即

$$R(f)=\frac{P_{\mathrm{r}}(f)}{P_{\mathrm{i}}(f)} \tag{9-0-39}$$

可以证明：$R(f)$ 即为反射系数 $\varGamma$ 模的平方 $|\varGamma|^2$，并有

$$R(f)=|\varGamma|^2=\frac{|\varGamma_0|2+4Q_{\mathrm{L}}\left(\frac{\Delta f}{f_0}\right)^2}{1+4Q_{\mathrm{L}}^2\left(\frac{\Delta f}{f_0}\right)^2} \tag{9-0-40}$$

式中 Q_L 为腔的有载品质因数，$\Delta f = f - f_0$．$R(f)$ 曲线称为反射式腔的谐振曲线，如图 9-0-13 所示．在半功率点有

$$4Q_L^2\left(\frac{\Delta f_{1/2}}{f_0}\right)=1 \tag{9-0-41}$$

所以

$$Q_L=\frac{f_0}{2\Delta f_{1/2}}=\frac{f_0}{|f_1-f_2|} \tag{9-0-42}$$

由实验可以直接测出谐振频率和半功率频宽 $2\Delta f_{1/2}=|f_1-f_2|$，按上式算出 Q_L．

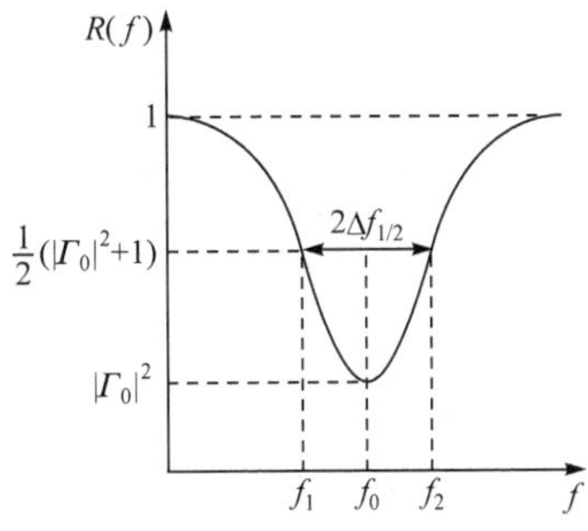

图 9-0-13　反射式谐振腔的谐振曲线

三、微波测量方法

微波测量内容虽然很多，但是驻波测量、功率测量和频率测量是微波测量中最基本的三种测量，而其他的二级参量(如 Q 值、衰减、介电常量、铁磁共振线宽 ΔH 、阻抗等)的测量都可以归结到这三种基本参量的测量加以解决.

应该强调指出的是："调节匹配"是微波测试中必不可少的概念和调整步骤，任何微波系统正式工作之前，都必须把微波线路中各个部分调到匹配状态. 匹配意味着微波系统处于这样一种工作状态：此时微波由信号源向负载传输时不出现反射波(驻波比 ρ=1). 驻波的存在表示信号源与负载未匹配好，能量不能有效地传到负载去，使损耗增大；在大功率情况下，由于驻波的存在，在电场最大值处可能发生击穿现象；驻波的存在还会影响信号源的频率稳定，从而影响微波测量的精确度.

1. 驻波测量

驻波测量可以判断微波传输系统是否处于良好的匹配状态，还可以测量波导波长、衰减、阻抗、谐振腔 Q 值、介电常量等.

驻波测量线是测量微波传输系统中电场的强弱和分布的精密仪器，其简单原理是：使探针在开槽传输线中移动，将一小部分功率耦合出来，经过晶体二极管检波后再由指示器指示，从而看出在开槽线中电场分布的相对强度. 检波晶体管的检波电流 I 与管端电压 V 有关，而 V 与探针所在处的电场 E 成正比，I，E 满足关系式：$I=k_1E^n$，其中 k_1，n 为常量. 在小功率情况下，可以相当精确地认为 $n\approx 2$，即平方律检波. 但在比较精确的测量中，应该对检波律进行校准.

驻波测量包括两部分，即测定电场波腹和波节的振幅以及波节的位置. 驻波测量的线路如图 9-0-14 所示.

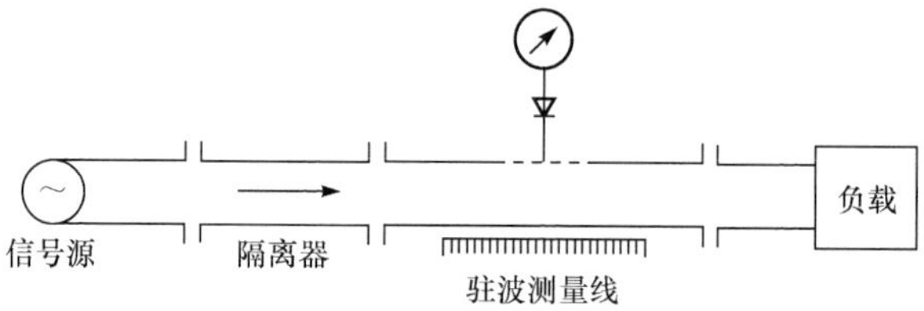

图 9-0-14 驻波测量线路图

1) 小驻波比($1.005 \leqslant \rho \leqslant 1.5$)的测量

在这种情况下，驻波波腹和波节都不尖锐，因此要多测几个驻波波腹和波节，按下式计算 ρ 的平均值：

$$\rho=\frac{E_{\max 1}+E_{\max 2}+\cdots+E_{\max n}}{E_{\min 1}+E_{\min 2}+\cdots+E_{\min n}} \tag{9-0-43}$$

当检波晶体满足平方律时

$$\rho=\frac{\sqrt{I_{\max 1}}+\sqrt{I_{\max 2}}+\cdots+\sqrt{I_{\max n}}}{\sqrt{I_{\min 1}}+\sqrt{I_{\min 2}}+\cdots+\sqrt{I_{\min n}}} \tag{9-0-44}$$

2) 中驻波比($1.5 \leqslant \rho \leqslant 10$)的测量

此时，只需测一个驻波波腹和一个驻波波节，按下式计算：

$$\rho=\frac{E_{\max}}{E_{\min}} \tag{9-0-45}$$

满足平方律时

$$\rho=\sqrt{\frac{I_{\max}}{I_{\min}}} \tag{9-0-46}$$

3) 大驻波比($\rho>10$)的测量

如驻波比 $\rho>10$，波腹振幅与波节振幅的区别大，测量线不能同时测量波腹和波节，因此必须采用别的测量方法. 这里只介绍一种方法——二倍极小功率法.

将式(9-0-12)中的 E_y 简写为 E 并稍加变化得

$$|E(l)|=|E_{\mathrm{i}}|\left[1+|\Gamma_0|^2+2|\Gamma_0|\cos(2\beta l-\varphi)\right]^{1/2} \tag{9-0-47}$$

利用式(9-0-13)、式(9-0-14)和式(9-0-47)，不难证明

$$E(l)^2=\frac{1}{2}\left(E_{\max}^2-E_{\min}^2\right)\left[1+\cos(2\beta l-\varphi)\right]+E_{\min}^2 \tag{9-0-48}$$

参看图 9-0-15，以驻波波节为参考零点，把式(9-0-48)应用到距离波节为 d 处，得

$$|E(d)|^2=\left(E_{\max}^2-E_{\min}^2\right)\sin^2(\beta d)+E_{\min}^2 \tag{9-0-49}$$

当 $|E(d)|^2=2E_{\min}^2$ 时，由上式可推得

$$\rho=\frac{E_{\max}}{E_{\min}}=\frac{\sqrt{1+\sin^2(\beta d)}}{\sin(\beta d)} \tag{9-0-50}$$

在大驻波比时，$\beta d \ll 1$，上式变成

$$\rho \approx \frac{1}{\beta d}=\frac{\lambda_g}{2\pi d} \tag{9-0-51}$$

使用平方律的检波晶体管，利用探针测量极小点两旁功率为极小点功率二倍的两点的距离 W(参看图 9-0-15，W=2d)以及波导波长 λ_g，按下式计算驻波比：

$$\rho=\frac{\lambda_g}{\pi W} \tag{9-0-52}$$

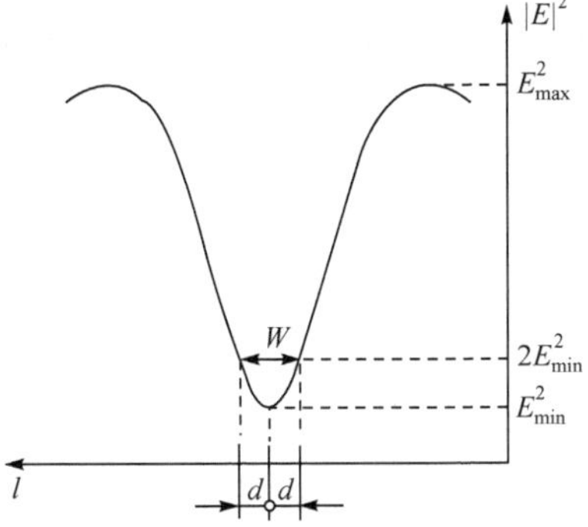

图 9-0-15 二倍极小功率法

2. 功率测量

功率测量包括两种方法：①相对测量(确定微波功率的相对大小)；②绝对测量(确定微波功率的绝对值).

借助于检波晶体管的检波电流，可以简单地估计功率的大小. 在小功率情况下，当检波电流不超过 5～10 μA 时，检波晶体管可以相当精确地假定为平方律检波，亦即检流计测得检波电流 I 与微波功率 P 成正比：$I=k_0P$，其中 k_0 为常量. 由于检波晶体管的特性易随时间而改变，并受到环境因素的强烈影响，要想精确地知道 k_0 是不可能的，所以不能用检波晶体管来测量功率的绝对值. 但是，这并不妨碍把检波晶体管用来测量及指示以相对单位表示的功率.

当在晶体检波接头前面加一个精密可变衰减器时，在不知道检波晶体管的特性曲线情况下，也可精确地测定相对功率值. 如果微波元件的输入端功率为 P_1，输出端功率为 P_2，则定义衰减量为

$$A=10\lg(P_1/P_2)\ \text{dB}$$

当测量的微波输入功率变化时，可调节精密衰减器的衰减量使检波晶体管的检波电流始终保持一个恒定值 I_0，由精密衰减器衰减量的大小可精确地知道输入功率的相对值.

3. 频率测量

微波频率的测量方法基本上有两种：一是谐振腔法；二是频率比较法. 实际测量中主要使用谐振腔法，只有在作精密测量和校准时才使用频率比较法.

由于波长与频率满足 $\lambda=c/f$ 的关系式，因此频率的测量和波长的测量是等效的.

谐振腔法的测量设备是谐振腔波长计，它的主要组成部分为谐振腔、输入耦合、输出耦合、检察装置和读数装置. 图 9-0-16 所示的是圆柱谐振腔波长计.

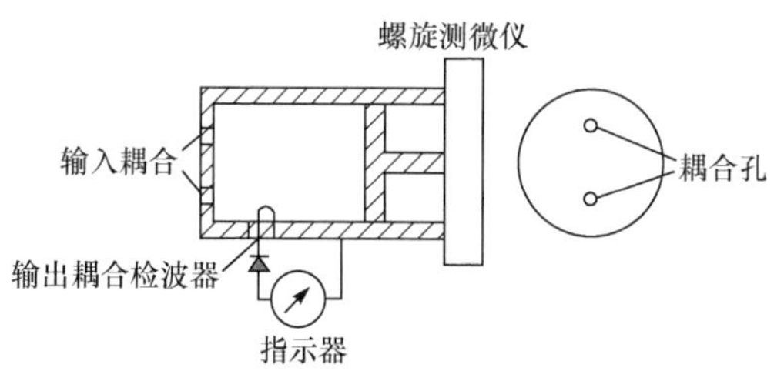

图 9-0-16　圆柱谐振腔波长计

谐振腔波长计可用两种不同方法与微波系统连接：一种是传输型(最大读数法)；另一种是吸收型(最小读数法). 传输式谐振腔有两个耦合元件，一个将能量从微波系统输入谐振腔，另一个将能量从谐振腔输出到指示器. 当谐振腔调谐于待测频率时，能量传输量大，指示器的读数也最大，如图 9-0-17(a)所示. 吸收式波长计的谐振腔只有一个输入端与能量传输线路相接，调谐是从能量传输线路接收端指示器读数的降低看出，如图 9-0-17(b)所示.

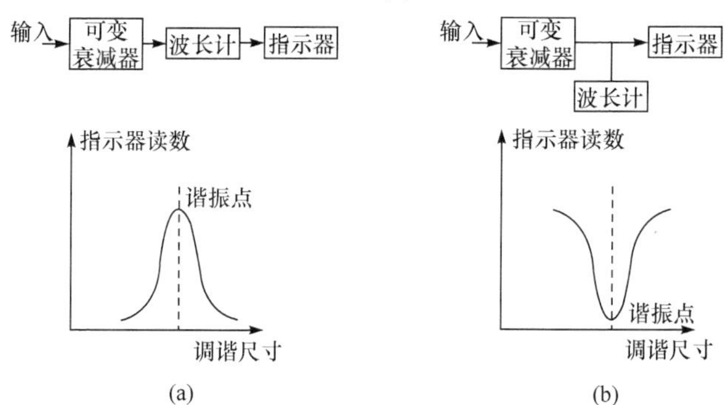

图 9-0-17　谐振腔波长计与线路的连接及相应的谐振曲线

谐振腔波长计的精确度(指测量误差的绝对值与被测量的真实值之比，以百分比表示)在 0.01%～1%. 提高精确度的主要途径是提高谐振腔的品质因数，因此谐振腔波长计都是使用高 Q 的谐振腔.

参 考 文 献

董金明, 邓晖. 2010. 微波技术. 北京: 机械工业出版社.
吴思诚, 荀坤. 2015. 近代物理实验. 4 版. 北京: 高等教育出版社.

9.1　体效应振荡器的工作特性和波导管的工作状态

微波是波长很短、频率很高的电磁波. 由于它具有一系列特殊的性质，因而在国防、通信、工农业生产、科学研究以及日常生活中得到广泛的应用. 了解微波的产生和传输特性，掌握有关微波的一些基本参量，如功率、频率、电压驻波比等的测量原理和测量方法，是熟悉和掌握微波技术必不可少的.

微波通常由一些特殊的微波电子管(如反射式速调管、磁控管等)产生. 实验室里常用的小功率微波信号源用反射式速调管提供微波振荡. 20 世纪 60 年代以后，出现了各种类型的微波半导体振荡器(如体效应振荡器和雪崩振荡器等). 这类器件的特点是体积小、重量轻、结构简单、使用方便、工作电压低，所以在许多场合逐渐代替上述微波电真空器件做微波振荡源. 本实验中使用的信号源就是用体效应振荡器产生微波振荡的.

微波在波导管中的传播情况，可以归纳为三种状态：匹配状态、驻波状态和混波状态. 观测这三种状态，有助于熟悉匹配、反射和驻波等概念.

波导中传播的相速度大于光速. 通过测量波导波长和频率的方法来确定相速度、群速度和光速，不仅提供一种测量光速的简便方法(有四位有效数字)，而且可以进一步明晰微波在波导管中传播的物理图像.

本实验的目的：①了解体效应振荡器的结构、工作原理、工作特性及波导管的三种工作状态；②掌握微波的三种基本参量的测量方法，测量波导波长，确定波导管中波传播的相速、群速和光速.

【预习要求】

(1) 了解体效应微波振荡器的工作原理.

(2) 怎样理解具有双能谷结构的 n-GaAs 半导体的漂移速度-电场特性?

(3) 了解波导管的三种工作状态；掌握小驻波比、中驻波比和波导波长的测量方法.

(4) 微波在矩形波导管中是怎样传播的? 波导波长与波的哪一种速度相关?

(5) 了解频率计测量微波频率的原理及操作方法.

(6) 系统中的检波电流何以被认为是微波的相对功率?

(7) 怎样理解驻波测量线的终端“短路”? 在测量振荡器的微波功率与工作电压的关系曲线时，为什么必须随时适当调节“短路活塞”?

一、实验原理

1. 体效应振荡器

1) 耿(Gunn)效应，体效应二极管的工作原理

体效应振荡器主要由耿氏体效应二极管和谐振腔构成. “耿效应”是 J.B. Gunn 于 1963 年发现的，它是体效应振荡器工作的物理基础：在 n 型砷化镓单晶样品两

端做上欧姆接触电极，当外加电场大于每厘米几千伏特的临界阈值时，会产生频率很高的电流振荡，其振荡频率与样品的长度成反比，大约等于载流子(电子)在电极间渡越时间的倒数.

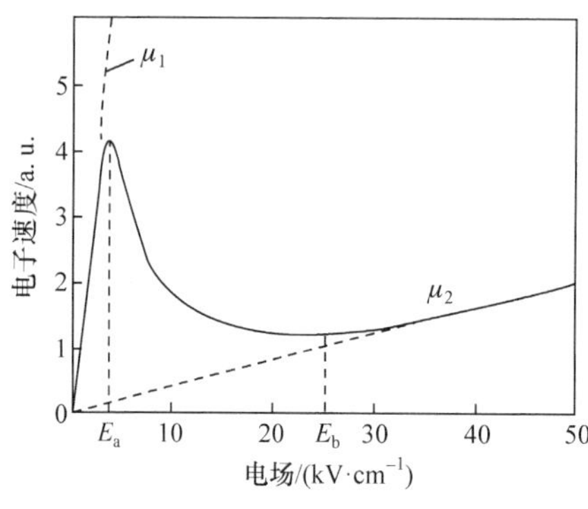

图 9-1-1 双能谷模型的负微分迁移率

这种振荡现象发生于导带中具有双能谷结构的半导体材料(如 GaAs、InP 等)中，这种材料都有特殊的平均电子漂移速度与电场特性(图 9-1-1). 其特点是，在低电场下，平均电子漂移速度随电场线性增加，而当电场超过某一阈值时，电子漂移速度随电场的增加反而减小，微分迁移率是负的. 也就是说，外加电场在大于某一阈值的一定区域内变化时，出现负微分迁移率现象. 这个区域有时也称为负微分电阻率(或负微分电导率)区域. Gunn 效应就发生在这个区域. 这种现象的产生是在强场下电子在主能谷和子能谷之间转移的结果.

如果我们在 n-GaAs 样品上使偏压加到负斜率区，样品内部的电场及电子分布将不再是均匀的. 在样品的不同区域，由于电子迁移速度不同而出现空间电荷的局部积累，形成所谓的电子积累层和电子耗尽层. 当这个“偶极层”内的电场由于电子的进一步积累和耗尽，而变得越来越大时，就形成高场畴. 高场畴作为一个整体在外电场的作用下，以一定的速度向阳极运动，到达阳极便消失. 这时，样品内的电场又上升到阈值以上，新的高场畴又在阴极附近迅速形成并重复上述过程. 畴的生长、运动和消灭是一个周期性的过程. 在它完全形成和渡越的过程中，样品的输出电流小且稳定，但当畴消失时，电流突然增大，从而形成周期性的变化(图 9-1-2).

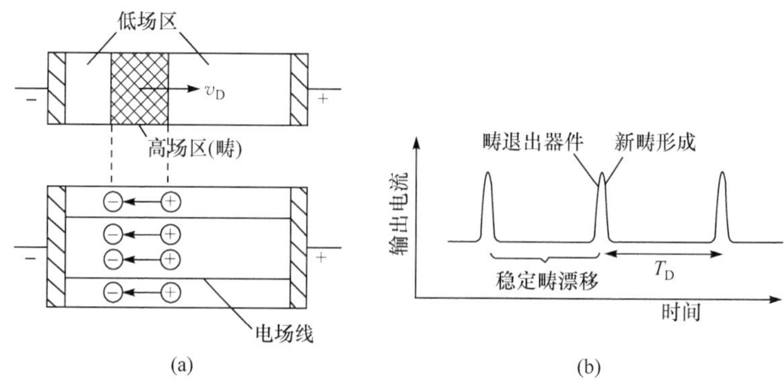

图 9-1-2 (a)偶极层的形成和(b)振荡电流

电流变化的频率由下式决定：

$$f=\frac{1}{T_{\mathrm{D}}}=\frac{v_{\mathrm{D}}}{L} \tag{9-1-1}$$

式中，T_{D} 是高场畴的渡越时间，L 是样品的长度；v_{D} 是畴的运动速度，也就是畴外电子的漂移速度. 为了使我们对频率的量级有一个大概的了解，不妨做一下简单的估算. 若样品长度 L=10μm，电子运动速度 $v_{\mathrm{D}}=10^{7}\mathrm{cm\cdot s^{-1}}$，那么，电流变化的频率便是 10GHz.

2) 体效应振荡器的结构及工作特性

将体效应二极管适当放置在高 Q 振腔中，构成谐振电路，以便产生微波振荡. 对于不同类型的体效应管应配以相应的谐振腔，使之达到较好的匹配. 振荡器的体效应管都是工作在渡越时间模式或者畴模式(即偶极畴淬灭模式和延迟偶极畴模式). 振荡频率主要取决于体效应管芯片的有源区长度、杂质浓度和谐振腔的设计(即外电路特性). 频率调节一般采用机械调谐、变容管电调谐和 YIG 磁调谐三种方式. 本实验中的固态源采用机械调谐方式. 它用 1/2 波长同轴腔作为体效应管的外电路，工作于 TEM 模式. 使用时，先给体效应管加上规定的工作电压，然后通过精密机械传动装置移动腔内非接触活塞的位置，就可以改变谐振腔的有效长度，从而改变微波振荡的频率. 活塞移入腔内越多，电容效应减小，工作频率就会升高，反之频率降低. 腔内活塞的位移变化再经数-模变换成为相应的频率读数，由数字表直接显示.

体效应振荡器的工作特性如图 9-1-3 给出的一组典型曲线所示. 使腔体的尺寸一定，改变体效应管的工作电压，其工作电流、微波输出功率和频率都将发生变化. 在阈值电压以下，体效应管的电流随电压几乎线性增加，而当电压超过阈值时，由于偶极畴的产生和快速成长，电流下降，继续增加电压，电流变化平缓. 这在畴形成向阳极渡越直至消失的过程中都是如此. 此外，随着工作电压的增加，输出功率增加，而振荡频率降低. 因此，可以根据对工作频率和输出功率的要求适当选择工作点. 当然，并不是所有体效应振荡器的输出功率和频率与工作电压之间的关系都类似于图 9-1-3 所示的形式. 不同的体效应二极管由于半导体材料中掺杂、缺陷或位错等微观情况不可能完全一致，因而振荡器的工作特性一般来说是不相同的.

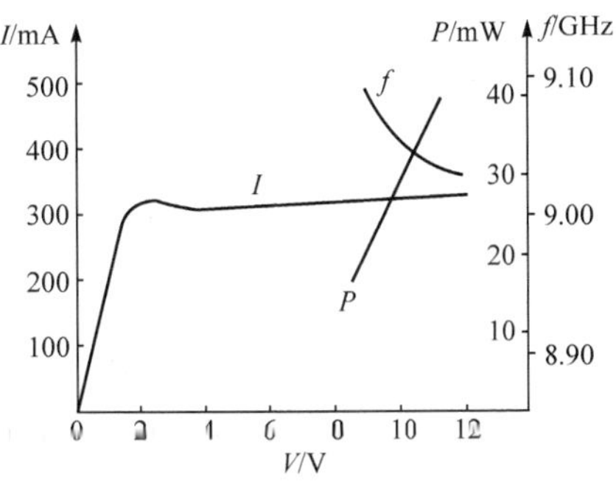

图 9-1-3　体效应振荡器的典型特性曲线

2. 波导管的工作状态

1) 波导管中波的传播特性

一般说来，波导管中存在入射波和反射波. 描述波导管中匹配和反射程度的物理量是驻波比或反射系数. 由于终端情况不同，波导管中电磁场的分布情况也不同，可以把波导管的工作状态归结为三种状态：匹配状态、驻波状态和混波状态，它们的电场分布曲线分别如图 9-0-6 所示. 在匹配状态，由于不存在反射波，所以电场 $|E_y| \equiv |E_i|$；在驻波状态，终端发生全反射，$|E_i|=|E_r|$，所以在驻波波腹处 $|E|_{max}=|E_i|+|E_r|$，驻波波节处 $|E|_{min}=|E_i|-|E_r|=0$；在混波状态，终端是部分反射，$|E_r|<|E_i|$，所以 $|E|_{max}=|E_i|+|E_r|$，$|E|_{min}=|E_i|-|E_r|\neq 0$.

我们知道，波导管中的波导波长 λ_g 大于自由空间波长 λ. 由于

$$c=\lambda f\text{，}\quad v_g=\lambda_g f \tag{9-1-2}$$

式中 c 为光速，v_g 为相速度. 可见波在波导管中传播的相速度大于光速 c. 显然，任何物理过程都不能以超过光的速度进行，理论分析表明，相速度只是相位变化的速度，并不是波导管中波能量的传播速度(即群速度 u)，因此相速度可以大于光速度. 矩形波导管中 TE_{10} 波的物理图像为：一个以入射角 $\theta\left[\theta=\arccos(\lambda/2a)\right]$ 射向波导管窄壁的平面波，经过窄壁的往复反射后，由入射波和反射波叠加而成 TE_{10} 波. 由此可见，波沿波导管轴传播的相速度 v_g 自然要比斜入射的平面波传播速度 c 来得大. 由相速度 v_g、群速度 u 和光速 c 的关系式

$$v_g u=c^2 \tag{9-1-3}$$

可以看出波能量沿波导管轴传播的速度(群速度 u)小于光速.

实验中，我们通过测量波导波长 λ_g 和频率 f 来决定光速 c、相速度 v_g 和群速度 u.

2) 驻波测量线的调整、使用和驻波测量

驻波测量线是微波实验室不可缺少的基本仪器，可利用它来进行多种微波参量的测量. 因此，我们要熟悉驻波测量线的结构，掌握它的正确使用方法(如调整探针有合适穿伸度、调谐、晶体检波律等)，并利用它来测量驻波比和波导波长.

在引言中我们曾经提到，“调节匹配”是微波测试中必不可少的概念和步骤. 怎样才能把微波系统调到匹配状态呢？按照驻波比的定义

$$\rho=\frac{|E|_{max}}{|E|_{min}} \tag{9-1-4}$$

要降低 ρ，须把 $|E|_{max}$ 调小或把 $|E|_{min}$ 调大，这两者是一致的[参看式(9-0-13)、式(9-0-14)]. 在实验中，可把驻波测量线的探针放在驻波极小点或极大点处，采用

把$|E|_{min}$调大或把$|E|_{max}$调小的方法进行调配. 如把探针放在极小点处，则调节接在测量线端点的调配元件，使探针的输出功率稍微增大(不要增大太多，否则会发生假象——波形移动，这时极小点功率并不增大)，然后左右移动探针，看看极小功率是否真正增大. 这样反复调节调配元件，使极小点功率逐步增大，直至达到最佳匹配状态.

3) 晶体的检波特性曲线和检波律的测定

在测量驻波比时，驻波波腹和波节的大小由检波晶体的输出信号测出. 晶体的检波电流 I 和传输线探针附近的高频电场 E 的关系必须正确测定. 根据检波晶体的非线性特征，可以写出

$$I = k_1 E^n \tag{9-1-5}$$

如驻波测量线晶体检波律 n=1 称为直线性检波，n=2 称为平方律检波. n 的数值可按下法测定.

令驻波测量线终端短路，此时沿线各点驻波振幅与终端距离 l 的关系为

$$|E| = k_2 \left|\sin\frac{2\pi l}{\lambda_g}\right| \tag{9-1-6}$$

设以线上 $l = l_0$ 处的电场驻波波节为参考点，将探针由参考点向左移动，线上驻波电场值$|E|$由零增大，而检波电流 I 也相应地由零增大，每一驻波电场值便有一相应的检波电流值. 如果测量时不必知道检波律 n，我们由实验测得 $I(l)$，由式(9-1-6)算出$|E(l)|$，直接画出 I-$|E|$ 的关系曲线，利用它可以由实际测得的检波电流值找出相应的驻波电场相对值，从而求出正确的驻波比(参看图 9-1-4).

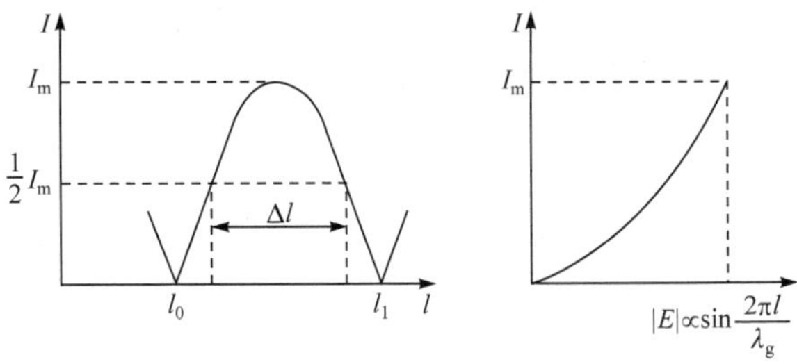

图 9-1-4 晶体检波特性的测定

如果需要知道检波律 n，可以由实验测量在两个相邻波节之间的驻波曲线 $I(l)$，再利用下列关系式定出

$$n = \frac{-0.3010}{\lg\cos\dfrac{\pi\Delta l}{\lambda_g}} \tag{9-1-7}$$

其中 Δl 为驻波曲线上 $I = I_m / 2$ 两点的距离，I_m 为波腹的检波电流. 上式不难由式(9-1-5)和式(9-1-6)求得，同学可自行证明.

二、实验装置

考虑到实验内容的需要，以及熟悉常用微波元件和掌握三种基本测量的要求，我们采用图 9-1-5 的实验线路.

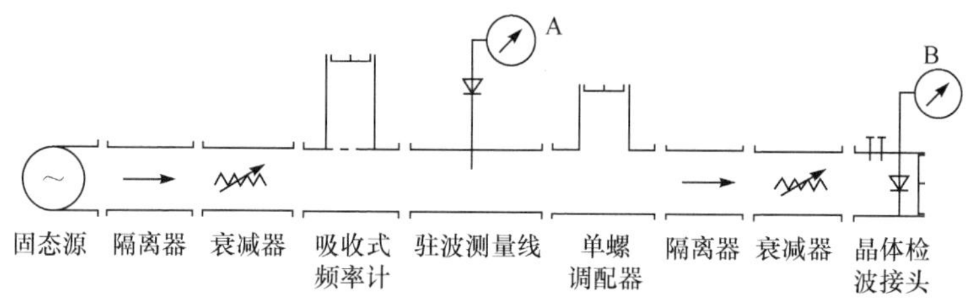

图 9-1-5　实验线路

微波信号由 DH1121A 型 3cm 固态信号源提供. 它主要由体效应振荡器、调制电路和电源三部分构成，具有微波等幅输出、内方波调制及外调制功能. 用数字表显示工作频率、体效应管的工作电压和电流.

整个微波测量线路由 3cm 波段波导元件组成. 主要元件有隔离器、衰减器、吸收式频率计、驻波测量线和单螺调配器. 当体效应振荡器处于等幅状态时，指示器 A、B 为光点检流计或微安表；处于方波调幅状态时，A、B 为测量放大器；处于外调制状态时，A、B 为示波器.

在实验中，可以通过调节单螺调配器来改变驻波测量线终端的情况，观察波导管的三种工作状态. 也可以去掉调配器以后的各个元件，在驻波测量线终端接上可变电抗器(短路活塞)来观测驻波状态，或接上匹配负载来观测匹配状态.

三、实验内容

1. 观测体效应振荡器的工作特性

1) 测量体效应振荡器的工作电压与工作电流、输出功率及频率的特性曲线

将信号源的“工作方式选择键”置于“等幅”状态，打开电源开关，这时面板上所有的数字显示器应有显示. 调节“频率”钮，使频率读数为 9.000 GHz(或者在 8.700～9.300 GHz 选一频率读数)，预热 30 min.

按下“教学”方式键，保持“频率”钮位置不变. 通过“电压”调节钮，在 0～13.0 V 范围内连续改变体效应管的工作电压，并得到相应的工作电流显示. 同时，通过测量装置中的频率计和光点检流计 B，测出微波频率和相对功率. 测量过程中，要适当调节短路活塞和单螺调配器，使晶体检波接头的输出最大. 频率计测

得频率后应随即使其失谐. 还须注意，体效应管不宜在高于 12 V 的电压下长时间工作，以免影响体效应管的使用寿命.

2) 改变谐振腔的有效长度，测量振荡频率和输出功率的关系曲线(选做)

提起“教学”键，使体效应管工作在标准电压下(12.0 V±0.5 V)，此时体效应管的工作电流应在 200～500mA. 通过转动“频率”钮，便可以改变谐振腔的尺寸，从而改变微波频率. 由于本机经数-模变换得到频率显示误差在±40 MHz，所以应用线路中的频率计做准确测量.

2. 观测波导管的工作状态

1) 练习调节匹配，测量小驻波比和中驻波比

在“等幅”状态下，使频率显示为 9.000 GHz，体效应管的工作电压为标准电压. 调整好驻波测量线，然后在当前频率下观测波导管工作状态的实验.

利用单螺调配器改变测量线终端的状态，练习调节匹配，调到最佳匹配状态(要求 $\rho<1.10$)，用测量小驻波比的方法测量这时的驻波比.

利用单螺调配器改变测量线终端的状态，调到混波状态(要求 ρ=2～3)后测量中驻波比. 再根据驻波比 ρ 和反射系数 Γ_0 的关系式 $|\Gamma_0|=(\rho-1)/(\rho+1)$，分别计算上述两种状态的反射系数 $|\Gamma_0|$.

2) 测量波导波长

调节单螺调配器，使驻波测量线终端接近全反射，观察驻波图形. 由于波节位置受探针影响极小，只要驻波测量线灵敏度足够高及极小点足够尖锐，利用它测量波导波长是比较准确的. 为了准确测定极小点的位置，可采用平均值法，即测量极小点附近两点(此两点在指示器的输出相等)的距离坐标，然后取这两点坐标的平均值，就得极小点坐标(图 9-1-6)

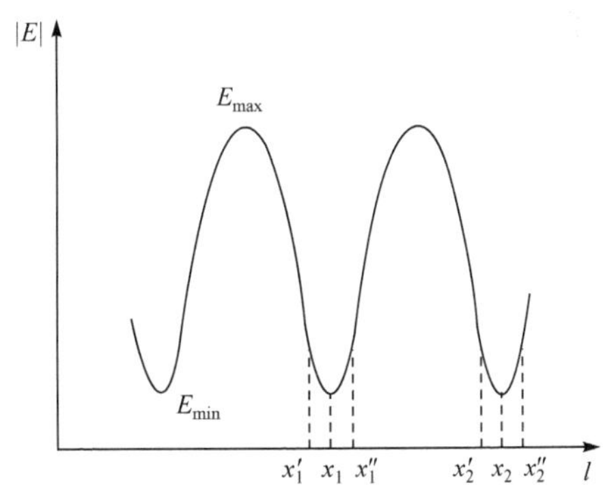

图 9-1-6　驻波曲线

$$x_{\min}=\frac{1}{2}\left(x'+x''\right) \tag{9-1-8}$$

波导波长 λ_g 可由两个相邻极小点的距离决定，即

$$x_{\min 2}-x_{\min 1}=\frac{1}{2}\left(x_2'+x_2''\right)-\frac{1}{2}\left(x_1'+x_1''\right)=\frac{1}{2}\lambda_g \tag{9-1-9}$$

$$\lambda_g=\left(x_2'+x_2''\right)-\left(x_1'+x_1''\right) \tag{9-1-10}$$

实验中用平均值法测量三个相邻波节的位置，在保证 $\Delta(\lambda/2)\leqslant 0.10$ mm 的条

件下，确定波导波长. 利用频率计测量相应的频率. 再用公式

$$\lambda = \frac{\lambda_g}{\sqrt{1+\left(\frac{\lambda_g}{2a}\right)^2}} \tag{9-1-11}$$

算出自由空间波长 λ 并求出光速 c、相速度 v_g 和群速度 u(已知波导管宽边 a=22.86 mm，计算时应保留四位有效数字).

3) 作图

测量两个相邻波节之间的驻波曲线 $I(l)$，作出检波晶体管的 I-$|E|$ 曲线，确定晶体检波律 n.

四、实验报告思考题

在 a=23.0 mm、b=10.0 mm 的矩形波导管中能不能传播 λ=2 cm、3 cm 和 5 cm 的微波? $\left(\text{提示：}\lambda = \frac{2}{\left[(m/a)^2+(n/b)^2\right]^{\frac{1}{2}}}\right)$

参 考 文 献

吴思诚, 荀坤. 2015. 4 版. 近代物理实验. 北京: 高等教育出版社.
徐振邦, 陆建恩. 2013. 半导体器件物理. 北京: 机械工业出版社.

9.2　用传输式谐振腔观测铁磁共振

谐振腔是常用的微波元件之一，在微波技术中一般用作谐振腔波长计、微波电子管的组成部分或测量腔等. 通过实验要求对谐振腔的结构、谐振条件、振荡模式和品质因数等有一定的了解.

微波磁共振是微波与物质相互作用所发生的物理现象，磁共振方法已被广泛用来研究物质的特性、结构和弛豫过程. 铁磁共振具有磁共振的一般特性，而且效应显著，用简单装置就可以进行观测. 实验中，我们将观测铁磁共振曲线，测量共振磁场和共振线宽，计算出材料的 g 因子和弛豫时间.

本实验的目的：

(1) 熟悉微波信号源的组成和使用方法，掌握有关谐振腔的工作特性的基本知识.

(2) 了解用谐振腔法观测铁磁共振的测量原理和实验条件. 通过观测铁磁共振和测定有关物理量，认识磁共振的一般特性.

【预习要求】

(1) 本实验是用速调管来产生微波振荡的，要弄清楚速调管的工作特性，怎样确定速调管的中心频率及电子调谐范围?

(2) 了解传输式谐振腔的谐振特性. 实验中是怎样实现谐振腔的有载 Q 值的测量的? 如果速调管的中心频率与谐振腔的谐振频率相差较大，能否用现在的方法测量 Q_L ?

(3) 描述铁磁共振现象. 用铁磁共振方法来观测微波磁性材料的 ΔH 和 H_r 时，应满足哪些实验条件?

(4) 为什么在传输式谐振腔中有磁性样品的情况下，腔的谐振频率会随外加恒磁场的改变而发生变化，并且在空腔谐振频率 f_0 上下波动，即产生所谓的频散效应?

(5) 考虑用什么样的简便方法测量 ΔH 和 H_r ，用这种方法测量的数值其误差来源主要有哪些?

一、实验原理

1. 传输式谐振腔

一个封闭的金属导体空腔可以用来做微波谐振腔. 由一段标准矩形波导管，在其两端加上带有耦合孔的金属板，就构成一个传输式谐振腔. 谐振腔发生谐振时，腔长 l 必须是半个波导波长的整数倍，即

$$l = p \cdot \frac{\lambda_g}{2} \tag{9-2-1}$$

其中

$$\lambda_g = \frac{\lambda}{\sqrt{1-\left(\frac{\lambda}{2a}\right)^2}}, \quad \lambda = \frac{c}{f} \tag{9-2-2}$$

这里，f 为腔的谐振频率(可记为 f_0). 式(9-2-1)和式(9-2-2)在设计谐振腔时常要用到. 谐振腔的品质因数 Q 表示谐振腔效率的高低和频率选择性的好坏，Q 是谐振腔的一个重要参量. 传输式腔的传输系数与频率的关系曲线 $T(f)$ 称为谐振曲线(参见图 9-0-12). 有载品质因数 Q_L 由下式确定：

$$Q_L = \frac{f_0}{|f_1 - f_2|} \tag{9-2-3}$$

式中，f_0 为腔的谐振频率；$|f_1 - f_2|$ 为 $T(f_0)/2$ 所对应的频率间隔.

2. 反射式速调管的工作特性

微波可以通过一些微波电真空器件(如速调管、磁控管和行波管等)产生，也

可以由微波半导体振荡器激发. 在 9.1 节中，我们介绍了以“耿效应”为基础的固态振荡器的工作原理及工作特性，本实验中将涉及的另一类微波振荡器是反射式速调管振荡器. 这种振荡器要通过稳压电源给反射式速调管提供较高的工作电压，因而耗能较多，但在频率稳定度和噪声方面比固态振荡源要好.

反射式速调管主要由阴极、谐振腔和反射极三部分组成(图 9-2-1). 从阴极飞出的电子被谐振腔上的正电压加速，穿过栅网. 在反射极反向电压的作用下，驱动电子返回栅网. 当满足一定条件时，在谐振腔中产生微波振荡，微波能量由同轴探针输出.

反射式速调管的特性曲线如图 9-2-2 所示，由图可以看出下列特性：具有分立的振荡模、改变反射极电压会引起微波功率和频率的变化、存在最佳振荡模、各个振荡模的中心频率相同等. (为什么？想一想振荡模的中心频率由什么因素决定？振荡模的中心频率又常称为速调管的工作频率.)

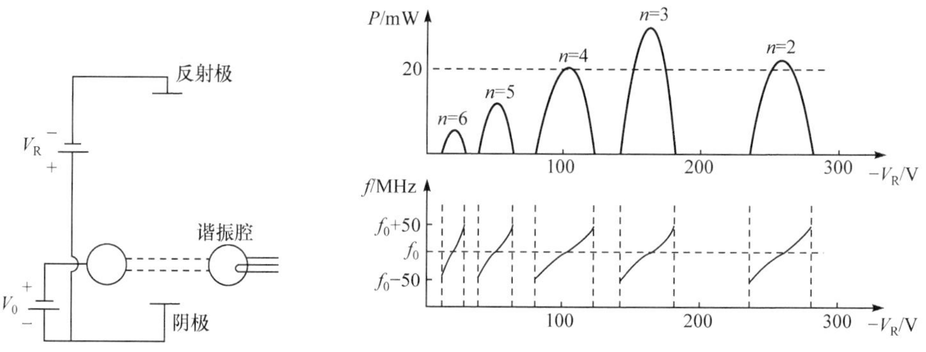

图 9-2-1　反射式速调管的结构原理图

图 9-2-2　反射式速调管 2K25 的特性曲线(阳极电压 V_0=300 V，波长 λ=3.2 cm)

调整反射式速调管的振荡频率有两种方法：“电子调谐”和“机械调谐”. 用改变反射极电压来实现振荡频率变化的方法，称为“电子调谐”. (可使频率在小范围内变化，一般 $\Delta f \leqslant 0.005 f_0$.)

一个振荡模的半功率点所对应的频率宽度，称为该振荡模的“电子调谐范围”(图 9-2-3 中的 $|f_1 - f_2|$)，半功率点所对应的频谱与电压宽度的比值 $\left|\dfrac{f_1 - f_2}{V_1 - V_2}\right|$ 称为“平均电子调谐率”.

要使速调管的振荡频率有较大的变化，必须通过缓慢调节速调管上的调谐螺钉改变谐振腔的大小来实现，这种方法称为“机械调谐”.

反射式速调管的工作状态一般有三种：①连续振荡状态；②方波(或矩形脉冲)

调幅状态；③锯齿波(或正弦波)调频状态. 本实验使速调管工作在“连续”状态.

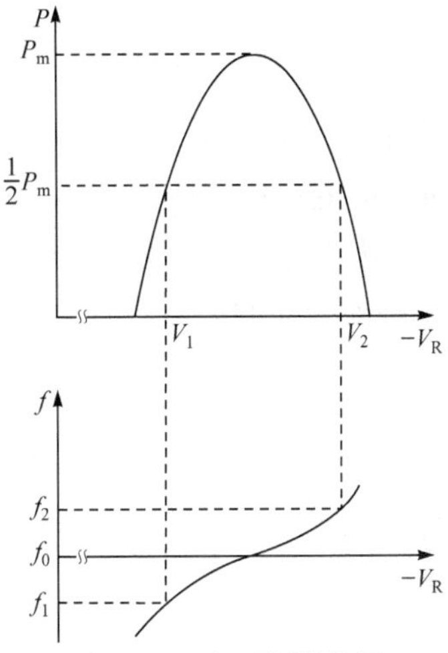

图 9-2-3 电子调谐范围

3. 铁磁共振现象

处于微波磁场 $\boldsymbol{h}$ 和恒定磁场 $\boldsymbol{H}$ (沿 z 轴)中的微波铁氧体，微波磁感应强度 $\boldsymbol{b}$ 可表示成

$$\boldsymbol{b}=\mu_0\boldsymbol{\mu}\cdot\boldsymbol{h} \tag{9-2-4}$$

其中 μ_0 为真空磁导率，而

$$\boldsymbol{\mu}=\begin{pmatrix} \mu & -\mathrm{i}\kappa & 0 \\ \mathrm{i}\kappa & \mu & 0 \\ 0 & 0 & \mu_z \end{pmatrix} \tag{9-2-5}$$

称为磁导率张量，它的元素是复数

$$\mu=\mu'-\mathrm{i}\mu'',\quad \kappa=\kappa'-\mathrm{i}\kappa'',\quad \mu_z=\mu_z'-\mathrm{i}\mu_z'' \tag{9-2-6}$$

实部表示色散(频散)特性，虚部表示损耗特性.

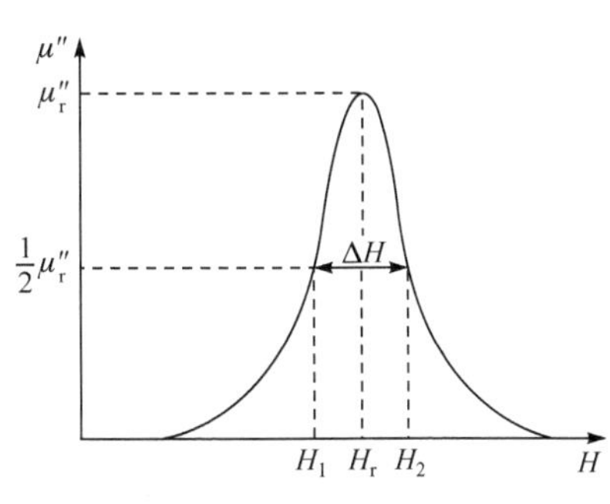

图 9-2-4 铁磁共振曲线

我们知道，微波铁氧体处在频率为 f_0 的微波磁场中，当改变加到铁氧体样品上的恒定磁场 H 时将发生铁磁共振现象. 这时磁导率张量对角元 μ 的虚部 μ'' 与恒磁场 H 的关系曲线上出现共振峰(图 9-2-4)，μ'' 的最大值 μ_r'' 对应的磁场 H_r 称为共振磁场，$\mu''=\mu_r''/2$ 两点所对应的磁场间隔 $|H_2-H_1|$ 称为铁磁共振线宽 ΔH. ΔH 是描述微波铁氧体材料性能的一个重要参量，它的大小标志着磁损耗的大小，测量 ΔH 对于研究铁磁共振的机制和提高微波器件的性能是十分重要的.

为什么会发生铁磁共振现象呢？从宏观唯象理论来看，铁氧体的磁矩 $\boldsymbol{M}$ 似在外加恒磁场 $\boldsymbol{H}$ 的作用下绕着 $\boldsymbol{H}$ 进动，进动频率 $\omega=\gamma H$，γ 为回磁比. 由于铁氧体内部存在阻尼作用，$\boldsymbol{M}$ 的进动角会逐渐减小，结果 $\boldsymbol{M}$ 逐渐趋于平衡方向($\boldsymbol{H}$ 的方向). 当外加微波磁场 $\boldsymbol{h}$ 的角频率与 $\boldsymbol{M}$ 的进动频率相等时，$\boldsymbol{M}$ 吸收外界微波能量，用以克服阻尼并维持进动，这就发生共振吸收现象.

多晶体样品发生铁磁共振时，共振磁场 H_r 与微波角频率 ω_r 满足下列关系式(适用于无限大介质或球形样品)：

$$\omega_r=\gamma H_r \tag{9-2-7}$$

其中

$$\gamma = g\frac{\mu_0 e}{2m} \tag{9-2-8}$$

式中 g 为朗德因子；e 为电子电荷量，$e = 1.6022 \times 10^{-19}\text{C}$；$m$ 为电子质量，$m = 9.109 \times 10^{-31}\text{kg}$.

从量子力学观点来看，当电磁场的量子 $\hbar\omega$ 刚好等于系统磁矩 $\boldsymbol{M}$ 的两个相邻塞曼能级间的能量差时，就发生共振现象. 这个条件是

$$\hbar\omega = |\Delta E| = Hg\frac{\mu_0 \hbar e}{2m}|\Delta m| \tag{9-2-9}$$

吸收过程中发生选择定则 $\Delta m = -1$ 的能级跃迁，这时上式变成 $\hbar\omega = \hbar\gamma H$，与经典结果 $\omega_r = \gamma H$ 一致.

当磁场改变时，$\boldsymbol{M}$ 趋于平衡态的过程称为弛豫过程. 弛豫所需的特征时间($\boldsymbol{M}$ 在趋于平衡态过程中与平衡态的偏差量减少到初始值的 $1/e$ 时所经历的时间)称为弛豫时间. $\boldsymbol{M}$ 在外加磁场方向的分量趋于平衡值所需的特征时间称为纵向弛豫时间 τ_1；$\boldsymbol{M}$ 在垂直于外加磁场方向的分量趋于平衡值所需的特征时间称为横向弛豫时间 τ_2. 在一般情况下，$\tau_1 \approx \tau_2$，$\tau_2 = 2/(\gamma\Delta H)$，为了方便，把 τ_1、τ_2 统称为弛豫时间 τ，则有

$$\tau = \frac{2}{\gamma\Delta H} \tag{9-2-10}$$

量子力学给出了弛豫过程的微观机制，$\boldsymbol{M}$ 的进动能量通过磁矩间的相互作用转化为磁矩的其他运动方式的能量，或者通过磁矩与晶格的耦合转化为晶格的振动能量. 前者称为自旋-自旋弛豫,后者称为自旋-晶格弛豫. 自旋-自旋弛豫时间和自旋-晶格弛豫时间分别相应于经典的横向和纵向弛豫时间. 弛豫时间 τ 与 ΔH 之间的重要关系式可以由量子力学的不确定原理推出. 弛豫时间代表塞曼能级的平均寿命，根据不确定原理，塞曼能级的宽度 $\Delta E \propto \hbar/\tau$，故有 $\Delta\omega = \gamma\Delta H \propto 1/\tau$. 测量弛豫时间对于研究分子运动及其相互作用是很有意义的.

4. 测量铁磁共振线宽的原理和实验条件

1) 谐振腔的微扰公式

测量铁氧体的微波性质(如铁磁共振线宽和介电常量)一般采用谐振腔法. 当把铁氧体小样品放到谐振腔中时，会引起谐振腔的谐振频率和品质因数的变化. 如果样品很小，可以看成一个微扰，则假设：

(1) 放进样品后所引起的谐振频率的相对变化很小，令空谐振腔的谐振频率为 f_0，放进样品后腔的谐振频率为 f，有 $\left|\frac{(f - f_0)}{f_0}\right| \ll 1$.

(2) 放进样品后，除样品所在处的电磁场发生变化外，腔内其他地方的电磁

场保持不变(实际上变化很小，可忽略)，则可得到谐振腔的微扰公式

$$\frac{f-f_0}{f_0}+\mathrm{i}\Delta\left(\frac{1}{2Q_\mathrm{L}}\right)=-\frac{\iiint_{V_\mathrm{s}}\left[\boldsymbol{H}_0^*\cdot(\boldsymbol{\mu}-\boldsymbol{I})\cdot\mu_0\boldsymbol{H}+\boldsymbol{E}_0^*(\varepsilon_\mathrm{r}-1)\cdot\varepsilon_0\boldsymbol{E}\right]\mathrm{d}V}{\iiint_{V_0}\left(\varepsilon_0\boldsymbol{E}_0^*\cdot\boldsymbol{E}_0+\mu_0\boldsymbol{H}_0^*\cdot\boldsymbol{H}_0\right)\mathrm{d}V} \tag{9-2-11}$$

式中 $\Delta(1/Q_\mathrm{L})$ 为放进样品前后谐振腔的有载品质因数 Q_L 的倒数的变化，$\boldsymbol{\mu}$ 为铁氧体样品的磁导率张量，$\boldsymbol{I}$ 为单位张量，ε_r 为样品的相对介电常量，$\boldsymbol{E}_0$ 和 $\boldsymbol{H}_0$ 为空腔中的电磁场，$\boldsymbol{E}$ 和 $\boldsymbol{H}$ 为放进样品后腔中的电磁场，V_s 为样品体积，V_0 为谐振腔的体积. 微扰公式只适用于小样品($V_\mathrm{s}\leqslant V_0$).

把样品放在谐振腔内适当位置上，可以使样品的磁效应和电效应分离. 如果把小样品放在腔内微波磁场最大、微波电场为零的位置，则上式变成

$$\frac{f-f_0}{f_0}+\mathrm{i}\Delta\left(\frac{1}{2Q_\mathrm{L}}\right)=-\frac{\iiint_{V_\mathrm{s}}\boldsymbol{H}_0^*\cdot(\boldsymbol{\mu}-\boldsymbol{I})\cdot\mu_0\boldsymbol{H}\mathrm{d}V}{\iiint_{V_0}\left(\varepsilon_0\boldsymbol{E}_0^*\cdot\boldsymbol{E}_0+\mu_0\boldsymbol{H}_0^*\cdot\boldsymbol{H}_0\right)\mathrm{d}V} \tag{9-2-12}$$

对 TE_{10p} 型矩形谐振腔，当恒磁场 $\boldsymbol{H}_\mathrm{bc}$ 加在 y 方向时，有

$$(\boldsymbol{\mu}-\boldsymbol{I})\cdot\mu_0\boldsymbol{H}=(\boldsymbol{\mu}_\mathrm{e}-\boldsymbol{I})\cdot\mu_0\boldsymbol{H}_0 \tag{9-2-13}$$

式中，$\boldsymbol{\mu}$ 和 $\boldsymbol{\mu}_\mathrm{e}$ 分别为样品的内磁导率张量和外磁导率张量；$\boldsymbol{H}$ 和 $\boldsymbol{H}_0$ 分别为样品的内场和外场，且 $\boldsymbol{\mu}_\mathrm{e}$ 具有下列形式：

$$\boldsymbol{\mu}_\mathrm{e}=\begin{pmatrix}\mu_\mathrm{e} & 0 & -\mathrm{i}\kappa_\mathrm{e}\\ 0 & 0 & 0\\ \mathrm{i}\kappa_\mathrm{e} & 0 & \mu_\mathrm{e}\end{pmatrix} \tag{9-2-14}$$

因谐振腔内电能和磁能互相转化，有

$$\iiint_{V_0}\varepsilon_0\boldsymbol{E}_0^*\cdot\boldsymbol{E}_0\mathrm{d}V=\iiint_{V_0}\mu_0\boldsymbol{H}_0^*\cdot\boldsymbol{H}_0\mathrm{d}V \tag{9-2-15}$$

将式(9-2-13)～式(9-2-15)和式(9-0-27)代入式(9-2-12)得

$$\frac{f-f_0}{f_0}=-A(\mu'-1),\quad \Delta\left(\frac{1}{Q_\mathrm{L}}\right)=2A\mu'' \tag{9-2-16}$$

式中 μ' 和 μ'' 分别为外磁导率张量对角元 μ_e 的实部和虚部(为了简便，略去脚标“e”)，A 为与谐振腔的振荡模式、体积以及样品体积有关的常量

$$A=\frac{2}{\left[1+\left(\dfrac{l}{ap}\right)^2\right]}\cdot\frac{V_\mathrm{s}}{V_0} \tag{9-2-17}$$

2) 用传输式谐振腔测量铁磁共振线宽(调谐情况)

对于含有铁氧体样品的传输式谐振腔(参看图 9-2-5)，在谐振腔始终调谐时有

$$T(f_0)=\frac{P_{出}(f_0)}{P_{入}(f_0)}=\frac{4Q_L^2}{Q_{e1}Q_{e2}} \tag{9-2-18}$$

所以

$$P_{出}(f_0)=\frac{4P_{入}(f_0)}{Q_{e1}Q_{e2}}Q_L^2 \tag{9-2-19}$$

在保证谐振腔输入功率 $P_{入}$ 不变和微扰条件下，$P_{出}\propto Q_L^2$. 要测量铁磁共振线宽 ΔH，就要测量 μ''，即测腔的 Q_L 值的变化，而 Q_L 的变化可以通过腔的输出功率 $P_{出}$ 的变化来测量，这就是用传输式腔测 ΔH 的基本思路.

现在我们介绍一种用传输式谐振腔测量共振线宽 ΔH 的方法. 参看图 9-2-5，微波铁氧体小球样品放在谐振腔内，在下列实验条件下：

(1) 小球很小,可看成一个微扰,放在腔内微波磁场最大、微波电场为零处. (为什么？)

(2) 谐振腔始终保持在谐振状态.

(3) 微波输入功率保持恒定不变.

测量谐振腔的输出功率 P 与恒磁场 H 的关系曲线(图 9-2-6), 再按一定公式定出 ΔH.

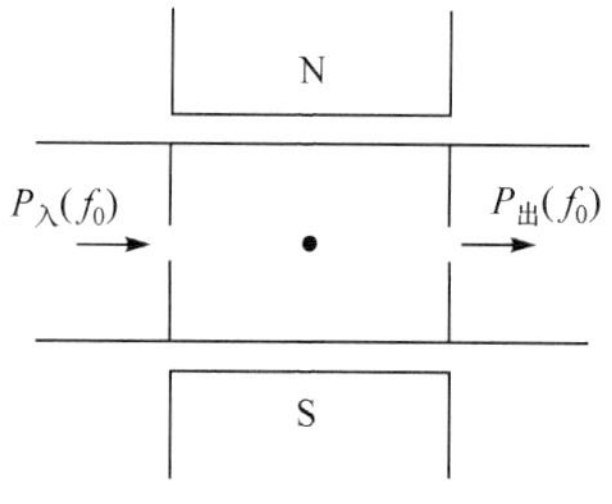

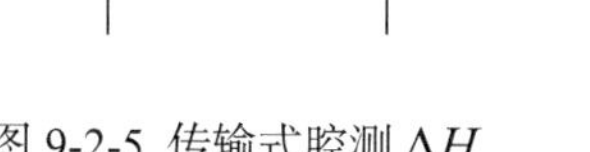

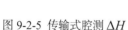

图 9-2-5 传输式腔测 ΔH

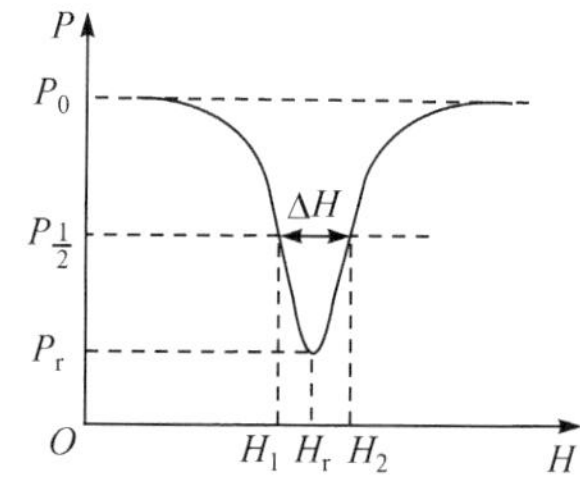

图 9-2-6　输出功率 P 与磁场 H 的曲线

图 9-2-6 中，P_0 为远离铁磁共振区域时谐振腔的输出功率，P_r 为共振时的输出功率，$P_{1/2}$ 为半共振点(相当于 $\mu''=\mu_r''/2$)处的输出功率. 在铁磁共振区域，由于样品的铁磁共振损耗，输出功率降低(与远离铁磁共振区域比较). $P_{1/2}$ 由 P_0 和 P_r 决定，现在推导 $P_{1/2}$ 的表达式. 由式(9-2-19)可得(令 $P_{出}=P$)

$$\frac{1}{Q_L}=\frac{2}{\sqrt{Q_{e1}Q_{e2}}}\sqrt{\frac{P_{入}}{P}} \tag{9-2-20}$$

在远离铁磁共振区域，上式变成(注意：$P_{入}$、Q_{e1}、Q_{e2} 保持不变.)

$$\frac{1}{Q_{L,0}}=\frac{2}{\sqrt{Q_{e1}Q_{e2}}}\sqrt{\frac{P_{入}}{P_0}} \tag{9-2-21}$$

式中 $Q_{L,0}$ 表示远离铁磁共振时样品腔的有载品质因数(相当于空腔的有载品质因数). 将以上两式代入式(9-2-16)的第二式，稍加变化可得

$$\mu''=\frac{1}{2AQ_{L,0}}\left(\sqrt{\frac{P_0}{P}}-1\right) \tag{9-2-22}$$

注意到 $\mu''=\mu''_r$ 时，$P=P_r$；$\mu''=\mu''_r/2$ 时，$P=P_{1/2}$. 由上式得

$$P_{1/2}=\frac{4P_0}{\left(\sqrt{P_0/P_r}+1\right)^2} \tag{9-2-23}$$

算出 $P_{1/2}$ 的值，就可以从 P-H 曲线定出 ΔH .

应该指出的是：在进行铁磁共振线宽测量时，必须注意到样品的 μ' 会使谐振腔的谐振频率发生偏移(频散效应). 要得到准确的共振曲线形状和线宽，必须在测量时消除频散，使装有样品的谐振腔的谐振频率始终与输入谐振腔的微波频率相同(调谐). 因此在逐点测绘铁磁共振曲线时，相应于每一个外加的恒磁场，都需要稍为改变谐振频率(例如，通过微调插入谐振腔的小螺钉)，使它与微波频率调谐. 这样用式(9-2-23)定出来的 ΔH 才是正确的.

3) 用传输式谐振腔测量铁磁共振线宽(不逐点调谐情况)

如果在测量时谐振腔不逐点调谐，而样品的频散效应又不能忽略(特别是在狭 ΔH 的情况)，在正确地考虑了频散的影响后，也可以用修正公式从测量的 P-H 曲线上定出 ΔH .

在一般的铁磁共振曲线中，有近似关系

$$\begin{cases}\text{远离共振点：}\mu'-1=0,\ \ \mu''=0\\ \text{共振点：}\mu'-1=0,\ \ \mu''=\mu''_r\\ \text{半共振点：}|\mu'-1|=\dfrac{1}{2}\mu''_r,\ \ \mu''=\dfrac{1}{2}\mu''_r\end{cases} \tag{9-2-24}$$

利用式(9-2-16)和式(9-2-24)对频散效应进行修正，得到半共振点所对应的功率

$$P_{1/2}=\frac{2P_0P_r}{P_0+P_r} \tag{9-2-25}$$

这就是考虑频散修正后得到的定出 ΔH 的公式. 具体的推导过程可参见文献(吴恩诚和荀坤，2015).

在实验中，我们采用的方法是：在远离铁磁共振区域保证微波频率与谐振腔谐振，测量 P-H 曲线时不逐点调谐，而利用式(9-2-25)计算出 $P_{1/2}$，再从 P-H 曲线上定出 ΔH .

如果已知 A 和 $Q_{L,0}$，利用式(9-2-22)可以把 P-H 曲线转化成 μ''-H 曲线，不过这个 μ''-H 曲线是在未考虑频散修正情况下得到的，要把式(9-2-15)算出的 $P_{1/2}$ 代入式(9-2-22)，求出真正的 $\mu''_{1/2}$ 才能定出 ΔH .

二、实验装置

用传输式谐振腔观测铁磁共振的实验线路如图 9-2-7 所示. 这是一套在 3cm 波段上进行观测的实验装置，可以做观测传输式腔的工作特性和铁磁共振两方面的实验.

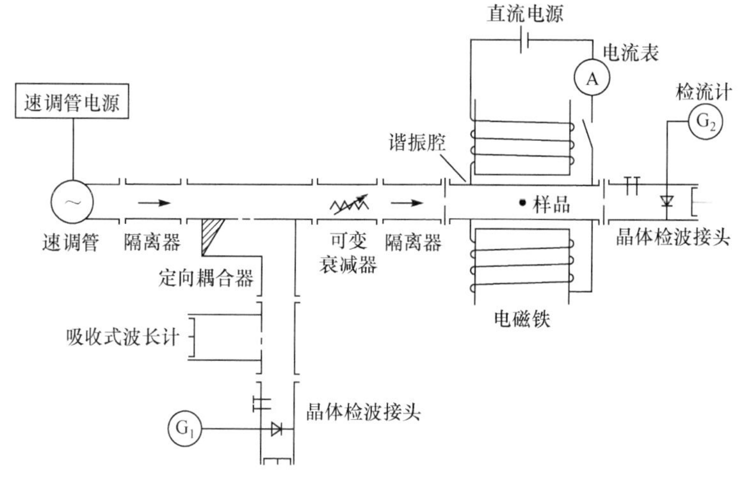

图 9-2-7 观测铁磁共振的实验线路

从速调管到可变衰减器这一部分线路(即第二个隔离器的左边部分)可以用单一的微波信号源(如 XFL-2A 型厘米波信号发生器)来代替，也可以用固体微波信号源.

传输式谐振腔采用 TE_{10p} 型矩形谐振腔(一般取 p=偶数，如 p=8)，空腔的有载品质因数近似为 2000～3000. 样品是多晶铁氧体小球，直径约 1 mm.

晶体检波接头最好是满足平方律检波的，这时检波电流表示相对功率($I \propto P$).

微安表 G_1 (量程 0～100μA，串接可调电位器)用来监测速调管的输出功率. 检流计 G_2 用来测量传输式谐振腔的输出功率，参考型号：AC15/3 型直流复射式检流计.

电磁铁提供 $0 \sim 5\times10^5\ \text{A}\cdot\text{m}^{-1}$ 的磁场，极头直径一般不小于 3 cm 即可.

当用示波器来观测速调管的振荡模和传输式腔的谐振曲线时，信号源要加锯齿波调制，并把锯齿波送到示波器的 x 轴，把检波接头 1 和 2 的输出接到示波器的 y_1 和 y_2 轴.

三、实验内容

1. 观测速调管的振荡模和传输式腔的谐振曲线

(1) 观察速调管的振荡模，测量一个振荡模的中心频率的电子调谐范围.
(2) 观察传输式腔的谐振曲线，测量腔的有载品质因数.

2. 观测铁磁共振

(1) 用简便方法测量共振磁场 H_r 和线宽 ΔH (令 $P_0=100.0$ 格，测量 H_r 和 P_r，利用式(9-2-25)算出 $P_{1/2}$，从而定出 ΔH). 测量三次取平均值.

(2) 逐点测绘 P-H 曲线. 根据该曲线确定 H_r 和 ΔH 之值，计算回磁比 γ、g 因子和弛豫时间 τ.

四、思考题

(1) 计算测量用的矩形谐振腔的腔长(已知：腔的尺寸 a=22.86 mm，b=10.16 mm，振荡模式 TE_{108}，谐振频率 f_0). 讨论样品可放在腔内哪些位置.

(2) 画出 μ''-H 曲线，并标明 ΔH 和 H_r 之值.

参 考 文 献

陈云琳，刘依真. 2010. 近代物理实验. 北京：北京交通大学出版社.
吴思诚，荀坤. 2015. 近代物理实验. 4 版. 北京：高等教育出版社.

9.3　电子自旋共振

电子自旋共振(ESR)或电子顺磁共振(EPR)，是指含有未成对电子的原子、离子或分子的顺磁性物质，在恒定磁场作用下对微波能量发生的共振吸收现象. 如果共振仅仅涉及物质中的电子自旋磁矩，就称为电子自旋共振；但一般情况下，电子轨道磁矩的贡献是不能忽略的，因而又称之为电子顺磁共振. 电子自旋共振(或顺磁共振)研究的主要对象是化学自由基，过渡金属离子和稀土离子及其化合物，固体中的杂质、缺陷等. 通过对这类顺磁物质的电子自旋共振波谱的观测(测量 g 因子、线宽、弛豫时间、超精细结构参量等)，可以了解这些物质中未成对电子状态及其周围环境方面的信息，因而它是探索物质微观结构和运动状态的重要工具.

由于这种方法在研究过程中不改变或破坏被研究对象本身的性质，因而对那些寿命短、化学活性高，又很不稳定的自由基或三重态分子就显得特别有用. 近年来，一种新的高时间分辨 ESR 技术，被用来研究激光光解所产生的瞬态顺磁物质(光解自由基)的电子自旋极化机制，以便获得分子激发态和自由基反应动力学方面的信息，成为光物理与光化学研究中了解光与分子相互作用的一种重要手段. 电子自旋共振技术的这种独特作用，以及随着科学技术的发展，波谱仪的灵敏度和分辨率的不断提高，使得自 1945 年发现以来，已经在物理学、化学、生物学、医学、考古等领域得到了广泛的应用.

本实验的目的是：①了解观测电子自旋共振波谱的微波系统，熟悉一些微波器件的使用方法及反射式谐振腔的工作特性；②通过对 DPPH 自由基的电子自旋共振谱线的观察，了解电子自旋共振现象及共振特征. 学会测量共振场、自由基 g 因子、共振线宽和弛豫时间，加深对电子自旋共振知识的理解.

【预习要求】

(1) 电子自旋共振研究的对象是什么？本实验要求测量材料的哪些物理量？

(2) 材料 g 值的大小和 ΔH 的宽窄，反映了什么微观现象和微观过程？

(3) 弄清楚本微波测量系统中各元件及各种测量仪器的使用方法.

(4) 了解反射式谐振腔的谐振特性(参见图 9-0-13).

(5) 在我们的测量系统中，要想观察到自旋共振信号，必须调节实验系统达到什么样的状态？

(6) 怎样操作才能实现这些状态？

(7) 通过怎样的操作才能分别得到图 9-3-4 和图 9-3-5 的共振波形？

(8) 实验中，如果保持共振场 $\boldsymbol{H}_0$ 不变，调节“扫场”旋钮(改变“扫场”电流)，或只让磁场在 $\boldsymbol{H}_0$ 附近变动，都能观察到两个共振信号在屏幕上移动，这是为什么？

(9) 测量共振线宽 ΔH 时，需要对扫场宽度进行定标，怎样操作才能达到这个目的？

一、实验原理

处在外磁场中的原子或离子的能级会发生塞曼分裂；某些物质在磁场中磁化时，呈现顺磁性，而另外一些物质磁化后，表现为抗磁性；此外，在外磁场和交变辐射场的共同作用下，有些物质会发生磁共振吸收现象……这些现象的表现形式虽然不同，但都与原子的结构或原子的磁性相关联.

1. 原子的磁矩

按经典理论，原子中的电子既有轨道运动，又有自旋运动. 对于电子的轨道运动，它相应的轨道磁矩为

$$\boldsymbol{\mu}_l = -\frac{e}{2m_e}\boldsymbol{p}_l \tag{9-3-1}$$

式中，$\boldsymbol{p}_l$ 为电子轨道运动角动量；e 为电子电荷；m_e 为电子质量；负号表示电子轨道磁矩与轨道角动量的方向相反. 磁矩和角动量的数值用量子力学的表达式，可以写成

$$\mu_l = -\frac{e}{2m_e}p_l \tag{9-3-2}$$

$$p_l = \sqrt{l(l+1)}\hbar \tag{9-3-3}$$

其中 l=0，1，2，⋯，称为轨道角动量量子数. 同样的，电子自旋磁矩与电子自旋角动量 $\boldsymbol{p}_s$ 之间也有类似的关系

$$\boldsymbol{\mu}_s = -\frac{e}{m_e}\boldsymbol{p}_s \tag{9-3-4}$$

其数值分别为

$$\mu_s = -\frac{e}{m_e}p_s \tag{9-3-5}$$

$$p_s = \sqrt{s(s+1)}\hbar \tag{9-3-6}$$

式中 s=1/2，为电子的自旋量子数.

对于单电子原子，电子的轨道角动量与自旋角动量合成为原子的总角动量，原子的总磁矩也是相应的磁矩的矢量和

$$\boldsymbol{\mu}_j = -g_j\frac{e}{2m_e}\boldsymbol{p}_j \tag{9-3-7}$$

可以证明，原子总磁矩与总角动量之间有如下的数值关系：

$$\mu_j = g_j\frac{e}{2m_e}p_j \tag{9-3-8}$$

其中

$$p_j = \sqrt{j(j+1)}\hbar \tag{9-3-9}$$

$$g_j = 1+\frac{j(j+1)-l(l+1)+s(s+1)}{2j(j+1)} \tag{9-3-10}$$

g_j 称为朗德因子，也常称为光谱分裂因子. 总角动量量子数 $j=l+s$，$l+s-1$，⋯，$|l-s|$. 如果只计及电子的轨道运动，$g=1$；而对电子的自旋运动，$g=2$，这相当于轨道角动量被淬灭. 在自由基 DPPH(二苯基-苦基肼基)的分子中，它的一个氮原子上有一个未成对电子，其结构如图 9-3-1 所示.

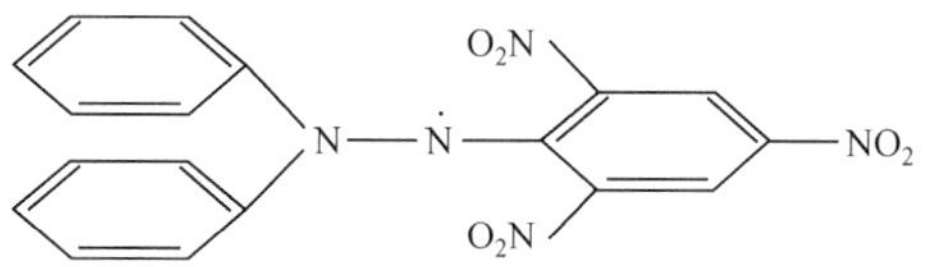

图 9-3-1　DPPH 分子结构图

实验表明，它的 g 因子非常接近自由电子的 g 值(即 g=2.0023). 作为很好的近似，可以认为有机自由基的磁矩全部来源于电子自旋.

对于含有两个或两个以上电子的原子，其总磁矩与总角动量的数值具有与式(9-3-8)相同的形式

$$\mu_J = g_J \frac{e}{2m_e} p_J \tag{9-3-11}$$

g_J 因子的数值视不同电子间的自旋和轨道运动是按 LS 方式还是按 jj 方式耦合而定. 一般规律是，在多电子原子中，原子序数较小(Z<32)的结构比较接近 LS 耦合，到 Z=82(即 Pb)，完全是 jj 耦合的情形. 中间 Z 值的那些原子的结构，随 Z 值从小到大，由 LS 耦合逐渐过渡到 jj 耦合. 对于同一个电子组态，在 LS 耦合或 jj 耦合中，所形成的原子态的数目是相同的，代表原子态的量子数 J 值也相同，所不同的是能级的间隔，这反映了不同电子之间多种相互作用强弱对比的不同. 由于不同的耦合方式所产生的效果都反映在 g_J 因子的数值上，为了下面表述方便，我们将式(9-3-8)和式(9-3-11)中的量子数脚标去掉，写成一般的形式

$$\mu = g \frac{e}{2m_e} p \tag{9-3-12}$$

只需记住，在不同的情形中，g 因子的算法是不一样的就可以了.

式(9-3-12)又可以写成

$$\mu = \gamma^p \tag{9-3-13}$$

比例系数 $\gamma = g\frac{e}{2m_e}$，称为旋磁比. 由于电子的轨道运动和自旋运动所对应的 g 因子分别是 g=1 和 g=2，因而电子自旋的旋磁比正好是轨道旋磁比的 2 倍. 在外磁场中，角动量和磁矩的空间取向都是量子化的. 设外磁场的方向沿 z 方向，角动量在 z 方向上的投影为

$$p_z = M_z \hbar \tag{9-3-14}$$

相应的磁矩在外磁场方向上的分量等于

$$\mu_z = g \frac{e}{2m_e} M_z \hbar \tag{9-3-15}$$

引入 $\mu_B = \dfrac{\hbar e}{2m_e}$，称为玻尔磁子. 上式写成

$$\mu_z = gM_z\mu_B \tag{9-3-16}$$

$M_z=J$，$J-1$，…，$-J$ 为角动量的磁量子数，共 $2J+1$ 个值.

2. 电子顺磁共振(电子自旋共振)

在唯象理论中，电子自旋好像一个高速自转的“陀螺”，其磁矩在外加恒定磁场的作用下会发生拉莫尔进动，这种运动受到材料内部阻尼作用的影响，幅度会逐渐减小，最后磁矩将停留在外磁场的方向上. 如果在加外磁场的同时，沿垂直于外磁场方向加一个微波场，当微波的频率与磁矩进动的频率一致时，微波能量将被强烈吸收，这就是共振现象. 被吸收的能量为磁矩进动提供克服阻尼的动力，使进动能够持续下去. 从量子力学的观点看，共振是指在某一特定的外磁场作用下，微波场与磁矩间相互作用而发生的塞曼能级间的感应跃迁.

处于外加恒定磁场中的磁矩，它与磁场之间的磁相互作用能(静磁能)为

$$E = -\boldsymbol{\mu}\cdot\boldsymbol{H} \tag{9-3-17}$$

前面我们曾经提到，磁矩在外磁场方向上的分量是量子化的，其大小由式(9-3-16)表示. 于是上式可写成

$$E = -gM_z\mu_B H \tag{9-3-18}$$

对于电子自旋，磁量子数 M_z 只能取两个值，即 $M_z = \pm\dfrac{1}{2}$，对应的能级分别是

$$E_a = \frac{1}{2}g\mu_B H \tag{9-3-19}$$

$$E_b = -\frac{1}{2}g\mu_B H \tag{9-3-20}$$

这表示，当 $H = 0$ 时，$E_a = E_b = 0$，自旋朝上$\left(M_z = \dfrac{1}{2}\right)$和自旋朝下$\left(M_z = -\dfrac{1}{2}\right)$的电子具有相同的能量. 当 $H\neq0$ 时，原来的能级劈裂成两个能级，这两个能级之间的差值与外加恒定磁场成正比

$$\Delta E = E_a - E_b = g\mu_B H \tag{9-3-21}$$

如果在单电子原子或自由基分子所在的恒定磁场区加一个同恒定磁场相垂直的微波场，调节它的频率 ν，使一个微波量子的能量正好等于上述能级差，即

$$h\nu = g\mu_B H \tag{9-3-22}$$

那么，电子在相邻的能级之间将发生磁偶极共振跃迁，结果有一部分低能级 E_b 中的电子吸收了微波能量跃迁到高能级 E_a 中，这就是电子自旋共振现象，而式(9-3-22)

就是实现电子自旋共振(或顺磁共振)所应满足的条件. 还需说明的是，热平衡时，处在能级 E_a 与 E_b 上的未成对电子数目应满足玻尔兹曼分布. 简单的计算表明，常温下相邻能级上的电子数差值及能级差 ΔE 都非常小. 这就意味着，自旋共振信号是相当弱的. 要想观测到这些共振信号，实验装置必须有足够高的灵敏度.

如果共振频率用圆频率表示，式(9-3-22)又可以写成另一个等效的共振关系

$$\omega = \gamma H \tag{9-3-23}$$

为了满足共振条件式(9-3-22)或式(9-3-23)，实验中可以采用改变微波频率(扫频)或改变外恒磁场(扫场)两种方式来进行调节. 本实验采用固定微波频率改变外磁场的扫场方式.

3. g 因子

正如以上所描述的，g 因子不仅反映了原子或离子晶体中电子自旋-轨道相互作用的大小，也反映了塞曼能级分裂的宽度，在本质上显示了局部磁场的特征.

g 因子的理论计算是一个复杂的问题，实际上只能对某些比较简单的情况进行计算. 在过渡族(3d)或稀土(4f)金属晶体中，由于原子排列的空间周期性，会产生一个周期性的带电粒子静电相互作用场(晶场). 对 3d 电子来说，因其直接暴露在晶场中，电子的轨道运动受到晶场的影响，对称性降低，不再是角动量的本征态，或者说轨道磁矩被“猝灭”. 因而其 g 值近似等于 2；而稀土 4f 电子由于受外层电子的屏蔽作用，晶场影响小，电子的轨道运动没有完全被“猝灭”，因此必须考虑轨道运动对磁矩的贡献. 而且，在多数过渡金属离子及其化合物中，轨道运动的贡献是不能忽略的，这是因为一方面晶场的作用倾向于猝灭轨道角动量，另一方面自旋-轨道耦合作用又倾向于再生轨道角动量，g 的数值就反映了这两种作用互相竞争的结果. 此外，还存在电子自旋与核磁矩之间的相互作用，使得 g 的数值在一个比较大的范围内变化，并使电子自旋共振波谱出现复杂的超精细结构.

还必须指出，在晶体中，g 因子不一定是各向同性的. 只有对某些类型的晶体，如立方体、四方体和八面体等，g 是各向同性的，一般情况 g 表现出各向异性的特征，因而共振场的数值与外加磁场的方向相对于晶轴的取向有关. 这种情况下 g 因子的具体计算相当复杂，甚至不可能，因而实际上 g 因子的数值通常是由实验测定的.

4. 线宽、弛豫作用

当共振条件得到满足而发生共振时，似乎应该只出现一条很窄的吸收线. 但实际情况是共振谱线不是无限窄，而是有一定的宽度，而且对不同的样品这个宽度可以有很大的差别. 我们知道，当共振发生时，电子会出现受激跃迁，而且电子在能级间的这种跃迁过程，是一个动态平衡过程，因而电子在某一能级上停留

的时间(即寿命)δt 是不确定的. 根据量子力学不确定关系，能级也应有一定的宽度δt，使得

$$\delta E \cdot \delta t \sim \hbar \tag{9-3-24}$$

从式(9-3-21)和式(9-3-23)，这个不确定关系又可以写成

$$\delta E \cdot \delta t \sim \frac{1}{\gamma} \tag{9-3-25}$$

这说明，共振谱线至少应有δH 的宽度. 这个宽度反映了体系内“自旋-晶格相互作用”的强弱，这种作用越强，说明自旋-晶格能量交换越强，δt 就越短，δH 就越宽. 实际的谱线宽度，还要受到存在于体系内部不同分子间的“自旋-自旋相互作用”的影响. 这种相互作用造成了体系内部局部磁场有起伏，因而对某一给定自旋来说，它所感受到的共振场是外加恒磁场与其所在处的局部磁场之和. 也就是说，在满足共振条件的情况下，外加恒磁场不再是一个定值，而是在以共振场为中心的某一个小范围内变化，因而得到的谱线实际上是许多无限窄谱线的非相干叠加.

由此可见，实际的谱线宽度是自旋-自旋耦合与自旋-晶格耦合共同起作用的结果. 这个宽度称为谱线半高宽度，简称线宽. 线宽的存在表明，当发生电子顺磁共振时，顺磁系统达到新的热平衡状态是需要一个弛豫过程的. 弛豫过程愈快，线宽就愈宽，因此线宽可以看作是弛豫强弱的度量.

我们引进一个表征弛豫快慢的物理量——弛豫时间 T，它由下式定义：

$$\Delta H = \frac{1}{\gamma T} \tag{9-3-26}$$

式中 ΔH 为线宽. 一般情况下，$1/T$ 可以写成两项之和

$$\frac{1}{T} = \frac{1}{2T_1} + \frac{1}{T_2} \tag{9-3-27}$$

T_1 和 T_2 分别与自旋-晶格弛豫和自旋-自旋弛豫机制相关联. 前者称为纵向弛豫时间，后者称为横向弛豫时间，T_1 和 T_2 哪一个对线宽起决定作用主要取决于两种相互作用谁强谁弱. 在许多体系中，尤其对稳定的自由基，$T_1 \gg T_2$，因此实际上 $T_1 \cong T_2$. 对洛伦兹线形，从布洛赫方程可以得到

$$T_2 = \frac{2}{\gamma \Delta H} \tag{9-3-28}$$

二、实验装置

本实验所采用的电子自旋共振实验装置如图 9-3-2 所示. 整套装置由固态微波信号源、3 cm 波段波导传输系统、电磁铁及调制、扫描、放大、移相和指示电路等部分组成，自旋共振信号用示波器显示.

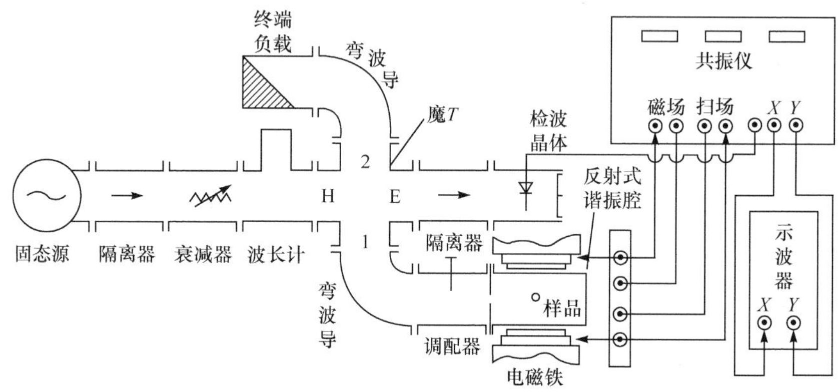

图 9-3-2　微波电子顺磁共振实验装置

3cm 固态信号源主要由体效应振荡器、电源和调制电路构成，振荡器的工作方式为连续波或方波调制. 微波信号由体效应振荡器产生,其基本工作原理可参阅 9.1 节的“实验原理”部分. 调节振荡器的螺旋测微器，能连续地改变微波谐振频率.

微波传输系统采用双 T 接头组成平衡桥路. 微波信号经隔离器、衰减器和波长计后从双 T 的 H 臂输入，反射式谐振腔(含样品)和全匹配负载分别接在 1 臂和 2 臂，通过调节与反射式谐振腔连接的单螺调配器，使 1 臂和 2 臂的阻抗对称，桥路达到平衡. 输出信号经 E 臂上的晶体检波器检波后由磁共振仪的调谐电表显示，或者检波电流经处理后，送到示波器的 Y 轴，以便显示共振信号波形.

磁共振仪里除了调制、扫描、放大、移相和指示电路外，还含有可调直流恒流源，以便为电磁铁提供稳定的励磁电流. 励磁电流的调节范围为 0～3.0A，最大磁场约为 4500Gs. 在直流磁场上叠加 50Hz 低频交流磁场，若直流磁场的大小和交流磁场的幅度合适，交流磁场每变化一周，总磁场两次通过共振点，因而在示波器上可以看到两个共振信号(图 9-3-3). 经过相移调节，能够使这两个共振信号重合.

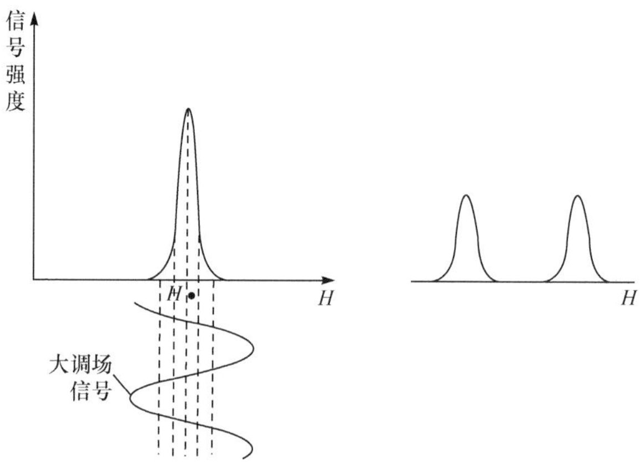

图 9-3-3　低频大调场和信号示意图

三、实验内容与实验方法

实验前，先开启测量系统中各仪器的电源，预热 30min. 预热时使固态信号源处在“等幅”工作状态；磁共振仪的旋钮和按钮作如下设置：“磁场”逆时针调到最低，“扫场”钮右旋到最大，按下“检波”按钮，使共振仪处于检波状态，调节可变衰减器和“检波灵敏度”旋钮，使调谐电表指示合适.

1. 观察反射式谐振腔的谐振特性，测量腔的谐振频率 f_0

实验中使用的反射式谐振腔是 TE_{10p} 型矩形腔，空腔有载品质因数为 2000～3000. 反射式谐振腔的谐振特性见本章引言中的“谐振腔”部分. 根据谐振腔的谐振条件，将实验样品放在腔内电场为零、磁场最大的位置.

测量时使固态源工作于“等幅”状态，数字式电压表读数约为 12 V. 增大衰减器的衰减量，波长计旋到“0”的位置，单螺调配器的探针深度置于最大. 调节振荡器上的测微头，使振荡器的输出频率在 9000MHz 附近(用“频率-测微器刻度对照表”简单确定)，这时相应的检波电流输出接近最大. 接着通过调节 1 臂上的单螺调配器，使检波电流逐渐变小，同时衰减器的衰减量也要逐渐减小，直至检波电流接近于零. 在调节过程中，若觉得检波电流降至最小比较缓慢，也可稍微改变振荡器的测微头读数，使微波频率做微小的改变，再调节调配器. 当检波电流确实接近于零时，表明 1 臂和 2 臂的负载已经对称，桥路达到平衡，反射式谐振腔发生谐振，微波信号的频率与腔的谐振频率 f_0 一致(考虑为什么). 也就是在这个频率下，我们将可以观察到波形稳定、幅度较强的共振信号. 偏离这个频率，共振信号将变小且不稳定，甚至观察不到.

为了确定腔的谐振频率 f_0，必须用电路中的波长计进行准确测量. 波长计测量频率的原理见本章引言中的“频率测量”部分. 测量频率后应使波长计失谐.

在以下的测量中，保持微波频率 f_0 不变.

2. 观察 DPPH 自由基的电子自旋共振信号，测量相应的自旋共振场 $\boldsymbol{H}_0$，由此确定自由基的 g 因子和旋磁比

用示波器观察电子自旋共振信号时，扫描信号可以用扫场信号，也可以用示波器的内扫描. 按下“扫场”按钮，此时调谐电表显示的是扫场电流，其值在 0.2～0.7A(AC 有效值)范围内变化. 将示波器的“扫描”旋钮置于“X-Y”显示. 调节“磁场”旋钮，使励磁电流逐渐增大，直至示波器上出现自旋共振信号. 若共振信号峰值过小，可减小衰减器的衰减量，增大微波功率. 若共振信号波形不对称，可适当调节调配器的探针深度及左右位置，或改变扫场电流的大小. 将示波器的“扫

描”旋钮拨到扫描状态(最好在 5ms/格)，这时可以观察到图 9-3-4 所示的共振扫描信号. 置“扫场”电流于最小，调节“磁场”旋钮，使各共振信号呈等距状态，此时对应的磁场就是共振场 $\boldsymbol{H}_0$(考虑为什么). 用高斯计测量这个磁场的数值，就可以确定该自由基的 g 值和旋磁比.

3. 测量共振线宽 ΔH，确定弛豫时间 T_2

根据式(9-3-25)，只要测出共振线宽 ΔH，就可以确定 T_2. 测量时将示波器置于“X-Y”显示，用“扫场”信号作示波器的扫描信号，便可得到图 9-3-5 所示的共振信号. 适当调节扫场电流和调配器，使共振信号波形比较满意.

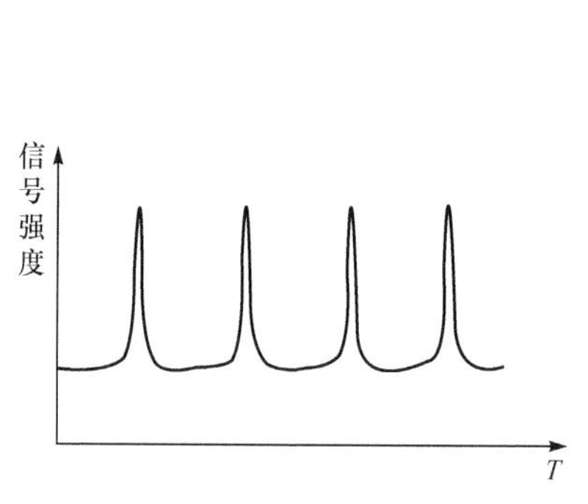

图 9-3-4　电子自旋共振信号

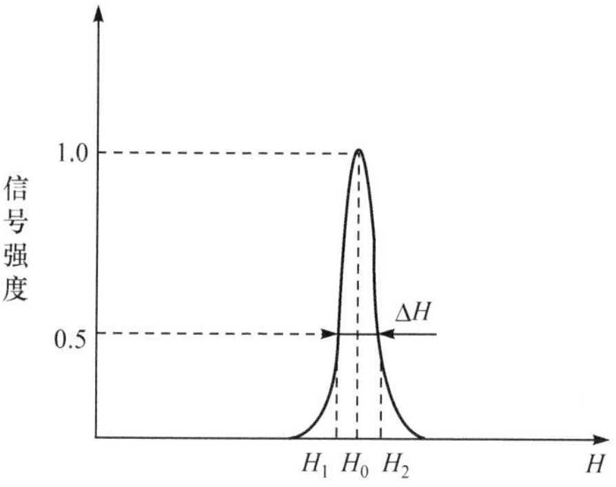

图 9-3-5　共振信号的线宽

根据峰值的幅度，确定半宽度所对应的位置. 至于如何测定 ΔH，具体的测量操作方式，请同学自行设计(测量三次，取平均值).

参 考 文 献

褚圣麟. 2018. 原子物理学. 北京：高等教育出版社.
戴道生，钱昆明. 1987. 铁磁学：上册. 北京：科学出版社.
吴思诚，荀坤. 2015. 近代物理实验. 4 版. 北京：高等教育出版社.

第 10 章　材料加工与分析

引　　言

材料之所以作为有用的物质，就在于它本身所具有的某种性能. 所有零部件在运行过程中以及产品在使用过程中，都在某种程度上承受着力或能量、温度以及接触介质等的作用、选用材料的主要依据是它的使用性能、工艺性能和经济性，其中使用性能是首先需要满足的，特别是针对性的材料力学性能往往是材料设计和使用所追求的主要目标. 材料性能测试与组织表征的目的就是要了解和获知材料的成分、组织结构、性能以及它们之间的关系. 而人们要有效地使用材料，首先必须要了解材料的性能以及影响材料性能的各种因素. 因此，材料性能的测试就成为最重要和最主要的内容.

在人类发展的历史长河过程中，人们已经建立了许多反映材料的各种关于力学、物理等相关材料性能的测试和分析技术，近现代科学的发展已使材料性能测试分析在现代物理理论和试验的基础之上得到充分发展，并且随着人们对材料的力学性能和使用性能的广泛研究和深入理解，也显著促进了材料性能测试技术、理论、方法和设备的迅速发展.

10.1　材料的机械性质测试

拉伸试验是材料力学试验中最重要的试验之一. 任何一种材料受力后都要产生变形，变形到一定程度就可能发生断裂破坏. 材料在受力—变形—断裂的这一破坏过程中，不仅有一定的变形能力，而且对变形和断裂有一定的抵抗能力，这些能力称为材料的力学机械性能. 通过拉伸试验，可以确定材料的许多重要而又最基本的力学机械性能. 例如，弹性模量 E、比例极限σ_p、上和下屈服强度 R_{eH} 和 R_{eL}、强度极限 R_m、延伸率 A、收缩率 Z. 除此而外，通过拉伸试验的结果，往往还可以大致判定某种其他机械性能，如硬度等. 在工程实际中，有些构件承受压力，而材料由于载荷形式的不同，表现的机械性能也不同，因此除了通过拉伸试验了解金属材料的拉伸性能外，有时还要做压缩试验来了解金属材料的压缩性能，一般对于铸铁、水泥、砖、石头等主要承受压力的脆性材料才进行压缩试验，而对于塑性金属或合金进行压缩试验的主要目的是材料研究. 例如，灰铸铁在拉伸和压缩时的强度极限不相同，因此工程上就利用铸铁压缩强度较高这一特点用来制造机床底座、床身、汽缸、泵体等.

本试验主要通过使用 CSS-44100 系列电子万能试验机，掌握电子万能试验机的使用方法及其工作原理，了解测试典型塑性材料低碳钢在拉伸与压缩时的机械性能，并掌握低碳钢材料基本力学性能指标的测试.

【预习要求】

(1) 了解电子万能试验机的使用方法及其工作原理.

(2) 了解测试典型塑性材料低碳钢的基本力学性能指标.

一、拉伸试验原理

1. 低碳钢的拉伸图

图 10-1-1 为低碳钢试件的拉伸图. 由图可见，在拉伸试验过程中，低碳钢试件工作段的伸长量 Δl 与试件所受拉力 F 之间的关系，大致可分为以下四个阶段.

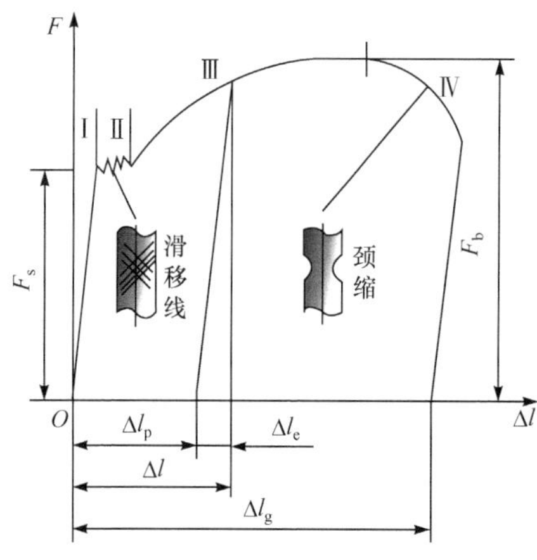

图 10-1-1　低碳钢试件的拉伸图

第Ⅰ阶段，试件受力以后，长度增加，产生变形，这时如将外力卸去，试件工作段的变形可以消失，恢复原状，变形为弹性变形，因此，称第Ⅰ阶段为弹性变形阶段. 低碳钢试件在弹性变形阶段的大部分范围内，外力与变形之间成正比，拉伸图呈一直线.

第Ⅱ阶段，弹性变形阶段以后，试件的伸长显著增加，但外力却滞留在很小的范围内上下波动. 这时低碳钢似乎是失去了对变形的抵抗能力，外力不需增加，变形却继续增大，这种现象称为屈服或流动. 因此，第Ⅱ阶段称为屈服阶段或流动阶段. 屈服阶段中拉力波动的最低值称为屈服载荷，用 F_s 表示. 在屈服阶段中，试件的表面呈现出与轴线大致成 45°的条纹线，这种条纹线是因材料沿最大切应力面滑移而形成的，通常称为滑移线.

第Ⅲ阶段，过了屈服阶段以后，继续增加变形，需要加大外力，试件对变形的抵抗能力又获得增强. 因此，第Ⅲ阶段称为强化阶段. 强化阶段中，力与变形之间不再成正比，而是呈非线性的关系.

超过弹性阶段以后，若将载荷卸去(简称卸载)，则在卸载过程中，力与变形按线性规律减少，且其间的比例关系与弹性阶段基本相同. 载荷全部卸除以后，试件所产生的变形一部分消失，而另一部分则残留下来，试件不能完全恢复原状. 在屈服阶段，试件已经有了明显的塑性变形. 因此，过了弹性阶段以后，拉伸图曲线上任一点处对应的变形，都包含着弹性变形 Δl_e 及塑性变形 Δl_p 两部分(图 10-1-1).

第Ⅳ阶段，当拉力继续增大到某一确定数值时，可以看到，试件某处突然开始逐渐局部变细，形同细颈，称颈缩现象. 颈缩出现以后，变形主要集中在细颈附近的局部区域. 因此，第Ⅳ阶段称为局部变形阶段. 局部变形阶段后期，颈缩处的横截面面积急剧减少，试件所能承受的拉力迅速降低，最后在颈缩处被拉断. 若用 d_1 及 l_1 分别表示断裂后颈缩处的最小直径及断裂后试件工作段的长度，则 d_1 及 l_1 与试件初始直径 d_0 及工作段初始长度 l_0 相比，均有很大差别. 颈缩出现前，试件所能承受的拉力最大值称为最大载荷，用 F_b 表示.

2. 低碳钢拉伸时的力学性能

低碳钢的拉伸图反映了试件的变形及破坏的情况，但还不能代表材料的力学性能. 因为试件尺寸的不同，会使拉伸图在量的方面有所差异，为了定量地表示出材料的力学性能，将拉伸图纵、横坐标分别除以 A_0 及 l_0，所得图形称为**应力-应变图**(σ-ε 图)，其中 $\sigma = F/A_0$，$\varepsilon = \Delta l/l_0$. 图 10-1-2 为低碳钢的应力-应变图. 由图可见，应力-应变图的曲线上有 n 个特殊点(如图中 a、b、c、e 等)，当应力达到这些特殊点所对应的应力值时，图中的曲线就要从一种形态变到另一种形态. 这些特殊点所对应的应力称为极限应力，材料拉伸时反映出的强度的一些力学性能，就是用这些极限应力来表示的. 从应力-应变图上，还可以得出反映材料对弹性变形抵抗能力及反映材料塑性的力学性能. 下面对拉伸时材料力学性能的主要指标逐一进行讨论.

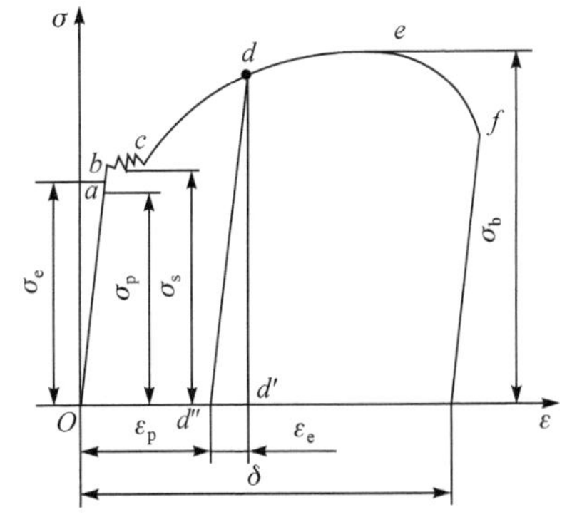

图 10-1-2　低碳钢的应力-应变曲线

比例极限 σ_p 及弹性模量 E：应力-应变曲线上 Oa 段，按一般工程精度要求，可视为直线，在 a 点以下，应力与应变成正比. 对应于 a 点的应力，称为比例极限，用 E 表示比例常数，则有

$$\sigma = E\varepsilon \tag{10-1-1}$$

这就是胡克定律，其中比例常数 E 表示产生单位应变时所需的应力，是反映材料对弹性变形抵抗能力的一个性能指标，称为抗拉弹性模量，简称弹性模量. 不同材料，其比例极限 σ_p 和弹性模量 E 也不同. 例如，低碳钢中的普通碳素钢 A_3，比例极限约 200 MPa，弹性模量约 200 GPa.

弹性极限 σ_e：σ_e 是卸载后不产生塑性变形的最大应力，在图 10-1-2 中用 b 点所对应的应力表示. 实际上低碳钢的弹性极限 σ_e 与比例极限 σ_p 十分接近，可以认为，对低碳钢来说，$\sigma_e = \sigma_p$.

屈服点 σ_s：σ_s 等于屈服载荷 F_s 除以试件的初始横截面面积 A_0，即

$$\sigma_s = \frac{F_s}{A_0} \tag{10-1-2}$$

从图 10-1-2 可见，屈服阶段中曲线呈锯齿形，应力上下波动，锯齿形最高点所对应的应力称为上屈服点，最低点称为下屈服点. 上屈服点不太稳定，常随试验状态(如加载速率)而改变. 下屈服点比较稳定(如图 10-1-2 中的 c 点)，通常把下屈服点所对应的应力作为材料的屈服点. 应力达屈服点 σ_s 时，材料将产生显著的塑性变形.

强度极限或抗拉强度 σ_b：图 10-1-2 中 e 点的应力等于试件拉断前所能承受的最大载荷 F_b 除以试件初始横截面面积 A_0，即

$$\sigma_b = \frac{F_b}{A_0} \tag{10-1-3}$$

当横截面上的应力达强度极限 σ_b 时，受拉杆件上将开始出现颈缩并随即发生断裂.

屈服点和抗拉强度是衡量材料强度的两个重要指标. 普通碳素钢 A_3 的屈服点约为 σ_s=220 MPa，抗拉强度约为 σ_b=420 MPa.

伸长率 δ: δ 为试件拉断后，工作段的残余伸长量 $\Delta l_R = l_1 - l_0$ 与标距长度 l_0 的比值，通常用百分数表示，即

$$\delta = \frac{l_1 - l_0}{l_0} \times 100\% \tag{10-1-4}$$

伸长率 δ 表示试件在拉断以前，所能进行的塑性变形的程度，是衡量材料塑性的指标. 标距长度对伸长率有影响，因此，对用 5 倍试件及 10 倍试件测得的伸长率分别加注解标 5 及 10 字样，即分别用 δ_5 及 δ_{10} 表示，以示区别. 普通碳素钢 A_3 的伸长率可达 δ_5=27%以上，在钢材中是塑性相当好的材料. 工程上通常把静载常温下伸长率大于 5%的材料称为塑性材料，金属材料中低碳钢是典型的塑性材料.

截面收缩率 ψ: 用试件初始横截面面积 A_0 减去断裂后颈缩处的最小横截面面积 A_1，并除以 A_0 所得商值的百分数表示，即

$$\psi = \frac{A_0 - A_1}{A_0} \times 100\% \tag{10-1-5}$$

普通碳素钢 A_3 的截面收缩率约为 $\psi=55\%$.

3. 冷作硬化现象

图 10-1-3 中(a)表示低碳钢的拉伸图. 设载荷从零开始逐渐增大，拉伸图曲线将沿 *Odef* 线变化直至 *f* 点发生断裂为止. 前已述及，经过弹性阶段以后，若从某点(如 *d* 点)开始卸载，则力与变形间的关系将沿与弹性阶段直线大体平行的 *dd″* 线回到 *d″* 点. 若卸载后从 *d″* 点开始继续加载，曲线将首先大体沿 *d″d* 线回至 *d* 点，然后仍沿未经卸载的曲线 *def* 变化，直至 *f* 点发生断裂为止.

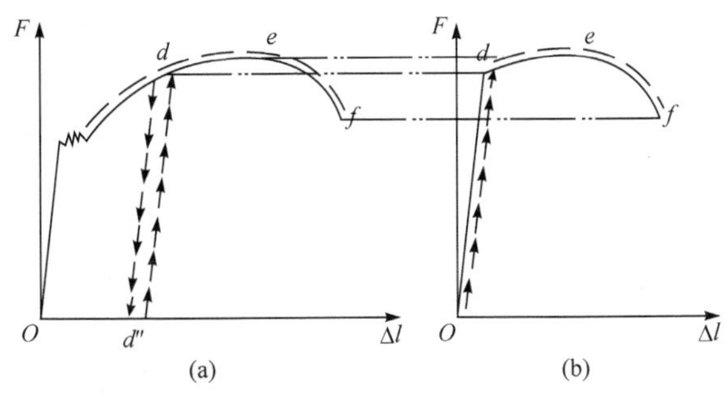

图 10-1-3　低碳钢拉伸图

可见在再次加载过程中，直到 *d* 点以前，试件变形是弹性的，过 *d* 点后才开始出现塑性变形. 比较图 10-1-3 中(a)、(b)所示的两条曲线，说明在第二次加载时，材料的比例极限得到提高，而塑性变形和伸长率有所降低. 在常温下，材料经加载到产生塑性变形后卸载，由于材料经历过强化，从而使其比例极限提高、塑性性能降低的现象称为冷作硬化.

冷作硬化可以提高构件在弹性范围内所能承受的载荷，同时也降低了材料继续进行塑性变形的能力. 一些弹性元件及操纵钢索等常利用冷作硬化现象进行预加工处理，以使其能承受较大的载荷而不产生残余变形. 希望冷压成形时，材料具有较大塑性变形的能力. 因此，常设法防止或消除冷作硬化对材料塑性的影响，例如，在工序间进行退火等.

二、实验装置

1. 电子万能试验机简介

CSS-44100 系列电子万能试验机由主机、附件、计算机系统和数字控制器组合而成，是先进的机械设计技术与现代微电子技术结合的产物.

1) 主机用途

主机是材料力学性能试验机测试的执行机构. 主机是负荷机架与机械传动系

统的结合体，在动横梁位移控制系统的驱动下，配合相应的附件，可以使受试样品产生应力应变，经测量、数据采集、处理给出所需数据报告供设计使用.

电子万能试验机工作时，由主控计算机通过 RS-232 标准总线接口对各测量、控制功能函数进行调用、管理、控制，并利用主机与附件的功能搭配组合，完成多种功能试验.

2) 主机结构

主机的结构组成主要有负荷机架、传动系统、夹持系统与位置保护装置(图 10-1-4). 负荷机架由四立柱支承上横梁与工作台板构成门式框架，两丝杠穿过动横梁两端并安装在上横梁与工作台板之间. 工作台板由两个支脚支承在底板上，且机械传动减速器也固定在工作台板上. 工作时，伺服电机驱动机械传动减速器，进而带动丝杠传动，驱使动横梁上下移动. 试验过程中，力在门式负荷框架内得到平衡.

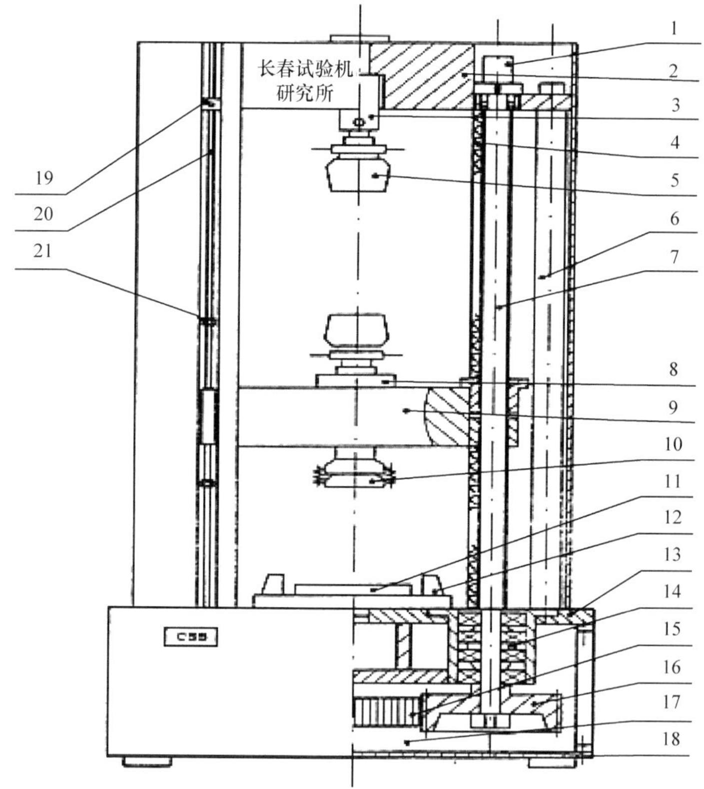

图 10-1-4　50KN 100KN 200KN 双空间主机结构图

1. 位移编码器；2. 上横梁；3. 万向联轴节；4. 防尘罩；5. 拉伸夹具；6. 立柱；7. 滚珠丝杠副；8. 负荷传感器；9. 活动横梁；10. 上压头；11. 下压板；12. 弯曲试台；13. 工作台；14. 轴承组；15. 圆弧齿形带；16. 大带轮；17. 减速装置；18. 底板；19. 导向节；20. 限位杆；21. 限位环

电子万能试验机的传动丝杠是采用带有消隙结构的滚珠丝杠，螺母与丝杠的预紧度已在出厂前调好，用户无须再调整.

负荷传感器安装在动横梁上，万向联轴节及一只拉伸夹具安装在负荷传感器上,另一只夹具安装在工作台板上(两空间结构安装在上横梁上). 如果做压缩或弯曲等试验，单空间结构的卸下万向联轴节和拉伸夹具，装上压头及压缩试台或弯曲试台. 双空间结构的压头及压缩试台与弯曲试台已固定在动横梁与工作台板上了. 工作时，只安装上样品，通过主控计算机启动动横梁驱动系统及测量系统即可完成全部试验.

上横梁、动横梁及工作台板均采用等强技术，由钢板焊接而成，结果使其负荷机架重量轻且刚度高. 尤其以四立柱构成长方体力系框架，保证了整机运行平稳、可靠.

2. 拉伸夹头及试件

试验机的夹头有各种形式，一般采用夹板式，如图 10-1-5(a)；试件所用的夹板如图 10-1-5(b)所示. 楔形夹板表面制成凸纹，因而承受拉力作用后的试件会越来越紧. 有的试验机采用螺纹夹头，则试件夹持部分相应也为螺纹. 试验时，利用试验机的自动绘图器可绘出低碳钢的拉伸图.

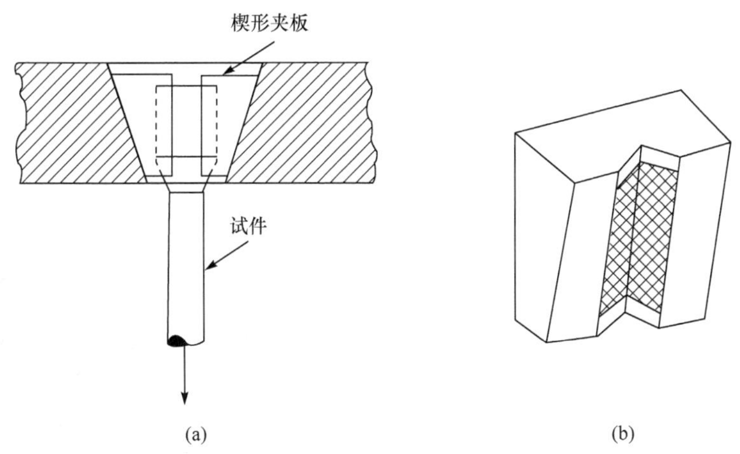

图 10-1-5 (a)夹板式夹头和(b)用于圆形截面试件的夹板

金属材料拉伸试验常用的试件形状如图 10-1-6(a)所示. 图中工作段长度 l_0 称为标距，试件的拉伸变形量一般由这一段的变形来测定，两端较粗部分是为了便于装入试验机的夹头内. 为了使试验测得的结果可以互相比较，试件必须按国家标准做成标准试件，即 $l_0=5d_0$ 或 $l_0=10d_0$，然后在标距两端做上标记，并将其分成 10 格，以便观察标距范围内沿轴向的变形情况. 用游标卡尺在试件标距范围内测量中间和两端三处直径 d_0(在每处的两个互相垂直的方向各测一次取其平均值)，取最小值作为计算试件横截面面积用，计算 A_0 时取三位有效数字.

对于一般板的材料拉伸试验，也应按国家标准做成矩形截面试件. 其截面面积和试件标距关系为 $l_0 = 11.3\sqrt{A_0}$ 或 $l_0 = 5.65\sqrt{A_0}$ ，A_0 为标距段内的截面积.

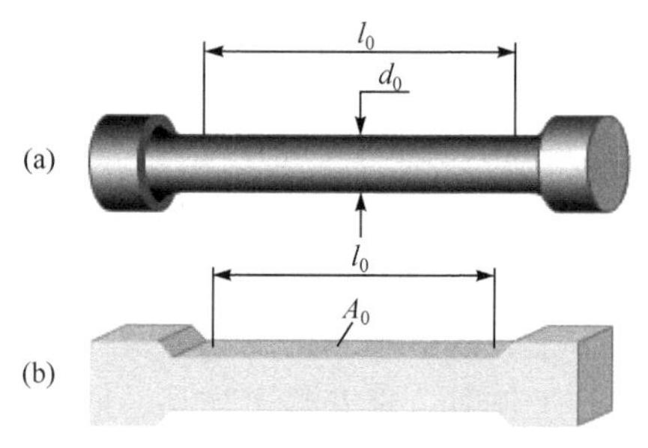

图 10-1-6　(a)圆形截面和(b)矩形截面

3. 压缩装置及试件

压缩试件安装图如图 10-1-7 所示,压缩试件的形状(试件长度与横截面面积的比值)对试验结果有很大影响，压缩试验试样的形状与尺寸，可参照国家标准设计. 压缩试样不宜细长，以免受压发生纵向弯曲以致失稳；也不宜过于粗短以影响试验结果. 对于金属材料横截面多采用圆截面，其高度 h 和直径 d 之比为 $1<h/d<3$，如图 10-1-8 所示. 为了尽量使试件承受轴向压力，试件两端必须完全平等，并且试件轴线保持垂直. 试件准备：用游标卡尺测量试件两端及中部三处截面的直径，取三处中最小的平均直径来计算截面积.

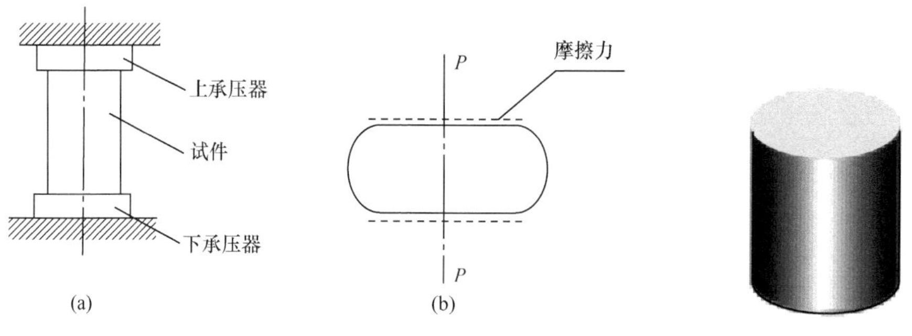

图 10-1-7　压缩试件安装图

图 10-1-8　试样

三、试验内容

拉伸试验内容：

(1) 观察 $F\text{-}\Delta L$ 拉伸曲线.

(2) 在弹性变形阶段验证胡克定律，测定材料弹性模量 E.

(3) 测定强度指标：屈服点 σ_s，抗拉强度 σ_b.

(4) 测定塑性指标：断后伸长率 δ 与断面收缩率 ψ.

压缩试验内容：

(1) 观察低碳钢 F-ΔL 压缩曲线.

(2) 测定在压缩时低碳钢的流动极限 σ_s.

(3) 观察材料的破坏现象.

操作步骤如下：

1) 拉伸试验方法与步骤

(1) 打开计算机电源，双击桌面上的 CTE 图标启动试验程序，或从 Windows 菜单中点击

“开始” → “程序” → “CSS” → “CTE”

接着显示程序启动画面，点击该画面或等待数秒钟可直接进入程序主界面.

(2) 打开 EDC 系统，移动主菜单进入 PC→CONTROL 状态.

(3) 在试验条件菜单里选择工作目录，并设置试验条件(所有试验条件以.con 作为扩展名)，可以直接使用默认的试验条件，也可以按照试验要求修改试验条件. (注：拉伸试验，速度宜选 5～15mm/min.)

(4) 选择合适的负荷传感器连接到横梁上.

(5) 将合适的夹具安装到横梁上.

(6) 将引伸计设备连接到主机上.

(7) 先按启动按钮启动 EDC，然后使用手动盒或 CTE 的升降按钮移动横梁到合适位置，以方便夹持试样.

(8) 先测定低碳钢试件的直径 d 和标距 L，用游标卡尺在试件标距范围内测量中间和两端三处直径 d_0(在每处的两个互相垂直的方向各测一次取其平均值)，取最小值作为计算试件横截面面积用，计算 A_0 时取三位有效数字. 然后装夹试样：先把试样安装在试验机的上夹头内，再移动下夹头到适当位置，把试件夹紧.

(9) 确保已设置好试验条件，试样已夹好.

(10) 各通道清零. (在各通道的显示表头上点击鼠标右键，出现一个快捷菜单，点清零即可.)

(11) 点击开始试验按钮，该按钮位于主界面左侧，也可以点击工具条上的开始试验按钮.

注意：如果你无意中启动了一个没夹试样的试验，或试验过程中出现其他错误，请按结束试验按钮或 CTRL-E 组合键. 试验结束后主界面上显示出试验结果及重绘后的曲线.

(12) 取下试件，将拉断的试件在断口处尽量对拢，量测拉断后的标距长度 L 和断口直径 d. 若断口不在标距长度中部三分之一区段内，需采用断口移中的办法

(即借计算法将断口移至中间)，以计算试件拉断后的标距长度 l_1. 采用断口移中法时，试验前要将试件标距等分为 10 个格. 试验后将拉断的试件断口对紧，见图 10-1-9. 以断口 O 为起点，在长段上取基本等于短段的格数得 B 点. 当长段所余格数为偶数时(图 10-1-9(a))，量取长段所余格数的一半得出 C 点，将 BC 段长度移到试件左端，则移位后的 l_1 为在长段上基本等于 AC，若长段所余格数为奇数(图 10-1-9(b))，可在长段上量取所余格数减 1 之半得 C 点，再量取所余格数加 1 之半得 C_1 点，则移位后的 l_1 为 $l_1=AB+BC+CC_1$.

为什么要将断口移中呢?这是因为断口靠近试件两端时，在断裂试件的较短一段上，必将受到试件头部较粗部分的影响，而降低颈缩部分的局部伸长量，从而使延伸率 δ 的数值偏小，用断口移中的办法可在一定程度上弥补上述偏差. 当断口非常靠近试件两端，而其与头部的距离等于或小于直径 d_0 的两倍时，试验结果无效，必须重作.

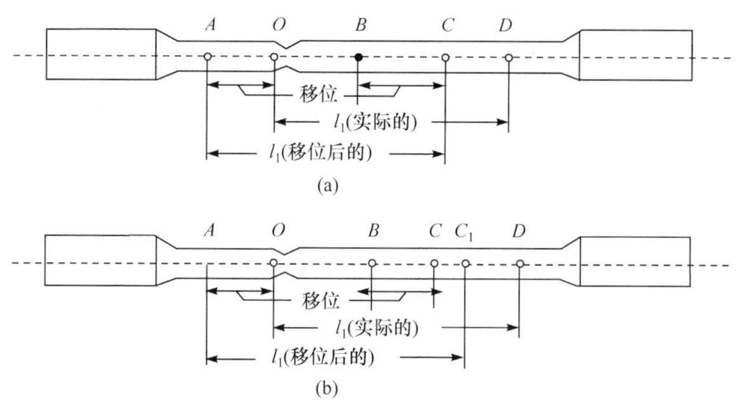

图 10-1-9　试样拉伸后的示意图

(13) 如果继续做其他试样的试验，请返回步骤(7).

完成一组试验后，可以进入曲线操作界面查看原始数据、试验结果和统计值，还可以根据原始数据修改试验结果.

(14) 打印图像，整理数据.

(15) 试验结束后停机，整理现场，切断电源.

2) 压缩试验方法与步骤

(1) 打开计算机电源，双击桌面上的 CTE 图标启动试验程序，或从 WINDOWS 菜单中点击

“开始” → “程序” → “CSS” → “CTE”

接着显示程序启动画面，点击该画面或等待数秒钟可直接进入程序主界面.

(2) 打开 EDC 系统，移动主菜单进入 PC→CONTROL 状态.

(3) 在试验条件菜单里选择工作目录，并设置试验条件(所有试验条件以.con作为扩展名)，可以直接使用默认的试验条件，也可以按照试验要求修改试验条件.(注：压缩试验宜选在 3～10mm/min.)

(4) 选择合适的负荷传感器连接到横梁上.

(5) 先按启动按钮启动 EDC，然后使用手动盒或 CTE 的升降按钮移动横梁到合适位置，以方便压缩试样.

(6) 将试件两端面涂以润滑剂，然后将试件尽量准确地放在机器承垫中心上，使试件承受轴向压力.

(7) 确保已设置好试验条件，试样已放好.

(8) 各通道清零. (在各通道的显示表头上点击鼠标右键，出现一个快捷菜单，点清零即可.)

(9) 点击开始试验按钮，该按钮位于主界面左侧，也可以点击工具条上的开始试验按钮. 进行低碳钢压缩试验，根据 $P\text{-}\Delta L$ 曲线，超过屈服阶段后，继续加载，当试件发生显著变形(压成鼓形)后即可停止试验.

(10) 如果继续做其他试样的试验，请返回步骤(5).

完成一组试验后，可以进入曲线操作界面查看原始数据、试验结果和统计值，还可以根据原始数据修改试验结果.

(11) 打印图像，整理数据.

(12) 试验结束后停机，整理现场，切断电源.

四、注意事项

1. 拉伸试验注意事项

(1) 试验前，务必明确这次试验的目的、原理和要求，熟悉操作步骤及有关注意事项.

(2) 试样要正确安装，防止偏斜或夹入部分过短.

(3) 试验时，不要漏掉所需用的试验数据. 如果你无意中启动了一个没夹试样的试验，或试验过程中出现其他错误，请按结束试验按钮或 CTRL-E 组合键. 试验结束后主界面上显示出试验结果及重绘后的曲线.

2. 压缩试验注意事项

(1) 测量试样尺寸要精确到 0.01mm.

(2) 试件一定要放在压头中心以免偏心影响.

(3) 在试件与上压头接触时要特别注意，使之慢慢接触，以免发生撞击，损坏机器.

五、思考题与讨论

(1) 低碳钢压缩图与拉伸图有何区别？说明什么问题？

(2) 低碳钢在拉伸中，要测得哪些数据？观察哪些现象？

(3) 说明低碳钢拉伸后断口的特点.

(4) 低碳钢压缩后为什么成鼓形？

(5) 压缩时为什么必须将试件对准试验机压头的中心位置，如没有对准会产生什么影响？

参 考 文 献

赵志国. 2016. 金属材料力学性能检测技术的发展. 建筑工程技术与设计, (12): 3048.

CSS-44100 系列电子万能试验机使用说明.

10.2　金属切削实验

数控机床是数字控制机床的简称，是一种装有程序控制系统的自动化机床，该控制系统能够逻辑地处理具有控制编码或其他符号指令规定的程序，并将其译码，用代码化的数字表示，通过信息载体输入数控装置，经运算处理由数控装置发出各种控制信号，控制机床的动作，按图纸要求的形状和尺寸，自动地将零件加工出来. 数控技术是机械加工现代化的重要基础与关键技术，应用数控加工可大大提高生产率、稳定价格质量、缩短加工周期、增加生产柔性、实现对各种复杂精密零件的自动化加工，易于在工厂或车间实行计算机管理，还使车间设备总数减少、节省人力、改善劳动条件，有利于加快产品的开发和更新换代，提高企业对市场的适应能力并提高企业综合经济效益. 数控加工技术也是发展军事工业的重要战略. 美国等西方各国在高档数控机床与加工技术方面，一直对我国进行封锁限制，因为许多先进武器设备的制造，如飞机、导弹、坦克等关键零件，都离不开高性能的数控机床加工. 数控系统由硬件和软件组成. 目前全球最大的三家数控厂商是：日本发那科(FANUC)、德国西门子(SIEMENS)、日本三菱(MITSUBISHI)；另外还有法国扭姆(NUM)、西班牙法格(FAGOR)等. 国内数控厂商有华中数控、中华数控、航天数控和蓝天数控等. 其中，华中数控和中华数控是将数控专用模块嵌入通用 PC 机构成的单机数控系统，而航天数控和蓝天数控是将 PC 嵌入数控之中构成的多机数控系统，形成典型的前后台结构.

本实验采用华中数控 HNC-21/22 世纪星系列数控系统，了解数控车床的基本结构及操作方法，了解程序编制中的不同指令功能编程格式，练习编程以及操作过程，观察不同指令作用，了解程序运行规律.

【预习要求】

(1) 了解华中数控 HNC-21/22 世纪星系列数控系统.

(2) 了解华中数控 HNC-21/22 世纪星系列数控车床的结构和使用方法.

一、实验原理

数控车削的主运动是 I 件装卡在主轴上的旋转运动，配合刀具在平面内的运动加工出回转体零件. 本实验以经济型数控车床 CJK6032 的操作为例进行介绍. 该机床使用的是华中 I 型车削数控系统(简称 HCNC-1T)，其系统结构较为简单，采用中文 CRT 显示，具有很好的人机交互界面，通信接口可用于系统集成、联网、数据输入、输出、远程通信等，系统采用实时多任务的管理方式，能够在加工的同时进行其他操作. CJK6032 数控卧式车床二轴联动的经济型变频主轴数控车床，适用于金属及其他材料的车削加工. 机床采用微机控制，主轴由变频电机驱动(有高、低二挡变速)，四刀位电动回转刀架，对各种盘类、轴类零件，可自动完成内、外圆柱面，圆弧面，螺纹等工序的切削加工，并能进行切槽、钻、扩、铰孔等工作.

二、实验装置

1. 数控车床的分类

(1) 按加工性能分类，可分为数控立式车床、数控卧式车床、车削加工中心等.

(2) 按系统控制原理分类，可分为开环、半闭环、闭环、混合环控制型数控车床.

(3) 按控制系统功能水平分类，可分为经济型、普及型和全功能型数控车床.

2. 数控车床的组成及其作用

数控车床主要由数控系统和机床主机(包括床身、主轴箱、刀架进给传动系统、液压系统、冷却系统、润滑系统等)组成.

(1) 数控系统用于对机床的各种动作进行自动化控制.

(2) 数控车床的床身和导轨有多种形式，主要有水平床身、倾斜床身、水平床身斜滑鞍等，它构成机床主机的基本骨架.

(3) 传动系统及主轴部件：其主传动系统一般采用直流或交流无级调速电动机，通过皮带传动或通过联轴器与主轴直联，带动主轴旋转，实现自动无级调速及恒切削速度控制. 主轴组件是机床实现旋转运动(主运动)的执行部件.

(4) 进给传动系统：一般采用滚珠丝杠螺母副，由安装在各轴上的伺服电机，通过齿形同步带传动或通过联轴器与滚珠丝杠直联，实现刀架的纵向和横向移动.

(5) 自动回转刀架：用于安装各种切削加工刀具，加工过程中能实现自动换刀，以实现多种切削方式的需要. 它具有较高的回转精度.

(6) 液压系统：它可使机床实现夹盘的自动松开与夹紧以及机床尾座顶尖自动伸缩.

(7) 冷却系统：在机床工作过程中，可通过手动或自动方式为机床提供冷却液对工件和刀具进行冷却.

(8) 润滑系统：集中供油润滑装置，能定时定量地为机床各润滑部件提供合理润滑.

三、实验内容

1. 数控车床的操作步骤

数控车床 CJK6032-4 的操作面板如图 10-2-1 所示.

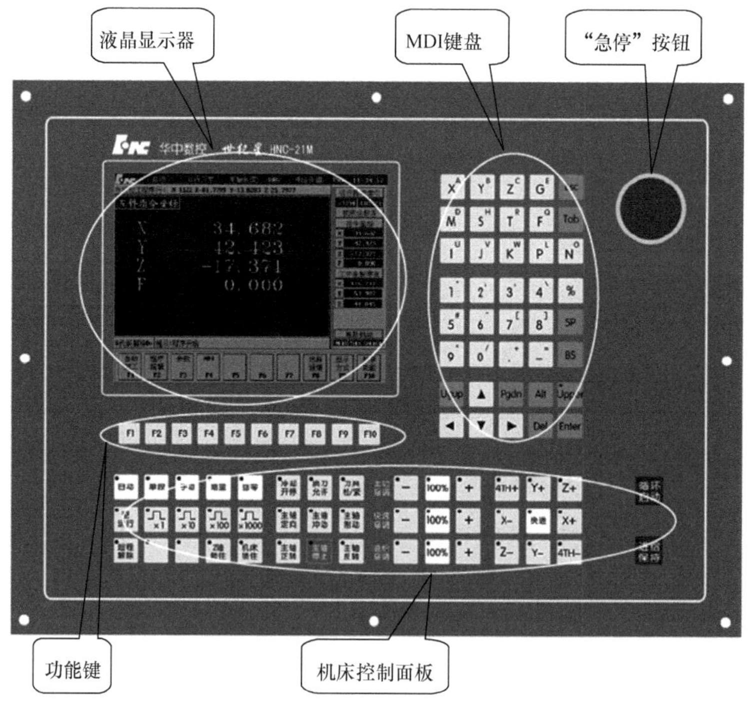

图 10-2-1　数控车床 CJK6032-4 的操作面板

1) 急停

机床运行过程中，在危险或紧急情况下，按下“急停”按钮(图 10-2-2)，CNC

即进入急停状态，伺服进给及主轴运转立即停止工作，控制柜内的进给驱动电源被切断，松开“急停”按钮(左旋此按钮将自动跳起)，CNC 进入复位状态.

解除紧急停止前，先确认故障原因是否排除，且紧急停止解除后应重新执行回参考点操作，以确保坐标位置的正确性.

注意：

在启动和退出系统之前应按下“急停”按钮以保障人身、财产安全.

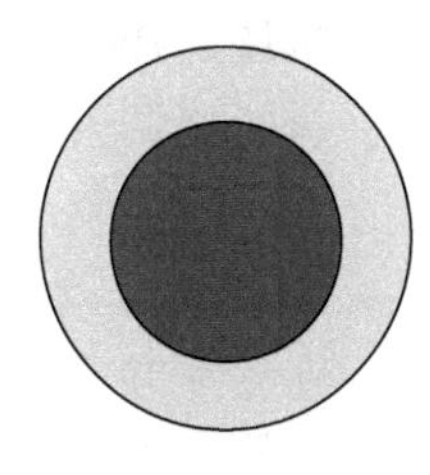

图 10-2-2 “急停”按钮

2) 方式选择

机床的工作方式由手持单元和控制面板上的方式选择类按键共同决定. 方式选择类按键(图 10-2-3)及其对应的机床工作方式如下.

(1) “自动”：自动运行方式；

(2) “单段”：单程序段执行方式；

(3) “手动”：手动连续进给方式；

(4) “增量”：增量/手摇脉冲发生器进给方式；

(5) “回零”：返回机床参考点方式.

图 10-2-3 方式选择类按键

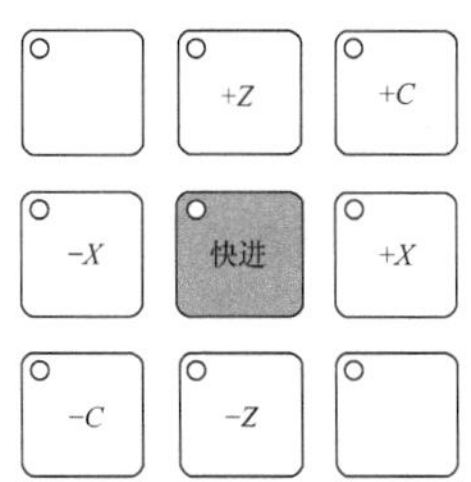

图 10-2-4 按键

注意：

(1) 控制面板上的方式选择类按键互锁，即按一下其中一个，指示灯亮，其余几个会失效，指示灯灭；

(2) 当某一方式有效时，相应按键内指示灯亮.

3) 轴手动按键

“+*X*”、“+*Z*”、“−*X*”、“−*Z*” 按键(图 10-2-4)用于在手动连续进给、增量进给和返回机床参考点方式下，选择进给坐标轴和进给方向.

4) 速率修调

a. 进给修调

在自动方式或 MDI 运行方式下，当 F 代码编程的进给速度偏高或偏低时，可用进给修调右侧的“100%”和“+”“−”按键(图 10-2-5)，修调程序中编制的进给速度.

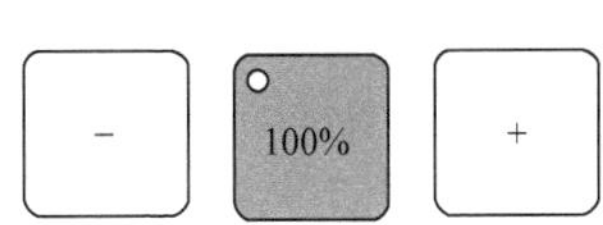

图 10-2-5 速率修调按钮

按压“100%”按键(指示灯亮)，进给修调倍率被置为 100%，按一下“+”按键，进给修调倍率递增 5%，按一下“–”按键，进给修调倍率递减 5%.

在手动连续进给方式下，这些按键可调节手动进给速率.

b. 快速修调

在自动方式或 MDI 运行方式下，可用快速修调右侧的“100%”和“+”“–”按键，修调 G00 快速移动时系统参数“最高快移速度”设置的速度.

按压“100%”按键(指示灯亮)，快速修调倍率被置为 100%，按一下“+”按键，快速修调倍率递增 5%，按一下“–”按键，快速修调倍率递减 5%.

在手动连续进给方式下，这些按键可调节手动快移速度.

c. 主轴修调

在自动方式或 MDI 运行方式下，当 S 代码编程的主轴速度偏高或偏低时，可用主轴修调右侧的“100%”和“+”“–”按键，修调程序中编制的主轴速度.

按压“100%”按键(指示灯亮)，主轴修调倍率被置为 100%，按一下“+”按键，主轴修调倍率递增 5%，按一下“–”按键，主轴修调倍率递减 5%.

在手动方式时，这些按键可调节手动时的主轴速度.

机械齿轮换挡时，主轴速度不能修调.

5) 回参考点

按一下“回零”按键(指示灯亮)，系统处于手动回参考点方式，可手动返回参考点(下面以 X 轴回参考点为例说明).

(1) 根据 X 轴“回参考点方向”参数的设置，按一下“+X”(“回参考点方向”为“+”)或“–X”(“回参考点方向”为“–”)按键；

(2) X 轴将以“回参考点快移速度”参数设定的速度快进；

(3) X 轴碰到参考点开关后，将以“回参考点定位速度”参数设定的速度进给；

(4) 当反馈元件检测到基准脉冲时，X 轴减速停止，回参考点结束，此时“+X”或“–X”按键内的指示灯亮.

用同样的操作方法，使用“+Z”“–Z”按键可以使 Z 轴回到参考点.

同时按压 X 向和 Z 向的轴手动按键，可使 X 轴、Z 轴同时执行返回参考点操作.

注意：

(1) 在每次电源接通后，必须先用这种方法完成各轴的返回参考点操作，然后再进入其他运行方式，以确保各轴坐标的正确性；

(2) 在回参考点前，应确保回零轴位于参考点的“回参考点方向”相反侧；否则应手动移动该轴直到满足此条件.

6) 手动进给

a. 手动进给操作方法

按一下“手动”按键(指示灯亮)，系统处于手动运行方式，可手动移动机床坐标轴(下面以手动移动 X 轴为例说明)：

(1) 按压“$+X$”或“$-X$”按键(指示灯亮)，X 轴将产生正向或负向连续移动；

(2) 松开“$+X$”或“$-X$”按键(指示灯灭)，X 轴即减速停止.

用同样的操作方法使用“$+Z$”“$-Z$”按键，可以使 Z 轴产生正向或负向连续移动.

同时按压 X 向和 Z 向的轴手动按键，可同时手动连续移动 X 轴、Z 轴.

b. 手动快速移动

在手动连续进给时，若同时按压“快进”按键，则产生相应轴的正向或负向快速运动.

手动快速移动的速率为系统参数“最高快移速度”乘以快速修调选择的快移倍率.

7) 增量进给

a. 增量进给操作方法

按一下控制面板上的“增量”按键(指示灯亮)，系统处于增量进给方式，可增量移动机床坐标轴(下面以增量进给 X 轴为例说明)：

(1) 按一下“$+X$”或“$-X$”按键(指示灯亮)，X 轴将向正向或负向移动一个增量值；

(2) 再按一下“$+X$”或“$-X$”按键，X 轴将向正向或负向继续移动一个增量值.

用同样的操作方法使用“$+Z$”“$-Z$”按键可以使 Z 轴向正向或负向移动一个增量值.

同时按一下 X 向和 Z 向的轴手动按键，每次能同时增量进给 X 轴、Z 轴.

b. 增量值选择

增量进给的增量值由“×1”“×10”“×100”“×1000”四个增量倍率按键控制(图 10-2-6). 增量倍率按键和增量值的对应关系如表 10-2-1 所示.

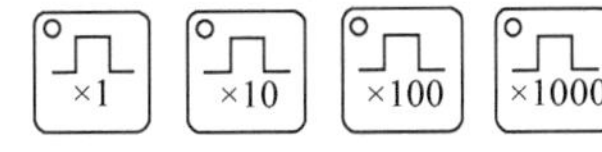

图 10-2-6　增量倍率按键

表 10-2-1　增量倍率按键和增量值对应关系

增量倍率按键	×1	×10	×100	×1000
增量值/mm	0.001	0.01	0.1	1

注：这几个按键互锁，即按一下其中一个(指示灯亮)，其余几个会失效(指示灯灭).

8) 自动运行

按一下“自动”按键(指示灯亮)，系统处于自动运行方式，机床坐标轴的控制由 CNC 自动完成.

a. 自动运行启动——循环启动

循环
启动

图 10-2-7 “循环启动”按键

自动方式时，在系统主菜单下按“F1”键进入自动加工子菜单，再按“F1”选择要运行的程序，然后按一下“循环启动”按键(图 10-2-7，指示灯亮)，自动加工开始.

注意：适用于自动运行方式的按键同样适用于 MDI 运行方式和单段运行方式.

b. 自动运行暂停——进给保持

在自动运行过程中，按一下“进给保持”按键(图 10-2-8，指示灯亮)，程序执行暂停，机床运动轴减速停止.

进给
保持

图 10-2-8 “进给保持”按键

暂停期间，辅助功能 M、主轴功能 S、刀具功能 T 保持不变.

c. 进给保持后的再启动

在自动运行暂停状态下，按一下“循环启动”按键，系统将重新启动，从暂停前的状态继续运行.

9) 单段运行

按一下“单段”按键，系统处于单段自动运行方式(指示灯亮)，程序控制将逐段执行：

(1) 按一下“循环启动”按键，运行一程序段，机床运动轴减速停止，刀具、主轴电机停止运行；

(2) 再按一下“循环启动”按键，又执行下一程序段，执行完了后又再次停止.

在单段运行方式下，适用于自动运行的按键依然有效.

10) 超程解除

在伺服轴行程的两端各有一个极限开关，作用是防止伺服机构碰撞而损坏.

超程
解除

图 10-2-9 “超程解除”按钮

每当伺服机构碰到行程极限开关时，就会出现超程. 当某轴出现超程(图 10-2-9，“超程解除”按键内指示灯亮)时，系统视其状况为紧急停止，要退出超程状态时，必须：

(1) 松开“急停”按钮，置工作方式为“手动”方式.

(2) 一直按压着“超程解除”按键(控制器会暂时忽略超程的紧急情况)；

(3) 在手动方式下，使该轴向相反方向退出超程状态；

(4) 松开“超程解除”按键.

若显示屏上运行状态栏“运行正常”取代了“出错”，表示恢复正常，可以继续操作.

注意：在移回伺服机构时请注意移动方向及移动速率，以免发生撞机.

11) 手动机床动作控制

a. 主轴正转

在手动方式下，按一下“主轴正转”按键(图 10-2-10，指示灯亮)，主电机以机床参数设定的转速正转.

b. 主轴反转

在手动方式下，按一下“主轴反转”按键(指示灯亮)，主电机以机床参数设定的转速反转.

c. 主轴停止

在手动方式下，按一下“主轴停止”按键(指示灯亮)，主电机停止运转.

d. 主轴正、负点动

在手动方式下，可用“主轴正点动”“主轴负点动”按键，点动转动主轴：

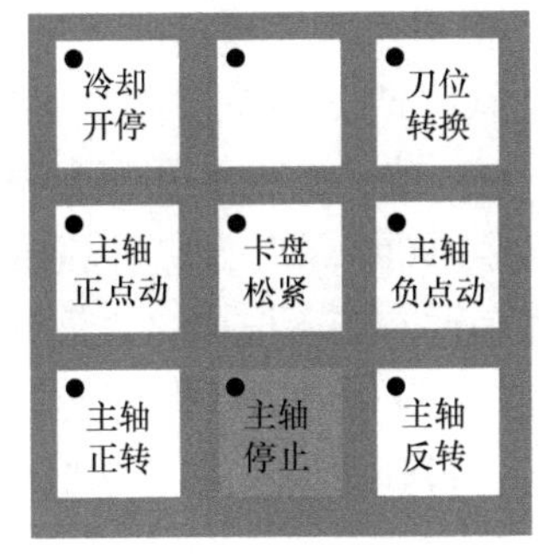

图 10-2-10　手动机床动作控制按键

(1) 按压“主轴正点动”或“主轴负点动”按键(指示灯亮)，主轴将产生正向或负向连续转动；

(2) 松开“主轴正点动”或“主轴负点动”按键(指示灯灭)，主轴即减速停止.

e. 刀位转换

在手动方式下，按一下“刀位转换”按键，转塔刀架转动一个刀位.

f. 冷却开停

在手动方式下，按一下“冷却开停”按键，冷却液开(默认值为冷却液关)，再按一下又为冷却液关，如此循环.

g. 卡盘松紧

在手动方式下，按一下“卡盘松紧”按键，松开工件(默认值为夹紧)，可以进行更换工件操作；再按一下又为夹紧工件，可以进行加工工件操作，如此循环.

12) 数控车床对刀

a. 返回机床参考点操作

进入系统后首先应将机床各轴返回参考点. 操作步骤如下：

① 按下“回参考点”键(指示灯亮).

② 按下“+X”按键，使 X 轴返回参考点.

③ 按下“+Z”按键，使 Z 轴返回参考点.

在危险或紧急情况下，按下急停按钮，进给和主轴立即停止；故障排除后松开急停按钮，CNC 进入复位状态，此时应重新执行回参考点操作，以确保坐标位置正确，若出现超程问题，按以下方法解除超程.

超程解除：

① 松开急停按钮，置工作方式为手动.

② 一直按压“超程解除”键，手动方式使该轴向相反方向退出超程状态.

③ 松开“超程解除”键(屏显示“运行正常”).

b. 对刀的步骤

软件界面如图 10-2-11 所示. 对刀分两步：

(1) 对 Z 方向，用车刀将材料试切一段长度，调出数控系统里的刀偏表，输入数值 0.000，即工件坐标系的 Z 方向原点在工件的右端面上. (注意平端面后，输入数值前车刀不要向 Z 方向移动.)

(2) 对 X 方向，用车刀将材料的外圆切去一定长度，再用游标卡尺测量外圆直径，得到数值，输入刀偏表中. (注意试切外圆后，输入数值前车刀不要向 X 方向移动.)

注意：对刀完成后即工件右端面中心为工件坐标系的原点，也为编程的起点.

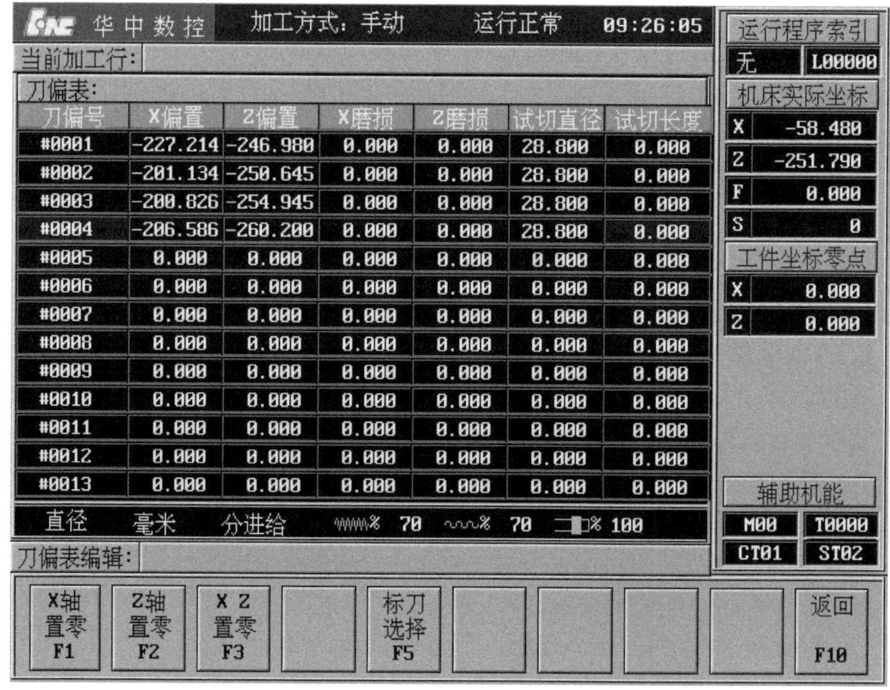

图 10-2-11　软件界面

2. 数控程序编制中的不同指令功能编程格式

1) 主轴功能 S

【格式】　S(数字)；如 M03S150.

【说明】　控制车床主轴转速，其后的数值表示主轴速度，单位为转每分钟 ($r \cdot min^{-1}$). S 是模态指令，S 功能只有在主轴速度可调节时有效，S 所编程的主轴转速可以借助机床控制面板上的主轴倍率开关进行修调.

数控车削加工时刀具作插补运动来切削工件时，当已知要求的圆周速度为 v 时，车床主轴的转速($r\cdot min^{-1}$)为

$$n=1000v/(\pi d) \tag{10-2-1}$$

其中 d 为工件的外径，单位为 mm. 例如，工件的外径为 50mm，要求的切削速度为 $100mm\cdot min^{-1}$，经计算可得 $n=637$，因此主轴转速为 $637r\cdot min^{-1}$，表示为 S637.

为保证车削后工件的表面粗糙度一致，数控车床一般提供可以设置恒切削速度指令，车削过程中数控系统根据车削时工件不同位置处的直径计算主轴的转速.

恒切削速度设置方法如下：

G96 S_；其中 S 后面数字的单位为 $m\cdot min^{-1}$.

设置恒切削速度后，如果不需要时可以取消，其方式如下：

G97 S_；其中 S 后面数字的单位为 $r\cdot min^{-1}$.

使用恒切削速度指令后，由于主轴的转速在工件不同截面上是变化的，为防止主轴转速过高而发生危险，在设置恒切削速度前，可以将主轴最高转速设置在某一个最高值，切削过程中当执行恒切削速度时，主轴最高转速将被限制在这个最高值.

2) 进给速度 F

【格式】 F_ ；如 G01 X50.0 Z100.2 F100.

【说明】 F 指令表示工件被加工时刀具相对于工件的进给速度，F 的单位取决于 G94(每分钟进给量 $mm\cdot min^{-1}$)或 G95(主轴每转一转刀具的进给量 $mm\cdot r^{-1}$).

使用下式可以实现每转进给量与每分钟进给量的转化：

$$f_m=f_r\times S$$

其中，f_m 为每分钟的进给量($mm\cdot min^{-1}$)；f_r 为每转进给量($mm\cdot r^{-1}$)；S 为主轴转数($r\cdot min^{-1}$).

3) 刀具功能 T

【格式】 T_ _ (数字)；如 T0100.

【说明】 用于选刀，其后的 4 位数字分别表示选择的刀具号和刀具补偿号. T 后面的数字与刀架上刀号的关系是由机床制造厂规定的.

4) 绝对值编程 G90 与相对值编程 G91

【格式】 G90；

G91.

【说明】 G90：绝对值编程，每个编程坐标轴上的编程值是相对于程序原点的；

G91：相对值编程，每个编程坐标轴上的编程值是相对于前一位置

而言的，该值等于沿轴移动的距离.

绝对编程时，用 G90 指令后面的 X、Z 表示 X 轴、Z 轴的坐标值；

增量编程时，用 U、W 或 G91 指令后面的 X、Z 表示 X 轴、Z 轴的增量值；

其中表示增量的字符 U、W 不能用于循环指令 G80、G81、G82、G71、G72、G73、G76 程序段中，但可用于定义精加工轮廓的程序中.

选择合适的编程方式可使编程简化. 当图纸尺寸由一个固定基准给定时，采用绝对方式编程较为方便；而当图纸尺寸是以轮廓顶点之间的间距给出时，采用相对方式编程较为方便.

5) 直径方式和半径方式编程

【格式】 G36；

G37.

【说明】 G36：直径编程；

G37：半径编程.

数控车床的工件外形通常是旋转体，其 X 轴尺寸可以用两种方式加以指定：直径方式和半径方式. 机床出厂一般设为直径编程.

注意：使用直径、半径编程时，系统参数设置要求与之对应.

6) 主轴控制指令 M03、M05

M03：启动主轴以程序中编制的主轴速度顺时针方向(从 Z 轴正向朝 Z 轴负向看)旋转.

M05：使主轴停止旋转.

7) 程序结束并返回到零件程序头 M30

M30 和 M02 功能基本相同，只是 M30 指令还兼有控制返回到零件程序头(%)的作用.

使用 M30 的程序结束后，若要重新执行该程序，只需再次按操作面板上的“循环启动”键.

8) 快速定位 G00

【格式】 G00 X(U)_ Z(W)_.

【说明】 X、Z：为绝对编程时，快速定位终点在工件坐标系中的坐标；

U、W：为增量编程时，快速定位终点相对于起点的位移量.

G00 指令刀具相对于工件以各轴预先设定的速度，从当前位置快速移动到程序段指令的定位目标点.

G00 指令中的快移速度由机床参数“快移进给速度”对各轴分别设定，不能用 F 规定.

G00 一般用于加工前快速定位或加工后快速退刀. 快移速度可由面板上的快

速修调按钮修正.

注意：在执行 G00 指令时，由于各轴以各自速度移动，不能保证各轴同时到达终点，因而联动直线轴的合成轨迹不一定是直线. 操作者必须格外小心，以免刀具与工件发生碰撞. 常见的做法是，将 X 轴移动到安全位置，再放心地执行 G00 指令.

9) 线性进给 G01

【格式】　G01 X(U)_ Z(W) _ F_;

【说明】　X、Z：为绝对编程时终点在工件坐标系中的坐标；

U、W：为增量编程时终点相对于起点的位移量；

F_：合成进给速度.

G01 指令刀具以联动的方式，按 F 规定的合成进给速度，从当前位置按线性路线(联动直线轴的合成轨迹为直线)移动到程序段指令的终点.

10) 圆弧进给 G02/G03

【格式】　G02 X(U)_ Z(W) _　R_　F_ ;

G03 X(U)_ Z(W) _　R_　F_ .

【说明】　G02/G03 指令刀具，按顺时针/逆时针进行圆弧加工.

G02：顺时针圆弧插补；

G03：逆时针圆弧插补；

X、Z：为绝对编程时，圆弧终点在工件坐标系中的坐标；

U、W：为增量编程时，圆弧终点相对于圆弧起点的位移量；

R：圆弧半径；

F：被编程的两个轴的合成进给速度.

注意：顺时针或逆时针是从垂直于圆弧所在平面的坐标轴的正方向看到的回转方向.

编程实例如图 10-2-12：

O0001　　程序文件名 O×××× (地址 O 后面必须有四位数字或字母)；

%O0001　　程序起始符：%(或 O)符，%(或 O)后跟程序号；

N1 G92 X100 Z50　　G92：坐标系设定；

N2 M03 S800　　M03：主轴正转起动，S：主轴转速；

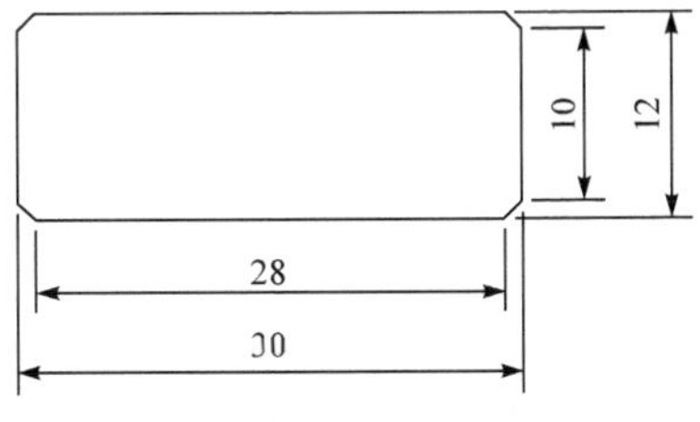

图 10-2-12　编程实例

N3 T0202　　　　T：选刀，其后的 4 位数字分别表示选择的刀具号和刀具补偿号；

N4 G00 X12 Z2　　　　G00：快速定位；

N5 G01 Z-30 F80　　　　G01：直线插补；

N6 G00 X100 Z50

N7 T0101

N8 G00 X13 Z-1

N9 G01 X12 Z-1 F20

N10 G01 X10 Z0 F20

N11 X0

N12 G00 X18 Z1

N13 Z-30

N14 G01 X9 F20

N15 X12

N16 Z-29

N17 X10 Z-30

N18 X0

N19 G00 X100 Z50

N20 T0202

N21 M05　　　　M05：轴停止旋转；

N22 M30　　　　M30：程序结束并返回程序起点.

四、注意事项

1. 安全操作基本注意事项

(1) 工作时请穿好工作服、安全鞋，否则不许进入车间. 衬衫要系入裤内，工作服衣领、袖口要系好. 不得穿凉鞋、拖鞋、高跟鞋、背心、裙子以及戴围巾进入车间，以免发生烫伤. 禁止戴手套操作机床，若长发要戴帽子或发网.

(2) 所有实验步骤须在实训教师指导下进行，未经指导教师同意，不许开动机床.

(3) 机床开动期间严禁离开工作岗位做与操作无关的事情. 严禁在车间内嬉戏、打闹. 机床开动时，严禁在机床间穿梭.

(4) 应在指定的机床和计算机上进行实习. 未经允许，其他机床设备、工具或电器开关等均不得乱动.

(5) 某一项工作如需要两人或多人共同完成，应注意相互间的协调一致.

(6) 开机前应对数控车床进行全面细致的检查，包括操作面板、导轨面、卡爪、尾座、刀架、刀具等，确认无误后方可操作.

2. 工作前的准备工作

(1) 机床工作开始前要有预热，认真检查润滑系统工作是否正常，如机床长时间未开动，可先采用手动方式向各部分供油润滑.

(2) 未经指导教师确认程序正确前，不许动操作箱上已设置好的“机床锁住”状态键.

(3) 拧紧工件：保证工件牢牢固定在工作台上.

(4) 移去调节的工具：启动机床前应检查是否已将扳手、楔子等工具从机床上拿开.

3. 工作过程中的安全注意事项

(1) 数控车床通电后，检查各开关、按钮和按键是否正常、灵活、机床有无异常现象.

(2) 程序输入后，应仔细核对代码、地址、数值、正负号、小数点及语法是否正确.

(3) 正确测量和计算工件坐标系，并对所得结果进行检查.

(4) 输入工件坐标系，并对坐标、坐标值、正负号、小数点进行认真核对.

(5) 未装工件前，空运行一次程序，看程序能否顺利进行，刀具和夹具安装是否合理，有无超程现象.

(6) 试切时快速倍率开关必须打到较低挡位.

(7) 试切进刀时，在刀具运行至工件 30～50 mm 处，必须在进给保持下，验证 Z 轴和 X 轴坐标剩余值与加工程序是否一致.

(8) 试切和加工中，刃磨刀具和更换刀具后，要重新测量刀具位置并修改刀补值和刀补号.

(9) 程序修改后，要对修改部分仔细核对.

(10) 必须在确认工件夹紧后才能启动机床，严禁工件转动时测量、触摸工件.

(11) 操作中出现工件跳动、打抖、异常声音、夹具松动等异常情况时必须停车处理.

(12) 紧急停车后，应重新进行机床“回零”操作，才能再次运行程序.

4. 工作完成后的注意事项

(1) 清除切屑、擦拭机床，使用机床与环境保持清洁状态.

(2) 注意检查或更换磨损坏了的机床导轨上的油察板.

(3) 检查润滑油、冷却液的状态，及时添加或更换.

(4) 依次关掉机床操作面板上的电源和总电源.

五、思考题与讨论

(1) 请简述数控车床的安全操作规程.

(2) 机床的开启、运行、停止有哪些注意事项?

(3) 急停机床主要有哪些方法?

(4) 手动操作机床的主要内容有哪些? 机床"回零"的主要作用是什么?

(5) 数控程序编制应该注意哪些事项?

参考文献

华中数控 HNC-21/22 世纪星系列数控车床编程说明.
华中数控 HNC-21/22 世纪星系列数控车床操作说明.
徐衡. 2014. 跟我学华中数控系统手工编程. 北京: 化学工业出版社.
朱明松. 2017. 数控车床编程与操作项目教程. 2 版. 北京: 机械工业出版社.

10.3 差热-热重分析实验

差热分析法是一种重要的热分析方法，是指在程序控温下，测量物质和参比物的温度差与温度或者时间的关系的一种测试技术. 该方法广泛应用于测定物质在热反应时的特征温度及吸收或放出的热量，包括物质相变、分解、化合、凝固、脱水、蒸发等物理或化学反应. 广泛应用于无机、硅酸盐、陶瓷、矿物金属、航天耐温材料等领域，是无机、有机，特别是高分子聚合物、玻璃钢等方面热分析的重要仪器. 最早的差热分析仪器是 1887 年 Le Chatelier 制作的，但该装置完全靠手工操作，因此误差很大，随着电子技术的发展，差热分析仪器无论在结构上还是在性能上都有了很大改进，最大限度上脱离了手工操作、记录等繁琐手续，实现了温度控制和记录的自动化，降低了外界干扰，提高了测试精度.

本实验采用 TG/DTA-6300 型高温差热分析仪，了解差热分析法的一般原理和差热分析仪的基本构造、工作原理，掌握差热分析仪的使用方法.

【预习要求】

(1) 了解 TG/DTA-6300 型高温差热分析仪的基本构造、工作原理.

(2) 了解 TG/DTA-6300 型高温差热分析仪使用方法.

一、实验原理

1. 差热分析

1) DTA 的基本原理

差热分析是在程序控制温度下，测量物质与参比物之间的温度差与温度关系的一种技术. 差热分析曲线是描述样品与参比物之间的温差(ΔT)随温度或时间的变化关系. 在 DAT 实验中，样品温度的变化是由相转变或反应的吸热或放热效应引起的，如相转变、熔化、结晶结构的转变、沸腾、升华、蒸发、脱氢反应、断裂或分解反应、氧化或还原反应、晶格结构的破坏和其他化学反应. 一般说来，相转变、脱氢还原和一些分解反应产生吸热效应；而结晶、氧化和一些分解反应产生放热效应.

差热分析的原理如图 10-3-1 所示. 将试样和参比物分别放入坩埚，置于炉中以一定速率 $v = \mathrm{d}T/\mathrm{d}t$ 进行程序升温，以 T_s、T_r 表示各自的温度，设试样和参比物(包括容器、温差电偶等)的热容量 C_s、C_r 不随温度而变，则它们的升温曲线如图 10-3-2 所示. 若以 $\Delta T=T_s-T_r$ 对 t 作图，所得 DTA 曲线如图 10-3-3 所示，在 O～a 区间，ΔT 大体上是一致的，形成 DTA 曲线的基线. 随着温度的增加，试样产生了热效应(如相转变)，则与参比物间的温差变大，在 DTA 曲线中表现为峰. 显然，温差越大，峰也越大，试样发生变化的次数多，峰的数目也多，所以各种吸热和放热峰的个数、形状和位置与相应的温度可用来定性地鉴定所研究的物质，而峰面积与热量的变化有关.

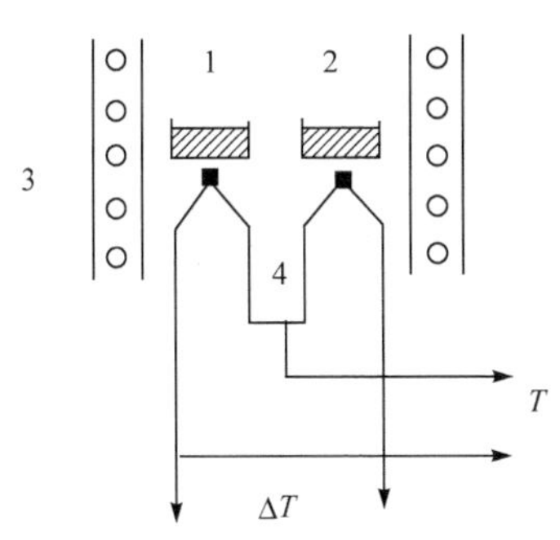

图 10-3-1　差热分析的原理图

1. 参比物；2. 试样；3. 炉体；4. 热电偶

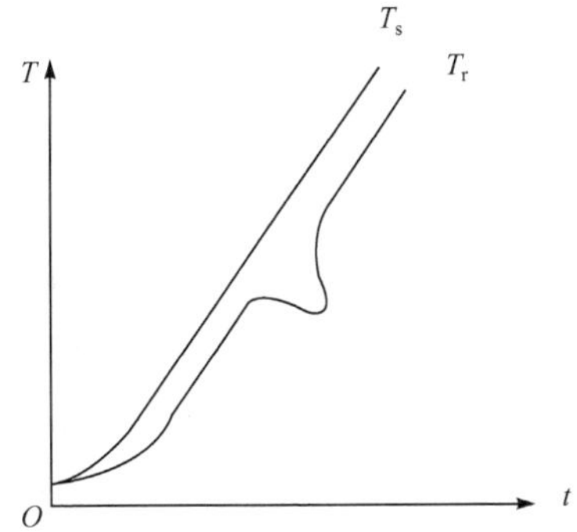

图 10-3-2　试样和参比物的升温曲线

DTA 曲线所包围的面积 S 可用下式表示：

$$\Delta H = \frac{gC}{m}\int_{t_2}^{t_1} \Delta T \mathrm{d}t = \frac{gC}{m}S \tag{10-3-1}$$

式中，m 是反应物的质量；ΔH 是反应热；g 是仪器的几何形态常数；C 是样品的热传导率；ΔT 是温差；t_1 是 DTA 曲线的积分限. 这是一种最简单的表达式，它是通过运用比例或近似常数 g 和 C 来说明样品反应热与峰面积的关系的. 这里忽略了微分项和样品的温度梯度，并假设峰面积与样品的比热无关，所以它是一个近似关系式.

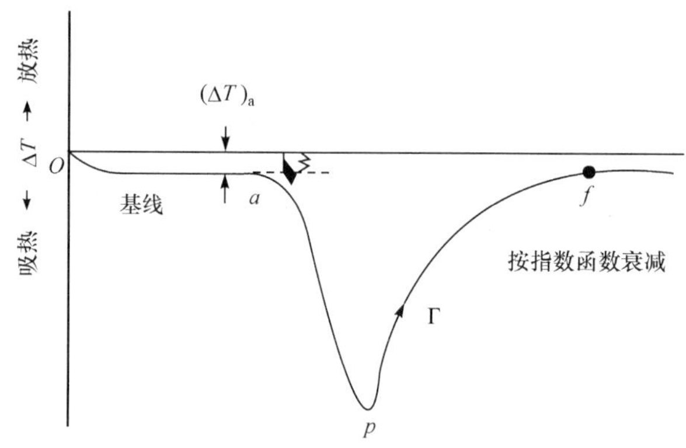

图 10-3-3　DTA 吸热转变曲线

2) DTA 曲线起止点温度和面积的测量

a. DTA 曲线起止点温度的确定

如图 10-3-3 所示，DTA 曲线的起始温度可取下列任一点温度：曲线偏离基线之点 T_a；曲线的峰值温度 T_p；曲线陡峭部分切线和基线延长线这两条线交点 T_p(外推始点，extrapolated onset). 其中 T_a 与仪器的灵敏度有关，灵敏度越高则出现得越早，即 T_a 值越低，故一般重复性较差，T_p 和 T_e 的重复性较好，其中 T_e 最为接近热力学的平衡温度.

从外观上看，曲线回复到基线的温度是 T_f(终止温度). 而反应的真正终点温度是 T_f'，由于整个体系的热惰性，即使反应终了，热量仍有一个散失过程，使曲线不能立即回到基线. T_f' 可以通过作图的方法来确定，T_f' 之后，ΔT 即以指数函数降低，因而如以 $\Delta T-(\Delta T)a$ 的对数对时间作图，可得一直线. 当从峰的高温侧的底沿逆查这张图时，则偏离直线的那点，即表示终点 T_f'.

b. DTA 峰面积的确定

DTA 的峰面积为反应前后基线所包围的面积，其测量方法有以下几种：①使用积分仪，可以直接读数或自动记录下差热峰的面积. ②如果差热峰的对称性好，可作等腰三角形处理，用峰高乘以半峰宽(峰高 1/2 处的宽度)的方法求面积. ③剪纸称重法，若记录纸厚薄均匀，可将差热峰剪下来，在分析天平上称其质量，其数值可以代表峰面积.

对于反应前后基线没有偏移的情况，只要连接基线就可求得峰面积，这是不言而喻的. 对于基线有偏移的情况，下面两种方法是经常采用的.

(1) 分别作反应开始前和反应终止后的基线延长线，它们离开基线的点分别是 T_a 和 T_f，连接 T_a，T_p，T_f 各点，便得峰面积，这就是 ICTA(国际热分析及量热学联合会)所规定的方法(图 10-3-4(a)).

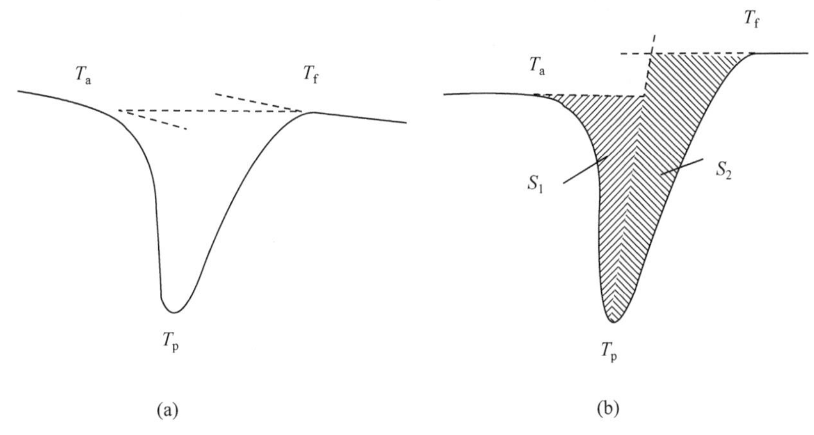

图 10-3-4　峰面积求法

(2) 由基线延长线和通过峰顶 T_p 作垂线，与 DTA 曲线的两个半侧所构成的两个近似三角形面积 S_1，S_2(图 10-3-4(b)中以阴影表示)之和 $S=S_1+S_2$ 表示峰面积，这种求面积的方法是认为在 S_1 中丢掉的部分与 S_2 中多余的部分可以得到一定程度的抵消.

2. 热重分析

热重法(TG)是在程序控制温度下，测量物质质量与温度关系的一种技术. 许多物质在加热过程中常伴随质量的变化，这种变化过程有助于研究晶体性质的变化，如熔化、蒸发、升华和吸附等物质的物理现象；也有助于研究物质的脱水、解离、氧化、还原等物质的化学现象. 热重分析通常可分为两类：动态(升温)和静态(恒温).

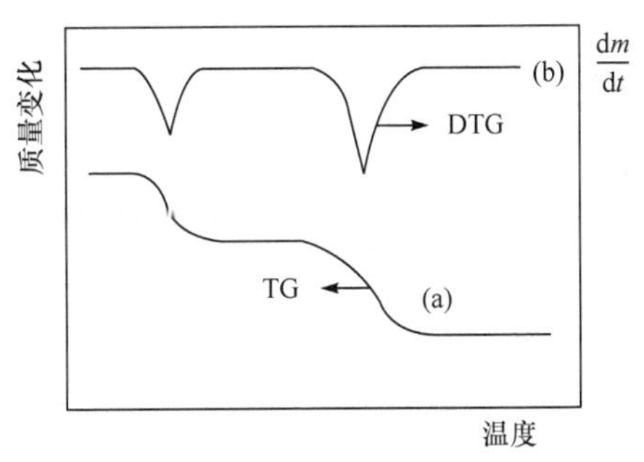

图 10-3-5　(a) TG 曲线；(b) DTG 曲线

热重法实验得到的曲线称为热重曲线(TG 曲线)，如图 10-3-5 曲线(a)所示. TG

曲线以质量作纵坐标，从上向下表示质量减少；以温度(或时间)作横坐标，自左至右表示温度(或时间)增加.

从热重法可派生出微商热重法(DTG)，它是 TG 曲线对温度(或时间)的一阶导数. 以物质的质量变化速率 dm/dt 对温度 T(或时间 t)作图，即得 DTG 曲线，如图 10-3-5 曲线(b)所示. DTG 曲线上的峰代替 TG 曲线上的阶梯，峰面积正比于试样质量. DTG 曲线可以微分 TG 曲线得到，也可以用适当的仪器直接测得，DTG 曲线比 TG 曲线优越性大，它提高了 TG 曲线的分辨力.

进行热重分析的基本仪器为热天平，它包括天平、炉子、程序控温系统、记录系统等几个部分. 除热天平外，还有弹簧秤.

二、实验装置

TG/DTA-6300 型高温差热分析仪，Al_2O_3 作为参比试样，使用白金坩埚，量热范围 30～1000℃，升温速率 10℃ · min^{-1}，测试气氛为氩气.

三、实验内容

1. 内容

(1) 测量材料样品与参比物之间的温差(ΔT)随温度或时间的变化关系曲线.
(2) 对实验数据进行处理、分析.
(3) 对实验结果进行讨论.

2. 步骤

(1) 打开计算机.
(2) 按差热“Power”电源键，启动仪器.
(3) 拧开差热炉管的保护钢管.
(4) 待计算机启动完成后，点击“TG/DTA muse measure”图标.
(5) 当差热的 LCD 显示“linkwaiting”时，点击“File”弹出下拉菜单，选择“Open Communication Port”，点击“Coml”，即可完成联机.
(6) 等待计算机和差热进行通信连接.
(7) 联机后按住仪器的“Open”键，打开炉子，可见“Balance Beams”.
(8) 用钳子夹出右侧样品坩埚，并用酒精棉清洗坩埚.
(9) 按住“Close”键关闭炉子.
(10) 同清洁气体.
(11) 当 TG 信号稳定时，点“Zero”归零.
(12) 再打开炉子、装样品，关炉子，当 TG 信号稳定时读出样品质量.

(13) 点击菜单栏“conditions”项，弹出下拉菜单，选“condition editor”，设置样品条件. (检查无误后开始测量.)

(14) 测量结束后待差热的控制温度低于 150℃，关闭气体，关闭 TG/DTA 文件，差热即关闭.

四、注意事项

在进行差热分析过程中，如果升温时试样没有热效应，则温差电势应为常数，差热曲线为一直线，称为基线. 但是由于两个热电偶的热电势和热容量以及坩埚形态、位置等不可能完全对称，在温度变化时仍有不对称电势产生. 此电势随温度升高而变化，造成基线不直.

五、思考题与讨论

1. 影响差热分析结果的主要因素

差热分析操作简单，但在实际工作中往往发现同一试样在不同仪器上测量，或不同的人在同一仪器上测量，所得到的差热曲线结果有差异. 峰的最高温度、形状、面积和峰值大小都会发生一定的变化. 其主要原因是热量与许多因素有关，传热情况比较复杂. 一般说来，一是仪器，二是样品. 虽然影响因素很多，但只要严格控制某种条件，仍可获得较好的重现性.

1) 气氛和压力的选择

气氛和压力可以影响样品化学反应和物理变化的平衡温度、峰形. 因此，必须根据样品的性质选择适当的气氛和压力，有的样品易氧化，可以通入 N_2、Ne 等惰性气体.

2) 升温速率的影响和选择

升温速率不仅影响峰温的位置，而且影响峰面积的大小，一般来说，在较快的升温速率下峰面积变大，峰变尖锐. 但是快的升温速率使试样分解偏离平衡条件的程度也大，因而易使基线漂移，更可能导致相邻两个峰重叠，分辨力下降. 较慢的升温速率，基线漂移小，体系接近平衡条件，得到的峰宽而浅，相邻两峰也能更好地分离，因而分辨力高，但测定时间长，需要仪器的灵敏度高. 一般情况下选择 8～12℃ · min^{-1} 为宜.

3) 试样的预处理及用量

试样用量大，易使相邻两峰重叠，降低了分辨力. 一般应尽可能减少用量，最多大至 mg. 样品的颗粒度在 100～200 目，颗粒小可以改善导热条件，但太细可能会破坏样品的结晶度. 对易分解产生气体的样品，颗粒应大一些. 参比物的颗粒、装填情况及紧密程度应与试样一致，以减少基线的漂移.

4) 参比物的选择

要获得平稳的基线，参比物的选择很重要. 要求参比物在加热或冷却过程中不发生任何变化，在整个升温过程中参比物的比热、导热系数、粒度尽可能与试样一致或相近.

常用 α-三氧化二铝(Al_2O_3)或煅烧过的氧化镁(MgO)或石英砂作参比物. 如分析试样为金属，也可以用金属镍粉作参比物. 如果试样与参比物的热性质相差很远，则可用稀释试样的方法解决，主要是减少反应剧烈程度；如果试样加热过程中有气体产生，可以减少气体大量出现，以免冲出试样. 选择的稀释剂不能与试样有任何化学反应或催化反应，常用的稀释剂有 SiC、铁粉、Fe_2O_3、玻璃珠、Al_2O_3 等.

5) 纸速的选择

在相同的实验条件下，同一试样如走纸速度快，峰的面积大，但峰的形状平坦，误差小；走纸速度小，峰面积小. 因此，要根据不同样品选择适当的走纸速度. 不同条件的选择都会影响差热曲线，除上述外还有许多因素，诸如样品管的材料、大小和形状、热电偶的材质以及热电偶插在试样和参比物中的位置等. 市售的差热仪，以上因素都已固定，但自己装配的差热仪就要考虑这些因素了.

2. 影响热重分析结果的因素

热重分析的实验结果受到许多因素的影响，基本可分两类：一是仪器因素，包括升温速率、炉内气氛、炉子的几何形状、坩埚的材料等. 二是样品因素，包括样品的质量、粒度、装样的紧密程度、样品的导热性等.

在 TG 的测定中，升温速率增大会使样品分解温度明显升高. 如升温太快，试样来不及达到平衡，会使反应各阶段分不开. 合适的升温速率为 5～10℃ · min^{-1}. 样品在升温过程中，往往会有吸热或放热现象，这样使温度偏离线性程序升温，从而改变了 TG 曲线位置. 样品量越大，这种影响越大. 对于受热产生气体的样品，样品量越大，气体越不易扩散. 再则，样品量大时，样品内温度梯度也大，将影响 TG 曲线位置. 总之实验时应根据天平的灵敏度，尽量减小样品量. 样品的粒度不能太大，否则将影响热量的传递；粒度也不能太小，否则开始分解的温度和分解完毕的温度都会降低.

参考文献

杨玉林，范瑞清，张立珠，等. 2014. 材料测试技术与分析方法. 哈尔滨：哈尔滨工业大学出版社.

TG/DTA-6300 型高温差热分析仪使用说明.

10.4　金相显微镜

金相显微镜用于鉴别和分析金属内部的组织结构，摄取金相图谱，对图谱进行测量、分析、编辑、输出、存储、管理. 金相分析是研究材料内部组织和缺陷的主要方法之一，它在材料研究中占有重要的地位. 利用金相显微镜将试样放大100～1500 倍来研究材料内部组织的方法称为金相显微分析法，是研究金属材料微观结构最基本的一种实验技术. 显微分析可以研究材料内部的组织与其化学成分的关系；可以确定各类材料经不同加工及热处理后的显微组织；可以判别材料质量的优劣，如金属材料中诸如氧化物、硫化物等各种非金属夹杂物在显微组织中的大小、数量、分布情况及晶粒度的大小等；新材料、新技术的开发以及跟踪世界高科技前沿的研究工作也需要使用金相显微镜，因此，金相显微镜是材料领域中研究金相组织的重要工具. 在现代金相显微分析中，使用的主要仪器有光学显微镜和电子显微镜两大类.

本实验主要介绍常用的光学金相显微镜，了解仪器的组成及结构，会使用金相显微镜，掌握对样品图谱的拍摄、分析等，并掌握仪器维护及保养.

【预习要求】

(1) 了解光学金相显微镜的组成及结构.

(2) 了解光学金相显微镜的维护及保养.

一、实验原理

1. 显微镜的成像原理

众所周知，放大镜是最简单的一种光学仪器，它实际上是一块会聚透镜(凸透镜)，利用它可以将物体放大. 其成像光学原理如图 10-4-1 所示.

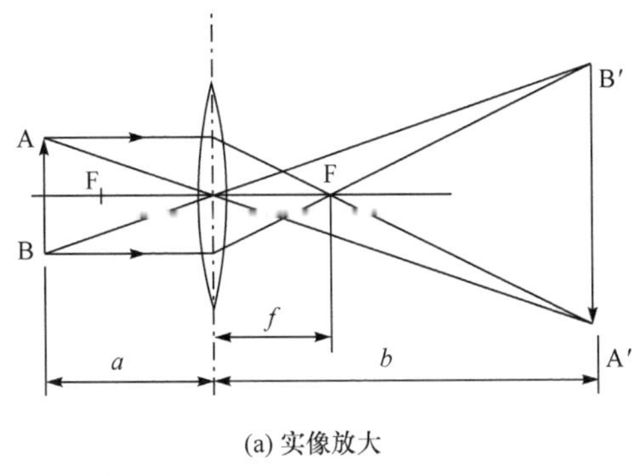

(a) 实像放大

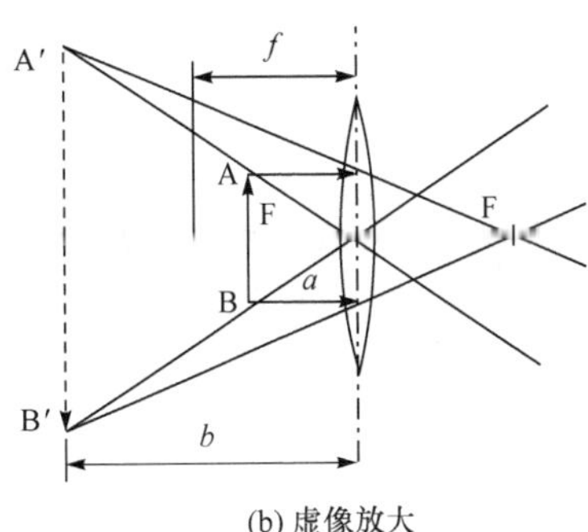

(b) 虚像放大

图 10-4-1　放大镜光学原理图

当物体 AB 置于透镜焦距 f 以外时，得到倒立的放大实像 A′B′(图 10-4-1(a))，它的位置在 2 倍焦距以外. 若将物体 AB 放在透镜焦距内，就可看到一个放大正立的虚像 A′B′(图 10-4-1(b)). 像的长度与物体长度之比(A′B′/AB)就是放大镜的放大倍数(放大率). 若放大镜到物体之间的距离 a 近似等于透镜的焦距($a\approx f$)，而放大镜到像间的距离 b 近似相当于人眼明视距离(250 mm)，则放大镜的放大倍数为

$$N=b/a=250/f$$

由上式知，透镜的焦距越短，放大镜的放大倍数越大. 一般采用的放大镜焦距在 10～100 mm 范围内，因而放大倍数在 2.5～25 倍. 进一步提高放大倍数，将会由于透镜焦距缩短和表面曲率过分增大而使形成的像变得模糊不清. 为了得到更高的放大倍数，就要采用显微镜，显微镜可以使放大倍数达到 1500～2000 倍.

显微镜不像放大镜那样由单个透镜组成，而是由两级特定透镜所组成. 靠近被观察物体的透镜叫做物镜，而靠近眼睛的透镜叫做目镜. 借助物镜与目镜的两次放大，就能将物体放大到很高的倍数(～2000 倍). 图 10-4-2 所示是在显微镜中得到放大物像的光学原理图.

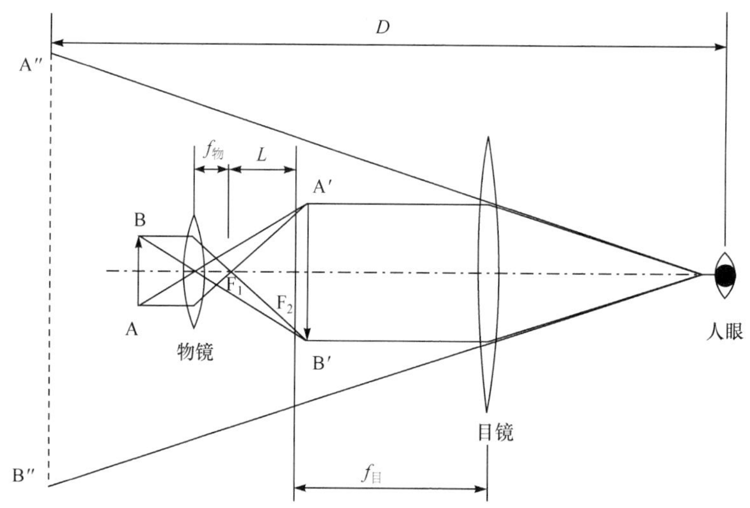

图 10-4-2　显微镜光学原理图

被观察的物体 AB 放在物镜之前距其焦距略远一些的位置，由物体反射的光线穿过物镜，经折射后得到一个放大的倒立实像 A′B′，目镜再将实像 A′B′ 放大成倒立虚像 A″B″，这就是我们在显微镜下研究实物时所观察到的经过二次放大后的物像.

在设计显微镜时，让物镜放大后形成的实像 A′B′ 位于目镜的焦距 $f_目$ 之内，并使最终的倒立虚像 A″B″ 在距眼睛 250 mm 处成像，这时观察者看得最清晰.

2. 显微镜的放大倍数

显微镜包括两组透镜——物镜和目镜. 显微镜的放大倍数主要通过物镜来保证，物镜的最高放大倍数可达 100 倍，目镜的放大倍数可达 25 倍.

物镜的放大倍数可由下式得出：

$$M_{物}=L/F_1 \tag{10-4-1}$$

式中，L 为显微镜的光学筒长度(即物镜后焦点与目镜前焦点的距离)；F_1 为物镜焦距.

而 A′B′再经目镜放大后的放大倍数可由以下公式计算：

$$M_{目}=D/F_2 \tag{10-4-2}$$

式中，D 为人眼明视距离(250 mm)；F_2 为目镜焦距.

显微镜的总放大倍数应为物镜与目镜放大倍数的乘积，即

$$M_{总}=M_{物}\times M_{目}=250L/(F_1\times F_2) \tag{10-4-3}$$

放大倍数用符号“×”表示，例如，物镜的放大倍数为 25×，目镜的放大倍数为 10×，则显微镜的放大倍数为 25×10=250(×). 放大倍数均分别标注在物镜与目镜的镜筒上.

在使用显微镜观察物体时，应根据其组织的粗细情况，选择适当的放大倍数. 以细节部分观察得清晰为准，盲目追求过高的放大倍数，会带来许多缺陷. 因为放大倍数与透镜的焦距有关，放大倍数越大，焦距必须越小，同时所看到物体的区域也越小.

需要注意的是有效放大倍数问题. 物镜的数值孔径决定了显微镜有效放大倍数. 有效放大倍数，就是人眼能够分辨的“人眼鉴别率”d'与物镜的鉴别率 d 间的比值，即不使人眼看到假像的最小放大倍数

$$M=d'/d=2d'\mathrm{NA}/\lambda \tag{10-4-4}$$

人眼鉴别率 d'一般在 0.15～0.30 mm，若分别用 d'=0.15 mm 和 d'=0.30 mm 代入上式，则

$$M_{\min}=2\times 0.15\mathrm{NA}/(5500\times 10^{-7})=500\mathrm{NA} \tag{10-4-5}$$

$$M_{\max}=2\times 0.30\mathrm{NA}/(5500\times 10^{-7})=1000\mathrm{NA} \tag{10-4-6}$$

$M_{\min}$～$M_{\max}$ 的放大倍数范围就是显微镜的有效放大倍数.

对于显微照相时的有效放大倍数的估算，应将人眼鉴别率 d'用底片的分辨能力 d''代替. 一般底片的分辨能力 d''约为 0.030 mm，所以照相时的有效放大倍数 M'为

$$M'=d''/d=2d''\mathrm{NA}/\lambda=2\times 0.030\mathrm{NA}/(5500\times 10^{-7})=120\mathrm{NA} \tag{10-4-7}$$

如果考虑到由底片印出相片，人眼观察相片时的鉴别率为 0.15 mm，则 M'应改为 M''，即

$$M''=2\times0.15\text{NA}/(5500\times10^{-7})=500\text{NA} \tag{10-4-8}$$

所以照相时的有效放大倍数在 $M'\sim M''$，它比观察时的有效放大倍数小. 这就是说，如果用 45×/0.63 的物镜照相，那么它的最大有效放大倍数为 500×0.63=300 倍左右，所选用的照相目镜应为 300/45=6～7 倍，放大倍数应在 300 倍以下. 这比观察的最大有效放大倍数(630 倍)要小.

3. 显微镜的鉴别力

显微镜的鉴别能力是显微镜最重要的特性，它是指显微镜对于试样上最细微部分所能获得清晰影像的能力，通常用可以辨别的物体上两点间的最小距离 d 来表示. 被分辨的距离越短，表示显微镜的鉴别能力越高.

显微镜的鉴别能力可由下式求得：

$$d=(\lambda/2)\text{NA} \tag{10-4-9}$$

式中，λ 为入射光源的波长；NA 为物镜的数值孔径，表示物镜的聚光能力.

可见，波长越短，数值孔径越大，鉴别能力就越高，在显微镜中就能看到更细微的部分.

一般物镜与物体之间的介质是空气，光线在空气中的折射率 $n=1$，若一物镜的角孔径为 60°,则其数值孔径为 $\text{NA}=n\times\sin\varphi=1\times\sin30°=0.5$. 若在物镜与试样之间滴入一种松柏油($n=1.52$)，则其数值孔径为：$\text{NA}=1.52\times\sin30°=0.76$.

物镜在设计和使用中指定以空气为介质的称为“干系物镜”(或干物镜)，以油为介质的称为“油浸系物镜”(或油物镜). 从图 10-4-3 可以看出，油物镜具有较高的数值孔径，因为透过油进入物镜的光线比透过空气进入的多，使物镜的聚光能力增强，从而提高物镜的鉴别能力.

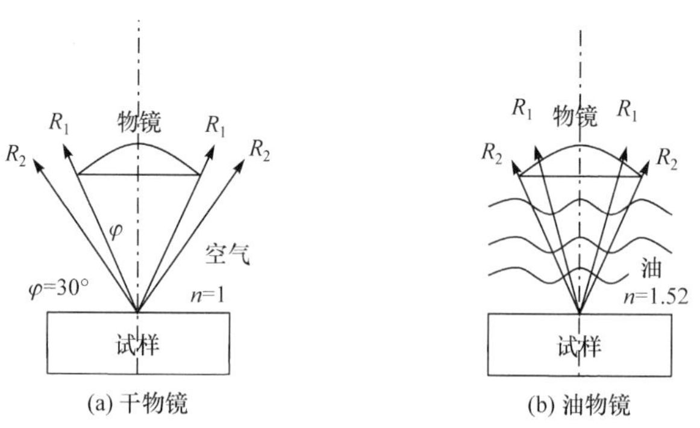

图 10-4-3　不同介质对物镜聚光能力的比较

二、实验装置

实验仪器为上海光学仪器六厂生产的 4XC 型金相显微镜.

三、实验内容

(1) 将灯箱的接口插入主机底座的卡口内，用灯箱固紧螺钉锁紧灯箱，将灯箱电源插头插入底座上，然后将电源开关按向“1”，即可接通电源.

(2) 在装上或除下物镜时，需把载物台升起，以免碰触透镜.

(3) 试样放在载物台上，使被观察表面置于载物台当中，如果是小试样，可用弹簧片把它压紧.

(4) 当使用低倍物镜观察时，旋转粗动调焦手轮 2(图 10-4-4)，使在目镜视野里观察到的物像达到清晰为止. 当用高倍物镜观察时，可转动物镜转换器使该高倍镜置于观察光学系统中，当转换器定好位后，就可以看到试样图像的轮廓，再用微动调焦手轮 3(图 10-4-4)稍微调节一下，就能看到清晰的图像. 同轴同导轨的粗微动调焦机构中，调节松紧手轮 4 为粗动手轮调节松紧使用，以防产生载物台下滑，同时还带有限位装置，限位固紧手轮 1 只要在已调整好的高位上旋紧定位，便可防止物镜和试样标本相撞.

(5) 使用 100×(油浸)物镜时，需在试样和物镜间滴香柏油.

(6) 眼瞳间距调节(图 10-4-5). 调节双目镜的间距至双眼能观察到左右两视场合成一个视场.

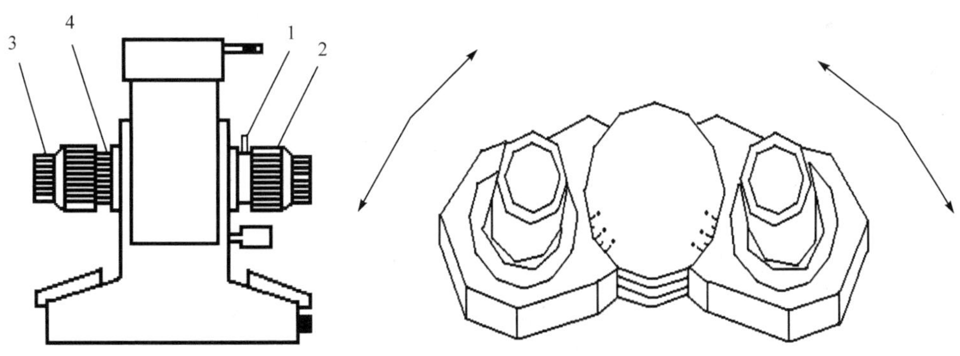

图 10-4-4 低倍物镜示意图　　图 10-4-5 眼瞳间距调节

(7) 视度调节(图 10-4-6). 将试样放于载物台上，使 40×物镜转入工作位置，先用右眼观察. 旋转粗/微动调焦手轮，使试样像调清晰，然后用左眼观察，不转动粗/微动调焦手轮，转动视度调节圈 1(图 10-4-6)，使试样清晰.

(8) 孔径光阑的使用(图 10-4-7). 孔径光阑主要是为了配合各种不同数值孔径的物镜，一般情况下，孔径光阑的直径 2 调至物镜光瞳的 70%～80%时，能获得适当对比度的良好图像，从目镜筒上取下目镜后，观察在物镜内光瞳明亮圈上的光阑像，转动孔径光阑调节手柄以调节光阑的大小.

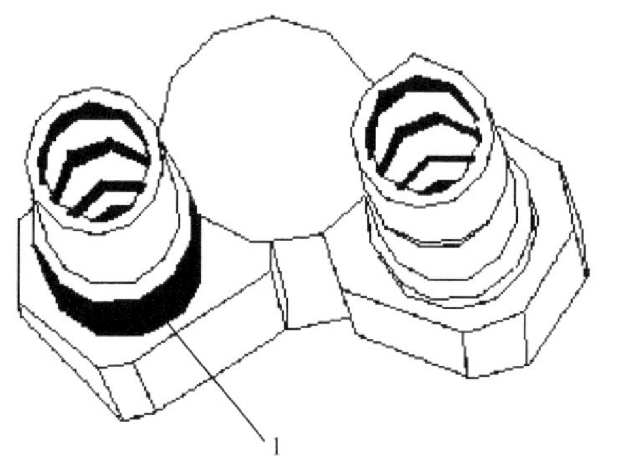

图 10-4-6　视度调节

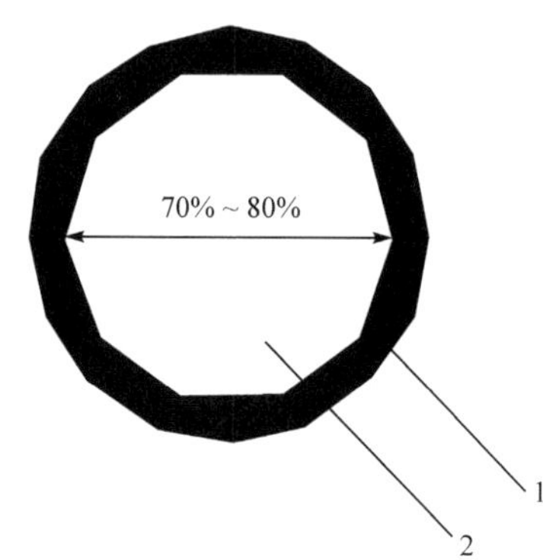

图 10-4-7　孔径光阑

(9) 视场光阑调节. 调节视场光阑手柄, 使视场光阑的直径变小, 再调节视场调节螺钉使视场光阑的中心与目镜视场中心重合. 然后再缓慢打开视场光阑, 使视场光阑比目镜视场光阑稍大即可使用.

(10) 观察到的金相样品图像通过摄影装置和电脑上的数据采集卡传输到电脑里, 用专门的软件可以对其进行分析.

(11) 灯泡和保险丝的更换. 灯泡和保险丝的更换如图 10-4-8. ①拔出电源线插头, 切断电源. ②更换灯泡时, 松开灯座固紧螺钉 2 和灯泡调节手柄 3, 将整个灯座 1 拔出. ③取下旧灯泡, 换上新灯泡, 并用无水酒精将新换灯泡擦拭干净. ④将灯泡按原位置插入, 重新接通电源, 移动灯泡调节手柄 3, 观察照明是否均匀, 然后用灯座固紧螺钉 2 固紧. ⑤拧松保险丝螺母 4, 取出烧坏的保险丝, 装上新的保险丝, 拧紧保险丝压母即可使用. 保险丝规格为 $\Phi 5$, 0.5 A(电压为 110 V) 或 0.25 A(电压为 220V).

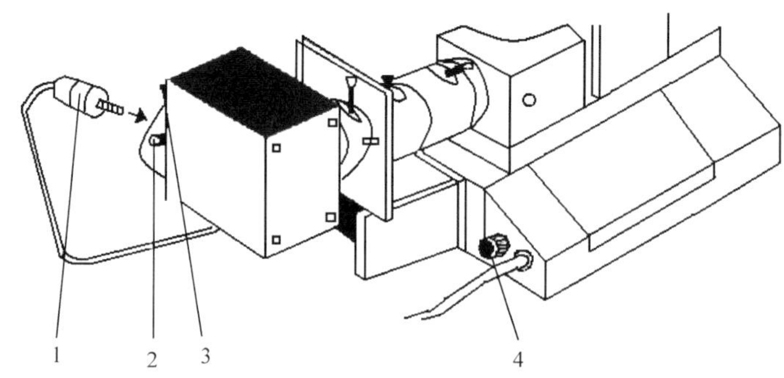

图 10-4-8　保险丝位置图

1. 灯座; 2. 灯座固紧螺钉; 3. 灯泡调节手柄; 4. 保险丝螺母

四、注意事项

(1) 擦拭镜头可用沾有酒精/乙醚混合液或二甲苯的镜头纸或脱脂棉. 每次使

用 100×物镜后均须把镜头上的油擦干净.

(2) 擦拭涂漆表面，可用纱布除去灰尘. 若有油渍污垢，用纱布沾少许汽油去除，不能用有机溶剂(如酒精、乙醚和其他稀释剂)擦拭涂漆表面和塑料部件.

(3) 显微镜是精密仪器，各零部件切勿随便拆卸，以免损害其操作效能和精度. 如有故障应送专业维修部门或厂家进行维修.

(4) 仪器不使用时，用有机玻璃或聚乙烯罩子罩上，并存放于干燥且没有霉菌滋生的地方. 物镜和目镜最好放在有干燥剂的密闭容器中.

五、思考题与讨论

(1) 金相试样制备过程需要注意哪些事项?

(2) 金相显微镜使用中应该注意什么?

(3) 金相显微镜保养中应该注意什么?

参考文献

葛利玲. 2017. 光学金相显微技术. 北京: 冶金工业出版社.

上海光学仪器六厂 4XC 型金相显微镜使用说明.

10.5　数字式显微硬度计

硬度计是一种硬度测试仪器. 金属硬度测量最早由雷奥姆尔提出，硬度定义为材料抵抗硬物体压入其表面的能力，是金属材料的重要性能指标之一. 一般硬度越高，耐磨性越好，测量对象包括钢和铸钢、合金工具钢、不锈钢、灰铸铁、球墨铸铁、铸铝合金、铜锌合金(黄铜)、铜锡合金(青铜)、纯铜、锻钢、(热处理、碳化、淬火)硬化层、表面覆层、有色金属……和微小及薄形零件、橡胶、塑料、IC 薄片、珠宝等. 硬度计用于测定比较光洁表面的细小或片状零件和试样的硬度，测定电镀层、氮化层、渗碳层和氰化层等零件表层的硬度以及测定玻璃、玛瑙等脆性材料和其他非金属的硬度. 也可用作金相显微镜，用以观察材料的显微组织，并测定其组织的硬度.

本实验利用上海材料试验机厂生产的 HVS-50 型数显维氏硬度计，来了解 HVS-50 型数显维氏硬度计仪器结构、使用方法，学会维氏硬度的计算方法，测出样品的硬度，并学会仪器的维护、保养、调整.

【预习要求】

(1) 了解 HVS-50 型数显维氏硬度计的组成及结构.

(2) 了解 HVS-50 型数显维氏硬度计的维护及保养.

一、实验原理

"硬度"在应用技术上的意思是一种材料受另一种更硬的物体压力所呈现出的阻力大小. 出于这一概念，硬度试验是以一定的方法在一定的条件下进行的，显微硬度试验是一种微观的静态试验方法. 最常见的显微硬度计有维氏(Vickers)和努氏(Knoop)两种. 显微硬度计则是通过光学放大，测出在一定的试验力下由金刚石角锥体压头压入被测物后所残留的压痕的对角线长度来求出被测物的硬度. 硬度值计算公式如下.

1. 用维氏压头

$$\mathrm{HV}=0.102\times\frac{F}{S}=0.102\times\frac{2F\cdot\sin\frac{\alpha}{2}}{d^2}=0.102\times\frac{1.8544F}{d^2}=0.1891\times\frac{F}{d^2} \tag{10-5-1}$$

式中，HV 为维氏硬度值，单位 $\mathrm{kgf\cdot mm^{-2}}$；$F$ 为试验力，单位 N；S 为压痕面积，单位 $\mathrm{mm^2}$；d 为压痕对角线长度，单位 mm；α 为压头相对面夹角，136°；

试验力 F 由于执行法定计量单位"N"，而维氏硬度值的单位仍为"$\mathrm{kgf\cdot mm^{-2}}$"，所以在公式中有"0.102"这一系数，即 1N=0.102kgf.

在显微硬度试验中为了使用方便，维氏硬度值计算公式可直接采用下列公式：

$$\mathrm{HV}=1854.4\frac{P}{d^2} \tag{10-5-2}$$

式中，HV 为维氏硬度值，$\mathrm{kgf\cdot mm^{-2}}$；$P$ 为试验力，单位 gf；d 为压痕对角线长度，单位 μm.

2. 用努氏压头

$$\mathrm{HK}=0.102\times\frac{F}{S}=0.102\times\frac{2F\cdot\tan\frac{\alpha}{2}}{d^2\tan\frac{\beta}{2}}=0.102\times\frac{14.229F}{d^2}=1.451\times\frac{F}{d^2} \tag{10-5-3}$$

式中，HK 为努氏硬度值，单位 $\mathrm{kgf\cdot mm^{-2}}$；$S$ 为压痕的投影面积，单位 $\mathrm{mm^2}$；d 为压痕的对角线长度，单位 mm；α 为压头第一对棱夹角，172°30′；β 为压头第二对棱夹角，130°. "0.102"这一系数，即 1N=0.102kg.

在显微硬度试验中，为了使用方便，努氏硬度计算公式可直接采用下列公式：

$$\mathrm{HK}=14229\frac{P}{d^2} \tag{10-5-4}$$

式中，HK 为努氏硬度值，单位 $\mathrm{kgf\cdot mm^{-2}}$；$P$ 为试验力，单位 gf；d 为压痕对角线长度，单位 μm；

为了使用方便，本节以后叙述试验力时直接以 gf 表示.

二、实验装置

仪器为上海材料试验机厂生产的 HVS-50 型数显维氏硬度计. 该仪器是光机电一体化的高新技术产品，具有良好的可靠性、可操作性，是小负荷维氏硬度计的升级换代产品.

该机采用计算机软件编程、高倍率光学测量系统、光电传感等技术，通过软键输入，能调节测量光源的强弱、选择测试方法与对照表、保持时间，文件号与存储等，在 LCD 大屏幕上能显示试验方法、试验力，测量压痕长度、硬度值、试验力保持时间、测量次数，并能键入年、月、日，以及试验结果和数据处理等，通过打印机输出，并通过 RS232 接口可以与计算机联网. 适用于测量微小、薄形试件、表面渗镀处理后的零件，是科研机构、工厂及质检部门进行研究和检测的理想的硬度测试仪器. 装置图如图 10-5-1 所示.

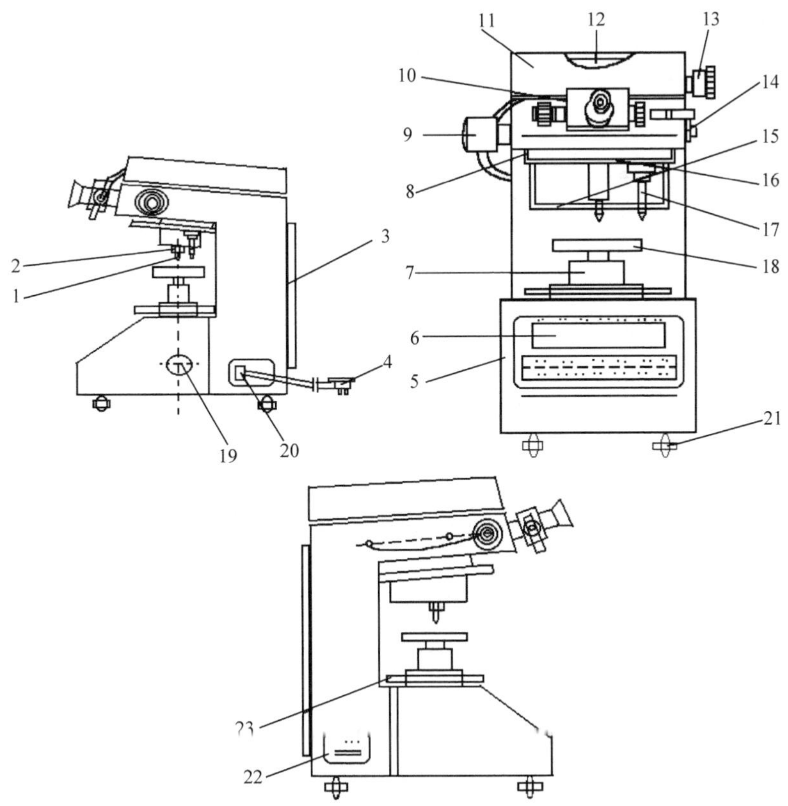

图 10-5-1　硬度测试仪器

1. 压头；2. 压头螺钉；3. 后盖；4. 电源插座；5. 主体；6. 显示操作面板；7. 升降丝杆；8. 定位弹片；9. 测量照明灯座；10. 数字式测微目镜；11. 上盖；12. 照相接口盖；13. 调节旋钮；14. 照相、测量转换拉杆；15. 物镜、压头转换罩壳；16. 转盘；17. 10×物镜；18. 工作台；19. 变荷手轮；20. 电源开关；21. 水平调节螺钉；22. 面板打印机；23. 旋轮

三、实验内容

(1) 开关板位于仪器的右侧，有电源开关、RS232 插口、熔芯座和电源插座. RS232 插口提供与计算机通信的外部设备，熔芯座内的熔断丝为 1A/250V，用于电气主回路，由附件箱中取出电源线接上电源，如图 10-5-2 所示.

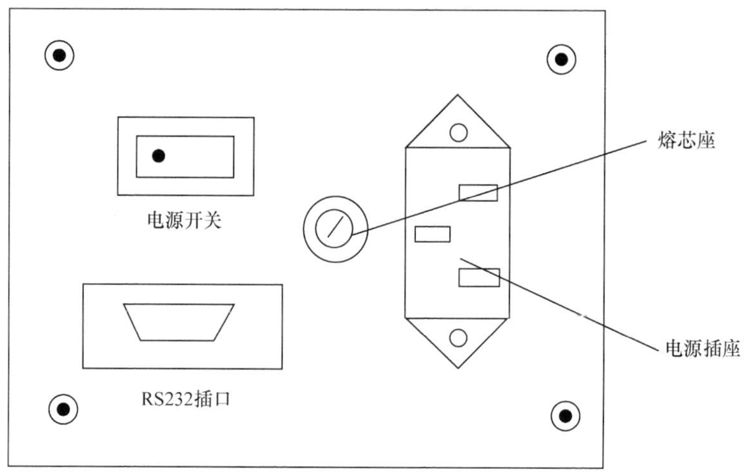

图 10-5-2　仪器面板图

(2) 打开电源开关，主屏幕点亮，转动试验力变换手轮，使试验力符合选择要求，负荷的力值应和当时主屏幕上显示的力值一致，如力值显示不一致会导致计算公式错误而影响示值. 旋动变荷手轮时，应小心缓慢地进行，防止速度过快发生冲击.

(3) 此时主屏幕菜单显示 Model 和 NOT-COV 菜单，Model 中有 HV、HK(维氏、努氏)两种试验法，按↑、↓方向键，将反白条移至所选之处，这时主屏幕状态显示行中显示所选 HV 或 HK(图 10-5-3)，按 ENTER 键确认，NOT-COV 中有两

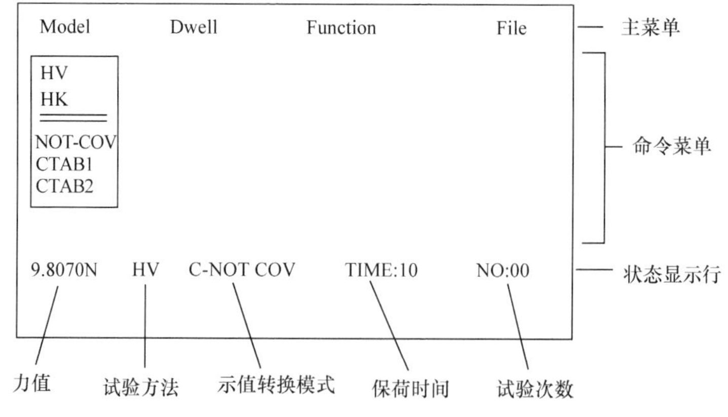

图 10-5-3　主屏幕菜单

个硬度转换表 CTAB1 和 CTAB2，CTAB1 适用于有色金属，CTAB2 适用于黑色金属的硬度示值转换，按↑、↓方向键移至所选的表，然后按 ENTET 键确认，主屏幕弹出转换表(图 10-5-4 和图 10-5-5)，移动反白条至所选之处按 ENTET 键确认，主屏幕状态显示行显示出所选硬度值转换标尺.

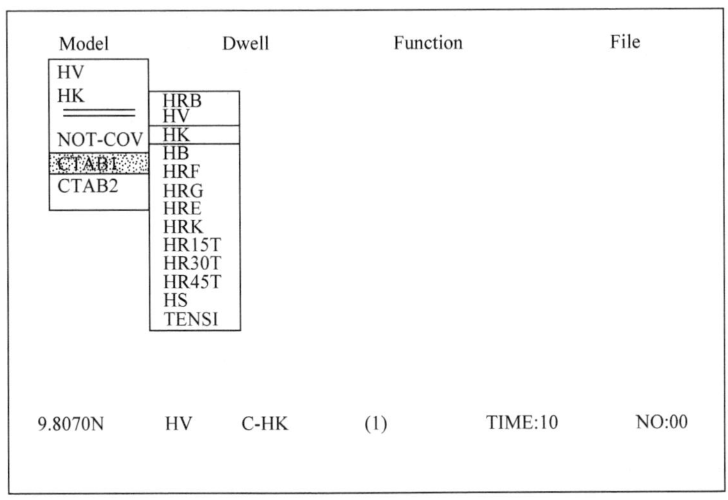

图 10-5-4　主屏幕显示转换表 1

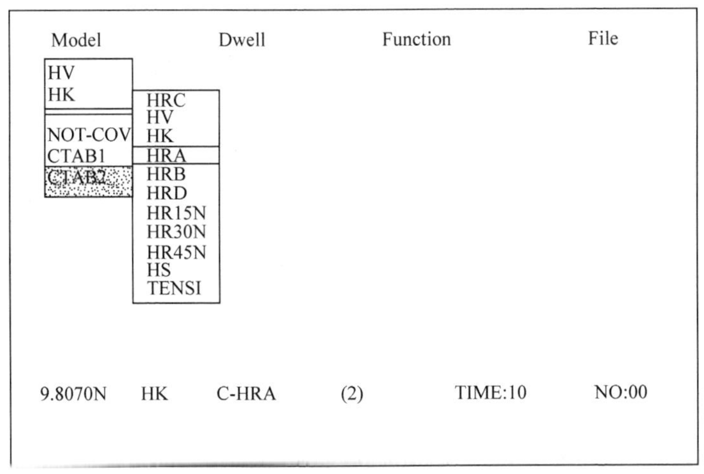

图 10-5-5　主屏幕显示转换表 2

(4) 按方向键→，主屏幕弹出 Dwell 菜单，此菜单为保荷时间选择菜单，其中 0～60s 共十项，移动反白条至所选之处，按 Enter 键确认即可，如要选时间在 0～99s，请将反白条移至第十一项 SETTIME，按 Enter 键确认，主屏幕弹出

“INPUT time:”，请按数字键输入所设时间(注：输入要求必须是两位数，如 3s，按 03 两键)，按 Enter 键确认，此时主屏幕状态显示行显示设定时间(图 10-5-6).

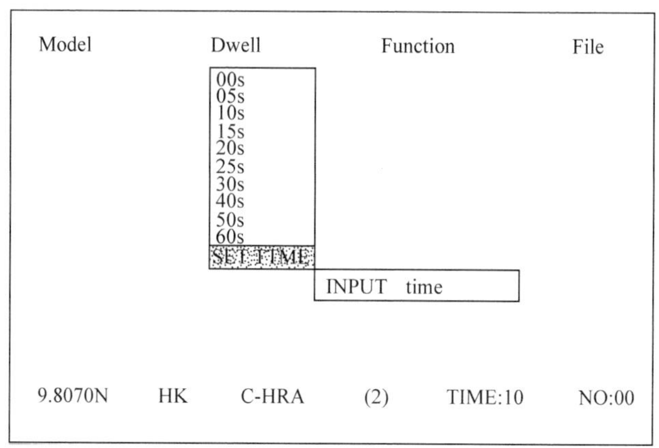

图 10-5-6　主屏幕显示设定时间

(5) 按方向键→，主屏幕菜单弹出 Function 菜单，此类中有 Single、COMM、Reset、Print、Light+、Light–共六项，Light+和 Light–为在非工作态下光源亮度的调整，如需增强或减弱亮度，移动反白条至所选之处，每按 Enter 键一次，亮度增强或减弱一次，按至视觉舒适清晰即可. Reset 项为复位操作，复位操作用于当前测试数据信息的复原，这里要注意的是在单机操作中，在对一试样操作完成后，需对另一试样进行操作，如使用复位操作，则刚才测量的全部数据都将丢失，请先考虑是否对其进行保存，如不需要保存按 Esc 键直接返回主菜单，按方向键选择 Reset 复位操作. 如需保存返回主菜单选择 Save 储存文件. 按确认键输入你自己排列的六位数文件号后，按确认键，数据全部存入，然后选择 Reset 复位. 如不使用复位操作，则前一次的测量数据会代入下次测量数据中，造成数据混乱. Print 打印操作将当前测试的数据信息打印. COMM 为外设联系之用. Single 项是进入工作状态，移动反白条于此项，按 Enter 键确认，主屏幕显示如图 10-5-7 所示.

(6) 转动物镜、压头转换罩壳 15，使 10×物镜 17，处于主机正前方位置(光学系统放大倍率 100×，测量状态).

(7) 将标准试块或试样放在试台上(置于物镜的中心位置)，转动升降丝杆旋轮 23，使试台上升，当物镜下端与试块或试样相距一定距离时，眼睛接近测微目镜观察，在目镜中随着试台缓慢上升，可观察到亮度渐渐增强，说明聚焦面即将来到，此时应缓慢转动旋轮，直至目镜中观察到试块或试样表面的清晰成像，焦距已调好.

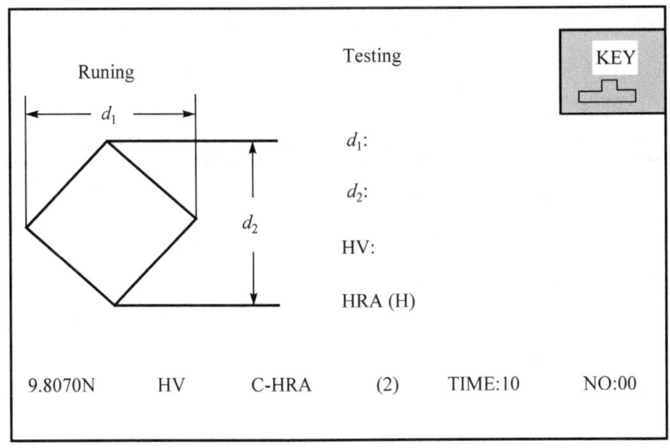

图 10-5-7　测试的数据信息

(8) 如果在目镜中观察到的成像模糊，可转动目镜前部镜头(因每人的视觉都存在差异)，直至清晰为止，如果在目镜中观察到的试块平面成像有局部亮、暗状况，则可调节光源装置上的三个调整螺钉，使光源处于中心位置，如果视场太亮或太暗，则可直接按面板上的 L+、L–键，将光亮度调到舒适清晰状态.

(9) 转动转换罩壳，使压头轴处于主体前方，按面板 Start 键，仪器开始加荷，这时主屏幕右上方显示表示正在加荷，加荷结束后进入保荷状态，主屏幕右上方的方框图内显示正在进入倒计时的时间数值. 保荷结束仪器开始卸荷，主屏幕右上方显示，表示正在卸荷，卸荷结束，主屏幕右上方显示，表示本次试验结束. 注意：①如试样表面凸凹不平或由多个面组成时，在将压头轴进行切换时，要小心防止压头碰及试样. ②仪器在工作时，或按下 Start 键而忘记切换物镜，千万不能再转动转换罩壳，必须等待这次试验结束后方可移动转换罩壳，否则将会造成仪器严重损坏.

(10) 转动转换罩壳，使 10×物镜处于主体正前方，观察目镜中的压痕成像，如压痕成像不清晰可转动升降旋轮，使其清晰，因为压痕有深度，在放大 100×物镜时，微小的深度仍对焦平面有影响，这是正常的.

(11) 移动目镜的刻线，使其逐步靠拢，当刻线内侧无限接近时，两刻线内侧之间处于无光隙的临界状态时，按面板 CLR 键，这时主屏幕上的 d_1 数值为零，即术语中的零位.

(12) 转动右边的手轮使刻线分开，然后移动目镜左侧鼓轮，使左边的刻线移动，当左边刻线的内侧与压痕的左边外形交点相切时，再移动右边刻线，使其内侧与压痕外形交点相切，按下目镜上测量按钮，对角线长度 d_1 的测量完成，转动目镜 90°，以上述方法测量对角线长度 d_2，按下测量按钮，这时主屏幕显示本次测量的示值和所转换的硬度示值，如果认为测量有误差，可重复上述程序再次测量.

(13) 第一次试验结束(指试验后测量)，方可进行第二次试验，按照检定规程要求，第一点压痕不计数，所以第二点压痕的硬度示值作为计入试验次数中的第一次，此时主屏幕状态显示行中 NO:00 中显示 NO:01.

(14) 当在目镜中观察到压痕成像过大时(指目镜视场的 60%作为有效视场)，请减小试验负荷，否则所得到的示值有一定的误差，如在目镜中观察到的压痕较小(必须在允许范围内，否则可能击穿试件)，可增大试验的负荷，这样可提高测量的精度.

(15) 进行前几次试验后，如需要看一下前几次的测量数据，则按 Disp 键，屏幕即可显示出数据和统计结果. 然后按 Esc 键，仪器恢复工作状态，按 Start 键仪器进行又一次的试验状态.

(16) 本仪器有两种打印方式，一是在 Function 菜单中，它能对本次测试的数据信息进行打印，但对已经存储过的文件而且非本次试验的数据信息是不能进行打印的(这里的本次是指试验负荷没有变动，没有打开文件号，没有变动菜单等的选择)，最多可打印 19 个数据，二是按照需要打印已经存储的各文件号的数据，打印功能通过操作面板上的 PRI 键完成.

(17) 在测量努氏硬度时，根据检定规程要求，只测量 d 的长度，其工作方式和状态与维氏硬度测量一样，屏幕显示见图 10-5-8.

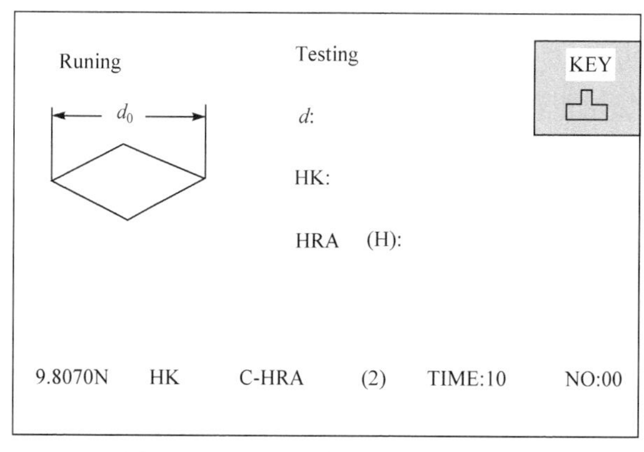

图 10-5-8　测量克努普硬度屏幕显示

(18) 如果需要将已测的测试数据进行储存，先按 Esc 键返回主菜单，再按方向键→打开主屏幕的 File 菜单，此栏有 5 个功能，移动反白条至 Save 处，按 Enter 键确认，此时主屏幕显示 Input File NO：表示输入文件号，文件号由数字键输入，编制必须为 6 位数，否则不予存储，6 位数任意编制，数字键入后按 Enter 键确认，则此次试验的数据信息已全部存入. 注意：①Save 项只有在工作后才能进行存储文件，如在非工作状态下(这里的非工作状态是指未进行任何试验和测试操作或者在测试结束后进行过 Reset 复位操作)，则 Save 项将不具有存储功能. ②DATEIN 项是用于设定存储时间，为 Save 项提供了时间存储功能，用户如使用此功能，则先使用反白条移至 DATEIN 项，按 Enter 键确认，则此时主屏幕显示出 Input Date(mm/dd/yy)：_表示请输入日期，日期的输入按照月、日、年的规范进行编制，如果当前日期是 1998 年 4 月 20 日，则输入必须采用 04201998 的方式进行表达，输入完成以后通过 Enter 键确认，然后再利用反白条移至 Save 项进行存储，此文件的存储就具有日期，可通过文件打印或通过 File 菜单的以下几项显示出来.

(19) LOAD 是显示所需文件号的内容，移动反白条至 Load 处，按 Enter 键确认，主屏幕显示 Input File NO：通过数字键输入你所需的文件号，输入完毕，按 Enter 键确认，这时弹出所选文件号内容和数据及处理结果，如果数据较多，按↑、↓方向键进行切换显示，同样数据处理结果也是通过方向键进行显示在主屏幕上的(图 10-5-9～图 10-5-11).

Model
Dwell
Function
File
Save
Load
Dispall
DispNo.
DATEIN
LOAD
Input File NO:_
9.8070N
HK
C-HRA
(2)
TIME:10
NO:01

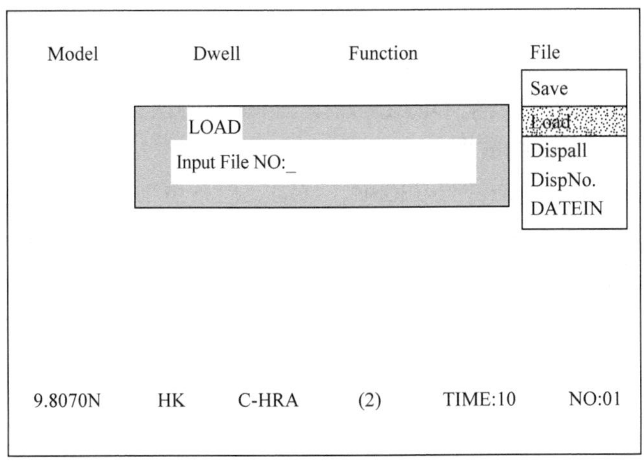

图 10-5-9　数据处理屏幕显示 1

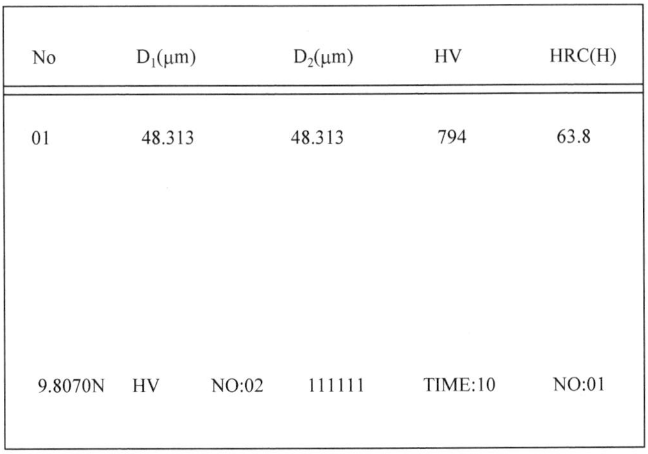

No
D1(μm)
D2(μm)
HV
HRC(H)
01
48.313
48.313
794
63.8
9.8070N
HV
NO:02
111111
TIME:10
NO:01

图 10-5-10　数据处理屏幕显示 2

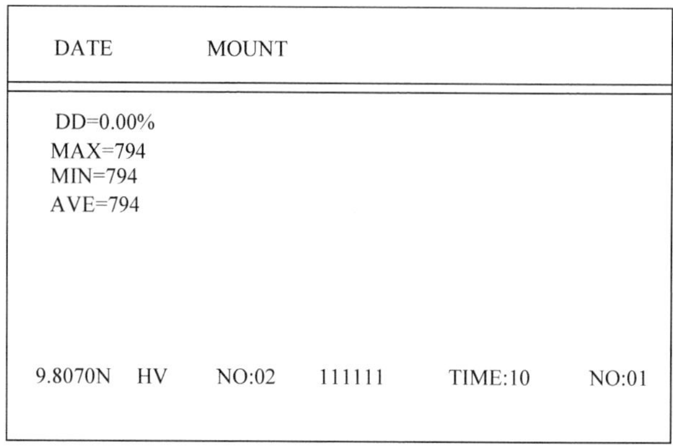

图 10-5-11　数据处理屏幕显示 3

(20) Dispall 项的功能是显示储存在存储器中的全部文件，HVS-50 最多可存储 28 个文件，移动反白条至 DisALl 处按 Enter 键确认，再通过方向键→、←就可以逐一显示所有文件的数据信息.

(21) DispNo 是显示文件号功能项，移动反白条至 DispNo 处，按 Enter 键确认，主屏幕最多可弹出 0～27 共 28 个文件号，其中一个屏幕最多可显示 13 个文件号，通过方向键↑、↓进行文件号的显示.

(22) 本仪器最多可存储 28 个文件，如需继续存入，有两个方法，一是继续存入溢出最前一个文件，如文件顺序从 00～27，则 00 文件号消失. 文件顺序号从 01～28 排列，存入的文件顺序序号为 28. 二是采用覆盖的方法，通过 Save 项进行操作，此时原文件的数据完全被现在的数据替代. 原文件顺序号和文件号都保持不变(图 10-5-12 和图 10-5-13).

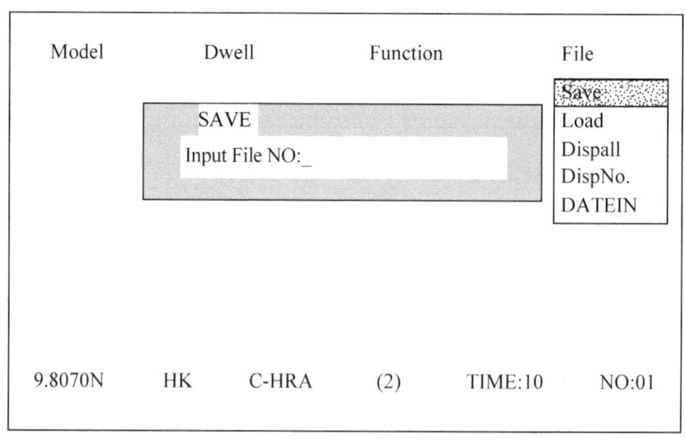

图 10-5-12　文件保存屏幕显示 1

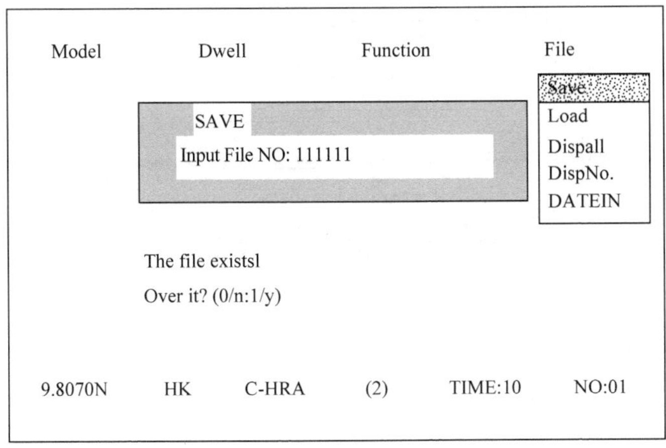

图 10-5-13　文件保存屏幕显示 2

四、注意事项

(1) 在使用本仪器前应仔细阅读使用说明书，详细了解仪器操作步骤及使用注意事项，避免使用不当而造成仪器损坏或发生人身安全事故.

(2) 本仪器电器元件、开关、插座安装位置严禁自行拆装，如果擅自拆装将可能出错而引发事故.

(3) 本仪器在试验力正在加载或试验力未卸除的情况下，严禁转动转盘，否则会造成仪器及金刚石压头损坏. 只能等试验力卸除后听到“嘟”的响声，才能转动转盘.

(4) 仪器在测量状态下，请不要施加试验力，如不小心按 Start 键，不能转动转盘，只有等待试验力施加完毕，才能转动转盘.

(5) 如本仪器有较长时间没有使用，请在开机前将压头用手轻轻地向上推动几下，然后再使用.

(6) 金刚石压头和压头轴是仪器非常重要的部分，因此在操作时要十分小心不能触及压头. 为了保证测试精度，压头应保持清洁，当沾上了油污或灰尘时可用脱脂棉沾上酒精(工业用)或乙醚，在压头顶尖处小心轻擦干净.

(7) 测微目镜由于各人的视差，观察目镜视场内的刻线可能模糊，因此观察者换人时，应先微量转动目镜透镜，使观察到的视场内的刻线内侧清晰. 测微目镜在目镜管内，当测量压痕对角线，90°转动目镜时，要注意测微目镜紧贴目镜管，不能使其留有间隙，否则会影响到测量准确度.

(8) 显微镜光源照明灯的中心位置将直接影响压痕的像质. 如果像质模糊或光亮不均匀，则需调节中心. 可小心调节三个螺钉，使灯泡中心位置和光源中心位置一致(图 10-5-14).

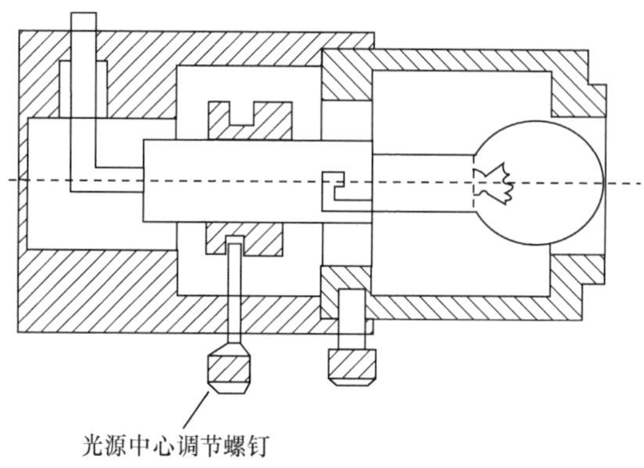

图 10-5-14　调节光源中心图

(9) 试样：试样表面必须清洁，如果表面沾有油脂和污物，则会影响测量准确性. 在清洁试样时，可用酒精或乙醚抹擦.

(10) 显微摄影仪：①本仪器配有显微摄影仪，可对材料试验结果进行拍摄. 当需拍摄时，取下上罩盖上的摄影盖板，将附件箱中的照相机接口旋入目镜座螺纹内. ②取下照相机标准镜头，将照相机接口对准镜头孔内，使卡簧卡位. ③在测微目镜中观察表面. 当成像清晰后，将主体左边上的照相、测量转换拉杆(图 10-5-1 的 15)向外拉出. 这时光路就转换到拍摄状态. ④在摄影仪的目镜中观察试样表面，如不太清晰，可微调视度调节圈或升降丝杆(图 10-5-1 的 7)，使成像清晰. ⑤按动快门，拍摄成像表面.

五、思考题与讨论

(1) 硬度计使用中应该注意什么？

(2) 硬度计保养中应该注意什么？

参 考 文 献

韩德伟. 2007. 金属硬度检测技术手册. 2 版. 长沙：中南大学出版社.

HVS-50 型数显维氏硬度计使用说明.

附　　录

附录 A　中华人民共和国法定计量单位

(1984 年 2 月 27 日国务院公布)

中华人民共和国法定计量单位(以下简称法定单位)包括：

(1) 国际单位制(SI)的基本单位见表 A-1；

(2) 国际单位制的辅助单位见表 A-2；

(3) 国际单位制中具有专门名称的导出单位见表 A-3；

(4) 国家选定的非国际单位制单位见表 A-4；

(5) 由以上单位构成的组合形式的单位；

(6) 由词头和以上单位构成的十进倍数和分数单位(词头见表 A-5)；

法定单位的定义、使用方法等，由国家计量局另行规定.

表 A-1　国际单位制的基本单位

量的名称	单位名称	单位符号
长度	米	m
质量	千克(公斤)	kg
时间	秒	s
电流	安[培]	A
热力学温度	开[尔文]	K
物质的量	摩[尔]	mol
发光强度	坎[德拉]	cd

表 A-2　国际单位制的辅助单位

量的名称	单位名称	单位符号
平面角	弧度	rad
立体角	球面度	sr

表 A-3　国际单位制中具有专门名称的导出单位

量的名称	单位名称	单位符号	其他表示实例
频率	赫[兹]	Hz	s^{-1}
力，重力	牛[顿]	N	$kg \cdot m \cdot s^{-2}$
压力，压强；应力	帕[斯卡]	Pa	$N \cdot m^{-2}$
能量；功；热	焦[尔]	J	$N \cdot m$
功率；辐射通量	瓦[特]	W	$J \cdot s^{-1}$
电荷量	库[仑]	C	$A \cdot s$
电势；电压；电动势	伏[特]	V	$W \cdot A^{-1}$
电容	法[拉]	F	$C \cdot V^{-1}$
电阻	欧[姆]	Ω	$V \cdot A^{-1}$
电导	西[门子]	S	$A \cdot V^{-1}$
磁通量	韦[伯]	Wb	$V \cdot s$
磁通量密度；磁感应强度	特[斯拉]	T	$Wb \cdot m^{-2}$
电感	亨[利]	H	$Wb \cdot A^{-1}$
摄氏温度	摄氏度	℃	
光通量	流[明]	lm	$cd \cdot sr$
光照度	勒[克斯]	lx	$lm \cdot m^{-2}$
放射性活度	贝可[勒尔]	Bq	s^{-1}
吸收剂量	戈[瑞]	Gy	$J \cdot kg^{-1}$
剂量当量	希[沃特]	Sv	$J \cdot kg^{-1}$

表 A-4　国家选定的非国际单位制单位

量的名称	单位名称	单位符号	换算关系和说明
时间	分	min	1 min = 60 s
	[小]时	h	1 h = 60 min = 3600 s
	天[日]	d	1 d = 24 h = 86400 s
平面角	[角]秒	(″)	$1'' = (\pi/648000)$ rad
	[角]分	(′)	$1' = 60'' = (\pi/10800)$rad
	度	(°)	$1° = 60' = (\pi/180)$rad
旋转速度	转每分	$r \cdot min^{-1}$	$1\ r \cdot min^{-1} = (1/60)\ s^{-1}$
长度	海里	n mile	1 n mile = 1852m (只用于航程)
速度	节	kn	$1\ kn = 1\ n\ mile \cdot h^{-1} = (1852/3600)\ m \cdot s^{-1}$ (只用于航程)
质量	吨	t	$1t = 10^3kg$
	原子质量单位	u	$1\ u \approx 1.66053886 \times 10^{-27}$ kg

续表

量的名称	单位名称	单位符号	换算关系和说明
体积	升	L(l)	$1L = 1dm^3 = 10^{-3}m^3$
能量	电子伏	eV	$1\ eV \approx 1.60217653\times10^{-19}\ J$
级差	分贝	dB	
线密度	特[克斯]	tex	$1\ tex = 1\ g\cdot km^{-1}$

表 A-5　用于构成十进倍数和分数单位的词头

所表示的因数	词头名称	词头符号
10^{18}	艾[可萨]	E
10^{15}	拍[它]	P
10^{12}	太[拉]	T
10^{9}	吉[咖]	G
10^{6}	兆	M
10^{3}	千	k
10^{2}	百	h
10^{1}	十	da
10^{-1}	分	d
10^{-2}	厘	c
10^{-3}	毫	m
10^{-6}	微	μ
10^{-9}	纳[诺]	n
10^{-12}	皮[可]	p
10^{-15}	飞[母托]	f
10^{-18}	阿[托]	a

注：

(1) 周、月、年(年的符号为 a)为一般常用时间单位.

(2) [ ]内的字是在不致混淆的情况下可以省略的字.

(3) ( )内的字为前者的同义词.

(4) 角度单位度、分、秒的符号不处于数字后时，用括弧.

(5) 升的符号中，小写字母 l 为备用符号.

(6) r 为“转”的符号.

(7) 生活和贸易中，质量习惯称为重量.

(8) 公里为千米的俗称，符号为 km.

(9) 10^4 称为万，10^8 称为亿，10^{12} 称为万亿，这类数词的使用不受词头名称的影响，但不应与词头混淆.

说明：法定计量单位的使用，可查阅 1984 年国家计量局公布的《中华人民共和国法定计量单位使用方法》.

附录 B　常用物理常量

真空中的光速　$c = 2.997924\times10^{8}\ \text{m}\cdot\text{s}^{-1}$

元电荷　$e = 1.602176565(35)\times10^{-19}\ \text{C}$

普朗克常量　$h = 6.62606957(29)\times10^{-34}\ \text{J}\cdot\text{s}$

$= 4.13566727\times10^{-15}\ \text{eV}\cdot\text{s}$

约化普朗克常量　$\hbar = h/2\pi = 1.054571726(47)\times10^{-34}\ \text{J}\cdot\text{s}$

玻尔兹曼常量　$k = 1.3806488(13)\times10^{-23}\ \text{J}\cdot\text{K}^{-1}$

斯特藩常量　$\sigma = 5.670373(21)\times10^{-8}\ \text{J}\cdot\text{m}^{-2}\cdot\text{s}^{-1}\cdot\text{K}^{-4}$

阿伏伽德罗常量　$N_0 = 6.02214129(27)\times10^{23}\ (\text{mol})^{\ 1}$

标准条件下的摩尔体积　$V_{\text{mol}} = 22.413968(20)\times10^{-3}\ \text{m}\cdot\text{mol}^{-1}$

真空介电常数　$\varepsilon_0 = 8.854187817\times10^{-12}\ \text{F}\cdot\text{m}^{-1}$

真空磁导率　$\mu_0 = 4\pi\times10^{-7}\ \text{N}\cdot\text{A}^{-2} = 12.566370614\cdots\times10^{-7}\ \text{N}\cdot\text{A}^{-2}$

电子静止质量　$m_e = 9.10938291(40)\times10^{-31}\ \text{kg} = 0.51099893\ \text{MeV}/c^2$

质子静止质量　$m_p = 1.672621777(74)\times10^{-27}\ \text{kg} = 938.272046\ \text{MeV}/c^2$

中子静止质量　$m_n = 1.674927351(74)\times10^{-27}\ \text{kg} = 939.565379\ \text{MeV}/c^2$

原子质量常量　$m_u = 1\text{u} = 1.660538921(73)\times10^{-27}\ \text{kg}$

$= 931.494061\ \text{MeV}/c^2$

玻尔半径　$a = 4\pi\varepsilon_0\hbar^2/(m_e e^2) = 0.52917721092(17)\times10^{-10}\text{m}$

里德伯常量　$R_\infty = 10973731.568539(55)\text{m}^{-1}$

$= 109737.31568539(55)\text{cm}^{-1}$

精细结构常量　$\alpha = e^2/(4\pi\varepsilon_0\hbar c) = 1/137.035999074(44)$

电子的康普顿波长　$\lambda_C = h/(m_e c) = 2.42631024\times10^{-12}\text{m}$

$\lambda_C/(2\pi) = 3.86159268\times10^{-13}\text{m}$

电子的经典半径　$r_c = e^2/(4\pi\varepsilon_0 m_e c^2) = 2.817940285\times10^{-15}\text{m}$

玻尔磁子　$\mu_B = \hbar e/(2m_e) = 9.27400968\times10^{-24}\text{J}\cdot\text{T}^{-1}$

核磁子　$\mu_N = \hbar e/(2m_p) = 5.05078353\times10^{-27}\text{J}\cdot\text{T}^{-1}$

磁通量量子　$\Phi_0 = h/(2e) = 2.067833758(46)\times10^{-15}\text{Wb}$

1 电子伏的能量　$1\text{eV} = 1.602176565(35)\times10^{-19}\text{J}$

相当于 1 电子伏能量的

电磁波长	$\lambda_0 = hc / 1\text{eV} = 1.23984193 \times 10^{-6}\,\text{m}$
电磁波波数	$\tilde{\nu}_0 = 1\text{eV} / (hc) = 8.06554430 \times 10^{5}\,\text{m}^{-1}$
电磁波频率	$\nu_0 = 1\text{eV} / h = 2.41798935 \times 10^{14}\,\text{s}^{-1}$
温度	$T = 1\text{eV} / k = 1.1604519 \times 10^{4}\,\text{K}$

附录 C　历届诺贝尔物理学奖获得者

时间	人物	国籍	获奖原因
1901 年	威廉 · 康拉德 · 伦琴	德国	“发现不寻常的射线，之后以他的名字命名”(即 X 射线，又称伦琴射线，并用伦琴作为辐射量的单位)
1902 年	亨得里克 · 安顿 · 洛伦兹	荷兰	“关于磁场对辐射现象影响的研究”(即塞曼效应)
	彼得 · 塞曼	荷兰	
1903 年	安东尼 · 亨利 · 贝克勒尔	法国	发现“天然放射性”
	皮埃尔 · 居里	法国	“他们对法国亨利 · 贝克勒尔教授所发现的放射性现象的共同研究”
	玛丽 · 居里	法国	
1904 年	约翰 · 威廉 · 斯特拉特	英国	“对那些重要的气体密度的测量，以及由这些研究而发现氩”
1905 年	菲利普 · 莱纳德	德国	“关于阴极射线的研究”
1906 年	约瑟夫 · 汤姆孙	英国	“对气体导电的理论和实验研究”
1907 年	阿尔伯特 · 亚伯拉罕 · 迈克尔孙	美国	“他的精密光学仪器，以及借助它们所做的光谱学和计量学研究”
1908 年	加布里埃尔 · 李普曼	法国	“他的利用光涉现象来重现色彩于照片上的方法”
1909 年	伽利尔摩 · 马可尼	意大利	“他们对无线电报的发展的贡献”
	卡尔 · 费迪南德 · 布劳恩	德国	
1910 年	范德约翰尼斯 · 迪德里克 · 瓦耳斯	荷兰	“关于气体和液体的状态方程的研究”
1911 年	威廉 · 维恩	德国	“发现那些影响热辐射的定律”
1912 年	尼尔斯 · 古斯塔夫 · 达伦	瑞典	“发明用于控制灯塔和浮标中气体蓄积器的自动调节阀”
1913 年	海克 · 卡末林 · 昂内斯	荷兰	“低温下物体性质的研究，尤其是液态氦的制成”(超导体的发现)
1914 年	马克斯 · 冯 · 劳厄	德国	“发现晶体中的 X 射线衍射现象”
1915 年	威廉 · 亨利 · 布拉格	英国	“用 X 射线对晶体结构的研究”
	威廉 · 劳伦斯 · 布拉格	英国	
1917 年	查尔斯 · 格洛弗 · 巴克拉	英国	“发现元素的特征伦琴辐射”
1918 年	马克斯 · 普朗克	德国	“因他对量子的发现而推动物理学的发展”
1919 年	约翰尼斯 · 斯塔克	德国	“发现极隧射线的多普勒效应以及电场作用下谱线的分裂现象”

续表

时间	人物	国籍	获奖原因
1920 年	夏尔 · 爱德华 · 纪尧姆	瑞士	“推动物理学的精密测量和有关镍钢合金的反常现象的发现”
1921 年	阿尔伯特 · 爱因斯坦	瑞士	“他对理论物理学的成就，特别是光电效应定律的发现”
1922 年	尼尔斯 · 玻尔	丹麦	“他对原子结构以及由原子发射出的辐射的研究”
1923 年	罗伯特 · 安德鲁 · 密立根	美国	“他的关于基本电荷以及光电效应的工作”
1924 年	曼内 · 西格巴恩	瑞典	“他在 X 射线光谱学领域的发现和研究”
1925 年	詹姆斯 · 弗兰克	德国	“发现那些支配原子和电子碰撞的定律”
	古斯塔夫 · 赫兹	德国	
1926 年	让 · 巴蒂斯特 · 佩兰	法国	“研究物质不连续结构和发现沉积平衡”
1927 年	阿瑟 · 霍利 · 康普顿	美国	“发现以他命名的效应” (康普顿效应)
	查尔斯 · 威耳孙	英国	“通过水蒸气的凝结来显示带电荷的粒子的轨迹的方法”
1928 年	欧文 · 理查森	英国	“他对热离子现象的研究，特别是发现以他的名字命名的定律” (理查森定律)
1929 年	路易 · 维克多 · 德布罗意	法国	“发现电子的波动性”
1930 年	钱德拉塞卡拉 · 文卡塔 · 拉曼	印度	“他对光散射的研究，以及发现以他的名字命名的效应” (拉曼效应)
1932 年	沃纳 · 卡尔 · 海森伯	德国	“创立量子力学，以及由此导致的氢的同素异形体的发现”
1933 年	埃尔温 · 薛定谔	奥地利	“发现了原子理论的新的多产的形式” (即量子力学的基本方程——薛定谔方程和狄拉克方程)
	保罗 · 狄拉克	英国	
1935 年	詹姆斯 · 查德威克	英国	“发现中子”
1936 年	维克托 · 弗朗西斯 · 赫斯	奥地利	“发现宇宙辐射”
	卡尔 · 戴维 · 安德森	美国	“发现正电子”
1937 年	克林顿 · 约瑟夫 · 戴维孙	美国	“他们有关电子被晶体衍射现象的实验发现”
	乔治 · 汤姆孙	英国	
1938 年	恩里科 · 费米	美国	“证明了可由中子辐照而产生的新放射性元素的存在，以及有关慢中子引发的核反应的发现”
1939 年	欧内斯特 · 劳伦斯	美国	“对回旋加速器的发明和发展，并以此获得有关人工放射性元素的研究成果”
1943 年	奥托 · 施特恩	美国	“他对分子束方法的发展以及有关质子磁矩的研究发现”
1944 年	伊西多 · 艾萨克 · 拉比	美国	“他用共振方法记录原子核的磁属性”
1945 年	沃尔夫冈 · 泡利	奥地利	“发现不相容原理，也称泡利原理”
1946 年	珀西 · 布里奇曼	美国	“发明获得超高压的装置，并在高压物理学领域作出发现”
1947 年	爱德华 · 维克托 · 阿普尔顿	英国	“对高层大气的物理学的研究，特别是对所谓阿普顿层的发现”

续表

时间	人物	国籍	获奖原因
1948 年	帕特里克·布莱克特	英国	“改进威尔逊云雾室方法和由此在核物理和宇宙射线领域的发现”
1949 年	汤川秀树	日本	“他以核作用力的理论为基础预言了介子的存在”
1950 年	塞西尔·弗兰克·鲍威尔	英国	“发展研究核过程的照相方法，以及基于该方法的有关介子的研究发现”
1951 年	约翰·道格拉斯·考克饶夫	英国	“他们在用人工加速原子产生原子核嬗变方面的开创性工作”
	欧内斯特·沃吞	英国	
1952 年	费利克斯·布洛赫	瑞士	“发展出用于核磁精密测量的新方法，并凭此所得的研究成果”
	爱德华·米尔斯·珀塞尔	美国	
1953 年	弗里茨·塞尔尼克	荷兰	“他对相衬法的证实，特别是发明相衬显微镜”
1954 年	马克斯·玻恩	德国/英国	“在量子力学领域的基础研究，特别是他对波函数的统计解释”
	瓦尔特·威廉·格奥尔格博特	德国	“符合法，以及以此方法所获得的研究成果”
1955 年	威利斯·尤金·兰姆	美国	“他的有关氢光谱的精细结构的研究成果”
	波利卡普·库施	美国	“精确地测定出电子磁矩”
1956 年	威廉·布拉德福德·肖克利	美国	“他们对半导体的研究和发现晶体管效应”
	约翰·巴丁	美国	
	沃尔特·豪泽·布喇顿	美国	
1957 年	杨振宁	中国	“他们对所谓的宇称不守恒定律的敏锐的研究，该定律导致了有关基本粒子的许多重大发现”
	李政道	美国	
1958 年	帕维尔·阿列克谢耶维奇·切连科夫	苏联	“发现并解释切连科夫辐射”
	伊利亚·弗兰克	苏联	
	伊戈尔·叶夫根耶维奇·塔姆	苏联	
1959 年	埃米利奥·吉诺·塞格雷	意大利/美国	“发现反质子”
	欧文·张伯伦	美国	
1960 年	唐纳德·阿瑟·格拉泽	美国	“发明气泡室”
1961 年	罗伯特·霍夫施塔特	美国	“关于对原子核中的电子散射的先驱性研究，并由此得到的关于核子结构的研究发现”
	鲁道夫·路德维希·穆斯堡尔	德国	“他的有关 γ 射线共振吸收现象的研究以及与这个以他的名字命名的效应相关的研究发现”(穆斯堡尔效应)

续表

<table>
<tr><th>时间</th><th>人物</th><th>国籍</th><th>获奖原因</th></tr>
<tr><td>1962 年</td><td>列夫 · 达维多维奇 · 朗道</td><td>苏联</td><td>“关于凝聚态物质的开创性理论，特别是液氦”</td></tr>
<tr><td rowspan="3">1963 年</td><td>耶诺 · 帕尔 · 维格纳</td><td>美国</td><td>“他对原子核和基本粒子理论的贡献，特别是对基础的对称性原理的发现和应用”</td></tr>
<tr><td>玛丽亚 · 格佩特-梅耶</td><td>美国</td><td rowspan="2">“发现原子核的壳层结构”</td></tr>
<tr><td>J. 汉斯 · D. 延森</td><td>德国</td></tr>
<tr><td rowspan="3">1964 年</td><td>查尔斯 · 哈德 · 汤斯</td><td>美国</td><td rowspan="3">“在量子电子学领域的基础研究成果，该成果导致了基于激微波-激光原理建造的振荡器和放大器"</td></tr>
<tr><td>尼古拉 · 根纳季耶维奇 · 巴索夫</td><td>苏联</td></tr>
<tr><td>亚历山大 · 米哈伊洛维奇 · 普罗霍罗夫</td><td>苏联</td></tr>
<tr><td rowspan="3">1965 年</td><td>朝永振一郎</td><td>日本</td><td rowspan="3">“他们在量子电动力学方面的基础性工作，这些工作对粒子物理学产生深远影响”</td></tr>
<tr><td>朱利安 · 施温格</td><td>美国</td></tr>
<tr><td>理查德 · 菲利普 · 费曼</td><td>美国</td></tr>
<tr><td>1966 年</td><td>阿尔弗雷德 · 卡斯特勒</td><td>法国</td><td>“发现和发展了研究原子中赫兹共振的光学方法”</td></tr>
<tr><td>1967 年</td><td>汉斯 · 阿尔布雷希特 · 贝特</td><td>美国</td><td>“他对核反应理论的贡献，特别是关于恒星中能源的产生的研究发现”</td></tr>
<tr><td>1968 年</td><td>路易斯 · 沃尔特 · 阿尔瓦雷茨</td><td>美国</td><td>“他对粒子物理学的决定性贡献，特别是因他发展了氢气泡室技术和数据分析方法，从而发现了一大批共振态”</td></tr>
<tr><td>1969 年</td><td>默里 · 盖尔曼</td><td>美国</td><td>“对基本粒子的分类及其相互作用的研究发现”</td></tr>
<tr><td rowspan="2">1970 年</td><td>汉尼斯 · 奥洛夫 · 哥斯达 · 阿尔文</td><td>瑞典</td><td>“磁流体动力学的基础研究和发现及其在等离子体物理学富有成果的应用”</td></tr>
<tr><td>路易 · 奈耳</td><td>法国</td><td>“关于反铁磁性和铁磁性的基础研究和发现以及在固体物理学方面的重要应用”</td></tr>
<tr><td>1971 年</td><td>丹尼斯 · 伽博</td><td>英国</td><td>“发明并发展全息照相法”</td></tr>
<tr><td rowspan="3">1972 年</td><td>约翰 · 巴丁</td><td>美国</td><td rowspan="3">“他们联合创立了超导微观理论，即常说的 BCS 理论”</td></tr>
<tr><td>利昂 · 库珀</td><td>美国</td></tr>
<tr><td>约翰 · 罗伯特 · 施里弗</td><td>美国</td></tr>
<tr><td rowspan="3">1973 年</td><td>江崎玲于奈</td><td>日本</td><td rowspan="2">“发现半导体和超导体的隧道效应”</td></tr>
<tr><td>伊瓦尔 · 贾埃弗</td><td>挪威</td></tr>
<tr><td>布赖恩 · 戴维 · 约瑟夫森</td><td>英国</td><td>“他理论上预测出通过隧道势垒的超电流的性质，特别是那些通常被称为约瑟夫森效应的现象”</td></tr>
<tr><td rowspan="2">1974 年</td><td>马丁 · 赖尔</td><td>英国</td><td rowspan="2">“他们在射电天体物理学的开创性研究：赖尔的发明和观测，特别是合成孔径技术；休伊什在发现脉冲星方面的关键性角色”</td></tr>
<tr><td>安东尼 · 休伊什</td><td>英国</td></tr>
</table>

续表

时间	人物	国籍	获奖原因
1975 年	奥格·尼尔斯·玻尔	丹麦	“发现原子核中集体运动和粒子运动之间的联系，并且根据这种联系发展了有关原子核结构的理论”
	本·罗伊·莫特森	丹麦/美国	
	利奥·詹姆斯·雷恩沃特	美国	
1976 年	伯顿·里克特	美国	“他们在发现新的重基本粒子方面的开创性工作”
	丁肇中	美国	
1977 年	菲利普·沃伦·安德森	美国	“对磁性和无序体系电子结构的基础性理论研究”
	内维尔·弗朗西斯莫特	英国	
	约翰·凡扶累克	美国	
1978 年	彼得·列昂尼多维奇·卡皮查	苏联	“低温物理领域的基本发明和发现”
	阿诺·彭齐亚斯	美国	“发现宇宙微波背景辐射”
	罗伯特·威尔逊	美国	
1979 年	谢尔登·李·格拉肖	美国	“关于基本粒子间弱相互作用和电磁相互作用的统一理论，包括对弱中性流的预言”
	阿卜杜勒·萨拉姆	巴基斯坦	
	史蒂文·温伯格	美国	
1980 年	詹姆斯·沃森·克罗宁	美国	“发现中性 K 介子衰变时存在对称破坏”
	瓦尔·洛格斯登·菲奇	美国	
1981 年	凯·西格巴恩	瑞典	“对开发高分辨率电子光谱仪的贡献”
	尼古拉斯·布洛姆伯根	美国	“对开发激光光谱仪的贡献”
	阿瑟·肖洛	美国	
1982 年	肯尼斯·威尔逊	美国	“对与相变有关的临界现象理论的贡献”
1983 年	苏布拉马尼扬·钱德拉塞卡	美国	“有关恒星结构及其演化的重要物理过程的理论研究”
	威廉·福勒	美国	“对宇宙中形成化学元素的核反应的理论和实验研究”
1984 年	卡罗·鲁比亚	意大利	“对导致发现弱相互作用传递者,场粒子 W 和 Z 的大型项目的决定性贡献”
	西蒙·范德梅尔	荷兰	
1985 年	克劳斯·冯·克利青	德国	“发现量子霍尔效应”
1986 年	恩斯特·奥古斯特·弗里·德里希·鲁斯卡	德国	“电子光学的基础工作和设计了第一台电子显微镜”
	格尔德·宾宁	德国	“研制扫描隧道显微镜”
	海因里希·罗雷尔	瑞士	

续表

时间	人物	国籍	获奖原因
1987 年	约翰内斯 · 贝德诺尔茨	德国	“在发现陶瓷材料的超导性方面的突破”
	卡尔 · 米勒	瑞士	
1988 年	利昂 · 莱德曼	美国	“中微子束方式，以及通过发现μ子中微子证明了轻子的对偶结构”
	梅尔文 · 施瓦茨	美国	
	杰克 · 施泰因贝格尔	德国/美国	
1989 年	诺曼 · 拉姆齐	美国	“发明分离振荡场方法及其在氢激微波和其他原子钟中的应用”
	汉斯 · 格奥尔格德默尔特	美国	“发展离子陷阱技术”
	沃尔夫冈 · 保罗	德国	
1990 年	杰尔姆 · 弗里德曼	美国	“他们有关电子在质子和被绑定的中子上的深度非弹性散射的开创性研究，这些研究对粒子物理学的夸克模型的发展有必不可少的重要性”
	亨利 · 韦 · 肯德尔	美国	
	理查德 · 泰勒	加拿大	
1991 年	皮埃尔-吉勒 · 德热纳	法国	“发现研究简单系统中有序现象的方法可以被推广到比较复杂的物质形式，特别是推广到液晶和聚合物的研究中”
1992 年	乔治 · 夏帕克	法国	“发明并发展了粒子探测器，特别是多丝正比室”
1993 年	拉塞尔 · 赫尔斯	美国	“发现新一类脉冲星，该发现开发了研究引力的新的可能性”
	约瑟夫 · 泰勒	美国	
1994 年	伯特伦 · 布罗克豪斯	加拿大	“对中子频谱学的发展，以及对用于凝聚态物质研究的中子散射技术的开创性研究”
	克利福德 · 沙尔	美国	“对中子衍射技术的发展，以及对用于凝聚态物质研究的中子散射技术的开创性研究”
1995 年	马丁 · 佩尔	美国	“发现 τ 轻子”，以及对轻子物理学的开创性实验研究
	弗雷德里克 · 莱因斯	美国	“发现中微子，以及对轻子物理学的开创性实验研究”
1996 年	戴维 · 李	美国	“发现了在氦-3 里的超流动性”
	道格拉斯 · 奥谢罗夫	美国	
	罗伯特 · 理查森	美国	
1997 年	朱棣文	美国	“发展了用激光冷却和捕获原子的方法”
	克洛德 · 科昂-唐努德日	法国	
	威廉 · 菲利普斯	美国	
1998 年	罗伯特 · 劳夫林	美国	“发现了电子在强磁场中的分数量子化的霍尔效应”
	施特默	德国	
	崔琦	美籍华人	

续表

时间	人物	国籍	获奖原因
1999 年	杰拉德·特·胡夫特	荷兰	“阐明物理学中弱电相互作用的量子结构”
	马丁纽斯·韦尔特曼	荷兰	
2000 年	若雷斯·阿尔费罗夫	俄罗斯	“发明快速晶体管、激光二极管和集成电路”
	赫伯特·克勒默	美国	
	杰克·基尔比	美国	
2001 年	埃里克·康奈尔	美国	“在碱性原子稀薄气体的玻色-爱因斯坦凝聚态方面取得的成就，以及凝聚态物质属性质的早期基础性研究”
	卡尔·维曼	美国	
	沃尔夫冈·克特勒	德国	
2002 年	雷蒙德·戴维斯	美国	“在天体物理学领域做出的先驱性贡献，尤其是探测宇宙中微子”
	小柴昌俊	日本	
	里卡尔多·贾科尼	美国	“在天体物理学领域做出的先驱性贡献，这些研究导致了宇宙 X 射线源的发现”
2003 年	阿列克谢·阿布里科索夫	俄罗斯/美国	“对超导体和超流体理论做出的先驱性贡献”
	维塔利·金茨堡	俄罗斯	
	安东尼·莱格特	英国	
2004 年	戴维·格罗斯	美国	“发现强相互作用理论中的渐近自由”
	戴维·普利策	美国	
	弗朗克·韦尔切克	美国	
2005 年	罗伊·格劳伯	美国	“对光学相干的量子理论的贡献”
	约翰·霍尔	美国	“对包括光频梳技术在内的，基于激光的精密光谱学发展做出的贡献”
	特奥多尔·亨施	德国	
2006 年	约翰·马瑟	美国	“发现宇宙微波背景辐射的黑体形式和各向异性”
	乔治·斯穆特	美国	
2007 年	艾尔伯·费尔	法国	“发现巨磁阻效应”
	皮特得·克鲁伯格	德国	
2008 年	小林诚	日本	“发现对称性破缺的来源，并预测了至少三大类夸克在自然界中的存在”
	益川敏英	日本	
	南部阳一郎	美国	“发现亚原子物理学的自发对称性破缺机制”
2009 年	高锟	英国/美国	“在光学通信领域光在纤维中传输方面的突破性成就”
	威拉德·博伊尔	美国	“发明了成像半导体电路——电荷耦合器件图像传感器 CCD”
	乔治·史密斯	美国	

续表

时间	人物	国籍	获奖原因
2010 年	安德烈 · 海姆	荷兰	“在二维石墨烯材料的开创性实验”
	康斯坦丁 · 诺沃肖洛夫	俄罗斯/英国	
2011 年	布莱恩 · 施密特	澳大利亚/美国	“透过观测遥距超新星而发现宇宙加速膨胀”
	亚当 · 里斯	美国	
	索尔 · 珀尔马特	美国	
2012 年	塞尔日 · 阿罗什	法国	“能够量度和操控个体量子系统的突破性实验手法”
	大卫 · 维因兰德	美国	
2013 年	彼得 · 希格斯	英国	“对希格斯玻色子的预测”
	弗朗索瓦 · 恩格勒	比利时	
2014 年	赤崎勇	日本	“高亮度蓝色发光二极管”
	天野浩	日本	
	中村修二	美国	
2015 年	梶田隆章	日本	“发现中微子振荡现象，该发现表明中微子拥有质量”
	阿瑟 · 布鲁斯 · 麦克唐纳	加拿大	
2016 年	戴维 · 索利斯	英国/美国	“发现了物质的拓扑相变和拓扑相”
	邓肯 · 霍尔丹	英国/美国	
	迈克尔 · 科斯特利茨	英国	
2017 年	雷纳 · 韦斯	美国	“在 LIGO 探测器和引力波观测方面”
	基普 · 索恩	美国	
	巴里 · 巴里什	美国	
2018 年	亚瑟 · 阿斯金	美国	“在激光物理领域的突破性发明”
	杰哈 · 莫罗	法国	
	唐娜 · 斯特里克兰	加拿大	